国家重点生态功能区

GUOJIA ZHONGDIAN SHENGTAI GONGNENG QU

生态保护与建设规划

SHENGTAI BAOHU YU JIANSHE GUIHUA

国家林业局◎编

中国林业出版社

China Forestry Publishing House

图书在版编目（CIP）数据

国家重点生态功能区生态保护与建设规划 / 国家林业局编.
-- 北京：中国林业出版社，2017.9
ISBN 978-7-5038-9290-5

Ⅰ．①国… Ⅱ．①国… Ⅲ．①生态区－生态环境保护
②生态区－生态规划 Ⅳ．①X171.4

中国版本图书馆CIP数据核字(2017)第235920号

出　版：中国林业出版社（100009 北京市西城区德内大街刘海胡同7号）
网　址：http://lycb.forestry.gov.cn
E-mail：cfybook@163.com　　电　话：010-83143666
发　行：中国林业出版社
印　刷：北京中科印刷有限公司
版　次：2017年11月第1版
印　次：2017年11月第1次
开　本：880mm×1230mm　1/16
印　张：50.75
字　数：1000千字
定　价：168.00元

编辑委员会

前言

党的十九大确定了决胜全面建成小康社会、开启全面建设社会主义现代化国家新征程的宏伟目标，对加快生态文明体制改革、建设美丽中国、推进林业建设作出了安排部署，并明确要求构建国土空间开发保护制度，完善主体功能区配套政策。以习近平同志为核心的党中央高度重视林业，我国林业正站在新的起点。

2010年国务院印发了《全国主体功能区规划》（国发〔2010〕46号），首次对我国陆地国土空间进行了功能布局，将其划分为优化开发（指工业化城镇化开发）区、重点开发区、限制开发区和禁止开发区四大区域。其中，以生态功能为主体的区域主要是以自然保护区、森林公园等为主的禁止开发和限制开发中的25个国家重点生态功能区，按照主体功能区规划部门职责分工，林业部门负责编制适应主体功能区要求的生态保护与建设规划，制定相关政策。

2012年起，国家林业局结合国家区域战略和扶贫攻坚战略，陆续启动了重点生态功能区生态保护与建设规划编制工作。到2016年底，历时4年时间，完成了25个国家重点生态功能区生态保护与建设规划编制工作。该规划由国家林业局计财司牵头组织，国家林业局调查规划设计院、林产工业规划设计院、中南林业调查规划设计院、西北林业调查规划设计院等多部门参与编制。规划工作组实地调研了全国23个省（区、市）25个片区112个县级单位，通过查阅文献资料、基层座谈等方式充分收集数据资料，累计召开专题会议和专家咨询会议十多次，征求各省、各部委意见上百次，经过各方面的努力，完成并印发了25个规划。

规划统一按照规划背景、指导思想原则、总体布局、主要建设内容、政策措施等框架内容编写，根据各生态功能区特点，在生态建设部分提出针对功能区定位和发展的生态建设措施。同时，规划考虑到国家脱贫攻坚和生态文明建设战略，提出了生态扶贫建设、基本公共服务体系建设、生态监管等建设内容。

在规划编制过程中，我们得到了国家发展和改革委员会、财政部、国土资源部、农业部、水利部、环境保护部等相关部委和河北、山西、内蒙古、吉林、黑龙江、安徽、江西、河南、湖北、湖南、广东、广西、海南、重庆、四川、贵州、云南、西藏、陕西、甘肃、青海、宁夏、新疆等省（区、市）相关部门的大力支持，在此一并表示感谢。

现将25个重点生态功能区生态保护与建设规划汇编成册，供有关领导和相关科研、管理人员使用。不足之处，敬请指正。

编　者

2017年11月

目录

第一篇

大小兴安岭

森林生态功能区
生态保护与建设规划

第一章 规划背景

第一节 区域概况

一、规划范围

大小兴安岭森林生态功能区位于内蒙古自治区、黑龙江省交界区域，行政区域包括含内蒙古自治区、黑龙江省2省（自治区）43个县（市、区、旗），面积346997平方千米、总人口711.7万人，森林覆盖率为58.99%。规划区内属于国家禁止开发区域面积21594.16平方千米，占规划区总面积的6.22%。

表 1-1 规划范围表

省（自治区）	地区（市、盟）	县（市、区、旗）
内蒙古自治区	呼伦贝尔市	牙克石市、根河市、额尔古纳市、鄂伦春自治旗、阿荣旗、莫力达瓦达斡尔族自治旗、扎兰屯市
	兴安盟	阿尔山市
黑龙江省	哈尔滨市	木兰县、通河县
	齐齐哈尔市	甘南县
	伊春市	伊春区、南岔区、友好区、西林区、翠峦区、新青区、美溪区、金山屯区、五营区、乌马河区、汤旺河区、带岭区、乌伊岭区、红星区、上甘岭区、铁力市、嘉荫县
	黑河市	爱辉区、北安市、五大连池市、嫩江县、逊克县、孙吴县
	绥化市	庆安县、绥棱县
	大兴安岭地区	加格达奇区、松岭区、新林区、呼中区、呼玛县、塔河县、漠河县

二、自然条件

（一）地形地貌

大小兴安岭森林生态功能区位于我国东北边陲，内蒙古自治区与黑龙江省交界处，地处我国第二阶梯与第一阶梯过渡区域，属于大兴安岭和小兴安岭山脉。本区为浅山丘陵地带，大兴安岭山系南北走向，北宽南窄，东陡西缓，平均海拔1200～1300米，最高峰达2035米。小兴安岭走向从西北到东南，地势相对平缓，整体呈西南高东北低，平均海拔250～600米。

（二）气候

本区属寒温带大陆性季风气候，冬寒夏暖，昼夜温差较大，年平均气温－2.8℃，最低温度－52.3℃，无霜期90～110天，年平均降水量746毫米。其气候特点为冬季漫长严寒，春季干旱少雨，夏季较短降水量集中，秋季霜冻较早。

（三）土壤

本区土壤可分7个土壤纲，15个土类，39个亚类，82个土属。主要类型有棕色针叶林土、暗棕壤、灰色森林土、草甸土、沼泽土和冲积土等，其地带性土壤为暗棕壤，北部及东南部山地以山地暗棕壤或灰化暗棕壤为主。水平地带性土壤自东向西依次为黑土—暗棕壤—棕色针叶林土—灰色针叶林土。海拔1000米以上的高山为棕色针叶林土，海拔1500米以上为高山草甸土；在河谷以及有冻土层的地方分布着白浆土、草甸土和沼泽土，在山前台地与大面积平原区则分布着黑土和黑钙土等有代表性的土壤，中西部有少量风沙土。

（四）植被

本区在《中国植被》的区划中地跨寒温带针叶林区域（Ⅰ）、温带针阔叶林混交林区域（Ⅱ），在《中国森林》区划中属大兴安岭山地兴安落叶松林区（Ⅰ1）、小兴安岭山地丘陵阔叶与红松混交林区（Ⅰ2）。其中大兴安岭主要植被为兴安落叶松，其他针叶树种有樟子松、偃松等，阔叶树种主要有白桦、山杨、黑桦、枫桦、蒙古栎等。小兴安岭主要植被为红松阔叶混交林。针叶树种有红松、云杉、冷杉、长白落叶松等，阔叶树种与大兴安岭相似，还有千金榆、刺楸、灯台树等。

三、自然资源

（一）土地资源

全区总土地面积为3469.97万公顷，其中林地2612.15万公顷，占全区土地总面积的75.28%；耕地411.51万公顷，占11.86%，人均耕地0.6公顷，其中坡耕地151.62万公顷，大于15度的坡耕地0.04万公顷，分别占总耕地的36.84%和0.01%；草地262.83万公顷；园地0.86万公顷；水域34.65万公顷；城镇村及工矿用地18.30万公顷；交通运输用地15.09万公顷，其他用地为114.58万公顷。林地、草地是本区生态系统服务功能的主要载体。具体见表1-2。

表 1-2　土地类型面积分布表

土地类型	面积（万公顷）	百分比（％）
林　　地	2612.15	75.28
耕　　地	411.51	11.86
草　　地	262.83	7.58
园　　地	0.86	0.02
水　　域	34.65	1.00
城镇村及工矿用地	18.30	0.53
交通运输用地	15.09	0.43
其他用地	114.58	3.30
合　　计	3469.97	100.00

（二）水热资源

本区水资源丰富，河流纵横交错，河网密布，不对称的槽形谷地十分宽坦，河流都具有树枝状水系，流水侧蚀比纵蚀强烈，河曲明显，河谷中牛轭湖分布普遍。在宽阔的河谷平原，附带形成大面积的沼泽湿地。主要河流有注入额尔古纳河的海拉尔河、贝尔茨河和根河等；注入黑龙江的有呼玛河、阿木尔河和盘古河等；注入嫩江的主要有甘河、诺敏河、多布库尔河、欧肯河、奎勒河、绰尔河和伊敏河等。额尔古纳河为黑龙江上游，嫩江和松花江亦注入黑龙江入海。

本区年日照时数为2500～3155小时，≥10℃年积温为1100～2050℃，无霜期为90～110天。本区降水分布不均，自东南向西北逐渐递减，年降水量为350～1400毫米。每年11月到翌年4月的降水量不足全年的10%。夏季，本区东南季风活跃，南来的海洋湿润气流在北方气流的冲击下形成大量降水，造成这一时期的降水量可达全年降水量的85%～90%，相对湿度70%～75%，雨热同季，有利于林木的生长。

（三）森林资源现状

全区林业用地2612.15万公顷，占全区总面积的75.28%。林业用地中有林地面积2034.76万公顷，疏林地面积4.39万公顷，灌木林地面积34.38万公顷（其中特灌林地12.16万公顷），未成林造林地面积48.84万公顷，苗圃地面积0.43万公顷，无立木林地23.93万公顷，宜林地228.61万公顷，辅助生产林地面积236.81万公顷。有林地占本区林地面积的77.90%，森林覆盖率为58.99%。本区公益林面积1253.76万公顷，占有林地面积的61.62%，占林地面积的48.00%。具体见表1-3。

表1-3　各类土地面积统计表

类　别			面积（万公顷）
总　计			3469.97
林　地	合　计		2612.15
	有林地		2034.76
	疏林地		4.39
	灌木林地	小　计	34.38
		其中：特灌林地	12.16
	未成林造林地		48.84
	苗圃地		0.43
	无立木林地		23.93
	宜林地	小计	228.61
		宜林荒山荒地	72.19
		宜林沙荒地	0.02
		其他宜林地	156.40
	辅助生产林地		236.81
其中：公益林	小计		1253.76
	国家级公益林		666.65
	地方公益林		587.11
非林地			857.82

本区有林地面积2034.76万公顷，其中防护林1081.21万公顷，占有林地面积的53.13%；特用林172.55万公顷，占8.48%；用材林772.76万公顷，占37.98%；经济林8.08万公顷，占0.40%；薪炭林0.17万公顷，占0.01%。

本区乔木林总蓄积量14.88亿立方米，其中防护林蓄积量7.66亿立方米，占总蓄积量的51.52%；特用林1.34亿立方米，占8.48%；用材林5.87亿立方米，占37.98%；薪炭林0.001亿立方米，占0.01%。各林种面积和蓄积量分布见表1-4。

表1-4　乔木林各林种面积和蓄积量分布表

林　种	面积（公顷）	蓄积量（立方米）	面积百分比（%）	蓄积量百分比（%）
防护林	10812121	766469104	53.13	51.52
特用林	1725485	134437285	8.48	9.04
用材林	7727576	586542069	37.98	39.43
经济林	80808	0	0.40	0.00
薪炭林	1659	92304	0.01	0.01
合　计	20347649	1487540762	100.00	100.00

（四）野生动植物资源

本区野生动植物资源十分丰富，有陆生脊椎野生动物327种，其中兽类56种、鸟类250种、爬行类10种、两栖类11种。国家重点保护野生动物55种，其中国家I级保护野生动物有紫貂、貂熊、原麝、金雕、细嘴松鸡等16种，国家II级保护野生动物有黑熊、棕熊、水獭、猞猁、马鹿、驼鹿、花尾榛鸡等52种。本区野生维管束植物有201科681属1969余种，国家重点保护野生植物9种，其中国家I级保护野生植物有红豆杉、人参2种，国家II级保护野生植物有红松、水曲柳、紫椴、黄波罗、钻天柳、野大豆6种。

（五）湿地资源

本区湿地总面积474.36万公顷，湿地率为13.25%，其中自然湿地面积469.09公顷，占湿地总面积的98.87%，人工湿地5.27万公顷，占湿地总面积的1.13%。

自然湿地中沼泽湿地面积438.17万公顷，占湿地总面积的92.37%，占自然湿地面积的93.41%；河流湿地面积30.15万公顷，占湿地总面积的6.36%，占自然湿地面积的6.43%；湖泊湿地面积0.78万公顷，占湿地总面积的0.16%，占自然湿地面积的0.16%。

四、社会经济

全区人口总数为711.70万人（第六次人口普查数据），占全国总人口的0.53%，人口密度为21人/平方千米，其中农业人口304.97万人，少数民族31.99万人。

本区2013年国内生产总值（GDP）为2040.06亿元，占全国生产总值的0.36%。其中第一、二、三产业产值分别为748.48亿元、610.69亿元、637.96亿元，分别占本区国内生产总值的36.69%、29.94%、31.27%。各类牲畜年末存栏量合计为2738.26万头，其中大牲畜207.60万头。粮食总产量为143.82亿千克，单位面积产量为3276.3千克/公顷。农民年人均收入9933元，其中额尔古纳市农民年均收入最高，为17310元，最低的孙吴县仅为6716元，分布很不均衡。农村劳动力就业113.93万人。

本区城镇化水平为57.15%，略高于于全国52.57%的城镇化水平。其中，伊春区最高，为99.38%；庆安县最低，为17.61%。

第二节　生态功能定位

一、主体功能

按照《全国主体功能区规划》，本区属水源涵养型重点生态功能区，主体功能定位是：维护我国华北、东北生态安全的重要屏障，东北黑龙江、松花江、嫩江等水系及其主要支流的重要源头和水源涵养区，国家重要的木材资源战略储备基地。

二、生态价值

（一）我国华北、东北重要的生态安全屏障

本区森林覆盖率高，有林地所占比例大，活立木蓄积量大，是我国重要的碳汇区，在吸收二氧化碳、减缓气候变暖方面具有重要作用。大小兴安岭抵御着西伯利亚寒流和蒙古高原旱风的侵袭，使来自东南方的太平洋暖湿气流在此涡旋，具有调节气候、保持水土的重要功能，为东北平原、华北平原营造了适宜的农牧业生产环境，庇护了全国1/10以上的耕地和最大的草原。是维护我国华北、东北生态安全的重要屏障，是维护国家生态安全的重要组成部分，生态战略地位极为重要。

（二）水资源丰富，具有极为重要的水源涵养功能

本区水资源丰富，是黑龙江、松花江、嫩江等水系及其主要支流的重要源头和水源涵养区，对维护流域水体安全极为重要。区域内众多的河流、湖泊和库塘为东北地区工业、农业及居民生产生活用水提供了重要保障，对保证东北粮食主产区的农产品供给具有重要作用。本区拥有广袤的森林、草地和湿地，起到了极为重要的涵养水源、调节径流、净化水质和调蓄洪水的作用。区域内生态系统年涵养水源量为457.48亿立方米，森林、草地、湿地生态系统是区域涵养水源的主要载体。

（三）森林生态系统和生物多样性保护区域

本区地处我国第二阶梯与第一阶梯过渡区域，独特的气候、地理条件形成了森林、草原、湿地等多样的生态系统，是我国重要的寒温带生物基因库，分布着我国唯一的寒温带明亮针叶林群落，森林生态系统相对较为完整，稀有动植物繁多，物种多样性丰富，是许多珍稀动植物繁衍栖息地，对生物基因研究和物种创新具有重要的作用。

（四）我国重要的木材战略储备基地

我国经济社会发展对木材需求量不断增加，立足现有林地面积解决木材后备资源问题已成为紧迫而重大的战略任务。在我国各大林区中，大小兴安岭林区面积最大、地形地势相对平坦、人口相对较少、木材材质好，最适宜建设成为国家木材资源战略储备基地，对维护国家长远木材安全具有重大意义。

第三节　主要生态问题

一、森林生态系统退化

本区的森林在维护区域的生态安全、涵养水源、丰富生物多样性等方面起着重要作用，是我国生态安全的重要绿色屏障。目前区域内森林生态系统受到不同程度的破坏，退化趋势明显。主要表现：

（一）森林面积减少

开发建设以来，大小兴安岭森林遭受过度采伐，加上森林火灾、更新造林不足和毁林开荒等，导致森林过度消耗，森林面积大幅减少，有些地方森林消失，变为荒山秃岭。

（二）森林质量下降

区域内有林地面积2034.76万公顷，森林覆盖率为58.99%；森林总蓄积量14.88亿立方米，每公顷蓄积量为73.11立方米，低于全国平均水平89.79立方米/公顷。和全国森林资源变化的趋势一致，本区的森林面积呈现出增加的趋势，但主要表现在中幼龄林面积的增加，而成、过熟林面积所占比例呈下降的趋势，且森林资源结构不合理、森林质量较低，森林生态系统稳定性差，抗外界干扰能力和自我恢复能力低下，从而导致森林生态系统功能退化，易受到外界干扰而被破坏。

（三）自然灾害频发

森林、湿地生态系统的退化导致局部地区沙化加剧，洪涝、干旱、冻害、森林火灾和病虫等自然灾害频发，生态功能减弱。

二、湿地功能减弱

由于森林生态系统退化，加之受到城镇化建设、农田开垦、过度捕捞和采集、森林过度采伐和过牧等因素的影响，造成了湿地面积萎缩，地下水位下降，贮水量下降，涵养水源、调节降水和净化水质的功能减弱。

三、水环境污染加重

随着区域内经济的不断发展，村镇人口不断集中，人类活动对生态环境的干扰加剧。水域沿线居民生活污水和工业废水排入江河，农药、化肥、畜禽养殖等面源污染加剧，使江河中氮、磷、钾等含量上升，水体出现富营养化，造成水环境污染加重。

四、生物多样性保护形势严峻

由于林区森林减少、湿地退化、草地沙化、水土流失、环境污染和气候变暖，以及人们对野生动植物非法猎取、野蛮采集等因素影响，造成了生物物种栖息环境的改变，导致野生动物栖息地面积减少，种群数量下降，遗传多样性衰退，一些动物濒于灭种的边缘，野生植物种群分布、蕴藏量和结实率下降，野生植物对区域生态平衡支持能力趋弱，生物多样性保护形势严峻。

第四节　生态保护与建设现状

一、生态工程建设

（一）林业生态工程建设

林业工程是生态工程建设的重要组成部分，本区实施与建设的国家重大林业生态工程项目有退耕还林工程、天然林资源保护工程、三北防护林工程、野生动植物保护及自然保护区建设工程、湿地保护与恢复工程、公益林建设、荒山造林等，2005～2013年各项工程累计实际投资224.51亿元，其中国家投资162.21亿元，地方投资60.30亿元。

2005～2013年，本区纳入中央财政森林生态效益补偿的面积285.14万公顷，纳入天然林资源保护工程面积1660.28万公顷；退耕还林工程117.61万公顷；公益林保护与建设31.47万公顷；三北防护林工程19.80万公顷；建立了11个国家级自然保护区，25个国家级森林公园，3个国家湿地公园，3个国家地质公园，2个国家级风景名胜区，总面积226.07万公顷，占全区总面积的6.52%。

各项林业生态工程的实施为本区生态恢复和治理创造了良好条件，取得了巨大的成效，但工程投资普遍偏低，森林防火、有害生物防治、水电路等配套设施不完善，影响了工程整体效益发挥。

（二）其他生态工程建设

本区内，农业、水利、环保、国土和气象等部门为推进区域生态环境建设也先后实施了山洪、火灾、滑坡等自然灾害预警防治项目，水土流失综合治理，小流域综合治理，农村清洁能源建设，农村综合环境整治工程，垃圾、污水处理设施建设等一系列生态建设工程。

二、国家重点生态功能区转移支付

配合《全国主体功能区规划》战略实施，中央财政实行了重点生态功能区转移支付政策。2013年，国家对本区的财政转移支付18.88亿元，其中用于生态环境保护特殊支出补助1.69亿元，禁止开发区补助8.11亿元，省级引导性补助1.11亿元，其他7.98亿元。财政转移支付资金中，用于生态工程建设资金4.78亿元，禁止开发区建设0.99亿元，生态环境治理建设资金4.75亿元，民生保障及公共服务建设资金8.36亿元。

从政策实施情况看，财政转移支付资金用于生态保护与建设的资金规模还远不能满足本区生态保护与建设需要。

三、生态保护与建设总体态势

目前，大小兴安岭森林生态功能区生态呈现改善趋势，但区域内森林质量不高，森林生态系统不稳定、涵养水源能力偏低。今后一个时期，该区既要满足人口增长、城镇化发展、经济社会发展所需要的国土空间，又要为保障农产品供给安全而保护耕地，更要保障区域生态安全、应对环境污染和气候变化，保持并扩大绿色生态空间，生态保护与建设面临诸多挑战，任务仍然艰巨。

第二章 指导思想与原则目标

第一节 指导思想

全面贯彻党的十八大精神，深入学习贯彻习近平总书记系列重要讲话精神，落实《全国主体功能区规划》《中共中央 国务院关于加快推进生态文明建设的意见》《生态文明体制改革总体方案》的功能定位和建设要求，以提升大小兴安岭森林生态功能区生态服务功能、构建生态安全屏障为目标，尊重自然，积极保护，科学恢复，综合治理，努力增加森林、湿地、草地等生态用地比重，优化森林、湿地、草地等生态系统结构，提高森林资源质量，提升区域生态承载力，增强生态综合功能和效益。充分发挥资源优势，强化科技支撑，协调好人口、资源、生态与扶贫的关系，把该区建设成为生态良好、生活富裕、社会和谐、民族团结的生态屏障区，为东北乃至国家经济社会全面协调发展提供生态安全保障。

第二节 基本原则

一、全面规划、突出重点

保障和提升大小兴安岭森林生态功能区生态系统稳定性是一项复杂的系统工程，将区域内的森林、湿地、草地、农田等生态系统都纳入规划范围，以增强水源涵养能力为重点，协调推进各类生态系统的保护与建设。根据本区的特点和主体功能，以森林、湿地、草地、农田生态系统为生态保护与建设的重点。

二、合理布局、分区施策

该区自然条件差别大，不同区域的生态问题不同，相应建设手段与措施也存在差异，规划在与原有规划对接前提下，进行合理的分区和布局，分区采取针对性的保护和治理措施，合理安排各项建设内容。

三、保护优先、科学治理

在充分考虑人类活动与生态系统结构和服务功能相互作用关系的基础上，根据规划区域生态问题、生态敏感性、生态系统服务功能重要性，加强大小兴安岭森林生态功能区的生态保护，巩固已有建设成果，尊重自然规律，确定规划布局、建设任务和重点。

四、以人为本、改善民生

正确处理保护与发展、生态与民生、生态与产业的关系，创新发展机制、保护与建设模式，保障生态建设质量。将生态文明建设融入经济建设、政治建设、文化建设、社会建设各方面和全过程，增强区域经济社会发展能力，改善民生，促进区域经济社会可持续发展。

第三节　规划期与规划目标

一、规划期

规划期为2015～2020年。

二、规划目标

总体目标：在保护好现有森林植被的前提下，以提升水源涵养能力为中心，以森林资源和生物多样性保护为重点，到2020年水源涵养能力得到一定提升，生态用地得到严格保护，森林面积增加，森林覆盖率和森林蓄积量得到提高，农民收入增加，配套基础设施建设逐步完善，生态监管能力提升，人地矛盾得到缓解，区域经济发展结构得到优化，初步建设成为生态良好、生活富裕、社会和谐、民族团结的生态区域。

具体目标：到2020年生态用地比例达到83.21%，森林覆盖率达到63.51%，森林蓄积量达到16.02亿立方米，年涵养水源量615.31亿立方米，年固土量8.68亿吨，自然湿地保护率达到31.84%，初步建立完善的生物多样性保护体系、生态扶贫体系、基本公共服务体系和生态监管体系，具体见表1-5。

表 1-5 主要指标

主要指标	2013 年	2020 年
水源涵养能力建设		
生态用地比例（%）	82.85	83.21
森林覆盖率（%）	58.99	63.51
森林蓄积量（亿立方米）	14.88	16.02
年涵养水源量（亿立方米）	571.48	615.31
年固土量（亿吨）	8.06	8.68
自然湿地保护率（%）	24.34	31.84
湿地植被恢复（万公顷）	—	26.50
湿地保护与恢复工程（万公顷）	—	35.60
生物多样性保护		
新建自然保护区（处）	—	6
新建森林公园（处）	—	4
新建湿地公园（处）	—	5
新建地质公园（处）	—	1
生态扶贫建设		
建设生态产业基地（万公顷）	—	25
林农培训（万人）	—	5
基本公共服务体系建设		
防灾减灾体系	—	初步建成
基础设施建设	—	初步完善
生态监测体系	—	初步建成

第三章　总体布局

第一节　功能区划

一、布局原则

按照经济发展与生态保护相协调、地理环境完整性与土地生态功能相结合的原则，根据地形地貌和生态系统的差异性，按照《全国主体功能区规划》的要求，从生态保护与建设的发展目标出发，对大小兴安岭森林生态功能区进行区划。

二、分区布局

大小兴安岭森林生态功能区分为水源涵养区、生物多样性保护区、水土流失控制区，各分区面积及占全区百分比见表1-6。

表 1-6　生态保护与建设分区表

区域名称	行政范围	面积（万公顷）	资源特点
水源涵养区	黑龙江省木兰县、通河县、伊春区、南岔区、友好区、西林区、翠峦区、新青区、美溪区、金山屯区、五营区、乌马河区、汤旺河区、带岭区、乌伊岭区、红星区、上甘岭区、铁力市、嘉荫县、暖珲区、嫩江县、孙吴县、逊克县、北安市、五大连池市、绥棱县、庆安县	1047.88	拥有大面积的森林，河流、湖泊和库塘湿地众多，水资源极为丰富
生物多样性保护区	内蒙古自治区牙克石市、根河市、额尔古纳市、鄂伦春自治旗，黑龙江省加格达奇区、松岭区、新林区、呼中区、呼玛县、塔河县、漠河县	1935.35	拥有大面积森林、草原、湿地，分布着我国唯一的寒温带明亮针叶林群落，森林生态系统较为完整，稀有动植物繁多，物种多样性丰富

区域名称	行政范围	面积（万公顷）	资源特点
水土流失控制区	内蒙古自治区阿荣旗、莫力达瓦达斡尔族自治旗、扎兰屯市、阿尔山市，黑龙江省甘南县	486.74	水土流失和土地沙化较为严重，地质灾害频发，生态系统出现退化
合计		3469.97	

（一）水源涵养区

本区位于小兴安岭山脉，包括黑龙江省木兰县、通河县、瑷珲区、嫩江县、孙吴县、逊克县、北安市、五大连池市、伊春区、南岔区、友好区、西林区、翠峦区、新青区、美溪区、金山屯区、五营区、乌马河区、汤旺河区、带岭区、乌伊岭区、红星区、上甘岭区、铁力市、嘉荫县、绥棱县、庆安县共27个县（市、区）。区域内水资源丰富，水源涵养能力突出，区域生态主导功能是保护林地、湿地，涵养水源。

（二）生物多样性保护区

本区位于大兴安岭山脉北部，包括内蒙古自治区牙克石市、根河市、额尔古纳市、鄂伦春自治旗以及黑龙江省大兴安岭地区加格达奇区、松岭区、新林区、呼中区、呼玛县、塔河县、漠河县共11个县（市、区、旗）。区域内拥有森林、草地、湿地多样且较为完整的生态系统，物种多样性丰富。分布的寒温带针叶林，与北半球的其他寒温带针叶林一起构成地球的重要生物资源，形成我国北方松嫩平原生态屏障，是我国重要的木材生产基地之一。区域生态主导功能是保护生物多样性和寒温带森林生态系统。

（三）水土流失控制区

本区位于大兴安岭山脉南部，包括内蒙古自治区阿荣旗、莫力达瓦达斡尔族自治旗、扎兰屯市、阿尔山市以及黑龙江省甘南县共5个县（市、旗）。区内人为活动频繁，滥垦滥牧，天然植被遭到破坏，森林、草地、湿地生态系统退化，水土流失和土地沙化严重。区域生态主导功能是控制水土流失。

第二节　建设布局

一、水源涵养区

（一）区域特点

土地面积1047.88万公顷，人口355.24万人，人口密度为0.3人/公顷。森林覆盖率

56.50%。森林面积592.05万公顷，草地39.95万公顷，湿地274.18万公顷。湿地面积占本区湿地总面积的58.00%。区域生态系统水源涵养能力为322.88亿立方米。

（二）主要问题

由于城镇化建设、农田开垦、过度捕捞和采集、森林过度采伐和过牧等因素，造成了森林、草地、湿地面积减少，区域生态系统退化，水源涵养能力减弱。

（三）建设重点

对现有植被加强保护，禁止资源过度开发，规划采取综合措施，完善生态系统结构，通过实施人工造林、封山育林、低效林改造和采用退耕还林还草、坡耕地治理、植被恢复、湿地恢复等生态修复手段，提高森林质量，扩大湿地面积，提升区域内的水源涵养能力。

二、生物多样性保护区

（一）区域特点

土地面积1935.35万公顷，人口196.98万人，人口密度为0.1人/公顷。森林覆盖率63.72%。森林面积1233.21万公顷，草地146.59万公顷，湿地166.03万公顷。湿地面积占本区湿地总面积的35.00%。区域生态系统水源涵养能力为205.73亿立方米。

（二）主要问题

生物多样性降低。人为活动对原生型森林生态系统以及野生动植物栖息地破坏加剧，一些极小种群数量减少，分布位点也逐渐减少，生物多样性降低。

保护设施严重不足。国家级自然保护区和国家森林公园的森林防火、有害生物防治、生态监测、管护站以及封禁保护等设施严重不足。在监测盲区，野生动植物滥捕滥采行为仍有发生。

生态网络尚未形成。国家级自然保护区和国家森林公园范围内的自然生态走廊未得到有效保护，也没有形成生态网络体系。

（三）建设重点

对现有植被加强保护，禁止资源过度开发，规划采取综合措施，完善生态系统结构，通过实施人工造林、封山育林、低效林改造、退耕还林还草、植被恢复、湿地恢复等生态修复手段，扩大湿地面积，提高森林质量，加强自然保护区、森林公园建设，加强生物多样性及特有的寒温带森林生态系统的保护。

三、水土流失控制区

（一）区域特点

土地面积486.74万公顷，人口108.34万人，人口密度为0.2人/公顷。森林覆盖率45.54%。森林面积221.68万公顷，草地76.29万公顷，湿地42.68万公顷。湿地面积占本区湿地总面积的7.20%。区域生态系统水源涵养能力为322.88亿立方米。

（二）主要问题

水土流失严重。本区水土流失163.44万公顷，占本区水土流失总面积的47.36%。

能源和矿产资源开采过度。矿区分布较多，矿区废弃物和尾矿水对水源污染较重，矿区开采对山体和自然植被破坏较为严重。

森林面积减少，森林质量不高。中幼龄林比例为64.6%，郁闭度0.2～0.4的森林面积占森林总面积的21.2%。

（三）建设重点

保护现有植被，采用人工造林、退耕还林还草、封山育林等生态修复手段，提升森林生态系统稳定性；实施小流域综合治理、植被恢复建设和水土保持工程措施，防治区域水土流失和土地沙化。

第四章 主要建设内容

第一节 水源涵养能力建设

一、森林生态系统保护与建设

继续加强天然林资源保护工程、退耕还林工程、三北防护林体系建设工程等林业生态工程建设。

强化森林保护与管护。推进天然林资源保护和国家级公益林管护，按照管护面积、管护难易程度等标准，采取不同的森林管护方式，建立健全管护机构、人员和相关制度，培训管护人员，落实管护责任，实现森林资源管护全覆盖，提升森林质量和数量。加强以林地管理为核心的森林资源林政管理，加大资源监督检查和执法力度。

加强森林资源培育。深入开展人工造林和退耕还林，加快推进三北防护林体系工程建设。

本区森林覆盖率已达58.99%，林业发展的潜力除了继续扩展林地面积外，更应注重林地生产力的提高。全面加强森林经营管理，加大森林抚育力度，开展低质低效林改造，提高林地生产力；大力开展封山育林，促进森林正向演替。

规划建设任务如下：

（一）森林管护

加强天然林和公益林管护，将未纳入国家级公益林管护的593.55万公顷公益林纳入管护范围；维修和新建巡护路2250千米，建设完善管护站点基础设施1036处。

（二）人工造林

结合天然林保护工程、退耕还林工程，规划实施人工造林118.00万公顷。

该区域内易于造林的地方基本已经完成造林，剩余尚未造林的无立木林地、宜林地立地条件差，造林难度大，建议提高造林标准。

（三）退耕还林还草

严格按照国家有关规定，在保证基本农田面积不减少的情况下，对未纳入基本农田保护的25度以上的坡耕地实施新一轮退耕还林还草工程，营造水土保持林、水源涵养林和经济林等。在尊重农民意愿的前提下，基本实现应退尽退。规划退耕还林还草12.50万公顷。

（四）封山育林

结合天然林保护工程、退耕还林工程，规划建设面积85.78万公顷。

符合下列条件之一的地段可进行封山育林：①主山脊分水岭往下300米范围以内；②急坡（坡度≥36度）及以上，不宜坡改梯或水平带整地；③岩石裸露或土层浅薄，人工造林易引起水土流失的地段；④依靠自然力并适度辅以人工措施可以在5年内成林；⑤国家、地方重点保护野生动植物栖息地或分布较多地段。

（五）中幼林抚育

规划中幼林抚育面积610.43万公顷。严格控制抚育采伐的面积审批，加强抚育采伐管理，制止以取材为目的的抚育采伐。

（六）低质低效林改造

本区建群树种相对较多，但表现不突出；乔木林幼、中龄林比重过大；郁闭度0.4以下林分占林分面积的12.34%；林分每公顷蓄积量为73.11立方米，用材林每公顷蓄积量为75.90立方米，低于全国林分每公顷蓄积量89.79立方米。低质低效纯林过多，林地质量中等，林地生产力低。规划低质低效林改造面积320.22万公顷。

（七）保障公益林面积

本区有公益林面积1253.76万公顷，占林地面积的48%，公益林面积比例较全国56%的平均水平偏低。从有利于提升森林质量、涵养水源、防治水土流失出发，提升公益林面积比例。

专栏 1-1　森林生态系统保护与建设

01　森林保护
　　加强天然林和公益林的管护，增加593.55万公顷公益林管护。维修和新建巡护路2250千米，完善1063个管护站点的基础设施。

02　森林培育
　　加强森林培育，人工造林118.00万公顷；退耕还林还草12.50万公顷；封山育林85.78万公顷；中幼林抚育610.43万公顷；低质低效林改造320.22万公顷；保持公益林面积稳定。

二、湿地生态系统保护与建设

严格控制城市建设和工矿区建设占用湿地资源。严禁新建重污染企业，关闭或搬迁所有污染企业。加大对农业面源污染的治理力度。控制农牧民对湿地的开垦和占有，继续推进湿地保护与恢复工程，强化湿地保护与管理能力建设。对重点湿地采取湿地植被恢复、设立保护围栏、有害生物防控等综合措施，开展湿地保护与恢复。规划主要建设内容如下：

湿地植被恢复：在重点湿地实施湿地植被恢复26.50万公顷。

湿地保护与恢复工程：在重要湿地、湿地公园通过工程措施和生物措施，实施35.60万公顷湿地保护与恢复工程。

专栏 1-2　湿地生态系统保护与建设
01　湿地植被恢复 湿地植被恢复 26.50 万公顷。
02　湿地保护与恢复 实施湿地保护与恢复工程 35.60 万公顷。
03　湿地水生态保护与修复 区域内的重要湿地构建水系连通和循环体系。
04　湿地保护能力建设 完善湿地保护设施，进行宣传和执法能力建设。

三、水土流失综合治理

以小流域为单元，以治理水土流失、土地沙化、保护土地资源、提高土地生产率为目标，采取山、水、林、田、路综合治理，合理配置生物措施、工程措施和农业技术措施。对废弃矿区进行土地平整、表土覆盖，通过植树种草，完成植被恢复。

规划主要建设内容：

坡耕地治理：对坡度25度以下的坡耕地因地制宜实施坡改梯和保土耕作措施，减少水土流失。规划坡耕地治理11.50万公顷。

矿区植被恢复：对废弃工矿地实施复垦利用工程，进行植被恢复。规划实施工矿区废弃地植被恢复5.40万公顷。

专栏 1-3　水土流失综合治理
01　坡耕地治理 规划坡耕地治理 11.50 万公顷。
02　矿区植被恢复 规划实施工矿区废弃地植被恢复 5.40 万公顷。

第二节　生物多样性保护与建设

一、资源调查

本区独特的气候、地理条件孕育了丰富的生物多样性，生态系统类型多，野生动植物资源极为丰富，但存在生物多样性资源普查工作滞后、资源底数不清的情况，珍稀野生动植物种群数量、分布位点不清楚，需要全面开展资源调查工作，建立数据库，为进一步保护和保存生物多样性提供依据。

二、禁止开发区域划建

本区森林和湿地资源丰富，急需加强森林生态系统、珍贵稀有原生动物群体、植物群落和生物多样性保护。

（一）自然保护区

继续推进国家级自然保护区建设。对于典型自然生态系统和极小种群野生植物、极度濒危野生动物及其栖息地，要加快划建为国家级自然保护区。进一步界定核心区、缓冲区和实验区的范围，统一管理主体。依据国家及地方有关法律法规以及自然保护区规划，按照核心区、缓冲区和实验区实行分类管理。

本区有国家级自然保护区11处。规划新建自然保护区6处。

（二）森林公园

推动森林公园建设，完善现有森林公园保护能力建设，对已经成立的森林公园，督促完成森林公园总体规划，并按核心景观区、一般游憩区、管理服务区和生态保育区分类管理。对资源具有稀缺性、典型性和代表性的区域要加快划建国家级森林公园，加强森林资源和生物多样性保护。在核心景观区、一般游憩区、管理服务区内按照合理游客容量开展适宜的生态旅游和科普教育。除必要的保护设施和附属设施外，禁止与保护无关的任何生产建设活动。

本区有国家级森林公园25处，规划新建4处森林公园。

（三）湿地公园

本区河流、库塘、沼泽等湿地资源极为丰富，要加快湿地公园建设，发挥湿地的多种功能效益，开展湿地合理利用。湿地公园建设要符合国家及省市相关法律法规以及湿地公园规划，以开展湿地保护恢复、生态游览和科普教育为主，建设必要的保护设施和附属设施，禁止随意改变用途。本区有国家湿地公园3处，规划新建湿地公园5处。

（四）地质公园

规划区特殊的地质地貌造就了极为独特的地质景观，充分挖掘地质景观的资源优势，建设国家地质公园。加强对特有地质资源及其周边生态环境的保护。本区有国家地质公园5处，规划建设地质公园1处。

（五）风景名胜区

充分利用区域资源优势，建设国家级风景名胜区。在保护景物和自然环境的前提下，建设旅游设施及其他基础设施，开展生态旅游，促进区域经济发展，实现生态扶贫。

专栏1-4　生物多样性保护与建设
01　自然保护区 完善自然保护区保护设施建设，新建自然保护区 6 处。
02　森林公园 完善森林公园保护设施建设，新建森林公园 4 处。
03　湿地公园 新建湿地公园 5 处。
04　地质公园 加强地质景观保护，新建地质公园 1 处。
05　风景名胜区 完善国家级风景名胜区设施建设。

第三节　生态扶贫建设

一、生态产业

围绕十八大提出的"五位一体"的总体布局，扶持高效生态产业的发展。根据不同的自然地理和气候条件，坚持因地制宜、突出特色、科学经营、持续利用原则，充分发挥区域良好的生态状况和丰富的资源优势，转变和创新发展方式，调整产业结构，积极发展森林公园、自然保护区实验区、湿地公园和地质公园森林旅游产业基地，引导森林之家、森林旅游示范区、示范村建设，发展特色森林旅游产品，将森林旅游业培育成第三产业的龙头；扶持发展食用菌产业和特色山野菜产业；合理保护和开发野生林产品资源，提高蓝莓等野生浆果产业化水平；积极发展以有机大豆为主的特色种植业，建设全国脱毒马铃薯繁种基地和无公害大豆等生产基地；发展貂、狐等珍贵皮毛动物和鹿、林蛙等特种经济动物养殖业，建设林区特色珍稀动物养殖基地，促进农民和林区职工增收致富。实施农村清洁能源建设，将传统的以烧柴为主的能源利用方式改成以电、天然气和太阳能为主的能源利用方式。积极发展生物质能源，加大农林剩余物的开发利用，发展生态循环经济。

建设特色经济林基地，包括野生蓝莓、红豆、中药材、菌类、马铃薯等共25万公顷。规划鹿、野猪、狐、貂等野生动物养殖基地共10万公顷。规划建设清洁能源改造21.5万户。

二、技能培训

针对管理人员、技术人员和林农开展培训，使管理人员和技术人员熟悉规划涉及的各生态工程建设内容、技术路线及项目管理，林农掌握相关技术和技能。

规划培训管理人员0.2万人，技术人员1万人，林农5万人。

三、人口易地安置

与国家集中连片特困地区区域发展和扶贫攻坚规划相衔接，对自然保护区核心区和缓冲区，以及水土流失严重、生存条件恶劣地区实施生态移民。对生态移民实行集中安置，积极引导就业。

规划人口易地安置4.5万人。

专栏1-5　生态扶贫建设
01　特色经济林及野生动植物养殖 　　建设特色经济林基地，包括野生蓝莓、红豆、中药材、菌类、马铃薯等共25万公顷。规划鹿、野猪、狐、貂等野生动物养殖基地共10万公顷。
02　农村清洁能源 　　实施农村清洁能源建设，规划建设清洁能源改造21.5万户。
03　技能培训 　　培训管理人员0.2万人，技术人员1万人，林农5万人。
04　人口易地安置 　　对居住在自然保护区核心区和缓冲区的居民以及水土流失严重地区的居民实施生态移民，规划人口易地安置4.5万人。

第四节　基本公共服务体系建设

一、防灾减灾

（一）森林防火体系建设

进一步完善防火预警监测系统、防火阻隔系统、防火道路系统、防火指挥系统等建设，配备扑火专业队伍和半专业队伍，完善扑救设施设备。

建设森林防火监测站43个、瞭望塔86座，购置扑火设备9000套。

（二）有害生物防治

完善有害生物检验检疫机构和体系，建立有害生物预测预报制度。提高区域有害生物防灾、御灾和减灾能力。有效遏制森林病虫害发生。重点建设有害生物预警、监测、检疫、防控体系等基础设施和设备。

建设有害生物测报站43处、检疫中心43处。

（三）地质灾害防治

积极推进地质灾害综合多发区域综合治理工程，针对不同类型地质灾害，采取不同的治理措施。同时要采取地质灾害预警监测、避险转移、预案编制与实施等非工程措施，建立地质灾害预警监测系统，及时发布信息，减少居民生命财产损失。

设立群测群防点860个，建设县级地质灾害应急响应中心43处。

（四）气象灾害防治

建立和完善气象灾害预警体系，增强防灾减灾能力建设。完善无人生态气象观测站和土壤水分观测站布局，合理配置增雨作业系统，改扩建人工增雨标准化作业点，提高气象条件修复生态能力。

二、基础设施

完善林区和农村道路交通系统。逐步将林区和农村给排水、供电和通讯接入市政管网。继续推进标准化规模养殖场、农村新能源、中央农村环保专项资金环境综合整治，减轻污染负荷；逐步完成新能源改造，集中治理城集镇生活污水和垃圾，实现固体废弃物全部统一集中处理，完成棚户区改造。

专栏1-6　基本公共服务体系建设
01　森林防火体系建设 建设森林防火监测站43个、瞭望塔86座，购置扑火设备9000套。
02　有害生物防治 建设有害生物测报站43处、检疫中心43处。
03　地质灾害防治 对滑坡、崩塌、泥石流、不稳定斜坡和地面塌陷等地质灾害进行综合防治。设立群测群防点860个，建设县级地质灾害应急响应中心43处。
04　气象灾害防治 实施生态服务型人工影响天气工程。
05　林区和农村基础设施建设 完善道路交通系统，逐步实现林区和农村给排水、供电、通信接入市政管网，完善固定废弃物等处理设施。

第五节　生态监管

一、生态监测

与现有生态监测体系相衔接，以现有监测台（站）为基础，合理布局、补充监测站点，采用卫星遥感、地面调查和定点观测相结合的办法，制定统一的生态监测标准与规范，对森林资源、湿地资源和生物多样性动态等进行动态监测，形成区域生态系统监测网。建立信息共享平台，制定监测数据的定期上报制度，重大生态问题及时上报，定期发布生态保护建设报告。建立生态功能评估体系，定期、系统评价生态功能，开展生态预警评估和风险评估。

二、空间管制与引导

（一）落实主体功能定位

全面落实《全国主体功能区规划》提出的主体功能定位要求，在禁止开发区域内，实行强制性保护；在限制开发区内，实行全面保护。

（二）划定并严守区域生态保护红线

大面积的湿地和天然林资源是本区主体功能的重要载体，要落实生态屏障区、水土流失防治区、水源涵养区的建设重点，划定区域生态保护红线，实施监管并严守生态保护红线。

确保现有天然林和湿地面积不能减少，并逐步扩大。严禁改变生态用地用途，人类活动占用的空间控制在目前水平，形成"点状开发、面上保护"空间格局。

（三）引导超载人口转移

结合新农村建设和生态移民，每个县重点建设1～2个重点城镇，建设成为易地保护搬迁和易地扶贫搬迁人口的集中安置点、特色产业发展集中点、游客集散地和基本生活服务集聚点，以减轻人口对区域生态的压力。

三、绩效评估

实行生态保护优先的绩效评价，强化对大小兴安岭森林生态功能区水源涵养及区域生物多样性保护能力的评价，考核指标包括生态用地占比、森林覆盖率、森林蓄积量、自然湿地保护率等指标。

本区包含的禁止开发区域，要按照保护对象确定评价内容，强化对自然文化资源原真性和完整性保护情况的评价，包括依法管理的情况、保护对象完好程度以及保护目标实现情况等。

第五章　政策措施

第一节　政策需求

一、生态补偿补助政策

进一步提高森林生态效益补偿标准，完善森林生态效益补偿制度。按森林生态服务功能的高低和重要程度，实行分类、分级的差别化补偿。

进一步加大湿地保护与投入力度，扩大湿地生态效益补偿试点范围，提高补偿标准，提高补偿资金的使用效率。

建立完善碳汇补偿机制试点。本区的森林和湿地既是我国东北地区生态屏障的重要组成部分，也是一个巨大的储碳库。建议尽快启动大小兴安岭地区碳汇补偿机制试点，并加大对其倾斜和扶持力度，不断增强和提高该区森林湿地固碳增汇能力。

加大林木良种、珍贵树种培育、森林抚育、低质低效林改造等中央财政补助政策。在停止天然林商品性采伐后，要进一步加强和实施国有林区森林管护和中幼林抚育、低质低效林改造中央财政补助政策，研究支持国有林区水、电、路、气等基础设施建设的政策措施，加大棚户区改造及配套设施支持力度。

加大《大小兴安岭林区生态保护与经济转型规划》中大小兴安岭林区生态环境建设与保护相关工程建设力度，继续推进天然林保护工程的顺利实施，提高工程建设标准和生态补偿力度。

二、人口易地安置配套扶持政策

在土地方面，可考虑凡用于安置的土地，属国有的，无偿划拨；属集体的，适当补偿；属农户承包的，依法征用，按标准补偿。在税费方面，可考虑涉及易地搬迁过程中的行政规费、办证等费用，除工本费以外全部减免，税收也可考虑变通免收；配套工程的设计、安装、调试等费用一律减免。对搬迁移民优先进行技能和技术培训，安排上岗；优先办理用于生产的小额贷款。在医疗、子女入学等方面与当地居民享受同等待遇。

三、国家重点生态功能区转移支付政策

（一）制定必要的生态补偿横向转移支付政策

为了确保区域经济社会协调发展，缩小地区差异，应加大国家重点生态功能区转移支付力度，通过科学、规范、稳定的生态补偿横向转移支付手段，缩小地区间差异，特别要扶持经济不发达地区和老、少、边、穷地区发展。同时，加强发达地区对不发达地区的对口支援，探索将地区间的对口支援关系以法律法规的形式固定下来，明确各对口关系的援助条件与金额，规范区域补偿的运作。

（二）加大均衡性转移支付力度

适应大小兴安岭森林生态功能区要求，加大均衡性转移支付力度。继续完善激励约束机制，加大奖补力度，引导并帮助地方建立基层政府基本财力保障制度，增强基层政府实施公共管理、提供基本公共服务和落实各项民生政策的能力。在测算均衡性转移支付标准时，应当考虑属于地方支出责任范围的生态保护支出项目和自然保护区支出项目，加大均衡性转移支付力度。逐步建立政府投入和社会资本并重，全社会支持生态建设的生态补偿机制，建立健全有利于切实保护生态的奖惩机制。

（三）提高对农林产品主产区的相关专项转移支付补助比例

提高对农林产品主产区的相关专项转移支付补助比例，加大农业、林业、水利、基础设施、科技、交通等的投入，改善农林业生产基本条件，进一步提高农林业生产效率，全面落实中央各项强农惠农补贴政策。

（四）强化转移支付资金使用的监督考核与绩效评估

按照国家相关规定，统筹安排使用转移支付资金。加强资金使用的绩效监督和评估，杜绝挪用转移支付资金现象，提高转移支付资金使用效率。

第二节　保障措施

一、法制保障

大小兴安岭森林生态功能区的生态保护与建设工作必须严格执行《中华人民共和国森林法》《中华人民共和国森林法实施条例》《中华人民共和国水土保持法》《中华人民共和国防沙治沙法》《中华人民共和国水土保持法实施条例》《中华人民共和国环境保护法》《中华人民共和国土地管理法》《中华人民共和国野生动物保护法》《中

华人民共和国自然保护区条例》《国家级公益林管理办法》《国家重点生态功能区转移支付办法》及地方各相关法规条例等。普及法律知识，增强法律意识，约束人们严格遵守法律法规。

大小兴安岭森林生态功能区内各级政府制定重大经济技术政策、社会发展规划、经济发展规划、各项专项规划时，要依据生态功能区的功能区划和功能定位，充分考虑生态功能的完整性和稳定性。确定合理的生态保护与建设目标、制订可行的方案和具体措施，促进生态系统的恢复、增强生态系统服务功能，为区域生态安全和区域的可持续发展奠定生态基础。

尽快健全执法依据，使本区的管护工作纳入法制管理轨道。实行监督、质量保障制度，对已完和未完的工程进行竣工验收和阶段验收，严格监督管理，对不合格的地方进行返工重建。

二、组织保障

实行规范化管理，建立完善各项管理制度，使本区的各项工作纳入法制化轨道，做到有法可依、有章可循。明确本区管理机构的职责和执法范围等，建立领导责任制度、目标管理制度、财务管理制度和信息反馈制度等，不断完善优秀人才引进制度、质量检查验收制度、工程违规举报制度、环境影响评价制度等，逐步实现管理的法制化、科学化、系统化，提高管理水平。

对重点生态功能区的生态功能及其保护状况定期组织评估和考核，并公布结果。考核结果纳入功能区所在地领导干部任期考核目标，对任期内生态功能严重退化的，要追究其领导责任；对造成生态功能破坏的项目，要追究项目法人的责任。

加强生态保护宣传教育。积极宣传和普及生态环境保护知识教育。注重对党政干部、新闻工作者和企业管理人员的培训。完善信访、举报和听证制度，调动广大人民群众和民间团体参与资源开发监督。

三、资金保障

应发挥政府投资的主导作用，中央和地方各级政府要加强对重点生态功能区生态保护和建设资金投入力度，每五年解决若干个重点生态功能区的突出问题和特殊困难。国家进一步加大重点生态功能区生态保护与建设项目的支持力度，促进规划顺利实施。政府应当根据重点生态功能区的定位合理配置公共资源，同时充分发挥市场配置资源的基础性作用，调动各类市场经济主体参与生态保护与建设的积极性。政府在基本公共服务领域的投资要优先向重点生态功能区倾斜。鼓励和引导民间资本投向营造林、生态旅游等生态产品的建设事业。鼓励向符合主体生态功能定位的项目提供贷款，加大资金投入。

四、科技保障

高度重视林业科技推广工作,坚持科技兴林,积极引进、培育优良品种,推广新技术,普及新理念,提高土地生态、社会和经济效益。加强高层次人才队伍建设,强化专家队伍建设,以经验丰富的专家队伍带领本区的行业人才,推动本区的生态保护与经济发展双赢。着力开展各种形式的技术培训班,以科技进步带动生态保护和产业发展。加强与科研院所、高等院校的科技扶持与协作,发展高科技农林业,努力让项目区走高科技生态保护与发展道路。

建立结构完整、功能齐全、技术先进的生态功能区管理信息系统,与政府电子信息平台相联结,提高各级生态管理部门和其他相关部门的综合决策能力和办事效率。

五、考核体系

将水源涵养、区域生物多样性保护能力指标作为大小兴安岭森林生态功能区范围内政府考核的主体,实行生态保护优先的绩效评价,强化对提供生态产品能力的评价,弱化对工业化城镇化相关经济指标的评价,主要考核生态用地占比、森林覆盖率、森林蓄积量、水源涵养能力、自然湿地保护率等指标,不考核地区生产总值、投资、工业、农产品生产、财政收入和城镇化率等指标。

建立健全相关生态保护建设考核评价综合指标体系,提高其在整个考核体系中的权重;建立并实施独立的生态保护建设考核制度,将考核结果作为党政干部提拔重用的重要依据,确保"一票否决"的落实。

此外,还可健全生态文明激励机制,加大对发展循环经济的政策扶持。建立生态贡献表彰奖励制度,建立企业生态信用制度,将企业生态文明建设责任落实情况等作为推荐银行信贷、上市融资、参与政府采购、获得政府补贴的重要依据;建立群众低碳出行、垃圾分类清理、适度消费等奖惩制度。

附表

大小兴安岭森林生态功能区禁止开发区域名录

名　称	行政区域	面积（公顷）
自然保护区		
丰林国家级自然保护区	伊春市五营区	18165
凉水国家级自然保护区	伊春市带岭区	12133
乌伊岭国家级自然保护区	伊春市乌伊岭区	43824
红星湿地国家级自然保护区	伊春市红星区	111995
大沾河湿地国家级自然保护区	逊克县	211618
胜山国家级自然保护区	黑河市	60000
五大连池国家级自然保护区	五大连池市	100800
呼中国家级自然保护区	大兴安岭地区呼中区	167213
南瓮河国家级自然保护区	大兴安岭地区松岭区	229523
内蒙古额尔古纳国家级自然保护区	额尔古纳市	124527
内蒙古大兴安岭汗马国家级自然保护区	根河市	107348
森林公园		
黑龙江北极村国家森林公园	漠河县	36376
黑龙江茅兰沟国家森林公园	嘉荫县	6000
黑龙江望龙山国家森林公园	庆安县	2152
黑龙江小兴安岭石林国家森林公园	伊春市汤旺河区	19007
黑龙江五大连池国家森林公园	五大连池市	12380
黑龙江大沾河国家森林公园	五大连池市	16270
黑龙江廻龙湾国家森林公园	伊春市美溪区	6326
黑龙江金山国家森林公园	伊春市金山屯区	12283
黑龙江乌马河国家森林公园	伊春市乌马河区	12415
黑龙江溪水国家森林公园	伊春市上甘岭区	4580
黑龙江五营国家森林公园	伊春市五营区	14141
黑龙江伊春兴安国家森林公园	伊春市伊春区	4515
黑龙江仙翁山国家森林公园	伊春市南岔区	10555
黑龙江胜山要塞国家森林公园	孙吴县	13828

（续）

名　　称	行政区域	面积（公顷）
黑龙江桃山国家森林公园	铁力市	100000
黑龙江日月峡国家森林公园	铁力市	29708
黑龙江乌龙国家森林公园	通河县	28000
黑龙江呼中国家森林公园	大兴安岭地区呼中区	115340
内蒙古阿尔山国家森林公园	阿尔山市	103149
内蒙古好森沟国家森林公园	阿尔山市	37996
内蒙古喇嘛山国家森林公园	牙克石市	9379
内蒙古绰源国家森林公园	牙克石市	52858
内蒙古乌尔旗汉国家森林公园	牙克石市、鄂伦春自治旗	36922
内蒙古兴安国家森林公园	鄂伦春自治旗	19217
内蒙古阿里河国家森林公园	鄂伦春自治旗	2486
内蒙古达尔滨湖国家森林公园	鄂伦春自治旗	22081
内蒙古莫尔道嘎国家森林公园	额尔古纳市	148324
内蒙古伊克萨玛国家森林公园	根河市	15890
湿地公园		
内蒙古白狼洮儿河国家湿地公园	阿尔山市	1000
内蒙古大森工图里河国家湿地公园	牙克石市	5431
内蒙古大森工根河源国家湿地公园	根河市	5960
地质公园		
五大连池火山地貌国家地质公园	五大连池市	72000
嘉荫恐龙国家地质公园	嘉荫县	3844
伊春花岗岩石林国家地质公园	伊春市	16357
风景名胜区		
五大连池风景名胜区	五大连池市	72000
扎兰屯风景名胜区	扎兰屯市	47500

第二篇

长白山

森林生态功能区
生态保护与建设规划

第一章 规划背景

第一节 区域概况

一、规划范围

长白山森林生态功能区位于我国东北部边境，与朝鲜、俄罗斯接壤。行政区域包括吉林省、黑龙江省两省19区县，面积111857平方千米，人口637.30万人，森林覆盖率为67.8%。规划区内属于国家禁止开发区域面积20491.57平方千米，占规划区总面积的18.3%。

表2-1 规划范围表

省 份	县（市、区）
吉 林	临江市、抚松县、长白朝鲜族自治县、浑江区、江源区、敦化市、和龙市、汪清县、安图县、靖宇县
黑龙江	方正县、穆棱市、海林市、宁安市、东宁县、林口县、延寿县、五常市、尚志市

二、自然条件

（一）地形地貌

长白山森林生态功能区位于我国地势第三级阶梯东北部，三江平原、小兴安岭和东北平原之间，属长白山脉腹心地带。规划区地形特征为两列东北－西南向平行褶皱断层山脉与宽广的山间盆、谷地相间分布，地貌多为侵蚀丘陵、侵蚀低山和侵蚀中山。其中，东侧山脉为老爷岭，山势较低平，海拔500～800米，主峰1160米（吉林省汪清县，罗子沟）。老爷岭以南为长白山主脉，熔岩高原广阔，河流切割较深，形成方山和孤丘，海拔500～1500米。最高峰白云峰，海拔2691米，为我国东北部第一高峰。峰顶有火山湖——天池，其北面形成长白瀑布（吉林省安图县，二道白河村），

为松花江源头。西侧山脉为张广才岭，山势较陡峭，海拔700～1300米，主峰1760米
（黑龙江省尚志县，大秃顶子）。东西山脉之间有冲积平原——牡丹江平原。除此之
外，还有敦化、和龙等盆地。

（二）气候

本区属湿润型温带季风气候。冬季受极地大气压气团控制，盛行西北风，寒冷
干燥；夏季受北太平洋副热带海洋气团影响，呈明显的大陆性季风气候。年平均气
温1.5℃，≥10℃的积温为2400～3400℃，无霜期100～120天，年平均降雨量为700～
1400毫米，蒸发量1175毫米。

（三）水文

本区河流网布，从河道等级上划分，包括二级河道4个，分别为松花江、第二松
花江、二道江、二道白河；三级河道3个，分别为牡丹江、头道江、鸭绿江；四级河
道8个，包括图们江、蚂蚁河、穆棱河等；四级河道51个，包括松江河、珲春河等。
从水系上划分，北部和西北部属松花江水系，西南部属鸭绿江水系，东部为图们江水
系。本区是东北地区松花江、鸭绿江和图们江三条重要河流的发源地，水资源丰富，
其中松花江之源二道白河多年平均年径流量1.70亿立方米，多年平均流量5.39立方米/
秒；鸭绿江多年平均年径流量81.00亿立方米，多年平均流量258立方米/秒；图们江多
年平均年径流量69.20亿立方米，多年平均流量219立方米/秒。

（四）土壤

本区的土壤呈垂直带谱分布。海拔1100米以下的熔岩台地主要土壤为山地暗棕
壤，植被以红松针阔叶混交林为主；海拔1100～1800米的坡地高原主要土壤为山地棕
色针叶林土，植被以云、冷杉为主；海拔1800～2100米的火山锥体的下部主要土壤为
亚高山粗骨生草森林土及亚高山草甸土，植被以岳桦矮曲林与亚高山沼泽草甸为主；
海拔2100米以上的火山锥体周围主要为山地冰沼土，植被以高山矮小灌木为主。除上
述有规律的地带性土壤外，非地带性土壤主要有白浆土、沼泽土等。

（五）植被

本区在《中国植被》的区划中属于温带针阔叶混交林区域。植被随海拔高度变化
呈现明显的垂直分布特征，自下而上为：山地针阔叶混交林带、山地寒温针叶林带、
亚高山矮曲林带和高山冻原带。

其中，山地针阔叶混交林带包含两个亚带，分别为：①山地上部针叶落叶阔叶
混交林亚带，地带性植被为红松、紫椴、枫桦林；②山地下部针叶落叶阔叶混交林亚
带，地带性植被为红松、沙冷杉、千金榆林。山地寒温针叶林带包含两个亚带，分别
为：①山地上部寒温常绿针叶林亚带，地带性植被为鱼鳞云杉、臭冷杉林；②山地下

部寒温常绿针叶林亚带，地带性植被为红松、鱼鳞云杉、红皮云杉、臭冷杉林。亚高山矮曲林带地带性植被为岳桦（偃松）矮曲林。高山冻原带地带性植被为高山冻原。

三、自然资源

（一）土地资源

全区土地总面积为1118.57万公顷，其中耕地192.87万公顷，占全区总面积的17.2%；园地0.70万公顷，占0.1%；林地862.91万公顷，占77.1%；草地9.65万公顷，占0.9%；商业服务用地、工矿仓储用地、住宅用地、公共管理与公共服务用地、特殊用地、交通运输用地等建设用地面积20.50万公顷，占1.8%；水域面积21.14万公顷，占1.9%；其他用地10.80万公顷，占1.0%。

（二）森林资源

林地面积中，有林地758.19万公顷，疏林地1.26万公顷，灌木林地6.40万公顷，其中特灌林地0.71万公顷，未成林造林地16.73万公顷，苗圃地0.22万公顷，无立木林地43.23万公顷，宜林地4.17万公顷，辅助生产林地32.71万公顷。森林覆盖率67.8%。

按林种划分，防护林404.05万公顷，特用林53.97万公顷，用材林282.29万公顷，经济林14.11万公顷，薪炭林3.77万公顷，分别占森林面积的53.3%、7.1%、37.2%、1.9%、0.5%。按起源划分，天然林545.74万公顷，占森林面积的72.0%，人工林212.45万公顷，占28%。

全区乔木林总蓄积量76073.07万立方米，其中防护林蓄积量35433.83万立方米，占总蓄积量的46.6%；特用林6835.28万立方米，占9.0%；用材林31200.80万立方米，占41.0%；经济林2096.63万立方米，占2.7%；薪炭林506.53万立方米，占0.7%。

（三）草地资源

草地面积中，可利用草地面积8.41万公顷，占87.2%，其中天然草地8.16万公顷，人工草地0.11公顷，改良草地0.14公顷；暂难利用草地面积1.24万公顷，占12.8%。

（四）湿地资源

全区湿地面积36.25万公顷。其中河流湿地12.36万公顷，湖泊湿地1.32万公顷，沼泽湿地18.99万公顷，人工湿地3.58万公顷。国家重要湿地3.11万公顷，占湿地总面积的8.6%。

（五）野生动植物资源

本区野生动植物资源十分丰富。据不完全统计，有野生动物52目260科1596种，国家重点保护野生动物58种，其中国家I级保护野生动物10种，国家II级保护野生动物48种。

本区有野生植物260科877属2887种，国家重点保护野生植物11种，其中国家I级保护野生植物2种，国家II级保护野生植物9种。

四、社会经济

全区总人口637.30万人，占全国总人口的0.5%，其中农业人口332.60万人，占本区总人口的52.2%。农村劳动力161.03万人。

本区2013年国内生产总值（GDP）为2492.89亿元。其中一、二、三产业产值分别为466.97亿元、1113.65亿元、912.27亿元，分别占总产值的18.7%、44.7%、36.6%。各类牲畜年末存栏量合计为414.66万头，其中大牲畜127.80万头、绵山羊70.26万只、其他216.6万头。粮食总产量为83.66亿千克，单位面积产量为4335千克/公顷。农民年人均收入10889元，其中东宁县农民年均收入最高为16695元，最低的延寿县仅为4451元，分布很不均衡。农村劳动力就业121.31万人。

五、扶贫开发

本区涉及的19个县级单位中，有国家扶贫开发工作重点县5个，分别为延寿县、和龙市、汪清县、安图县及靖宇县。产生贫困的主要原因是：①本区是国家重要的商品木材供应地，长期过度开采导致本区森林质量下降，可采森林资源大幅减少；本区经济发展高度依赖森林资源采伐和加工业，产业结构单一，随着森林资源减少，森工主导产业萎缩，经济水平下降。②2015年4月1日起，东北、内蒙古重点国有林区全面停止天然林商业性采伐，传统林业产业难以为继，而现阶段本区经济转型尚未完成。③农业生产存在经营粗放、品种不全、质量不佳、成本过高、效益低下等问题。农产品加工龙头企业少，绝大部分农副产品以原料出售为主，农业产品附加值低。

第二节　生态功能定位

一、主体功能

按照《全国主体功能区规划》，本区属水源涵养型重点生态功能区，主体功能定位是我国北方重要的生态屏障，东北地区松花江、鸭绿江和图们江三条重要河流的发源地，是我国木材的重要战略储备区，拥有温带最完整的山地垂直生态系统，是大量珍稀物种资源的生物基因库。

二、生态价值

（一）我国北方重要的生态屏障

本区位于长白山山系的腹心地带，是我国东部山地的重要组成部分，与朝鲜、俄罗斯接壤，和日本、韩国隔海相望。本区拥有欧亚大陆东部最典型、保存最好的温带山地森林生态系统，阻挡了来自日本海的台风等生态干扰和外来物种入侵，维护着我国东北乃至整个东北亚地区的生态系统平衡，是维系我国北方生态安全的重要屏障。

（二）东北地区重要的水源涵养地

本区是松花江、鸭绿江和图们江的发源地，这三条水系组成了中国东北地区的水网。三江流域人口2500余万人，面积61.2万平方千米，是世界三大黑土区之一——东北黑土地的主要分布区。本区结构复杂的垂直森林生态系统具有极强的吸水能力，每公顷林地年均持水量达2000立方米。经日本海到达我区的大量太平洋水汽，直接径流仅14%。加之区域年降水量达700～1400毫米，是我国长江以北降水量最多的地区。丰富的地表水和地下水是东北平原黑土地的重要水源补给，是东北地区重要的水源涵养地。

（三）国家商品林的重要战略储备基地

随着东北、内蒙古重点国有林区全面停止商业性采伐，本区长期以来多取少予的状况将全面进入休养生息的新阶段。林区可持续发展、林木质量提升对保障国家木材资源供给意义重大。本区将成为我国未来重要的木材战略储备基地。

（四）温带最完整的山地垂直生态系统和生物多样性保护地

本区保存有欧亚大陆北半部十分完整的森林生态系统，在我国同纬度带上，其动植物资源最为丰富，是最具有代表性的典型自然综合体，是世界少有的"物种基因库"。截至2013年，本区共建立了国家级自然保护区11处，国家森林公园27处，国家湿地公园4处、国家级风景名胜区2处、国家地质公园5处。禁止开发区域总面积达到204.92万公顷，占区域总面积的18.3%。其中，长白山自然保护区是我国最早列入联合国教科文组织"人与生物圈"保护区网的地区，是世界生物圈保留地之一，在全球生物多样性保护领域具有举足轻重的地位。

第三节　主要生态问题

一、森林质量下降

本区森林质量下降主要表现在两个方面，一是森林龄组结构严重失衡。和全国森林资源变化的趋势一致，尽管本区森林面积有所提高，但主要表现在中幼龄林面积增加，而成、过熟林面积下降。本区中幼龄林面积占森林面积的60%以上，胸径40厘米以上的大径材所剩无几。林区单位面积蓄积量较新中国成立初期下降50%以上，部分施业区已无木可采。二是优良用材树种比例下降。长白山林区特有的珍稀加工用材如红松、水曲柳、胡桃楸等所占比例较建国初期下降70%以上。森林结构不合理，低质低效林面积较大；三是林缘人为侵蚀现象严重，生态环境遭到破坏。森林质量下降导致森林生态系统稳定性差,抗外界干扰能力和自我恢复能力低。

二、水土流失严重

根据《全国水土保持规划国家级水土流失重点预防区和重点治理区复核划分成果》(办水保〔2013〕188号),本区涉及的19个县级单位中,有16个单位位于国家重点水土流失防治区,其中国家级水土流失重点预防区10个,包括吉林省临江市、抚松县、长白县、白山市江源区、敦化市、和龙市、汪清县、安图县、靖宇县和黑龙江省东宁县;国家级水土流失重点治理区6个,包括黑龙江省方正县、穆棱市、海林市、延寿县、五常市和尚志市。全区水土流失面积156.64万公顷,占区域面积的14.0%。土壤侵蚀类型主要以水蚀为主,水蚀面积152.85万公顷,其次是风蚀、重力(泥石流、崩塌等)所引起的少量水土流失现象。土壤侵蚀程度按微度、轻度、中度、强度、极强度、剧烈划分,面积分别为3.13万公顷、70.18万公顷、62.38万公顷、17.30万公顷、2.39万公顷和1.26万公顷。其中,侵蚀程度以轻度、中度、强度为主,占水土流失总面积的95.7%,其次为微度、极强度和剧烈。

三、物种保护面临威胁

1945年抗日战争胜利后,林区为提供国民经济建设所必需的木材和资金,对本区原始森林进行了近几十年的超量采伐,森林资源结构遭到了很大的破坏。尽管从1998年开始实施了多项林业生态工程,但历史原因造成的森林质量下降以及非法采集等人为干扰因素,导致了长白山生物圈生物物种栖息环境的改变,野生动物栖息地面积减少,野生植物种群分布、蕴藏量和结实率下降,物种保护面临威胁。

第四节 生态保护与建设现状

一、生态工程建设

(一)林业生态工程建设

2005~2013年,本区纳入天然林资源保护工程的面积为621.50万公顷,涉及森林防火工程的面积为396.13万公顷,退耕还林(还草)工程7.24万公顷,公益林保护与建设119.20万公顷,中幼林抚育8.49万公顷,三北防护林建设6.45万公顷,造林补贴2.64万公顷,有害生物防治115.08万公顷,湿地保护与恢复工程0.86万公顷,种苗基地建设补贴0.89万公顷。截至2013年,本区共建立了11个国家级自然保护区,27个国家森林公园,4个国家湿地公园,5个国家地质公园,2个国家级风景名胜区,总面积204.92万公顷,占全区总面积的18.3%。2005至2013年间各项工程累计实际投资172.54

亿元，其中国家投资141.21亿元，地方投资31.33亿元。

各项林业生态工程的实施为本区生态恢复和治理创造了良好条件，取得了巨大的成效，但工程投资普遍偏低，森林防火、有害生物防治等设施设备，以及国家级自然保护区和国家森林公园等禁止开发区域基础设施不完善，影响了工程整体效益发挥。

（二）其他生态工程建设

本区内农业、水利、环保、国土和气象等部门为推进区域生态环境建设也开展了一系列生态工程项目，主要包括：

水土流失治理：本区开展了小流域综合治理工程、中小河流治理工程、水土保持生态修复试点工程、坡耕地水土流失综合治理试点工程、黑土区水土流失重点治理工程项目等生态工程。2005～2013年，通过采取水保造林、封山育林、坡改梯等措施，共治理水土流失面积36.90万公顷。

农村环境治理：本区开展了清洁能源建设工程、农村环境连片整治工程、测土配方施肥项目、现代农业生产发展资金节水灌溉项目、生态村创建等生态工程。

防灾减灾：本区开展了地质灾害防治工程、地质环境保护工程、矿山地质环境恢复治理项目和堤防、护岸、水库除险工程以及气象区域自动站监测网络、"三农"气象服务专项等生态工程。

二、国家重点生态功能区转移支付

2013年，本区内共有15个县有财政转移支付资金，合计94490万元，资金来源为生态环境保护特殊支出补助44481万元，禁止开发区域补助2919万元，省级引导性补助325万元，其他46765万元。在资金的分配上，用于生态建设工程28300万元、禁止开发区域建设3545万元、综合支出62645万元。综合支出中，教育支出12534万元，医疗支出10193万元，环境保护支出26927万元，农林水事务支出10216万元，城乡社区支出1185万元，交通运输支出1590万元，黑龙江省穆棱市、东宁县、林口县、延寿县4个县级单位没有实行财政转移支付。

从政策实施情况看，财政转移支付资金用于生态保护和建设的比例偏低，且资金规模远不能满足生态保护和建设的需要。

三、生态保护与建设总体态势

本区生态保护与建设的总体态势是：森林面积增加，但森林质量不高，水土流失防治面积大、任务重，物种保护面临威胁。今后一个时期，本区既要承受东北地区天然林全面禁伐带来的经济转型压力，实现区域可持续发展，更要应对筑牢我国北方生态屏障、保障我国东北地区水源安全、创建我国重要的商品林木材战略储备基地、维护东北亚地区生物多样性等诸多挑战，生态保护和建设处于攻坚时期。

第二章　指导思想与原则目标

第一节　指导思想

全面贯彻党的十八大精神，深入学习贯彻习近平总书记系列重要讲话精神，落实《全国主体功能区规划》《中共中央　国务院关于加快推进生态文明建设的意见》《生态文明体制改革总体方案》的功能定位和建设要求，以提升长白山森林生态功能区生态服务功能、构建生态安全屏障为目标，尊重自然，积极保护，科学恢复，综合治理，努力增加森林、草地、湿地等生态用地比重，优化森林、草地、湿地等生态系统结构，提高区域生态承载力，增强生态综合功能和效益。充分发挥资源优势，强化科技支撑，协调好人口、资源、生态与扶贫的关系，把该区建设成为生态良好、生活富裕、社会和谐、民族团结的生态功能区，为我国北方地区乃至国家经济社会全面协调发展提供生态安全保障。

第二节　基本原则

一、全面规划、突出重点

将区域森林、草原、湿地、农田等生态系统和生物多样性都纳入规划范畴，与《全国主体功能区规划》等上位规划衔接，推进区域人口、经济、资源环境协调发展。根据本区特点，以森林、湿地和草地生态系统保护和建设为重点。

二、合理布局、分区施策

根据区域森林植被和珍稀野生动植物分布特点、水资源分布状况以及水土流失程度等，进行合理区划布局，根据各分区特点，分别采取有针对性的保护和治理措施，合理安排建设内容。

三、保护优先、科学治理

在充分考虑人类活动与生态系统结构、过程和服务功能相互作用关系的基础上，根据规划区域生态问题、生态敏感性、生态系统服务功能重要性，加强长白山森林生态功能区的生态保护，巩固已有建设成果，尊重自然规律，确定规划布局、建设任务和重点。

四、以人为本、改善民生

正确处理保护与发展、生态与民生、生态与产业的关系，将生态建设与居民增收、经济转型相结合，创新保护与建设模式，保障生态建设质量，促进区域经济社会可持续发展。

第三节　规划期与规划目标

一、规划期

规划期限为2015～2020年。

二、规划目标

总体目标：到2020年，区域松花江、鸭绿江、图们江流域水源涵养能力明显增强，新增水源涵养能力5.36亿立方米，水质达到Ⅰ类，空气质量达到一级。生态用地得到严格保护，节约集约使用林地，森林覆盖率稳步增长，提高森林质量，增加森林蓄积量，温带山地森林生态系统、珍稀濒危野生动植物及其栖息地得到有效保护，湿地进一步得到保护和恢复，水土流失得到有效控制，生态监管能力提升，人地矛盾得到缓解，农民收入增加，基本公共服务体系逐步完善，区域经济发展结构得到优化，初步建设成为生态良好、生活富裕、社会和谐、民族团结的生态功能区。

具体目标：到2020年生态用地比例达到80.37%，森林覆盖率达到69.6%，森林蓄积量达到7.92亿立方米，自然湿地保护率达到26.71%，湿地植被恢复0.9万公顷，湿地保护与恢复工程6.25万公顷，水土流失治理率达到32.0%，坡耕地治理8.78万公顷，新晋国家级自然保护区3处，国家森林公园3处，国家湿地公园5处，国家级风景名胜区2处，国家地质公园1处，特色经济林和林下经济4万公顷，林农培训5万人，初步建立完善的生物多样性保护体系、生态扶贫体系、地质灾害防治体系和科技保障体系，具体见表2-2。

表 2-2　主要指标

主要指标	2013 年	2020 年
水源涵养能力建设		
生态用地比例（%）	80.00	80.37
森林覆盖率（%）	67.80	69.60
森林蓄积量（亿立方米）	7.61	7.92
自然湿地保护率（%）	21.36	26.71
湿地植被恢复（万公顷）	—	0.90
湿地保护与恢复工程（万公顷）	—	6.25
森林水源涵养能力（亿立方米）	211.69	217.05
水土流失综合治理		
水土流失综合治理率（%）	23.60	32.00
坡耕地治理（万公顷）	—	8.78
生物多样性保护与建设		
新晋升国家级自然保护区（处）	—	3
新晋国家森林公园（处）	—	3
新晋国家湿地公园（处）	—	5
新晋国家级风景名胜区（处）	—	2
新晋国家地质公园（处）	—	1
生态扶贫建设		
特色经济林和林下经济（万公顷）	—	4
林农培训（万人）	—	5
基本公共服务体系建设		
防灾减灾体系	—	初步建成
生态监测体系	—	初步建成
基础设施建设	—	初步完善

第三章　总体布局

第一节　功能区划

一、布局原则

根据本区地形地貌和生态系统差异性，温带针阔叶混交林和珍稀野生动植物分布状况，对松花江、鸭绿江和图们江水系水资源供给的重要性，以及水土流失程度，按照主体功能区规划目标的要求、资源保护与管理的一致性，以及保护和发展的适应性，对本区进行区划。

二、分区布局

本区共划分3个生态保护与建设功能区，即农田水土流失防治区、森林水源和生物多样性保护区、森林水源涵养区，各功能区面积及占全区百分比见表2-3。

（一）农田水土流失防治区

包括黑龙江省方正县、延寿县、五常市和尚志市4个县（市），该区分布有大面积的耕地，人为活动频繁，水土流失较为严重，地质灾害频发，森林、草地面积减少，耕地面积迅速膨胀，是国家级水土流失重点治理区，本区主导功能是农田水土流失防治。

（二）森林水源和生物多样性保护区

包括黑龙江省穆棱市、海林市、宁安市、东宁县、林口县和吉林省敦化市、汪清县7个县（市）。该区是温带针阔叶混交林和珍稀野生濒危动植物集中分布区，湿地面积大，本区主导功能是森林水源和生物多样性保护。

（三）水源涵养功能区

包括吉林省临江市、抚松县、长白县、浑江区、江源区、和龙市、安图县、靖宇县8个县（市、区），该区分布有大面积的温带针阔叶混交林，是松花江、鸭绿江和图们江的发源地，拥有长白山主峰，本区主导功能是水源涵养。

表2-3　各功能区面积及占全区百分比

区域名称	行政范围	面积（万公顷）	资源特点
农田水土流失防治区	方正县、延寿县、五常市、尚志市	236.84	耕地面积比重大，水土流失严重
森林水源和生物多样性保护区	穆棱市、海林市、宁安市、东宁县、林口县、敦化市、汪清县	573.92	拥有大面积温带针阔叶混交林、湿地、珍稀濒危野生动植物及其栖息地
森林水源涵养区	临江市、抚松县、长白县、浑江区、江源区、和龙市、安图县、靖宇县	307.81	森林覆盖率高，是松花江、鸭绿江和图们江的发源地
合计		1118.57	

第二节　建设布局

一、农田水土流失防治区

（一）区域特点

土地面积236.84万公顷，人口218.64万人，人口密度0.90人/公顷。森林覆盖率53.4%。森林126.39万公顷，草地1.20万公顷，湿地8.16万公顷。区域生态系统水源涵养能力为35.29亿立方米。

本区耕地面积72.67万公顷，占本区土地总面积的30.7%，在长白山森林生态功能区三个分区中耕地面积比重最大。其中坡耕地面积17.40万公顷，占本区耕地面积的23.9%。

本区水土流失面积61.93万公顷，占长白山森林生态功能区水土流失总面积的39.5%，所辖4个县级单位均位于国家级水土流失重点治理区。地质灾害5处，水质监测断面、土壤水分、气象等监测站点17个。

（二）主要问题

水土流失严重。与20世纪中期相比，本区人口增加了近1倍。人口快速增长造成的人为过度开垦，尤其是陡坡开荒，使大面积林草遭到破坏。不科学的耕作方式，如顺坡打垄、粗耕粗翻、只种地不养地等，使有机质减少，土壤结构不良，降低了土壤抗冲与滞水的能力。严重的水土流失已使黑土地表土层由20世纪中期的50～60厘米，逐年变为现在的20～30厘米。

森林质量不高。人工林面积较大，占本区森林面积的40.1%，郁闭度0.2～0.4的稀疏林地和郁闭度0.7以上的过密林面积占本区森林面积的47.5%，水土保持功能较弱。

（三）建设重点

对现有植被应严加保护，加强人工造林、封山育林、中幼林抚育、低质低效林改造等植被恢复工程力度，增加森林面积，提升森林质量。通过坡耕地治理、退耕还林、矿区植被恢复、小流域综合治理等手段进行区域水土流失综合治理。发展浆果等特色经济林、林下经济、林木产品加工、种养殖业、生态旅游等生态产业，改善林农生产生活条件，引导水土流失严重、生存条件恶劣地区的居民逐步搬迁。

二、森林水源和生物多样性保护区

（一）区域特点

土地面积573.92万公顷，人口247.32万人，人口密度为0.4人/公顷。森林覆盖率65.1%。森林面积373.68万公顷，耕地面积104.22万公顷，草地7.37万公顷，湿地18.21万公顷，占本区湿地总面积的50.2%。区域生态系统水源涵养能力为104.33亿立方米。本区分布有大面积温带针阔叶混交林、珍稀濒危野生动植物及其栖息地，是生物多样性丰度和自然度最高的区域之一。

水土流失79.60万公顷，地质灾害14处，土壤水分、气象等监测站点22个。

国家禁止开发区域有18处，其中国家级自然保护区6处、国家森林公园9处、国家级风景名胜区1处、国家地质公园1处、国家湿地公园1处。

（二）主要问题

生物多样性降低。人为活动对原生性森林生态系统以及野生动植物栖息地破坏加剧，生物多样性降低。

保护设施严重不足。国家禁止开发区域范围内的森林防火、有害生物防治、生态监测、管护站以及封禁保护等设施设备严重不足。在监测盲区，野生动植物滥捕滥采行为仍有发生。

生态网络尚未形成。国家禁止开发区域范围内的自然生态廊道未得到有效保护，也没有形成生态网络体系。

水质轻度污染。松花江流域和图们江流域河流轻度污染；大型淡水湖泊镜泊湖水质下降。

（三）建设重点

大力推进天然林保护、退耕还林、封山育林、荒山造林和自然保护区建设等工程，实施低效林改造、中幼林抚育，提高森林质量，恢复山地森林生态系统。加强森林水源保护，通过中小河流域治理、水库除险加固、垃圾污水处理、清洁能源推广、湿地公园建设、湿地生态系统保护与建设等项目，加强水环境治理，提高区域水质量。落实保护政策，禁止对野生动植物进行滥捕滥采，保护自然生态廊道和野生动植物栖息地，保持野生动植物物种和种群平衡，实现野生动植物资源良性循环和可持续利用。加强外来入侵物种管理，防止外来有害物种对生态系统的侵害。推进国家禁止开发区域核心区生态移民搬迁，改善林农生产生活环境。

三、森林水源涵养区

（一）区域特点

土地面积307.81万公顷，人口171.34万人，人口密度为0.6人/公顷。森林覆盖率84.1%。森林面积258.12万公顷，耕地面积15.99万公顷，草地1.08万公顷，湿地9.88万公顷，占本区湿地总面积的27.3%。区域生态系统水源涵养能力为72.07亿立方米。

水土流失15.11万公顷，地质灾害40处，土壤水分、气象等监测站点45个。

（二）主要问题

森林质量不高，约有50.19万公顷的森林为人工林，占本区森林面积的19.4%。郁闭度0.2～0.4的森林面积占本区森林面积的14.1%，水源涵养能力下降。

（三）建设重点

强化森林保护与管护，扎实推进天然林保护工程。加强森林资源培育，加快推进三北防护林、退耕还林、封山育林等工程，实施中幼林抚育、低质低效林改造，提高林地生产力，促进森林正向演替。建立森林防火体系，强化林业有害生物防治，维护森林生态系统健康。加大松花江、鸭绿江、图们江流域湿地生态系统科研监测与保护恢复力度，构建湿地自然保护区、湿地公园和生态廊道组成的湿地生态系统保护体系。

第四章 主要建设内容

第一节 水源涵养能力建设

一、森林生态系统保护与建设

强化森林保护与管护。推进天然林资源保护和国家级公益林管护，制订森林资源管护办法，根据管护面积、管护难易程度等标准，相应采取不同的森林管护方式，实现林区森林资源管护全覆盖；健全森林资源管护体制，明确机构、人员和相关制度，落实管护责任，重视管护人员培训；加强森林资源林政管理，加大资源监督检查和执法力度，严厉打击非法捕猎、采挖和侵占林地等行为；建立森林防火预防、扑救、保障三大体系，提升应急能力；强化林业有害生物防治，健全监测预警、检疫检查、防治减灾和服务保障体系，维护森林生态系统健康。

加强森林资源培育。加快推进三北等防护林体系建设。以宜林地、疏林地、废弃矿区、农村四旁闲置土地、坡耕地为重点，深入开展植树造林和退耕还林，增加森林面积和珍贵树种比重。按培育目标和经营需求采取科学的抚育经营措施，改造低质低效林，提高林地生产力；大力开展封山育林，促进森林正向演替，为建设国家商品林的重要战略储备基地做好准备。

主要任务：森林管护面积133.63万公顷，工程造林6.49万公顷，退耕还林4.23万公顷，封山育林28.77万公顷，森林抚育39.48万公顷，低质低效林改造8.44万公顷。

专栏 2-1 森林生态系统保护和建设重点工程
01 天然林保护工程 对天然林资源保护工程区森林进行全面有效管护，加强后备森林资源培育。
02 公益林建设 对已纳入中央森林生态效益补偿基金的生态公益林进行管护。

（续）

专栏 2-1　森林生态系统保护和建设重点工程
03　新一轮退耕还林还草工程 巩固退耕还林成果，严格按照国家有关规定，在保证基本农田面积不减少的情况下，对25度以上坡耕地，实施退耕还林。
04　三北防护林体系建设 大力推进造林、封禁保护、更新改造，构建高效防护林体系。
05　森林抚育 对区域中幼林进行抚育，提高林分质量，增强其生态功能。
06　低质低效林改造 对质量低林分进行抚育改造、培育珍贵树种等。

二、湿地生态系统保护与建设

继续推进湿地保护工程，依据《湿地公约》《国务院办公厅关于加强湿地保护管理的通知》《中国湿地保护行动计划》《国家湿地公园管理办法（试行）》等规定对湿地进行管理，严格控制开发占用自然湿地，凡是列入国际重要湿地和国家重要湿地名录以及位于自然保护区内的自然湿地，一律禁止开垦占用或随意改变用途。加大松花江、鸭绿江、图们江流域湿地生态系统保护与恢复力度，通过植被恢复、科研监测、宣传教育、基础设施建设等手段对本区范围内的重要湿地、湿地类型自然保护区和湿地公园进行生态建设，构建湿地自然保护区、湿地公园和生态廊道组成的湿地生态系统保护体系，全面提升湿地保护管理水平。

主要任务：湿地植被恢复0.90万公顷，湿地保护与恢复工程6.25万公顷。

专栏 2-2　湿地生态系统保护与建设
01　湿地植被恢复 对重要湿地进行植被恢复。
02　湿地保护与恢复 对国家湿地公园、湿地自然保护区等进行保护，对退化湿地进行恢复。

第二节　水土流失综合治理

以小流域为单元，以治理水土流失、保护土地资源、提高土地生产率为目标，采取山、水、林、田、路综合治理，合理配置生物措施、工程措施和农业技术措施。对废弃矿区进行土地平整、表土覆盖，通过植树种草，完成植被恢复。

主要任务：坡耕地治理8.78万公顷，工矿区废弃地植被恢复0.19万公顷。

专栏2-3　水土流失综合治理

01　坡耕地治理

对25度以下的适宜修梯田的坡耕地进行坡改梯基本农田建设；对25度以下的不适宜修梯田的坡耕地，采用水土保持耕作措施，增加地表覆盖度和覆盖时间，减少水土流失。

02　矿区植被恢复

对废弃工矿地实施复垦利用工程，进行植被恢复。

第三节　生物多样性保护与建设

一、资源调查

本区是具有全球保护意义的中国陆地生态系统生物多样性关键地区之一，同时也是生物多样性保护优先区域之一。独特的气候、地理条件孕育了丰富的生物多样性。生态系统类型多，野生动植物资源极为丰富，但存在生物多样性资源普查工作滞后、资源底数不清的情况，珍稀野生动植物种群数量、分布位点不清楚，需要全面开展资源调查工作，建立数据库，为进一步保护和保存生物多样性提供依据。

二、禁止开发区域划建

（一）自然保护区

继续推进国家级自然保护区建设。对于典型自然生态系统和极小种群野生植物、极度濒危野生动物及其栖息地，要加快晋升为国家级自然保护区。依据国家及黑龙江省、吉林省有关法律法规以及自然保护区规划，按照核心区、缓冲区和实验区实行分类管理。核心区要逐步完成生态移民，缓冲区和实验区也应大幅度减少人口。在具备条件的地区新建一批国家级、省级自然保护区，构建布局合理、类型齐全、功能完善的自然保护区网络体系。

本区有国家级自然保护区11处。

主要任务：晋升国家级自然保护区3处。

（二）森林公园

推动国家森林公园建设，完善现有森林公园保护能力建设，对已经成立的森林公园，督促完成森林公园总体规划，并按核心景观区、一般游憩区、管理服务区和生态保育区分类管理和建设。对资源具有稀缺性、典型性和代表性的区域要加快划建国家森林公园，加强森林资源和生物多样性保护。在核心景观区、一般游憩区、管理服务区内按照合理游客容量开展适宜的生态旅游和科普教育。除必要的保护设施和附属设施外，禁止与保护无关的任何生产建设活动。

本区有国家森林公园27处。

主要任务：晋升国家森林公园3处。

（三）湿地公园

本区河流、库塘、沼泽等湿地资源极为丰富，要加快湿地公园建设发挥湿地的多种功能效益，开展湿地合理利用。湿地公园建设要符合国家及两省相关法律法规以及湿地公园规划，以开展湿地保护恢复、生态游览和科普教育为主，建设必要的保护设施和附属设施，禁止随意改变用途。

本区有国家湿地公园4处。

主要任务：晋升国家湿地公园5处。

（四）地质公园

充分利用区域资源优势，建设国家地质公园。加强对特有地质资源及其周边生态环境的保护。

本区有国家地质公园5处。

主要任务：晋升国家地质公园1处。

（五）风景名胜区

充分利用区域资源优势，建设国家级风景名胜区。在保护景物和自然环境的前提下，建设旅游设施及其他基础设施，开展生态旅游，促进区域经济发展，实现生态扶贫。

本区有国家级风景名胜区2处。

主要任务：晋升国家级风景名胜区2处。

专栏 2-4　生物多样性保护与建设
01　自然保护区建设工程 完善自然保护区保护恢复、科研监测、宣传教育和基础设施建设。
02　森林公园建设工程 完善森林公园保护基础设施建设，生态修复，适度开展生态旅游。
03　湿地公园建设工程 完善湿地公园保护基础设施建设，通过植被恢复、水系沟通等方式进行湿地生态恢复。

51

（续）

专栏 2-4　　生物多样性保护与建设
04　地质公园建设工程 加强地质景观及周边环境保护。
05　风景名胜区建设工程 完善国家级风景名胜区基础设施建设。

第四节　生态扶贫建设

一、生态产业

围绕十八大提出的"五位一体"的总体布局，扶持高效生态产业的发展。依托本区自然保护区实验区、森林公园、湿地公园、地质公园和风景名胜区等生态旅游基地，围绕重点景区，以点带线、以线带面，整合森林、冰雪、湿地、火山等自然生态旅游资源和民俗文化、遗址遗迹等历史人文旅游资源，合理布局一批特色旅游城镇和乡村，打造长白山生态旅游带。大力推广特色经济林、林下经济、林木产品加工、种养殖业等绿色、特色产业，延长产业链条，带动种苗等相关产业发展，提高居民收入。

主要任务：建设特色经济林基地，包括各类浆果、大榛子、红松果材、胡桃楸林等共2.27万公顷；发展林下经济，包括食用菌、北药等种植共1.73万公顷；开展林木产品加工，包括木材加工、林产品深加工等共6.25公顷；开展种养殖业，包括水貂养殖、梅花鹿养殖、养蜂等共0.25万公顷；开展生态旅游共1.43万公顷。

二、生态移民

与国家扶贫开发工作重点相衔接，对自然保护区核心区和缓冲区，以及水土流失严重、生存条件恶劣地区实施生态移民。对生态移民实行集中安置，积极引导就业。

规划生态移民4.87万人。

三、农村清洁能源

实施农村清洁能源建设，将传统的以烧柴为主的能源利用方式改成以电、太阳能和沼气为主的能源利用方式。积极发展生物质能源，加大农林剩余物的开发利用，发展生态循环经济。

规划农村清洁能源示范项目0.26公顷。

四、技能培训

针对管理人员、技术人员和林农开展培训，使管理人员和技术人员熟悉规划涉及的各生态工程建设内容、技术路线及项目管理，林农掌握相关技术和技能。

规划培训管理人0.2万人，技术人员1万人，林农5万人。

专栏 2-5　生态扶贫建设
01　特色经济林 建设特色经济林基地，包括各类浆果、大榛子、红松果材、胡桃楸林等。
02　林下经济 发展林下经济，包括食用菌、北药等种植。
03　林产品加工 开展林木产品加工，包括木材加工、林产品深加工等。
04　种养殖业 开展种养殖业，包括水貂养殖、梅花鹿养殖、养蜂等。
05　生态旅游 依托本区森林公园、自然保护区实验区、湿地公园、地质公园和风景名胜区等生态旅游基地，打造长白山生态旅游带。
06　生态移民 对居住在自然保护区核心区和缓冲区的居民以及水土流失严重地区的居民实施生态移民。
07　农村清洁能源 积极发展生物质能源，加大农林剩余物的开发利用，发展生态循环经济。
08　技能培训 针对管理人员、技术人员和林农开展培训。

第五节　基本公共服务体系建设

一、防灾减灾体系

（一）森林防火体系建设

大幅提高森林防火装备水平，建设防火专用通道，改善防火基础设施，增强预警、监测、应急处理和扑救能力，实现火灾防控现代化、管理工作规范化、队伍建设专业化、扑救工作科学化。

（二）有害生物防治

完善有害生物检验检疫机构和体系，建立有害生物预测预报制度。重点建设有害生物预警、监测、检疫、防控体系等基础设施和设备。提高区域有害生物防灾、御灾和减灾能力。有效遏制森林病虫害发生。

（三）地质灾害防治

积极推进地质灾害综合多发区域综合治理工程，针对不同类型地质灾害，采取不同的治理措施。加强林区山洪、滑坡、崩塌、泥石流、地震和火山等地质灾害监测。提高地质灾害预警和应急管理水平，减少居民生命财产损失。

（四）气象灾害防治

加快林区防洪治理，加快应急工程、水库除险加固工程和气象监测预报基础设施建设，建立和完善洪涝、干旱等气象灾害预警体系，有效发挥水库、水电站等的水位调节功能。

（五）生态系统监测体系建设

建设松花江、鸭绿江和图们江流域的生态系统监测体系，积极开展地下水源地、地下水污染、水鸟、湿地生态环境监测。

二、基础设施建设

完善林区和农村道路交通系统。逐步将林区和农村给排水、供电、采暖和通讯接入市政管网。逐步完成新能源改造，集中治理城集镇生活污水和垃圾，实现固体废弃物全部统一集中处理，加快推进林区棚户区改造。

主要任务：修建林区防火通道993千米，涉及重点火险区综合治理等森林防火工程面积105.55万公顷，构建防火信息化网络平台、配备远程视频监控设备，建设监测塔、物资储备库等项目105处以及航空护林站建设项目2处；有害生物防治154.49公顷；建设6要素气象站7处；地质灾害综合治理示范工程、重点地质灾害危险点（段）综合治理、搬迁避让工程等190处；生态系统监测站19个，监测点380个；中小河流域治理164千米，应急建设项目33千米，水库除险加固工程10处，水电暖配套基础设施工程18处，污水垃圾处理17处，交通运输建设7126千米，灌区改造工程0.95万公顷，河道整治709千米，棚户区改造5698户。

专栏2-6　基本公共服务体系建设

01　森林防火体系建设
建立和完善县、市以及国家级禁止开发区域的防火预警监测系统、防火阻隔系统、防火道路系统、防火指挥系统，配备扑火专业队伍和半专业队伍，完善扑救设施设备，配备物资储备库，推动森林防火体系的现代化、信息化发展。

02　有害生物防治
县、市林业主管部门建立林业有害生物测报站、林业有害生物检疫中心，购置林业有害生物防治设施设备，购置防控体系基础设施。

（续）

专栏 2-6　基本公共服务体系建设
03　地质灾害防治 　　对泥石流、地震和火山等地质灾害进行综合防治。
04　气象灾害防治 　　加快应急工程、水库除险加固工程和气象监测预报基础设施建设。
05　生态系统监测体系建设 　　建立生态系统监测网，完善生态监测和信息处理设备。
06　林区和农村基础设施建设 　　完善道路交通系统，逐步实现林区和农村给排水、供电、采暖、通信接入市政管网。在各级小城镇建设不同等级的垃圾处理厂、污水处理厂，配套垃圾收集和清运系统、污水管网等公用设施。加快林区棚户区改造。

第六节　生态监管

一、生态监测

以现有监测台（站）为基础，合理布局、补充监测站点，采用卫星遥感、地面调查和定点观测相结合的办法，制定统一的生态监测标准与规范，对森林资源、湿地资源和生物多样性等进行动态监测，形成区域生态系统监测网。建立信息共享平台，制定监测数据的定期上报制度，重大生态问题及时上报，定期发布生态保护建设报告。建立生态功能评估体系，定期、系统评价生态功能，开展生态预警评估和风险评估。

二、空间管制与引导

（一）落实主体功能定位

全面落实《全国主体功能区规划》提出的主体功能定位要求，在禁止开发区域内，实行强制性保护；在限制开发区域内，实行全面保护。

（二）划定区域生态红线

大面积的天然林资源和湿地是本区主体功能的重要载体，要划定区域生态红线，确保现有天然林和湿地面积不能减少，并逐步扩大。严禁改变生态用地用途，人类活动占用的空间控制在目前水平，形成"点状开发、面上保护"的空间格局。

（三）控制生态产业规模

生态产业只在适宜区域建设，发展不影响生态系统功能的特色产业。

（四）引导超载人口转移

结合新农村建设和生态移民，每个县重点建设1～2个重点城镇，作为易地保护搬迁和易地扶贫搬迁人口的集中安置点、特色产业发展集中点、游客集散地和基本生活服务集聚点，以减轻人口对区域生态压力。

三、绩效评价

实行生态保护优先的绩效评价，强化对水源涵养、水土流失防治及生物多样性保护能力的评价，考核指标包括生态用地占比、森林覆盖率、森林蓄积量、水源涵养能力和水土流失治理率等指标。

本区包含的禁止开发区域，要按照保护对象确定评价内容，强化对自然文化资源原真性和完整性保护情况的评价，包括依法管理的情况、保护对象完好程度以及保护目标实现情况等。

第五章　政策措施

第一节　政策需求

一、生态补偿补助政策

（1）进一步提高森林生态效益补偿标准，完善森林生态效益补偿制度。按森林生态服务功能的高低和重要程度，实行分类、分级的差别化补偿。

（2）逐步扩大湿地生态效益补偿试点，提高补偿资金的使用效率。

（3）建立完善碳汇补偿机制试点。积极推进本区开展低碳试点示范，出台鼓励和支持林区低碳发展的政策。

（4）提高天然林保护工程补助标准。在2015年4月重点国有林区全面停止商业性采伐后，要进一步加大森林管护、中幼林抚育和改造培育中央财政补助政策支持力度。研究支持国有林区水、电、路、气等基础设施建设的政策措施，加大棚户区改造及配套设施支持力度。

（5）深入推进本区国有森工企业政企分离、社企分离和森林资源管理体制改革，以促进本区生态保护和经济转型。选择条件成熟的地区和林业局开展经济转型试点，研究支持试点区域经济转型替代产业发展的政策。对符合循环经济要求的可持续利用产业实行财政补贴政策。启动地方国有林场改革，提高地方国有林场可持续经营能力。

（6）争取扩大长白山森林生态功能区范围。将本区穆棱市、海林市、宁安市、东宁县、林口县五个县级单位之间面积9.4万公顷、森林覆盖率达82%的区域纳入生态功能区范围，提高区域生态功能的完整性。

二、人口易地安置的配套扶持政策

在土地方面，可考虑凡用于安置的土地，属国有的，无偿划拨；属集体的，适当补偿；属农户承包的，依法征用，按标准补偿。在税费方面，可考虑涉及易地搬迁过程中的行政规费、办证等费用，除工本费以外全部减免，税收也可考虑变通免收；配套工程的设计、安装、调试等费用一律减免。对搬迁移民优先进行技能和技术培训，安排上岗；为其优先办理用于生产的小额贷款。保障其在医疗、子女入学等方面与当地居民享受同等待遇。

三、国家重点生态功能区转移支付政策

（一）进一步加大重点生态功能区转移支付力度

对黑龙江省穆棱市、东宁县、林口县、延寿县4个县（市）进行财政转移支付，实现本区财政转移支付全覆盖。为了确保区域经济社会协调发展，缩小地区差异，应加大国家重点生态功能区转移支付力度，通过科学、规范、稳定的转移支付政策，缩小地区间差异，特别要扶持经济不发达地区和老、少、边、穷地区发展。同时，加强发达地区对不发达地区的对口支援，探索地区间的对口支援模式。

（二）加大均衡性转移支付力度

加大均衡性转移支付力度。继续完善激励约束机制，加大奖补力度，引导并帮助地方建立基层政府基本财力保障制度，增强基层政府实施公共管理、提供基本公共服务和落实各项民生政策的能力。在测算均衡性转移支付标准时，应当考虑属于地方支出责任范围的生态保护支出项目和自然保护区支出项目，加大均衡性转移支付力度。逐步建立政府投入和社会资本并重、全社会支持生态建设的生态补偿机制，建立健全有利于切实保护生态的奖惩机制。

（三）提高对农林产品主产区的相关专项转移支付补助比例

提高对农林产品主产区的相关专项转移支付补助比例，加大农业、林业、水利、基础设施、科技、交通等的投入，改善农林业生产基本条件，进一步提高农林业生产效率，全面落实中央各项强农惠农补贴政策。

（四）强化转移支付资金使用的监督考核与绩效评估

按照国家相关规定，统筹安排使用转移支付资金。加强资金使用的绩效监督和评估，杜绝挪用转移支付资金现象，提高转移支付资金使用效率。

第二节　保障措施

一、法律保障

长白山森林生态功能区建设必须严格执行《中华人民共和国森林法》《中华人民

共和国森林法实施条例》《中华人民共和国水土保持法》《中华人民共和国水土保持法实施条例》《中华人民共和国环境保护法》《中华人民共和国土地管理法》《中华人民共和国野生动物保护法》《中华人民共和国自然保护区条例》《国家级公益林管理办法》《国家重点生态功能区转移支付办法》及地方各相关法规条例等。普及法律知识，增强法律意识，约束人们严格遵守法律法规。

长白山森林生态功能区内各级政府制定重大经济技术政策、社会发展规划、经济发展规划、各项专项规划时，要依据长白山森林生态功能区的功能区划和功能定位，充分考虑生态功能的完整性和稳定性。确定合理的生态保护与建设目标、制订可行的方案和具体措施，促进生态系统的恢复，增强生态系统服务功能，为区域生态安全和可持续发展奠定生态基础。

尽快健全执法依据，使本区的管护工作纳入法制管理轨道。实行监督、质量保障制度，对已完和未完的工程进行竣工验收和阶段验收，严格监督管理，对不合格的地方进行返工重建。

二、组织保障

实行规范化管理，建立完善各项管理制度，使本区的各项工作并入法制化轨道，做到有法可依、有章可循。明确本区管理机构的职责和执法范围等，建立领导责任制度、目标管理制度、财务管理制度和信息反馈制度等，不断完善优秀人才引进制度、质量检查验收制度、工程违规举报制度、环境影响评价制度等，逐步实现管理的法制化、科学化、系统化，提高管理水平。

对重点生态功能区的生态功能及其保护状况定期组织评估和考核，并公布结果。考核结果纳入功能区所在地领导干部任期考核目标，对任期内生态功能严重退化的，要追究其领导责任；对造成生态功能破坏的项目，要追究项目法人的责任。

加强生态保护宣传教育。积极宣传和普及生态环境保护知识教育。注重对党政干部、新闻工作者和企业管理人员的培训。完善信访、举报和听证制度，调动广大人民群众和民间团体参与资源开发监督。

三、资金保障

应发挥政府投资的主导作用，中央和地方各级政府要加强对重点生态功能区生态保护和建设资金投入力度，每五年解决若干个重点生态功能区的突出问题和特殊困难。对重点生态功能区内国家支持的建设项目，适当提高中央政府补助比例，逐步降低市县政府投资比例。政府应当根据重点生态功能区的定位合理配置公共资源，同时充分发挥市场配置资源的基础性作用，调动各类市场经济主体参与生态保护与建设的积极性，鼓励和引导民间资本投向营造林、生态旅游等生态产品的建设事业。鼓励向符合主体生态功能定位的项目提供贷款，加大资金投入。

四、科技保障

高度重视林业科技推广工作，坚持科技兴林，积极引进、培育优良品种，推广新技术，普及新理念，提高生态、社会和经济效益。加强高层次人才队伍建设，强化专家队伍建设，以经验丰富的专家队伍带领本区的行业人才，推动本区生态保护与经济发展双赢。着力开展各种形式的技术培训班，以科技进步带动生态保护和产业发展。加强与科研院所、高等院校的科技扶持与协作，发展高科技农林业，努力让长白山林区走高科技生态保护与发展道路。

建立结构完整、功能齐全、技术先进的生态功能区管理信息系统，与政府电子信息平台相联结，提高各级生态管理部门和其他相关部门的综合决策能力和办事效率。

五、考核体系

将水源涵养、水土流失防治及生物多样性保护能力指标作为长白山森林生态功能区范围内政府考核的主体，实行生态保护优先的绩效评价，强化对提供生态产品能力的评价，弱化对工业化城镇化相关经济指标的评价，主要考核生态用地占比、森林覆盖率、森林蓄积量、水源涵养能力和水土流失治理率等指标。

建立健全相关生态保护建设考核评价综合指标体系，提高其在整个考核体系中的权重；建立并实施独立的生态保护建设考核制度，将考核结果作为党政干部提拔重用的重要依据，确保"一票否决"的落实。

此外，还可健全生态文明激励机制，加大对发展循环经济的政策扶持。建立生态贡献表彰奖励制度，建立企业生态信用制度，将企业生态文明建设责任落实情况等作为推荐银行信贷、上市融资、参与政府采购、获得政府补贴的重要依据；建立群众低碳出行、垃圾分类清理、适度消费等奖惩制度。

附表

长白山森林生态功能区禁止开发区域名录

序号	名　称	行政区域	面积（公顷）
	国家级自然保护区		
1	黑龙江小北湖国家级自然保护区	宁安市	20834
2	黑龙江大峡谷国家级自然保护区	五常市	24998
3	黑龙江老爷岭东北虎国家级自然保护区	东宁县	71278
4	吉林雁鸣湖国家级自然保护区	敦化市	53940

（续）

序号	名　称	行政区域	面积（公顷）
5	吉林黄泥河国家级保护区	敦化市	41583
6	吉林白山原麝国家级自然保护区	临江市 浑江区	21995
7	吉林长白山国家级自然保护区	安图县 抚松县 长白县	196465
8	吉林松花江三湖国家级保护区	抚松县	115253
9	吉林鸭绿江上游国家级自然保护区	长白县	20306
10	吉林汪清国家级自然保护区	汪清县	67434
11	吉林靖宇国家级自然保护区	靖宇县	15038
国家森林公园			
12	黑龙江龙凤国家森林公园	五常市	21840
13	黑龙江一面坡国家森林公园	尚志市	23408
14	黑龙江火山口国家森林公园	宁安市	66933
15	黑龙江镜泊湖国家森林公园	宁安市	65000 （与黑龙江镜泊湖国家级风景名胜区面积重叠）
16	黑龙江威虎山国家森林公园	海林市	414756
17	黑龙江雪乡国家森林公园	海林市	186000
18	黑龙江佛手山国家森林公园	海林市	6308
19	黑龙江亚布力国家森林公园	尚志市	11748
20	黑龙江八里湾国家森林公园	尚志市	41000
21	黑龙江凤凰山国家森林公园	五常市	50000
22	黑龙江方正龙山国家森林公园	方正市	66101
23	黑龙江六峰山国家森林公园	穆棱市	34640
24	黑龙江长寿山国家森林公园	延寿县	7402
25	吉林露水河国家森林公园	抚松县	25787
26	吉林泉阳泉国家森林公园	抚松县	4977
27	吉林松江河国家森林公园	抚松县	6018
28	吉林延边仙峰国家森林公园	和龙市	19102
29	吉林图们江源国家森林公园	和龙市	12737
30	吉林满天星国家森林公园	汪清县	17057
31	吉林临江国家森林公园	临江市	18000

（续）

序号	名　称	行政区域	面积（公顷）
32	吉林长白国家森林公园	长白县	27000
33	吉林江源国家森林公园	江源区	14636
34	吉林兰家大峡谷国家森林公园	汪清县	10972
35	吉林长白山北坡国家森林公园	安图县	11660
36	吉林三岔子国家森林公园	靖宇县 江源区	7126
37	吉林临江瀑布群国家森林公园	临江市	4085
38	吉林湾沟国家森林公园	靖宇县 抚松县 江源区	5732
国家湿地公园			
39	黑龙江蚂蜒河国家湿地公园	延寿县	377
40	黑龙江白桦川国家湿地公园	宁安市	8571
41	吉林泉水河国家湿地公园	和龙市	4791
42	吉林大石头亚光湖国家湿地公园	敦化市	2291
国家地质公园			
43	黑龙江镜泊湖国家地质公园	宁安市	140000 （与镜泊湖国家级 风景名胜区面积重叠）
44	黑龙江凤凰山国家地质公园	五常市	30731 （与黑龙江凤凰山国家级 森林公园面积重叠）
45	吉林靖宇火山矿泉群国家地质公园	靖宇县	38278
46	吉林长白山火山国家地质公园	靖宇县	43900
47	吉林抚松国家地质公园	抚松县	11000
国家级风景名胜区			
48	黑龙江镜泊湖国家级风景名胜区	宁安市	172600
49	吉林仙景台国家级风景名胜区	和龙市	3200
合　计			2049157

第三篇

阿尔泰山地

森林草原生态功能区
生态保护与建设规划

第一章　规划背景

第一节　生态功能区概况

一、规划范围

阿尔泰山地森林草原生态功能区位于新疆维吾尔自治区，行政区域包括新疆维吾尔自治区阿勒泰地区及新疆生产建设兵团农十师7个团场。东部与蒙古国接壤，西部、北部与哈萨克斯坦共和国、俄罗斯联邦共和国交界，边界线长1050千米，东西长402千米，南北宽464千米，总面积120366平方千米，总人口66.9万人。详见表3-1。

表3-1　生态功能区名录

省（区）	县（市）
新疆维吾尔自治区 （1个市6个县）	阿勒泰市、布尔津县、富蕴县、福海县、哈巴河县、青河县、吉木乃县
新疆生产建设兵团农十师 （7个团场）	181团、182团、183团、185团、186团、187团、188团

二、自然条件

（一）地形地貌

生态功能区山脉包括阿尔泰山和萨吾尔山。阿尔泰山呈西北—东南走向，为跨国山脉，区内山体长达500余千米，横亘在哈巴河、布尔津、阿勒泰、富蕴、青河五县一市北部。萨吾尔山在吉木乃县，也是东—西走向的断块跨国山脉。由于河流切割，乌伦古湖以西形成"两山夹一谷"的地理格局，即阿尔泰山—额尔齐斯河谷—萨吾尔山；以东形成"山地接平原"的地理格局，即阿尔泰山—山前丘陵平原，额尔齐斯河、乌伦古河两河间平原以及乌伦古河以南平原。

总体上，本区大致可分为北部山区、中部丘陵河谷平原区、南部荒漠（戈壁）沙漠区三个地貌单元，分别占本区国土总面积的32%、22%、46%。

北部山区海拔在900～3000米。阿尔泰山和萨吾尔山是典型的断块山。阿尔泰山由北向南、萨吾尔山由南向北呈阶梯状递减，气候、土壤、植被垂直分布明显。海拔2400米以上为高山带，终年积雪覆盖，是区内河流的水源补给区；1500～2400米为亚高山和中山带，地面起伏，"V"形谷地分布广泛，是最大降水带，也是最大集水区、重要林区和优良的夏季牧场；900～1500米为低山带，河谷两岸起伏变化大，水能蕴藏丰富。

中部丘陵河谷平原区处于阿尔泰山前至准噶尔盆地北缘，为额尔齐斯河和乌伦古河长期冲（洪）积而成的河套平原（河阶地）和丘陵地貌。其东部起伏变化多端，西部较为平坦。地势为东北高西南低。海拔在400～1000米。河谷地带土地肥沃，水源丰富，牧草肥美，两岸生长着茂密的河谷天然林。是本区主要粮油产区，也是良好的冬季牧场。

南部荒漠（戈壁）沙漠区是古尔班通古特沙漠的一部分。地面为低矮的固定、半固定沙丘。无地表径流，水源奇缺。丘间洼地稀散分布有耐旱的牧草和梭梭。

（二）气候水文

本区属北温带大陆性寒冷气候区，年平均气温3.3℃，年平均降水152毫米，年平均蒸发量1840毫米，是年降水量的10倍，水分收支极不平衡，农田主要靠河水灌溉，无霜期年平均为153天。春旱多风、夏短少炎、秋高气爽、冬寒漫长多大风。从南到北、自东往西、由低到高，气候由极干旱－干旱－半干旱－半湿润－湿润依次演变。北部山区降水多，年降水量可达400～600毫米，积雪深度1～2米；中部丘陵河谷平原区年降水量150～200毫米，积雪深度约有30～80厘米；南部荒漠（戈壁）沙漠区年降水量仅95毫米，只有零星积雪。

区内有额尔齐斯河、乌伦古河和吉木乃山溪三大水系，大小河流56条，河川年净流量总量123.7亿立方米，占全疆河川总径流量的14.7%。额尔齐斯河是我国唯一注入北冰洋的国际性河流，是新疆第二大河流，功能区内第一大河流。乌伦古河是内流河，也是功能区内第二大河流。

（三）土壤植被

土壤分为18个土类，24个亚类，平原区为淡棕钙土风沙土，山地土壤则呈明显垂直带状分布，自下而上依次为淡棕钙土、山地棕钙土、山地栗钙土、山地灰黑土、山地黑钙土、棕色针叶林土、山地草甸土、冰沼土。

本区属西伯利亚森林植物区系。自然植被类型主要包括针叶林、阔叶林、灌丛、草甸、草原、高山植被、荒漠植被、石生植被、沼泽和水生植被10个植被型。北部山区自然植被垂直分布明显。海拔3100米以上为永久积雪带，石质峰、斗篷状碎石堆、冻裂风化雪融蚀后的石砾严重破坏了植被的发育，把高山以及亚高山植被分割得支离破碎；海拔2600～3100米为高山冻原带，气候严寒，土层瘠薄，很多植被难以发育，主要分布有苔藓、地衣等垫状植被；海拔2400～2600米为高山带草甸带，生长着各种禾本科植物；海拔1700～2400米的亚高山带草甸带，阴坡生长着针叶林，阳坡多灌木丛，林隙地有多种禾本科植物和杂草，草地覆盖度85%以上，是优良夏季牧场；海拔1300～1700米的中山森林草甸带，阴坡生长着针叶林和针阔混交林，阳坡生长绣线菊等灌草丛；海拔900～1300米的低山带灌木林带，多生长绣线菊、野蔷薇、爬地柏和木贼等灌丛，以及耐旱的草木如盐柴类、蒿类和各种禾本科植物。中部是主要农作物栽培区和牧区，在河谷两岸生长着茂密的阔叶林。南部多荒漠，自然植被有旱生蒿草、盐柴、假木贼、梭梭等。

三、自然资源

（一）土地资源

土地总面积中，林地240.8万公顷，占20.0%；耕地30.0万公顷，占2.5%；草地848.3万公顷，占70.5%；湿地19.05万公顷，占1.6%；未利用地和其他土地65.5万公顷，占5.4%。林地、草地和湿地是本区生态系统服务功能的主要载体。

（二）森林资源

区内森林植被为南泰加林型山地森林（寒温带针叶林），是我国唯一的西西伯利亚泰加林生态系统的代表，西伯利亚落叶松、西伯利亚云杉、西伯利亚冷杉和西伯利亚五针松占绝对优势，其次是欧洲山杨、疣枝桦和柳属等构成植被主体。林地面积中，森林145.5万公顷，疏林地1.9万公顷，未成林造林地2.6万公顷，苗圃地0.03万公顷，无立木林地12.4万公顷，宜林地78.5万公顷。森林覆盖率12.1%。森林主要分布在阿尔泰山和萨吾尔山海拔1300～2400米的亚高山和中山带以及河谷两岸。

功能区内山地森林主要由阿尔泰山国有林区管理局管护，阿尔泰山国有林区总面积252.4万公顷，林地面积137.9万公顷，森林面积108.5万公顷，森林蓄积量1.1亿立方米，森林面积和蓄积量约占全疆山地森林的50%，是新疆重要的生态防护和水源涵养林区。

（三）草地资源

功能区草地面积占全疆草地面积的14.4%，在20世纪80年代就是全国11片重点牧区之一。在草地面积中，可利用草地面积686.2万公顷，暂难利用草地面积162.1万公顷。草地类型多样，主要有高寒草甸、山地草甸、山地草原、草甸化草原、荒漠草原、山地荒漠和平原荒漠等，生产能力差异大。高寒草甸分布在阿尔泰山和萨吾尔山高山区，草层低矮，结构简单，为夏季牧场，主要建群种为寒生羊茅、三界羊茅；山地草甸分布在阿尔泰山、萨吾尔山亚高山区、中山区林隙地和阳坡，茂密而高大，是优良的夏季牧场，主要建群种为看麦娘、无芒雀麦；山地草原分布在低山带，多以抗寒抗旱的草本为主，如针茅和羊茅，群落盖度比草甸小，但营养价值高，是春秋季牧场；荒漠类草地（包括荒漠草原、山地荒漠和平原荒漠）分布于山地草原下部和山前平原，以耐旱、极端耐旱植物为主，建群种为半灌木。牧草组成有86科440属1334种。

（四）水资源

本区水资源较为丰富，有额尔齐斯河、乌伦古河和吉木乃山溪三大水系，大小河流56条，年总径流量133.7亿立方米，人均占有2.0立方米。其中，地表径流量为123.7亿立方米，占新疆维吾尔自治区地表径流量的14.7%。目前，开发利用的地表径流量仅28亿立方米，其余都流入哈萨克斯坦共和国境内。区内水资源分布不均，水土资源地域组合不平衡，额尔齐斯河以北土地面积占1/3，水量却占到9/10，而额尔齐斯河以南土地面积占2/3，水量只有1/10。河流径流量的年际变化大，年较差多数变异系数（CV）值在0.3～0.5，是全疆的最高值。地表水年份也不均衡，主要集中在5～8月，占全年总量的28%～82%。地下水平原区潜层补给量为21.64亿立方米。

额尔齐斯河发源于阿尔泰山东段南麓，是我国唯一注入北冰洋的河流，也是新疆的第二大河流，功能区内第一大河流，在我国境内干流总长593千米，横贯功能区4县1市，年径流量为119亿立方米，占阿勒泰地区地表径流总量的91.6%，是新疆河川径流总量的1/7，产水量23.32亿立方米。落差大，水流急，含沙量仅6.5克/立方米，是融雪雨水补给型河流，流域面积为6万平方千米。4～8月径流量占全年的70%～80%，11月至次年4月结冰。乌伦古河是阿勒泰地区第二大河流，发源于阿尔泰山东部南麓，自西向东流入乌伦古湖，为内陆河，年径流量10.7亿立方米，产水量8.17亿立方米，流域面积为4.3万平方千米。吉木乃山溪发源于萨吾尔山的最高峰——木斯套冰川，南北流向，年平均径流量约0.9亿立方米，流域面积0.8万平方千米。

（五）湿地资源

本区湿地面积19.05万公顷，其中河流湿地3.0万公顷，人工库塘0.2万公顷，湖泊湿地11.65万公顷，沼泽湿地4.2万公顷。河流湿地占湿地总面积的15.8%，湖泊湿地占湿地总面积的61.2%。受各种形式保护的湿地面积为17.3万公顷，湿地保护率为90.8%。

喀纳斯国家级自然保护区湿地面积大、类型多样。湿地类型有湖泊湿地、河流湿地和沼泽湿地等。湿地总面积1.0万公顷，其中河流湿地0.06万公顷，沼泽湿地0.3万公顷，湖泊湿地0.7万公顷。喀纳斯湖面积0.5万公顷，是我国已知的最深的冰蚀、冰渍高山河谷型湖泊。喀纳斯湖和白湖对喀纳斯河的水量起着重要的调节作用，由于湖面宽广，蓄水量大，使喀纳斯河长年累月流水不断，即使是枯水季节，河流也不干枯。

此外，喀纳斯国家级自然保护区内山谷洼地、高山低洼处、湖滨及河沿阶分布着较大面积的沼泽将水储存起来，并以各种形式不断向外补给。喀纳斯河水质优良，矿化度低，河水含沙量仅6.5克/立方米，水中各类离子总量27～73毫摩尔/升，pH值6.58～7.02，属中性极软水。喀纳斯湖水矿化度平均为67毫克/升，pH值7.4～7.6，总硬度9.36～12.50毫克/升，属微碱性弱矿化水。

乌伦古湖面积10.95万公顷，是新疆第二大内陆湖，是乌伦古河的尾闾湖，也是我国十大淡水湖泊之一。

（六）冰川资源

在阿尔泰山和萨吾尔山冻土带上分布有冰川416条，面积383.2平方千米，出水量约为164.92亿立方米。占新疆冰川总面积的1.1%，储冰量占新疆冰川储量的0.6%，是一座巨大的固体水库，在涵养水源、调节气候以及农牧业用水方面发挥着重要作用。

（七）野生动植物资源

本区野生动植物资源极为丰富。经不完全统计，低等植物如大型真菌172种，分属于2门10目32科77属；地衣类20科40属103种；高等植物共有146科633属1689种，其中苔藓植物有45科96属177种，蕨类植物有7科9属21种，种子植物有94科528属1491种。有小斑叶兰、珊瑚兰、紫斑红门兰、宽叶红门兰、阴生红门兰、绶草、新疆火烧兰、凹舌兰、手参、裂唇虎舌兰和冬虫夏草等国家重点保护野生植物。野生脊椎动物共有31目74科347种。其中哺乳动物6目17科51种，鸟类19目49科283种，两栖动物1目1科1种，爬行动物2目2科3种，鱼类3目5科9种。国家Ⅰ级保护动物有雪豹、紫貂、貂熊、北山羊、原麝、黑鹳、金雕、白肩雕、玉带海雕、白尾海雕、胡兀鹫、松鸡12种，国家Ⅱ级保护动物有兔狲等56种；另外属于特有种的动物有阿尔泰林蛙、极北蝰、胎生蜥蜴、岩雷鸟、普通松鸡、哲罗鲑、细鳞鲑、江鳕、北极鮰、西伯利亚斜齿鳊等。区内还有昆虫23目84科280种。

四、社会经济

本区总人口66.9万人（其中：新疆生产建设兵团5万人）。其中，少数民族38.3万人，占总人口数的57.2%。农业人口31.3万人，占该区总人口的46.8%。在农业人口中，牧民14万人，占农业人口的44.7%。

（一）经济总量小、人均收入低

国内生产总值187.7亿元，财政收入25.9亿元。农民年人均收入6406元/人，低于2012年全国农民人均收入水平（7917元）。

（二）产业结构不合理

第一产业36.4亿元、第二产业90.7亿元、第三产业60.5亿元，分别占国内生产总值的19.4%、48.3%和32.3%，而全国三次产业占国内生产总值比例为10.0%、46.6%和43.4%。说明第一产业（农、林、牧、渔业）仍是本区的主要产业，产业结构不合理，生产方式仍较落后。在第一产业中，畜牧业总产值26.27亿元，占第一产业的71.3%，当地农牧民仍以畜牧业为主要产业。

（三）农村和林牧区公共服务和生活条件差

农村和林牧区路网密度低、路况较差，通车、通电的行政村不到50%，水、通讯等基础设施缺乏，教育、医疗和卫生等公共服务体系不完善，广大农牧民和林区职工的收入和生产生活条件滞后于社会平均水平。高中（含中专）以上程度14万人，仅占常住人口的23.3%。城镇化率38%，远低于2012年全国平均水平（52.57%）。

第二节　生态功能定位

一、主体功能

按照《全国主体功能区规划》，本区属水源涵养型重点生态功能区，主体功能定位是新疆北部重要的水源涵养区，我国泰加林集中分布区和重要的天然草场，人与自然和谐相处的生态文明示范区。

二、生态价值

（一）新疆北部重要的水源地

本区水资源丰富，是额尔齐斯河、乌伦古河和吉木乃山溪的发源地，地表径流总量为123.7亿立方米，占全疆地表径流量的14.7%，是新疆北部重要的水源地。区域内众多的冰川、河流、湖泊和库塘为额尔齐斯河流域和乌伦古河流域居民生产生活用水提供了重要保障，同时也为克拉玛依市、乌鲁木齐市及其周边地区提供了重要的水源。克拉玛依市、乌鲁木齐市水资源严重缺乏，1997年启动了"635工程"，2000年"引额济克工程"完工通水，现正在实施"引额济乌工程"。

（二）新疆北部天然的生态屏障

本区森林面积145.5万公顷、森林蓄积量1.1亿立方米，森林主要分布在阿尔泰山和萨吾尔山海拔1300～2400米的亚高山和中山带以及河谷两岸。森林面积和蓄积占全疆山地森林的50%以上，是新疆北部天然的生态屏障。同时，区域内广袤的天然草地、湿地和荒漠植被为野生动物提供了生存所需的食物来源和隐蔽场所，并且具有防风固沙、减缓土地沙化、保持水土等重要生态功能，对保障生态安全具有无可替代的作用。

（三）山地森林生态系统和生物多样性保护地

泰加林在我国主要分布于大、小兴安岭、长白山和阿尔泰山。大、小兴安岭、长白山泰加林是东西伯利亚代表树种南延的产物，阿尔泰山泰加林则是以西西伯利亚代表树种为主体的泰加林在我国的唯一分布区，树种古老珍稀、群落原始独特，具有典型性和代表性，具有重大的科研价值和自然保护价值。区内野生动植物资源极为丰富，对保护生物多样性、拯救珍稀濒危物种、开展科学研究意义重大。截至2012年，本区共建立了国家级自然保护区1处，国家森林公园4处，国家地质公园2处，国家湿地公园2处。保护区域总面积达到70.5万公顷，占区域总面积的5.9%。

（四）极为重要的水源涵养功能

本区拥有广袤的森林、草地和湿地，起到了极为重要的涵养水源、调节径流、净化水质和调蓄洪水的作用。区域内生态系统水源涵养量为69.9亿立方米，其中森林生态系统水源涵养量29.1亿立方米，草地生态系统水源涵养量38.2亿立方米，湿地生态系统水源涵养量2.6亿立方米。

第三节　主要生态问题与原因

一、山地原生型森林破坏较严重，林区内林牧矛盾突出

阿尔泰山国有林区是原生型泰加林的集中分布区，是我国六大林区之一，也是新疆第二大林区，但同时也是当地牧民的夏季牧场，林区和农牧区并存，地界交错，牧民居住在林区，主要生活能源为木材，影响了森林资源的恢复。同时林区牲畜量快速增加，致使林区超负荷载畜，林区草场植被受到较严重的破坏，加之不合理资源开发行为的影响，致使该区域生态出现较严重的退化现象。

二、天然河谷林资源逐渐减少，林分结构不合理

额尔齐斯河两岸生长着欧洲黑杨、额河杂交杨、银白杨、银灰杨等天然次生林，是极为重要的杨树天然基因库。20世纪60年代河谷两岸有林地5.6万公顷，由于河道两岸土肥水美，适宜种植农作物和放牧，过渡开垦和超负荷载畜对河谷林破坏较大，至80年代末河谷林仅剩2.3万公顷。经近20年的封育，现有林地18.7万公顷，其中有林地5.7万公顷，刚恢复到了20世纪60年代的水平。现有林分结构不合理，大部分为成过熟林，如果不采取有效措施进行更新，现存的天然河谷林资源将会逐渐消失。实施"635工程"对河谷林长势也有一定影响，由于水源被大量调往乌鲁木齐和克拉玛依，致使额尔齐斯河和乌伦古河流域地下水位下降，一些河谷林因缺少水分而长势减弱或干枯。

三、天然草地退化日益加剧，生态功能降低

"三化"的草地达477.8万公顷，占草地面积的56.3%，主要集中在福海县和富蕴县。牧草的生物量、高度以及优质牧草所占的比例下降明显，尤其是在山区分布的山地草甸、山地草原、草甸化草原和荒漠草原退化尤为严重，山区草地面积约占功能区的25%，但草地的实际载畜量却高达57%。鼠虫危害、不合理利用和超载放牧等是造成草地退化的主要原因。据统计，至2012年草地鼠害面积533.1万公顷，达草地总面积的62.8%，其中已治理474.6万公顷。在近30年内，功能区内人口数量由1982年的47.9万增至66.9万。按照理论载畜量和历史资料分析，功能区内牲畜的发展数量保持在210万头（只）为宜，但至2012年末，牲畜数量由1982年的212.06万头（只）增至279.2万头（只），超载率高达33%。

四、荒漠自然植被破坏严重，生态极为脆弱

新疆是我国水土流失面积最大的省份。功能区内水土流失面积832平方千米，其中风蚀面积占77.1%、水蚀面积占16.2%。区内戈壁面积达35260平方千米、沙漠面积9000平方千米，分别占功能区国土总面积的35.26%、7.7%。戈壁自然植被主要是荒漠灌木林，生态系统结构较简单，覆盖度基本上都在50%以下，由超旱生、旱生的小乔木、灌木、半灌木以及旱生的一年生草本、多年生草本和中年生的短命植物等荒漠植物组成。沙漠除部分为流动沙丘外，大部分为半流动和半固定沙丘，发育了沙质荒漠草地，生长稀疏，产量较低，覆盖度10%～25%，载畜能力低。近年来由于周边植被的破坏以及沙质荒漠草地的严重退化，功能区内沙漠流沙面积从3%上升到了15%。荒漠灌木林和荒漠草地也是当地农牧民的冬季牧场和生产生活燃料，石油开采、乱挖烧柴、超载放牧、鼠类危害等对荒漠自然植被破坏严重，生态极为脆弱。

五、水资源分布不均，部分河段水质有待提高

本区地表水丰富，但是水资源分布不均，水土资源地域组合不平衡，额尔齐斯河以北土地面积占有1/3，水量却占到9/10，而额尔齐斯河以南土地面积占2/3，而水量只有1/10，河流径流量的年际变化大，年较差多数CV值在0.3～0.5，是全疆的最高值，地表水年份也不均衡，主要集中在5～8月。部分河段水质有待提高。2007年额尔齐斯河4个监测断面、富蕴桥和布尔津水文站断面水质类别为Ⅲ类，主要污染因子为粪大肠菌群、总磷、氨氮；一般性河流8个监测点位，水质均达到Ⅲ类标准要求。喀纳斯湖7个监测点现状水质类别为Ⅲ类，主要污染因子为总磷、铜、汞；乌伦古湖8个

监测断面水质均超过Ⅲ级标准，主要污染物为COD、氟化物、氯化物。造成水体污染的主要原因有农业生产中施用的化肥和农药残留，城市和农村生活污水、畜禽粪便未经处理随意排放，以及补给水量减少，引起水面萎缩，导致水质恶化等。

第四节　保护和建设现状

一、生态工程建设

（一）林业生态工程

截至2012年底，阿尔泰山国有林区管理局全部纳入天保工程，并结合天保工程，完成人工造林0.3万公顷、封山育林1.7万公顷、森林抚育0.4万公顷、林木采种基地0.2万公顷。功能区累计完成"三北"防护林体系建设工程27.3万公顷，其中：人工林5.9万公顷，封育21.3万公顷。林网化程度达63%。绿色通道建设1000多千米。乡镇绿化覆盖率25%以上33个，村庄绿化覆盖率25%以上215个，消灭无林村211个。完成退耕还林工程10.7万公顷，其中：退耕地造林2.5万公顷，宜林荒山荒地造林8.2公顷，中央拨付退耕还林工程资金共计5.63亿元。2011～2012年，中央财政森林生态效益补偿基金201万公顷；国有林场、林业棚户区危旧房改造226户；中央财政森林抚育补贴试点项目0.8万公顷；中央财政森林公安转移支付资金139.8万元。2001～2012年，重点公益林补偿4.9亿元，实施了乌伦古湖湿地保护和恢复工程、科克苏湿地自然保护区保护和恢复工程、平原天然林区森林重点火险区综合治理工程以及边境森林防火隔离带维护项目等。

林业工程建设取得了巨大的成效，但工程建设投资普遍不足、投资偏低，森林防火、有害生物防治等设施设备，以及国家级自然保护区和国家级森林公园等禁止开发区基础设施不完善，影响了工程生态效益的发挥。

（二）其他生态工程

草地生态建设。开展了退牧还草等治理工程。截至2012年底，"三化"草场治理23.4万公顷、已治理草原鼠害面积474.6万公顷。

水土流失治理。开展了小流域综合治理等项目。截至2012年底，通过采取水保造林、水保种草、封禁治理等措施，共治理水土流失面积0.1万公顷。

此外，水利部门开展了小流域综合治理工程，农业部门开展了清洁生产建设，环保部门开展了湖泊生态环境保护试点项目。

从生态建设情况来看，普遍存在资金不足，污水和垃圾等处理设施不完善等问题。

二、重点生态功能区财政转移支付

2012年，生态功能区内4县1市有财政转移支付资金，合计35639万元，还有哈巴河县、富蕴县和农十师没有财政转移支付资金。资金来源为环境保护建设以及涉及民生的基本公共服务领域18571万元、其他17068万元。在资金的分配上，用于生态工程建设2660万元、环境保护7924万元、民生及政府基本公共服务建设18895万元、节能减排2129万元、其他961万元。

从资金来源和使用上可以看出，财政转移支付资金用于生态保护和建设的比例偏低，且资金规模远不能满足生态保护和建设的需要。

三、生态保护与建设总体态势

本区生态保护与建设的总体态势是：森林面积增加，水资源逐年减少且分布不均衡，水质总体较好，但部分河段有机物超标，冰川面积减少，草地大面积退化，荒漠植被破坏加剧，土地出现退化，风沙等自然灾害频发，生物多样性减少，生态保护和建设处于关键时期。

第二章 指导思想与原则目标

第一节 指导思想

全面贯彻党的十八大精神，深入学习贯彻习近平总书记系列重要讲话精神，全面落实《全国主体功能区规划》的功能定位和建设要求，以保护原生型泰加林及其生态系统、天然河谷林及其生态系统、湿地生态系统、草地生态系统、荒漠生态系统、冰川资源、珍稀濒危野生动植物及其栖息地，增强额尔齐斯河和乌伦古河流域水源涵养功能为目标，通过合理空间布局、实施生态工程、完善公共服务体系等措施，提高森林、湿地、草地等生态用地比重，加强区域水源涵养、水土流失控制和生物多样性保护等生态服务功能，建设生态良好、生活富裕、人与自然和谐相处的生态文明示范区，为新疆北部乃至国家的可持续发展提供生态保障。

第二节 基本原则

一、全面规划、突出重点

将区域森林、草原、湿地、荒漠等生态系统和生物多样性都纳入规划范畴，与《全国主体功能区规划》等上位规划衔接，推进区域人口、经济、资源环境协调发展。根据本区特点，以森林、湿地草地和荒漠生态系统保护和建设为重点。

二、优先保护、科学治理

优先保护原生型泰加林及其生态系统、天然河谷林及其生态系统、湿地生态系统、草地生态系统、荒漠生态系统、珍稀濒危野生动植物及其栖息地，保护水源地，巩固已有建设成果；以草定畜，严格控制载畜量，治理土壤侵蚀；自然修复和人工修复相结合，采用先进实用技术，提高成效。

三、合理布局、分区施策

根据区域森林、草地、荒漠植被和珍稀野生动植物分布特点、水资源分布状况以及水土流失程度等，进行合理区划布局，根据各分区特点，分别采取有针对性的保护和治理措施，合理安排建设内容。

四、以人为本、统筹兼顾

正确处理生态与民生、生态与产业、保护与发展的关系，兼顾农牧民增收与区域扶贫开发，将生态建设与农牧民增收和调整产业结构相结合，提高农牧民收入水平，帮助脱贫致富。

第三节　规划期和规划目标

一、规划期

规划期为2014～2020年。其中近期2年（2014～2015年），远期5年（2016～2020年）。

二、规划目标

总体目标：到2020年，区域内额尔齐斯河和乌伦古河流域水源涵养能力明显增强，新增水源涵养能力5.8亿立方米，水质达到Ⅰ类，空气质量达到一级。生态用地得到严格保护，节约集约使用林地，森林覆盖率稳步增长，提高森林质量，增加森林蓄积量，原生型泰加林及其生态系统、天然河谷林及其生态系统、荒漠植被及其生态系统、天然草地及其生态系统以及珍稀濒危野生动植物及其栖息地得到有效保护，湿地进一步得到保护和恢复，荒漠化土地得到有效控制，生态监管能力明显增强，农牧民收入明显增加，公共服务水平明显提升，初步形成山清水秀、富裕和谐的生态文明示范区。

具体目标：到2020年，生态用地占比93%，森林覆盖率提高到 14.5%，森林蓄积量达到11200万立方米以上，自然湿地保护率提高到95%，国家级自然保护区、国家森林公园、国家湿地公园和国家地质公园达到27处，"三化"草地治理率达到51.3%，荒漠化土地治理率31.6%，水土流失治理率34.1%。建设生态产业基地7.7万公顷，培训农牧民10万人次。

表 3-2　主要指标

指　标	2012 年	2015 年	2020 年
水源涵养能力建设目标			
生态用地①占比（%）	92.1	92.5	93.0
林地面积（万公顷）	240.8	240.8	240.8
森林覆盖率（%）	12.1	13.0	14.5
森林蓄积量（万立方米）	11000	11100	11200
生物多样性保护目标			
国家级自然保护区（处）	1	3	7
国家重点保护野生动物保护（个）	—	4	15
极小种群野生植物拯救保护（个）	—	2	10
国家森林公园（处）	4	5	10
国家地质公园（处）	2	2	2
国家湿地公园（处）	2	5	5
湿地保护目标			
湿地面积（万公顷）	19.05	19.05	19.05
湿地保护面积（万公顷）	17.30	17.7	18.1
自然湿地保护率（%）	90.8	93	95
湿地保护与恢复工程（万公顷）	12.8	14.2	17.6
水土流失治理目标			
"三化"草地治理率（%）	4.9	20.7	51.3
荒漠化治理率（%）	—	9.0	31.6
水土流失治理率（%）	1.7	10.1	34.1
生态产业目标			
建设生态产业基地（万公顷）	1.8	4.5	7.7
农牧民培训（万人次）	—	5	10

注：①生态用地包括林地、草地、湿地以及通过治理恢复生态功能的荒漠化土地。

第三章 总体布局

第一节 功能区划

一、区划原则

根据本区地形地貌和生态系统差异性，泰加林、河谷林、天然草地、荒漠植被和珍稀野生动植物分布状况及其对新疆北部水资源供给的重要性，以及本区荒漠化程度，按照主体功能区规划目标的要求、资源保护与管理的一致性以及保护和发展的适应性，对本区进行区划。

二、功能分区

本区共划分3个生态保护与建设功能区，即山地森林水源涵养区、两河流域水源保护区和荒漠化生态治理区。详见表3-3。

（一）山地森林水源涵养区

本区包括吉木乃县、哈巴河县、布尔津县、阿勒泰市县（市）域，富蕴县和福海县北部山区，以及农十师181团、185团、186团。分布有大面积的原生型泰加林、天然河谷林和天然草地，是额尔齐斯河和吉木乃山溪的发源地，拥有我国已知的最深的冰蚀、冰渍高山河谷型湖泊，区域生态主导功能是水源涵养。

（二）两河流域水源保护区

本区包括富蕴县和福海县境内额尔齐斯河-乌伦古河区域，以及青河县乌伦古河以北区域，以及农十师182团、183团、187团、188团。是天然河谷林和天然草地集中分布区，是乌伦古河的发源地，拥有我国十大淡水湖泊之一、新疆第二大内陆湖——乌伦古湖。区域生态主导功能是水源保护。

（三）荒漠化生态治理区

本区包括富蕴县、福海县和青河县内乌伦古河以南区域，以及农十师182团1连。水土流失严重，人为活动频繁，荒漠植被破坏严重，水资源极为匮乏，生态系统退化，区域生态主导功能是生态治理。

表 3-3　生态保护与建设分区表

区域名称	行政范围	面积（万公顷）	资源特点
合　计		1203.65	
山地森林水源涵养区	吉木乃县、哈巴河县、布尔津县、阿勒泰市县（市）域，富蕴县和福海县北部山区，农十师181团、185团、186团	537.67	拥有大面积的森林和草地，河流、湖泊和库塘湿地众多，是原生型泰加林、天然河谷林和珍稀濒危野生动植物的集中分布区
两河流域水源保护区	富蕴县和福海县境内额尔齐斯河 - 乌伦古河之间区域，清河县乌伦古河以北区域，农十师182团（1连除外）、183团、187团、188团	258.30	拥有天然河谷林和天然草地，河流、湖泊和库塘湿地众多，水资源极为丰富。
荒漠化生态治理区	富蕴县、福海县和清河县乌伦古河以南区域，农十师182团1连	407.68	荒漠化严重，荒漠灌木林破坏严重，水资源极为匮乏，生态系统退化

第二节　建设布局

一、山地森林水源涵养区

（一）区域特点

土地面积537.67万公顷。拥有大面积的森林和草地，河流、湖泊和库塘湿地众多，是原生型泰加林、天然河谷林和珍稀濒危野生动植物的集中分布区。有森林100万公顷、约占区域内森林总面积的68.7%，草地400万公顷、约占区域内草地总面积的47.2%，湿地2万公顷、约占区域内湿地总面积的10%。区域生态系统水源涵养能力为38.2亿立方米。

国家禁止开发区域有8处，其中国家级自然保护区1处、国家森林公园4处、国家地质公园2处、国家湿地公园1处。

土壤水分、气象、草原鼠害等监测站点136个。

公益林面积109万公顷，纳入中央财政森林生态效益补偿的国家级公益林57万公顷，集体公益林7万公顷。

（二）主要问题

原生型泰加林区内林牧交错，超载放牧明显，拾柴盗伐现象时有发生，水源涵养功能减弱。

天然草地破坏严重，"三化"草地面积280万公顷，占区域"三化"草地面积的59%，其中仅有17万公顷得到治理。以两河源自然保护区为例，保护区内20世纪50年代至今牲畜增加近30倍，草场超载率达39%，退化草场和虫鼠害发生面积分别占保护区草场面积的47%和40%。

保护设施严重不足。国家级自然保护区和国家森林公园的森林防火、有害生物防治、生态监测、管护站以及封禁保护等设施严重不足。在监测盲区，野生动植物滥捕滥采行为仍有发生。

生物多样性降低。人为活动对原生型森林生态系统以及野生动植物栖息地破坏加剧，一些极小种群数量减少，分布位点也逐渐减少，生物多样性降低。

水土流失4.1万公顷，占区域水土流失总面积的50%。

能源和矿产资源开采过度。富蕴县境内发现矿种100余种，占全疆矿种的66.7%，已建成喀拉通克铜镍矿、萨尔布拉克堆浸金矿等矿产企业，粗放的开采致使植被破坏、地表裸露，造成水土流失与水质污染。

（三）建设重点

继续实施天然林保护、"三北"防护林、退耕还林、封山育林和荒山造林等工程，野生动植物保护和自然保护区建设等工程，维护和重建山地森林生态系统。落实保护政策，禁止对野生动植物进行滥捕滥采，保护自然生态走廊和野生动植物栖息地，促进自然生态系统恢复，保持野生动植物物种和种群平衡，实现野生动植物资源良性循环和永续利用。推进国家禁止开发区核心区生态移民搬迁，改善农牧民生产生活环境，推进游牧民定居工程。

二、两河流域水源保护区

（一）区域特点

土地面积258.30万公顷。分布有大面积的天然河谷林、荒漠灌木林、草地、河流和湖泊，是乌伦古河发源地。森林面积45万公顷，天然草地200公顷，湿地17.05万公顷。区域生态系统水源涵养能力为20.3亿立方米。

国家禁止开发区域有1处，即乌伦古湖国家湿地公园。

土壤水分、气象、草原鼠害等监测站点78个。

公益林面积115万公顷，纳入中央财政森林生态效益补偿范围的国家级公益林27万公顷，集体公益林6万公顷。

（二）主要问题

天然河谷林现有林分结构不合理，大部分为成过熟林，且实施"635工程"后两河流域地下水位下降，部分河谷林因缺少水分而长势减弱。

"三化"草地94.9万公顷，占区域"三化"草地面积的20%，且尚未采取治理措施。

荒漠灌木林约有20万公顷，是当地牧民的冬牧场，超载放牧严重，灌木也是当地牧民的主要生活燃料。

水土流失1.6万公顷，占区域水土流失总面积的19%，且尚未采取治理措施。

由于生产生活用水等对水资源的过度开发利用，额尔齐斯河仅在20世纪80年代至90年代期间，平均径流量就减少了14%，而乌伦古河断流时有发生。生产生活污水排放对水体污染也较为严重。

（三）建设重点

大力推进天然林保护工程、"三北"防护林、退耕还林、封山育林和荒山造林、实施低效林改造，提高森林质量，保护天然河谷林和荒漠植被，禁止过度放牧、无序采矿、毁林（草）开荒等行为。保护、恢复湿地和荒漠植被。实施小流域综合治理，减少生产生活污水污染，保护水源地。加快产业结构转变，发展生态旅游、小浆果等特色产业，实施生态移民，促进农牧民增收致富。

三、荒漠化生态治理区

（一）区域特点

土地面积407.68万公顷。草地248万公顷。区域生态系统水源涵养能力为11.2亿立方米。

土壤水分、气象、草原鼠害等监测站点91个。

公益林面积94万公顷，纳入中央财政森林生态效益补偿的国家级公益林27万公顷，集体公益林6万公顷。

（二）主要问题

"三化"草地100万公顷，占区域"三化"草地面积的21%，且尚未采取治理措施。

水土流失2.6万公顷，占整个功能区水土流失总面积的31%，尚未采取治理措施。

荒漠灌木林破坏严重，防风固沙能力较差。矿区开采对自然植被尤其是灌木林破坏较为严重。

（三）建设重点

以防沙治沙为重点，保护好现有的天然荒漠植被。实施封沙育林，增加灌木林面积，提高林分质量。建设防护林带，控制沙漠的扩展与风沙侵袭。积极采取措施有效控制"三化"草地，最大限度地减少人为因素造成新的水土流失。发展小浆果等特色经济林等生态产业，改善生产生活条件。实施游牧民定居和草畜平衡，引导农牧民逐步搬迁。

第四章 主要任务

第一节 水源涵养能力建设

一、保护和建设山地森林生态系统

继续推进天然林资源保护、"三北"防护林、封山育林和中幼林抚育等重点工程建设，巩固退耕（牧）还林（草）成果，加大低效林改造力度，增加中幼龄林抚育管护资金投入。

主要任务：2014～2015年，人工造林3.0万公顷，封河育林3.5万公顷，引洪灌溉育林0.5万公顷，森林抚育10万公顷，森林管护面积34万公顷；2016～2020年，工程造林8.0万公顷，封河育林90万公顷，引洪灌溉育林2万公顷，森林抚育20万公顷，森林管护面积85万公顷。

专栏3-1 森林生态系统保护与建设重点工程
01 天然林资源保护体系建设 全面管护阿尔泰山和"两河"流域天然林资源，严格禁伐，通过封山（河）育林、森林抚育、人工促进天然更新，提升森林质量。
02 "三北"防护林体系建设 实施工程造林，管理培育好现有防护林，对20世纪60、70年代营造的成过熟林进行更新改造。
03 森林抚育 对中幼龄林进行抚育，提高林分质量。

二、保护和恢复湿地生态系统

严格控制城市建设和工矿区建设占用湿地资源。严禁新建重污染企业，关闭或搬迁所有污染企业。加大对农业面源污染、畜禽粪便以及生活污水的治理力度。继续实施"两河"源头保护区生态环境治理工程和湖泊生态环境保护工程，大力支持国家湿地公园、国家重要湿地的建设，增加资金投入力度。继续推进退耕（养）还湿、湿地植被恢复等重点工程建设。

主要任务：2014～2015年，湿地保护与恢复0.4万公顷，湿地植被恢复1万公顷；2016～2020年，湿地保护与恢复工程0.4万公顷，湿地植被恢复3万公顷。

专栏3-2　保护与恢复湿地生态系统重点工程
01　湿地保护与恢复工程 对国家湿地公园、湿地自然保护区等重要湿地进行保护，对退化湿地进行恢复。
02　湿地水生态保护与修复 区域内的重要湿地构建水系连通和循环体系。
03　湿地保护能力建设 完善湿地保护设施，进行宣传和执法能力建设。
04　湿地植被恢复 对湿地进行植被恢复。
05　"两河"源头保护区生态环境治理工程 针对额尔齐斯河、乌伦古河实施小流域治理工程，保护水环境，控制污染排放。
06　湖泊生态环境保护工程 湖泊水体保育、湖滨带建设、入湖河流生态建设、污染治理，环境监测与环境监察能力建设。

三、保护和恢复草地生态系统

通过退牧还草等措施，对"三化"草地进行治理。加强草原保护与建设，建立和完善草原保护制度，提高草原生产能力，转变草原畜牧业经营方式，强化草原监督管理和监测预警工作。

主要任务：2014～2015年，退牧还草80万公顷，退化草地治理40万公顷，沙化草地治理10万公顷，盐渍化草地治理20万公顷；2016～2020年，退牧还草100万公顷，退化草地治理80万公顷，沙化草地治理20万公顷，盐渍化草地治理50万公顷。

专栏3-3　保护与恢复草地生态系统重点工程
01　退牧还草 通过禁牧、休牧、补播等措施，完成退牧还草180万公顷。
02　退化草地治理 对退化草地进行治理。
03　沙化草地治理 采取围栏封禁、播种改良和休牧等措施治理沙化草地。
04　盐渍化草地治理 采取围栏封禁、灌溉、播种改良、施肥等措施治理盐渍化草地。

第二节　生物多样性保护

一、资源调查

本区是原生型泰加林集中分布区和珍稀野生动植物栖息地，野生动植物资源极为丰富，但存在生物多样性调查工作滞后，珍稀野生动植物种群数量、分布位点不清楚等情况，需要全面开展资源调查工作，建立数据库，为进一步保护和保存生物多样性提供依据。

二、禁止开发区域划建

（一）自然保护区

继续推进国家级自然保护区建设。对于典型自然生态系统和极小种群野生植物、极度濒危野生动物及其栖息地，要加快晋升为国家级自然保护区。进一步界定核心区、缓冲区和实验区的范围，统一管理主体。依据国家和新疆有关法律法规以及自然保护区规划，按照核心区、缓冲区和实验区实行分类管理。核心区要逐步完成生态移民，缓冲区和实验区也应大幅度减少人口。

（二）森林公园

继续推进国家森林公园建设，完善现有国家森林公园基础设施建设。对已经成立的国家森林公园，督促完成森林公园总体规划，并按核心景观区、一般游憩区、管理服务区和生态保育区分类管理。对资源具有稀缺性、典型性和代表性的区域要加快晋升国家森林公园，加强森林资源和生物多样性保护。在核心景观区、一般游憩区、管理服务区内按照合理游客容量开展适宜的生态旅游和科普教育，建设旅游设施及其他基础设施等必须符合森林公园规划，逐步拆除违反规划建设的设施。除必要的保护设施和附属设施外，禁止与保护无关的任何生产建设活动。

（三）湿地公园

本区河流、湖泊、库塘、沼泽等湿地资源极为丰富，要加快湿地公园建设。湿地公园建设要符合国家和新疆相关法律法规以及湿地公园规划，以开展湿地保护恢复、生态游览和科普教育为主，建设必要的保护设施和附属设施，禁止随意改变用途。

（四）风景名胜区

充分利用区域资源优势，建设国家级风景名胜区，在保护景物和自然环境的前提下，加大各级财政投入，建设旅游设施及其他基础设施，开展生态旅游，促进区域经济发展。

（五）地质公园

充分利用区域资源优势，建设国家地质公园，保护冰川地貌和雅丹地貌等重要地质资源。

主要任务：2014～2015年，国家级自然保护区达到3处，国家森林公园达到5处；2016～2020年，国家级自然保护区达到7处，国家森林公园达到10处，国家湿地公园达到5处，国家级风景名胜区1处，世界文化自然遗产1处。

专栏 3-4 生物多样性保护重点工程

01 野生动植物保护及自然保护建设工程
完善自然保护区保护设施建设，国家级自然保护区达到 7 处。

02 珍稀濒危野生动植物物种拯救工程
对野外繁衍生存困难的物种采取人工拯救措施。在卡拉麦里山自然保护区和布尔根河狸自然保护区分别建立野生动物救护繁育中心 1 处，在喀纳斯国家级自然保护区建立珍稀濒危植物保存基地 1 处。

03 水生濒危物种救护工程
在额尔齐斯河科克托海湿地自然保护区建立水生濒危物种救助站 1 处。

04 种质资源库和生物多样性展示基地建设工程
在阿尔泰两河源头自然保护区建设生物多样性保护展示基地，重点保护、保存珍稀濒危动植物资源。在喀纳斯国家级自然保护区和阿尔泰山温泉国家森林公园建立生物多样性保护和科普教育基地。建设哈巴河县平原林场桦树采种基地和福海平原林场土伦柳采种基地各 1 处。

05 国家森林公园
完善国家森林公园基础设施建设，国家森林公园达到 10 处。

06 国家湿地公园
完善国家湿地公园基础设施建设，国家湿地公园达到 5 处。

07 国家级风景名胜区
国家级风景名胜区达到 1 处。

08 国家地质公园
完善国家地质公园基础设施建设。

09 世界文化自然遗产
申报世界文化自然遗产 1 处，开展相关研究。

10 生物多样性资源调查
开展生物多样性资源调查。

第三节　荒漠化综合治理

采取封山（沙）育林（草）、退耕还林（草）、人工造林种草等措施对荒漠化土地进行综合治理，对于危害极其严重地区有计划、有步骤地开展生态移民，人口总数控制在生态承载区范围内，减少对生态环境的压力。

主要任务：2014～2015年，荒漠化土地治理40万公顷，沙化土地治理14.6万公顷，水土流失综合治理0.7万公顷；2016～2020年，荒漠化土地治理100万公顷，沙化土地治理36.5万公顷，水土流失综合治理2万公顷。

专栏3-5　荒漠化综合治理重点工程
01　荒漠化土地治理工程 　　设置铁丝网围栏实施全部封育或部分封育，同时飞播黑梭梭、白梭梭、沙拐枣和沙生针茅等灌草种子，培育荒漠灌木林及草本植物增加覆盖度，治理荒漠化土地。
02　沙化土地治理工程 　　通过禁垦（樵、牧、采）、封沙育林、网格式人工固沙障、飞播造林种草和人工造林种草等措施保护、恢复和重建植被，治理沙化土地。
03　水土流失综合防治工程 　　采取人工造林、种草和封禁等措施综合治理水土流失。

第四节　生态产业建设

一、环境友好型生态产业

围绕十八大提出的"五位一体"总体布局，扶持高效生态产业的发展。积极提升森林公园、自然保护区实验区和湿地公园森林旅游发展能力，引导森林人家、森林旅游示范区、示范村建设，发展特色森林旅游产品，将森林旅游业培育成第三产业的龙头；在丘陵河谷平原区适度发展沙棘、黑加仑和蓝靛果等特色小浆果经济林；鼓励发展林果、林菜、林药、林菌等林下种植业，朗德鹅、山鸡、珍珠鸡、孔雀和鸵鸟等林下养殖业，以及花卉苗木基地，促进农牧民和林区职工增收致富。

二、农牧民培训

针对农牧民开展技能培训，对管理人员和专业技术人员开展培训。

培训任务：管理人员0.4万人次，技术人员2万人次，农牧民10万人次。

专栏3-6　生态产业重点工程
01　特色小浆果经济林 　　建设青河县沙棘采种基地，发展沙棘、黑加仑、蓝靛果等特色小浆果经济林，建立"公司+基地+专业合作社+农户"农业产业化经营模式，开发系列加工产品。
02　林下养殖基地 　　发展朗德鹅、山鸡、珍珠鸡、孔雀和鸵鸟等特禽繁育、养殖和特禽产品加工业。
03　苗木花卉基地 　　建设阿勒泰市南山苗木繁育中心，示范带动发展白蜡、花楸、樟子松、紫叶绸李、文冠果、油松、丁香、云杉等苗木花卉繁育基地。
04　中草药基地 　　在阿勒泰市、福海县和布尔津县等地建设中草药基地。
05　食用菌基地 　　在青河县建设食用菌基地。
06　森林生态旅游 　　发展森林公园、自然保护区实验区和湿地公园森林旅游产业基地，引导森林人家、森林旅游示范区、示范村建设。

第五节　基本公共服务体系建设

一、防灾减灾体系

（一）森林防火体系建设

进一步完善防火预警监测系统、防火阻隔系统、防火道路系统、防火指挥系统、防火通信系统、林火视频监控系统建设，配备扑火专业队伍和半专业队伍，完善扑救设施设备，配备物资储备库。2014～2015年，森林防火预警监测面积25.3万公顷；2016～2020年，森林防火预警监测面积26.7万公顷。

（二）林业有害生物防治

完善林业有害生物检验检疫机构和监测、检疫、防治和服务保障体系，建立林业有害生物防治责任制度。加强防控体系基础设施建设，提高区域林业有害生物防灾、

御灾和减灾能力。有效遏制林业有害生物发生。2014～2015年，林业有害生物防治
面积1.3万公顷，检疫面积0.1万公顷；2016～2020年，林业有害生物防治面积1.7万公
顷，检疫面积0.1万公顷。

（三）地质灾害防治

积极推进地质灾害综合多发区域综合治理工程，针对不同类型地质灾害，采取不
同的治理措施。同时要建立地质灾害预警监测系统，及时发布信息，减少居民生命财
产损失。

（四）气象灾害防治

建立气象灾害预警系统，及时发布信息。建设人工主动干预天气系统工程。

二、基础设施

完善林、牧区和农村道路交通系统。逐步将林、牧区和农村给排水、供电和通讯
接入市政管网。继续推进农村清洁生产、小流域综合治理、入湖河流污染治理以及生
活污水处理厂改造等生态环境综合治理工程，实现固体废弃物全部统一集中处理，完
成棚户区改造。

三、生态移民

对国家级自然保护区核心区和缓冲区、国家森林公园核心景观区、国家湿地公园
生态保育区以及生存条件恶劣地区实施生态移民。对生态移民实行集中安置，积极引
导就业。基本完成牧民标准化定居。

专栏3-7　基本公共服务体系重点工程
01　森林防火体系建设 　　建立和完善县、市、阿尔泰山国有林区管理局、农十师以及国家级禁止开发区的防火预警监测系统、防火阻隔系统、防火道路系统、防火指挥系统，配备扑火专业队伍和半专业队伍，完善扑救设施设备，配备物资储备库。
02　林业有害生物防治 　　县、市、农十师林业主管部门以及阿尔泰山国有林区管理局分局建立林业有害生物测报站、林业有害生物检疫中心，购置林业有害生物防治设施设备，购置防控体系基础设施。
03　地质灾害防治 　　对滑坡、崩塌和泥石流等地质灾害进行综合防治。
04　气象灾害防治 　　建设人工主动干预天气系统工程。
05　国有林区棚户区及国有林场危旧房改造 　　对国有林区棚户区及国有林场危旧房进行改造。

（续）

专栏 3-7　　基本公共服务体系重点工程
06　牧民标准化定居建设 　　按照以水定地、以地定草、以草定畜、以畜定人的要求，推进安居住房、牲畜棚圈、饲草料基地以及教育医疗等公共服务设施建设，开展牧民劳动技能培训，引导牧民定居转产，牧民标准化定居率达到 90% 以上。
07　林牧区和农村基础设施建设 　　完善道路交通系统，逐步实现林牧区和农村给排水、供电、通信接入市政管网，完善固定废弃物等处理设施。
08　湖泊生态环境治理 　　实施入湖河流污染治理，完成生活污水处理厂改造。
09　水库和河道治理 　　实施水库除险加固，修建河道堤防和堤岸，对河道疏浚。

第六节　生态监管

一、生态监测

建立覆盖本区、统一协调、及时更新、功能完善的生态监测系统，对重点生态功能区进行全面监测、分析和评估。目前，国家林业局已经成立生态监测评估中心，规划在省级林业主管部门设立生态监测评估站，县级单位和农十师设立生态监测评估点，形成"中心—站—点"的三级生态监测评估系统。

建立由林业部门牵头，水利、农业、环保和国土等部门共同参与，数据共享、协同有效的工作机制。

生态监测系统以水面、湿地、林地、自然保护区、森林公园、蓄滞洪区为主要监测对象。

建立生态评估与动态修订机制。适时开展评估，提交评估报告，并根据评估结果提出是否需要调整规划内容，或对规划进行修订的建议。

每两年开展一次林地变更调查，使林地与森林的变化落到山头地块，形成稳定的林地监测系统。

二、空间管制与引导

（一）落实主体功能定位

全面落实《全国主体功能区规划》提出的主体功能定位要求，在禁止开发区域内，实行强制性保护；在限制开发区域内，实行全面保护。

（二）划定区域生态红线

大面积的山地森林、草地和湿地是本区主体功能的重要载体，要落实水源涵养的建设重点，划定区域生态红线，确保现有天然林、湿地和草地面积不能减少，并逐步扩大。严禁改变生态用地用途，禁止可能威胁生态系统稳定、生态功能正常发挥和生物多样性保护的各类林地利用方式和资源开发活动，形成"点状开发、面上保护"空间格局。

（三）控制生态产业规模

生态产业只在适宜区域建设，发展不影响生态系统功能的生态旅游、特色小浆果经济林、林下种植、林下养殖以及花卉苗木基地等特色产业，合理控制发展规模，在保护生态的前提下，提高经济效益。

（四）引导超载人口转移

结合生态移民和游牧民定居，每县重点建设1～2处重点城镇，建设成为脆弱地区生态移民和游牧民定居集中安置点和特色产业发展集中点，减轻人口对区域生态压力。

三、绩效评估

为了使重点生态功能区保护和建设目标个任务具体化、指标化和数量化，建立定性与定量相结合的生态监测评估指标体系，实时监测生态保护和建设状况以及生态服务能力变化。

表3-4　重点生态功能区生态监测评估指标体系

综合指标层	单项指标层	指标类型	单位
森林保护	林地面积	定量	万公顷
	森林覆盖率	定量	%
	森林蓄积量	定量	立方米/公顷
生物多样性保护	国家级自然保护区数量	定量	个
	国家级自然保护区面积	定量	万公顷
	国家森林公园数量	定量	个
	国家森林公园面积	定量	万公顷
	国家重点保护野生动物保护区数量	定量	个
	极小种群野生植物种类保护区数量	定量	个
	国家级风景名胜区数量	定量	个

（续）

综合指标层	单项指标层	指标类型	单位
生物多样性保护	国家级风景名胜区面积	定量	万公顷
	国家地质公园数量	定量	个
	国家地质公园面积	定量	万公顷
	世界文化自然遗产数量	定量	个
	世界文化自然遗产面积	定量	万公顷
	生态廊道面积	定量	万公顷
湿地保护	湿地面积	定量	万公顷
	湿地保护面积	定量	万公顷
	国家湿地公园数量	定量	个
	国家湿地公园面积	定量	万公顷
草地保护	"三化"草地治理率	定量	%
	草地载畜量	定量	头
水土流失控制	水土流失治理率	定量	%
	沙化土地治理率	定量	%
	荒漠化治理率	定量	%
	工矿区植被恢复率	定量	%
	地质灾害治理率	定量	%
林牧区和农村综合治理	新能源改造所占比例	定量	%
	水、电、路、通讯接入市政管网所占比例	定量	%
	国有林区棚户区及国有林场危旧房改造所占比例	定量	%
	牧民标准化定居率	定量	%
	生活污水集中处理率	定量	%
	生活垃圾无害化处理率	定量	%
	大气质量	定量	大气质量级别
	地表水质量	定量	地表水质级别
	地下水质量	定量	地下水质级别
	土壤质量	定量	土壤质量级别

　　评估以2012年数据为基准年，按指标体系的指标内容采集相关的实际数据。以
2014～2015年为一个阶段，以后均以5年或10年为一个阶段，确定5年或10年后各项指
标完成目标，以该年度为目标年。按照各指标内容收集目标年年度的实际数据。对比
目标年度与基准年度各项指标数据，分析生态功能区保护和建设进展情况，并参照目
标年设定的保护和建设任务目标，调整保护和建设规划内容。完成目标年的建设任务
后，将各项指标的实际数据与目标值进行对比分析。

第五章 政策措施

第一节 政策需求

一、生态补偿政策

一是提高森林生态效益补偿的标准。

二是建立地区之间的横向援助机制。

建立生态补偿机制，实行乌鲁木齐和克拉玛依等引水区域对水源区进行补偿。生态环境受益地区采取资金补助、定向援助、对口支援等形式，对重点生态功能区因加强生态保护造成的利益损失进行补偿。

三是建立湿地生态补助机制，尽快启动湿地生态补助试点。

二、人口异地安置的配套扶持政策

对于国家级自然保护区、贫困地区以及生态脆弱地区实施生态移民和游牧民定居的，首先要保障移民安置房、游牧民安居住房、牲畜棚圈、饲草料基地、水电路等配套工程以及学校、医院等公共服务设施建设用地。做好支撑产业统一规划，大力发展规模养殖，培育养殖小区、养殖专业户。在搬迁过程中产生的税费、规费应予以减免。优先安排移民和牧民及其子女就业，引导其参与生态旅游等第三产业经营并优先安排对其进行技能培训。

三、国家重点生态功能区转移支付政策

加大阿尔泰山山地森林和生物多样性生态功能区财政转移支付力度。把加强天然林资源保护、三北防护林、退耕（牧）还林（草）、荒漠化治理、湿地保护和恢复以及生物多样性保护作为重要内容，优先安排并逐步增加资金。

第二节　保障措施

一、法律制度措施

认真贯彻落实《中华人民共和国森林法》《中华人民共和国环境保护法》《中华人民共和国水土保持法》《中华人民共和国自然保护区条例》《国家级森林公园管理办法》和《湿地保护管理规定》等法律法规规定。建立系统完整的制度体系，实行最严格的源头保护制度、损害赔偿制度、责任追究制度，完善环境治理和生态修复制度，加大对污染环境、破坏资源等行为的处罚力度。用法律和制度保护生态环境。

二、科技保障

积极争取地方政府支持，完善林业科研机构的功能和体制。积极争取科研经费，引进先进的技术和设备。林业科研机构的设置重点放在种质资源保护保存区，重点是开展动植物种质资源调查、收集、引种、扩繁和育种研究。特别是在国家级自然保护区和国家森林公园应该以动植物种质资源、森林风景资源和生物多样性的保护和保存为主。加强技术推广服务，针对本区生态保护和建设的难点和重点，提出一批科技攻关项目进行推广，如山地和河谷林森林资源恢复与改造、阿勒泰野生观赏植物引种与驯化栽培、阿勒泰桦木属和杨属植物资源保存与培育、阿勒泰沙棘等小浆果资源调查与栽培以及盐碱地造林技术研究。建立一批科技示范基地，通过科研院所—企业—基地体系示范推广先进的治理模式、品种和技术。加强对农牧民培训和基层技术人员培训。加强国际交流与合作。

三、管理保障

各级领导要以高度的历史责任感，切实把重点生态功能区生态保护与建设纳入政府工作的议事日程，发挥组织协调功能，支持职能部门更有效地开展工作。阿尔泰山山地森林和生物多样性生态功能区涉及行政区域多、保护和建设任务重，省、地区、县以及农十师各级政府要成立领导小组，主管领导任组长，各有关部门负责人为小组成员，明确责任，围绕规划目标，逐级分解落实任务。

四、资金保障

应发挥政府投资的主导作用，中央和地方各级政府要加强对重点生态功能区生态保护和建设资金投入力度，每五年解决若干个重点生态功能区的突出问题和特殊困难。对重点生态功能区内国家支持的建设项目，适当提高中央政府补助比例，逐步降低市县政府投资比例。政府在基本公共服务领域的投资要优先向重点生态功能区倾斜。鼓励和引导民间资本投向营造林、生态旅游等生态产品的建设事业。鼓励向符合主体生态功能定位的项目提供贷款，加大资金投入。

五、考核体系

深入贯彻落实十八届三中全会精神，对重点生态功能区党政领导干部实行生态保护优先的绩效评价和自然资源资产离任审计，建立生态环境损害责任终身追究制。强化对建设项目征用占用林地、草地、湿地与水域的监管和审核。对各类开发活动进行严格管制，开发矿产资源、发展适宜产业和建设基础设施需开展主体功能适应性评价，不得损害生态系统的稳定性和完整性。加强对森林、湿地、草地、荒漠等生态系统的监管，建立生态监测评估体系，对规划实施情况进行全面监测、分析和评估。落实项目管理责任制，完善检查、验收、审计制度。工程建设实行项目法人制、监理制和招投标制。建立工程档案，监督工程建设进度、资金使用情况和工程质量。保障生态保护和建设成效。

附表

阿尔泰山地森林草原生态功能区禁止开发区名录

名称	行政区域	面积（公顷）
合计		705137
自然保护区		
新疆喀纳斯国家级自然保护区	布尔津县、哈巴河县	220162
森林公园		
新疆白哈巴国家森林公园	哈巴河县	48376
新疆贾登峪国家森林公园	布尔津县	38985
新疆阿尔泰山温泉国家森林公园	福海县	88793
新疆哈巴河白桦国家森林公园	哈巴河县	24701
地质公园		
新疆布尔津喀纳斯国家地质公园	布尔津县	87500
新疆富蕴可可托海国家地质公园	富蕴县	61940
新疆阿勒泰克兰河国家湿地公园	阿勒泰市	7525
湿地公园		
新疆乌伦古湖国家湿地公园	福海县	127155

第四篇

三江源

草原草甸湿地生态功能区
生态保护与建设规划

第一章　规划背景

第一节　生态功能区概况

一、规划范围

三江源草原草甸湿地生态功能区位于青海省南部，地处青藏高原腹地，是黄河、长江和澜沧江源头地区。本区北以青海省海西蒙古族藏族自治州格尔木市和都兰县、海南藏族自治州贵南县和共和县、黄南藏族自治州同仁县为界，东与甘肃省毗邻，南衔西藏自治区和四川省，西接新疆维吾尔自治区，行政区域涉及青海省的16县1乡。地理坐标东经89°24′～102°23′，北纬31°39′～36°16′，总面积353394平方千米，占青海省国土面积的49.25%，人口81.67万人，占青海省总人口的14.25%。具体行政区域名称见表4-1。

表4-1　三江源草原草甸湿地生态功能区行政区划表

州（市）	县、乡	县、乡数量
果洛藏族自治州	玛多县、玛沁县、甘德县、久治县、班玛县、达日县	6
玉树藏族自治州	称多县、杂多县、治多县、曲麻莱县、囊谦县、玉树县	6
海南藏族自治州	兴海县、同德县	2
黄南藏族自治州	泽库县、河南蒙古族自治县	2
格尔木市	唐古拉山镇	1

注：格尔木市唐古拉镇为乡级行政单位。

二、自然条件

（一）地质地貌

三江源草原草甸湿地生态功能区处于青藏高原腹地，区内地形骨架由昆仑山及其支脉阿尼玛卿山、巴颜喀拉山和唐古拉山脉构成，巴颜喀拉山是长江、黄河的分水岭。大地构造主要由新生代、中生代、古生代和晚元古代地质体镶嵌组成。区内山脉绵延、河流湖泊众多、地势高耸、地形复杂，主要由昆仑、积石、唐古拉3个山地和黄河、长江、澜沧江源头3个高平原以及巴颜喀拉山原等7个地貌小区组成，其中以冻土和冰缘地貌为主，约占总面积的50%。本区地势的总趋势为南高北低，由西向东逐渐倾斜，中间有一相对低矮地带。最高点为昆仑山的布喀坂峰，海拔6860米，最低海拔位于玉树藏族自治州东南部的金沙江江面，平均4400米左右。本区大部分地区海拔在4000米以上，各大山脉海拔5000米以上可见古冰川地貌。

（二）气候

三江源草原草甸湿地生态功能区属青藏高原气候系统，干湿两季分明，冷热季交替，冷季长达7个月；全年平均气温一般在−5.6℃～3.8℃，极端最低气温−48℃，极端最高气温28℃；降水高度集中，北部降水多集中于5～9月，南部则集中于6～9月，年平均降水量在262.2～772.8毫米，年蒸发量相对较大，在730～1700毫米；该区域海拔高而空气稀薄，日照时间长、辐射强烈，日照百分率达50%～65%，年日照时数2300～2900小时，年辐射量5500～6800兆焦耳/平方米，东部低于西部；区域内风大、沙多，全年大风日数30～100日，大风常伴随着沙尘暴，成为严重的自然灾害。

（三）水文

三江源草原草甸湿地生态功能区地形开阔，发育了众多河流、湖泊、沼泽。据调查，本区有河流180多条，大小湖泊16500多个，其中扎陵湖与鄂陵湖是黄河干流上最大的两个淡水湖，且被批准成为我国国际重要湿地，发挥着巨大的调水功能。并且，本区冰川雪山广布，集中分布在高寒的昆仑山、唐古拉山，唐古拉山地区仅现代冰川就有59条，冰川总面积有5225.38平方千米，储水量约3705.92亿立方米。整个规划区内现代冰川有近3000条，面积约1300平方千米。

（四）土壤与植被

三江源草原草甸湿地生态功能区土壤类型主要有高山寒漠土、高山草甸土、高山草原土、山地草甸土、高山灌丛草甸土、山地灰褐色森林土、沼泽土、山地褐色针叶林土、山地棕色暗针叶林土、草甸土、泥炭土，其中高山草甸土是该区最主要的土壤，面积144561平方千米。

三江源草原草甸湿地生态功能区植被类型主要有针叶林、阔叶林、针阔混交林、灌丛、草甸、草原、高原沼泽及水生植被、垫状植被和稀疏植被共9个植被型，20个植被亚型，50个群系。

三、自然资源

（一）土地资源

三江源草原草甸湿地生态功能区土地面积中，草地面积2441.47万公顷，占总面积的69.09%；湿地面积389.98万公顷，占11.04%；林地面积493.14万公顷，占13.95%；耕地5.20万公顷，占0.15%；其他用地204.15万公顷，占5.78%。草地是本区最主要的土地类型。

（二）水资源

三江源草原草甸湿地生态功能区地表水资源总量为496.8亿立方米，占青海省地表水资源总量（629.30亿立方米）的78.94%。其中长江源区地表水资源总量为179.4亿立方米，占整个三江源地区地表水资源总量的36.11%；黄河源区地表水资源总量208.5亿立方米，占三江源地区地表水资源总量的41.97%；澜沧江源区地表水资源总量为108.9亿立方米，占三江源地区地表水资源总量的21.92%。

（三）湿地资源

三江源草原草甸湿地生态功能区河流密布，湖泊、沼泽众多，雪山冰川广布，湿地资源十分丰富，是长江、黄河和澜沧江的发源区，长江水量的25%、黄河水量的49%、澜沧江水量的16%都来自这一区域，本区在水源供给和水源涵养等生态服务功能方面有着不可取代的地位，是中国乃至整个亚洲重要的"水塔"。

表 4-2　三江源草原草甸湿地生态功能区湿地类型面积表

	湿地类	面积（万公顷）	湿地型	面积面积（万公顷）
合计		389.98		
自然湿地	河流湿地	58.47	永久性河流	41.37
			季节性或间歇性河流	1.97
			洪泛平原湿地	15.13
	湖泊湿地	70.38	永久性淡水湖	31.26
			永久性咸水湖	39.02
			季节性淡水湖	0.10
	沼泽湿地	260.94	草本沼泽	0.10
			灌丛沼泽	0.003
			沼泽化草甸	260.83
人工湿地	人工湿地	0.19	库塘	0.19

三江源草原草甸湿地生态功能区拥有我国面积最大、海拔最高的湿地，湿地总面积389.98万公顷，湿地率11.04%。其中自然湿地389.78万公顷，占本区湿地总面积的99.95%。湿地共有4类10型，4类即河流湿地、湖泊湿地、沼泽湿地和人工湿地，其中沼泽湿地面积最大，260.94万公顷，占湿地总面积66.91%，10型中沼泽化草甸湿地面积第一，可达260.83万公顷。详见表4-2。目前，280.93万公顷湿地被纳入自然保护区等保护区域进行规范保护，自然湿地保护率72.04%，并且位于青海三江源国家级自然保护区核心区的鄂陵湖、扎凌湖湿地也已获联合国湿地公约秘书处正式批准为国际重要湿地。

三江源草原草甸湿地生态功能区有15个湿地植物群系，主要以藏蒿草群系、藏蒿草-苔草群系、金露梅群系、西伯利亚蓼群系等为主。

（四）草原草甸资源

三江源草原草甸湿地生态功能区草地面积2441.47万公顷，草地植被覆盖率69.09%，其中可利用草地面积2016.06万公顷。在可利用草地中，天然草地1842.31万公顷，人工草地16.38万公顷，改良草地157.37万公顷。

草地类型主要有2种，即高寒草原和高寒草甸，草地组有6组21型。高寒草原以耐寒抗旱的丛生禾草为建群种，以针茅属、羊茅属植物为优势种，面积约占草地面积的23%，可利用面积占11%，广泛分布于沱沱河、通天河及支流尕尔曲、布曲、当曲、楚玛尔河，以及扎陵湖、鄂陵湖、花石峡等地，海拔在4000～4500米；高寒草甸由耐寒的多年生植物组成，以蒿草植物为优势种，面积约占草地面积的76%，可利用面积占60%左右，主要分布于同地的阳坡、阴坡、圆顶山、滩地和河谷阶地，海拔在3200～4700米。

（五）森林资源

三江源草原草甸湿地生态功能区森林资源主要分布于高山峡谷地带，林地总面积493.14万公顷，其中疏林地面积21.38万公顷，灌木林地面积198.78万公顷，未成林造林地面积5.22万公顷，宜林地面积267.72万公顷，无立木林地面积0.035万公顷，苗圃地面积0.013万公顷。本区森林覆盖率6.23%。区内森林植被以寒温性针叶林为主，森林资源优势树种为云杉、圆柏、桦树、青杨、沙棘、高山柳、金露梅等。

（六）野生动植物资源

三江源草原草甸湿地生态功能区是我国生物多样性最丰富的区域之一，拥有众多中国或青藏高原的特有物种。

本区野生维管束植物有87科471属2238种。其中，蕨类植物12科16属30种，占中国蕨类植物2200种的1.4%；裸子植物3科6属30种，占中国裸子植物193种的17%；被子植物72科449属2248种，占中国被子植物26881种的8.5%。青藏高原特有种有200种左右，国家和国际濒危动植物贸易公约保护的珍稀濒危植物有40多种，资源植物有1150多种。

本区有兽类20科85种，中国或青藏高原特有种54种；鸟类41科238种，中国或青藏高原特有种16种；记录到的两栖爬行类10科15种；鱼类6科40种，40%以上种为中国特有物种。青藏高原特有野生动物有藏野驴、野牦牛、藏羚羊、雪豹等；国家Ⅰ级保护野生动物有藏野驴、藏羚羊、金雕、黑颈鹤等15种；国家Ⅱ级保护野生动物有大天鹅、松雀鹰、大鵟、斑尾棒鸡、草原雕等51种。

四、社会经济

三江源草原草甸湿地生态功能区共有人口81.67万人，民族构成以藏族为主，约占总人口的90%以上，其他民族有汉族、回族、撒拉族、蒙古族、东乡族、土族等。本区农牧业人口68.28万人，占本功能区人口总数83.60%。

2012年，本区国内生产总值1034821.9万元，其中第一产业655723.9万元、第二产业283356.0万元、第三产业227265.0万元。财政收入82204万元，农牧民人均收入3094.1元，与2012年青海省农民人均收入5364.4相比，人均相差2270.3元，属于贫困级别。

五、扶贫开发

根据《中国农村扶贫开发纲要（2011～2020年）》，三江源草原草甸湿地生态功能区属于"已明确实施特殊政策的四省藏区"，是扶贫攻坚主战场之一，本区内有8个县列入集中连片特殊困难地区范围内的国家扶贫开发工作重点县，占青海省扶贫开发工作重点县的50%以上，青海省30%的贫困人口主要集中在三江源地区，是青海省的重点扶贫开发区域。扶贫攻坚工作从专项扶贫、行业、社会、政策等多方面对扶贫对象进行了规划和要求，明确指出少数民族为重点扶贫群体，并要求"加强草原保护和建设，加强自然保护区建设和管理，大力支持退牧还草工程。采取禁牧、休牧、轮牧等措施，恢复天然草原植被和生态功能"。因此，三江源草原草甸湿地生态功能区作为以藏族为主、湿地资源丰富、草地面积广阔的水源涵养区域，脱贫致富应紧紧围绕生态扶贫开展，在保证湿地、草原、草甸生态功能良好发挥的前提下，创造更多绿色产业、提供非依靠生态工作岗位，减少对自然资源的破坏。

第二节　生态功能定位

一、主体功能

根据《全国主体功能区规划》，三江源草原草甸湿地生态功能区属于水源涵养型重点生态功能区，主体功能定位为：长江、黄河、澜沧江的重要源头和涵养区，中国乃至世界特有高寒生物主要栖息繁殖地，我国乃至东南亚地区不可取代的生态安全屏障。

二、生态价值

（一）生态区位特殊

三江源草原草甸湿地生态功能区处于青藏高原腹地，是青藏高原生态屏障的重要组成部分。与阿尔金草原荒漠化防治生态功能区、藏西北羌塘高原荒漠生态功能区、若尔盖草原湿地生态功能区、甘南黄河重要水源补给生态功能区、川滇森林及生物多样性生态功能区等国家重点生态功能区共同组成我国最大、最集中的生态保护区，本区处于以上各区的中间位置，起到了良好生态功能和景观变化的过渡作用。并且，本区拥有3个国家级自然保护区（其中包含有1个国家地质公园及1个国家森林公园）和1个国家湿地公园（试点），禁止开发面积达到1977.84万公顷，占本区总面积的55.97%，生态区位更显重要与特殊。

（二）我国乃至东亚重要的江河之源

本区江河水资源丰富，是长江、黄河、澜沧江的发源地。长江总水量的25%、黄河总水量的49%和澜沧江总水量的16%都来自本区，为全国2/3的人口提供着稳定的水资源。澜沧江是湄公河上游在中国境内的名称，也为老挝、缅甸、泰国、柬埔寨和越南等东南亚国家流经区域的提供用水。

（三）高寒地区生物资源的基因库

本区是青藏高原的重要组成部分，特殊的地理位置和气候，使之成为世界高寒地区生物多样性最集中和丰富的地区。区内拥有藏羚羊、野牦牛、藏野驴、雪豹、黑颈鹤等一批青藏高原特有野生动物；青藏高原特有野生植物200多种，约占本地区植物种总数的10%，有药理作用的植物1000余种，如冬虫夏草、红景天、贝母、黄芪等。特殊的高寒湿地、高寒草原和高寒草甸为这些高寒物种提供了不可替代的生存家园。

（四）我国及东南亚地区气候调节器

本区是亚洲大陆对流层中部的"热岛"，以强大的热力作用和动力作用，改变了大气环流，形成了亚洲季风。夏季，引导印度洋和孟加拉湾上空的部分暖湿气流北上，后稍加转向进入我国东部地区，为长江中、下游及华南地区带来丰沛降雨；冬季，青藏高原又如同一块巨大的天然屏障，阻挡着自北极南下的寒冷气流，使东亚西部地区的热带雨林界限向北延伸至北纬30°地区。保证了我国第二、第三阶梯区域和东南亚地区的气候稳定。

第三节　主要生态问题与原因

一、主要生态问题

（一）湿地潜在威胁不断

本区拥有我国面积最大、海拔最高、分布最集中的自然湿地，该高寒湿地是本功能区脆弱生态环境中最稳定的生态系统，维持着高寒草原、高寒草甸等生态系统的良性循环，发挥着水源供给、气候调节、干旱缓解等生态功能，孕育着丰富、特有的野生动植物资源，养育着我国50%以上的人口。然而，本区湿地生态系统依然存在一定的威胁，近年来本区年平均降水量在262.2～772.8毫米，年蒸发量在730～1700毫米，蒸发量大于降水量，过大的蒸发量极易造成湿地萎缩、退化。而本区湿地周边植被沙化趋势明显，在大面积的沙化土地包围下，易形成河道大量泥沙淤积现象或引发水土流失等灾害，导致湿地逐步被侵蚀或干涸，造成湿地水源供给、水土保持等生态功能逐渐降低。因此，本区高寒湿地生态系统面临的威胁不容忽视。

（二）草地破坏现象依然严重

青海三江源国家级自然保护区面积1523万公顷，占本区总面积的43%，是本区重要的生态保护区域，能客观反应区域生态保护成效。自2003年其建立以来，尽管在其一期总体规划的推动下，通过保护与恢复，保护区内草地面积每年以0.48%的速度在增长，但是由于保护区周边退化面积大，三江源地区草地整体依然处于退化状态。据统计，本区中度以上退化面积1208.65万公顷（其中中度退化草地494.26万公顷，重度退化草地714.39万公顷），占本区草地面积的50.85%。仅在泽库、玛沁、玛多、治多、曲麻莱五县草地沙化面积就达207.28万公顷。土地沙化后不仅产草量下降60%～70%，还极易造成沙尘暴，危害严重。

"黑土滩"型草地是本区草地退化中问题最严重的现象之一，"黑土滩"是高寒草甸植被严重退化后形成的大面积次生裸地，若不加控制和治理，土壤肥力将不断降低，土层变薄，成为"黑尘暴"的沙土源和害鼠的侵入目标。目前，本区"黑土滩"型草地面积495.12万公顷，占青海省"黑土滩"面积的80%，主要分布在玉树藏族自治州和果洛藏族自治州。"黑土滩"蔓延速度快，需尽快对其进行治理。

本区草原鼠害面积369.73万公顷，占草地面积的15.56%。过量的高原鼠兔、草原毛虫不仅破坏了大量的优质牧草，还成为了"黑土滩"型草地形成、草地植被毁灭性破坏的始作俑者之一。据调查，每只高原鼠兔日食鲜草77克，一年可消耗牧草28.2千克，52只鼠兔一年消耗的牧草相当于1个羊单位的消耗量；草原毛虫大量啃食优质牧草嫩茎，其脱皮、茧壳会直接造成家畜不同类型的口膜炎。尽管高原鼠兔、草原毛虫等是本功能区生态链中一员，但数量过多，造成生态失衡，应尽快采取生化、物理或生物链方法对其数量进行控制，达到应有生态平衡级。

（三）森林覆盖率偏低

尽管本区森林面积较小，但是是区内生态系统的重要组成部分。目前，本区森林覆盖率仅6.23%，而且各规划县之间差异很大，森林覆盖率最高的是班玛县，最低的是唐古拉山镇，几乎没有覆盖率。根据全国第四次荒漠化和沙化土地监测数据，本区泽库、玛沁、玛多、治多、曲麻莱五县林地沙化面积0.61万公顷，主要以中轻度退化为主。为了防止林地沙化面积扩大，应提高本区森林覆盖率，对本区宜林地和未成林造林地进行造林、对疏林地进行补植，积极加强森林生态系统的建设。

（四）水土流失仍然存在

本区土壤侵蚀类型主要有三种，即水蚀、风蚀、冻融，易造成植被衰退、地表裸露，从而导致土地沙化和水土流失。本区水土流失面积13.74万公顷，其中水蚀1.34万公顷，风蚀3.85万公顷，冻融8.56万公顷。侵蚀程度以中轻度为主，面积达到10.81万公顷。目前水土流失治理面积2.04万公顷，治理率14.85%。尽管本区水土流失面积只占总面积的0.39%，且程度较轻，但它破坏范围广，易给下游江河带来严重的洪水泥沙危害，导致人民生活、生产环境恶化。为了避免其危害扩大，应加强对其预防和治理，将其遏制在萌芽状态。

（五）生态建设后续监督缺乏

生态建设是一个治理与巩固共同实施的过程，不仅需要前期的大力建设，也需要后续的监督与巩固。尽管占本区面积43%的青海三江源国家级自然保护区在一期总体规划建设期采取了多种生态保护与恢复措施，短期内取得了较好的生态效果，但是由于破坏因子、生物繁衍规律等无法在短期内彻底消除或改变，加之缺乏后续监管，前期生态工程无法及时得到补充、巩固，存在的生态问题还会卷土重来。例如，石凡涛《三江源自然保护区生态保护与建设工程总体规划"黑土滩"治理工程实施情况调查》显示，2006年玛沁县大武滩、原优云乡、当洛乡和格朵牧委员会等地的"黑土滩"综合治理工程，80%治理草地重新返回治理前的状态。为了避免前期工作成果浪费，应加强后续的管护力度，积极达到生态建设最终目的。

二、原因

（一）自然因素

本区生态问题的出现，主要自然影响因素是气候变化。随着全球温度升高，青藏高原冬、春季节气温上升较快，出现了暖化趋势，促使雪线上移、湿地有萎缩现象。并且降水量减少、蒸发量增加，使得沼泽湿地旱化、高原草甸退化。

（二）人为因素

人为因素是本区生态问题的主要影响因子，主要来自以下几个方面：一是随着社会的发展，本区人口由1990年48万人增长至现在的81.67万人，人口的增长对资源的需求也不断增加，牲畜存栏量不断增加，超出草场载畜量，造成草地无法正常发育，草地不断出现裸露、沙化，特别是湿地周边植被的破坏，降低了其水源涵养能力；二是由于本区得天独厚的条件，冬虫夏草等珍贵药用资源也遭到了大量无序的乱采滥挖，造成草地土层变薄，出现中空区，进而草地塌陷，也为湿地周边的水土流失埋下了隐患；三是由于社会的发展需求，本区道路建设等基础设施工程也正在逐步开展，但实施过程中对生态环境的忽略，造成路基两侧植被破坏，出现土地裸露现象。

此外，由于本区面积大，监管体系不全，缺少专业人员，巡护设施设备不足，部分工程的后续维护缺乏，导致生态保护工程缺乏长效机制。另外，由于当地群众生态保护意识淡薄等因素，未实现社区共管局面。

第四节　生态保护与建设现状

一、生态工程建设

（一）林业生态工程建设

林业是生态建设的基础，三江源草原草甸湿地生态功能区作为我国重要的生态屏障区，林业生态工程对本区湿地、森林、野生动植物等资源保护具有不可取代的作用。

截至2013年，本区已开展的林业生态工程主要包括：天然林资源保护工程，建设规模132.11万公顷，累计投资30336.02万元（中央投资25610.06万元，地方配套4725.96万元）；中幼龄林抚育0.16万公顷，累计补贴260.00万元；退耕还林2.40万公顷，累计投资43425.23万元；荒山造林8.02万公顷，累计投资6480万元；封山育林1.36万公顷，累计投资1533万元；重点公益林建设工程243.11万公顷等。

林业生态工程为区域内生态系统保护、生态功能稳定发挥提供了有力支撑。但在整个区域范围内的湿地保护工程、防沙治沙工程、野生动植物保护与自然保护区建设工程投资力度相对较小，与生态功能区的重要地位不匹配，制约了本区生态服务功能的全面发挥。

（二）其他生态工程建设

农业部门：2003～2012年，退牧还草516.37万公顷，累计投资186404.6万元；2007～2013年，黑土滩治理33.08万公顷，累计投资51321.0万元；2005～2010年，养畜工程29928户，累计投资84559.8万元；2005～2007年，鼠害防治工程534.15万公顷，累计投资14630.2万元。

水利部门：2006年～2012年，在部分县实施小流域治理，累计投资6932万元；2011年，在同德县安装水利设施，投资3232万元；部分县草原节水灌溉示范项目累计投资300万元；2001年，在唐古拉山乡实施长江源预防保护，投资240万元。

环保部门：在部分县实施了农村环境集中连片治理（一年），累计投资1751.84万元。

国土部门：部分县实施土地整理项目，规模1066.11公顷，累计投资7270.12万元；矿区治理4274.83公顷，累计投资23793.13万元；地质灾害治理累计投入41733.87万元；坡耕地治理累计投入7268.66万元。

气象部门：建设有各类监测站点121个，累计投资721万元；在囊谦县实施山洪地质灾害防治气象保障工程（二期），投资16万元。

（三）禁止开发区域生态工程建设

本区自然保护区等禁止开发面积为1977.84万公顷，占本区总面积的55.97%，主要为林业主管的3个国家级自然保护区和1个国家湿地公园（试点）：湿地生态系统类型的青海三江源国家级自然保护区（1523万公顷）、野生动物类型的青海可可西里国家级自然保护区（450万公顷）、野生动物类型的青海隆宝国家级自然保护区（1万公顷）和青海洮河源国家湿地公园（3.84万公顷）。此外，本区有1个国家地质公园，即冰川地质遗迹类型的年宝玉则国家地质公园（23.38万公顷），其范围与面积均与青海三江源国家级自然保护区年宝玉则保护分区重叠；本区有1个国家森林公园，即森林与山水景观类型的麦秀国家森林公园（1535公顷），其范围与面积与青海三江源国家级自然保护区麦秀保护分区重叠。

青海三江源国家级自然保护区已于2005年起开展了一期基础建设和生态保护工

程，批复投资75.07亿元，规划开展22个子项目。截至2011年，累计安排投资50.88亿元，执行进度达67%。实施了森林草原防火、鼠害防治、退耕还林、能源建设、沙漠化土地防治、封山育林、湿地保护、黑土滩治理、野生动物保护、湖泊湿地禁渔、生态监测、人畜饮水等22个子项目。2012年，进行了保护区二期总体规划，2013年国务院通过该规划，二期总体规划计划投资160.57亿元，将保护范围扩至整个三江源地区，进一步加强国家重要生态功能区生态保护建设。

二、国家重点生态功能区财政转移支付

配合国家主体功能区战略的实施，中央财政实行重点生态功能区财政转移支付政策。2012年，国家对本区的财政转移支付为4.13亿元，其中用于生态环境保护特殊支出补助为3.10亿元，省级引导性补助为1.03亿元。在国家已转移支付资金中，用于生态工程建设资金1.13亿元，环境保护工程建设资金0.37亿元，民生工程和基础设施建设资金0.33亿元，医疗卫生、教育文化等社会事业基础设施建设资金0.53亿元，生态移民资金1.70亿元，农牧民培训0.073亿元。

2013年，青海省加大对本区的财政转移支付力度，共计投资9.52亿元，其中省级引导性补助为0.95亿元。

三、生态保护与建设总体态势

三江源草原草甸湿地生态功能区已开展了天然林保护工程、公益林建设、沙化土地治理、黑土滩治理、湿地保护等工程，生态资源均得到了较明显改善，特别是野生动物种群得到扩大。但是本区面积大，仍然存在湿地周边植被破坏较严重、草地沙化与"黑土滩"型土地修复难度大、森林覆盖率低、鼠虫危害较猖狂等问题，阻碍区域水源涵养等生态功能发挥。同时，本区居民主要为藏族等对生态资源依赖性强的少数民族，保证其生存，关系到民族团结和社会稳定。因此，既要保障民生，又要保障生态安全、应对气候变化、满足下游区域生态需求，本区的生态保护与建设任务依然艰巨。

第二章 指导思想与原则目标

第一节 指导思想

全面贯彻党的十八大精神，深入学习习近平总书记系列重要讲话精神，贯彻《全国主体功能区规划》的功能定位和建设要求，以增强三江源地区水源涵养能力、充分发挥国家生态安全屏障作用为目标，根据本区实际生态保护需求，减轻其湿地、高寒草原、高寒草甸的生态负荷，逐步提高其生态用地比例和资源质量，消除破坏生态平衡的威胁因子，实现本区生态系统良性循环和保障生态服务功能充分发挥。同时加强生态监管能力，协调好人口、经济与资源环境的关系，辅助农牧民脱贫致富，优化本区"生态、生产、生活"三大空间结构，使本区成为生态优质、社会和谐、民族团结的生态保护示范区，稳固本区"中国水塔"地位，坚守中国生态"处女地"，为以生态立省的青海省添砖加瓦，为建设美丽中国提供有力支撑。

第二节 基本原则

一、全面规划，突出重点

三江源草原草甸湿地生态功能区生态位置特殊，是我国重要的生态安全屏障，其水源涵养、生物多样性维护、气候调节等生态功能的发挥是建立在复杂的、全面的系统工程之上的，需将区域内湿地、草地、草甸、畜牧、城镇等生态系统都纳入规划范围，与《全国主体功能区规划》等规划衔接，以发挥本区最主要的"水源涵养能力"为主线，以湿地、草原、草甸的保护与建设为重点，同时对区域内生产、生活进行合理规划。

二、优化空间，分区施策

根据区域内生态系统、植被、野生动植物、人口活动的分布特点，各区域存在的不同生态问题，以及水源涵养等重要性的不同，以生态、生活、生产三大空间合理共存为基础，进行功能分区及全面合理规划布局，并有针对性地对各功能分区采取合理的保护与治理措施，妥善安排各项建设内容，逐步扩大生态空间、控制生产、生活空间建设内容。

三、优先保护，科学治理

本区地处青藏高原腹地，生态系统具有独特性，自然资源具有唯一性，应将区内自然生态系统和自然资源的保护放在首位，尊重其自然规律，以自然修复为主，同时结合生态实用技术和先进保护理念，辅以必要的人工措施，科学推进本区生态系统与资源的保护。

四、改善民生，统筹兼顾

本区是四省藏区之一，区内主要居民为藏族，生活基本依靠畜牧业等生态利用产业，因此要正确处理生态保护与民生发展的关系，将生态建设与牧民增收、生产结构调整相结合，在保护和修复生态环境的同时，帮助牧民脱贫致富，实施生态补偿等长效机制，实现人与自然和谐相处。

第三节　规划目标

一、规划期

规划期为2014～2020年。其中近期为3年（2014～2016年），远期为4年（2017～2020年）。

二、规划目标

总体目标：划定生态保护红线，形成生态用地面积增加且得到有效保护，湿地面积扩大，林草覆盖度提高，基本实现草畜平衡，沙化土地与黑土滩得到有效控制和治理，鼠虫数量达到生态平衡量，牧民收入有明显提高，配套设施逐步完善，生态监管能力提升，禁止开发区得到严格保护的发展格局。到2020年，实现区域水质达到Ⅰ类，空气质量达到一级，水源涵养功能稳定良好，长江、黄河、澜沧江水源补给能力增强。

具体目标：到2020年，生态用地占比88.86%，自然湿地保护率提高到91.27%，草地植被覆盖率达到71.98%，森林覆盖率达到7.11%，沙化土地治理率5.84%，水土流失治理率提高到34.50%。同时，通过验收挂牌国家湿地公园1处，申请成为国家公园试点1处。发展生态产业基地4.5万公顷，培训农牧民3万人次。完善本区管理体系、科技保障体系、防灾减灾体系，配备必要的基层管护人员与基础设施设备。

表4-3　规划指标

主要指标	2012年	2016年	2020年
水源涵养能力建设目标			
生态用地[①]占比（%）	86.35	87.06	88.86
湿地率（%）	11.04	12.00	12.50
自然湿地保护率（%）	72.04	82.29	91.27
草地植被覆盖率（%）	69.09	70.66	71.98
森林覆盖率（%）	6.23	6.79	7.11
沙化土地治理率（%）	0.72	3.20	5.84
水土流失治理率（%）	14.85	23.58	34.50
水质	—	—	Ⅰ类
空气质量	—	—	一级
生物多样性保护目标			
国家公园（试点）	—	—	1
挂牌国家湿地公园（处）	—	—	1
生态产业目标			
生态产业基地（万公顷）	—	1.5	4.5
农牧民培训（人次）		1万	3万

注：①生态用地包括林地、湿地、草地三种土地利用类型。

第三章 总体布局

第一节 功能区划

一、区划原则

根据生态系统类型的差异性、生态功能的重要性和地理环境的完整性，遵循以保证长江、黄河和澜沧江等河流湿地水源稳定供给为主，同时保持植被并逐步提升水源涵养功能，兼顾保证民生、尊重民族文化的原则，按照主体功能区规划的要求，从生态保护与建设的发展目标出发，对三江源草原草甸湿地生态功能区进行功能区划。

二、功能区划

本区共划分3个生态保护与建设区，即水源涵养区、生态恢复区和承接转移发展区。详见表4-4。

表4-4 生态保护与建设分区表

区域名称	范围	面积（万公顷）
合　计	16县1乡	3533.94
水源涵养区	以自然保护区等生态保护区为主	1977.84
生态恢复区	水源涵养区与承接转移发展区之间区域	1481.10
承接转移发展区	16县1乡的人口、经济聚集区域	75.00

第二节　建设布局

一、水源涵养区

（一）区域特点

水源涵养区由3个国家级自然保护区和1个国家湿地公园（试点）组成：青海三江源国家级自然保护区、青海可可西里国家级自然保护区、青海隆宝国家级自然保护区以及青海洮河源国家湿地公园。面积共计1977.84万公顷，占本区总面积的55.97%。具体涉及的自然保护区见表4-5。

表 4-5　水源涵养区涉及范围表

名称	行政区域	面积（万公顷）	保护类型	保护对象
青海三江源国家级自然保护区	称多、杂多、治多、曲麻莱、囊谦、玉树、玛多、玛沁、甘德、久治、班玛、达日、兴海、同德、泽库、河南蒙古族自治县、格尔木市的唐古拉山镇	1523.00	湿地	高原湿地生态系统；国家与青海省重点保护的藏羚羊、牦牛、雪豹、岩羊、藏原羚、冬虫夏草、兰科植物等珍稀、濒危野生动植物及其栖息地；典型的高寒草甸与高山草原植被；青海（川西）云杉林、祁连（大果）圆柏林，山地圆柏疏林高原森林生态系统及高寒灌丛、冰缘植被、流石坡植被等特有植被
青海可可西里国家级自然保护区	治多县	450.00	野生动物	黑颈鹤及其栖息地
青海隆宝国家级自然保护区	玉树县	1.00	野生动物	藏羚羊等高原珍稀物种及其栖息地
青海洮河源国家湿地公园（试点）	河南蒙古族自治县	3.84	湿地	青藏高原高寒湿地生态系统

注：年宝玉则国家地质公园、麦秀国家森林公园与青海三江源国家自然保护区的年宝玉则保护分区、麦秀保护分区范围与面积重叠，故不重复计算。

水源涵养区是本区湿地资源最丰富和稳定的区域，水源供给能力较强，周边涵养水源的草地、草甸植被质量较高，同时也是野生动物的主要栖息和繁殖区域。

据统计，水源涵养区内湿地面积281.25万公顷，草地面积1000.31万公顷，森林面积130.53万公顷。拥有野生维管束植物2238种，有兽类85种，鸟类238种。通过各自然保护区的建设，为藏野驴、藏羚羊、金雕、黑颈鹤等珍稀、特有的野生动物提供了安全、较完整的栖息、繁殖地。已基本配备了管理机构和少量管护设施设备，具备了较有利的管理条件。

（二）主要问题

在自然保护区的多年生态保护与建设下，在整个三江源草原草甸湿地功能区内，水源涵养区生态环境较优良。通过各项工程的实施，草地载畜压力有所减轻，湿地面积有较明显恢复，重点保护野生动物种群数量也有了较大幅度的增长，取得了阶段性成效。但是，仍然有80%的"黑土滩"型草地未治理、60%的沙化土地需治理、38%的天然草地未实施退牧还草、已治理鼠害区域有复发迹象等，可以说目前的生态修复仅仅是起步，还需要长期不懈地修复治理。

随着各项保护、建设和管理工作的深入推进，水源涵养区内各自然保护区的保护管理体系初见成效，但是由于区域面积大、气候条件特殊等因素，仍然存在缺乏基层管护点、人员以及必要的资源保护设施设备等问题，对资源管理的全面性造成了一定的制约。同时，各自然保护区需建立沟通管理机制。因此，水源涵养区的总的管护体系还需进一步加强建设。

水源涵养区是三江源草原草甸湿地功能区的生态核心区，在研究区域"黑土滩"型草地、鼠害治理等生态问题上较有代表性和可行性，能够为日后的生态保护与建设工程提供有利的科技支撑。但目前投入的科技力量还远远不能满足三江源的生态保护需求，尤其是对三江源生态基础理论研究十分缺乏，必须进一步加大对三江源生态保护建设的科研投入。

（三）建设重点

以3个国家级自然保护区和1个国家湿地公园（试点）保护建设为核心，以自然更新为主，辅以人工措施对水源涵养区内高寒湿地、草原、草甸等进行保护，提高湿地的水源供给能力、保障草地和草甸的涵养水源能力，稳定区内珍稀野生动植物的种群数量。同时明确管理机构，合理配置管护人员，加大生态保护的科研与宣传力度，成为全国生态安全屏障的主力区。

二、生态恢复区

（一）区域特点

生态恢复区为水源涵养区与城镇居民集中区之间的地域，是城镇人口集中活动区向水源涵养区过渡和缓冲的区域，是稳定三江源草原草甸湿地生态功能区生态功能发挥的保障区域和后备区域。面积共计1481.10万公顷，占本区总面积的41.91%。

生态恢复区是高寒草甸草原的主要分布区，高寒草甸类占本区草原面积的72%左右，高寒草原类占21%左右。并且该区内也有少量高寒荒漠、沙地、盐碱地分布。

（二）主要问题

生态恢复区是传统畜牧业地区，由于社会发展、人口增长，造成了该区内草场超载过重，严重影响了牧草的自然生长，草地自我修复能力下降，造成区域地面裸露、沙化、"黑土滩"化，且逼近湿地周边，引起水土流失，湿地源头补水、水源涵养等功能减退。生态恢复区湿地、草原、草甸等生态系统亟待恢复。

（三）建设重点

以恢复原生植被为主，对区内沙化土地、"黑土滩"型土地进行修复，减少鼠虫害面积，限制人为活动，实现区域生态环境扩大，为青藏高原野生动物创造有利的生境条件。成为青藏高原水源涵养的保障区。

三、承接转移发展区

（一）区域特点

承接转移发展区为目前城镇与居民主要聚集区，是经济与产业发展快速、具有承接转移农牧业人口的区域。该区域呈点状分布，建设初期缺乏长远规划，土地利用格局和居民经济生活方式均有提高空间。面积共计75万公顷，占本区总面积2.12%。

（二）主要问题

由于承接转移发展区承接了三江源区生态保护工程的生态移民，尽管在各级政府努力下，对移民后续产业有了一定规划，建立了生态移民后续产业发展基金，但总的看来还处在探索阶段，项目投入仍然不足，没有形成规模，成效尚不明显。因此，要进一步加大对生态移民后续产业发展扶持力度，解决生态移民长期生产和生活问题。

（三）建设重点

提高土地利用效率，优化公共基础设施设备，服务于当地居民生活水平提高和生态移民安置，进行移民后续产业建设，提高其自我维生技能。将承接转移发展区建设成为居民未来集中进行经济活动和生活的民生保障区。

第四章 主要建设内容

第一节 水源涵养保障建设

一、本底资源调查

由于处于青藏高原腹地，本区拥有特有的野生动植物资源，是高寒生物多样性的热点区。但是受监测体系不完善的制约，存在本底资源数据不清的问题。为了满足现代化生态保护的要求，给本区资源管护工作提供科学依据，需对全区野生动植物资源进行全面、科学的调查、分类、统计分析工作。

二、自然保护区与湿地公园建设

水源涵养区是本区生态保护与建设的核心，由3个国家级自然保护区和1个国家湿地公园（试点）组成，面积占到全区面积的55.97%，全面加强国家级自然保护区和国家湿地公园建设是保障区域水源涵养功能的落脚点。

进一步加强自然保护区和国家湿地公园的管护体系建设，完善自然保护区的管理机构设置，开展对自然保护区前期生态建设工程后续监督、管护、维护工作并适度提高管护经费的扶持力度，对区内资源做到可持续保护。

逐步开展科研监测工程、公众教育工程，并配备必要的设施设备，提高科技含量和公众自觉保护意识。

继续推进各自然保护区生态建设工程，不断优化保护成果。

专栏4-1 水源涵养保障重点工程
01 本底资源调查 对区域内资源情况进行系统、科学调查，对高寒区域特有物种开展专项研究。
02 自然保护区与湿地公园建设 以十年为一期，根据社会发展和自然保护区（湿地公园）的建设需求，继续做好近远期建设总体规划，进一步完善自然保护区和湿地公园基础设施建设、管理机构设置，规范管理体系、建立科研监测体系，扩大公众教育范围。

第二节　水源涵养修复建设

一、湿地生态系统修复

湿地生态系统是其他生态系统发展的基础支撑，是水源涵养功能的主体发挥者，冰川雪山是湿地的重要供水者。继续推进湿地保护工程，加强湿地保护的宣传、执法力度，加大湿地修复力度。对水源涵养区和生态恢复区内国际重要湿地、河流源头周边沙化、"黑土滩"化的土地进行治理，通过对中度以上退化沼泽湿地进行围栏封育，恢复湿地周边植被，提高土壤蓄水功能，保证其水源涵养能力；利用人工增雨等方式，扩大退化湿地的水域面积；通过树立宣教牌，提高人们对冰川、雪山的保护意识；对湿地污染区域要求达标排放、实时监测；加快湿地公园建设，完善国家湿地公园；建立湿地保护补助机制。

主要任务：2014～2016年，对中度以上退化沼泽湿地围栏禁牧封育40万公顷，人工增雨作业覆盖全区，设置气象监测点8处；2017～2020年，中度以上退化湿地围栏禁牧封育35万公顷，增设气象监测点8处。

专栏4-2　湿地生态系统修复重点工程
01　湿地植被恢复 在重要湿地、河流源头周边植被破坏区域实施围栏、人工播散草种等措施，逐步恢复其周边植被，并进行禁牧，禁牧期8年。禁牧封育面积共计75万公顷。
02　扩大湿地面积 对部分已退化的沼泽湿地进行退牧还湿，利用人工增雨技术，保证湿地自然补水量，并设置气象监测点16处。
03　湿地污染治理 特别是人口活动频繁的承载转移发展区，要求对饮用水源地修建隔离区，并进行监测。
04　湿地保护能力建设 完善湿地保护设施设备，加强湿地监管、宣传、执法能力建设。

二、草地生态系统修复

草地生态系统是本区最大的生态系统，能保障湿地有效水源供给，提供水土保持、水源涵养的作用。在水源涵养区和生态恢复区内，继续推进退牧还草等措施，完善禁牧、休牧、轮牧政策；继续完善、推进禁牧补助和草畜平衡奖励政策；加大对

"黑土滩"型草地治理力度；继续推行退牧还草工程；加快对草地沙化严重区域的治理，同时注意各项目之间的衔接，逐步提高草地植被覆盖度，实现草场载畜量平衡，努力实现草地生态系统的健康稳定。

主要任务：2014～2016年，完成对1200万公顷中度及以上退化草地禁牧补助；草畜平衡管理548.90万公顷；"黑土滩"型草地治理30.14万公顷；退牧还草中完成围栏建设200万公顷、草地补播改良100万公顷；沙化草地治理25.5万公顷。

2017～2020年，完成对8.65万公顷中度及以上退化草地禁牧补助；草畜平衡管理258.51万公顷；"黑土滩"型草地治理26.76万公顷；退牧还草中完成围栏建设200万公顷、完成草地补播改良50万公顷；沙化草地治理20万公顷。

专栏4-3　草原、草甸生态系统修复重点工程

01　退化草地禁牧补助与草畜平衡管理
在水源涵养区和生态恢复区内，对中度及以上退化草地进行补助，面积共计1208.65万公顷；对未退化和中度以下退化草地进行以草定畜，进行补助奖励，面积共计807.41万公顷。补助奖励标准按照国家核定规模进行。

02　"黑土滩"型草地治理
在水源涵养区和生态恢复区内，与鼠害治理配合，对中、重度"黑土滩"退化草地进行围栏、除莠、补播牧草等措施进行治理。面积共计56.90万公顷，其中水源涵养区16.90万公顷。

03　退牧还草工程
在生态恢复区内，对未退化和中度以下退化草地进行围栏轮牧、季节性休牧；对中度以上退化草地实施全面禁牧封育，禁牧5年；对海拔较低、有一定原生植被的区域进行补播改良。退牧还草中围栏建设面积共计400万公顷、草地补播改良面积150万公顷。

04　沙化草地治理
对重度、中度沙化草地进行封沙育草，对流动或半流动沙丘进行沙障与生物治沙相结合的措施。面积共计45.50万公顷。

三、森林生态系统修复

森林生态系统尽管在本区分布面积最小，但是在预防水土流失、水源涵养方面不容忽视。继续推进天然林资源保护工程，对现有森林资源加大保护力度；通过公益林建设等工程，保证区域森林生态系统水源涵养、水土保持、调节气候等生态功能的稳定发挥；封山育林、退耕还林，稳步扩大森林覆盖率；开展中幼林抚育、林木种苗基地建设，加大抚育资金投入，优化区域树种结构、满足区域树木种植需求。

主要任务：2014～2016年，封山育林8.60万公顷（其中水源涵养区4.00万公顷、生态恢复区4.00万公顷、承接转移发展区0.60万公顷）；人工造林9.18万公顷（其中水源涵养区2.88万公顷、生态恢复区6.00万公顷、承接转移发展区0.30万公顷）；中幼林抚育1.92万公顷（其中水源涵养区0.79万公顷、生态恢复区1.00万公顷、承接转移发展区0.13万公顷）；建设林木良种繁育基地6处、采种基地6处、苗木生产基地15处；

2017～2020年，封山育林4.40万公顷（其中水源涵养区2.00万公顷、生态恢复区2.00万公顷、承接转移发展区封山育林0.40万公顷）；人工造林6.20万公顷（其中水源涵养区2.00万公顷、生态恢复区4.00万公顷、承接转移发展区封山育林0.20万公顷）；中幼林抚育0.84万公顷（其中生态恢复区0.74万公顷、承接转移发展区0.10万公顷）；建设林木良种繁育基地4处、采种基地2处、苗木生产基地8处。

专栏4-4 森林生态系统修复重点工程

01 **天然林资源保护工程**
对工程区天然林资源加强保护力度，保证后备森林资源培育。

02 **公益林保护**
对已纳入中央森林生态效益补偿基金的生态公益林进行管护，按照国家现行的国有公益林每年75元/公顷，集体和个人所有公益林每年225元/公顷，并随着国民经济发展水平的提高，逐步提高公益林补偿金的投入标准。

03 **封山育林**
在水源涵养区、生态恢复区和承接转移区进行，对荒山、水土流失严重区域、水源区域进行全封育或季节性封育；适当辅助人工补植，扩大森林面积。面积共计13万公顷。

04 **人工造林**
在水源涵养区、生态恢复区和承接转移区进行，对林区周边、河滩谷地的宜林地实施造林。面积共计15.38万公顷。

05 **中幼林抚育**
在水源涵养区、生态恢复区和承接转移区进行，对区域中幼林进行抚育，提高林分质量，增强其生态功能。面积共计2.76万公顷。

06 **林木种苗基地建设**
以建设林木良种繁育基地、采种基地、苗木生产基地等多种形式培育适应性强的乡土树种，提高种苗供应能力。共计建设林木良种繁育基地10处、采种基地8处、苗木生产基地23处。

四、防沙治沙及水土保持

根据沙化土地的地理位置、沙化程度、自然条件等，对固定沙地、流动沙丘、半流动沙丘、有沙化趋势土地采用封沙育林育草、沙障与生物结合的复合治沙、乔灌草结合的生物治沙等不同措施，对沙化区域进行植被恢复，达到防沙、固沙、水土保持的效果。同时，对部分重要流域、库区周边破坏严重区域实施水保造林、水保种草、封禁治理、谷坊、坡改梯等工程措施，减少水土流失、泥沙淤积。

主要任务：2014～2016年，封沙育林育草2.40万公顷（其中水源涵养区0.60万公顷、生态恢复区1.80万公顷），复合治沙1万公顷，生物治沙1.75万公顷（其中水源涵养区0.75万公顷、生态恢复区1万公顷），水保造林、种草0.5万公顷，封禁治理0.7万公顷，修建谷坊100个；2017～2020年，封沙育林育草3.50万公顷（其中水源涵养区0.60万公顷、生态恢复区2.90万公顷），复合治沙1万公顷，生态恢复区生物治沙1万公顷，水保造林、种草0.7万公顷，封禁治理0.8万公顷，修建谷坊100个，并对前期工程进行巩固。

专栏4-5　防沙治沙及水土保持重点工程

01　封沙育林育草
　　在水源涵养区和生态恢复区，对植被稀疏的固定沙地和有沙化趋势的土地进行封育。面积共计5.90万公顷。

02　复合治沙
　　在生态恢复区，对流动沙丘、半流动沙丘采用石方格、草方格等沙障措施，配合乔木、灌木、牧草，使其稳定并逐步恢复植被。面积共计2万公顷。

03　生物治沙
　　在水源涵养区和生态恢复区，对固定沙地和半固定沙地选取乔木、灌木、草等乡土物种，搭配种植，达到治沙目的。面积共计2.75万公顷。

04　水土流失综合治理
　　在水土流失严重区域，特别是曲麻莱、玛多、治多等县，进行造林、种草和封禁治理。造林、种草面积共计1.2万公顷，封禁治理面积共计1.5万公顷；修建谷坊200个。

五、生物多样性保护

本区处于青藏高原腹地，生物多样性极其丰富，是藏羚羊、野牦牛、野驴、黑颈鹤等高寒特有物种的重要繁殖栖息地，目前通过建立自然保护区、积极推进各项保护措施，遏制了部分生物种群数量锐减的趋势，部分物种种群数量逐渐增加。但是青藏高原特有的极扁咽齿鱼、花斑裸鲤、厚唇重唇鱼等仍然面临来自人类滥捕的威胁，濒临灭绝，亟待对其进行保护，对乱捕行为加大监督打击力度，保证区内高寒地区特有野生鱼类不灭绝且数量稳步增加。同时，三江源地区新发现有已被列入国际濒危野生动物红皮书的雪豹踪迹，引起了世界关注，然而具体种群数量及动态信息均属空白，需对其种群进行监测、分析、记录。本区规划建设生物多样性监测站6处、特有鱼类种苗基地5处。在生态恢复区生物多样性丰富区域积极申请建设国家公园（试点）1处。

六、建筑工程后续环境恢复

为了改善规划区居民的生活质量，国家进行了一系列改善民生工程，电网、道路等建设方便了区内居民与外界的沟通，但在修建过程中的材料运输临时道路、材料临时堆放区造成了大片裸地，完工后，没有进行植被恢复，造成路基两侧植被退化，应加强对建筑工程后续环境监督力度，逐步对已破坏区域进行植被修复。

第三节　生态扶贫建设

一、生态产业

充分发挥区域资源优势，因地制宜、科学利用，调整产业结构，大力发展以藏族文化为主的生态旅游，逐步改善本功能区主产业的粗放式经营方式，通过建立牛羊养殖专业合作社，使传统畜牧业持续发展的同时，达到草畜平衡，不造成草场退化，提高区域畜牧业综合生产效益；发展民族食品加工、民族手工业、养鹿场、藏药材种植等特色产业，提高农牧民收入，处理好生态保护与发展经济产业的关系，满足农牧民的生活需求，帮助农牧民脱贫致富。

主要任务：2014～2016年，建设生态产业基地1.5万公顷；2017～2020年，建设生态产业基地3万公顷。

专栏4-6　生态产业重点工程
01　牛羊养殖专业合作社 在玛多县、玛沁县、达日县集中设置，建设牲畜暖棚、贮草棚、人工饲草料基地。
02　民族食品加工 对牛、羊、奶制品进行深加工。
03　民族手工业 发展藏毯编制等民族产业。
04　养鹿场 在曲麻莱县集中建设养鹿场，进行鹿场多元化生产。
05　藏药材种植基地 规模化种植红景天、黑枸杞等藏药材。
06　生态旅游 结合自然保护区、森林公园、地质公园、国家公园、生态旅游规划，建设生态旅游基础设施。

二、实用技术推广

根据实际需要，规划引进草地围栏营建技术，林木良种繁育栽培技术，优质牧草种植技术，药材种植技术，特色产业深加工技术，网络信息推广技术，机电维修技术。

三、实用技术培训

针对农牧民、生态移民、管理人员、专业技术人员开展不同的技术培训：对农牧民开展就业技能培训，每户农牧户中至少1人掌握1门产业技能；对生态移民开展家政服务、导游、驾驶等技能培训；对管理人员和专业技术人员开展专业知识技术培训，每个管理人员和专业技术人员要熟悉规划所涉及的各生态工程的建设内容、技术路线和管理方面的内容。

培训任务：2014～2016年，管理人员1000人次，技术人员3000人次，农牧民1万人次；2017～2020年，管理人员2000人次，技术人员4000人次，农牧民2万人次。

第四节　基本公共服务体系建设

一、防灾减灾建设

（一）防火体系

加强对湿地、草地、森林生态系统防火能力建设，逐步完成各县级单位火险预测预报系统、火情监测系统、信息及指挥系统建设，进一步加强防火道路、防火物资储备库等基础设施建设，提高森林、草原防火装备，继续加强防火队伍建设，增强防火预警、阻隔、应急处理和扑火能力，扩大防火知识宣传教育范围，实现火灾防控现代化、管理工作规范化、队伍建设专业化，形成较完整的防火体系。

（二）有害生物防治

针对目前本区危害严重的草原鼠虫害、森林病虫害等有害生物危害，进行有害生物预警、监测、整治、防控体系等系统基础设施设备建设，采用物理、生物、化学、天敌等技术手段对受灾区域进行治理，加大后期扫残巩固措施实施力度，加强外来物种、有害物种监测能力，全面提高本区有害生物的防灾、御灾和减灾能力，有效遏制森林病虫害和草原鼠虫害、毒草害的发生，将鼠虫数量控制在生态平衡量上。在严格水源涵养区内，对前期鼠害防治实施区域进行扫残巩固；在生态恢复区内，实施全面鼠虫害、毒草防治工程。

（三）疫源疫病防治

建立野生动物、家畜疫源疫病监测预警、预防控制、防疫检疫监督以及防疫技术支撑和物资保障等系统，开展野生动物疫源疫病监测预警工作，加强疫源疫病监测站等基础设施建设，补充检疫设备和简单治疗设备，提高本区野生动物和家畜疫病的预防、控制和治疗能力。

（四）主要任务

在全区范围内，16县1乡设立火险预测预报、火情瞭望监测系统，修建必要的防火物资储备库、防火道路、无线电通讯设备、灭火设施设备等；巩固前期鼠害防治区域586.43万公顷，对500万公顷鼠害发生区域进行集中连片治理；对300万公顷有草原虫害区域进行三年连续防治；对200万公顷有毒草危害区域进行治理；对12万公顷森林病虫害危害区域进行治理。

二、基础设施设备

完善移民集中区域供水、供电、生活垃圾、污水处理、公共厕所等基础设施设备建设；改善农牧民能源结构，进行农村电网改造、藏区电网延伸等工程，大力推广太阳能、沼气池等清洁能源的利用；加强暖棚、贮草棚、青贮窖等畜牧业基础设施建设。

专栏4-7　基本公共服务体系重点工程

01　防火体系建设

建设州、县、镇火险预测预报、火情瞭望监测、通信联络与指挥系统，购置防火扑火设备、车辆、装备等。建设州、县信息化指挥中心，防火物资储备库、防火道路。配备扑火专业队伍和半专业队伍。

02　有害生物防治

对目前鼠害区域采取连片消灭、连年巩固措施，利用物理、化学、生物、天敌等治理方式，地面、地下同步进行，配置生物毒素、召鹰架、鹰巢架、弓箭等灭鼠设备，将鼠量控制在生态平衡级；

对草原虫害采取打药消灭，三年连续防治措施；

对毒草采取物理防除和化学防治结合，并进行逐年巩固；

对森林病虫害严重区域进行化学打药处理。注意各措施之间及与生态系统恢复工程的互相整合。同时，建立州、县、镇林业有害生物测报站、林业有害生物检疫中心。各县草原站购置草原鼠害、虫害、毒草危害预测预报防治基础设施设备。

03　生态暖棚建设工程

保证草蓄平衡，建设封闭式暖棚、贮草棚、青贮棚、饲草料基地等基础设施，保证草地生态平衡。

04　农村基础设施建设

逐步完善农牧民用电、用水、生活垃圾、污水处理、公用厕所等基本生活设施，改善民生。

第五节　生态监管

一、生态监测

以目前已建立的监测站（点）为基础，依托国家林业局在建的"中心—站—点"三级生态监测评估系统和统一的生态监测标准与规范，合理布局、补充监测站点，配备必要的监测设备、车辆，对本区内湿地生态系统、草地生态系统、森林生态系统、生物多样性和自然地理环境等进行全面监测、分析和评估。建立信息共享平台，对监测数据定期上报，定期发布生态保护建设报告，重大问题及时上报，定期、系统评价本区生态服务功能，开展生态预警评估和风险评估。

二、空间管制与引导

（一）落实主体功能定位

全面落实《全国主体功能区规划》提出的主体功能定位要求，在禁止开发区内，实施强制性保护；在限制开发区内，实行全面保护。

（二）划定区域生态红线

三江源草原草甸湿地生态功能区是我国重要的生态要地，对下游地区的水源供给、气候调节、生态安全有着巨大的调节作用，本区主要生态载体为大面积的高寒湿地、天然草地，划定区域生态红线，并严守生态红线，确保现有湿地、草地、森林面积逐步扩大及特有野生动植物种群稳定。严格控制畜牧业规模、打击滥挖滥捕等破坏生态环境的行为，人类活动占用空间控制在目前水平，形成"点状开发、面上保护"空间格局。

三、绩效评价

以2012年数据为基准年，对湿地面积、湿地保护面积、草地植被覆盖率、退化草地治理率、草地载畜量、林地面积、森林覆盖率、森林蓄积量、特有物种保护种类、水土流失治理率、保护目标实现情况采集相关实际数据。

以2012～2016年为一个阶段，以后均以5年或10年为一个阶段，确定5年或10年后各项指标完成目标，以该年度为目标年。

对比目标年度与基准年度各项指标数据，分析生态功能区保护与建设进展情况，并参照目标年设定的保护和建设任务目标，调整保护和建设规划内容。

完成目标年的建设任务后，将各项指标的实际数据与目标值进行对比分析。

第五章　政策措施

第一节　政策需求

一、生态补偿政策

尽快批复落实《青海三江源生态补偿机制总体实施方案》。

建立湿地生态补助机制。尽快启动湿地生态补偿试点，建立湿地保护奖励机制，在中央财政湿地保护补助试点政策的基础上，扩大补助范围，提高补助标准，增加管护和后期维护费用，延长补助年限，形成补助长效机制。

完善国家草原生态保护补助奖励机制，继续实施轮牧、休牧、禁牧后牧民补助和草畜平衡奖励，逐步提高补助、奖励标准，并形成长效机制，提高农牧民生态保护积极性。

建立碳汇补偿机制试点。本区具有我国面积最大的高寒湿地资源，是我国乃至亚洲的重要的储碳库，建议尽快建立三江源碳汇补偿机制试点，加大对其扶持力度，增强和巩固高寒湿地固碳能力。

同时，积极探索多元化生态补偿方式。搭建协商平台，完善支持政策，引导和鼓励生态受益地区与本区自愿协商建立横向补偿关系。

二、国家重点生态功能区转移支付政策

根据三江源草原草甸湿地生态功能区生态保护与建设的需要，对当地生态建设现状和工程需求进行全盘分析，确定合理的工程内容和布局，提高地区生态工程设置与生物多样性保护的相关性，确保生态转移支付资金使用的科学性。同时建立转移支付标准调整机制，强化对生态建设有效性和资金使用合理性的监管，逐步加大财政转移支付力度，适当增加用于生态保护与建设的资金。

三、基层管护工作人员待遇保障政策

提高生态管护公益岗位试点人员补助，将广大一线管护人员纳入编制、改善其基层值班住宿条件，解决管护人员严重缺偏的问题，为区域水源涵养、生物多样性保护

提供基层机构和人员保障。

四、人口易地安置配套政策

出台草地流转与转换的相关政策，确保生态移民在县城及周围乡镇置换宅基地、暖棚建设用地、饲草料基地。优先安排部分生态移民参加商业、旅游等二、三产业。对生态移民子女实施九年义务教育。生态移民在医疗保健方面享有同当地居民一样的待遇。

第二节　保障措施

一、组织保障

实行政府责任制，各级政府是建设的责任主体，实行重点生态功能区的目标、任务、资金、责任的责任制度。各级政府、各相关部门加强与对口援青单位、部门的沟通，争取到更大的经济、人才、教育、技术等方面的支持力度。建立健全行政领导干部政绩考核责任制，责任落实到人，纳入政绩考核机制。

由于涉及部门多、任务重、范围广，需进一步加强青海省三江源办公室的管理体系，按照各部门职责进行分工、提高各部门之间协调能力，保证本区生态建设统一完整、分工明确、互不重叠。

二、法制保障

切实落实、严格执行现有生态保护相关法律、制度，加强各职能部门的法律意识，加强宣传能力建设。制定最严格的源头保护制度，逐步加大生态监管执法权，依法惩处各类破坏生态系统、造成环境污染的行为，对滥挖、乱牧、滥捕、乱猎等行为加大打击力度。同时，从国家层面上，明确生态受益者和保护者的权责。

三、资金保障

本区生态保护与建设是以生态效益为主的社会公益性事业，应发挥政府投资的主导作用，各级政府要进一步加强生态保护与建设资金力度。根据本区重要生态地位、特殊地理位置，对国家支持建设项目适当提高中央政府补助比例，逐步降低州县级别政府投资比例。

通过政策引导，积极吸纳社会资金。争取国际相关机构、金融组织、外国政府的贷款、赠款及生态保护专项资助、无息贷款等。

积极与下游生态受益地区协商，通过生态服务评估部门对下游生态功能享受程度开展评估，要求其进行适当资金补偿。

积极建立并落实生态环境保护方面的税费制度，加强税收对节约资源和保护环境的宏观调控能力。

四、人员技术保障

加强管理人员、专业人员体系建设，补充人员编制，平衡各岗位人员数量，提高工作人员特别是基层管护人员和专业人员待遇。定期对各岗位人员进行相关知识培训，提高工作人员的生态保护责任心和与时俱进的生态保护管理技能。

保证一定的科技支撑专项资金，用于开展科技示范和科技培训。吸引国内外科研单位和机构参与生态建设和特殊经济发展技术、模式的研究开发，并加快成果转换。

积极推广实用技术，围绕农牧、林、水、气象等生态保护与建设的问题和关键技术，建立一批科技示范区、示范点，通过示范来促进技术推广应用。开展多形式实用技能培训，使广大农牧民掌握生态建设知识和生态培育技能。搞好科技服务，完善科技服务体系，组织生态保护科技人员深入基层，解决实际技术难题，扩大先进技术的应用面。

五、监督保障

加强生态监管能力，加大对湿地、草地、森林等生态系统以及生物多样性保护、水土流失监测力度。完善监测体系和技术规范。对规划实施情况进行跟踪分析和定期评估，及时根据结果对规划进行调整。

完善监督、检查、验收、评估、审计制度，按项目管理、按设计施工、按标准验收。工程严格"四制"建设，即项目法人制、招标投标制、工程监理制、合同管理制，加大项目资金管理力度，确保项目资金有效利用。

附表

三江源草原草甸湿地生态功能区禁止开发区域名录

名称	行政区域	面积（万公顷）
青海三江源国家级自然保护区	称多、杂多、治多、曲麻莱、囊谦、玉树、玛多、玛沁、甘德、久治、班玛、达日、兴海、同德、泽库、河南蒙古族自治县、格尔木市的唐古拉山镇	1523.00
青海可可西里国家级自然保护区	治多县	450.00
青海隆宝国家级自然保护区	玉树县	1.00
青海洮河源国家湿地公园（试点）	河南蒙族古自治县	3.84

注：年宝玉则国家地质公园、麦秀国家森林公园与青海三江源国家自然保护区的年宝玉则保护分区、麦秀保护分区范围与面积重叠，故不重复计算。

第五篇

若尔盖草原

湿地生态功能区
生态保护与建设规划

第一章　规划背景

第一节　区域概况

一、规划范围

若尔盖草原湿地生态功能区系四川省境内黄河流域区，位于川西高原北端的阿坝藏族羌族自治州境内，地理坐标为东经101°37'～103°25'，北纬32°10'～34°06'。若尔盖草原湿地生态功能区行政区域包括阿坝藏族羌族自治州阿坝县、若尔盖县、红原县3个县，总面积28514平方千米，总人口19.6万人。该区域处于四川、青海、甘肃三省交界处。

表5-1　规划范围表

省	州	县
四川	阿坝	阿坝、若尔盖、红原

二、自然条件

（一）地质地貌

本区地处青藏高原的东缘，位于阿尼玛卿山和岷山之间的高原台地，在热尔郎山以南、班佑以西、查针梁子以北，为四面环山的丘状高原，高原面海拔3400～4000米。地势西南高东北低，地表丘状起伏，丘谷相间、丘顶浑圆、丘坡平缓，谷地宽阔，丘谷间的相对高差50～100米。河沟纵横、蜿蜒曲折，湖泊、沼泽、草甸众多，在丘状高原的东部、南部及西部边缘为山原地带，海拔多在4000米以上。地貌单元主要由丘状高原和丘间盆地组成。由于本区地面平坦低洼，水流不畅，形成了大面积沼泽湿地。

（二）气候水文

本区地处青藏高原东部，属大陆性高原寒温带湿润半湿润季风气候，长冬无夏，春秋相连，雨热同期，四季不分。本区冬季严寒而漫长，降水少；春季多大风；夏季凉爽而湿润，日照长，昼夜温差大。本区全年平均温度0.8～3.3℃。极端最低温度－33℃，极端最高温度24～28℃。大风天气主要发生于干冷季节，平均每年发生80天以上。本区年平均降水量681.0～749.1毫米，降水主要集中在5～10月。

沿四川省界的黄河干流长165千米，平均比降1.3‰，由黑河、白河、贾曲等支流构成黄河流域区水系全貌，黑河入河口以上的黄河年均径流量为144亿立方米。水体补给源主要是大气降水。区内除河流河曲发育之外，由于白河和黑河河流多次改道，在主要河流的中、下游河谷中牛轭湖星罗棋布，不计其数，湖泊、海子共200余个。本区湿地调节河流水文要素的作用明显。本区一些湖泊面积萎缩，甚至干涸，地下水位呈下降趋势。

（三）土壤植被

本区地处川西北高原，地貌类型以丘状高原和平坦高平原为主，极少数为高山峡谷。受气候、地质、地貌和生物等因素制约，土壤空间地带性不明显。全区内共有7个土类、15个亚类。分布最广的是亚高山草甸土，占全区辖区面积的60%以上，主要在丘岗的中部、中上部，成土母质以残积母质、坡积母质和冲积母质为主，被覆亚高山草甸、亚高山疏林草甸和亚高山灌丛草甸，土层厚40～150厘米，是良好的夏秋牧场。其次是沼泽土，沼泽土广泛地成片分布于河谷平原、洼地、阶地和湖泊四周的沼泽和平原富水地带，山丘之间零星点缀，主要在红原县和若尔盖县境。风沙土主要分布于废旧河道边缘及丘岗回旋风口的坡地上，由风砂性母质发育而成。风沙土在丘顶部位形成固定或流动性沙丘。沙丘上往往散生有稀疏的旱生植物，面积每年都有扩展，以松散粉土为主，是本区草场退化和草地荒漠化的重要标志之一。

据中国植被区划成果，四川黄河流域区属于青藏高原高寒植被区。由于地处海拔3410～4700米的高原，以及特殊的气候和水热条件，植被类型主要有：沼泽植被（3410～3600米）、草甸植被（3500～4500米）、灌丛植被（3600～4000米）、寒漠流石滩植被（＞4500米），以及少数呈零星状分布的森林植被（3550～4200米）。其中前两种植被分布面积较广。

三、自然资源

（一）土地资源

规划范围内有草地195.46万公顷，占项目区域国土总面积的68.5%；林地64.27万公顷，占22.5%；耕地1.30万公顷，占0.5%；其他用地24.11万公顷，占8.5%。草地是本区生态系统服务功能的主要载体。

（二）水资源

本区水资源丰沛，共有大小河流80余条，多年平均水资源总量为85.94亿立方米，占阿坝州水资源总量的21.7%。径流深的地区分布情况基本与降水一致，阿坝、红原、若尔盖县年均降水量仅为300毫米左右。

（三）草地资源

草地分为可利用草地和暂难利用草地。阿坝县草地面积87.40万公顷，可利用面积71.62万公顷；若尔盖县草地面积80.84万公顷，可利用面积65.19万公顷；红原县草地面积77.61万公顷，可利用面积74.72万公顷。

阿坝、红原、若尔盖县主要分布的草场类型为沼泽草地、沼泽草甸、亚高山草甸、高山草甸。据调查，草地中维管植物共27科83属118种，最大的科为菊科和禾本科，各拥有12个属，种数分别为19种和14种，其次为豆科和毛茛科，各拥有7属9种，只出现1个属的科有16个。

（四）森林资源

林地总面积71.0万公顷，其中有林地20.7万公顷，疏林地0.3万公顷，灌木林地38.5万公顷，未成林造林地0.1万公顷，苗圃地0.01公顷，宜林地11.34万公顷，辅助生产林地0.004万公顷。国家级公益林面积为59.42万公顷，林种主要为防护林。按植被型、群系纲、群系组、群系四级来分，本区植被划分为3个植被型，3个群系纲，6个群系组，25个群系。

（五）湿地资源

本区湿地面积48.90万公顷，其中河流湿地2.43万公顷，湖泊湿地0.20万公顷，沼泽湿地46.26万公顷，库塘湿地0.01万公顷。

若尔盖湿地地处黄河上游、青藏高原东北部，是我国第一大高原沼泽湿地，也是世界上最大的高原泥炭沼泽。是青藏高原高寒湿地生态系统的典型代表，对黄河上游的水源涵养与补给及生态平衡的维持起着极其重要的作用。

（六）野生动植物资源

若尔盖草原湿地生态功能保护区属于青藏高原高寒植被区。由于地处海拔3410～4700米的高原，以及特殊的气候和水热条件，其中沼泽植物有40科97属，共162种植物。草甸植被区位于高寒地区，具有明显的生草层，富含有机质，气候寒冷而湿润，冬季漫长、无夏、春秋短促，霜冻期长，植物生长期短。因此生长的植物种类有一定的相似性和规律性，差异不大，植物主要由莎草科嵩草属、薹草属、荸荠属以及禾本科、蓼科、蔷薇科、菊科和毛茛科等植物组成。

若尔盖草原湿地生态功能保护区内野生动物资源较为丰富，本区特殊的生态环境为野生动物提供了丰富的食物来源和营巢避敌条件。据调查并参考资料，本区有脊椎动物29目65科256种，其中鱼纲2目4科20种，占总种数的7.8%；两栖纲2目3科4种，占1.5%；爬行纲2目3科4种，占1.6%；鸟纲15目34科163种，占64%；哺乳纲8目2科65种，占25%。本区有国家一级保护动物11种，二级保护动物41种。本区以黑颈鹤、金雕、西藏野驴、藏羚羊等珍稀野生动物及高原沼泽湿地生态系统为主要保护对象。生物多样性呈退化趋势，种群数量明显减少，有害动物鼠类危害程度加剧。

四、社会经济

本区总人口19.60万，其中：农牧业人口16.84万，占该区总人口的85.9%。是以藏族为主的少数民族聚集的区域，主要民族有藏、回、羌等。

由于特殊的地理位置和气候条件，区内不适合发展自然种植业。以传统的农牧业为主，生产方式落后。红原、阿坝、若尔盖县均以自然放牧、游牧经营为主。农牧业用地占93%以上。农牧业是该区的支柱产业。农牧业生产以饲养牦牛、藏羊和马为主，畜群结构以牛为主、羊次之。

本区国内生产总值22.45亿元，财政收入0.63亿元。农牧民人均收入排四川省的后位。本区位于川西北高原，幅员辽阔，且远离中心城市，交通条件较差，这也是制约本区经济发展的重要因素之一。

五、扶贫开发

根据《中国农村扶贫开发纲要（2011～2020年）》，该区域属我国扶贫攻坚连片特困地区中的四省藏区范围。本区农牧民贫困的主要原因是超载放牧、陡坡耕作等造成生态破坏，以及农业种植结构单一，土地生产力水平很低。

第二节　生态功能定位

一、主体功能

本区属水源涵养型重点生态功能区，主体功能定位是：位于黄河与长江水系的分水地带，黄河长江重要水源涵养补给区，水文调节以及维系生物多样性、保持水土和防治土地沙化等。同时又是调节四川盆地天府之国大气候的巨大活性自然功能区。

二、生态价值

（一）生态区位重要、生态系统脆弱

本区位于我国地势第一阶梯向第二阶梯的过渡地带，是青藏高原生态屏障的重要组成部分，与三江源草原草甸湿地、甘南黄河重要水源补给、秦巴生物多样性3个国家重点生态功能区相邻，对维系黄河长江流域生态安全具有重要作用。其次，区域森林、草地、湿地等生态系统自我恢复能力差，一旦破坏极难修复，自然恢复周期长、人工恢复则要付出很大代价。本区还分布国家禁止开发区域1处（四川若尔盖湿地国家级自然保护区），总面积约1665.67平方千米，占区域总面积的5.84%。

（二）黄河重要水源补给区

若尔盖草原湿地是黄河水源的重要补充地，调节着黄河的水流，供水量占黄河总水源量的8.2%，黄河上游总水源量的25%，被中外专家誉为"中国西部高原之肾"，为维护黄河流域的生态平衡发挥着极重要的作用。阿坝州湿地担负着为川西平原、川中丘陵工农业生产、人民生活、环境保护供水的重要任务，生态功能在四川乃至整个长江、黄河上游非常重要。

（三）不可替代的水源涵养功能

若尔盖湿地是世界上最大的高原泥炭沼泽湿地,是长江和黄河在上游地区重要的水源涵养地，是世界上最大最奇特的"固体高原水库"，有黄河"蓄水池"之称，仅从若尔盖湿地注入黄河的流量就占黄河上游总流量的30%，若尔盖湿地是中华民族的"水塔"的最重要组成部分，在国家生态安全体系中处于极为关键的环节。

（四）高原生物多样性热点地区之一

该区域是我国西部生物多样性关键地区之一，其物种组成复杂多样，具有明显的区系过渡性；是青藏高原"世界第三极"东部区域生物多样性的聚宝盆。若尔盖湿地区域是我国重要一级保护鸟类黑颈鹤的重要繁殖地，全世界近1/10的野生黑颈鹤生活在该区域。

第三节　主要生态问题

一、主要生态问题

（一）黄河水源补给量急剧减少

由于近几年主要江河干流梯级电站建设，致使局部范围内的生态平衡受到破坏，也导致下游水量越来越少。对江河中下游的水资源利用也造成不利影响。

（二）草地"三化"现象严重

植被退化，草地生产力下降。曾为全国优质牧草草原，全国五大牧业基地之一的阿坝草原，现在草地植被退化十分严重，草地生产力急剧下降。长期超载过牧和水量的减少，使草地生产力和覆盖度下降，土壤结构遭到破坏，加速了草场的退化速度，增加了湿地保护的压力。土地退化明显，鼠虫害加剧。由于水量的减少，导致沙化现象越来越严重，鼠类危害也更加严重，这又加剧了草原退化、湿地萎缩。

（三）湿地面积减少

沼泽湿地面积减少，功能退化。由于气候和人为因素，沼泽湿地地下水位下降，含水量下降，湿地面积减少，沼泽动物种群和数量减少。根据最近的遥感影像解译和20世纪60年代的湿地分布情况分析，阿坝州沼泽湿地有明显退化的趋势。湖泊湿地的变化，在有些地区由于水电工程的建设，形成一些新的人工库塘（湖泊），但从总体数量上看，湖泊湿地的面积仍呈减小的趋势，湖泊水位下降，面积也在缩小，甚至面临着干涸的危险。有些湖泊已经从此消失。

（四）水土流失加剧

本区水土流失的广度和程度均呈逐年上升态势。在风力、水力、冻融等一系列的自然条件和人类过度放牧、挖沟排水、泥炭开采等一些不合理活动的影响下，水土流失不断加剧，土壤中有机质、腐殖酸、全氮、全磷均大幅度下降，泥炭分解度上升。流失的泥沙通过支流流入黄河，既导致了本地区自然灾害的频繁发生，又加剧了黄河下游地区的洪涝灾害。

（五）生物多样性减少

湿地面积的减小和生态功能的退化，生物多样性受到破坏。湿地水位的下降，河流水量的减少，以及工业和生活废水的污染，一些水生动植物的生长也受到威胁。生物多样性减少。在一些江河源头和高山湖泊内，由于鱼类的过度捕捞，现在河中的鱼也越来越少，越来越小。沼泽湿地的退化也影响到一些诸如黑颈鹤等濒危物种的生存与生活。

二、生态问题产生原因

若尔盖湿地是随着青藏高原的隆起抬升而形成的。在青藏高原抬升至一定高度后，出现了西南季风，西南季风是川西高原的主要雨泽之源，川西高原达到相当高度以后，受地形的限制，西南季风不能再往此深入，降水量减少，气候转干，气候条件变差，导致了湿地生态系统的脆弱性，使湿地生态环境和物种发生变化。出现了沼泽湿地→沼泽化草甸→草甸→荒漠的演替现象。

近20年来，若尔盖高原气候有转暖的趋势。据若尔盖县近50年气象资料统计分析表明，该县年平均气温以0.0173℃的速度增长，据红原县气象局统计，红原县近20年的年平均气温均高于1℃，而20年以前的年平均气温多低于1℃。从大气降水情况来看，通过对本区近40年来的降水量和蒸发量统计分析显示，本地区年平均降水量为648毫米，年平均蒸发量为1228毫米，蒸发量大大高于降水量。

综上所述，地势抬升，气温逐年升高，降水量明显小于蒸发量等因素对于本区沼泽湿地的萎缩退化无疑是极其重要的外部影响因素。

本区水资源变化是自然因素和人为因素共同作用的结果。由于短期内难以改变自然因素，必须从生态保护与建设入手来控制人为因素。

重要生态问题表现为草原超载过牧、湿地开渠排水、乱采滥挖等。与自然因素相比，人为因素在若尔盖高原沼泽湿地萎缩退化的演变过程中起促进作用。

畜牧业是若尔盖高原地区的经济支柱，该区牲畜数量增长较快，对草场资源的需求不断增加，造成过度放牧，草场不断退化。据统计，若尔盖草地四县共养殖牦牛和羊等牲畜233万混合头，不合理的放牧行为是对若尔盖湿地产生不利影响的最主要人为因素之一。过度放牧造成土壤板结、草地荒漠化、牧草产量和质量不断下降，构成制约当地牧业进一步发展的障碍。过牧超载是造成草场退化的主要原因。

以若尔盖县为例，若尔盖县现有可利用草地65.23万公顷，理论载畜量186.5万个羊单位，据1958年以来的历史资料统计显示，该县1958年实际载畜量为95.07万个羊单位，1975年发展为186.55万个羊单位（已超载），到1985年发展为245.73万个羊单位（严重超载）。1993年发展到272.7万个羊单位，1995年为262.88万个羊单位。到2002年底，全县有各类家畜存栏量达285.48万个羊单位，超载98.98万个羊单位，超载率53.07%，局部地区超载率在100%以上。

在过度放牧条件下，高原鼠兔随之侵入，高原鼢鼠数量也逐渐增加，它们随放牧强度增大而增加，而在轻度放牧条件下较贫乏或消失，它们在重度放牧条件下具有最大的生物量密度。目前该区鼠害严重地地区鼠兔数量450只/公顷，多者达到4200个/公顷，每个鼠洞周围25平方米范围内约损失牧草0.22千克/平方米，草场生产力降低25%～30%。据调查，阿坝州有草地鼠害面积21.4万公顷，阿坝、红原、若尔盖三县占84.5%，其中Ⅲ级以上的鼠害草地可损失牧草30%～50%。据估算，若尔盖草场有鼢鼠100万只左右，一年内将吃掉2500万千克鲜草，相当于1.25万个羊单位一年的饲草量。

20世纪70年代中期以来，若尔盖县草地就处于超载过牧状态，且超载程度逐年加剧，结果使本地区草地资源量骤减、生产能力急剧下降，草场板结退化严重，草原植被覆盖度急剧下降，破坏和削弱了草原的水土保持功能和对水源的调节功能，随之出现了草原沙化、水土流失及鼠、兔危害日益加剧的恶果，对若尔盖湿地的生态环境构成了严重的威胁。

在20世纪60～70年代，若尔盖地区为发展畜牧业，对部分湿地进行了人为开渠排水以增加草场，导致沼泽湿地被大面积疏干。据调查，1965～1973年的8年间，仅若尔盖县就累计开渠200千米，致使14万公顷的水沼泽变成半湿沼泽或干沼泽；20世纪

90年代初又在辖曼乡、黑河牧场等地开渠挖沟17条，总长度50.5千克，又使1.48万公顷沼泽丧失了湿地功能。

泥炭层是湿地涵养水源的重要物质，其含水量可达90%以上，泥炭层的丧失将直接导致湿地水源涵养功能的大大降低。若尔盖地区水能资源较少，其他如地热、太阳能、风能的利用可能性较小。与之形成对比的是，泥炭资源十分丰富，因而该地区的泥炭资源开发利用的需求量很大。为了地方经济发展，当地无计划开采和滥采乱挖泥炭的现象十分严重，而且呈愈演愈烈之势。这不仅使得泥炭资源浪费严重，而且沼泽地表植被破坏也十分严重，深浅不一、大小不同的废弃泥炭矿坑遍地皆是，对湿地生物多样性保护不利，对湿地资源可持续利用构成重大威胁。

第四节　生态保护与建设现状

一、生态工程建设

（一）林业生态工程建设

林业是生态建设的主体，在西部大开发中具有基础地位。三北防护林体系建设、天然林资源保护、退耕还林、野生动植物保护及自然保护区建设、湿地保护与恢复、防沙治沙综合示范区建设等生态工程的实施，一定程度上缓解了本区生态恶化的趋势。

截至2013年底，本区累计完成森林资源保护工程278.57万公顷；退耕还林（还草）工程0.83万公顷；湿地保护恢复工程0.12万公顷；沙化治理工程1.4万公顷；公益林建设工程2.37万公顷。

林业生态工程建设虽然取得了巨大的成效，但工程投资普遍偏低，缺乏森林防火、林业有害生物防治、水、电、路等配套设施，影响了工程整体生态效益的发挥。

（二）其他生态工程建设

草地生态建设。国家开展了退牧还草工程、退耕还草、草原鼠害防治和沙化草原治理工程。

水土流失治理。开展了坡耕地水土流失综合治理、黄河中上游水土流失综合防治和水源地水土保持工程，通过采取水保造林、水保种草、封禁治理、坡改梯等措施，共治理水土流失面积0.13万公顷。

（三）若尔盖草原湿地生态功能区生态工程建设

自2003年以来，按照已经批建的国家湿地保护工程建设项目内容，切实抓好湿地保护区生态保护与建设工作。到2012年底，国家共投入6895.73万元（国家投资5925.3

万元，地方配套970.43万元），实施了若尔盖湿地国家级自然保护区一期建设项目、湿地保护区湿地保护工程项目、若尔盖湿地基础设施建设工程、省级财政专项补助项目、花湖生态修复工程、阿坝曼则唐湿地保护区一期工程等生态建设项目。2013年，完成了四川阿坝曼则唐湿地自然保护区湿地恢复建设288万元；南莫且湿地自然保护区建设工程1225万元。

二、国家重点生态功能区转移支付

（一）2014年国家重点生态功能区转移支付资金涉及项目

若尔盖县唐克镇黄河九曲第一湾生态湿地修复工程（总投资2339万元）完成总工程量的30%，网围栏完成30%，种草1.9公顷；花湖湿地生态修复项目（总投资2129万元）完成总工程量的30%，网围栏完成50%，湿地有害物清理完成80%。

红原县日干乔湿地自然保护区一期工程1670万元，完成总工程量的30%，在建日干乔湿地保护区管理处，瓦切宣教中心，色地、麦洼、瓦切保护站。

红原瓦切湿地生态恢复工程（总投资1853万元）目前已进入招投标环节。

红原县日干乔湿地生态恢复工程（总投资3045万元）已完成1800万湿地恢复工程，1245万的政府采购项目在公共资源交易中心进行招投标。

（二）2014川西藏区生态保护与建设工程

阿坝州13县及若尔盖湿地管理局湿地生态系统保护与建设工程湿地管理与维护（总投资288万元），项目实施方案编制完成并通过评审，经修改完善后报国家发改委批准实施。

若尔盖县湿地生态系统保护与建设工程，总投资6762.7万元，现已完成实施方案编制和省级评审，经修改完善后报国家发改委批准实施。

壤塘县湿地生态系统保护与建设工程投资74万元，现已完成作业设计并完成评审，经修改完善后报国家发改委批准实施。

若尔盖湿地监测站建设投资658.5万元、红原湿地监测站建设投资617万元，现已完成作业设计并完成评审，经修改完善后报国家发改委批准实施。

川西藏区生态保护与建设工程湿地生态系统保护与建设，2013年若尔盖县2059万、红原县4168万建微型挡水坝，可研报告编制完成，目前由于资金未到位还没有开始实施。

三、生态保护与建设总体态势

目前，若尔盖草原湿地生态功能区呈现生态改善势头，但超载放牧、草原大面积退化、沙化，湿地面积缩小，森林资源总量不足、质量不高，风沙危害和水土流失加剧，生物多样性减少等问题依然严重，区域给黄河补给的水资源大量减少，生态保护与建设处于关键阶段。

第二章 指导思想与原则目标

第一节 指导思想

全面贯彻党的十八大精神，深入学习贯彻习近平总书记系列重要讲话精神，坚定不移地实施主体功能区战略，建立国土空间开发保护制度，加快生态文明制度建设。按照《全国主体功能区规划》对若尔盖草原湿地生态功能区的功能定位和建设要求，以增强黄河水源涵养补给能力为目标，以改善生态、改善民生为主线，统筹空间管制与引导，逐步减轻森林、草地和湿地的生态负荷，努力增加森林、草地、湿地等生态用地比重，提高区域生态系统水源涵养补给能力和生物多样性保护功能。充分发挥资源优势，创新发展模式，强化科技支撑，加强生态监管，协调好人口、资源、生态与扶贫的关系，促进农牧民脱贫致富，把该区域建设成为生态良好、生活富裕、社会和谐、民族团结的生态文明示范区，为黄河流域乃至国家的可持续发展提供生态安全保障。

第二节 基本原则

一、全面规划、突出重点

本区水源涵养能力建设是一项复杂的系统工程，要将区域森林、草原、湿地、沙地、农田、城镇等生态系统都纳入规划范畴，与《全国主体功能区规划》等规划相衔接，协调推进各类生态系统保护与建设。同时根据本区的特点，以草原、森林和湿地生态系统为生态保护与建设重点。

二、保护优先、科学治理

本区分布我国独特的青藏高原生态系统和生物多样性，生态区位重要、生态功能独特，要采取有效措施加强保护，巩固已有建设成果；充分发挥自然生态系统的自我修复能力，推广先进实用技术，乔灌草相结合，提高成效。

三、合理布局、分区施策

本区自然条件差别较大，不同区域生态问题不同，对水源涵养的重要性更不同，必须进行合理的区划布局，分别采取有针对性的保护和治理措施，合理安排各项建设内容。

四、以人为本、改善民生

本区有大量贫困人口，迫切需要加快经济发展。因此，要正确处理保护与利用的关系，将生态建设与农牧民增收、农牧业结构调整相结合，改善人居环境的同时，提高农牧民收入水平，帮助农牧民脱贫致富；实施生态补偿，建立生态保护建设长效机制。

五、深化改革、创新发展

本区自然条件和社会经济条件独特，生态保护和建设要适应新形势，创新发展机制。要深化集体林权制度改革，创新森林、草地、沙地和湿地等资源保护和建设模式，建立生态功能区考核机制，保障生态建设质量。

第三节　规划期与规划目标

一、规划期

规划期为2015～2020年，共6年。

二、规划目标

总体目标：到2020年，区域黄河水源涵养补给能力明显增强，地表水水质达到I类，空气质量达到I级。生态用地面积增加并得到严格保护，林草植被覆盖度提高，森林蓄积量增加，基本实现草畜平衡。野生动植物资源得到恢复。沙化土地和水土流失得到有效控制。农牧民收入显著增加。配套建设完善，生态监管能力提升，初步建成山川秀美、人民富裕、民族团结的生态文明示范区。以生态学和保护生物学理论为指导，在妥善保护和改善本区自然生态环境，特别是黑颈鹤等珍稀野生动物及其栖息地，保护好若尔盖高原沼泽湿地生态系统，维护高原沼泽湿地的典型性及其生态功能效益的基础上，实现生态效益、社会效益和经济效益协调统一与同步发展。

具体目标：生态功能保护区内科技、文化、教育事业取得明显成效，各项基础设施日趋完善，草地利用结构和产业结构日趋合理，实现人口、资源与环境的协调发展。到2020年，使人口自然增长率控制在7‰以下，学龄儿童入学率在99%以上。

完成产业结构的优化调整，形成生态产业为支撑的绿色经济主体，使人民群众生活质量有较大提高，初步形成环境优美、经济繁荣、社会文明的生态经济区。实现人口资源、环境与经济、社会的协调发展。到2020年，农牧民年人均纯收入达到5000元以上、国内年生产总值达到12亿元、牲畜年出栏率达到33%以上。

生态退化得到治理，建成稳定高效的生态体系、发达的产业体系和完备的保障体系，水源涵养功能大幅度提高。生态完整性、生态承载力、生物多样性等趋向良性发展，生态稳定、环境优美、经济繁荣、人民安居乐业。社区经济步入良性循环轨道，群众生活水平明显提高，区域经济蓬勃发展，实现生态、经济、社会的协调发展。到2020年，退化沼泽恢复面积累计为1200平方千米，土壤侵蚀总面积下降为6000平方千米，沙化草地整治面积累计为15000公顷，鼠虫害分布面积下降为2000平方千米，改良草场和人工草场面积累计为200平方千米以上，草场放牧超载率下降为30%以下。

表5-2 主要指标

主要指标	2015 年	2020 年
水源涵养能力建设目标		
生态用地①占比（%）	90	95
林草植被覆盖度（%）	55	63
森林覆盖率（%）	9.5	9.8
自然湿地保护率（%）	55	75
可治理沙化土地治理率（%）	10	80
水土流失治理率（%）	50	70
生物多样性保护目标		
晋升国家级自然保护区（处）	—	3
生态扶贫目标		
生态产业基地（万公顷）	—	3
农牧民培训（万人次）	—	4

注：①生态用地包括林地、湿地和草地三种土地利用类型。

第三章 总体布局

第一节 功能区划

一、布局原则

根据地貌和生态系统类型的差异性，黄河水源涵养补给的重要性，生态保护与经济发展的适应性，地理环境的完整性，按照《全国主体功能区规划》的要求，从生态保护与建设的角度出发，对若尔盖草原湿地生态功能区进行区划。

二、分区布局

本区共划分3个生态保护与建设区，即生态保护保育区、生态恢复重建区和合理利用管理区。

（一）生态保护保育区

主要包括目前若尔盖湿地国家级自然保护区周边植被较少受到人为活动干扰的区域，以自然保护区、湿地公园、风景名胜区为依托，构建区域间相互连通的外围保护地带，有效扩展保护范围，总面积76.14万公顷。

（二）生态恢复重建区

主要包括保护保育区和居民聚集区之间的区域，该范围内人为活动相对频繁，但对自然生态影响有限，为可恢复优化的区域，总面积99.14万公顷。

（三）合理利用管理区

位于保护保育区周边地带、城镇建成区及剩余可利用区域。作为湿地保护管理、科普知识培训、宣传教育、拓展训练的重点区域，总面积109.86万公顷。

表5-3 生态保护与建设分区表

区域名称	行政范围	面积（万公顷）	资源特点
合 计	3	285.14	

（续）

区域名称	行政范围	面积（万公顷）	资源特点
生态保护保育区	阿坝县、红原县、若尔盖县	76.14	湿地、草原、森林资源相对集中，良好的湿地草原生态系统，水资源和生物多样性资源丰富，主要承担水源涵养和产水功能以及栖息野生动物等功能
生态恢复重建区	阿坝县、红原县、若尔盖县	99.14	高海拔地区，区域内以高寒草原为主，地表植被稀少、土地沙化，水源涵养能力较弱；草原、湿地共存，存在水土流失和风沙侵蚀的情况，生态环境脆弱
合理利用管理区	阿坝县、红原县、若尔盖县	109.86	人口相对集中区域，农牧业开发强度大，植被破坏严重，区域内存在着水土流失和草场沙化等生态问题

第二节　建设布局

一、生态保护保育区

（一）区域特点

生态保护保育区依托规划区内已有的自然保护区、森林公园、湿地公园、地质公园和风景名胜区等自然生态保护形式。区域范围内生态系统质量较高，是当地生物多样性保护工作的主战场。属于绝对保护区域，实行封闭性保护。除进行适当的定位监测和科学考察外，不得安排其他任何生产经营活动。除必要的定位监测设施建设外，不得安排其他任何建设项目。区域内的国家级自然保护区基本配备了齐全的管理机构和设施，具有较为便利的资源保护管理条件。

（二）主要问题

区域范围内湿地面积逐年退化，水源涵养等生态功能受到严重影响，地下水位下降，沼泽植被向草甸植被演替；土壤侵蚀严重，以风蚀为主，土地沙化呈蔓延趋势；鼠虫害严重；野生动物种群数量明显减少，生物多样性受到威胁。自然保护区存在着缺乏管理机构、人员及必要的资源保护管理设施设备等问题，在一定程度上限制了资源管理工作的有效开展。

（三）建设重点

以自然保护区、森林公园、湿地公园、风景名胜区和地质公园等生态保护形式为核心，以自然恢复为主，配合必要的人工辅助恢复措施，通过对物种生境的保护、恢复，实现功能区内生态系统质量提升，扩大森林、湿地和草原等生态系统的面积，通过设置管护、检查设施，控制区域内人为活动范围和强度，逐步实现提高自然保护效果的发展目标。

二、生态恢复重建区

（一）区域特点

生态恢复重建区位于生态保护保育区域外围，生境质量整体处于正向演替过程中，但人为干扰较多，也是不合理工程建设的主要影响区域。

（二）主要问题

本区内生态用地面积减少，水源涵养能力减弱。草地放牧过度，普遍退化及其初级生产力下降；森林植被破坏严重；土壤侵蚀严重，水蚀、风蚀、冻融兼有；野生动物种群数量减少；鼠虫害严重；局部环境污染。

（三）建设重点

本区域以减少不合理的人为开发利用活动痕迹为主，通过相关建设内容、恢复原生植被和降低人为干扰强度，实现区域有效保护范围的扩展，服务于生态系统的恢复和优化，为原生物种重返提供必要的生境条件。实施人口易地安置和游牧民定居，引导超载人口逐步有序转移，实现人与自然和谐相处。

三、合理利用管理区

（一）区域特点

合理利用区域为可适度集中建设和安排生物保护、资源恢复、科学实验、珍稀动植物资源的繁育、科普宣传教育、生态旅游、参观考察、资源综合利用和社区发展项目，以及必要的办公基础设施和道路等配套工程项目，以增强保护区保护能力、科研能力、经济实力和改善工作、生活条件，使其成为进行科学研究、教学实习、参观考察的基地。允许游客进行限制性的观察与探索。

（二）主要问题

本区人口活动集中，牲畜迅速增加，生态环境压力大。草地放牧过度，普遍退化及其初级生产力下降；森林植被破坏严重；土壤侵蚀严重，水蚀、风蚀、冻融兼有；野生动物种群数量减少；鼠虫害严重；局部城镇环境污染。

（三）建设重点

本区域可适度集中建设和安排生物保护、资源恢复、科学实验、珍稀动植物资源的繁育、科普宣传教育、生态旅游、参观考察、资源综合利用和社区发展项目，以及必要的办公基础设施和道路等配套工程项目，以增强保护区保护能力、科研能力、经济实力和改善工作、生活条件，使其成为进行科学研究、教学实习、参观考察的基地。在该区域将建设文化长廊、湿地保护培育基地、观鸟亭等，展示若尔盖草原湿地景观、生态特征及生物多样性。加强组织管理，进一步改善保护区与周边社区的关系，引导当地社群自觉参与保护区的生态环境保护工作。以提高土地的合理利用水平为主，通过优化公共设施配套，实现人为活动适当集中，提高区域内人口密度和空间利用水平，服务于当地居民生活水平提高。

第四章 主要建设内容

第一节 水源涵养能力建设

一、森林生态系统保护与建设

（一）森林资源保护

推进天然林资源保护和公益林管护，按照管护面积、管护难易程度等标准，采取不同的森林管护方式，建立健全管护机构、人员和相关制度，培训管护人员，落实管护责任，实现森林资源管护全覆盖，提升森林质量和数量。加强以林地管理为核心的森林资源林政管理，加大资源监督检查和执法力度。

（二）森林资源培育

深入开展植树造林和退耕还林，加快推进三北等防护林体系建设。若尔盖草原湿地水源涵养区有部分的陡坡耕地，将部分陡坡耕地退耕还林，不仅能够恢复扩大全州森林植被，改善生态环境，增加黄河水源涵养补给能力，而且对促进农牧民群众增收，也将产生十分明显的作用。按照国家统一部署，参照退耕还林重要水源区标准，对重点地区15度以上的坡耕地实施退耕还林。全面加强森林经营管理，加大森林抚育力度，开展低质低效林改造，提高林地生产力；大力开展封山育林，促进森林正向演替。

主要任务：2015～2020年，工程造林0.02万公顷，退耕还林0.07万公顷，封山育林1.67万公顷，森林抚育0.66万公顷，森林管护面积59.05万公顷。

专栏 5-1　森林生态系统保护和建设重点工程
01　天然林资源保护 对天然林资源保护工程区森林进行全面有效管护，加强后备森林资源培育。
02　公益林建设 对已纳入中央森林生态效益补偿基金的生态公益林进行管护。
03　退耕还林 巩固退耕还林成果，重点区域对15度以上坡耕地，实施退耕还林。

（续）

专栏 5-1　森林生态系统保护和建设重点工程
04　三北防护林体系建设 大力推进造林、封禁保护、更新改造，着力构建高效防护林体系。
05　长江流域防护林体系建设 管理培育好现有防护林，加强中、幼龄林抚育和低效林改造，调整防护林体系的内部结构，完善防护林体系基本骨架。
06　森林抚育 对区域中幼林进行抚育，提高林分质量，增强其生态功能。

二、草地生态系统保护与恢复

草地是本区面积最大的生态系统，对水源涵养具有决定性作用。加强草地保护和合理利用，落实禁牧休牧轮牧制度，继续推进退牧还草等工程建设，实现草畜平衡，逐步实现草地生态系统健康稳定；通过建设围栏、补播改良、人工种草、土壤改良、封禁等措施，加快"三化"草地治理，逐步提高植被覆盖度。针对草畜矛盾严重的问题，通过实施退耕还草、天然草地改良为人工饲草，解决舍饲养殖饲料不足的矛盾。改善草原生态环境现状，提高草原抗灾能力，用以防沙治沙，主要为围栏封育、种草植树治理沙化和潜在沙化草地、灭鼠治虫、治理鼠虫害破坏的草地、灌溉工程、蓄水池、防护堤、拦沙坝等。

主要任务：2015～2020年，退牧还草150.65万公顷；退化草地治理17.7万公顷；沙化草地治理1.84万公顷。

专栏 5-2　草地生态系统保护与建设重点工程
01　退牧还草工程 主要通过禁牧、休牧、补播等措施，在阿坝、红原、若尔盖县完成退牧还草150.65万公顷，禁牧、休牧期10年。
02　退化草地治理 对区域内退化草地进行治理。
03　退耕还草和草地改良 对部分地区进行退耕还草和草地改良。
04　沙化草地治理 采取围栏封育、飞播改良、休牧舍饲、草产业基地和小型牧区水利配套设施建设等措施，治理沙化草地。
05　沙化土地封禁保护工程 强化自然修复，因地制宜，划定沙化土地封禁保护区域，加强封禁管护设施和封禁监测监管能力建设，减少人为干扰。

三、湿地生态系统保护与修复

继续推进湿地保护工程，以加强湿地保护的宣传、执法为重点，强化湿地保护与管理能力建设。对重要湿地采取湿地植被与生物恢复、设立保护围栏、有害生物防控等综合措施，开展湿地恢复与综合治理，促使水生和沼泽植被自然恢复，提高土壤的蓄水功能和植被的水源涵养功能。加强水量调度，确保重要湿地生态用水；通过修建漫水坝等水利设施调控湿地水体的水位，扩大水面和湿地面积。充分发挥湿地的多功能作用，对社会和经济效益明显的湿地，开展资源合理利用试点示范。

主要任务：2015～2020年，湿地保护与恢复工程23万公顷，填堵排水沟1500千米，建设微型拦水坝7000座、小型溢水坝9座。

专栏5-3　湿地生态系统保护和修复重点工程
01　湿地保护与恢复工程 对区域内重点沼泽湿地围栏保护。
02　重要湿地水生态保护与修复 对区域内的重要湿地，构建水系连通网络体系。
03　湿地保护能力建设 进行湿地保护的宣传、执法能力建设，配备相应的设备。

四、水土流失预防与治理

以小流域为单元，以治理水土流失、保护土地资源、提高土地生产率为目标，采取山、水、林、田、路综合治理，合理配置生物措施、工程措施和农业技术措施。

对25度以下的坡耕地实施水土流失综合治理，因地制宜采取坡改梯、配套坡面水系和生产道路、推广保土耕作等措施，减少水土流失。

对生态区位重要的耕地和25度以上的坡耕地全部进行退耕还林还草，营造水保林和种植牧草，条件适宜的地方种植特色的经果林，以提高农民收入。建立水土保持监测与信息系统，提高水土保持动态监测和管理能力。开展重要饮用水水源地水土保持工作，大力推广清洁小流域建设模式，推进试点示范。

主要任务：2015～2020年，完成小流域综合治理及坡耕地水土流失综合治理面积5万公顷。

专栏5-4　水土流失防治重点工程
01　坡耕地专项治理工程 以坡改梯为主，优化配置水土资源，配套建设排灌沟渠、蓄水池窖、田间道路等，实施坡耕地水土流失综合治理。

（续）

专栏 5-4　水土流失防治重点工程
02　水土流失综合防治工程 　　以小流域综合治理为主，开展坡面水系建设和生态修复，蓄水保土。
03　水源地水土保持工程 　　优化工程、生物和耕作措施，调整土地利用结构。

第二节　生物多样性保护

一、资源调查

本区是我国青藏高原生物多样性热点地区之一。但存在生物多样性资源普查工作滞后、资源底数不清的情况。开展高原野生动植物资源全面而详细的调查、分类、统计工作，建立高原野生动植物资源分布现状数据库，为进一步搞好野生动植物保护管理工作提供科学依据。

二、禁止开发区域划建

（一）自然保护区

继续推进国家级自然保护区建设，对保护空缺的典型自然生态系统和极小种群野生植物、极度濒危野生动物以及高原土著鱼类及栖息地，加快划建自然保护区。

进一步界定自然保护区中核心区、缓冲区、实验区范围。在界定范围的基础上，结合禁止开发区域人口转移的要求，对管护人员实行定编。依据国家、四川省有关法律法规以及自然保护区规划，按核心区、缓冲区、实验区分类管理。

（二）森林公园

积极推动国家森林公园建设，着力加强森林公园基础设施和能力建设，对资源具有稀缺性、典型性和代表性的区域要加快规划建设国家森林公园，加强森林资源和生物多样性保护，适度开展生态旅游。

督促完成森林公园总体规划，严格执行分区管理和建设。

（三）湿地公园

加快湿地公园建设。湿地公园内除必要的保护和附属设施外，禁止其他任何生产建设活动。禁止开垦占用、随意改变湿地用途以及损害保护对象等破坏湿地的行为。不得随意占用、征用和转让湿地。

（四）风景名胜区

进一步界定国家级风景名胜区的范围，核定面积。规范国家级风景名胜区建设，在保护生态的同时，促进区域经济发展，实现生态扶贫。

主要任务：2015～2020年，晋升国家级自然保护区3处，国家湿地公园2处，国家森林公园1处，国家级风景名胜区1处。

专栏5-5　生物多样性保护重点工程
01　野生动植物保护及自然保护区建设工程 　　　进一步完善现有自然保护区基础设施建设，晋升3处国家级自然保护区，完善自然保护区网络体系。
02　国家森林公园 　　　加快森林公园建设，强化森林公园基础设施建设，新建国家级森林公园1处。
03　国家级风景名胜区 　　　新建国家级风景名胜区1处。
04　湿地公园 　　　新建湿地公园3处。
05　生物多样性资源调查 　　　开展生物多样性资源调查工作，摸清资源底数。

第三节　生态扶贫建设

一、生态产业

根据不同的自然地理和气候条件，坚持因地制宜、突出特色、科学经营、持续利用的原则，充分发挥区域良好的生态状况和丰富的资源优势，转变和创新发展方式，调整产业结构，大力发展生态旅游、特色经济林、林下经济、中药材和生态牧业，建设产业基地，并带动种苗等相关产业发展；大力提高特色林果产品、山野珍品工业化生产加工能力，延长产业链条，提高农牧民收入。积极发展生物质能源，加大农林业剩余物的开发利用，发展生态循环经济。积极探索建立起较为灵活的投融资及经营机制，不断扩大提高外来资金利用规模与水平，助推特色生态产业快速发展，帮助农牧民脱贫致富。

主要任务：2015～2020年，建设生态产业基地6万公顷。

专栏 5-6　　生态产业重点工程
01　林下经济 发展食用菌、生态鸡、山野菜、中药材等林下经济。
02　牛羊养殖专业合作社 牛羊养殖专业合作社在阿坝县、红原县、若尔盖县集中建设牛羊规模养殖专业合作社，每个牛羊养殖专业合作社建设标准化暖棚、贮草棚等。
03　中药材基地 在若尔盖县建立大黄规范化人工种植基地。
04　生态旅游 结合国家自然保护区、森林公园、湿地公园和风景名胜区建设，完善旅游规划体系，建设旅游基础设施和精品旅游景区。

二、农牧民培训

结合巩固退耕还林成果项目，针对农牧民就业开展技能培训，在每户农民中至少有1人掌握1门产业开发技能（农业、林业或牧业）。

针对管理人员和专业技术人员开展培训，每个管理人员和专业技术人员要熟悉规划涉及的各生态工程的建设内容、技术路线，以及管理等方面的内容。

主要任务：2015～2020年，培训农牧民5万人次，管理人员4000人次，技术人员8000人次。

三、人口易地安置

与国家扶贫攻坚规划相衔接，对区域内生存条件恶劣地区生态难民实行易地扶贫安置。对新建和续建自然保护区核心区和缓冲区内长期居住的农牧民实行易地安置。

易地安置的农牧民以集中安置为主，安置到条件较好的乡（镇），根据当地的实际情况，发展特色优势产业，同时鼓励富余劳动力外出务工，从事第二、三产业，增加收入，使易地搬迁达到"搬得出，稳得住，能致富"的目标，实现区域经济社会的可持续发展。

第四节　配套建设

一、防灾减灾体系

（一）森林（草原）防火体系建设

大力提高森林、草原防火装备水平，进一步加强防火道路、物资储备库等基础设施建设，增强防火预警、阻隔、应急处理和扑灭能力，实现火灾防控现代化、管理工作规范化、队伍建设专业化，形成较完整的森林、草原火灾防扑体系。

（二）森林（草原）有害生物防治

重点建设有害生物的预警、监测、检疫、防控体系等设施设备建设，建设生物防治基地，集中购置药剂、药械和除害处理等。加强野生动物疫源疫病监测和外来物种监测能力建设，全面提高区域有害生物的防灾、御灾和减灾能力，有效遏制森林病虫害和草原鼠虫害的发生。

（三）地质灾害防治

针对滑坡、崩塌、泥石流、不稳定斜坡、地面塌陷、地裂缝、地面沉降等地质灾害，依据其危险性及危害程度，采取不同的工程治理方案。治理措施包括工程措施、生物措施等。建立气象、水利、国土资源等部门联合的监测预报预警信息共享平台和短时临近预警应急联动机制，实现部门之间的实时信息共享，发布灾害预警信息。

（四）气象减灾

建立和完善人工干预生态修复和灾害预警体系，增强防灾减灾能力建设。完善无人生态气象观测站和土壤水分观测站布局，合理配置新型增雨（雪）灭火一体火箭作业系统，改扩建人工增雨（雪）标准化作业点，提高气象条件修复生态能力。

（五）野生动物疫源疫病防控体系建设

建立野生动物疫病监测预警、预防控制、防疫检疫监督以及防疫技术支撑和物资保障系统，形成上下贯通、横向协调、有效运转、保障有力的野生动物防疫体系，明显提高重大野生动物疫病的预防、控制和扑灭能力。

二、基础设施设备

完善林区交通设施，把林区道路纳入国家和地方交通建设规划。加快林区电网改造，完善林区饮水、供热和污水垃圾处理设施，提高林区通讯设施水平，加强森林管护用房建设，并配备必要的巡护器具、车辆，全面提高森林资源管护能力。

加强专业合作社牲畜暖棚、贮草棚等畜牧业基础设施建设；结合新农村建设，帮助游牧民尽快实现定居；结合游牧民定居点建设，配套解决人畜饮水问题。

专栏5-7　配套建设重点工程

01　森林（草原）防火体系建设

　　建设州、县火险预测预报、火情瞭望监测、防火阻隔、通讯联络及指挥系统，配备无线电通讯、GPS等设备，购置防火扑火机具、车辆、装备等。建设州、县信息化指挥中心，储备库，防火道路。购置办公设施。

（续）

专栏 5-7 配套建设重点工程
02 森林（草原）有害生物防治 　　在若尔盖县建立天敌昆虫繁育基地 1 处；建立 3 个县级林业有害生物测报站、3 个县级检疫中心、3 个林业有害生物除害基地。为 3 个县草原站购置草原鼠害、虫害以及毒草危害预测预报防治基础设施设备。
03 国有林场（站）危旧房改造项目 　　改造 3 个县国有林场危旧房 50 户。
04 国有林区基础设施建设项目 　　包括供电保障、饮水安全、林区道路、棚户区改造等。
05 生态暖棚建设工程 　　推行草畜平衡，保障草地生态平衡。以专业合作社为牦牛、藏羊规模养殖的基本单位，建设暖棚 100 万平方米；贮草棚 50 万平方米；饲草料基地 12 万公顷。
06 游牧民定居工程 　　通过定居点的住宅建设、生产基础设施、公共基础设施及公益服务配套设施建设，对游牧民实施定居安置。
07 生态保护基础设施项目 　　实施草原站、林业工作站、木材检查站、科技推广站等基础设施建设。配备监控、防暴、办公、通讯、交通等设备。开展执法人员培训。
08 地质灾害防治 　　对滑坡、崩塌、泥石流、不稳定斜坡、地面塌陷、地裂缝、地面沉降等地质灾害进行综合防治。
09 气象减灾 　　实施生态服务型人工影响天气工程。

第五节 生态监管

一、生态监测

以现有监测台（站）为基础，合理布局、补充监测站点，采用卫星遥感、地面调查和定点观测相结合的办法，制定统一的生态监测标准与规范，对森林资源、草地资源、湿地资源和生物多样性动态等进行动态监测，形成区域生态系统监测网。建立信息共享平台，制定监测数据的定期上报制度，重大生态问题及时上报，定期发布生态保护建设报告。建立生态功能评估体系，定期、系统评价生态功能，开展生态预警评估和风险评估。

二、空间管制与引导

（一）落实主体功能定位

全面落实《全国主体功能区规划》提出的主体功能定位要求，在禁止开发区域内，实行强制性保护；在限制开发区内，实行全面保护。

（二）划定区域生态红线

大面积的高寒沼泽湿地、优质草地和天然林资源是本区主体功能的重要载体，要落实水源涵养功能区和水土流失控制区的建设重点，划定区域生态红线，确保现有草地、天然林和湿地面积不能减少，并逐步扩大。严禁改变生态用地用途，人类活动占用的空间控制在目前水平，形成"点状开发、面上保护"空间格局。

（三）控制生态产业规模

生态产业只在适宜区域建设，发展不影响生态系统功能的特色产业。水源涵养区适度发展高原花卉、生态牧业、林下经济、生态旅游等生态产业。水土流失控制区具有濒临甘肃省中部重点旱作农业区的区位优势，结合退耕还林、水土流失综合治理和农业产业结构调整，大力发展特色经济林、林下经济、中药材等生态产业，在保护生态的前提下，提高经济效益。

（四）引导超载人口转移

结合新农村建设和游牧民定居，每个县重点建设1～2个重点城镇，建设成为易地保护搬迁和易地扶贫搬迁人口的集中安置点、特色产业发展集中点、游客集散地和基本生活服务集聚点，以减轻人口对区域生态的压力。

三、绩效评价

实行生态保护优先的绩效评价，强化对黄河水源涵养补给能力及区域生物多样性保护能力的评价，考核指标包括生态用地占比、森林覆盖率、森林蓄积量、草原植被覆盖度、草畜平衡、水土流失治理率、沙化土地治理率、自然保护区面积等指标。

本区包含的禁止开发区域，要按照保护对象确定评价内容，强化对自然文化资源原真性和完整性保护情况的评价，包括依法管理的情况、保护对象完好程度以及保护目标实现情况等。

第五章　政策措施

第一节　政策需求

一、生态补偿补助政策

进一步完善森林生态效益补偿制度，提高补偿标准。本区位于川西高原北端，资源保护和造林绿化等生态工程成本高、难度大、管护困难。

稳定和完善草原承包经营制度，基本完成草原确权和承包工作。落实和完善国家草原生态保护补助奖励机制，对由于草原发挥生态功能而降低生产性资源功能造成的损失予以补偿，提高生态区农牧民生态保护的积极性，并逐步提高补助奖励标准。

探索研究湿地生态效益补偿制度。按照《中共中央　国务院关于2009年促进农业稳定发展农民持续增收的若干意见》（中发〔2009〕1号）及《关于全面深化农村改革加快推进农业现代化的若干意见》（2014年中央一号文件）关于"启动湿地生态效益补偿试点工作"等要求以及中央关于支持和加快藏区经济社会发展的政策意见中加强藏区生态保护建设的精神，在中央财政湿地保护补助试点政策的基础上，在本区域符合条件的湿地展开湿地生态效益补偿试点，逐步建立湿地生态效益补偿制度。

建立完善碳汇补偿机制试点。本区广袤的森林草原湿地资源构成了我国西部高原一道重要的生态屏障，是四川乃至全国的一个巨大的吸碳器、储碳库，建议尽快启动阿坝州补偿机制试点，并加大对其倾斜扶持力度，不断增强和提高森林湿地固碳增汇的能力。

二、人口易地安置配套扶持政策

在土地方面，配套生态移民异地安置补偿置换政策，出台草地流转与转换的相关政策，确保生态移民用失去的原有草场，从县城周围的乡镇中置换宅基地、暖棚建设用地及饲草料基地进行舍饲养畜。鼓励定居牧民结合草原建设，建立饲草料基地。涉及农用地转为建设用地的，应依法办理农用地转用审批手续。在税费方面，可考虑涉及易地搬迁过程中的行政规费、办证等费用，除工本费外全部减免，税收也可考虑变通免收；供电、供水、广播电视等配套工程的设计、安装、调试等费用一律减免。在从事非农产业方面，可考虑在自愿原则下，优先安排部分生态移民参加商贸、旅游等二、三产业。优先安排岗前培训、农业技术培训和科普技能培训。对搬迁移民优先办理用于生产的小额贷款。在其他方面，比如医疗保健、子女入学等方面保障其均享有同当地居民一样的待遇。

三、重点生态功能区转移支付政策

（一）进一步加大重点生态功能区转移支付力度

为确保若尔盖草原湿地生态功能区生态保护建设和经济社会协调发展，需加大国家重点生态功能区转移支付力度，进一步完善转移支付办法，通过科学、规范、稳定的转移支付政策，扶持本区域的经济发展。同时加强发达地区对不发达地区的对口支援，探索对口支援的长效机制，明确各对口关系的援助条件与金额，规范区域补偿的运作。

（二）加大均衡性转移支付力度

适应若尔盖草原湿地生态功能区生态保护与建设要求，加大均衡性转移支付力度。继续完善激励约束机制，加大奖补，引导并帮助地方建立基层政府基本财力保障制度，增强水源涵养限制开发区域基层政府实施公共管理、提供基本公共服务和落实各项民生政策的能力。在测算均衡性转移支付标准时，通过提高转移支付系数等方式，加大对若尔盖草原湿地生态功能区的均衡性转移支付力度。同时地方政府对属于责任范围的生态保护支出项目和自然保护区支出项目，也要加大支付力度。逐步建立政府投入和社会资本并重，全社会支持生态建设的生态补偿机制，建立健全有利于切实保护生态的奖惩机制。

（三）提高专项转移支付补助比例

规划区内拥有大面积的原始森林和草原，中央财政应提高对农林产品主产区的相关专项转移支付补助比例，加大若尔盖草原湿地生态功能区农业、林业、水利、交通、科技等基础设施投入，改善农林牧业生产环境，提高生产效率，全面落实中央各项强农惠农补贴政策。

（四）强化转移支付资金使用的监督考核与绩效评估

按照国家相关规定，统筹安排使用转移支付资金。配套与工程实施效果挂钩的考核体系，强化对生态建设和资金使用关联性、合理性监管，加强资金使用的绩效监督与评估，杜绝挪用转移支付现象，提高转移支付资金的使用效率。

第二节　保障措施

一、法制保障

（一）政策保障

制定切实可行的政策措施，加强对项目区森林资源的保护；继续实施生态脆弱区域的退牧还草政策，认真落实草原生态保护补偿奖励机制和草场经营承包责任制；建立若尔盖草原湿地生态环境保护地方性法规，完善奖惩机制，建立投入新机制。

（二）法律保障

认真贯彻执行《中华人民共和国森林法》《中华人民共和国草原法》《中华人民共和国水土保持法》《中华人民共和国防沙治沙法》《中华人民共和国环境保护法》《中华人民共和国自然保护区条例》等相关的法律法规。进一步完善项目区生态环境保护法规体系，严格执行生态环境有关法律，加强生态监管体系的建设力度；认真落实自然保护区条例，加强对矿山无序开采、砍伐林木、滥垦草地、破坏草场、截留水源等各类违法行为的打击力度，切实做到有法必依、执法必严、违法必究。

（三）产业政策保障

对规划区内不符合湿地保护和水源涵养功能的矿产资源开发及其他高耗能、高污染产业，建立市场退出机制，通过设备折旧补贴、设备贷款担保、迁移补贴、土地置换等手段，促进产业转移或企业关闭；同时引导和支持生态环境建设和农业生产，因地制宜积极发展特色产业。

（四）乡规民约保障

发挥民族文化习俗中有利于生态保护的积极因素，把国家法律法规同乡规民约结合起来，形成自觉维护生态、节约利用资源的良好氛围。

二、组织保障

（一）成立组织管理机构

若尔盖草原湿地生态功能区生态保护与建设位于四川省阿坝州境内，范围广、任务重，涉及部门多，各级地方政府作为第一责任单位，要切实把重点生态功能区生态保护与建设纳入政府工作议事日程，成立生态保护与建设领导协调小组，实施分级领导和分层管理。各有关部门要发挥各自优势和潜力，按职责分工，各司其职，各负其责，形成合力。

（二）建立工作协商机制

建立四川省生态功能区联席会议制度，加强工作协商，解决规划实施中存在的问题。同时，建立结构完整、功能齐全、技术先进的生态功能区管理信息系统，与政府电子信息平台相联结，提高若尔盖草原湿地功能区各级生态管理部门和其他相关部门的综合决策能力和办事效率。

（三）建立绩效考核机制

各级政府是重点生态功能区建设的责任主体，实行目标、任务、资金、责任"四位一体"的政府责任负责制度。建立健全行政领导干部政绩考核责任制，把推进形成主体功能区主要目标的完成情况纳入各级行政领导干部政绩考核机制。对任期内生态功能严重退化的，要追究其领导责任；对造成生态功能破坏的项目，要追究项目法人的责任。

三、资金保障

（一）改进和调整现有的财政与金融措施

若尔盖草原湿地生态功能区生态保护与建设是以生态效益为主的社会公益性事业，应将该重点生态功能区生态保护和建设资金列入财政预算。政府在基本公共服务领域的投资要优先向重点生态功能区倾斜；鼓励和引导民间资本投向营造林、特色畜牧业、生态加工、生态移民、生态旅游等生态产品的建设事业。

（二）加大投资渠道

通过政策引导和机制创新，积极吸收社会资金，积极争取国际相关结构、金融机构、国外政府的贷款、赠款等，加大对若尔盖草原湿地生态功能区保护与建设。

（三）利用税收政策促进可持续发展的实施

按照税费改革总体部署，积极稳妥地推进生态环境保护方面的税费改革，逐步完善税制，进一步增强税收对节约资源和保护环境的宏观调控功能。

（四）加强资金使用监管

确保生态工程建设资金专账核算、专款专用；根据工程建设需要，建立投资标准协调机制。

四、科技保障

（一）强化科技支撑

把科技支撑与工程建设同步规划、同步设计、同步实施、同步验收。落实科技支撑经费，要根据《国家林业局关于加强重点林业建设工程科技支撑指导意见》，提取不低于3%的科技支撑专项资金用于开展科技示范和科技培训，建立生态环境信息网络，吸引国内外科研单位和机构参与生态建设和特色经济发展关键技术、模式的研究开发，提高科技含量，加快成果转换。

（二）加强实用技术推广

围绕农、林、牧、水、气象等领域生态保护与建设的重大问题和关键性技术，成立专家小组、组织科技攻关，并有计划地制定工程建设中的各类技术规范。针对当前湿地减少、草地退化、土地沙化、草原鼠兔害综合防治和湿地植被恢复等问题，有计划、有步骤地建立一批科技示范区、示范点，通过示范来促进先进治理模式和技术的推广应用。

（三）搞好科技服务

继续发挥林业科技特派员和林场、林业站工程师和技术人员的科技带动作用，完善科技服务体系，开展专家出诊、现场讲授、科技宣传、技术咨询等活动，形成全方位的科技服务体系。积极开展科技下乡活动，解决农牧民技术难题。

（四）抓好科技队伍建设

出台政策，鼓励农林技术人员开展科技研究和科技推广，重视在职干部的继续教育，切实提高干部队伍的业务素质。有计划地引进农林技术人才，逐步解决基层科技人员不足问题。

五、考核体系

（一）加强生态监管

加大对森林、草地、湿地等生态系统保护以及水土流失和土地沙化的监测力度。强化监测体系和技术规范建设。建立规划中期评估机制，对规划实施情况进行跟踪分析和评价，根据评估结果对规划进行调整。

（二）落实项目管理责任制

完善工程检查、验收、监督、评估、审计制度，严格按规划立项，按项目管理，按设计施工，按标准验收。项目建设实行法人制，建设过程实行监理制，资金管理实行报账制。

（三）建立工程档案，落实管护责任

建立工程档案，跟踪工程建设进度、质量和资金使用情况，并开展定期评估。根据工程评估情况，适时科学合理调整、完善建设项目、任务和政策，提高工程质量和效益。

（四）树立质量意识，严把质量关

项目管理单位和施工单位要树立良好的质量意识，要加强对施工人员经常性的质量管理宣传教育。项目办要定期或不定期到施工现场进行质量抽查。对质量不合格的工程要制订返工、整改等处理办法。

（五）建立长效管理机制

积极探索承包、租赁、使用权流转、合作经营等方式，落实管护责任；坚持"谁治理、谁管护、谁受益"的政策，将管护任务承包到户到人，将责、权、利紧密结合，调动农牧民群众参与生态建设的积极性。

附表

若尔盖草原湿地生态功能区禁止开发区域名录

名称	行政区域	面积（平方千米）
四川若尔盖湿地国家级自然保护区	若尔盖县	1665.67

第六篇

甘南黄河

重要水源补给生态功能区
生态保护与建设规划

第一章　规划背景

第一节　区域概况

一、规划范围

甘南黄河重要水源补给生态功能区位于甘肃省南部，行政区域包括甘南藏族自治州和临夏回族自治州的10个县（市、区），总面积33827平方千米，总人口164万人。该区域东连甘肃省的陇南市、定西市，西接青海省黄南藏族自治州、果洛藏族自治州，南临四川省阿坝藏族羌族自治州，北接甘肃省兰州市。

表 6-1　规划范围表

州	县（市）
甘南藏族自治州	玛曲、碌曲、夏河、合作、临潭、卓尼
临夏回族自治州	康乐、临夏、和政、积石山

二、自然条件

（一）地质地貌

本区位于秦岭与昆仑两个地槽褶皱系的交接部位，大部分属秦岭地槽褶皱系。高原面地势主要向北倾斜，大部分区域海拔3000米左右。秦岭地槽褶皱系西延部分在高原上形成了许多北西西－南东东走向的高山，彼此相距40～60千米，相对高差多在1000米以上，其间的高原面切割微弱，保持着辽阔宽广的地貌特征。

（二）气候水文

本区属高原高寒湿润气候。气温南高北低，年平均气温−2.5～6℃，年日照时数2000～2563小时。降水南多北少、西多东少，年均降水量在400～700毫米之间。

本区属黄河干流水系和洮河水系，河流众多，水资源丰富，年径流量大于1亿立方米的河流有15条。

（三）土壤植被

本区土壤主要有高山草甸土、亚高山草甸土、沼泽土等类型。

植被类型垂直分布特征明显，海拔3700米以上为高山灌丛，海拔3300～3700米为高寒草甸，海拔2500～3300米为亚高山针叶林带，海拔2500米以下为温带针叶阔叶林带。

三、自然资源

（一）土地资源

规划范围内有草地175.6万公顷，占国土总面积的51.91%；林地65万公顷，占19.22%；耕地16.9万公顷，占5.00%；湿地12.8万公顷，占3.78%；未利用地5.9万公顷，占1.74%；其他土地62.1万公顷，占18.35%。草地、林地和湿地是本区生态系统服务功能的主要载体。

（二）水资源

本区多年平均水资源总量为66亿立方米，占甘南藏族自治州和临夏回族自治州水资源总量的79%。从流域分区看，河源至玛曲地表水资源总量为17.2亿立方米，占该区水资源总量的26%；玛曲至龙羊峡为8.1亿立方米，占12%；大夏河为4.5亿立方米，占7%；洮河为34.1亿立方米，占52%。区域年均产水模数17.5万立方米/平方千米。

（三）草地资源

草地面积中，可利用草地面积169.1万公顷，暂难利用草地面积6.5万公顷。可利用草地面积中，天然草地156.7万公顷，人工草地4万公顷，改良草地8.4万公顷。

草地主要分布在玛曲、碌曲、夏河、卓尼等县，可分为亚高山草甸、亚高山灌丛草甸等7个草地类、17个草地组、29个草地型。亚高山草甸草场成为天然草地的主体和精华。牧草以禾本科、莎草科为主，草丛平均高度35厘米。

（四）森林资源

林地面积中，有林地15.2万公顷，疏林地2.5万公顷，灌木林地39.8万公顷，未成林造林地1.1万公顷，苗圃地240公顷，无立木林地0.4万公顷，宜林地6.2万公顷。

森林面积的99%为防护林；从起源看，天然林占森林总面积的76%。国家级公益林面积为41.86万公顷。森林植被类型可划分为4个林纲组、12个林纲、42个林系组、88个林系，具有重要生态价值的森林类型有：云杉-冷杉林和灌木林。其中云杉-冷杉林主要分布洮河和大夏河两大流域的山地阴坡；圆柏林，间断分布于云杉、冷杉林区的山地阳坡。

（五）湿地资源

本区湿地面积12.8万公顷，其中河流湿地2.9万公顷，湖泊湿地0.5万公顷，沼泽湿地9.5万公顷，人工库塘142公顷。

甘南湿地是青藏高原面积最大、最原始、最具代表性的高寒沼泽湿地，也是世界上保存最完整的自然湿地之一，被称为"黄河之肾"。玛曲湿地是甘南湿地的核心，面积2万公顷。

（六）野生动植物资源

本区分布有特色突出、种类丰富的高原野生动植物资源。其中，国家Ⅰ级重点保护野生植物有独叶草、小叶兜兰、玉龙蕨、毛杓兰、紫点杓兰5种，国家Ⅱ级重点保护野生植物有麦吊云杉、岷江柏木、秦岭冷杉、桃儿七、红花绿绒蒿、紫斑牡丹等30种；国家Ⅰ级重点保护野生动物有雪豹、黑鹳、金雕、黑颈鹤等13种，国家Ⅱ级重点保护野生动物有黑熊、白臀鹿、藏原羚、岩羊、黄羊等29种。高原冷水性土著鱼类有厚唇重唇鱼、极边扁咽齿鱼、似鲶高原鳅等20多种。野生花卉植物约360余种，还有丰富的山野菜、花椒、核桃、油橄榄等经济物种资源。

四、社会经济

本区总人口164万。其中：农牧业人口140万，占该区总人口的85%。民族构成以藏族为主，占43%左右。农村劳动力79.2万。

（一）经济总量小，人均水平低

2011年，国内生产总值97.4亿元，人均生产总值6010元，财政收入2.59亿元。农牧民人均收入排甘肃省的后位。

（二）经济结构单一，产业结构层次低

以传统的农牧业为主，生产方式落后。玛曲、碌曲、夏河等县以自然放牧、游牧经营为主，属牧区；合作、临潭、卓尼等属半农半牧区。康乐、临夏、和政、积石山等属农业区。

（三）公共基础设施薄弱，城镇化进程缓慢

交通、通讯、电力等基础条件落后，教育、医疗卫生、文化等社会事业发展缓慢，人口文化素质不高。区域城镇化率较低，甘南藏族自治州76个乡一级行政区中，街道和建制镇仅占21%，城镇化率为15.8%。

五、扶贫开发

根据《中国农村扶贫开发纲要（2011～2020年）》，该区域属我国扶贫攻坚连片特困地区中的四省藏区和六盘山区范围。其中甘南藏族自治州5县1市属四省藏区，临夏回族自治州4县为六盘山区。本区农牧民贫困的主要原因是超载放牧、陡坡耕作等造成生态破坏，以及农业种植结构单一，土地生产力水平很低。

第二节　生态功能定位

一、主体功能

本区属水源涵养型重点生态功能区，主体功能定位是：黄河重要水源涵养补给区，青藏高原珍稀动植物基因资源保护地，人与自然和谐相处的示范区。

二、生态价值

（一）生态区位重要、生态系统脆弱

本区位于我国地势第一阶梯向第二阶梯的过渡地带，是青藏高原生态屏障的重要组成部分，与三江源草原草甸湿地、若尔盖高原湿地、秦巴生物多样性等3个国家重点生态功能区相邻，对维系黄河流域生态安全具有重要作用。其次，区域森林、草地、湿地等生态系统自我恢复能力差，一旦破坏极难修复，自然恢复周期长、人工恢复则要付出很大代价。本区还分布有国家禁止开发区域7处，总面积约74.1万公顷，占区域总面积的21.91%。

（二）黄河重要水源补给区

黄河在玛曲境内迂回绕行433千米，形成大面积沼泽湿地，是黄河重要水源补给区；卓尼、临潭两县林区分布集中，是黄河重要支流——洮河上游重要水源涵养地。本区产水模数远高于黄河流域平均水平，以占黄河流域4%的面积补给了黄河源区年径流量的36%，黄河总径流量的11%。研究表明，黄河源头青海玛多段多年平均补给量为6.99亿立方米，仅占河源区径流量的4%。黄河吉迈（38.9亿立方米）至玛曲（147.0亿立方米）段径流量的增加高达108.1亿立方米，占黄河源区总径流量的59%。黄河发源于青海巴颜喀拉山，经过本区的水量补给，才形成具有重要生态价值和经济价值的大河，其生态价值独一无二。

（三）不可替代的水源涵养功能

本区拥有大面积的高寒沼泽湿地、优质草地和天然林资源，使该区域成为黄河重要的"蓄水池"。区域生态系统水源涵养量为69亿立方米，其中森林生态系统水源涵养量为12亿立方米，草原生态系统水源涵养量为43亿立方米，湿地生态系统水源涵养量为4亿立方米。同时，本区紧邻甘肃省级限制开发区——中部重点旱作农业区，水源涵养能力还对保证甘肃省农产品供给具有重要作用。

（四）高原生物多样性热点地区之一

该区域是我国西部生物多样性关键地区之一，其物种组成复杂多样，具有明显的区系过渡性。该区域是中国植物区系分区系统的中国-日本、中国-喜马拉雅以及青藏高原3个植物亚区的交汇区，也是我国北方鸟类和陆生脊椎动物多样性的"偏高值区"，区域分布的似鲶高原鳅、极边扁咽齿鱼等经济土著鱼类已被列入《中国濒危动物红皮书——鱼类》中，对中国北方动物多样性保育具有十分重要的作用。

第三节　主要生态问题

一、黄河水源补给量急剧减少

以河源至玛曲、玛曲至龙羊峡、大夏河、洮河四个流域为例，各流域水资源在20世纪60年代出现高峰值后，就一直波动下降。与20世纪60年代相比，区域黄河水源补给量减少了12.5亿立方米，减少率16%。与20世纪90年代相比，区域黄河水源补给量减少了15.1亿立方米，减少率高达23%，这是造成黄河下游断流的原因之一。从流域看，洮河水源补给量的衰减幅度最大，黄河干流河源至玛曲段和大夏河的衰减幅度相对较小。1998年以来，随着天然林资源保护工程等重大生态修复工程的实施，区域黄河水源补给量又有缓慢增加的趋势。

据测算，由于蒸散蒸腾量增大而造成的水资源减少量，占区域水资源总减少量的34%；由降水减少引起的水资源减少量，占总减少量的17%。因此，自然因素所造成的水源补给量减少占总影响率的51%。不合理的资源利用（超载放牧、滥垦滥伐等）对植被破坏所造成的水资源量减少量，占区域水资源总减少量的43%；人口和牲畜数量增加引起的水资源减少量，占总减少量的6%。因此，人为因素所造成的水源补给量减少占总影响率的49%。

二、草地"三化"现象严重

本区90%以上的天然草地出现不同程度的退化，其中重度退化面积高达34%。重度退化草地产草量下降75%以上。玛曲境内大型沙化点有36处，形成了220千米长的流动沙丘带，且以每年3.9%的速度扩展，受沙化影响的草场面积已达20万公顷以上。夏河县和碌曲县的草地盐渍化面积已达5.5万公顷，而且随着生态的破坏和超载过牧，盐渍化趋势越来越明显。

三、湿地面积锐减

历史上，甘南黄河重要水源补给生态功能区曾是水草丰美，湖泊、沼泽星罗棋布，野生动植物种群繁多的高原草甸区。但是，近些年来，随着全球气候变暖，雪线上升、湿沼旱化，冻土消融、冻土层变薄，地下水位下降、地表水减少，蒸发量增大、径流减小，众多的湖泊、湿地面积不断缩小，20世纪80年代初，甘南藏族自治州的湿地面积为42.7万公顷，而目前仅有12.3万公顷。玛曲县南部的"乔科曼日玛"湿地，面积曾达10.7万公顷，与四川若尔盖湿地连成一片，构成了黄河上游水源最主要的补充地。但自1997年以来，沼泽逐年干涸，湿地面积不断缩小，区域生态功能降低，对黄河水源涵养和补给能力减弱。

四、森林资源明显不足

1951～1998年，甘南林区累计消耗活立木蓄积量达4184万立方米，年均消耗高达87.2万立方米。区域森林资源大幅减少，林线急剧后移，乔木林面积明显减少，林分质量明显下降，森林保持水土、涵养水源、固碳增汇、调节气候以及保障农牧业平稳生产等功能大大减弱，泥石流、滑坡等自然灾害频发，对黄河中下游地区的生态安全构成了严重威胁，也制约了经济社会可持续发展。1998年以来，随着天然林资源保护工程的实施，区域森林资源呈增加的趋势。

五、水土流失加剧

本区水土流失面积25.9万公顷，其中轻度侵蚀7.8万公顷，中度侵蚀11.3万公顷，强度侵蚀6.2万公顷。从侵蚀类型看，主要是水蚀，占总面积的99%。从区域看，和政、康乐、临夏和积石山县水土流失比较严重，土壤年侵蚀模数为3600吨/平方千米，其他县（市）则相对较轻。

六、生物多样性减少

本区已有75种植物物种濒临灭绝，高寒灌丛在近20年来减少了50%，江河湖泊沿岸的原生灌丛也正在大量消失，以森林为栖息地的野生动物也在不断减少。

第四节　生态保护与建设现状

一、生态工程建设

（一）林业生态工程建设

林业是生态建设的主体，在西部大开发中具有基础地位。三北防护林体系建设、天然林资源保护、退耕还林、野生动植物保护及自然保护区建设、湿地保护与恢复等生态工程的实施，一定程度上缓解了本区生态恶化的趋势。

截至2011年底，本区累计完成三北防护林体系建设1.7万公顷；天然林资源保护工程封山育林3.6万公顷，有效管护天然林资源46.9万公顷；退耕还林工程14.1万公顷；公益林管护25.1万公顷；同时结合城乡绿化和绿色村镇、绿色通道建设每年完成义务植树300多万株。完成湿地植被恢复7万公顷。

林业生态工程建设虽然取得了巨大的成效，但工程投资普遍偏低，缺乏森林防火、林业有害生物防治、水、电、路等配套设施，影响了工程整体生态效益的发挥。

（二）甘肃甘南黄河重要水源补给生态功能区生态工程建设

为提高黄河水源涵养能力，促进甘南黄河重要水源补给生态功能区经济社会可持续发展，国家发改委以发改农经〔2007〕3300号文件批复了《甘肃甘南黄河重要水源补给生态功能区生态保护与建设规划》，规划范围为甘南藏族自治州的玛曲、碌曲、夏河、合作、临潭、卓尼等6个县（市），总投资44.51亿元，其中申请国家投资29.18亿元，地方配套及自筹15.33亿元。规划期为2006～2020年。规划主要实施生态保护与修复工程、农牧民生产生活基础设施、生态保护支撑体系3大类项目，部分项目正在实施。

（三）其他生态工程建设

草地生态建设。国家开展了退牧还草工程、退耕还草、草原鼠害防治和沙化草原治理工程。截至2011年底，已经完成退牧还草工程199.9万公顷，其中禁牧47.7万公顷，休牧149.3万公顷，轮牧2.7万公顷；完成草地补播改良56.4万公顷。完成草原鼠害防治面积100万公顷。甘南藏族自治州全面建立草原生态保护补助奖励机制，其中中央财政按每公顷300元的标准给予禁牧补助；中央财政按每公顷32.7元的标准对未超载放牧的牧民给予奖励。

水土流失治理。开展了坡耕地水土流失综合治理、黄河中上游水土流失综合防治和水源地水土保持工程，通过采取水保造林、水保种草、封禁治理、坡改梯等措施，共治理水土流失面积14万公顷。

防灾减灾。国土部门开展了地质灾害防治项目和土地整理项目，共治理滑坡5处，崩塌2处，泥石流3处，不稳定斜坡3处。气象部门开展了山洪地质灾害气象保障工程。

二、国家重点生态功能区转移支付

配合国家主体功能区战略的实施，中央财政实行重点生态功能区财政转移支付政策。2011年，国家对本区的财政转移支付为1.95亿元，其中用于生态环境保护特殊支出补助为1.45亿元，其他为0.5亿元。在国家财政转移支付资金中，用于生态工程建设资金0.4亿元，用于生态环境治理建设资金0.13亿元，用于民生保障及公共服务建设资金1.42亿元。中央财政转移支付的主体是甘南藏族自治州，占资金总额的85%，还没有涵盖玛曲、积石山等6个县。从该政策实施情况看，财政转移支付资金用于生态保护与建设的比例很低，而且资金规模也不能满足本区生态保护与建设的实际需要。

除重点生态功能区财政转移支付政策外，中央财政在本区还实行了森林抚育和造林补贴，其中森林抚育面积1.5万公顷；造林补贴0.4万公顷。

三、生态保护与建设总体态势

目前，甘南黄河重要水源补给生态功能区呈现生态改善势头，但超载放牧，草原大面积退化、沙化，湿地面积缩小，森林资源总量不足、质量不高，风沙危害和水土流失加剧，生物多样性减少等问题依然严重，区域给黄河补给的水资源大量减少，生态保护与建设处于关键阶段。

第二章 指导思想与原则目标

第一节 指导思想

全面贯彻党的十八大精神，深入学习贯彻习近平总书记系列重要讲话精神，全面落实《全国主体功能区规划》的功能定位和建设要求，以增强黄河水源涵养补给能力为目标，以改善生态、改善民生为主线，统筹空间管制与引导，逐步减轻森林、草地和湿地的生态负荷，努力增加森林、草地、湿地等生态用地比重，提高区域生态系统水源涵养补给能力和生物多样性保护功能。充分发挥资源优势，创新发展模式，强化科技支撑，加强生态监管，协调好人口、资源、生态与扶贫的关系，促进农牧民脱贫致富，把该区域建设成为生态良好、生活富裕、社会和谐、民族团结的生态文明示范区，为黄河流域乃至国家的可持续发展提供生态安全保障。

第二节 基本原则

一、全面规划、突出重点

本区水源涵养能力建设是一项复杂的系统工程，要将区域森林、草原、湿地、农田、城镇等生态系统都纳入规划范畴，与《全国主体功能区规划》等规划相衔接，协调推进各类生态系统保护与建设。同时根据本区的特点，以草原、森林和湿地生态系统为生态保护与建设重点。

二、保护优先、科学治理

本区分布有我国独特的青藏高原生态系统和生物多样性，生态区位重要、生态功能独特，要采取有效措施加强保护，巩固已有建设成果；充分发挥自然生态系统的自我修复能力，推广先进实用技术，乔灌草相结合，提高成效。

三、合理布局、分区施策

本区自然条件差别较大，不同区域生态问题不同，对水源涵养的重要性更不同，必须进行合理的区划布局，分别采取有针对性的保护和治理措施，合理安排各项建设内容。

四、以人为本、改善民生

本区有大量贫困人口，迫切需要加快经济发展。因此，要正确处理保护与利用的关系，将生态建设与农牧民增收、农业结构调整相结合，改善人居环境的同时，提高农民收入水平，帮助农牧民脱贫致富；实施生态补偿，建立生态保护建设长效机制。

五、深化改革、创新发展

本区自然条件和社会经济条件独特，生态保护和建设要适应新形势，创新发展机制。要深化集体林权制度改革，创新森林、草地和湿地等资源保护和建设模式，建立生态功能区考核机制，保障生态建设质量。

第三节　规划期与规划目标

一、规划期

规划期为2013～2020年，共8年。其中，规划近期为2013～2015年，规划远期为2016～2020年。

二、规划目标

总体目标：到2020年，区域黄河水源涵养补给能力明显增强，年新增水源涵养能力4亿立方米，地表水水质达到I类，空气质量达到I级。生态用地面积增加并得到严格保护，林草植被覆盖度提高，森林蓄积量增加，基本实现草畜平衡。野生动植物资源得到恢复。沙化土地和水土流失得到有效控制。农牧民收入显著增加。配套建设完善，生态监管能力提升，初步建成山川秀美、人民富裕、民族团结的生态文明示范区。

具体目标：到2020年，生态用地占比78%，林草植被覆盖度提高到63%，森林覆盖率达到10.1%，森林蓄积量达到660万立方米以上，自然湿地保护率达到75%，可治理沙化土地治理率达到80%，水土流失治理率达到80%。晋升国家级自然保护区5处。发展生态产业基地7万公顷，农牧民培训6万人次。

表 6-2　主要指标

主要指标	2011 年	2015 年	2020 年
水源涵养能力建设目标			
生态用地①占比（%）	75	76	78
林草植被覆盖度（%）	55	58	63
森林覆盖率（%）	8.5	8.7	10.1
森林蓄积量（万立方米）	646	650	660
自然湿地保护率（%）	55	60	75
可治理沙化土地治理率（%）	10	40	80
水土流失治理率（%）	54	60	80
生物多样性保护目标			
晋升国家级自然保护区（处）	—	2	5
生态扶贫目标			
生态产业基地（万公顷）	—	2	7
农牧民培训（万人次）	—	2	6

注：①生态用地包括林地、湿地和草地三种土地利用类型。

第三章　总体布局

第一节　功能区划

一、区划原则

根据地貌和生态系统类型的差异性，黄河水源涵养补给的重要性，生态保护与经济发展的适应性，地理环境的完整性，按照《全国主体功能区规划》的要求，从生态保护与建设的角度出发，对甘南黄河重要水源补给生态功能区进行区划。

二、功能区划

本区共划分2个生态保护与建设区，即水源涵养功能区和水土流失控制区。详见表6-3。

表6-3　生态保护与建设分区表

区域名称	行政范围	面积 （万公顷）	资源特点
合计	10	338.3	
水源涵养 功能区	合作市、临潭县、卓尼县、玛曲县、碌曲县、夏河县	301.6	拥有大面积的草地、森林和湿地，曾被称为"亚洲第一牧场"，发育青藏高原东端面积最大的高原泥炭沼泽湿地，甘肃省天然林资源的主要分布区之一，生态系统的原始状况保存较好，水资源和生物多样性资源丰富
水土流失 控制区	临夏县、和政县、康乐县、积石山县	36.7	黄土丘陵地貌类型，水土流失严重，水资源和林草资源缺乏，湿地面积较少且类型单一，生态系统退化严重，贫困人口较多

（一）水源涵养功能区

本区位于青藏高原东北部，安多藏区的中心，属高原地貌类型。行政区域包括甘南藏族自治州6县（市），传统牧业比较发达，具有国内独一无二、世界少有的自然条件、自然资源和生物多样性，其中合作、玛曲、碌曲和夏河是甘南草原的主体，也是高原泥炭沼泽的集中分布区；卓尼、临潭是天然林资源的集中分布区和洮河的重要水源地。区域生态主导功能是黄河水源涵养补给和高原生物多样性保护。

（二）水土流失控制区

本区位于青藏高原东北部向陇西黄土高原的过渡地带——刘家峡库区，属黄土丘陵地貌类型。行政区域包括临夏回族自治州4个县，以农业为主，黄河一级支流洮河、大夏河流经本区，是洮河和大夏河的重要水源补给区，但水土流失严重。本区属落叶阔叶林及松、侧柏林区，由于人为活动频繁滥垦滥牧，天然植被遭到严重破坏，多为栽培植被。区域生态主导功能是控制水土流失。

第二节　建设布局

一、水源涵养功能区

（一）区域特点

土地面积301.6万公顷，人口为53万人，人口密度为0.2人/公顷。主要植被有高寒草甸、灌丛草甸和森林等，其原始状态保存较好。森林覆盖率8.2%。

地质灾害较多，有滑坡87处，崩塌27处，泥石流247处，不稳定斜坡15条，地面塌陷1处。这些地质灾害隐患都没有开展治理。土壤水分、气象监测点等监测点35个。已经建立了森林、草原火险气象基础数据库，但没有开展气象评估服务。

森林面积11.2万公顷，草地面积168.4万公顷，湿地面积12.3万公顷。沙化草地面积18万公顷，水土流失面积5.7万公顷。区域生态系统的水源涵养能力为62亿立方米。

国家级公益林为37.8万公顷，地方公益林5.7万公顷。纳入中央财政补偿的国有公益林为17.7万公顷，集体公益林7.0万公顷。本区草地全部享受草原生态保护补助奖励机制补助政策。

国家禁止开发区域包括甘肃尕海则岔国家级自然保护区、洮河国家级自然保护区、冶力关国家森林公园和大峪国家森林公园。

（二）主要问题

人口大量增加，与20世纪50年代相比，本区人口增加了1倍。

草地大面积退化、沙化。该区域的退化草地面积从1984年的58万公顷增加到2011年的150万公顷，20年间增加2倍多；而每个羊单位占有的可利用草地却从1980年的0.38公顷减少到2005年的0.27公顷。广大牧民的生产生活受到严重影响。

超载放牧严重。据对草原载畜量研究，1985年甘南藏族自治州草原理论载畜量为620万个羊单位，实际放牧的家畜是860万个羊单位，超载率高达39%。2002年理论载畜量为453万个羊单位，而实际放牧的家畜是882万个羊单位，超载率高达95%。2004年该区可放牧草原的理论载畜量仅为408万个羊单位，而实际载畜量仍达640万个羊单位，超载率高达57%。2009年超载率高达57%。

表 6-4　甘南草畜平衡变化表

单位：万羊单位

年度	理论载畜量	实际载畜量	超载率
2009	582	912	57%
2008	518	907	75%
2007	572	748	31%
2006	609	710	17%
2005	585	688	18%
2004	408	640	57%
2003	523	654	25%
2002	453	882	95%
2001	514	656	28%
1985	620	860	39%

湿地面积不断缩小，玛曲湿地趋于干涸，沼泽低湿草甸植被逐渐向中旱生高原植被演变。森林质量不高，森林面积的97%为天然林，但郁闭度在0.2～0.4的森林面积占44%，水源涵养功能较弱。野生动植物的栖息地破坏严重，生物多样性降低。由于草地、森林和湿地面积减少，区域水源涵养功能急剧减弱。

坡耕地耕作。本区现有耕地面积7.9万公顷，其中30%为坡耕地。由于自然条件和生产条件差，种植业产出非常低。以青稞为例测算，正常年份山区旱地每公顷产量仅为2145千克，总收入5250元左右，除去种子、化肥等生产性投入，净收入900多元，是典型的广种薄收、低产低效农业。坡耕地耕作还是导致本区生态破坏的重要原因之一。

（三）建设重点

全面推行禁牧休牧轮牧、以草定畜等制度，加强草地综合治理和重点区段沙化草地治理；继续实施天然林保护、退耕还林、湿地恢复和高原野生动植物保护，提高森林质量，扩大湿地面积，增强水源涵养能力。加快传统畜牧业发展方式转变，加快发展高原花卉、特色经济林、林下经济、生态旅游等特色产业，帮助农牧民脱贫致富。加强基础设施和公共服务设施建设，实施人口易地安置和游牧民定居，引导超载人口逐步有序转移。按资源条件分类设立禁止开发区域。

二、水土流失控制区

（一）区域特点

土地面积36.7万公顷，人口为111万人，人口密度为3人/公顷。主要植被有森林、高山灌丛草甸、灌木丛等。森林覆盖率11.4%。

地质灾害较多，有滑坡45处，崩塌25处，泥石流38处，不稳定斜坡18条，地面塌陷1处，地裂缝3处，地面沉降5处。已经开展的地质灾害治理包括滑坡5处，崩塌3处，泥石流2处，不稳定斜坡3条。土壤水分、气象监测点等监测点38个，还没有建立森林、草原火险气象基础数据库，开展了气象预报服务。

森林面积3.9万公顷，草地面积7.2万公顷，湿地面积4784公顷。水土流失面积20.2万公顷。区域生态系统的水源涵养能力为7亿立方米。

国家级公益林4.06万公顷，地方公益林5545公顷。纳入中央财政补偿范围的国有公益林1.46万公顷，集体公益林5545公顷。地方财政补偿的公益林9767公顷。本区草地还没有享受草原生态保护补助奖励政策。

国家禁止开发区域包括甘肃太子山国家级自然保护区、莲花山国家级自然保护区和松名岩国家森林公园。

（二）主要问题

水土流失严重，河流输沙量明显增加。水土流失面积中，轻度侵蚀为4.1万公顷，中度侵蚀10.7万公顷，强度侵蚀5.1万公顷。侵蚀类型全部为水蚀。严重的水土流失已成为本区农业生产和经济社会发展的"瓶颈"因素之一，治理水土流失也成为本区生态建设十分重要而迫切的任务。本区已经治理的水土流失面积为13.6万公顷，还有大面积的水土流失需要治理，治理任务重，治理难度大。

森林资源缺乏，森林质量不高。本区森林面积的83%为人工林，天然林主要分布在自然保护区中。郁闭度在0.2～0.4的森林面积占森林总面积的35%，水源涵养功能较弱。农业以粮食生产为主，种植结构单一。

坡耕地面积较大，占耕地总面积的58%。人口较多，与20世纪50年代相比，本区人口增加了1倍，贫困人口多。人口增加和陡坡耕作是本区水土流失的主要原因。

湿地主要为河流湿地，还有部分人工库塘，水源涵养能力较弱。

（三）建设重点

继续实施天然林资源保护、三北防护林体系建设、退耕还林等工程建设，加快林草植被恢复和生态系统改善。坚持"防治结合、保护优先、强化治理"的水土保持方针，加强坡耕地水土流失综合治理，合理开发利用水土资源。改善群众生产生活条件，引导贫困人口逐步有序转移；发展特色经济林、林下经济、中药材等生态产业，帮助农民脱贫致富。按资源条件分类设立禁止开发区域。

第四章　主要建设内容

第一节　水源涵养能力建设

一、森林生态系统保护和建设

强化森林保护与管护。推进天然林资源保护和公益林管护，按照管护面积、管护难易程度等标准，采取不同的森林管护方式，建立健全管护机构、人员和相关制度，培训管护人员，落实管护责任，实现森林资源管护全覆盖，提升森林质量和数量。加强以林地管理为核心的森林资源林政管理，加大资源监督检查和执法力度。

加强森林资源培育。深入开展植树造林和退耕还林，加快推进三北等防护林体系建设，按照国家统一部署，继续对重点地区25度以上坡耕地实施退耕还林。全面加强森林经营管理，加大森林抚育力度，开展低质低效林改造，提高林地生产力；大力开展封山育林，促进森林正向演替。

主要任务：2013～2015年，工程造林0.4万公顷，退耕还林3万公顷，封山育林1万公顷，森林抚育0.2万公顷，森林管护面积17.83万公顷；2016～2020年，工程造林1.5万公顷，退耕还林7万公顷，封山育林3万公顷，森林抚育1万公顷，森林管护总规模为34.30万公顷。

专栏 6-1　森林生态系统保护和建设重点工程
01　天然林资源保护 对天然林资源保护工程区森林进行全面有效管护，加强后备森林资源培育。
02　公益林建设 对已纳入中央森林生态效益补偿基金的生态公益林进行管护。
03　退耕还林 巩固退耕还林成果，对25度以上坡耕地，实施退耕还林。

（续）

专栏6-1　森林生态系统保护和建设重点工程
04　三北防护林体系建设 　　大力推进造林、封禁保护、更新改造，着力构建高效防护林体系。
05　长江流域防护林体系建设 　　管理培育好现有防护林，加强中、幼龄林抚育和低效林改造，调整防护林体系的内部结构，完善防护林体系基本骨架。
06　森林抚育 　　对区域中幼林进行抚育，提高林分质量，增强其生态功能。

二、草地生态系统保护和恢复

　　草地是本区面积最大的生态系统，对水源涵养具有决定性作用。加强草地保护和合理利用，落实禁牧、休牧、轮牧制度，继续推进退牧还草等工程建设，实现草畜平衡，逐步实现草地生态系统健康稳定；通过建设围栏、补播改良、人工种草、土壤改良、封禁等措施，加快"三化"草地治理，逐步提高植被覆盖度。对于草畜矛盾严重的县（区）通过实施退耕还草、天然草地改良为人工饲草，解决舍饲养殖饲料不足的矛盾。

　　主要任务：2013～2015年，退牧还草88.8万公顷；退化草地治理20万公顷；沙化草地治理6万公顷。2016～2020年，退化草地治理50万公顷；沙化草地治理12万公顷。

专栏6-2　草地生态系统保护与建设重点工程
01　退牧还草工程 　　主要通过禁牧、休牧、补播等措施，在甘南藏族自治州完成退牧还草88.8万公顷，禁牧、休牧期10年。
02　退化草地治理 　　对甘南藏族自治州和临夏回族自治州区域内退化草地进行治理。
03　退耕还草和草地改良 　　对甘南藏族自治州部分地区进行退耕还草和草地改良。
04　沙化草地治理 　　采取围栏封育、飞播改良、休牧舍饲、草产业基地和小型牧区水利配套设施建设等措施，治理沙化草地。
05　沙化土地封禁保护工程 　　强化自然修复，因地制宜，划定沙化土地封禁保护区域，加强封禁管护设施和封禁监测监管能力建设，减少人为干扰。

三、湿地生态系统保护和修复

继续推进湿地保护工程，以加强湿地保护的宣传、执法为重点，强化湿地保护与管理能力建设。对重要湿地采取湿地植被与生物恢复、设立保护围栏、有害生物防控等综合措施，开展湿地恢复与综合治理，促使水生和沼泽植被自然恢复，提高土壤的蓄水功能和植被的水源涵养功能。加强水量调度，确保重要湿地生态用水；通过修建漫水坝等水利设施调控湿地水体的水位，扩大水面和湿地面积。充分发挥湿地的多功能作用，对社会和经济效益明显的湿地，开展资源合理利用试点示范。

主要任务：2013～2015年，湿地植被恢复1万公顷，漫水坝3座。2016～2020年，湿地保护与恢复工程5万公顷，湿地植被恢复6万公顷，漫水坝7座。

专栏6-3　　湿地生态系统保护和修复重点工程
01　湿地保护与恢复工程 　　对区域内重点沼泽湿地围栏保护。
02　重要湿地水生态保护与修复 　　对区域内的重要湿地，构建水系连通网络体系。
03　湿地保护能力建设 　　进行湿地保护的宣传、执法能力建设，配备相应的设备。

四、水土流失防治

以小流域为单元，以治理水土流失、保护土地资源、提高土地生产率为目标，采取山、水、田、林、路综合治理，合理配置生物措施、工程措施和农业技术措施。

对25度以下的适宜修梯田的坡耕地进行坡改梯基本农田建设，配套坡面水系工程和生产道路，实现水土资源合理配置，稳定和提高粮食产量；25度以下不适宜修梯田的坡耕地，采用水土保持耕作措施，增加地表覆盖度和覆盖时间，减少水土流失。

对生态区位重要的耕地和25度以上的坡耕地全部进行退耕还林，营造水保林和种植牧草，条件适宜的地方种植特色的经果林，以提高农民收入。建立水土保持监测与信息系统，提高水土保持动态监测和管理能力。开展重要饮用水水源地水土保持工作，大力推广清洁小流域建设模式，推进试点示范。

主要任务：2013～2015年，完成流域治理面积1万公顷。2016～2020年，完成流域治理面积4万公顷。

专栏6-4　水土流失防治重点工程
01　坡耕地专项治理工程 　　以坡改梯为主，优化配置水土资源，配套建设排灌沟渠、蓄水池窖、田间道路等，实施坡耕地水土流失综合治理。
02　水土流失综合防治工程 　　以小流域综合治理为主，开展坡面水系建设和生态修复，蓄水保土。
03　水源地水土保持工程 　　优化工程、生物和耕作措施，调整土地利用结构。

第二节　生物多样性保护

一、资源调查

本区是我国青藏高原生物多样性热点地区之一。但存在生物多样性资源普查工作滞后、资源底数不清的情况。开展高原野生动植物资源全面而详细的调查、分类、统计工作，建立高原野生动植物资源分布现状数据库，为进一步搞好野生动植物保护管理工作提供科学依据。

二、禁止开发区域划建

（一）自然保护区

继续推进国家级自然保护区建设，对保护空缺的典型自然生态系统和极小种群野生植物、极度濒危野生动物以及高原土著鱼类及栖息地，加快划建自然保护区。

进一步界定自然保护区中核心区、缓冲区、实验区范围。在界定范围的基础上，结合禁止开发区域人口转移的要求，对管护人员实行定编。依据国家、甘肃省有关法律法规以及自然保护区规划，按核心区、缓冲区、实验区分类管理。

（二）森林公园

继续推动国家森林公园建设，完善现有国家森林公园基础设施和能力建设，加快划建一批国家森林公园，加强森林资源和生物多样性保护，适度开展生态旅游。

进一步界定国家森林公园的范围，核定面积，严格执行分区管理。

（三）湿地公园

加快湿地公园建设。湿地公园内除必要的保护和附属设施外，禁止其他任何生产建设活动。禁止开垦占用、随意改变湿地用途以及损害保护对象等破坏湿地的行为。

不得随意占用、征用和转让湿地。

（四）风景名胜区

进一步界定国家级风景名胜区的范围，核定面积。规范国家级风景名胜区建设，在保护生态的同时，促进区域经济发展，实现生态扶贫。

主要任务：2013～2015年，晋升国家级自然保护区2处，国家森林公园1处；2016～2020年，晋升国家级自然保护区3处，国家森林公园1处，国家湿地公园2处，国家级风景名胜区2处。

专栏6-5　生物多样性保护重点工程

01　野生动植物保护及自然保护区建设工程
进一步完善现有自然保护区基础设施建设，晋升5处国家级自然保护区，完善自然保护区网络体系。

02　极小种群物种拯救工程
对野外生存繁衍困难的物种采取必要的人工拯救措施。在合作市建立1处野生动物救护繁育中心，在卓尼县建立1处濒危物种植物园。

03　水生濒危物种救护工程
在玛曲建设高原土著鱼类保护区1个，建设相应的监测站点，建立高原土著鱼类种质资源基因库和物种鉴定机制。

04　生物遗传资源库和生物多样性展示基地建设工程
在夏河县与和政县建设生物多样性保护展示基地，重点保护、保存和培育优异生物遗传资源。在碌曲县和积石山县建立生物多样性保护、恢复和减贫示范区。

05　国家森林公园
进一步完善现有森林公园基础设施建设，新建森林公园4处。

06　国家级风景名胜区
新建国家级风景名胜区2处。

07　湿地公园
新建湿地公园2处。

08　生物多样性资源调查
开展生物多样性资源调查工作，摸清资源底数。

第三节　生态扶贫建设

一、生态产业

根据不同的自然地理和气候条件，坚持因地制宜、突出特色、科学经营、持续利用原则，充分发挥区域良好的生态状况和丰富的资源优势，转变和创新发展方式，调整产业结构，大力发展生态旅游、特色经济林、林下经济、高原花卉、中药材和生态牧业，建设产业基地，并带动种苗等相关产业发展；大力提高特色林果产品、山野珍品工业化生产加工能力，延长产业链条，提高农牧民收入。积极发展生物质能源，加大农林业剩余物的开发利用，发展生态循环经济。积极探索建立起较为灵活的投融资及经营机制，不断扩大提高外来资金利用规模与水平，助推特色生态产业快速发展，帮助农牧民脱贫致富。

主要任务：2013～2015年，建设生态产业基地2万公顷；2016～2020年，建设生态产业基地5万公顷。

专栏 6-6　　生态产业重点工程
01　特色经济林 发展花椒、核桃、油橄榄、仁用杏、啤特果、早酥梨等特色林果产业。
02　林下经济 发展食用菌、生态鸡、山野菜、中药材等林下经济。
03　牛羊养殖专业合作社 牛羊养殖专业合作社在玛曲县、碌曲县、夏河县、临潭县、合作市、卓尼县、康乐县、和政县、积石山县、临夏县集中建设牛羊规模养殖专业合作社，每个牛羊养殖专业合作社建设标准化暖棚、贮草棚等。
04　中药材基地 在临夏回族自治州以传统道地品种党参、黄芪、秦艽、柴胡、大黄、甘草、当归等中药材为主，进行规模化种植。
05　高原花卉 在甘南建设木本类高山柏、花楸、杜鹃、紫斑牡丹和草本类杓兰、蕙兰、川赤芍等野生花卉繁育基地，在临夏建立临夏紫斑牡丹、芍药、杜鹃等花卉基地，建设配套基础设施和设备等。
06　生态旅游 结合国家自然保护区、森林公园、湿地公园和风景名胜区建设，完善旅游规划体系，建设旅游基础设施和精品旅游景区。

（续）

专栏6-6 生态产业重点工程
07　人工养麝基地 　　在碌曲县建设养麝场，引进种麝、开展规模化养殖。
08　藏药材种植基地 　　以红景天等藏药材为主，开展规模化种植。

二、农牧民培训

结合巩固退耕还林成果项目，针对农牧民就业开展技能培训，在每户农民中至少有1人掌握1门产业开发技能（农业、林业或牧业）。

针对管理人员和专业技术人员开展培训，每个管理人员和专业技术人员要熟悉规划涉及的各生态工程的建设内容、技术路线，以及管理等方面的内容。

主要任务：2013～2015年，培训农牧民2万人次，管理人员1000人次，技术人员3000人次；2016～2020年，培训农牧民4万人次，管理人员3000人次，技术人员5000人次。

三、人口易地安置

与国家扶贫攻坚规划相衔接，对区域内生存条件恶劣地区生态难民实行易地扶贫安置。对新建和续建自然保护区核心区和缓冲区内长期居住的农牧民实行易地安置。

易地安置的农牧民以集中安置为主，安置到条件较好的乡（镇），根据当地的实际情况，发展特色优势产业，同时鼓励富余劳动力外出务工，从事第二、三产业，增加收入，使易地搬迁达到"搬得出，稳得住，能致富"的目标，实现区域经济社会的可持续发展。

第四节　基本公共服务体系建设

一、防灾减灾体系

（一）森林（草原）防火体系建设

大力提高森林、草原防火装备水平，进一步加强防火道路、物资储备库等基础设施建设，增强防火预警、阻隔、应急处理和扑灭能力，实现火灾防控现代化、管理工作规范化、队伍建设专业化，形成较完整的森林、草原火灾防扑体系。

（二）森林（草原）有害生物防治

重点建设有害生物的预警、监测、检疫、防控体系等设施设备建设，建设生物防治基地，集中购置药剂、药械和除害处理等。加强野生动物疫源疫病监测和外来物种监测能力建设，全面提高区域有害生物的防灾、御灾和减灾能力，有效遏制森林病虫害和草原鼠虫害的发生。

（三）地质灾害防治

针对滑坡、崩塌、泥石流、不稳定斜坡、地面塌陷、地裂缝、地面沉降等地质灾害，依据其危险性及危害程度，采取不同的工程治理方案。治理措施包括工程措施、生物措施等。建立气象、水利、国土资源等部门联合的监测预报预警信息共享平台和短时临近预警应急联动机制，实现部门之间的实时信息共享，发布灾害预警信息。

（四）气象减灾

建立和完善人工干预生态修复和灾害预警体系，增强防灾减灾能力建设。完善无人生态气象观测站和土壤水分观测站布局，合理配置新型增雨（雪）灭火一体火箭作业系统，改扩建人工增雨（雪）标准化作业点，提高气象减灾能力。

（五）野生动物疫源疫病防控体系建设

建立野生动物疫病监测预警、预防控制、防疫检疫监督以及防疫技术支撑和物资保障系统，形成上下贯通、横向协调、有效运转、保障有力的野生动物防疫体系，明显提高重大野生动物疫病的预防、控制和扑灭能力。

二、基础设施设备

完善林区交通设施，把林区道路纳入国家和地方交通建设规划。加快林区电网改造，完善林区饮水、供热和污水垃圾处理设施，提高林区通讯设施水平，加强森林管护用房建设，并配备必要的巡护器具、车辆，全面提高森林资源管护能力。

加强专业合作社牲畜暖棚、贮草棚等畜牧业基础设施建设；结合新农村建设，帮助游牧民尽快实现定居；结合游牧民定居点建设，配套解决人畜饮水问题。

专栏6-7 基本公共服务体系建设重点工程

01 森林（草原）防火体系建设
建设州、县（市）火险预测预报、火情瞭望监测、防火阻隔、通讯联络及指挥系统，配备无线电通讯、GPS等设备，购置防火扑火机具、车辆、装备等。建设州、县信息化指挥中心、储备库、防火道路。购置办公设施。

02 森林（草原）有害生物防治
在夏河和康乐各建立天敌昆虫繁育基地1处；建立10个县级林业有害生物测报站、10个县级检疫中心、10个林业有害生物除害基地。甘南各县（市）草原站购置草原鼠害、虫害以及毒草危害预测预报防治基础设施设备。

（续）

专栏 6-7　基本公共服务体系建设重点工程

03　国有林场（站）危旧房改造项目
改造临夏回族自治州国有林场危旧房 500 户。

04　国有林区基础设施建设项目
包括供电保障、饮水安全、林区道路、棚户区改造等。

05　生态暖棚建设工程
推行草畜平衡，保障草地生态平衡。以专业合作社为牦牛、藏羊规模养殖的基本单位，建设暖棚 154.5 万平方米；贮草棚 77.3 万平方米；饲草料基地 1.4 万公顷。

06　游牧民定居工程
通过定居点的住宅建设、生产基础设施、公共基础设施及公益服务配套设施建设，对甘南藏族自治州尚未定居的游牧民 73708 人、14524 户实施定居。

07　生态保护基础设施项目
实施草原站、林业工作站、木材检查站、科技推广站等基础设施建设。配备监控、防暴、办公、通讯、交通等设备。开展执法人员培训。

08　地质灾害防治
对滑坡、崩塌、泥石流、不稳定斜坡、地面塌陷、地裂缝、地面沉降等地质灾害进行综合防治。

09　气象减灾
实施生态服务型人工影响天气工程。

第五节　生态监管

一、生态监测

以现有监测台（站）为基础，合理布局、补充监测站点，采用卫星遥感、地面调查和定点观测相结合的办法，制定统一的生态监测标准与规范，对森林资源、草地资源、湿地资源和生物多样性动态等进行动态监测，形成区域生态系统监测网。建立信息共享平台，制定监测数据的定期上报制度，重大生态问题及时上报，定期发布生态保护建设报告。建立生态功能评估体系，定期、系统评价生态功能，开展生态预警评估和风险评估。

二、空间管制与引导

（一）落实主体功能定位

全面落实《全国主体功能区规划》提出的主体功能定位要求，在禁止开发区域

183

内，实行强制性保护；在限制开发区内，实行全面保护。

（二）划定区域生态红线

大面积的高寒沼泽湿地、优质草地和天然林资源是本区主体功能的重要载体，要落实水源涵养功能区和水土流失控制区的建设重点，划定区域生态红线，确保现有草地、天然林和湿地面积不能减少，并逐步扩大。严禁改变生态用地用途，人类活动占用的空间控制在目前水平，形成"点状开发、面上保护"空间格局。

（三）控制生态产业规模

生态产业只在适宜区域建设，发展不影响生态系统功能的特色产业。水源涵养区适度发展高原花卉、生态牧业、林下经济、生态旅游等生态产业。水土流失控制区具有濒临甘肃省中部重点旱作农业区的区位优势，结合退耕还林、水土流失综合治理和农业产业结构调整，大力发展特色经济林、林下经济、中药材等生态产业，在保护生态的前提下，提高经济效益。

（四）引导超载人口转移

结合新农村建设和游牧民定居，每个县重点建设1～2个重点城镇，建设成为易地保护搬迁和易地扶贫搬迁人口的集中安置点、特色产业发展集中点、游客集散地和基本生活服务集聚点，以减轻人口对区域生态的压力。

三、绩效评价

实行生态保护优先的绩效评价，强化对黄河水源涵养补给能力及区域生物多样性保护能力的评价，考核指标包括生态用地占比、森林覆盖率、森林蓄积量、草原植被覆盖度、草畜平衡、水土流失治理率、沙化土地治理率、自然保护区面积等指标。

本区包含的禁止开发区域，要按照保护对象确定评价内容，强化对自然文化资源原真性和完整性保护情况的评价，包括依法管理的情况、保护对象完好程度以及保护目标实现情况等。

第五章　政策措施

第一节　政策需求

一、国家重点生态功能区转移支付政策

根据甘南黄河重要水源补给生态功能区生态保护与建设的需要，建立财政转移支付标准调整机制，加大财政转移支付力度，并适当增加用于生态保护与建设的资金份额。

二、生态补偿政策

进一步完善森林生态效益补偿制度，提高补偿标准。

稳定和完善草原承包经营制度，基本完成草原确权和承包工作。落实和完善国家草原生态保护补助奖励机制，对由于草原发挥生态功能而降低生产性资源功能造成的损失予以补偿，提高生态区农牧民生态保护的积极性，并逐步提高补助奖励标准。

探索研究湿地生态效益补偿制度。按照《中共中央　国务院关于2009年促进农业稳定发展农民持续增收的若干意见》（中发〔2009〕1号）关于"启动湿地生态效益补偿试点工作"的要求以及中央关于支持和加快藏区经济社会发展的政策意见中加强藏区生态保护建设的精神，在中央财政湿地保护补助试点政策的基础上，扩大补助范围，提高补助标准，逐步建立湿地生态效益补偿制度。

建立完善碳汇补偿机制试点。本区广袤的森林湿地资源构成了我国西部高原一道重要的生态屏障，是甘肃乃至全国的一个巨大的吸碳器、储碳库，建议尽快启动甘南藏族自治州碳汇补偿机制试点，并加大对其倾斜扶持力度，不断增强和提高森林湿地固碳增汇的能力。

三、人口易地安置配套扶持政策

在土地方面，配套生态易地安置补偿置换政策，出台草地流转与转换的相关政策，确保易地安置人口用失去的原有草场，从县城周围的乡镇中置换宅基地、暖棚建设用地及饲草料基地进行舍饲养畜。鼓励定居牧民结合草原建设，建立饲草料基地。

涉及农用地转为建设用地的，应依法办理农用地转用审批手续。在税费方面，可考虑涉及易地搬迁过程中的行政规费、办证等费用，除工本费外全部减免，税收也可考虑变通免收；供电、供水、广播电视等配套工程的设计、安装、调试等费用一律减免。在从事非农产业方面，可考虑在自愿原则下，优先安排部分易地安置人员参加商贸、旅游等二、三产业。优先安排岗前培训、农业技术培训和科普技能培训。对搬迁安置人员优先办理用于生产的小额贷款。在其他方面，在医疗保健、子女入学等方面均享有同当地居民一样的待遇。

四、甘南"退耕还林、以生态换保障"试点

甘南水源涵养区有较多的陡坡耕地，将部分陡坡耕地退耕还林，不仅能够恢复扩大全州森林植被，改善生态环境，增加黄河水源涵养补给能力，而且对促进农牧民群众增收，也将产生十分明显的作用。建议在甘南水源涵养区全面实施"退耕还林、以生态换保障"试点，用3～5年时间完成其区域内陡坡耕地退耕还林。

第二节　保障措施

一、法规保障

（一）加强普法教育

要认真贯彻执行《中华人民共和国草原法》《中华人民共和国森林法》《中华人民共和国水土保持法》《中华人民共和国环境保护法》《中华人民共和国土地管理法》等相关的法律法规。各级政府职能部门要分工协作，认真落实和严格执行有关的法律法规。要不断提高广大农牧民的法治理念和执法部门的执法水平。

（二）严格依法建设

建设项目征占用林地、草地、湿地与水域，要强化主管部门预审制度，依法补偿到位。加强生态监管和执法，依法惩处各类破坏资源的行为，强化对砍伐林木、滥垦草地等各类犯罪的打击力度，努力为生态保护与建设创造良好的社会环境。

（三）充分利用乡规民约

发挥民族文化习俗中有利于生态保护的积极因素，把国家法律法规同乡规民约结合起来，形成自觉维护生态、节约利用资源的氛围。

二、组织保障

重点生态功能区生态保护与建设范围广、任务重、涉及部门多，各级地方政府要成立重点生态功能区生态保护与建设领导小组，主管领导任组长，强化生态保护建设工作的领导，各有关部门要发挥各自优势和潜力，按职责分工，各司其职，各负其责，形成合力。

实行政府负责制，各级政府是重点生态功能区建设的责任主体，实行目标、任务、资金、责任"四位一体"的责任制度。建立健全行政领导干部政绩考核责任制，紧紧围绕规划目标，层层分解落实任务，签订责任状，纳入各级行政领导干部政绩考核机制。

三、资金保障

甘南黄河重要水源补给生态功能区生态保护与建设是以生态效益为主的社会公益性事业，应发挥政府投资的主导作用。各级政府要进一步加强生态保护与建设资金力度，确保各项任务顺利实施。对国家支持建设的项目，适当提高中央政府的补助比例。

通过政策引导和机制创新，积极吸收社会资金，积极争取国际相关机构、金融组织、外国政府的贷款、赠款等，投入甘南黄河重要水源补给生态功能区保护与建设。

加强资金使用监管，确保工程建设资金专账核算、专款专用。根据工程建设需要，建立投资标准调整机制。

四、技术保障

（一）强化科技支撑

把科技支撑与工程建设同步规划、同步设计、同步实施、同步验收。落实科技支撑经费，要根据《国家林业局关于加强重点林业建设工程科技支撑指导意见》，提取不低于3%的科技支撑专项资金用于开展科技示范和科技培训，吸引国内外科研单位和机构参与生态建设和特色经济发展关键技术、模式的研究开发，提高科技含量，加快成果转换。促进科研与生产紧密结合，面向生产实际，全面开展前瞻性、预见性的科学研究和技术储备。

（二）加强实用技术推广

围绕农、林、水、气象等领域生态保护与建设的重大问题和关键性技术，成立专家小组、组织科技攻关，并有计划地制定工程建设中的各类技术规范。当前，重点抓好林木容器育苗与栽培、优良乡土树种繁育、沙化草地综合治理、草原鼠兔害综合防治和湿地植被恢复等领域进行重点突破，有计划、有步骤地建立一批科技示范区、示范点，通过示范来促进先进治理模式和技术的推广应用；积极开展多层次、多形式的培训，使广大农牧民掌握生态建设的基础知识和基本技能，提高治理者素质；加强国际交流与合作，引进和推广国外先进技术。

（三）搞好科技服务

继续发挥林业科技特派员和林场、林业站工程师和技术人员的科技带动作用，完善科技服务体系，开展专家出诊、现场讲授、科技宣传、技术咨询等活动，形成全方位的科技服务体系。要积极开展科技下乡活动，坚持"哪里有问题去哪里、哪里有需要去哪里，把技术送到基层、把服务送到一线"的做法，组织林业科技人员深入基层、深入一线普及林业科技知识，适时发放农民急需的科技资料，解决技术难题，扩大先进技术应用覆盖面，从而全面提升本区林业工程建设水平。

（四）抓好林技队伍建设

出台政策，鼓励林业技术人员开展科技研究和科技推广，重视在职林技干部的继续教育，切实提高林技队伍的自身素质。有计划地引进林业技术人才，逐步解决林业技术人员青黄不接问题。

五、制度保障

加强生态监管。加大对森林、草地、湿地等生态系统以及水土流失监测力度。强化监测体系和技术规范建设。建立规划中期评估机制，对规划实施情况进行跟踪分析和评价，根据评估结果对规划进行调整。

落实项目管理责任制。完善工程检查、验收、监督、评估、审计制度，严格按规划立项，按项目管理，按设计施工，按标准验收。工程建设实行项目法人制，建设过程实行监理制，资金管理实行报账制。

建立工程档案，落实管护责任。要建立工程档案，跟踪工程建设进度、质量和资金使用情况，并开展定期评估。根据工程评估情况，适时科学合理调整、完善建设项目、任务和政策，提高工程质量和效益。

树立质量意识，严把质量关。项目管理单位和施工单位要树立良好的质量意识，要加强对施工人员经常性的质量管理宣传教育。项目办要定期或不定期到施工现场进行质量抽查。对质量不合格的工程要制订返工、返修的处理办法。

建立长效管理机制，积极探索承包、租赁、使用权流转、合作经营等方式，落实管护责任；坚持"谁治理、谁管护、谁受益"的政策，将管护任务承包到户、到人，将责、权、利紧密结合，调动农民群众参与生态建设的积极性。坚持"实施一项工程，致富一方百姓"的思想，建立产业扶持、技术援助、人才支持、就业培训等的长效机制。

附表

甘南黄河重要水源补给生态功能区禁止开发区域名录

名称	行政区域	面积（公顷）
自然保护区		
甘肃太子山国家级自然保护区	康乐县、和政县、临夏县	84700
甘肃尕海则岔国家级自然保护区	碌曲县	247431
甘肃莲花山国家级自然保护区	康乐县、临潭县、卓尼县、临洮县、渭源县交界处	11691
甘肃洮河自然保护区	卓尼县、合作市	287759
森林公园		
松鸣岩国家级森林公园	和政县	2666
冶力关国家级森林公园	临潭县	79400
大峪国家级森林公园	卓尼县	27625

第七篇

祁连山
冰川与水源涵养生态功能区
生态保护与建设规划

第一章　规划背景

第一节　区域概况

一、规划范围

祁连山冰川与水源涵养生态功能区位于青藏高原东北部边缘青海与甘肃两省交界处，行政区域包括甘肃、青海两省共15个县（场），总面积179291平方千米，总人口246万人。该区域西端与阿尔金山脉相接，东端至黄河谷地与秦岭、六盘山相连，南端为塔里木盆地，北为河西走廊；区域东西长1000余千米，南北宽200～300千米，地理坐标为东经94°10′～103°04′，北纬35°50′～39°19′。

表7-1　规划范围表

省	县（场）级单位
甘　肃	永登县、天祝藏族自治县、古浪县、民勤县、永昌县、山丹县、民乐县、肃南裕固族自治县（不包括北部区块）、肃北蒙古族自治县（不包括北部区块）、阿克塞哈萨克自治县、中牧山丹马场
青　海	天峻县、祁连县、门源回族自治县、刚察县

二、自然条件

（一）地质地貌

本区为青藏高原东北部边缘的祁连山山地，地质构造属于昆仑秦岭地槽褶皱系中典型的加里东地槽。由一系列西北—东南走向的高山、沟谷和山间盆地组成。山地南北两侧和东部相对起伏较大，平均海拔为4000～5000米，最高山峰——疏勒南山团结峰海拔5808米；山间盆地和宽谷平均海拔3000～3500米，两侧洪、冲积平原及台地发育良好，海拔均在1400米以上；多年冻土的下界高程为3500～3700米，大多数山地和河流上游发育有冰缘地貌，在冻土带以下的地质作用下，东部地貌以流水侵蚀为主，西部地貌风蚀作用明显；海拔4500米以上为现代冰川发育区，现代冰川和古冰川的寒冬风化及强烈剥蚀，形成该地区地貌类型的多样性。

（二）气候水文

本区地处中纬度北温带，深居内陆，远离海洋，为高原大陆性气候。区域内光能资源丰富、太阳辐射强、气温和降水垂直变化明显。年均气温−1.4℃～9.6℃，日照时数3270.9小时，太阳总辐射量5916～15000兆焦/平方米；年均降水量84.6～515.8毫米；年均蒸发量1137.4～2581.3毫米；平均风速1.3～3.8米/秒；无霜期23.6～193天。区域内属黄河支流和西北内陆河水系，河流众多，水资源丰富，年径流量大于1亿立方米的河流有19条。

（三）土壤植被

本区地处青藏高原、黄土高原和内蒙古高原交会处，垂直地带性分布明显，土壤植被类型多样。东段土壤以海拔高度由低到高依次为灌淤土、灰钙土、淡栗钙土、耕地栗钙土、栗钙土、暗栗钙土、耕作黑钙土、石灰性灰褐土、山地灌丛草甸土、山地草甸土、亚高山灌丛草甸土和石质荒漠土；西段土壤由低到高依次为棕钙土、石灰性灰褐土、山地草原草甸土、高山草原土、高山寒漠土等。高寒地带土壤发育缓慢，薄且贫瘠，有机质含量低。

区域内植被类型垂直分布特征明显，海拔1800米以上分别为山地草原带（海拔1800～2800米）、温带灌丛草原带（2000～2200米）、山地森林草原带（2600～3400米）、亚高山灌丛草甸带（3200～3500米）和高山亚冰雪稀疏植被带（>3500米）。森林草原带和灌丛草原带是祁连山水源涵养林生长的主要区域，大通河、石羊河、疏勒河、黑河等河流多发源于此。

三、自然资源

（一）土地资源

规划范围内有草地1051.6万公顷，占国土总面积的58.7%；林地311.1万公顷，占17.3%；耕地62.2万公顷，占3.5%；水域湿地130.7万公顷，占7.3%；未利用地104.9万公顷，占5.8%；其他土地（含冰川、居民点、工矿、交通用地等）132.4万公顷，占7.4%。草地和林地构成区域生态景观基底，是本区生态服务功能主要载体。

（二）草地资源

本区的冷湿气候，有利于牧草生长，海拔2800米以上分布有广袤的天然草场。草地面积中，可利用面积907.5万公顷，占86.3%；暂难利用面积144.2万公顷，占13.7%。可利用草地面积中，天然草地863.3万公顷、人工草地10.3万公顷、改良草地33.9万公顷。

草地在规划区内广泛分布，以肃北、肃南、天峻、祁连、刚察、阿克塞等县较为集中，植被类型以高寒草甸、山地草甸、高寒草原、温性草原（含温性荒漠）和盐生草甸为主；优势种为各种针茅、嵩草、早熟禾、披碱草、委陵菜、狼毒、棘豆、芨芨草、冰草等。东部草甸、草原平均盖度多在50%以上，西部荒漠草原平均盖度在25%左右。

（三）森林资源

林地面积311.1万公顷。其中有林地30.5万公顷、疏林地2.9万公顷、灌木林地212.7万公顷(含特灌林地192.5万公顷)、未成林造林地3.5万公顷、苗圃地0.2万公顷、无立木林地3.4万公顷、宜林地57.8万公顷、辅助生产林地256.9公顷。

森林面积223.1万公顷。按起源分，天然林面积205.8万公顷，占92.3%；人工林面积17.3万公顷，占7.7%。按林种分，防护林面积占99.8%，用材林和经济林面积占0.2%。

国家公益林184.6万公顷，地方公益林19.5万公顷；纳入国家公益林补助面积154.5万公顷，纳入地方公益林补助面积4.7万公顷。

（四）湿地资源

祁连山冰川与水源涵养生态功能区是黄河外流河和河西走廊内陆河的分水岭。区域内分布有河流、湖泊、沼泽和人工库塘4类湿地共130.7万公顷，占国土总面积的7.3%。湿地面积中，沼泽湿地占53.5%，河流湿地占32.9%，湖泊湿地占12.3%，人工库塘占1.3%。目前区域内受保护的湿地面积为64.6万公顷，占49.4%，主要以湖泊湿地（青海湖、大小苏干湖等）和各类自然保护区内的湿地为主。

（五）水资源

本区河流分为内陆河和外流河，流域总面积1470.4万公顷，多年平均径流总量为120.8亿立方米，年产水模数8.2万立方米/平方千米。内陆河水系流域面积1299.4万公顷，多年平均径流量为90.3亿立方米，主要包括疏勒河水系、黑河水系、石羊河水系、苏干湖水系、青海湖（布哈河和倒淌河）水系以及其他水系；外流河流域面积171.0万公顷，多年平均径流量为30.5亿立方米，主要包括黄河Ⅰ级支流的大通河和庄浪河。

（六）冰川资源

本区雪山与冰川覆盖面积23.5万公顷。其中冰川总覆盖面积19.3万公顷，发育有冰川2815条，冰贮量934.9亿立方米，折贮水量841.4亿立方米，年冰川融水径流量为11.3亿立方米。冰川主要分布在祁连山主脉与支脉脊线两侧，重点分布在疏勒南山、托勒南山、走廊南山、党河南山、野马南山、土尔根达坂山和冷龙岭等地区，涵吐着近千条大大小小的河流，是我国西部干旱半干旱地区最重要的水源地，也是黄河、青海湖、苏干湖重要的水源补给区。

（七）水汽资源

根据对祁连山区大气中水汽资源分布特征及其开发潜力的研究：1981～2002年祁
连山区大气中的水汽年输入总量为9392.5亿吨，水汽年输出总量为8031.5亿吨，水汽
净输入量为1361.0亿吨，占输入该区的水汽总量中的14.5%，这部分水汽成云致雨或
留在该区域上空。区域内各季节水汽净输入对年总水汽收支量的贡献差别较大，春季
净输入量为258.8亿吨，夏季为694.5亿吨，秋季为178.7亿吨，冬季为229.5亿吨。祁连
山常年存在水汽的聚集，有较大的人工增雨（雪）利用潜力，目前区域内每年通过人
工增雨（雪）提高利用大气中水汽资源的量约2.0亿立方米。

（八）野生动植物资源

本区生态环境的异质性孕育了植物物种的多样性，植物物种主要以阴生、湿生、
寒生、寒旱生、中生、旱生植物为主。区内有高等植物95科451属1311种，其中苔藓
植物3科6属12种、蕨类植物8科14属19种、裸子植物3科6属12种、被子植物81科425属
1274种。有国家重点保护野生植物34种，其中属于国家Ⅰ级保护野生植物有裸果木和
棉刺；属于国家Ⅱ级保护野生植物有星叶草、野大豆、山莨菪等32种。

区内栖息分布野生脊椎动物28目63科288种。其中鱼纲1目2科6种，爬行纲2目3科
5种，两栖纲1目2科2种，鸟纲17目39科206种，哺乳纲7目17科69种。其中，国家Ⅰ类
保护动物主要有黑颈鹤、金雕、白肩雕、玉带海雕、白尾海雕、胡兀鹫、斑尾榛鸡、
雉鹑、遗鸥、雪豹、马麝、白唇鹿、普氏羚羊、野牦牛、藏野驴共15种；国家Ⅱ类保
护动物主要有大天鹅、棕熊、秃鹫、草原雕、暗腹雪鸡、马鹿、岩羊等共39种；甘肃
省级保护动物共6种。

四、社会经济

截至2013年底，区域内总人口246万人，占全国总人口（13.39亿）的0.18%，人
口密度13.7人/平方千米，平均人口自然增长率4.5‰。其中农牧业人口200.7万人（含
游牧民10万户），占区域总人口81.6%，主要集中于河西走廊冲积平原及地势和缓、
沟谷低平的区域，是区域内经济要素聚集、产业发展布局和城镇化拓展的重点区域。
聚居有汉、藏、回、蒙古、土、裕固、哈萨克、撒拉族等30多个民族，少数民族29.6
万人，占区域总人口总量的12.0%。

经济总量小，人均水平低。2013年区域内生产总值573.8亿元，占全国国内生产
总值（397983亿元）的0.14%。其中一、二、三产业产值分别为104.6亿元、303.8亿
元、165.4亿元，分别占国民生产总值的18.2%、53.0%、28.8%。各类牲畜年末存栏
量996.1万头，其中大牲畜108.8万头、绵山羊859.4万头。粮食总产量15.55亿千克，
单位面积产量4612.5千克/公顷。农牧民人均纯收入6374.8元，低于我国同期平均水平

（8896元/年），农村劳动力就业人口达52.1万人。

生产方式落后，地方财政收入低且不平衡。区域内各县多以传统的农牧业和种植业为主，经济结构单一、生产方式落后，2013年区域内地方财政收入39.1亿元，仅占全国地方财政收入（68969亿元）的0.57‰。各县地方财政收入不均衡，矿产资源丰富的肃北、肃南、阿克塞、天峻、刚察等少部分县财政收入偏好，大部分县财政收支仍很困难。总体来说，地方财政一般预算支出为收入的3～6倍。

公共基础设施薄弱，城镇化进程缓慢。祁连山山区地势险峻，规划区内交通、通讯、电力等基础条件相对落后，教育、医疗卫生、文化等公共服务体系尚不完善。广大农牧民长期受传统养殖和种植方式等影响，固守原有的产业模式，散居在草原和耕作条件相对较好的沟谷地带，区域内城镇化水平仅为18.4%，其发展进程远低于54.0%的全国平均水平。

五、扶贫开发

根据《中国农村扶贫开发纲要（2011～2020年）》，本区属于我国扶贫攻坚连片特困地区中的六盘山区范围，区内贫困人口主要集中在永登、古浪、天祝、山丹、永昌、祁连6县，原有的天祝、山丹、永昌、祁连4个国家级特困县现已脱贫，永登、古浪2县仍被列入国家扶贫开发工作重点县。贫困原因主要是由于地处农牧过渡的浅山区，人多地少、资源匮缺且破坏严重，再加上超载放牧、毁林（草）开垦、陡坡耕作等加重了该区域的生态恶化，脱贫任务相对繁重。

党中央国务院对区域扶贫攻坚工作高度重视，按照新阶段扶贫攻坚的战略部署和"建立生态补偿机制，并重点向贫困地区倾斜，加大重点生态功能区生态补偿力度"的要求，区域内脱贫致富应首先解决生态贫困问题，结合退耕还林、退牧还草、水土保持、防沙治沙、天然林保护和三北防护林体系建设等重点生态修复工程，加大中央财政转移支付力度，以生态扶贫为主，发展适合当地生态环境的特色产业，引导劳动密集型产业向贫困地区转移，促进区域生态自然修复。

第二节　生态功能定位

一、主体功能

本区属水源涵养型重点生态功能区，主体功能定位：国家重要的生态安全屏障；河西走廊和内蒙古西部内陆河流域水源涵养保护区；防沙治沙与水土保持生态功能恢复区；青藏高原珍稀动植物基因资源保护地；人与自然和谐相处示范区。

二、生态价值

（一）生态区位重要，生态系统脆弱

本区位于青藏高原向西北干旱半干旱区过渡地带，为中国地势第一和第二阶梯的分界线，是我国季风和西风带交汇的敏感区，阻挡了来自腾格里、巴丹吉林、库姆塔格、柴达木四大沙漠风沙的入侵，是青藏高原生态屏障的前沿阵地。其独特的地理位置和生态环境不仅维护着青藏高原生态平衡与稳定、河西走廊经济社会的可持续发展，同时还关系到整个黑河流域中下游地区的生态安全，维系着我国西北乃至北方的生态安全。其次，区域内森林、草原、湿地、冰川等生态系统脆弱，自我修复能力差，人工恢复难度大。本区还分布有国家级和省级自然保护区、世界文化自然遗产、风景名胜区、森林公园、地质公园、湿地公园共计23处，面积597.9万公顷，占区域总面积的33.3%；其中国家禁止开发区域9处，面积457.9万公顷，占禁止开发区域总面积的76.6%。

（二）重要的水源涵养功能区

本区拥有广袤的草原（1051.6万公顷）、森林（223.1万公顷）和湿地（130.7万公顷），具有极其重要的涵养水源、水土保持、防沙固沙、净化水质、调蓄洪水及生物多样性保护等功能。区内生态系统水源涵养量126.0亿立方米，其中草地生态系统水源涵养量63.1亿立方米、森林生态系统水源涵养量44.6亿立方米、湿地生态系统水源涵养量18.3亿立方米。本区还紧邻甘肃省级限制开发区——河西农产品主产区和沿黄农业产业带，水源涵养能力对保证甘肃省农产品供给具有重要意义。

（三）黄河上游重要的水源补给区，河西走廊和内蒙古西部内陆河流域唯一的水源供给区

本区的冰川与湿地有重要的产水功能，每年从祁连山（大通河、庄浪河）流入黄河的水资源量为30.5亿立方米，占黄河总平均径流量的5.3%，是黄河流域重要的水源补给区，对黄河中下游经济社会的可持续发展起到重要的保障作用。年均流入内陆河流的径流量为90.3亿立方米，其中流入石羊河、黑河、疏勒河及苏干湖四大内陆水系的地表水达72.5亿立方米，是河西走廊及内蒙古西部绿洲唯一的水源供给区，养育着河西走廊及黑河下游500多万居民，并承担着每年向居延海下泄9.5亿立方米的生态补水任务。

（四）青藏高原珍稀动植物基因资源保护地

本区跨越青藏高原高寒气候带、温带大陆性气候带和温带季风气候带，是动植物区系过渡的连接区。加之海拔高度的垂直变化，整个祁连山山区呈现出南北方物种混杂分布的现象，具有气候的多样性和生态环境变化的复杂性，孕育着森林、草地、湿地、荒漠、冻原、农田、水域、冰川和雪山等九大类型的复合生态系统，为多种植被

类型和野生动植物生存栖息繁衍提供了适合的自然条件，成为生物多样化繁育生息的最高区域，濒危的普氏原羚仅存于祁连山地，数量不足700只，是世界上最濒危的脊椎动物。区内野生动物资源丰富，是西北地区极为重要的"种质资源库"和"遗传基因库"，承担着自然生态系统保护、物种资源维护、基因保存等任务，是我国生物多样性保护的关键热点地区之一。

（五）人与自然和谐相处示范区

本区属于我国古丝绸之路的"黄金段"，同时也属于我国宏观战略经济规划"一带一路"建设中重要的丝绸之路经济带，是沟通西方世界重要的经济通道、文化枢纽、民族走廊；承载着联通我国西部、建设西部、发展西部、稳定西部和维护民族团结的重大战略任务。正是由于祁连山的庇护和滋养，本区成为人与自然和谐相处的示范区。

第三节　主要生态问题

一、冰川退缩、工农业用水剧增、生态环境恶化

受全球气候趋暖、旱化和人为活动影响，祁连山冰川近年来退缩速度迅速上升。据中科院兰州冰川冻土研究所资料，祁连山冰川平均退缩速度东部为16.8米/年，中部为3.3米/年，西部为2.2米/年。有专家预测，祁连山雪线还会继续升高，将由2000年的4400～5100米上升到4900～5600米；面积在2平方千米左右的小型冰川将在2050年前基本消亡；面积较大的冰川也只有部分可以勉强维持到21世纪50年代以后。冰川退缩、雪线上升、工农业用水增加，水资源矛盾加剧，生活、生产、生态用水面临着极大的压力。在河西走廊东部，石羊河进入民勤地段的地表水由20世纪50年代的5亿立方米减少到不足1亿立方米，民勤县地下水位普遍下降10～20米，境内3.3万公顷天然灌木林已枯萎死亡，4.0万公顷农田被压减撂荒，全县荒漠和沙化土地面积占89.8%；在走廊中部，黑河下泄水量剧减，居延地区消失水域达24.7万公顷，每年有0.3万公顷的胡杨和其他林木枯死，草牧场植物种类由200多种减为30多种；在走廊西部，因水资源逐年萎缩，库姆塔格沙漠正以每年4米的速度向南推进。

二、森林量少质差，水源涵养能力下降

西汉时期祁连山区约有森林600万公顷，随着气候变化和人为破坏，森林植被大幅度减少，到20世纪80年代，国家实施封山育林、天然林保护等一系列工程后，祁连山水源涵养林的砍伐和破坏的速度才逐步得以减缓。2013年规划区内实有森林面积223.1万公顷，逆向演替的森林多以灌木林形式存在，乔木林面积仅为30.6万公顷，主

要分布在深山偏远地带，单位面积的蓄积量（105.2立方米/公顷）也只是略高于全国的平均水平（86立方米/公顷）。规划区内森林资源大幅减少，林缘已由海拔1900米上升到2300米，呈现出乔木林地向疏林地、灌木林地向灌丛地和草地、疏林地向无林地的逆向演替趋势，森林的水源涵养功能下降。发源于祁连山的河西走廊内陆河水系年总径流量由20世纪40年代末的78.5亿立方米，下降到目前的72.5亿立方米。

三、草地"三化"现象严重，生产力下降

多年来祁连山草地超载量多在30%以上，草畜矛盾突出。由于超载放牧及不合理利用，可利用天然草地存在不同程度的退化、沙化和盐碱化，目前区域内中度以上的"三化"草地面积515.2万公顷，占56.8%。其中中度退化草地246.2万公顷、重度退化草地179.5万公顷、沙化草地66.5万公顷、盐碱化草地23.0万公顷。区域内病虫鼠害严重，尤其以啮齿类动物危害最大，有害啮齿类动物主要有高原鼠兔、高原鼢鼠、三趾跳鼠、五趾跳鼠、子午沙鼠等，最多可达每公顷132只，受病虫鼠严重危害的草地面积达306.1万公顷。草地退化、沙化、盐碱化及病虫鼠害，造成植被盖度降低、植被高度下降、毒杂草蔓延，草地生产力下降。与20世纪50年代相比，祁连山草地的牧草高度下降41.1%，牧草覆盖度降低了11.1%，牧草产量减少了30.4%，畜均草地占有量由2.27公顷减少到现在的0.6公顷。

2010年规划区内开展了草原生态保护补助奖励机制政策，对退化草地实施禁牧、草畜平衡等生态保护综合治理措施。到2013年，规划区内天然草地可食牧草产量已呈现微弱增长趋势，可食牧草种类有所增多，草原生态逐步向良性循环方向演替，但草原整体恶化的趋势仍未得到根本好转，因此改变草地"三化"现状，促进草地健康发展，继续实施草原治理工作任重而道远。

四、水土流失加剧，土地沙化潜在威胁较大

本区水土流失面积657.9万公顷，占国土总面积的36.7%，其中轻度侵蚀283.1万公顷、中度侵蚀189.8万公顷、强度和剧烈侵蚀185.0万公顷。从侵蚀类型和侵蚀程度看，东部区以水蚀、重力侵蚀为主，西部区风蚀、冻融侵蚀作用明显。中度以上（含中度）水土流失占57.0%，对区域内生态系统的稳定、水源涵养功能的发挥均构成了一定的威胁。

区域内沙化土地450.1万公顷，其中轻度97.8万公顷、中度194.4万公顷、重度38.8万公顷、极重度119.0万公顷；沙化土地以民勤、阿克塞、肃北最为严重。土地沙化加速了向沙漠化方向的发展和蔓延，盐池湾自然保护区境内的党河上游地区，沙化草地恶化后现已形成近0.3万公顷的流动沙丘，沙漠化面积不断扩大，已严重危害到周边的草场。

五、自然湿地萎缩，河湖生态退化

本区沼泽湿地面积与20世纪80年代相比缩小了10.2%。伴随着湿地面积萎缩，沼

泽小土丘凸起、干裂，泥炭外露，水源涵养功能减弱，原有的湿地正逐步向高寒草甸演替。根据全国第三次湿地资源调查，在重点调查的湿地中，多数河湖湿地正在受到干旱、沙化、氯化物、总氮、总磷等10多类威胁因子影响，逐步向轻度污染、中度污染方向发展，河湖水草减少，生态环境退化，面临着水质污染加重的趋势。

六、生物多样性面临严重威胁

本区是我国多种珍稀濒危物种重要分布点，由于森林水源涵养功能退化、山区小气候变化以及围栏圈地等人为活动影响，致使野生动植物的生存环境条件受到影响，种群数量减少。目前雪豹、野牦牛、马鹿、马麝、盘羊、猎隼等珍稀野生动物多被逼到雪线以上地方栖息，受食物和恶劣生存环境影响，饿死、冻死现象普遍，进一步加重其濒危趋势。区域内分布的冬虫夏草、黄芪、党参、雪莲、秦艽、红景天等资源储量也明显减少。

第四节　生态保护与建设现状

一、生态工程建设

（一）林业生态工程建设

林业是生态建设的主体，在西部大开发中具有基础性地位。三北防护林体系建设、天然林资源保护、退耕还林、野生动植物保护及自然保护区建设工程、湿地保护与恢复等生态建设工程的实施，一定程度缓解了本地区生态恶化的趋势。

截至2013年底，本区累计完成森林资源保护51.0万公顷、退耕还林35.7万公顷、湿地保护与恢复64.6万公顷（包含自然保护区内湿地43.0万公顷）、沙化土地治理18.2万公顷、防护林工程15.7万公顷、生态公益林保护与建设92.4万公顷、林业产业2.0万公顷以及生物多样性与自然保护区管护站建设等，国家和地方投入资金18.6亿元，为生态恢复和治理提供了重要的支撑。

区域内同时配套建设有森林防火体系、有害生物防治体系、湿地保护管理体系、人口易地安置和生态产业扶持等建设内容，在服务于当地的森林生态系统维护和物种资源保护工作上，取得了突出的成效。但同时也存在着工程投资标准偏低，水、电、路等配套设施不完善，森林防火、有害生物防治、资源管护等覆盖面积小，影响了工程成果的巩固和生态功能的有效提升。

（二）其他部门生态工程建设

农业部门自2010年在本区域开展了退牧还草工程，针对草原退化出台了草原禁牧、草畜平衡、牧草良种、牦牛山羊良种、牧民生产资料等一系列生态保护补助奖励政策。截至2013年底，已实施退牧还草907.5万公顷，其中禁牧285.1万公顷、草畜平衡574.3万公顷、人工种草48.1万公顷。中央财政每年对禁牧区的补助标准为青藏高原区300元/公顷、黄土高原区44.25元/公顷、西部荒漠区33元/公顷；对草畜平衡区的补助标准为32.7元/公顷；对农牧民的生产资料补助标准为500元/户。除此项工程外，农业部门在本区内还封禁沙化土地0.3万公顷、治理退化草地18.8万公顷、改良草地1.4万公顷、建设清洁能源13451户、建设暖棚和贮草棚9066平方米、异地搬迁312户。

水利部门先后实施了小流域综合治理、坡改梯、水土保持综合治理等工程，初步治理水土流失面积144.5万公顷；解决了石羊河流域下游地区1.9万人和44.1万头牲畜的饮水问题。

环境保护部门实施了对山丹、肃北、门源、天峻等县的农村环境连片整治工程，完成对水源地保护、污水处理设施建设、垃圾清运和固定垃圾处理场建设等。

国土部门开展地质灾害防治和土地整治工程。治理滑坡7处、崩塌3处、泥石流12处、不稳定斜坡4处、地面塌陷3处，完成了北海子湿地地质公园建设，整治农田土地3.8万公顷，矿山复绿综合治理0.2万公顷，建设高标准基本农田0.13万公顷。

气象部门完成了农业气象生态人工观测站3个站和7个作业点的建设，针对山洪建设一定数量的雨量监测站，开展了山洪地质灾害气象保障工程。

二、国家重点生态功能区转移支付

为配合国家主体功能区战略的实施，中央财政实行重点生态功能区财政转移支付政策。本区2013年获国家重点生态功能转移支付11.96亿元，其中用于生态环境保护特殊支出补助5.1亿元、禁止开发区补助0.14亿元、省级引导性补助0.15亿元、其他补助6.6亿元。转移支付资金分配情况为生态工程建设3.4亿元，占28.5%；禁止开发区建设0.14亿元，占1.2%；其他综合支出8.4亿元，占70.3%。从该政策实施情况看，财政转移支付主要用于农林水利、保障性安居工程、环境保护、农村医疗卫生、教育文化等基础设施建设，生态保护与建设所占比例较低，且投入资金规模远不能满足本地区生态保护与建设的实际需要。

三、生态保护与建设总体态势

祁连山冰川与水源涵养生态功能区通过退牧还草、天然林资源保护、退耕还林、防沙治沙、水土流失综合治理等工程的实施，生态环境整体恶化的趋势正逐步得以改善，早期受破坏植被正处于缓慢的恢复演替，但仍存在着超载放牧、草原退化、冰川退缩、湿地萎缩、森林质量不高、生物多样性减少、水土流失加剧、防沙固沙严峻等生态问题。同时，迫于地方发展和居民脱贫致富需要，不合理的矿产资源开发，在一定程度上影响了该区域的冰川与水源涵养保护效果。生态保护与建设工作的持续性和科学性对于区域整体生态发展的走势将起到决定作用，目前区域生态保护与建设正处于关键阶段。

第二章　指导思想与原则目标

第一节　指导思想

全面贯彻党的十八大精神，深入学习贯彻习近平总书记系列重要讲话精神，以保护祁连山冰川、提升区域水源涵养功能、遏制沙化扩展、构建生态安全屏障为核心，统筹空间管制与引导，逐步减轻森林、草地和湿地资源的承载力，提高区域生态系统水源涵养补给和生物多样性保护功能，实现人与自然和谐相处。通过发挥区域资源优势，强化科技支撑，优化产业结构，加强综合治理，强化生态监管，协调人口、资源与生态关系，实现农牧民脱贫致富等措施，把该区建设成为生态良好、生活富裕、社会和谐、民族团结的生态文明示范区，为河西走廊及我国西部可持续发展提供生态安全保障。

第二节　基本原则

一、全面规划，突出重点

与《全国主体功能区规划》进行充分衔接，全面考量祁连山冰川与水源涵养生态功能区自身特点，突出草原、森林、湿地和冰川保护功能，把增强冰川与水源涵养，持续为河西走廊及内蒙古西部绿洲提供生态水资源能力作为首要任务，将保障区域内森林、草原、湿地等生态用地面积不减少作为规划重点，同时提高其生态功能，推进区域人口、经济、资源环境协调发展。

二、保护优先，科学治理

优先规划区域内原生型生态系统和物种资源，充分发挥草原、森林、湿地和冰川生态系统的自然修复能力。尊重自然规律和科学规律,并辅以必要的人工治理措施,巩固已有建设成果,科学推进生态系统水源涵养功能的恢复和物种资源保护。

三、合理布局，分区施策

区域内自然条件差异较大,水源涵养的功能大小与作用不同。规划要围绕"保护冰川、涵养水源、防沙治沙、合理利用水资源"的需求,进行分区布局,凸显各区特点,分别采取针对性的保护和治理措施,合理安排建设内容。

四、以人为本，改善民生

本区存在一定量的贫困人口,经济发展压力大,正确处理生态与民生、生态与产业、保护与发展的关系,兼顾农牧民增收与区域扶贫开发,引导人口和产业有序转移,培育发展具有民族性和地域性的特色产业,促进农牧民生产方式转型,加快牧区经济发展,减少人为活动对当地生态环境的压力,确保生态建设成果,实施一系列生态补偿与奖励,建立生态保护建设长效机制,实现人与自然的和谐相处。

五、政府主导，社会参与

本区规划是以地方政府为单位组织实施,地方各级政府要把生态保护与建设纳入中央和地方各级公共财政体系,进一步推进区域内的林权、草权制度改革,广泛动员全社会共同参与生态建设,设立政府主导、市场推动、社会参与、多渠道筹集祁连山生态环境保护与建设资金,建立健全长效投资融资机制。

第三节　规划期与规划目标

一、规划期

规划期为2015～2020年,共6年。

二、规划目标

总体目标:到2020年,本区生态整体恶化趋势得到遏制,冰川保护与水源涵养功能明显提高,生态系统的稳定性和应对气候变化能力明显提升。新增水源涵养能力5.2亿立方米,地表水水质达到Ⅰ类,空气质量达到一级;生态用地面积增加并得到严格保护,林草植被覆盖度提高,森林蓄积量增加;草地"三化"得到有效控制,基本实现草畜平衡;冰川退缩减缓,石羊河、疏勒河、黑河等主要河流径流量基本稳定;沙化土地扩展趋势和水土流失得到有效控制;野生动植物物种得到保护和恢复;农牧民收入显著增加,后续特色产业发展迅速;配套基础设施建设完善,生态监管能力提升,城镇化进程加快，初步建成山川秀美、人民富裕、民族团结的生态文明示范区。

具体目标：到2020年，生态用地占比82.0%；林草植被覆盖度提高到74.6%；森林覆盖率提高到15.5%；森林蓄积量达到3447.3万立方米；"三化"草地治理率达到83.0%；草地病虫鼠害治理率达到80%；可治理沙化土地治理率达到50%；水土流失治理率达到50%；自然湿地保护率提高到65%。晋升国家级自然保护区2处；新增生态产业基地30万公顷，农牧民培训15万人次；农村清洁能源家庭占比达到50%。初步建成地质灾害防治体系和科技保障体系；建成生态功能动态监测和评价信息管理系统。

表 7-2　规划指标

主要指标	2013 年	2020 年
冰川与水源涵养能力保护目标		
生态用地①面积占比（%）	78.4	82.0
林草植被覆盖度（%）	71.1	74.6
森林覆盖率（%）	12.4	15.5
森林蓄积量（万立方米）	3292.8	3447.3
"三化"草地治理率（%）	/	83
退化草地治理率（%）	/	85
沙化草地治理率（%）	/	80
盐碱化草地治理率（%）	/	60
草地病虫鼠害治理率（%）	/	80
自然湿地保护率（%）	49.4	65
水土流失治理目标		
可治理沙化土地治理率（%）	12.4	50
水土流失治理率（%）	22	50
生物多样性保护与建设目标		
晋升国家级自然保护区（处）	6	2
新建自然保护区（处）	4	3
新建国家森林公园（处）	9	5
新建国家湿地公园（处）	1	5
新建国家级风景名胜区（处）	3	6
新建国家地质公园（处）	1	1
新建国家沙漠公园（处）	2	4

（续）

主要指标	2013 年	2020 年
生态扶贫目标		
新增产业基地（万公顷）	/	30
农村清洁能源家庭占比（%）	13.5	50
农牧民培训（万人次）	/	15
地质灾害防治目标		
地质灾害防治体系	/	初步建成
科技保障目标		
科技保障体系	/	初步建成
生态监管目标		
生态功能动态监测和评价信息管理系统	各部门有零散监测成果	初步建成

注：①生态用地包括林地、湿地和草地三种土地利用类型。

第三章　总体布局

第一节　功能区划

一、布局原则

根据祁连山地貌和生态系统的差异性、冰川保护和水源涵养的重要性、生态保护与经济发展的适应性、行政区划的完整性，按照《全国主体功能区规划》要求，从生态保护与建设的角度出发，对祁连山冰川与水源涵养生态功能区进行区划。

二、分区布局

本区共划分3个生态保护与建设分区，即森林草原水源涵养区、荒漠草原水源涵养区和水土保持生态治理恢复区。见表7-3。

表 7-3　生态保护与建设分区表

区域名称	行政范围	面积（万公顷）	资源特点
合　计	15	1792.9	
森林草原水源涵养区	天祝县、肃南县、中牧山丹马场、门源县、祁连县、天峻县、刚察县	883.6	降水和光热资源比较丰富，森林、草原资源相对集中，有最完整的寒温性山地暗针叶林 - 草原生态系统，也是冰川资源主要分布区。水资源和生物多样性资源丰富，主要承担水源涵养和产水功能以及栖息野生动物等功能
荒漠草原水源涵养区	肃北县、阿克塞县	537.5	高海拔地区，干旱少雨，矿产、冰川和生物多样性资源丰富。冰川有最大规模的孟轲冰川和敦德平顶冰川。区域内以高寒荒漠草原为主，地表植被稀少、土地沙化，水源涵养能力弱；戈壁、沙漠、湿地与冰川共存，风力、冻融侵蚀明显，水土流失和风沙危害严重，生态环境脆弱

（续）

区域名称	行政范围	面积 （万公顷）	资源特点
水土保持 生态治理 恢复区	永登县、古浪县、 民勤县、山丹县、 永昌县、民乐县	371.8	为祁连山下部的绿洲生态农业区，紧邻河西走廊，是发展种植业、林果业和畜牧业的重点区域，人口多且集中，农牧业开发强度大，植被破坏严重，区域内存在着水土流失、荒漠化和水资源短缺等生态问题

（一）森林草原水源涵养区

本分区位于祁连山中东部，属高原山地地貌类型，行政区域包括天祝、肃南、中牧山丹马场、门源、祁连、天峻、刚察7县（场），面积883.6万公顷，占规划区总面积49.3%。区域内以传统牧业为主，兼有少量农业。本区地跨祁连山高寒半湿润区，是森林草原资源生长较好的区域，有最完整的寒温性山地暗针叶林-草原生态系统，同时也是冰川、河流源头沼泽资源主要分布和保护区域。区内水资源和生物多样性资源丰富，主要承担水源涵养和产水功能，以及栖息野生动物和保持水土等功能。生态主导功能是水源涵养补给、冰川资源和高原生物多样性保护。

（二）荒漠草原水源涵养区

本分区位于祁连山西部，属高原荒漠地貌类型，行政区域包括阿克塞、肃北2县，面积537.5万公顷，占规划区总面积30.0%。区域地跨祁连山高寒半干旱区，传统牧业较发达。区内矿产、冰川和野生动植物资源丰富；土地沙化，风力侵蚀严重；冰川、戈壁、沙漠、河流、湿地共存，具有一定的产水功能；植被稀少且生长缓慢，自然生态环境脆弱，水源涵养功能低下。生态主导功能是涵养水源、防治土地沙化以及加强高原生物多样性保护。

（三）水土保持生态治理恢复区

本分区位于祁连山与河西走廊过渡的浅山地带，属河西走廊冷温带干旱区，行政区域包括永登、古浪、民勤、永昌、山丹、民乐共6县，面积371.8万公顷，占规划区总面积20.7%。区内有依靠灌溉的绿洲农业和非灌溉的畜牧业，是国家重要的商品粮生产基地、经济林果业重要后备基地和畜产品生产基地，是发展种植业、林果业和畜牧业的重点区域。由于人口集中，农牧业开发强度大，生态用地减少、超载过牧，植被破坏严重，出现了土地沙化、水土流失和水资源短缺等生态问题。生态主导功能是防沙固沙、控制水土流失、发展现代生态农业以及合理利用水资源。

第二节　建设布局

一、森林草原水源涵养区

（一）区域特点

土地面积883.6万公顷，人口54.6万人，人口密度6.2人/平方千米。主要植被有山地草原、高寒草甸、灌丛和森林等，森林主要分布在祁连山阴坡和半阴坡，以青海云杉林、祁连圆柏林为主，辅以油松林、青杆林、山杨林、桦树林；灌木林以金露梅、银露梅、杜鹃、沙棘、山生柳等树种为主，森林覆盖率为13.79%。

地质灾害较多，有滑坡28处、崩塌23处、泥石流32处、不稳定斜坡36处、地面塌陷4处，这些地质灾害隐患基本未进行治理。现有生态环境监测及监察人员41人、仪器设备24套，水质监测断面6个，大气土壤监测点位15个，气象地面观测站点48个；已建立了森林、草原火险气象基础数据库，但未开展气象评估服务。

森林面积121.9万公顷，草地面积640.6万公顷，湿地面积43.9万公顷，生态系统水源涵养能力为68.7亿立方米。沙化土地面积28.6万公顷（其中可治理面积24.5万公顷），水土流失面积190.0万公顷。

国家公益林102.2万公顷，地方公益林6.4万公顷。纳入中央财政补贴的国家公益林94.9万公顷，地方公益林1.9万公顷；尚有11.8万公顷生态公益林未纳入中央财政补贴。区域内草地全部享受草原生态保护补助奖励机制补助政策。

国家禁止开发区域有甘肃祁连山国家级自然保护区、青海湖国家级自然保护区、青海湖国家级风景名胜区、天祝三峡国家森林公园和仙米国家级森林公园。

（二）主要问题

超载放牧，草地退化。区域内1965年各类牲畜年末存栏量为342.3万头，2010年为536.0万头，增加了约60%。由于超载及不合理利用，区域内目前尚有中度以上退化草地195.7万公顷、沙化草地19.1万公顷、盐碱化草地2.7万公顷；可食牧草产量及优良草场等级平均下降了18%和22%，毒杂牧草比重上升，每个羊单位需草地由原来0.47公顷增加到0.53～1.07公顷。

冰川退缩，湿地萎缩恶化。近年来，祁连山中东部冰川正以3.3～16.8米/年的速度退缩，伴随着冰川的退缩以及产水功能的下降，湿地面积萎缩、水质不断恶化。

森林质量不高、生态功能减弱。森林面积中灌木林占81.2%；郁闭度≥0.5的有林地仅占77.0%，且缺少抚育管理措施；另外祁连山天然林自1986年禁伐后，近30年来缺少适当的抚育管理，林内风倒木、雪折木、机械损伤的濒死木以及病虫害枯立木普遍存在，从而也影响林木的正常生长。森林、草地、湿地大面积减少和逆向演替，造成区域水源涵养功能减弱，生物多样性减少。

（三）建设重点

继续实施天然林保护、退耕还林、生态公益林管护及生物多样性保护等工程，提高森林质量，扩大乔木林地面积，提高水源涵养能力。继续实施草原生态保护补助奖励机制补助政策，全面推行禁牧、休牧、轮牧等草畜平衡制度，加强对退化草地综合治理和有害生物防治。加强冰川和湿地的恢复与保护，实施人工增雨（雪）作业，减缓湿地和冰川萎缩；加快传统牧业发展方式的转变，扶持发展舍饲圈养、生态旅游、玉石文化、马文化、林下经济等特色产业，加快农牧民脱贫致富；加强基础设施和公共服务设施建设，实施人口易地安置，引导超载人口逐步有序转移。按资源条件分类设立禁止开发区。

二、荒漠草原水源涵养区

（一）区域特点

本分区土地面积537.1万公顷，人口2.1万人，人口密度0.4人/平方千米。区内土地沙化、荒漠化严重，植被生长缓慢，自然环境脆弱；森林多为特灌林地，量少质差，覆盖率仅为5.8%。

地质灾害有滑坡6处、崩塌16处、泥石流18处、地面塌陷2处，这些地质灾害隐患均未开展治理。现有生态环境监测人员7人，监测监察仪器7套；水质监测断面2个，大气监测点位2个，气象地面观测站点7个。已经建立了森林、草原火险气象基础数据库，但未开展气象评估服务。

森林面积31.4万公顷，草地面积274.9万公顷，湿地面积46.9万公顷，区内生态系统水源涵养能力为29.4亿立方米。沙化土地面积251.1万公顷，水土流失面积245.2万公顷。

国家公益林31.4万公顷，地方公益林0.9万公顷；纳入中央财政补贴的国家公益林12.3万公顷。区内草地全部享受草原生态保护补助奖励政策。

国家禁止开发区域有盐池湾国家级自然保护区和安南坝野骆驼国家级自然保护区。

（二）主要问题

土地沙化，水土流失（风蚀）严重。区内有沙化土地251.1万公顷，可治理沙化土地170.6万公顷，已治理沙化土地6.1万公顷，尚有96.4%的沙化土地需要治理。有水土流失245.2万公顷，已初步治理46.1万公顷，尚有81.2%未治理。

草地退化，病虫鼠害严重。区内"三化"草地151.9万公顷，占退化草地总面积的29.4%。目前尚有中度以上退化草地102.6万公顷；有沙化草地32.0万公顷；盐碱化草地17.3万公顷；草原鼠害面积62.6万公顷。

冰川退缩，湿地萎缩恶化。近年来祁连山西段冰川以2.2米/年的速度退缩，1959～1990年冰川面积减少了116.2平方千米，冰贮量减少了50亿立方米。冰川面积缩小，水源补给不足，导致湿地面积萎缩，水质碱化；再加上人为不合理的开发利用，部分湿地长期受工农业废水、生活污水等危害，水质呈现恶化趋势。

森林资源缺乏，管护难度大。区域内森林覆盖率为5.8%，且99.9%为天然灌木林。因干旱少雨，土地沙化，造林成本高，管护难度大。

采矿现象严重，取缔难度大。区内石棉、煤、金、银、铜、铁等矿藏矿产资源丰富，肃北、阿克塞两县财政90%的收入来源于现有的采矿和探矿企业，取缔部分矿产资源开发将会影响地方的税收和地方经济的发展，短时间内退出存在一定困难。

（三）建设重点

以退牧还草为重点，继续实施草原生态保护补助奖励机制补助政策，全面推行禁牧、休牧、轮牧等草畜平衡制度，加强对退化草地综合治理和有害生物防治。继续实施天然林资源保护、三北防护林体系建设及生物多样性保护等工程，扩大森林资源面积，提高水源涵养能力；以治理沙化土地为重点，加强区域内防沙治沙和水土流失治理，推进党城湾地区环形防风林带建设，遏制沙漠化进程；实施人工增雨（雪）作业，加大冰川和湿地的恢复性保护，重点加强孟轲冰川和敦德平顶冰川的抢救性保护，提高水源储备和产水功能；统筹协调矿产、水电资源的开发与监管；加强基础设施和公共服务设施建设，实施人口易地安置和游牧民定居，引导超载人口逐步有序转移，实现人与自然和谐相处。按资源条件分类设立禁止开发区。

三、水土保持生态治理恢复区

（一）区域特点

土地面积371.8万公顷，人口189.3万人，人口密度50.9人/平方千米。为河西走廊生态绿洲农业区，森林覆盖率18.77%。

地质灾害较多，有滑坡88处、崩塌82处、泥石流152处、不稳定斜坡83处、地面塌陷16处，目前已治理滑坡3处、崩塌3处、泥石流11处、不稳定斜坡1处、地面塌陷3处，95%的地质灾害隐患未得到有效解除。现有生态环境监测监察25人，生态监测设备48套，水质监测断面12个，大气监测点位6个，土壤监测点位8个，气象地面观测站点133个。已经建立了森林、草原火险气象基础数据库，但没有开展气象评估等服务。

森林面积69.8万公顷，草地面积136.1万公顷，湿地面积11.7万公顷，区域生态系统水源涵养能力为23.5亿立方米。沙化土地面积170.4万公顷，水土流失面积222.8万公顷。

国家公益林50.9万公顷，地方公益林12.2万公顷；纳入中央财政补贴的国家公益林40.8万公顷，地方公益林2.8万公顷。区域内草地全部享受草原生态保护补助奖励机制补助政策。

国家禁止开发区域有甘肃祁连山国家级自然保护区、甘肃民勤连古城国家级自然保护区、甘肃连城国家级自然保护区、吐鲁沟国家级森林公园、红崖山水库国家湿地公园。禁止开发区同时还包括古浪、民勤、永昌和民乐县沙化土地封禁保护区。

（二）主要问题

人口、牲畜迅速增加，生态环境压力大。与20世纪60年代相比，人口增加了90%，饲养的各类牲畜增加了1.4倍。人口增加、农牧业开发强度增大，毁林开荒、毁草种粮、乱采滥挖天然草原和灌丛地等生态资源，生态环境承载压力增大。

土地沙化，水土流失严重。本区紧邻腾格里、巴丹吉林两大沙漠，有沙化土地170.3万公顷。其中可治理沙化土地24.5万公顷，已治理沙化土地16.8万公顷，尚有7.8万公顷的沙化土地未开展治理。尚有222.8万公顷需要开展治理，治理任务重、难度大。

生态用地面积减少，水源涵养能力减弱。1965～2010年，区内草地、湿地、森林等生态用地存在不同程度的减少，其中草地减少了20.1%。另外草地退化严重，有中度以上退化草地127.5万公顷、沙化草地15.3万公顷、盐碱化草地3.0万公顷；生态用地面积减少、功能退化导致区内水源涵养功能的减弱。

造林（种草）任务重。该区为绿洲生态农业区，森林覆盖度相对偏低且农田防护林存在破损现象，需加强人工造林；区内尚有坡度大于25度的坡耕地3.5万公顷，林缘区弃耕地以及关井压田退下的9.3万公顷撂荒地需要进行退耕还林还草。

现代农业发展滞后，生态用水不足。受传统农业影响，区域内灌溉方式多采用大水漫灌，种植结构单一，生态节水农业发展滞后，致使生态用水严重不足。加之流域水资源管理不到位、用水结构不合理以及陡坡耕作等原因，进一步加剧了本区域生态环境的恶化。

生态建设活力不足。森林资源保护管理机制不健全，林地和森林有偿利用率不高，林业发展活力不足，重栽轻管、重利用轻保护现象比较普遍，偷牧放牧、侵占林地、违规野外用火、破坏野生动植物资源等行为时有发生。

（三）建设重点

继续实施天然林资源保护、退耕还林还草、三北防护林体系建设、生态公益林管护等工程，扩大人工造林面积，提高水源涵养能力；继续实施草原生态保护补助奖励政策，全面推行禁牧、休牧、轮牧等草畜平衡制度，加强对退化草地的综合治理和有害生物防治。加大防沙治沙工程建设，开展沙化土地封禁保护；加大流域和坡耕地水土流失的综合治理，减少地质灾害发生频率；加强和完善农田林网体系建设，积极发展特色农业和绿洲节水高效农业，推进节水型社会建设；调整区域农牧业产业结构，发展设施农牧业、特色林果业和沙区产业，帮助农牧民脱贫致富；加强基础设施和公共服务设施建设，限制人口增长速度，引导超载人口逐步有序转移，实现人与自然和谐相处。按资源条件分类设立禁止开发区。

第四章 主要建设内容

第一节 水源涵养能力建设

一、森林生态系统的保护和建设

强化森林保护与管护。继续推进天然林资源保护和生态公益林管护，按照管护面积、管护难易程度采取不同的森林管护方式，建立健全管护机构、人员和相关制度，培训管护人员，落实管护责任，实现森林资源管护全覆盖，提升森林质量和数量。加强以林地为核心的森林资源林政管理，加大资源监督检查和执法力度。

加强森林资源培育。深入开展植树造林和退耕还林，加快推进三北等防护林体系建设，加大宜林荒山荒地造林力度；按照国家统一部署，扩大退耕还林面积，继续对重点地区15度以上坡耕地实施退耕还林；加强封山（滩）育林，对疏林地、灌丛以及未成林造林地实施自然修复；加强村镇绿化工程，营建生态绿洲农田防护林体系；全面加强森林经营管理，加大中幼林和天然林区的抚育管理，提高现有森林资源的林分结构和生态效益，促进森林正向演替。

主要任务：2015～2020年，工程造林6.1万公顷，退耕还林5.8万公顷，封山育林26.8万公顷，森林抚育8.3万公顷，森林管护面积44.9万公顷。

专栏7-1　森林生态系统保护与建设重点工程

01　天然林资源保护工程
　　对天然林资源保护工程区森林实行全面有效管护，加强后备森林资源培育；对非天然林资源保护工程区的天然林停止商业性采伐；在肃南和祁连县的国有林场开展天然林抚育（卫生伐）补偿试点。

02　生态公益林建设
　　将44.9万公顷生态公益林纳入国家和地方森林生态效益补偿范围；实施对生态公益林的全面管护。

（续）

专栏 7-1　森林生态系统保护与建设重点工程

03　退耕还林

巩固退耕还林成果，对古浪、天祝、永登、门源等县 15 度以上 5.8 万公顷坡耕地实施退耕还林，加强水源涵养林建设。在气候条件适宜、土壤肥沃、具有灌溉条件的河西走廊生态绿洲区可营造杏、梨、苹果、大枣、葡萄、枸杞、沙棘、白刺等特色经济林。

04　封山（滩）育林

对疏林地、灌丛以及未成林造林地实施封育保护；必要时可采取人工促进措施，缩短郁闭成林时间，提高林地生态功能。

05　森林抚育

对郁闭度低于 0.5 的 8.3 万公顷中幼林进行抚育管理，调整林分结构，提高林分质量，增加水源涵养能力。

06　三北防护林体系建设五期工程

大力推进造林种草，沙化土地封禁保护，在民勤、阿克塞、肃北、永昌、山丹等县着力构建以防沙治沙为主的防护林体系，调整防护林体系的内部结构，完善防护功能。

07　农田防护林体系建设和村镇绿化工程

以河西走廊生态绿洲区为重点，加强对无防护功能、病虫害严重、防护效益低下的农田林网进行建设和修复改造；加快和完善村镇周边和道路两侧的绿化工程建设。

二、草地生态系统保护和恢复

加强草地保护和综合利用，落实禁牧、休牧、轮牧等制度，继续推进退牧还草、退耕还草等工程建设，实现草畜平衡，促进草地生态系统健康稳定发展；通过封禁、补播改良、人工种草、土壤改良、灌溉施肥以及病虫鼠害防治等措施，加快对退化草地的综合治理，逐步提高植被覆盖度和优质牧草产量。对于草畜矛盾严重的县（场）通过实施退耕还草、天然草地改良、人工饲草基地建设等措施，以解决舍饲养殖饲料不足等问题。

主要任务：2015～2020年，落实草原生态保护补助奖励机制政策，退牧还草 425.7 万公顷；治理沙化草地 53.2 万公顷；治理盐碱化草地 13.8 万公顷；退耕地还草和天然草地改良 7.5 万公顷；草地病虫鼠害防治 245.0 万公顷。

专栏 7-2　草地生态系统保护与建设重点工程

01　退牧草地工程

落实草原生态保护补助奖励政策，将规划区内 425.7 万公顷中度以上退化草地划为禁牧区，实施禁牧，禁牧区外实施草畜平衡；禁牧周期 5 年，期满后根据草场生态功能恢复情况，实施继续封禁或转入草畜平衡管理。

（续）

专栏 7-2 草地生态系统保护与建设重点工程
02 沙化草地治理 　　采取围栏封育、飞播改良、免耕播种、草产业基地和小型牧区水利配套设施建设等措施治理沙化草地；治理率提高至 80% 以上。
03 盐碱化草地治理 　　加强对盐碱化和黑土滩草地的综合治理，治理率提高至 60% 以上。
04 退耕还草和草地改良 　　对迁出居民点内的耕地、不在册的开荒地、林缘区弃耕地和关井压田退下的撂荒地实施退耕还草和草地改良。
05 草原病虫鼠害防治工程 　　加强对草地的病虫鼠害综合防治，综合治理率提高至 80% 以上。

三、湿地生态系统的保护和恢复

继续推进湿地保护工程，加大湿地保护的执法和宣传力度，提高湿地保护与综合管理能力建设。对区域内重点湿地采取湿地生态系统恢复、关键物种栖息地重建和外来入侵物种防治等方法，配套控制水源污染、建设围栏、宣传警示标牌等，开展湿地生态系统的自然恢复，提高土壤蓄水和水源涵养功能。加强水量调度，确保青海湖、苏干湖等重要湿地生态用水；通过修建漫水坝、加固河道岸线、清淤等水利设施调控湿地水体水位，扩大湿地面积，科学修复和治理退化湿地；加强水源地的水质保护与水源供给，充分发挥湿地多功能作用，对社会和经济效益明显的湿地，规划期内可开展资源合理利用试点示范。

主要任务：2015～2020年，湿地保护与恢复工程20.0万公顷，湿地恢复0.8万公顷。

专栏 7-3 湿地生态系统保护与修复重点工程
01 湿地保护与恢复工程 　　针对围垦、缺水、环境污染、过度利用的重点湿地，实施减畜，配套建设围栏、漫水坝、宣传警示标牌；开展生态补水、退耕还湿、湿地排水、退化湿地恢复和盐碱化土地复湿等治理措施。
02 重要湿地水生态保护与修复 　　在国家和省级重要湿地内，构建河湖水系连通网络体系。
03 水源地保护工程 　　对黑河、疏勒河、石羊河、大通河、托勒河、苏干湖水系源头的重要饮用水水源地实施封禁保护；营造水源涵养林，保障水质安全和水源供给；保障"引哈济党"等重点调水工程的实施。

（续）

专栏7-3　湿地生态系统保护与修复重点工程
04　湿地保护能力建设 　　加强湿地保护的宣传、执法能力建设，配备人工增雨和监测设备，增加湿地健康性评价等监测指标。

四、冰川生态系统的保护和恢复

在重点冰川区的主要路口设置检查站，冰川区外围设置警戒线、警示宣传牌等，实施对冰川的封禁保护；加大矿山整治和矿区环境综合治理，规范现有矿产资源开发行为，实施限期整改和关停退出制度，减少对冰川资源的环境污染和破坏；加大气象基础设施投入，配备相应的水汽资源监测设备，加大人工增雨（雪）作业强度，合理开发利用祁连山空中云水资源优势，增加冰川资源储备。

主要任务：2015～2020年，设检查站26个、警戒线200千米、警示宣传牌200块；矿区环境综合治理0.7万公顷。

专栏7-4　冰川生态系统保护与恢复重点工程
01　冰川保护工程 　　在阿克塞、肃北、祁连山自然保护区等重要冰川区的主要路口设置检查站，冰川区外围设置警戒线、警示宣传牌等，限制人与牲畜活动范围，加强巡护，实施对冰川的封禁保护。
02　矿山整治工程 　　严格限制非生态类项目的审批；冰川生态旅游和水电资源的开发要进行科学论证；规范矿产资源开发行为，依法关停矿产资源开发手续不全、污染严重和限期整改仍不达标的现有企业。
03　矿区环境综合治理工程 　　加强矿区环境综合治理，规范开采区域，重点加强对天峻县木里、刚察县热水等矿区的环境综合治理；对责任主体消失、到期废旧矿区和矿渣场实施封禁、填埋、覆土绿化等综合治理。

第二节　水土流失及土地沙化综合治理

坚持"防治结合、保护优先、强化治理"的水土流失治理方针，以保护土地资源、提高土地生产力和土壤水源涵养能力为目标，开展水土流失综合治理、防沙治沙、坡耕地水土流失综合治理，降低区域内水土流失强度，减少地质灾害发生频率。全面实施生产建设项目水土保持方案制度和"三同时"管理制度，科学预防和治理水土流失。

主要任务：2015～2020年，完成小流域综合治理184.5万公顷；综合治理沙化土地面积82.6万公顷（含治沙造林7.0万公顷），治理坡耕地2.5万公顷。

专栏7-5　水土流失及土地沙化防治重点工程

01　水土流失综合治理工程

以小流域综合治理为主，修建拦沙坝、谷坊和截水沟，开展坡面水系建设和生态修复，蓄水保土，推进清洁小流域试点示范建设。

02　防沙治沙工程

结合三北防护林体系建设，在祁连山北部风沙区实施防沙治沙工程；在阿克塞、永昌等县境内营建防沙林带；在民勤绿洲外围实施沙漠锁边工程；鼓励沙区及沙区生态林承包治理的经营模式。

03　沙化土地封禁保护工程

强化自然修复，因地制宜，划定沙化土地封禁保护区域，加强封禁管护设施和封禁监管能力建设。继续推进民勤县沙化土地封禁保护试点示范及技术推广。

04　坡耕地专项治理工程

25度以下的缓坡耕地可实施"坡改梯"；推广免（少）耕播种、深松及病虫草害综合控制技术，实施保护性耕作。

05　农田生态保育工程

开展农田质量建设和退化农田改良，配套建设排灌沟渠、蓄水池窖，优化种植制度和方式，强化涵养水源和控制沙化等生态功能。

06　生态脆弱流域治理工程

对河西走廊生态脆弱流域实施生态综合治理，以灌区节水改造和干流河道治理为重点，强化水资源管理和统一调度。

07　水土保持监测能力建设

建立和完善水土保持监测与信息系统，提高动态监测和管理能力。

第三节　生物多样性保护

一、资源调查

本区地处青藏、黄土、内蒙古三大高原交会处，野生动植物资源极其丰富，是我国高原生物多样性热点地区之一。但存在生物多样性资源普查工作滞后、资源底数不清等情况。开展祁连山野生动植物资源全面而详细的调查、分类、统计工作，建立高原过渡区野生动植物资源分布现状数据库，为进一步搞好野生动植物保护管理提供依据。

二、禁止开发区域划建

（一）自然保护区

继续推进国家级自然保护区建设，对保护空缺的典型自然生态系统和极度濒危野生动物及栖息地，加快划建自然保护区；根据《中华人民共和国自然保护区条例》，完善区内国家级自然保护区的资源管护和监测设施建设，引入视频监控、辅助信息决策平台等高科技设施设备，提高资源保护工作科技含量。新建省级自然保护区3处，加大对地方级自然保护区的管理机构设置、管护经费和基层设施配备的扶持力度，鼓励青海祁连山省级自然保护区、甘肃大苏干湖省级自然保护区和甘肃小苏干湖省级自然保护区晋升为国家级自然保护区。稳步推进自然保护区核心区、缓冲区的人口易地安置工程，配套搬迁后退耕地还林还草建设。

（二）森林公园

继续推进森林公园建设，界定森林公园范围，强化现有森林公园管理机构建设，按核心景观区、一般游憩区、管理服务区和生态保育区分类管理和建设。加强森林资源和生物多样性保护，对资源稀缺性、典型性和代表性的区域要加快划建国家级森林公园，新建国家级森林公园5处。严格执行游客容量控制，除必要的保护设施和附属设施外，禁止与保护无关的生产建设活动。

（三）湿地公园

加快湿地公园建设，新建国家湿地公园5处，通过人工适度干预，促进修复或重建湿地生态景观，维护湿地生态过程，最大限度地保留原生湿地生态特征和自然风貌，保护湿地生物多样性。湿地公园建设严格遵循国家和地方的相关法律法规以及湿地公园规划，以开展湿地保护恢复、生态游览和科普教育为主，严格控制游客数量，确保湿地生态系统安全。

（四）风景名胜区

充分利用区域自然景观和人文资源优势，建设国家级风景名胜区6处，依据《风景名胜区条例》，严格保护风景名胜区内景物和自然景观，控制人工景观和旅游配套设施的规模和建设地点，核定游客人数，保护区域内核心景观资源的完整性和长期有效性，与其他禁止开发区域共同形成生物多样性资源保护合力。

（五）地质公园

利用区域内丹霞地貌、雅丹地貌及远古地质时期等资源优势，新建国家地质公园1处，严格按照《世界地质公园网络工作指南》《关于加强国家地质公园管理的通知》

进行管理，除必要的保护设施和附属设施外，禁止其他生产建设活动，对于公园内及可能对公园造成影响的周边地区，禁止采石、取土、开矿、放牧、砍伐及其他可能产生负面影响的活动。

（六）沙漠公园

充分利用区域内沙漠资源优势，按照《全国防沙治沙规划（2011～2020年）》和《国家沙漠公园试点建设管理办法》，以保护荒漠生态系统、促进沙漠地区健康有序发展为目的，开展国家沙漠公园试点建设。目前已批复沙漠公园试点2处，根据当地实际情况和社会发展需求，规划期内拟新建国家沙漠公园4处，在防沙治沙和保护生态功能的基础上，合理利用沙区资源，开展公众游憩、旅游休闲和进行科学、文化、宣传和教育等活动。

主要任务：2015～2020年，晋升国家级自然保护区2处，建设省级自然保护区3处、国家森林公园5处、国家湿地公园5处、国家级风景名胜区6处、国家地质公园1处、国家沙漠公园4处。

专栏7-6　生物多样性保护建设重点工程

01　自然保护区建设工程

完善自然保护区基础设施建设，国家级自然保护区由6个增加到8个。以河流湿地和荒漠植被为核心，新建3个省级自然保护区，积极开展珍稀物种和生态系统监测，促进生态系统正向演替。

02　森林公园、湿地公园、风景名胜区、地质公园、沙漠公园建设

加强管理，控制建设内容与规模，形成自然保护区空缺地带生物多样性保护的网络体系；完成布哈河及石羊河等湿地公园建设。

03　濒危物种救护繁育保护工程

加强自然生长区的保护措施，利用科技手段，对珍稀濒危动植物进行就地、近地繁育，扩大物种数量和分布范围；在阿克塞和肃南各建濒危物种救护繁育中心1处。

04　生物多样性资源调查

开展生物多样性资源调查，为珍稀濒危物种保护提供科学依据。

第四节　生态扶贫建设

一、生态产业

根据不同的自然地理和气候条件，充分发挥区域资源优势，突出名特优新的特点，转变和创新发展方式，调整产业结构，积极推进"设施农牧业+特色林果业"为主体的生产发展模式。大力发展特色经济林、林下经济、中药材和生态牧业，建设中药材生产加工、马鹿驯养、牛羊规模化养殖与加工等产业基地，并带动种苗等相关产业发展；大力发展酿酒葡萄、红枣、枸杞、核桃为主的特色林果产品，发展生态鸡、食用菌、山野菜、油菜、小杂粮等特色养殖业和种植业，延长产业链条，提高农牧民收入。积极发展生物质能源，加大农林业剩余物的开发利用，发展生态循环经济。积极探索建立起较为灵活的投融资及经营机制，不断扩大提高外来资金利用规模与水平，助推特色生态产业快速发展，使生态产业在国民经济中逐步占据主导地位，形成具有祁连山特色的生态经济格局，加强对农牧民的就业开展技能培训，帮助农民脱贫致富。

主要任务：2015～2020年，建设生态产业基地30万公顷，开展实用技术培训15万人次。

专栏7-7　生态产业重点工程
01　特色经济林 在民勤、永登、天祝、永昌、民乐、山丹等县发展酿酒葡萄、红枣、枸杞、核桃为主的特色林果业。
02　林下经济 发展食用菌、生态鸡、山野菜、中药材等特色养殖业和种植业。
03　牛羊规模化养殖基地 成立牛羊规模化养殖专业合作社，建设绿色食品生产加工基地，推行舍饲、半舍饲喂养和补饲育肥等标准化养殖技术，配套建设饲草基地、标准化暖棚、贮草棚和青贮窖等基础设施。
04　中药材基地 发展中药材规模化种植，扩大大黄、黄芪、秦艽、甘草、肉苁蓉等为主的特色中药材种植面积。
05　人工养殖马鹿基地 在肃南、肃北、阿克塞建设马鹿养殖场，发展马鹿规模化养殖。
06　农牧民技术培训 促进生态补偿区生产方式转变和经济结构调整，推进移民安置区的可持续快速发展，开展农牧民后续产业技术培训15万人次。

二、人口易地安置

与国家扶贫攻坚规划相衔接，对区域内生存条件恶劣的沿山区农牧民实行易地扶贫搬迁；对自然保护区核心区、缓冲区以及国家风景名胜区核心景区的居民，除部分就地转为管护人员外，其他人员实行人口易地安置。结合城镇化和新农村建设发展要求，将生活条件相对优越的合理利用区域作为优先安置场所，每个县重点建设2～3个重点城镇，作为易地保护搬迁和易地扶贫搬迁人口的集中安置点、特色产业发展集中点、游客集散地和基本生活服务集聚点，搬迁出50%以上的农牧民人口，认真核定留守牧民的牲畜数量，减轻人畜发展对区域生态环境的压力。扶持从事特色优势产业，同时也鼓励富余劳动力从事第二、三产业，增加收入，使安置人口搬迁达到"搬得出，稳得住，能致富"的目标，实现区域经济社会可持续发展。

主要任务：2015～2020年，人口易地安置5万户。

三、发展生态旅游

利用区内冰川、雪山、峡谷、高原湖泊等自然景观优势，结合自然保护区、森林公园、湿地公园、地质公园、风景名胜区、世界文化遗产以及丰富的人文资源，发挥祁连玉文化、马文化以及民间手工艺术品制作潜力，科学编制区域生态旅游规划，大力推进生态旅游服务产业。配套服务设施，组织专业培训，弘扬生态文明理念，建立生态旅游服务队伍的监督管理制度，避免破坏性旅游开发行为。

主要任务：2015～2020年，结合规划推进生态旅游服务设施建设，完善旅游规划体系。

第五节　基本公共服务体系建设

一、防灾减灾体系

（一）森林（草原）防火体系建设

坚持"预防为主，积极消灭"的森林防火工作方针，全面落实森林防火行政领导负责制度。按照国家重点防火区的防火工程配置标准，进一步加强防火道路、防火物资储备库等基础设施建设，增强防火预警、瞭望、监控、阻隔、指挥、扑救、通信装备，配备扑火专业队伍和半专业队伍，形成较完整的森林、草原火灾防扑体系。

（二）林业（草原）有害生物防治

完善林业（草原）有害生物三级监测网络体系，重点加强对有害生物预警、监测、检疫、防控体系等设施设备建设。建设生物防治基地，集中购买药剂、药械等。加强野生动物疫源疫病监测和外来物种监测能力建设，提高区域林业（草原）有害生物防灾、御灾和减灾能力，有效遏制森林病虫害和草原鼠兔虫害的发生和蔓延。

（三）地质灾害防治

针对滑坡、崩塌、泥石流、不稳定斜坡、地面塌陷、地裂缝、地面沉降等地质灾害，依据其危险性及危害程度，采取工程措施、生物措施以及工程和生物相结合的治理方案。建立气象、水利、国土资源等多部门联合的监测预报预警信息平台和短时临近预警应急联动机制，实现部门间实时信息共享，发布灾害预警信息。

（四）气象减灾

建立和完善人工干预生态修复和灾害预警体系，加强沙尘暴预警监测体系建设，增强防灾减灾能力建设。科学布设冰川监测观测点，完善无人生态气象观测站和土壤水分观测站布局，合理配置新型增雨（雪）灭火一体火箭作业系统，改扩建人工增雨（雪）标准化作业点，提高气象修复生态能力。

（五）野生动物疫源疫病防控体系建设

建立和完善野生动物疫病监测预警、预防控制、防疫检疫监督以及防疫技术支撑和物资保障系统，形成上下贯通、横向协调、有效运转、保障有力的野生动物防疫体系，明显提高重大野生动物疫病的预防、控制和扑灭能力。

二、基础设施设备

完善祁连山林区、草原交通设施，把林区和草原道路纳入国家和地方交通建设规划。加快林区电网改造，完善林区饮水、供热和污水垃圾处理设施，提高林区通讯设施水平，加强森林管护用房建设，并配备必要的巡护器具、车辆，全面提高森林、草原资源管护能力。

加强区域水利基础设施建设，实现流域和水资源统一管理，发展高效节水的现代农业，在民勤建设绿洲节水高效农业示范区。加强区域内农牧民定居点基础设施建设，配套解决人畜饮水、清洁能源使用、生态暖棚建设等问题；加强农村环境治理，环境保护部门继续推进农村环境连片整治示范工程。

专栏 7-8　基础公共服务体系建设重点工程

01　森林（草原）防火工程

建成区域内森林（草原）火险预测预报、火情瞭望监测、防火阻隔、扑火机具装备、通讯联络及指挥系统，增强预警、监测、应急处置和扑救能力，实现火灾防控现代化。

02　有害生物防治工程

以省、市、县森防检疫站为技术依托单位，增强区域内 15 个县（场）有害生物检疫检验能力建设，科学布设监测点位，以生物和仿生防治为主、人工和物理防治为辅，开展综合防控。草地分布集中的区域，依托草原站购置草原鼠害、虫害以及毒草危害预测预报防治基础设施设备。

03　地质灾害防治

对滑坡、崩塌、泥石流、不稳定斜坡、地面塌陷、地裂缝、地面沉降等地质灾害进行综合防治。

04　气象减灾

建立和完善人工干预生态修复和灾害预警体系，实施生态服务型人工影响天气工程；开展气象评估和沙尘暴预警监测等服务。

（续）

专栏 7-8　基础公共服务体系建设重点工程

05　水利建设工程

　　加强水利基础设施建设，加快大中型灌区、排灌泵站配套改造以及水源工程建设；鼓励和支持农民开展小型农田水利设施建设、小流域综合治理；实现对流域和水资源的统一管理。

06　农村能源建设工程

　　发展太阳灶、节柴灶、生物质炉、太阳能电池、风力发电等设备，积极推进生物质固体成型燃料和沼气发电等试点项目建设，改善农村能源结构。使农村清洁能源家庭占比达到50%以上。

07　农村环境连片整治示范工程

　　加大对农牧民定居点的规划、生产基础设施、公共基础设施及公益服务配套设施建设；加大对农村环境污染的治理。

08　国有林区基础设施建设工程

　　包括国有林场供电保障、饮水安全、林区道路、棚户区改造等。

09　生态暖棚建设工程

　　推行草畜平衡，保障草地生态平衡。对规模化养殖的农牧民配套建设饲草基地、标准化暖棚、贮草棚和青贮窖等基础设施。

10　生态保护基础设施建设项目

　　实施草原站、林业工作站、木材检查站、科技推广站等基础设施建设；配备监控、防暴、办公、交通等设备。加强规划区林政执法和森林公安建设，加大草原综合执法监管力度。

11　科技支撑工程

　　科技部门探索生态保护先进技术和管理模式；实施植被恢复、草地治理、节水灌溉、特色经济林营建等科技示范技术推广与应用。

第六节　生态监管

一、生态监测

　　以现有的林业、草原监测站（台）为基础，组建祁连山生态监测研究中心以及东、中、西三个区域的长期生态定位监测站，建成并完善区域生态系统监测网络。整合国土、环保、水利等各部门资源，采用卫星遥感、地面调查和定点观察相结合的办法，制定统一的生态监测评价标准与规范，开展对森林、草地、湿地、冰川和生物多样性等资源的动态监测，深入研究祁连山不同生态系统水源涵养机理。强化部门和各网络成员单位的协调，建立信息共享平台，制定监测数据定期上报和重大生态问题及时上报等制度，定期发布生态保护建设报告，定期系统评价生态功能，开展生态预警评估和风险评估，为科学保护治理提供科技支撑。

二、空间管制与引导

（一）落实主体功能定位

全面落实《全国主体功能区规划》提出的主体功能定位要求，在禁止开发区域内，实行强制性保护；在限制开发区内，实行全面保护。

（二）规范现有国家禁止开发区域

完善国家禁止开发区域范围的相关规定和标准，对划定范围不符合相关规定和标准的，按照相关法律法规和法定程序进行调整，进一步界定各类禁止开发区域范围，新设立的各类禁止开发区域范围原则上不得重叠交叉。

（三）划定区域生态红线

大面积的草原、森林和湿地资源是本区域主体功能的重要载体，要落实森林草原水源涵养区、荒漠草原水源涵养区、水土保持生态功能恢复区的建设重点，划定区域生态红线，确保现有草地、森林和湿地面积不能减少，并逐步扩大。严禁改变生态用地用途，禁止可能威胁生态系统稳定、生态功能正常发挥和水源涵养保护的各类开发活动。人类活动占用的空间控制在目前水平，形成"点状开发、面上保护"的空间格局。

（四）合理确定生态产业规模

生态产业只是在适宜区域建设，发展不影响生态系统功能的特色产业。森林草原和荒漠草原水源涵养区适度发展生态牧业、林下经济、中药材、高原花卉、生态旅游等生态产业。水土流失生态功能恢复区为生态绿洲农业区，同时也是国家商品粮基地，结合退耕还林、防沙固沙、水土流失综合治理和农牧业产业结构调整，大力发展特色林果业、牛羊育肥及农牧产品深加工，合理确定并控制生态产业发展规模，在保护生态效益前提下，提高经济效益。

（五）引导超载人口转移

结合新农村建设和生态扶贫移民工程，每个县重点建设2～3个重点城镇（县城和中心镇），建设成为易地保护搬迁和易地扶贫搬迁的集中安置点、特色产业发展集中点、游客集散地和基本服务集聚点，以减少人口和畜牧对区域生态的压力。

三、绩效评价

实行生态保护优先的绩效评价，强化对祁连山冰川与水源涵养保护能力的评价，考核主要包括大气和水体质量、水土流失和土地沙化治理率、森林覆盖率、森林蓄积量、草地植被覆盖度、草畜平衡、生物多样性、自然保护区面积等指标。对于水土流失功能恢复区可增加农民收入等指标。

本区包含的禁止开发区，要按照保护对象确定绩效评价内容，强化对自然文化资

源原真性和完整性情况的评价，包括依法管理情况、污染物排放情况、保护对象完好
程度以及保护目标实施情况等。

表7-4 考核指标表

综合指标层	单项指标层	单　位
森林保护	林地面积	万公顷
	森林覆盖率	%
	森林蓄积量	立方米/公顷
湿地保护	湿地面积	万公顷
	湿地保护与恢复面积	万公顷
	国家湿地公园数量	个
	国家湿地公园面积	万公顷
草地保护	"三化"草地治理率	%
	草原植被覆盖度	%
冰川保护	冰川保护面积	万公顷
	矿产开发企业关停数量	个
	矿区治理面积	万公顷
生物多样性保护	国家级自然保护区数量	个
	国家级自然保护区面积	万公顷
	国家森林公园数量	个
	国家森林公园面积	万公顷
	国家风景名胜区数量	个
	国家风景名胜区面积	万公顷
	国家地质公园数量	个
	国家地质公园面积	万公顷
	国家沙漠公园数量	个
	国家沙漠公园面积	万公顷
水土流失及土地沙化防治	水土流失治理率	%
	沙化土地治理率	%
	地质灾害治理率	%
综合治理	人口易地安置数量	户
	环境质量	级
	新能源改造所占比例	%
	实用技术推广	人次
	农民收入	元

第五章 政策措施

第一节 政策需求

一、生态补偿补助政策

（一）完善森林生态效益补偿制度

本区处于祁连山高寒半干旱半湿润区和河西走廊冷温带干旱区，资源保护和造林绿化等生态工程成本高、难度大、管护困难。需进一步完善森林生态效益补偿制度，提高森林生态效益补偿标准。

（二）逐步建立湿地生态效益补偿制度

在中央财政湿地保护补助试点政策的基础上，对该区域符合条件的湿地，扩大湿地生态效益补偿试点范围，逐步建立湿地生态效益补偿制度。

（三）落实草原生态保护补助奖励机制

稳定和完善草原承包经营制度，继续落实农业部门实施的国家草原生态保护补助奖励机制。对草原发挥生态功能而降低生产性资源功能造成的损失予以补偿，提高生态区农牧民禁牧、草畜平衡、人工种草以及发展舍饲养殖等生态保护的积极性，并逐步提高补偿标准。

（四）探索建立完善碳汇补偿机制试点

着力推进祁连山生态功能区生态补偿建设，引导生态受益地区与生态保护地区、下游与上游地区开展横向补偿，优先将区域内的林业碳汇、可再生能源开发利用纳入碳排放权交易试点。在肃南探索建立祁连山生态补偿试验区，加大资金扶持力度，启动祁连山碳汇补偿机制。

（五）探索建立荒漠生态效益补偿试点

国家现有的生态补偿主要集中在重点生态公益林森林生态效益补偿方面，缺少荒漠等生态补偿机制，本区有大面积的荒漠化土地需进行保护，建议在民勤建立荒漠生态补偿试验区，启动荒漠生态效益保护补偿试点。

二、人口易地安置配套扶持政策

区域实施积极的人口退出政策，完善人口和计划生育利益导向机制，加强职业教育和技能培训，增强劳动力就业能力，引导人口逐步自愿平稳有序转移。鼓励劳动者到重点开发区域就业和定居，引导区域内人口向中心城镇集聚，妥善安置转移人口就业。

在人口易地安置的过程中，配套生态易地安置补偿置换政策，出台草地流转和转换的相关政策，确保易地安置人口用失去的草场，从县城周围的乡镇中置换宅基地、暖棚建设用地及饲草基地进行舍饲养畜。鼓励定居牧民结合草原建设，建立饲草基地。涉及农用地转为建设用地的，应依法办理农用地转用审批手续。制定减免搬迁过程中产生的税费、优先安排安置人员及其子女就业、引导参与商贸和生态旅游等第三产业经营、优先办理生产性小额贷款的配套政策。对搬迁人员，在医疗保健、子女入学等方面均享有同当地居民一样的待遇。

三、国家重点生态功能区转移支付政策

（一）进一步加大重点生态功能区转移支付力度

为确保祁连山冰川与水源涵养生态功能区生态保护建设和经济社会协调发展，需加大国家重点生态功能区转移支付力度，进一步完善转移支付办法，通过科学、规范、稳定的转移支付政策，扶持本区域的经济发展。同时加强发达地区对不发达地区的对口支援，探索对口支援的长效机制，明确各对口关系的援助条件与金额，规范区域补偿的运作。

（二）加大均衡性转移支付力度

适应祁连山冰川与水源涵养生态功能区生态保护与建设要求，加大均衡性转移支付力度。继续完善激励约束机制，加大奖补，引导并帮助地方建立基层政府基本财力保障制度，增强水源涵养限制开发区域基层政府实施公共管理、提供基本公共服务和落实各项民生政策的能力。在测算均衡性转移支付标准时，通过提高转移支付系数等方式，加大对祁连山冰川与水源涵养生态功能区的均衡性转移支付力度。同时地方政府对属于责任范围的生态保护支出项目和自然保护区支出项目，也要加大支付力度。逐步建立政府投入和社会资本并重，全社会支持生态建设的生态补偿机制，建立健全有利于切实保护生态的奖惩机制。

（三）提高专项转移支付补助比例

规划区内永登、古浪县、民勤、永昌、山丹、民乐等县为甘肃重要的农产品生产区，肃南、天祝、祁连等县拥有大面积的原始森林和草原，中央财政应提高对农林产品主产区的相关专项转移支付补助比例，加大祁连山冰川与水源涵养生态功能区农

业、林业、水利、交通、科技等基础设施投入，改善农林业生产环境，提高生产效率，全面落实中央各项强农惠农补贴政策。

（四）强化转移支付资金使用的监督考核与绩效评估

按照国家相关规定，统筹安排使用转移支付资金。配套与工程实施效果挂钩的考核体系，强化对生态建设和资金使用关联性、合理性监管，加强资金使用的绩效监督与评估，杜绝挪用转移支付现象，提高转移支付资金的使用效率。

四、环境保护政策

根据重点生态功能区发展要求，对祁连山冰川与水源涵养生态功能区的资源开发实行更加严格的行业准入条件，对属于限制类的新建项目按照禁止类进行管理，有效控制温室气体排放，提高应对气候变化能力；对不符合限制开发区域发展定位的已有产业，积极进行整改，规范生产行为，促进产业跨区域转移；适宜产业和基础设施建设应尽量缩减建设范围，严保绿色生态空间面积不减少。对于禁止开发区域要根据强制保护原则设置产业准入环境标准，禁止有任何污染的企业进入该区域。

对于点状开发的县城和重点城镇，完善城镇基础设施及对外交通设施，严格控制新增公路、铁路等工程建设规模，必须新建的，应事先规划动物迁徙通道，对有条件的生态地区要通过水系、绿带等构建生态廊道。确保所有建设内容与祁连山冰川与水源涵养生态功能区的主体功能保持一致。

第二节　保障措施

一、法制保障

（一）政策保障

制定切实可行的政策措施，加强对祁连山区森林资源的保护；继续实施生态脆弱区域的退牧还草政策，认真落实草原生态保护补偿奖励机制和草场经营承包责任制；建立祁连山生态环境保护地方性法规，完善奖惩机制，建立投入新机制。

（二）法律保障

认真贯彻执行《中华人民共和国森林法》《中华人民共和国防沙治沙法》《中华人民共和国草原法》《中华人民共和国水土保持法》《中华人民共和国环境保护法》《中华人民共和国自然保护区条例》等相关的法律法规。进一步完善祁连山生态环境保护法规体系，严格执行生态环境有关法律，加强生态监管体系的建设力度；认真落实自然保护区条例，加强对矿山无序开采、砍伐林木、滥垦草地、破坏草场、截留水源等各类违法行为的打击力度，切实做到有法必依、执法必严、违法必究。

（三）产业政策保障

对规划区内不符合冰川保护和水源涵养功能的矿产资源开发及其他高耗能高污染产业，建立市场退出机制，通过设备折旧补贴、设备贷款担保、迁移补贴、土地置换等手段，促进产业转移或企业关闭；同时引导和支持生态环境建设和农业生产，因地制宜积极发展特色产业。

（四）乡规民约保障

发挥民族文化习俗中有利于生态保护的积极因素，把国家法律法规同乡规民约结合起来，形成自觉维护生态、节约利用资源的良好氛围。

二、组织保障

（一）成立组织管理机构

祁连山冰川与水源涵养生态功能区生态保护与建设涉及甘肃、青海两省，范围广、任务重、时间紧，涉及部门多，各级地方政府作为第一责任单位，要切实把重点生态功能区生态保护与建设纳入政府工作议事日程，成立生态保护与建设领导协调小组，实施分级领导和分层管理。各有关部门要发挥各自优势和潜力，按职责分工，各司其职，各负其责，形成合力。

（二）建立工作协商机制

建立甘肃、青海两省生态功能区联席会议制度，加强工作协商，解决规划实施中存在的问题。同时，建立结构完整、功能齐全、技术先进的生态功能区管理信息系统，与政府电子信息平台相联结，提高祁连山冰川与水源涵养功能区各级生态管理部门和其他相关部门的综合决策能力和办事效率。

（三）建立绩效考核机制

各级政府是重点生态功能区建设的责任主体，实行目标、任务、资金、责任"四位一体"的政府责任负责制度。建立健全行政领导干部政绩考核责任制，把推进形成主体功能区主要目标的完成情况纳入各级行政领导干部政绩考核机制。对任期内生态功能严重退化的，要追究其领导责任；对造成生态功能破坏的项目，要追究项目法人的责任。

三、资金保障

（一）改进和调整现有的财政与金融措施

祁连山冰川与水源涵养生态功能区生态保护与建设是以生态效益为主的社会公益性事业，应将该重点生态功能区生态保护和建设资金列入财政预算。积极争取中央财政的支持，对区域内国家支持的建设项目，适当提高中央政府补助比例，逐步降低市县级政府投资比例。政府在基本公共服务领域的投资要优先向重点生态功能区倾斜；鼓励和引导民间资本投向营造林、特色林果业、生态加工、生态移民、生态旅游等生态产品的建设事业。

（二）加大投资渠道

通过政策引导和机制创新，积极吸收社会资金，积极争取国际相关结构、金融机构、国外政府的贷款、赠款等，加大对祁连山冰川与水源涵养生态功能区保护与建设。

（三）利用税收政策促进可持续发展的实施

按照税费改革总体部署，积极稳妥地推进生态环境保护方面的税费改革，逐步完善税制，进一步增强税收对节约资源和保护环境的宏观调控功能。

（四）加强资金使用监管

确保生态工程建设资金专账核算、专款专用；根据工程建设需要，建立投资标准协调机制。

四、科技保障

（一）强化科技支撑

把科技支撑与工程建设同步规划、同步设计、同步实施、同步验收。落实科技支撑经费，要根据《国家林业局关于加强重点林业建设工程科技支撑指导意见》，提取不低于3%的科技支撑专项资金用于开展科技示范和科技培训，建立生态环境信息网络，吸引国内外科研单位和机构参与生态建设和特色经济发展关键技术、模式的研究开发，提高科技含量，加快成果转换。

（二）加强实用技术推广

围绕农、林、水、气象等领域生态保护与建设的重大问题和关键性技术，成立专家小组、组织科技攻关，并有计划地制定工程建设中的各类技术规范。针对当前冰川退缩、草地退化、土地沙化、草原鼠兔害综合防治和湿地植被恢复等问题，有计划、有步骤地建立一批科技示范区、示范点，通过示范来促进先进治理模式和技术的推广应用。

（三）搞好科技服务

继续发挥林业科技特派员和林场、林业站工程师和技术人员的科技带动作用，完善科技服务体系，开展专家出诊、现场讲授、科技宣传、技术咨询等活动，形成全方位的科技服务体系。积极开展科技下乡活动，解决农牧民技术难题。

（四）抓好科技队伍建设

出台政策，鼓励农林技术人员开展科技研究和科技推广，重视在职干部的继续教育，切实提高干部队伍的业务素质。有计划地引进农林技术人才，逐步解决基层科技人员不足问题。

五、考核体系

（一）加强生态监管

加大对森林、草地、湿地、冰川等生态系统保护以及水土流失和土地沙化的监测力度。强化监测体系和技术规范建设。建立规划中期评估机制，对规划实施情况进行跟踪分析和评价，根据评估结果对规划进行调整。

（二）落实项目管理责任制

完善工程检查、验收、监督、评估、审计制度，严格按规划立项，按项目管理，按设计施工，按标准验收。项目建设实行法人制，建设过程实行监理制，资金管理实行报账制。

（三）建立工程档案，落实管护责任

建立工程档案，跟踪工程建设进度、质量和资金使用情况，并开展定期评估。根据工程评估情况，适时科学合理调整、完善建设项目、任务和政策，提高工程质量和效益。

（四）树立质量意识，严把质量关

项目管理单位和施工单位要树立良好的质量意识，要加强对施工人员经常性的质量管理宣传教育。项目办要定期或不定期到施工现场进行质量抽查。对质量不合格的工程要制订返工、整改等处理办法。

（五）建立长效管理机制

积极探索承包、租赁、使用权流转、合作经营等方式，落实管护责任；坚持"谁治理、谁管护、谁受益"的政策，将管护任务承包到户到人，将责、权、利紧密结合，调动人民群众参与生态建设的积极性。

附表

祁连山冰川与水源涵养生态功能区禁止开发区域名录

省	名称	行政区域	面积（公顷）
自然保护区			
甘肃	甘肃连城国家级自然保护区	永登县	42082
甘肃	甘肃连古城国家级自然保护区	民勤县	365070
甘肃	甘肃祁连山国家级自然保护区	天祝县、古浪县、永昌县、山丹县、山丹马场、民乐县、肃南县	2473330

（续）

省	名称	行政区域	面积（公顷）
甘肃	甘肃盐池湾国家级自然保护区	肃北县	1360000
甘肃	甘肃大苏干湖省级自然保护区	阿克塞县	13500
甘肃	甘肃小苏干湖省级自然保护区	阿克塞县	2400
甘肃	甘肃安南坝野骆驼国家级自然保护区	阿克塞县	39600
青海	青海祁连山省级自然保护区	祁连县、门源县、天峻县	1103736
青海	青海湖国家级自然保护区	刚察县	146434
风景名胜区			
甘肃	天祝马牙雪山天池	天祝县	4
甘肃	肃南－临泽丹霞地貌	肃南县	15000
甘肃	山丹县焉支山风景名胜区	山丹县	28787
森林公园			
甘肃	吐鲁沟国家级森林公园	永登县	5848
甘肃	天祝三峡国家级森林公园	天祝县	138706
甘肃	天祝冰沟河省级森林公园	天祝县	9310
甘肃	焉支山省级森林公园	山丹县	68100
甘肃	永昌豹子头省级森林公园	永昌县	580
甘肃	民乐海潮坝省级森林公园	民乐县	16040
甘肃	肃南马蹄寺省级森林公园	肃南县	1333
青海	祁连山黑河大峡谷省级森林公园	祁连县	23729
青海	仙米国家森林公园	门源县	148025
湿地公园			
甘肃	红崖山水库国家湿地公园	民勤县	6175
地质公园			
甘肃	马牙雪山峡谷省级地质公园	天祝县	保护区内

第八篇

南岭山地

森林及生物多样性生态功能区
生态保护与建设规划

第一章　规划背景

第一节　区域概况

一、规划范围

南岭山地森林及生物多样性生态功能区位于湘桂、湘粤、赣粤交界处，行政区域涉及江西、湖南、广东和广西4省（区）34县（市）。总面积66772平方千米，总人口1280.4万人。

表8-1　规划范围表

省（区）	县（市、区）
江西省	大余县、上犹县、崇义县、龙南县、全南县、定南县、安远县、寻乌县、井冈山市
广东省	乐昌市、南雄市、始兴县、仁化县、乳源瑶族自治县、兴宁市、平远县、蕉岭县、龙川县、连平县、和平县
湖南省	宜章县、临武县、宁远县、蓝山县、新田县、双牌县、桂东县、汝城县、嘉禾县、炎陵县
广西壮族自治区	资源县、龙胜各族自治县、三江侗族自治县、融水苗族自治县

二、自然条件

（一）地质地貌

南岭山地森林及生物多样性生态功能区主体在南岭山脉，西起广西壮族自治区西北部，经湖南省南部、江西省南部至广东省北部，东西绵延1400千米，主要由越城岭、都庞岭、萌渚岭、骑田岭和大庾岭5条山岭组成。南岭山脉是我国南部最大山脉，是南亚热带和中亚热带的分界线、珠江流域和长江流域的分水岭。越城岭、都庞岭和萌渚岭的山体呈东北—西南走向，骑田岭为块状山，大庾岭呈正东西走向。功能区内山峰海拔多在1000米左右，少数花岗岩构成的山峰海拔在1500米以上。山岭间夹有低谷盆地，西部盆地多由石灰岩组成，形成喀斯特地貌，东部盆地多由红色砂砾岩组成，经风化侵蚀形成丹霞地貌。

（二）气候水文

本区属亚热带季风气候。区内降水丰富，年降水量达1500～2000毫米，降水季节分配较匀。由于山岭对南北气流的阻挡，南北坡水热条件有差异，岭北常见霜雪，岭南则少有霜雪，此外岭南降水比岭北多。

本区属长江水系和珠江水系，是长江水系一级支流湘江和赣江以及珠江水系干流北江、西江和东江等众多河流的源头区。

（三）土壤植被

本区地带性土壤为红壤，海拔700米以上为黄壤，山顶局部有草甸土发育。

地带性植被为亚热带常绿阔叶林。自然植被垂直分布明显，海拔800米以下为亚热带常绿阔叶林，主要树种有樟、丝栗栲、苦槠栲、甜槠栲、钩栲、青冈栎等；海拔800～1300米为落叶阔叶林，主要树种有香桦、漆树、红果械、香枫、山毛榉、鹅耳枥等；海拔1300～1600米为针阔混合林，主要树种有广东松、福建柏、长苞铁杉、铁杉、三尖杉和罗汉松等；海拔1600～2100米的山顶多为矮林，局部有草甸分布。人工林以杉木和马尾松为主，是中国南方用材林基地之一。

三、自然资源

（一）土地资源

土地总面积中，林地535.8万公顷，占80.3%；耕地67.0万公顷，占10.0%；草地11.1万公顷，占1.7%；水域（包括湿地）13.4万公顷，占2.0%；未利用地9.9万公顷，占1.5%；其他土地30.4万公顷，占4.5%。林地、草地和湿地是本区生态系统服务功能的主要载体。

（二）森林资源

林地面积中，有林地445.3万公顷，疏林地3.1万公顷，灌木林地52.9万公顷，未成林造林地14.2万公顷，苗圃地0.04万公顷，无立木林地9.9万公顷，宜林地10.2万公顷。森林面积486.6万公顷，森林覆盖率72.9%。

按林种划分，防护林159.6万公顷、特用林34.7万公顷、用材林237.5万公顷、经济林24.3万公顷、薪炭林3.3万公顷。防护林占森林面积的32.8%。按起源划分，天然林230.0万公顷，占森林面积的47.3%。

除广东省蕉岭县以及湖南省嘉禾县、临武县、宜章县和新田县外，区域内其余各县森林面积都在10万公顷以上。天然林主要分布在江西省安远县、寻乌县和全南县，广东省连平县、和平县、龙川县、南雄市、仁化县、乐昌市和始兴县，以及广西壮族自治区龙胜县和融水县。

森林植被类型包括常绿阔叶林、常绿落叶阔叶混交林、针叶阔叶混交林、针叶林、山顶矮林、灌丛和竹林7个类型。

（三）草地资源

草地面积中，可利用草地面积9万公顷，暂难利用草地面积1.3万公顷。草地主要分布在广西壮族自治区龙胜县、融水县和三江县，广东省兴宁市以及湖南省宁远县、宜章县和新田县。分为高山草甸和亚高山草甸等。牧草以禾本科、莎草科为主。龙胜县南山草场面积0.3万公顷，海拔在1500～1700米。

（四）水资源

本区多年平均水资源总量为266.2亿立方米，占4省水资源总量的3.7%（总量为7177亿立方米）。人均占有水资源量为2079立方米，低于全国平均水平（2210立方米）。湘江流域水资源总量为696亿立方米，年均产水模数为81.6万立方米/平方千米；赣江为638亿立方米，年均产水模数76.4万立方米/平方千米；北江432亿立方米，年均产水模数92.5万立方米/平方千米；西江2300亿立方米，年均产水模数64.8万立方米/平方千米；东江331亿立方米，年均产水模数92.9万立方米/平方千米。

（五）湿地资源

本区湿地面积8.7万公顷，其中河流湿地5.5万公顷，人工库塘1.8万公顷，湖泊湿地1.3万公顷，沼泽湿地0.06万公顷。河流湿地占湿地总面积的63.5%。受各种形式保护的湿地面积为0.7万公顷，湿地保护率为8.0%。

广西壮族自治区资源县河口乡"十万亩古田"（海拔1600米）上分布有400公顷高山沼泽湿地。广东省乳源南水湖国家湿地公园是广东省第三大人工淡水湖泊，也是广东省一级饮用水源保护区。

（六）野生动植物资源

本区野生动植物资源极为丰富。据不完全统计，种子植物176科836属2367种（包括变种和栽培种），其中裸子植物8科24属71种；被子植物168科812属2296种。国家重点保护植物有40种，其中国家I级保护野生植物有中华水韭、银杉、南方红豆杉、水松、伯乐树、银杏、仙湖苏铁7种，国家II级重点保护野生植物有金毛狗、福建柏、华南五针松、香樟、丹霞梧桐、喜树等33种。陆栖脊椎动物有385种，其中，兽类63种，隶属8目19科；鸟类217种，隶属13目33科；两栖类38种，隶属2目8科；爬行类67种，隶属3目13科。列入国家重点保护动物50种。属国家I级重点保护野生动物有豹、云豹、华南虎、黄腹角雉、黑鹳、蟒蛇、白颈长尾雉、鳄蜥8种。属国家II级重点保护野生动物有穿山甲、白鹇、水鹿、虎纹蛙、黑熊、大灵猫、小灵猫等42种。

四、社会经济

本区总人口1280.4万人，其中农业人口975.6万人，占该区总人口的76.2%。农村劳动力362.1万人。

（一）经济总量小、人均收入低

国内生产总值1631.3亿元，财政收入172.4亿元。农民年人均收入5502.5元/人，低于2011年全国农民人均收入水平（6977元）。

（二）产业结构不合理

第一产业331.4亿元、第二产业718.3亿元、第三产业581.6亿元，分别占国内生产总值的20.3%、44.0%和35.7%，而全国三次产业占国内生产总值比例为10.0%、46.6%和43.4%，说明第一产业（农、林、牧、渔业）仍是本区的主要产业，产业结构不合理，生产方式仍较落后。

（三）农村和林区公共服务体系不完善，生活条件差

农村和林区路网密度低、路况较差，水、电、通讯等基础设施缺乏，教育、医疗和卫生等公共服务体系不完善，广大农民和林区职工的收入和生产生活条件滞后于社会平均水平。江西省城镇化率45.7%、湖南省45.1%、广西壮族自治区42%，均低于全国平均水平51.3%。

五、扶贫开发

根据《中国农村扶贫开发纲要（2011～2020年）》，本区部分县（市）属于我国扶贫攻坚连片特困地区中的罗霄山片区，包括江西省上犹县、安远县、寻乌县、井冈山市4县（市）以及湖南省宜章县、桂东县、汝城县和炎陵县4县，是著名的革命老区，大部分县属于原井冈山革命根据地和中央苏区范围。产生贫困的主要原因是产业结构单一，以传统的农林业为主，生产方式落后，生产效率低下，农业生产的规模化、产业化、集约化水平较低。

第二节　生态功能定位

一、主体功能

按照《全国主体功能区规划》，本区属水源涵养型重点生态功能区，主体功能定位是江西、广东、湖南和广西4省（区）重要的水源涵养区，亚热带常绿阔叶林集中

分布区和生物多样性保护保存重点区域，人与自然和谐相处的生态文明示范区。

二、生态价值

（一）珠江和长江水系的重要源头

本区水资源丰富，是湘江、赣江、北江、西江和东江等众多河流的发源地，是江西、广东、湖南和广西4省（区）以及港澳地区的重要水源地。赣江和湘江是长江的主要支流，东江、北江和西江是珠江的主要干流和支流，区域内众多的河流、湖泊和库塘为珠江流域和长江流域居民生产生活用水提供了重要保障，同时对维护珠江流域和长江流域水体安全极为重要。

（二）江西、广东、湖南和广西4省（区）的重要生态屏障

本区主体山脉——南岭是中国著名的纬向构造带之一，是两广丘陵和江南丘陵的分界线，南亚热带和中亚热带的分界线以及珠江流域和长江流域的分界线，对阻挡寒流南侵起到了重要作用。同时，区域内的森林、草地和湿地等生态系统具有净化空气、水源涵养、固碳释氧和保持水土等生态功能，是江西、广东、湖南和广西4省（区）的重要生态屏障，对保障4省（区）的生态安全具有无可替代的作用。

（三）山地森林生态系统和生物多样性保护地

本区既是中亚热带与南亚热带植物区系的过渡区，也是华东与西南植物区系的过渡区，是安息香科植物的原生地和分布中心，分布有世界同纬度地区保存最完好、面积较大、最具代表性的亚热带原生型常绿阔叶林，并保存着针叶阔叶混交林、针叶林和山顶矮林等森林植被类型，对维护生态平衡、拯救珍稀濒危物种、开展科学研究意义重大。截至2011年，本区共建立了国家级自然保护区12处，国家森林公园22处，国家湿地公园3处，国家级风景名胜区2处、世界文化自然遗产1处、国家地质公园2处。保护区域总面积达到70.18万公顷，占区域总面积的10.5%。

（四）极为重要的水源涵养功能

本区拥有广袤的森林、草地和湿地，起到了极为重要的涵养水源、调节径流、净化水质和调蓄洪水的作用。区域内生态系统水源涵养量为98.9亿立方米，其中森林生态系统水源涵养量97.2亿立方米，草地生态系统水源涵养量0.5亿立方米，湿地生态系统水源涵养量1.2亿立方米。

第三节　主要生态问题

一、森林质量不高，林地生产力低

20世纪80年代以前，由于片面强调农业生产，造成乱砍滥伐，对原生型森林植被破坏严重。而在人工造林过程中，又由于缺乏科学指导，大面积种植针叶纯林，导致低质低效林较多。森林资源的质量不高，林地生产力低，森林生态系统整体功能较为脆弱，生态功能未得到充分发挥。据统计，2011年本区活立木总蓄积量20304.1万立方米，单位面积蓄积量44.2立方米/公顷，低于全国平均水平（86立方米/公顷）。

公益林补偿标准偏低，特别是集体林权制度改革后，经营权放活，商品林地价值突显，经营公益林与商品林的收益差距越来越大，林农都愿意经营商品林，造成商品林（用材林、经济林和薪炭林）面积迅速增加，占森林面积比重较高。

人工林林相单一，大部分林分没有形成乔、灌、草复层系统，降低了山地森林生态系统的自然度和丰富度。以杉、松为主的人工针叶纯林占人工林的80%左右，而生态功能较强的混交林、复层林只占20%左右。林种结构不合理，用材林面积237.5万公顷，占森林面积的48.8%。用材林在广西壮族自治区融水县和龙胜县以及江西省安远县、寻乌县和全南县分布集中。

二、生态环境比较脆弱，生态功能出现退化

根据《全国主体功能区规划》的生态脆弱性评价，本区处于中度和轻度脆弱区。

"三化"的草地0.6万公顷，占草地面积的5.5%，主要集中在湖南新田县和广西融水县。

水土流失面积37.3万公顷，其中轻度侵蚀23.6万公顷，中度9.0万公顷，强度4.8万公顷。从侵蚀类型看，主要是水蚀和风蚀。从区域看，湖南省宜章县、广东省乐昌市和连平县以及江西省上犹县和全南县水土流失比较严重。

矿山开采对山体和植被的破坏较为严重，对水源也有污染，矿区主要分布在江西省大余县、安远县、定南县、上犹县、龙南县、崇义县和全南县，湖南省宜章县、临武县和汝城县以及广西壮族自治区融水县和三江县。

石漠化、潜在石漠化和沙化土地面积11.7万公顷，其中湖南宁远县、宜章县和新田县石漠化严重。

三、生物多样性保护形势严峻

城市建设和工矿区建设占用了林地和湿地资源，造成了生物物种栖息环境的改变，导致个别物种减少甚至消失。矿区开采和不当的农林生产造成原生植被破坏，导致水土流失，对生物多样性也造成威胁。据郴州市林木种源普查、桂东县八面山野生植物调查和宜章县莽山野生植物资源考察结果，数量极少、分布范围极窄的水松、绒毛皂荚、厚朴、凹叶厚朴、杜仲、黄皮树、银杉、长果秤锤树8种国家重点保护野生植物，因其个体繁殖能力差，生存环境不断受到破坏，分布区域和分布点逐渐减少，现存数量极少，已面临灭绝的危险。如厚朴、黄皮树等野生植株几乎难以找到。野生绒毛皂荚除在汝城县、资兴县发现单株外，在林下很难找到天然幼苗，主要靠无性繁殖获得新植株。

目前生物多样性保护资金严重缺乏，保护建设和管理能力薄弱。一些极度濒危野生动物和极小种群野生植物物种由于没有专项资金支持，仍处于濒危状态。截至2011年本区国家级自然保护区建设共投资26205.3万元，其中国家投资仅6768万元，地方投资19437.3万元，与实际需要相比，还有较大差距。对于湿地资源，中央财政重点安排国际重要湿地经费，其他湿地保护经费欠缺。国家森林公园中央财政每年全国总共只有3000万元的造林抚育费，而全国目前有764处国家森林公园，远远不能满足需要。由于没有建立全面的、有效的生态补偿机制，区域经济发展与生物多样性保护矛盾较为突出。

四、水质状况有待提高

长江水系水质总体良好。据湖南省水质监测中心对湘江43个河段的监测，有11个河段水质在Ⅲ类以内，32个河段Ⅳ类，主要超标指标为总氮、总磷和氨氮等有机物污染。赣江水质良好，在南昌市段有轻度污染，污染指标为氨氮。

珠江水系西江、北江、东江等江河干流水质总体较好。西江干流及其支流贺江水质为Ⅲ类；北江干流Ⅱ类，北江支流武江Ⅳ类；东江上游寻乌水、定南水水质较差，主要超标指标为氨氮。

区域内水体污染的主要来源包括：农业生产中施用的化肥和农药造成的面源污染；城市和农村生活污水以及畜禽粪便未经处理排放到河道造成的污染；矿山和卫生填埋物的渗漏液造成的污染，如湖南宜章县、临武县和汝城县等矿产资源采选冶产生的固体废物以及排放的尾矿水在湖南省居首位；此外还包括工业生产污水排放造成的污染。

第四节 生态保护与建设现状

一、生态工程建设

（一）林业生态工程建设

截至2011年底，本区累计完成珠江防护林体系建设工程6.3万公顷，长江防护林体系建设工程1.4万公顷，退耕还林工程7.7万公顷，森林火险区综合治理0.8万公顷，有害生物防治3.3万公顷，中幼林抚育补贴4.5万公顷，造林补贴1.4万公顷，重点公益林保护和森林生态公益林补偿190.0万公顷，自然保护区森林生态系统保护8.7万公顷，碳汇造林0.2万公顷，河道两岸及道路绿化0.02万公顷，雨雪冰冻灾害地区森林生态修复0.4万公顷，湿地保护与恢复0.01万公顷，石漠化治理1.8万公顷，种苗基地建设0.2万公顷，油茶产业基地建设1.2万公顷。

林业工程建设取得了巨大的成效，但工程建设投资普遍不足、投资偏低，森林防火、有害生物防治等设施设备，以及国家级自然保护区和国家级森林公园等禁止开发区基础设施不完善，影响了工程生态效益的发挥。

（二）其他生态工程建设

草地生态建设。开展了退牧还草等治理工程。截至2011年底，"三化"草场治理0.2万公顷。

水土流失治理。开展了小流域综合治理、东江中上游水土保持生态建设项目，截至2011年底，通过采取水保造林、水保种草、封禁治理、坡改梯等措施，共治理水土流失面积27.2万公顷。

防灾减灾。截至2011年底，共治理滑坡1337处、崩塌730处、泥石流20处、不稳定斜坡585处、地面塌陷48处、地裂缝4处。其中，国土部门开展了工矿废弃地复垦、滑坡等地质灾害防治以及土地整治项目，水利部门开展了水库除险加固等工程，农业部门开展了清洁能源建设，环保部门开展了城市污水处理以及农村综合环境整治工程，气象部门开展了地质灾害监测预警系统建设。

从生态建设情况来看，普遍存在资金不足，污水和垃圾等处理设施不完善等问题。

二、国家重点生态功能区转移支付

2011年，生态功能区内共有20个县有财政转移支付资金，合计70687.0万元，资金来源为生态环境保护特殊支出补助29622.0万元、禁止开发区补助11768.0万元、其他29297.0万元。在资金的分配上，用于生态建设工程25742.0万元、禁止开发区建设3686.0万元、环境保护支出5487.0万元、民生及政府基本公共服务建设9156.0万元、节能减排178.0万元，其他26437.4万元。还有江西大余县、上犹县和安远县，广东乳源县、乐昌市、南雄市、仁化县、兴宁市、平远县、蕉岭县、连平县和和平县，以及湖南汝城县和炎陵县14个县（市）没有实行财政转移支付。

从资金来源和使用上可以看出，财政转移支付资金用于生态保护和建设的比例偏低，且资金规模远不能满足生态保护和建设的需要。

三、生态保护与建设总体态势

本区生态保护与建设的总体态势是：森林面积增加，但森林质量不高，湿地面积和水资源总量略有增加，水质总体较好，但部分河段有机物超标，草地出现退化，水土流失严重，石漠化和沙化加剧，自然灾害频发，矿区开采对地表和植被破坏加剧，生物多样性减少，生态保护和建设处于关键时期。

第二章 指导思想与原则目标

第一节 指导思想

全面贯彻党的十八大精神，深入学习贯彻习近平总书记系列重要讲话精神，全面落实《全国主体功能区规划》的功能定位和建设要求，以保护原生型亚热带常绿阔叶林及其生态系统、天然针叶林及其生态系统、湿地生态系统、珍稀濒危野生动植物及其栖息地，增强长江流域和珠江流域水源涵养功能为目标，通过合理空间布局、实施生态工程、完善公共服务体系等措施，提高森林、湿地和草地等生态用地比重，加强区域水源涵养、水土流失控制和生物多样性保护等生态服务功能，建设生态良好、生活富裕、人与自然和谐相处的生态文明示范区，为长江和珠江流域乃至国家的可持续发展提供生态保障。

第二节 基本原则

一、全面规划、突出重点

将区域森林、草原、湿地、农田等生态系统和生物多样性都纳入规划范畴，与《全国主体功能区规划》等上位规划衔接，推进区域人口、经济、资源环境协调发展。根据本区特点，以森林、湿地和草地生态系统保护和建设为重点。

二、优先保护、科学治理

优先保护原生型亚热带常绿阔叶林及其生态系统、天然针叶林及其生态系统、湿地生态系统、珍稀濒危野生动植物及其栖息地，保护水源地，巩固已有建设成果；尊重自然规律和科学规律，自然修复和人工修复相结合，采用先进实用技术，乔灌草结合、针叶阔叶混交，提高成效。

三、合理布局、分区施策

根据区域森林植被和珍稀野生动植物分布特点、水资源分布状况以及水土流失程度等，进行合理区划布局，根据各分区特点，分别采取有针对性的保护和治理措施，合理安排建设内容。

四、以人为本、统筹兼顾

正确处理生态与民生、生态与产业、保护与发展的关系，兼顾农民增收与区域扶贫开发，将生态建设与林农增收和调整产业结构相结合，提高林农收入水平，帮助脱贫致富。

第三节　规划期与规划目标

一、规划期

规划期为2013～2020年。其中规划近期为2013～2015年，规划远期为2016～2020年。

二、规划目标

总体目标：到2020年，区域长江流域和珠江流域水源涵养能力明显增强，新增水源涵养能力5.2亿立方米，水质达到Ⅰ类，空气质量达到一级。生态用地得到严格保护，节约集约使用林地，森林覆盖率稳步增长，提高森林质量，增加森林蓄积量，原生型亚热带常绿阔叶林及其生态系统、天然针叶林及其生态系统、珍稀濒危野生动植物及其栖息地得到有效保护，湿地进一步得到保护和恢复，水土流失得到有效控制，生态监管能力明显增强，林农收入明显增加，公共服务水平明显提升，初步形成山清水秀、富裕和谐的生态文明示范区。

具体目标：到2020年，生态用地占比84.6%，森林覆盖率提高到77.2%，森林蓄积量达到25451万立方米以上，自然湿地保护率提高到26%，国家级自然保护区、国家森林公园、国家湿地公园和国家地质公园达到68处，"三化"草地治理率达到80%，沙化土地治理率85%，石漠化治理率80%，水土流失治理率85%。建设生态产业基地16万公顷，培训林农10万人次。

表 8-2 主要指标

指 标	2011 年	2015 年	2020 年
水源涵养能力建设目标			
生态用地①占比（%）	83.9	84.2	84.6
林地面积（万公顷）	535.8	535.8	535.8
森林覆盖率（%）	72.9	74.8	77.2
森林蓄积量（万立方米）	20304	22919	25451
生物多样性保护目标			
国家级自然保护区（处）	12	16	21
国家重点保护野生动物保护（种）	—	10	25
极小种群野生植物拯救保护（种）	—	10	20
国家森林公园（处）	22	26	31
国家地质公园（处）	2	2	4
国家湿地公园（处）	3	7	12
湿地保护目标			
湿地面积（万公顷）	8.7	12.0	15.0
湿地保护面积（万公顷）	0.7	1.9	3.9
自然湿地保护率（%）	8.0	16.0	26.0
湿地保护与恢复工程（万公顷）	0.01	1.9	3.9
水土流失治理目标			
"三化"草地治理率（%）	30.4	55	80
沙化土地治理率（%）	74.1	80	85
石漠化治理率（%）	19.6	50	80
水土流失治理率（%）	75	80	85
生态产业目标			
建设生态产业基地（万公顷）	2.0	8	16
林农培训（万人次）	—	4	10

注：①生态用地包括林地、草地、湿地，以及通过治理恢复生态功能的沙化土地和石漠化土地。

第三章　总体布局

第一节　功能区划

一、区划原则

根据本区地形地貌和生态系统差异性、亚热带常绿阔叶林和珍稀野生动植物分布状况、对长江和珠江流域水资源供给的重要性，以及水土流失程度，按照主体功能区规划目标的要求、资源保护与管理的一致性、保护和发展的适应性，对本区进行区划。

二、功能区划

本区共划分3个生态保护与建设功能区，即水源涵养功能区、生物多样性保护区和水土流失控制区。详见表8-3。

（一）水源涵养功能区

本区包括广西资源县、龙胜县、三江县、融水县，湖南新田县、嘉禾县、蓝山县、临武县和汝城县，江西大余县、安远县和寻乌县，以及广东和平县、龙川县、兴宁市、平远县和蕉岭县17个县（市），分布有大面积的原生型常绿阔叶林，是湘江、赣江、西江和东江的发源地，拥有高山沼泽湿地，区域生态主导功能是水源涵养。

表 8-3　生态保护与建设分区表

区域名称	行政范围	面积（万公顷）	资源特点
合计	34	667.7	
水源涵养功能区	广西资源县、龙胜县、三江县、融水县；湖南新田县、嘉禾县、蓝山县、临武县、汝城县；江西大余县、安远县和寻乌县；广东和平县、龙川县、兴宁市、平远县、蕉岭县	315.2	拥有大面积的森林，河流、湖泊和库塘湿地众多，水资源极为丰富

（续）

区域名称	行政范围	面积（万公顷）	资源特点
生物多样性保护区	湖南双牌县、宁远县、炎陵县、桂东县；江西井冈山市、崇义县、龙南县；广东乳源县、仁化县、始兴县、南雄市	233.5	拥有大面积的森林和湿地，是原生型亚热带常绿阔叶林、天然针叶林和珍稀濒危野生动植物的集中分布区
水土流失控制区	湖南宜章县；江西上犹县、全南县、定南县；广东乐昌市、连平县	119.0	水土流失较为严重，地质灾害频发，生态系统出现退化

（二）生物多样性保护区

本区包括湖南双牌县、宁远县、炎陵县和桂东县，江西井冈山市、崇义县和龙南县，以及广东乳源县、仁化县、始兴县和南雄市11个县（市），是原生型亚热带常绿阔叶林、天然针叶林和珍稀濒危野生动植物的集中分布区，是湘江、赣江和北江的发源地，区域生态主导功能是生物多样性保护。

（三）水土流失控制区

本区包括湖南宜章县，江西上犹县、全南县和定南县，以及广东乐昌市和连平县6个县（市），水土流失较为严重，地质灾害频发，人为活动频繁，天然植被遭到破坏，生态系统出现退化，区域生态主导功能是水土保持。

第二节　建设布局

一、水源涵养功能区

（一）区域特点

土地面积315.2万公顷，人口721万人，人口密度为2.3人/公顷。森林覆盖率78.2%。森林面积247.1万公顷，草地7.2万公顷，湿地5.0万公顷。湿地面积占本区湿地总面积的57.5%。区域生态系统水源涵养能力为55.0亿立方米。

"三化"草地0.5万公顷，水土流失1.2万公顷，地质灾害4973处。

土壤水分、气象等监测站点848个。公益林面积112.9万公顷，纳入中央财政森林生态效益补偿的国家级公益林10.6万公顷，集体公益林56.5万公顷。

（二）主要问题

人口和牲畜增加。与20世纪60年代比，人口增加了1倍，饲养的牲畜增加了10倍。

森林质量不高，天然林资源遭到破坏，水源涵养功能较弱。

草地出现退化。"三化"草地0.5万公顷，占本区退化草地总面积的83.3%。已治理0.2万公顷，还有66.7%未治理。

坡耕地面积大。耕地面积38.0万公顷，其中坡耕地面积16.2万公顷、占耕地面积的42.6%，自然条件和生产条件差，农业面源污染未得到有效控制。

地质灾害频发，易发生滑坡、崩塌和不稳定斜坡等地质灾害。

（三）建设重点

继续实施长江防护林、珠江防护林、退耕还林、封山育林和荒山造林等工程，实施低效林改造、中幼林抚育，提高森林质量，保护自然植被，禁止过度放牧、无序采矿、毁林开荒等行为。保护和恢复湿地。加强赣江、湘江、东江、西江干流和一级支流的小流域治理和植树造林。减少面源污染。加快产业结构转变，发展生态旅游、油茶和茶叶等经济林、林下经济等特色产业，实施人口易地安置，促进林农增收致富。

二、生物多样性保护区

（一）区域特点

土地面积233.5万公顷，人口337.9万人，人口密度为1.4人/公顷。森林覆盖率68.0%。森林面积159.3万公顷，草地2.4万公顷，湿地2.5万公顷。区域生态系统水源涵养能力为35.9亿立方米。分布有大面积原生型亚热带常绿阔叶林及其生态系统、天然针叶林及其生态系统，以及珍稀濒危野生动植物及其栖息地，是生物多样性丰度和自然度最高的区域。

"三化"草地0.03万公顷，水土流失1.3万公顷，地质灾害1147处。

土壤水分、气象等监测站点392个。公益林面积91.7万公顷，纳入中央财政森林生态效益补偿的国家级公益林21.7万公顷，集体公益林34.9万公顷。

国家禁止开发区域有16处，其中国家级自然保护区6处、国家森林公园9处、国家级风景名胜区1处。

（二）主要问题

生物多样性降低。人为活动对原生型森林生态系统以及野生动植物栖息地破坏加剧，一些极小种群数量减少，分布位点也逐渐减少，生物多样性降低。

保护设施严重不足。国家级自然保护区和国家森林公园的森林防火、有害生物防治、生态监测、管护站以及封禁保护等设施严重不足。在监测盲区，野生动植物滥捕滥采行为仍有发生。

生态网络尚未形成。国家级自然保护区和国家森林公园范围内的自然生态走廊未得到有效保护，也没有形成生态网络体系。

（三）建设重点

大力推进长江防护林、珠江防护林、退耕还林、封山育林和荒山造林、野生动植物保护和自然保护区建设等工程，实施低效林改造、中幼林抚育，提高森林质量，维护和重建山地森林生态系统。落实保护政策，禁止对野生动植物进行滥捕滥采，保护自然生态走廊和野生动植物栖息地，促进自然生态系统恢复，保持野生动植物物种和种群平衡，实现野生动植物资源良性循环和永续利用。加强外来入侵物种管理，防止外来有害物种对生态系统的侵害。推进国家禁止开发区核心区人口易地搬迁，改善林农生产生活环境。

三、水土流失控制区

（一）区域特点

土地面积119.0万公顷，人口221.5万人，人口密度为1.8人/公顷。森林覆盖率66.9%。森林面积80.2万公顷，草地1.5万公顷，湿地1.2万公顷。区域生态系统水源涵养能力为18.0亿立方米。

"三化"草地0.04万公顷。水土流失34.8万公顷，地质灾害3655处。沙化、石漠化和潜在石漠化面积6.3万公顷。

土壤水分、气象等监测站点326个。公益林面积4.8万公顷，纳入中央财政森林生态效益补偿的国家级公益林6.5万公顷，集体公益林15.0万公顷。

（二）主要问题

水土流失严重。水土流失34.8万公顷，占本区水土流失总面积的93.3%。

沙化和石漠化严重。石漠化、潜在石漠化和沙化土地面积6.3万公顷，占本区石漠化、潜在石漠化和沙化土地总面积的53.8%。已经治理1.9万公顷，尚有4.4万公顷需治理。

能源和矿产资源开采过度。矿区分布较多，矿区废弃物和尾矿水对水源污染较重，矿区开采对山体和自然植被破坏较为严重。

地质灾害频发。滑坡2164处、崩塌1209处、泥石流58处、不稳定斜坡174处、地面塌陷49处，生态较为脆弱。

森林资源缺乏，森林质量不高。约有62.6%的森林为人工林。郁闭度0.2～0.4的森林面积占森林总面积的24.2%，水源涵养能力较差。

（三）建设重点

加强对能源和矿产资源开发及建设项目的监管，加大矿区环境整治修复力度，继续实施石漠化综合治理、沙化土地治理、地质灾害综合治理工程，"三化"草地得到有效控制，最大限度地减少人为因素造成新的水土流失。实施人工造林、低效林改造、中幼林抚育，增加森林面积，提高森林质量。发展油茶等经济林、林下经济和中药材等生态产业，改善林农生产生活条件。引导贫困人口逐步搬迁。

第四章 主要建设内容

第一节 水源涵养能力建设

一、山地森林生态系统保护和建设

继续推进长江防护林、珠江防护林、封山育林和中幼林抚育等重点工程建设，巩固退耕还林成果，加大低效林改造力度，增加中幼龄林抚育管护资金投入。

专栏8-1 山地森林生态系统保护与建设重点工程
01 长江流域防护林体系建设 实施工程造林，管理培育好现有防护林，加强中幼龄林抚育和低效林改造，调整内部结构，完善防护林体系。
02 珠江流域防护林体系建设 实施工程造林，管理培育好现有防护林，加强中幼龄林抚育和低效林改造，调整内部结构，完善防护林体系。
03 森林抚育 对中幼龄林进行抚育，提高林分质量。

主要任务：2013～2015年，工程造林4.6万公顷，封山育林6.5万公顷，森林抚育1.3万公顷，低质低效林改造4.7万公顷，森林管护面积78.9万公顷；2016～2020年，工程造林6.7万公顷，封山育林10.8万公顷，森林抚育2.5万公顷，低质低效林改造7.9万公顷，森林管护面积131.6万公顷。

二、湿地生态系统保护和修复

专栏8-2 湿地生态系统保护与修复重点工程
01 湿地保护与恢复工程 对国家湿地公园、湿地自然保护区等重要湿地进行保护，对退化湿地进行恢复。

（续）

专栏 8-2 湿地生态系统保护与修复重点工程
02 湿地水生态保护与修复 区域内的重要湿地构建水系连通和循环体系。
03 湿地保护能力建设 完善湿地保护设施，进行宣传和执法能力建设。
04 湿地植被恢复 对湿地进行植被恢复。
05 "五河一湖"源头保护区生态环境治理工程 针对赣江等实施"五河一湖"水污染治理工程，保护水环境，控制污染排放。

严格控制城市建设和工矿区建设占用湿地资源。严禁新建重污染企业，关闭或搬迁所有污染企业。加大对农业面源污染的治理力度。继续实施"五河一湖"源头保护区生态环境治理工程，大力支持国家湿地公园、国家重要湿地的建设，增加资金投入力度。继续推进退耕（养）还湿、湿地植被恢复等重点工程建设。

主要任务：2013～2015年，湿地保护与恢复1.9万公顷，湿地植被恢复2.8万公顷；2016～2020年，湿地保护与恢复工程2.0万公顷，湿地植被恢复5.2万公顷。

三、草地生态系统保护和恢复

通过退牧还草等措施，对"三化"草地进行治理。

主要任务：2013～2015年，退牧还草2.0万公顷，退化草地治理0.4万公顷；2016～2020年，沙化草地治理0.2万公顷。

专栏 8-3 保护与恢复草地生态系统重点工程
01 退牧还草 通过禁牧、休牧、补播等措施，完成退牧还草2.0万公顷。
02 退化草地治理 对退化草地进行治理。
03 沙化草地治理 采取围栏封禁、播种改良和休牧等措施治理沙化草地。

第二节　生物多样性保护

一、资源调查

本区是原生型亚热带常绿阔叶林集中分布区和珍稀野生动植物栖息地，野生动植物资源极为丰富，但存在生物多样性调查工作滞后，珍稀野生动植物种群数量、分布位点不清楚等问题，需要全面开展资源调查工作，建立数据库，为进一步保护和保存生物多样性提供依据。

二、禁止开发区域划建

（一）自然保护区

继续推进国家级自然保护区建设。对于典型自然生态系统和极小种群野生植物、极度濒危野生动物及其栖息地，要加快晋升为国家级自然保护区。进一步界定核心区、缓冲区和实验区的范围，统一管理主体。依据国家和4省（区）有关法律法规以及自然保护区规划，按照核心区、缓冲区和实验区实行分类管理。核心区要逐步完成人口易地安置，缓冲区和实验区也应大幅度减少人口。

（二）森林公园

继续推进国家森林公园建设，完善现有国家森林公园基础设施建设。对已经成立的国家森林公园，督促完成森林公园总体规划，并按核心景观区、一般游憩区、管理服务区和生态保育区分类管理。对资源具有稀缺性、典型性和代表性的区域要加快晋升国家森林公园，加强森林资源和生物多样性保护。在核心景观区、一般游憩区、管理服务区内按照合理游客容量开展适宜的生态旅游和科普教育，建设旅游设施及其他基础设施等必须符合森林公园规划，逐步拆除违反规划建设的设施。除必要的保护设施和附属设施外，禁止与保护无关的任何生产建设活动。

（三）湿地公园

本区河流、库塘、沼泽等湿地资源较为丰富，要加快湿地公园建设。湿地公园建设要符合国家和4省（区）相关法律法规以及湿地公园规划，以开展湿地保护恢复、生态游览和科普教育为主，建设必要的保护设施和附属设施，禁止随意改变用途。

（四）风景名胜区

充分利用区域资源优势，建设国家级风景名胜区，在保护景物和自然环境的前提下，加大各级财政投入，建设旅游设施及其他基础设施，开展生态旅游，促进区域经济发展。

（五）地质公园

充分利用区域资源优势，建设国家地质公园，保护喀斯特地貌和丹霞地貌等重要
地质资源。

（六）世界文化自然遗产

加强对世界罕见的壮年期峰林峰丛式丹霞地貌，以及丹霞地貌生物群落的保护。

主要任务：2013～2015年，国家级自然保护区达到16处，国家森林公园达到26
处，国家湿地公园达到7处；2016～2020年，国家级自然保护区达到21处，国家森林
公园达到31处，国家湿地公园达到12处，国家地质公园达到4处，国家级风景名胜区
达到5处。

专栏 8-4　生物多样性保护重点工程
01　野生动植物保护及自然保护建设工程 　　完善自然保护区保护设施建设，国家级自然保护区达到 21 处。
02　珍稀濒危野生动植物物种拯救工程 　　对野外繁衍生存困难的物种采取人工拯救措施。莽山国家级自然保护区建立野生动物救护繁育中心 1 处，在南岭国家级自然保护区建立珍稀濒危植物保存基地 1 处。
03　水生濒危物种救护工程 　　在泗涧山大鲵自然保护区建立大鲵救助站 1 处。
04　种质资源库和生物多样性展示基地建设工程 　　在江西井冈山国家级自然保护区建设生物多样性保护展示基地，重点保护、保存珍稀濒危动植物资源。在广东南岭国家级自然保护区和湖南阳明山国家森林公园建立生物多样性保护和科普教育基地。
05　国家森林公园 　　完善国家森林公园基础设施建设，国家森林公园达到 31 处。
06　国家级风景名胜区 　　国家级风景名胜区达到 5 处。
07　国家湿地公园 　　国家湿地公园达到 12 处。
08　国家地质公园 　　国家级地质公园达到 4 处。
09　世界文化自然遗产 　　完善世界文化遗产保护设施，开展地质研究。
10　物多样性资源调查 　　开展生物多样性资源调查。

第三节　水土流失综合治理

对沙化土地治理主要采取封山育林等措施，遏制人为破坏，促进区内植被的自然恢复；对石漠化土地通过封山育林（草）、退耕还林（草）、人工造林种草等措施进行综合治理，对于危害极其严重地区有计划、有步骤开展人口易地安置，人口总数控制在生态承载区范围内，减少对生态环境压力；继续实施工矿废弃地复垦利用工程，开展工矿区植被恢复。

主要任务：2013～2015年，沙化土地治理0.2万公顷，石漠化治理4.5万公顷，工矿区废弃地植被恢复0.2万公顷，水土流失综合治理2.7万公顷；2016～2020年，沙化土地治理0.4万公顷，石漠化治理2.4万公顷，工矿区废弃地植被恢复0.3万公顷，水土流失综合治理7.5万公顷。

专栏8-5　水土流失综合治理重点工程
01　沙化土地治理工程 　　采取乔灌造林、封禁保护等措施治理沙化土地。
02　石漠化治理工程 　　对于具有自然恢复能力的、处在不同石漠化阶段的草坡地、灌木林地、疏林地、未成林地以及难以人工造林的陡坡地进行封山育林。通过封山育林和辅助技术措施，减轻或解除生态胁迫因子，使现有植被朝顶极群落演替。对适宜地区采取人工造林尽快恢复植被。
03　工矿区废弃地植被恢复工程 　　采取人工播草种树与封山育林（草）相结合，促进工矿区废弃地植被恢复。
04　水土流失综合防治工程 　　采取修筑拦沙坝、谷坊和截水沟，人工造林种草和封禁等措施综合治理水土流失。

第四节　生态扶贫建设

一、生态产业

围绕十八大提出的"五位一体"的总体布局，扶持高效生态产业的发展。积极提升森林公园、自然保护区实验区和湿地公园森林旅游发展能力，引导森林人家、森林旅游示范区、示范村建设，发展特色森林旅游产品，将森林旅游业培育成第三产业的龙头；在低山丘陵区适度发展油茶产业、茶叶产业，以及脐橙、柑橘、柚等特色经济林和香料林；鼓励发展林果、林药、林菌、林花等林下种植业，养鸡、养兔等林下养殖业，以及花卉苗木基地和中药材基地，促进农民和林区职工增收致富。

二、林农培训

针对林农开展技能培训，对管理人员和专业技术人员开展培训。

培训任务：管理人员0.4万人次，技术人员2万人次，林农10万人次。

三、人口易地安置

与国家集中连片特困地区区域发展与扶贫攻坚规划相衔接，对自然保护区核心区和缓冲区、森林公园核心景观区，以及生存条件恶劣地区实施人口易地安置。对易地安置人员实行集中安置，积极引导就业。

易地安置以集中安置为主，安置到条件较好的乡（镇），根据当地的实际情况，发展特色优势产业，同时鼓励富余劳动力外出务工，从事第二、三产业，增加收入，使易地搬迁达到"搬得出，稳得住，能致富"的目标，实现区域经济社会的可持续发展。

专栏 8-6　生态产业重点工程
01　油茶产业 　　发展油茶产业基地 0.4 万公顷。
02　茶叶生产和加工基地 　　新建茶叶生产和加工基地 1.4 万公顷。
03　特色经济林 　　发展脐橙、柑橘、柚等特色经济林。
04　香料林 　　发展香料林基地 1.0 万公顷。
05　竹产业 　　扶持竹笋产业向专业化、规模化方向发展，引进竹笋加工技术。
06　林下经济 　　发展林果、林药、林菌、林花等林下种植业以及养鸡、养兔等林下养殖业。
07　中药材基地 　　发展车前草、半边莲、淡竹叶、陈皮、金毛狗、刺五加、百合、五倍子、杜仲、厚朴、黄柏和绞股蓝等中草药，进行规模化种植。
08　苗木花卉基地 　　发展西南桦、香椿、银杏、秃杉、马褂木、南方红豆杉、榉木等珍贵树种基地以及兰花等珍稀花卉繁育基地。

（续）

专栏8-6　生态产业重点工程
09　森林生态旅游 　　发展森林公园、自然保护区实验区和湿地公园森林旅游产业基地，引导森林人家、森林旅游示范区、示范村建设。

第五节　基本公共服务体系建设

一、防灾减灾体系

（一）森林防火体系建设

进一步完善防火预警监测系统、防火阻隔系统、防火道路系统、防火指挥系统、防火通信系统、林火视频监控系统建设，配备扑火专业队伍和半专业队伍，完善扑救设施设备，配备物资储备库。

（二）林业有害生物防治

完善林业有害生物检验检疫机构和监测、检疫、防治和服务保障体系，建立林业有害生物防治责任制度。加强防控体系基础设施建设，提高区域林业有害生物防灾、御灾和减灾能力。有效遏制林业有害生物发生。

（三）地质灾害防治

积极推进地质灾害综合多发区域综合治理工程，针对不同类型地质灾害，采取不同的治理措施。同时要建立地质灾害预警监测系统，及时发布信息，减少居民生命财产损失。

（四）气象灾害防治

建立气象灾害预警系统，及时发布信息。建设人工主动干预天气系统工程。

二、基础设施设备

完善林区和农村道路交通系统。继续推进标准化规模养殖场、农村新能源、中央农村环保专项资金环境综合整治，逐步完成新能源改造，实现固体废弃物全部统一集中处理，完成棚户区改造。

专栏 8-7　基本公共服务体系重点工程

01　森林防火体系建设
　　建立和完善县、市以及国家级禁止开发区的防火预警监测系统、防火阻隔系统、防火道路系统、防火指挥系统，配备扑火专业队伍和半专业队伍，完善扑救设施设备，配备物资储备库。

02　林业有害生物防治
　　县、市林业主管部门建立林业有害生物测报站、林业有害生物检疫中心，购置林业有害生物防治设施设备，购置防控体系基础设施。

03　地质灾害防治
　　对滑坡、崩塌、泥石流、不稳定斜坡和地面塌陷等地质灾害进行综合防治。

04　气象灾害防治
　　建设人工主动干预天气系统工程。

05　国有林区棚户区及国有林场危旧房改造
　　对国有林区棚户区及国有林场危旧房进行改造。

06　林区和农村基础设施建设
　　完善道路交通系统，逐步实现林区和农村给排水、供电、通信接入市政管网，完善固定废弃物等处理设施。

07　水库除险加固
　　修建大坝、溢洪道、进水塔、堤防及涵闸建筑物，对反滤体进行加固改造。

08　河道治理
　　修建堤防、堤岸，对河道疏浚。

第六节　生态监管

一、生态监测

　　建立覆盖本区、统一协调、及时更新、功能完善的生态监测管理系统，对重点生态功能区进行全面监测、分析和评估。目前，国家林业局已经成立生态监测评估中心，规划在省级林业主管部门设立生态监测评估站，县级单位设立生态监测评估点，形成"中心—站—点"的三级生态监测评估系统。

　　建立由林业部门牵头，水利、农业、环保和国土等部门共同参与，数据共享、协同有效的生态监测管理工作机制。

生态监测管理系统以湿地、林地、自然保护区、森林公园、蓄滞洪区为主要监测对象。

建立生态评估与动态修订机制。适时开展评估，提交评估报告，并根据评估结果提出是否需要调整规划内容，或对规划进行修订的建议。

每两年开展一次林地变更调查，使林地与森林的变化落到山头地块，形成稳定的林地监测系统。

二、空间管制与引导

（一）落实主体功能定位

全面落实《全国主体功能区规划》提出的主体功能定位要求，在禁止开发区域内，实行强制性保护；在限制开发区域内，实行全面保护。

（二）划定区域生态红线

大面积的山地森林是本区主体功能的重要载体，要落实水源涵养的建设重点，划定区域生态红线，确保现有天然林、湿地和草地面积不能减少，并逐步扩大。严禁改变生态用地用途，禁止可能威胁生态系统稳定、生态功能正常发挥和生物多样性保护的各类林地利用方式和资源开发活动。严格控制生态用地转化为建设用地，逐步减少城市建设、工矿建设和农村建设占用生态用地的数量，形成"点状开发、面上保护"空间格局。

（三）控制生态产业规模

在合理利用区域布局生态产业，发展不影响生态系统功能的生态旅游、特色经济林、林下经济、中药材、高山蔬菜及农产品深加工，合理控制发展规模，在保护生态的前提下，提高经济效益。

三、绩效评价

为了使重点生态功能区保护和建设目标与任务具体化、指标化和数量化，建立定性与定量相结合的生态监测评估指标体系，实时监测生态保护和建设状况以及生态服务能力变化。

评估以2011年数据为基准年，按指标体系的指标内容采集相关的实际数据。以2011～2015年为一个阶段，以后均以5年或10年为一个阶段，确定5年或10年后各项指标完成目标，以该年度为目标年。按照各指标内容收集目标年年度的实际数据。对比目标年度与基准年度各项指标数据，分析生态功能区保护和建设进展情况，并参照目标年设定的保护和建设任务目标，调整保护和建设规划内容。完成目标年的建设任务后，将各项指标的实际数据与目标值对比分析。

表 8-4 重点生态功能区生态监测评估指标体系

综合指标层	单项指标层	单位
森林保护	林地面积	万公顷
	森林覆盖率	%
	森林蓄积量	立方米/公顷
生物多样性保护	国家级自然保护区数量	个
	国家级自然保护区面积	万公顷
	国家森林公园数量	个
	国家森林公园面积	万公顷
	国家重点保护野生动物保护	个
	极小种群野生植物种类保护	个
	国家级风景名胜区数量	个
	国家级风景名胜区面积	万公顷
	国家地质公园数量	个
	国家地质公园面积	万公顷
	世界文化自然遗产数量	个
	世界文化自然遗产面积	万公顷
	生态廊道面积	万公顷
湿地保护	湿地面积	万公顷
	湿地保护面积	万公顷
	国家湿地公园数量	个
	国家湿地公园面积	万公顷
草地保护	"三化"草地治理率	%
	草地载畜量	羊单位
水土流失控制	水土流失治理率	%
	沙化土地治理率	%
	石漠化治理率	%
	工矿区植被恢复率	%
水土流失控制	地质灾害治理率	%

（续）

综合指标层	单项指标层	单位
林区和农村综合治理	新能源改造所占比例	%
	水、电、路、通讯接入市政管网所占比例	%
	国有林区棚户区及国有林场危旧房改造所占比例	%
	生活污水集中处理率	%
	生活垃圾无害化处理率	%
	大气质量	大气质量级别
	地表水质量	地表水质级别
	地下水质量	地下水质级别
	土壤质量	土壤质量级别

第五章　政策措施

第一节　政策需求

一、国家重点生态功能区转移支付政策

加大南岭山地森林和生物多样性生态功能区财政转移支付力度。把加强珠江和长江防护林、退耕（牧）还林（草）、水土流失治理、湿地保护和恢复以及生物多样性保护作为重要内容，优先安排并逐步增加资金。

二、生态补偿政策

提高森林生态效益补偿的标准。

建立地区之间的横向援助机制。建立生态补偿机制，由下游地区补偿上游地区。生态环境受益地区采取资金补助、定向援助、对口支援等形式，对重点生态功能区因加强生态保护造成的利益损失进行补偿。

建立湿地生态补助机制，尽快启动湿地生态补助试点。

三、人口易地安置配套扶持政策

对于国家级自然保护区、贫困地区以及生态脆弱地区实施人口易地安置的，首先要保障易地安置房的建设用地。在搬迁过程中产生的税费、规费应予以减免。优先安排安置人员及其子女就业，引导其参与生态旅游等第三产业经营。优先安排对其进行技能培训。保障其在教育、医疗等方面享受当地居民同等待遇。

第二节　保障措施

一、法制保障

加强普法教育。要认真贯彻执行《中华人民共和国森林法》《中华人民共和国水

土保持法》《中华人民共和国环境保护法》《中华人民共和国土地管理法》等相关的法律法规。各级政府职能部门要分工协作，认真落实和严格执行有关的法律法规。要不断提高广大农牧民的法治理念和执法部门的执法水平。

严格依法建设。建设项目征占用林地、草地、湿地与水域，要强化主管部门预审制度，依法补偿到位。加强生态监管和执法，依法惩处各类破坏资源的行为，强化对砍伐林木、滥垦草地等各类犯罪的打击力度，努力为生态保护与建设创造良好的社会环境。

充分利用乡规民约。发挥民族文化习俗中有利于生态保护的积极因素，把国家法律法规同乡规民约结合起来，形成自觉维护生态、节约利用资源的氛围。

二、组织保障

各级领导要以高度的历史责任感，切实把重点生态功能区生态保护与建设纳入政府工作的议事日程，发挥组织协调功能，支持职能部门更有效地开展工作。南岭山地森林和生物多样性生态功能区涉及行政区域多、保护和建设任务重，省、市、县各级政府要成立领导小组，主管领导任组长，各有关部门负责人为小组成员，明确责任，围绕规划目标，逐级分解落实任务。

三、资金保障

应发挥政府投资的主导作用，中央和地方各级政府要加强对重点生态功能区生态保护和建设资金投入力度，每五年解决若干个重点生态功能区的突出问题和特殊困难。对重点生态功能区内国家支持的建设项目，适当提高中央政府补助比例，逐步降低市县政府投资比例。政府在基本公共服务领域的投资要优先向重点生态功能区倾斜。鼓励和引导民间资本投向营造林、生态旅游等生态产品的建设事业。鼓励向符合主体生态功能定位的项目提供贷款，加大资金投入。

四、技术保障

积极争取地方政府支持，完善林业科研机构的功能和体制。积极争取科研经费，引进先进的技术和设备。林业科研机构的设置重点放在种质资源保护保存区，重点是开展动植物种质资源调查、收集、引种、扩繁和育种研究。特别是在国家级自然保护区和国家森林公园应该以动植物种质资源、森林风景资源和生物多样性的保护和保存为主。加强技术推广服务，针对本区生态保护和建设的难点和重点，提出一批科技攻关项目进行推广，如石漠化地区优良适生树种及生态修复模式，营造防护林中优良树种选择及新型育苗技术，低效林改造，林业有害生物防治，名、特、优、新经济林和花卉新品，珍贵中药材栽培以及科技信息网络建设推广等。建立一批科技示范基地，通过科研院所-企业-基地体系示范推广先进的治理模式、品种和技术。加强对林农培训和基层技术人员培训。加强国际交流与合作。

五、制度保障

要强化对建设项目征用占用林地、草地、湿地与水域的监管和审核。对各类开发活动进行严格管制，开发矿产资源、发展适宜产业和建设基础设施，需开展主体功能适应性评价，不得损害生态系统的稳定性和完整性。加大对污染环境、破坏资源等行为的执法力度。加强对森林、湿地、草地等生态系统的监管，建立生态监测评估体系，对规划实施情况进行全面监测、分析和评估。落实项目管理责任制，完善检查、验收、审计制度。工程建设实行项目法人制、监理制和招投标制。建立工程档案，监督工程建设进度、资金使用情况和工程质量。保障生态保护和建设成效。

附表

南岭山地森林及生物多样性生态功能区禁止开发区域名录

名　　称	行政区域	面积（公顷）
合　计		701787
自然保护区		
江西九连山国家级自然保护区	龙南县	13412
江西井冈山国家级自然保护区	井冈山市	21499
广东南岭国家级自然保护区	乳源瑶族自治县	58368
广东车八岭国家级自然保护区	始兴县	7545
广东丹霞山国家级自然保护区	始兴县	28000
湖南莽山国家级自然保护区	宜章县	19833
湖南阳明山国家级自然保护区	双牌县	12795
湖南八面山国家级自然保护区	桂东县	10974
湖南炎陵桃源洞国家级自然保护区	炎陵县	23786
广西花坪国家级自然保护区	龙胜县	15133
广西猫儿山国家级自然保护区	资源县、兴安县、龙胜县	17009
广西九万山国家级自然保护区	罗城县、环江县、融水县	25213
世界文化遗产		
中国丹霞山	仁化县	21500
风景名胜区		
丹霞山风景名胜区	仁化县	21500

（续）

名　称	行政区域	面积（公顷）
江西井冈山风景名胜区	井冈山市	38520
森林公园		
江西梅关国家森林公园	大余县	5300
江西五指峰国家森林公园	上犹县	24533
江西陡水湖国家森林公园	上犹县、崇义县	22667
江西阳岭国家森林公园	崇义县	6890
江西九连山国家森林公园	龙南县	20063
江西三百山国家森林公园	安远县	3330
广东南岭国家森林公园	乳源瑶族自治县	27333
广东神光山国家森林公园	兴宁市	675
广东南台山国家森林公园	平远县	2073
广东天井山国家森林公园	乳源瑶族自治县	5564
湖南莽山国家森林公园	宜章县	19833
湖南九龙江国家森林公园	汝城县	8436
湖南西瑶绿谷国家森林公园	临武县	12441
湖南蓝山国家森林公园	蓝山县	7047
湖南九疑山国家森林公园	宁远县	8227
湖南阳明山国家森林公园	双牌县	11733
湖南福音山国家森林公园	新田县	6830
湖南神农谷国家森林公园	炎陵县	10000
广西八角寨国家森林公园	资源县	84000
广西元宝山国家森林公园	融水县	25000
广西龙胜温泉国家森林公园	龙胜县	420
广东镇山国家森林公园	蕉岭县	2177
湿地公园		
江西东江源国家湿地公园	安远县	2676
广东孔江国家湿地公园	南雄市	1668
广东乳源南水湖国家湿地公园	乳源瑶族自治县	6284
地质公园		
广东丹霞山国家地质公园	仁化县	29000
广西资源国家地质公园	资源县	12500

第九篇

黄土高原丘陵沟壑

水土保持生态功能区
生态保护与建设规划

第一章 规划背景

第一节 区域概况

一、规划范围

黄土高原丘陵沟壑水土保持生态功能区位居黄土高原腹地，约占黄土高原面积的18%，黄土高原丘陵沟壑区面积的一半左右。涉及山西、陕西、甘肃、宁夏等4省（区）13市45个县（区），面积112050.5平方千米，2013年末区域内总人口约1111.3万人，详见表9-1。

表9-1 规划范围表

省（区）	面积（平方千米）	县数	人口（万人）	县（市、区）级单位
合计	112050.5	45	1111.3	
山西	29064.0	18	307.9	五寨县、岢岚县、河曲县、保德县、偏关县、吉县、乡宁县、蒲县、大宁县、永和县、隰县、中阳县、兴县、临县、柳林县、石楼县、汾西县、神池县
陕西	23599.7	10	221.4	子长县、安塞县、志丹县、吴起县、绥德县、米脂县、佳县、吴堡县、清涧县、子洲县
甘肃	33195.2	9	353.3	庆城县、环县、华池县、镇原县、庄浪县、静宁县、张家川回族自治县、通渭县、会宁县
宁夏	26191.6	8	228.7	彭阳县、泾源县、隆德县、盐池县、同心县、西吉县、海原县、红寺堡区

二、自然条件

（一）地形地貌

本区地貌经强烈侵蚀大部分地区已成为破碎的梁峁丘陵，千沟万壑，15度以上的坡地面积占比50%～70%。以梁峁状丘陵或梁状丘陵为主，梁顶狭窄，沿分水线有较大的起伏；峁顶弯起，面积不大。梁峁之间纵横交织分布着大大小小的沟壑。沟壑密度2～7千米/平方千米，沟道深度100～300米，多呈"U"形或"V"形，沟壑面积较大。小流域上游一般为"涧地"和"掌地"，地形较为平坦。

（二）气候

本区属（暖）温带（大陆性）季风气候，从东南向西北，气候依次为暖温带半湿润气候、半干旱气候和干旱气候。冬春季受极地干冷气团影响，寒冷干燥多风沙；夏秋季受西太平洋副热带高压和印度洋低压影响，炎热多暴雨。全年雨量不足，气候干燥，冬长夏短，四季分明，日照充沛，春季多风。昼夜温差大，适宜农作物生长。年平均气温6～11℃，无霜期140～186天，多数地区只能一年一熟。

（三）土壤

本区大部分为黄土覆盖，该区是黄土分布较集中、覆盖厚度较大的区域。黄土平均厚度50～100米。土壤共分六大类，主要是黄绵土、红土、盐碱土、黑垆土、潮土和风沙土。土壤质地疏松、富含碳酸盐、孔隙度大、透水性强、遇水易崩解、抗冲刷抗侵蚀能力弱。

三、自然资源

（一）土地资源

本区总土地面积为1120.5万公顷，其中林地432.6万公顷，占全区土地面积的38.61%；耕地306.0万公顷，占27.31%，人均耕地0.28公顷，其中坡耕地187.79万公顷，大于15度的坡耕地120.25万公顷，分别占总耕地面积的61.3%和39.3%；草地269.5万公顷；水域7.4万公顷；未利用地37.5万公顷；其他用地67.5万公顷，详见表9-2。

表9-2　土地资源统计表

单位：公顷

省（区）	林地	耕地	草地	水域	未利用地	其他用地	总面积
合　计	4326183	3059706	2694833	73668	375221	675439	11205050
山　西	1540486	636854	408170	19937	183010	117943	2906400
陕　西	1051240	552630	433976	21403	50476	250245	2359970
甘　肃	767947	919173	1327821	16574	69083	218922	3319520
宁　夏	966510	951049	524866	15754	72652	88329	2619160

（二）水热资源

本区年平均降水量200～700mm。降水集中，65%集中在夏季，降水强度大，往往一次暴雨量就占全年降水量的30%，甚至更多。据不完全统计，本区年可利用水资源总量约80亿立方米，人均可用水资源总量约800立方米/年。本区属于黄河流域，区域内流域面积大于1000平方千米的主要支流有无定河、窟野河、汾河、泾河、洮河、祖厉河、葫芦河、清水河、苦水河、马莲河、北洛河等24条。总流域面积约784万公顷，多年平均径流量约593亿立方米，多年平均输沙量约11亿吨。

（三）森林资源现状

本区林地面积432.6万公顷。其中有林地面积158.0万公顷，灌木林地面积82.6万公顷（其中特殊灌木林面积35.7万公顷），疏林地面积13.9万公顷，未成林造林地面积69.0万公顷，苗圃地面积0.2万公顷，无立木林地面积22.3万公顷，宜林地面积158.4万公顷，辅助生产林地面积0.2万公顷。

有林地面积占林地面积约40.09%，森林覆盖率为17.29%（其中：山西森林覆盖率22.40%，陕西森林覆盖率21.81%，甘肃森林覆盖率12.57%，宁夏森林覆盖率13.77%），详见表9-3。

公益林面积346.8万公顷，占林地面积的80.15%。其中国家级公益林面积153.7万公顷，占林地面积的35.52%，详见表9-4。

森林蓄积量为2235.9万立方米。其中：山西1423.5万立方米；陕西262.9万立方米；甘肃444.1万立方米；宁夏105.3万立方米，详见表9-5。

表 9-3　林地现状统计表

单位：公顷

省（区）	有林地	灌木林地	疏林地	未成林造林地	苗圃地	无立木林地	宜林地	辅助生产林地	森林覆盖率（%）
合计	1580072	825880	138837	690150	1934	223385	1583603	2061	17.29
山西	626918	344229	45247	246604	768	44920	577430	16	22.40
陕西	499806	107906	39740	105641	245	24824	410082	2007	21.81
甘肃	371413	86674	47594	93600	263	40450	406496	29	12.57
宁夏	81935	287071	6256	244305	658	113191	189595	9	13.77

表 9-4 公益林面积统计表

单位：公顷

省（区）	合　计	国家公益林	地方公益林
合　计	3467503	1537209	1930294
山　西	1269548	381717	887831

（续）

省（区）	合　计	国家公益林	地方公益林
陕　西	702432	320905	381527
甘　肃	803225	511303	291922
宁　夏	692298	323284	369014

表 9-5　森林蓄积量统计表

单位：立方米

省（区）	合计	防护林	特用林	用材林	经济林	薪炭林
合　计	22358872	19931524	773282	1467420	184317	2329
山　西	14235250	12411418	768623	996819	58390	
陕　西	2629831	2161748	610	465144		2329
甘　肃	4441132	4310581		5457	125094	
宁　夏	1052659	1047777	4049		833	

（四）草地资源

本区草地面积较为丰富，"三化"草地面积和鼠害严重，草场质量差，草场退化及诱发土地荒漠化趋势仍较严峻。区域草地面积为269.5万公顷，占总面积的24.05%，可利用草场227.2万公顷。其中鼠害草地面积70万公顷，"三化"草地面积104.5万公顷。近年来，累计共完成退牧还草79.78万公顷。

（五）湿地资源

本区湿地资源贫乏，湿地总面积约7.4万公顷。分布有河流湿地、湖泊湿地、沼泽湿地和人工湿地等，其中以河流湿地、人工湿地为主。河流湿地包括永久性河流湿地、季节性或间歇性河流湿地和泛洪平原湿地3个型；人工湿地包括库塘、渠沟、水稻田、鱼池等。泛洪平原湿地以河流滩涂为主，另有少部分淤地坝坝尾地段和沟道的低洼地形成的自然湿地。

（六）野生动植物资源

本区范围内野生动植物资源较为丰富。据不完全统计野生植物资源约110多科1200余种，其中木本植物57科115属294种，草本植物72科651种。野生动物资源310余种，鸟类有14目16科160种，兽类有6目16科36种。属于国家一级保护野生动物有褐马鸡、金雕、黑鹳、金钱豹等；国家二级保护野生动物有苍鹰、大鵟、雀鹰、乌雕、草原雕、白尾鹞、猎隼、红脚隼、红隼、鸳鸯、原麝、獐、黄羊等。

四、社会经济

区域内2013年总人口约1111.3万人，占全国总人口的0.8%，人口密度约99人/平方千米，其中农业人口约931.4万人，占总人口的86%，少数民族人口约225万人。人口主要集中于地势缓和的沟谷和平川区域，是区域内经济要素聚集、产业发展布局和城镇化拓展的土地集约使用重点区域。

表9-6 人口统计表

单位：万人

省（区）	总人口	农业人口	少数民族人口
合　计	1111.3	931.4	224.95
山　西	307.9	238.4	0.04
陕　西	221.4	177.0	0.0054
甘　肃	353.3	323.4	25.6
宁　夏	228.7	192.6	199.3

本区2013年生产总值为235.9亿元。占全国生产总值的0.04%。其中一、二、三产业分别为37.9亿元、147.9亿元、50.1亿元，分别占生产总值的16.1%、62.7%、21.2%。各类牲畜年末存栏量约40.1亿头（只），其中大牲口约1.7亿头（只），绵山羊约38.4亿只。粮食总产量约70.65亿千克，单位面积产量为2308.5千克/公顷。农村劳动力就业285.81万人。农民年人均收入4759.2元，但分布很不均衡。远低于我国同期7917元/年的平均水平。

五、扶贫开发

本区地跨山西、陕西、甘肃、宁夏四省（区），集革命老区和贫困地区于一体，是跨省交界面大、生态环境脆弱、人口聚集、贫困人口分布广的连片特困地区。区域扶贫攻坚工作得到党中央的高度重视，按照中央把集中连片特殊困难地区作为新阶段扶贫攻坚主战场的战略部署和国家区域发展的总体要求，区域范围内有35个县2012年被国务院列入国家扶贫开发工作重点县，其中30个县被国务院列入集中连片特殊困难地区范围内的国家扶贫开发工作重点县，详见表9-7。

表9-7 国家扶贫开发工作重点县

山　西	中阳县、偏关县、河曲县、保德县 隰县、汾西县、永和县、大宁县、兴县、临县、吉县、岢岚县、五寨县、石楼县、神池县

（续）

陕　西	米脂县、佳县、吴堡县、清涧县、子洲县
甘　肃	会宁县、张家川县、庄浪县、静宁县、通渭县、环县、华池县、镇原县
宁　夏	盐池县 同心县、西吉县、隆德县、泾源县、彭阳县、海原县

注：加粗黑体字为集中连片特殊困难地区范围内的国家扶贫开发工作重点县。

第二节　生态功能定位

一、主体功能

黄土高原丘陵沟壑水土保持生态功能区属国家水土保持型重点生态功能区。同时也是国家"两屏三带"生态安全屏障中黄土高原生态安全屏障的重要组成部分。区域内黄土堆积深厚，土壤沙化敏感程度高，土壤侵蚀和沟道侵蚀严重，对黄河中下游的生态安全具有很大影响。

二、生态价值

（一）生态区位重要

本区是国家"两屏三带"生态安全屏障中黄土高原生态安全屏障的重要组成部分，位居黄土高原腹地，面积约占黄土高原丘陵沟壑区总面积的一半，区域内黄土深厚、人口密集，是世界上水土流失最严重、最容易受到侵蚀的区域，生态区位十分重要。

（二）生态地位突出

区域内干旱与半干旱面积范围大，降水不稳定、时空分布严重不均，干旱、风沙频繁，水土流失范围大，植被覆盖率低，天然草地与旱作农业生产能力低。气候的干旱与降水的不均衡、黄土及风沙物质的不稳定相交织，使得本区生态环境十分脆弱。森林、湿地、荒漠等生态系统的自我修复能力极差，一旦破坏极难修复。因此该区域生态系统的保护修复对提高区域生态系统的生态功能、确保我国生态系统安全具有重要意义。

（三）黄河中下游重要的生态安全屏障

区域黄土堆积深厚，范围广大，土壤沙漠化敏感度高，土壤侵蚀和沟道侵蚀严重，加之降水分布时空严重不均，暴雨降水占多年平均降水量60%以上，一次暴雨的降水量往往会超过年降水量30%以上，雨水冲刷是本区坡面侵蚀和沟道侵蚀的主要成因之一，侵蚀产沙量大，易淤积河道和水库，据不完全统计，本区多年平均输沙量为11亿吨左右。减少水土流失，对保证黄河中下游的生态安全、保障下游人民的生产生活意义重大。

（四）保障民生意义重大

区域内45个县（区）中有35个县在2012年被国务院列入国家扶贫开发工作重点县，其中30个县被国务院列入集中连片特殊困难地区范围内的国家扶贫开发工作重点县，因此发展生态林业、民生林业，优化调整产业结构，加大生态产业发展力度，构建黄土高原生态安全屏障，对实现绿色增长、增加农民收入、积极推动区域社会经济可持续发展有着不可替代的作用。

第三节　主要生态问题

一、区域干旱、降水时空分布严重不均，水资源极度贫乏

本区年降水量在200～700mm，属干旱半干旱地区，且时空分布严重不均，6～9月降水量约占年降水量60%以上，与作物的生长需求周期严重错位，降水利用率仅为30%左右，人均可利用水资源仅约800立方米/年，是全国平均数的30%左右，是联合国可持续发展委员会提出的年人均1000立方米人类最低生存标准的80%。同时由于快速的工业化进程，地下水的过量开采仍然保持高速增长的态势，地下水位急剧下降的趋势仍未得到根本遏制，本已脆弱的生态系统面临着极大的压力，居民的生产生活用水面临着严重威胁。

二、水土流失趋势仍未得到根本遏制，治理工作任重道远

水土流失严重，土地沙漠化敏感程度高。据统计本区水土流失面积约780万公顷，占总面积的70%左右，其中中度侵蚀以上面积占比在75%左右，从侵蚀类型看主要以水蚀为主，占流失面积的60%左右。沙化土地面积约128万公顷。从20世纪60～70年代以梯田建设为主的水土流失治理，到80年代以小流域为单元的山、水、田、林、路综合治理，取得了巨大的成就，生态环境得到了明显改善，总体呈现良性恢复的态势，但由于水土流失面积本底数量巨大、土地沙漠化敏感程度高，生态环境脆弱，水土流失趋势仍未得到根本遏制，水土流失治理任重道远。

三、土地负载加剧、脆弱的生态系统面临更大的挑战

人口的持续增长对土地资源、水资源等的压力日渐增大，人地矛盾、水资源不足

不均的矛盾日益严重；煤、气、油等矿产资源的无序开发对环境造成严重的破坏与污染，尤其是煤炭资源的开发导致水资源渗漏、地下水位下降；人类活动干扰、过度放牧等导致植被破坏、草场退化、诱发土地荒漠化；土壤侵蚀严重；致使本就脆弱的森林、草地、荒漠生态系统整体愈加脆弱、极易损坏和难以修复。进而加剧了土地和小气候的干旱程度以及其他自然灾害的发生，造成河床、湖底、水库等泥沙淤积和水质污染，导致湿地面积不断减少，功能衰退。土地负载加剧的趋势愈加严重，脆弱的生态系统面临着更大的挑战。

四、山洪、泥石流等地质灾害趋势加重

黄土高原丘陵沟壑水土保持生态功能区以梁峁状丘陵和梁状丘陵为主，沟壑面积大。特殊的地质地貌加之近年来暴雨数量的增加极易诱发水土流失、滑坡、泥石流等地质灾害。据不完全统计，近年来区域内山洪沟、泥石流沟、滑坡等地质灾害发生频率明显增大，地质灾害点越来越多且分布广泛、密度大、活动频繁，主要分布在城镇、村社分布相对集中的河流地带，对人民群众的生命财产造成严重威胁。

第四节　生态保护与建设现状

一、生态工程建设

（一）林业生态建设工程

本区近30年来实施与建设的国家重大工程项目有"三北"防护林工程、退耕还林工程、天然林保护工程、京津风沙源治理工程、野生动植物保护及自然保护区建设工程、湿地保护与恢复工程、世行贷款造林工程、公益林保护、农发林业示范项目、荒山造林等工程。累计完成营造林面积457.7万公顷（其中包括退耕还林158.2万公顷），实际完成投资181.5亿元，其中国家投资174.1亿元，地方投资7.5亿元，详见表9-8。

表 9-8　林业生态建设工程及投资统计表

省（区）	工程实施规模 （公顷）	实际投资 （万元）	国家投资 （万元）	地方投资 （万元）
合　计	4577650	1815499	1740524	74975
山　西	1325866	227749	219422	8327
陕　西	740512	539834	538946	888

（续）

省（区）	工程实施规模（公顷）	实际投资（万元）	国家投资（万元）	地方投资（万元）
甘肃	886791	400729	381180	19549
宁夏	1624481	647187	600976	46211

目前，已纳入中央财政森林生态效益补偿的面积346.8万公顷。

建立了5个国家级自然保护区、4个省级自然保护区，6个国家级森林公园、11个省级森林公园，1个国家级风景名胜区、3个省级风景名胜区，1个国家级地质公园，总面积约40.2万公顷，占全区总面积的3.67%，详见表9-9。

各项林业工程的实施为本区生态恢复和治理创造了良好条件。

表9-9　国家自然保护区、森林公园等分省（区）数量、面积统计表

项目 省（区）	合计 数量（处）	合计 面积（公顷）	山西 数量（处）	山西 面积（公顷）	陕西 数量（处）	陕西 面积（公顷）	甘肃 数量（处）	甘肃 面积（公顷）	宁夏 数量（处）	宁夏 面积（公顷）
合计	31	401920	12	159368	1	2180	10	25549	8	214823
国家级自然保护区	5	227640	2	42070					3	185570
省级自然保护区	4	46368	3	45648			1	720		
国家级森林公园	6	77945	1	43440			2	15505	3	19000
省级森林公园	11	17410	4	7866			6	8991	1	553
国家级风景名胜区	1	2180			1	2180				
省级风景名胜区	3	20677	2	20344			1	333		
国家级地质公园	1	9700							1	9700

（二）农业、水利工程建设

该区域近年来先后实施了坡耕地治理工程、小流域综合治理工程、中小河流治理和病险水库加固工程、小型饮水工程、淤地坝、排灌沟等一系列重点农业、水利工程。其中累计完成水保造林143.1万公顷，水保种草45.6万公顷，坡改梯91.9万公顷，沙化草地、鼠害草地治理面积10.1万公顷；沟头防护工程2304处，水窖、涝池、拦沙坝、淤地坝等共计约62万个，以及相应的排灌沟渠等其他配套工程，详见表9-10。

各项工程累计完成投资9.67亿元，其中国家投资7.96亿元，地方投资1.71亿元，详见表9-11。

表 9-10　农业、水利主要工程完成情况统计表

省（区）	水保造林措施（公顷）	水保种草措施（公顷）	坡改梯（公顷）	沟头防护工程（处）	水窖、涝池、拦沙坝、淤地坝（个）
合计	1431320	455888	919260	2304	620264
山西	398211	16377	94825	128	27859
陕西	425217	116874	120999	340	51833
甘肃	390445	237583	521380	1517	202829
宁夏	217447	85054	182056	319	337743

表 9-11　水利工程建设已完成投资统计表

单位：万元

省（区）	国家投资	地方投资	总投资
合　计	79601	17091	96692
山　西	19446	7902	27348
陕　西	9437	1468	10905
甘　肃	4755	1845	6600
宁　夏	45963	5876	51839

（三）沙化土地综合治理

该区域近年来先后实施了沙化土地封禁保护等相关工程。其中累计完成封禁治理103.6万公顷，沙化土地治理面积11.5万公顷，详见表9-12。

表 9-12　沙化土地封禁治理完成情况统计表

省（区）	封禁治理（公顷）
合　计	1035844
山　西	187426
陕　西	253599
甘　肃	463977
宁　夏	130842

（四）地质灾害防治和灾害预警建设

国家高度重视本区域的地质灾害防治工作，各地地质灾害防治工作快速进行。暴雨等气象条件是诱发本区地质灾害发生的主要因素之一，进行气象灾害预警十分重要。在各级政府的统一组织下，依托气象、国土、水务、环保等部门建设的多种自然灾害监测站点，正在发挥积极的预警作用，减轻了人员伤亡和重大财产的损失。

二、国家重点生态功能区转移支付

配合国家主体功能区战略实施，中央财政实行了重点生态功能区转移支付政策，2012年国家对本区财政转移支付为13.15亿元，其中用于生态环境保护特殊支出补助为5.47亿元，其他为7.68亿元。

国家已转移支付资金中，用于生态工程建设资金为3.18亿元，生态环境治理建设资金为4.01亿元，民生保障及公共服务建设资金为4.67亿元。分省（区）国家财政转移支付情况详见表9-13。

从政策实施情况看，财政转移支付资金用于生态保护与建设的资金规模与本区生态环境建设的实际需要还有较大的差距。

表 9-13 分省（区）财政转移支付统计表

单位：万元

省（区）	合计	山西	陕西	甘肃	宁夏
财政转移支付	131524	18294	50871	45645	16714
其中：生态环境保护特殊支出	54723	10571	12365	28161	3626
其他支出	76801	7723	38506	17484	13088
生态工程建设	31876	5438	12677	6058	7703
生态环境治理建设	40126	4026	9642	25927	531
民生保障及公共服务建设	46717	7610	28454	5789	4864

三、生态保护与建设总体态势

目前，黄土高原丘陵沟壑水土保持生态功能区生态保护与建设已经取得了巨大的成就，生态环境得到了明显改善，总体呈现良性恢复的态势。

但是由于区域内水土流失面积、沙化土地面积本底数量巨大，土地沙漠化敏感程度高；水资源极度贫乏，降水时空分布严重不均，生态环境极度脆弱；森林质量较差，森林生态系统涵养水源和防止水土流失能力偏低；湿地面积极度贫乏，荒漠、草地生态系统功能衰退等一系列严峻的生态问题。今后一个时期，该区既要满足人口增长、城镇化、工业化、经济社会发展所需要的国土空间，又要为保障农产品供给安全而保护耕地，还要保障生态安全、应对环境污染和气候变化，保持并扩大绿色生态空间，生态保护与建设面临重大挑战，任务依然艰巨。

第二章 指导思想与原则目标

第一节 指导思想

全面贯彻党的十八大精神，深入学习贯彻习近平总书记系列重要讲话精神，按照《中共中央国务院关于加快推进生态文明建设的意见》和《生态文明体制改革总体方案》的要求，根据《全国主体功能区规划》的定位，加快构建以"两屏三带"为主体的生态安全格局，深刻领会"林业推进生态文明建设"的内涵及重要意义，牢固树立尊重自然、顺应自然、保护自然的生态文明理念，以维护和改善本区生态服务功能和构建生态安全屏障为目标，努力增加森林、湿地等生态用地比例，优化森林、湿地、荒漠等生态系统结构，通过生物、工程等措施综合治理水土流失，提高区域生态系统的生态功能，明确本区的生态保护重点和相关保护措施，指导生态保护与建设、自然资源有序开发和产业合理布局，增强生态支撑能力，加强生态监管，协调好人口、资源、生态与扶贫的关系，推动区域经济、社会与生态高效、协调、可持续发展，把该区建成水土流失治理的示范区，生态良好、生活富裕、社会和谐的生态文明示范区和美丽中国的典范。

第二节 基本原则

一、全面规划、突出重点

按照国家主体功能区战略实行顶层设计，对区域进行全面规划。本区范围广，生态环境脆弱，该区域的水土保持问题一直是生态环境治理的重点及难点。因此需坚持全面规划、整体控制，并对典型区域重点整治，确立重点建设区及示范区，从而达到集中、高效的目的。

二、以人为本、改善民生

本区正处在城镇化、工业化发展时期，随着城镇化、工业化水平的不断提升，必将增加资源消耗量和环境负荷量。且本区水资源极度贫乏，生态环境极度脆弱，区域内大部分地区属于国家集中连片特殊困难地区范围内的国家重点贫困县。因此要正确处理保护与发展、生态与民生、生态与产业的关系，创新发展机制、保护与建设模式，保障生态建设质量。将生态文明建设融入经济建设、政治建设、文化建设、社会建设各方面和全过程，增强区域经济社会发展能力，改善民生，促进区域经济社会可持续发展。

三、合理布局、分区施策

本区自然条件严酷、地形复杂，干旱程度相异，水土流失类型、流失程度及防治措施不同，因此，必须进行合理的功能分区和布局，分区采取有针对性的保护和治理措施，合理安排各项建设内容。

四、保护优先、科学治理

在充分考虑人类活动规律与生态系统结构、过程和服务功能相互作用关系的基础上，根据本区域生态问题、生态敏感性、生态系统服务功能，加强本区的生态保护，巩固已有建设成果，尊重自然规律，确定规划布局、建设任务和重点。科学治理，综合考虑工程措施和生物措施，协同配合，落实责任主体，大力推广实用技术，提升综合治理成效。

第三节　规划期与规划目标

一、规划期

规划期限为2015～2020年。

二、规划目标

总体目标：

在保护好现有植被及其他生态资源的前提下，科学划定生态红线，加强水资源保护与管理，以控制水土流失为主要目标，以保护生态系统稳定性及提高整个区域生态系统服务功能为重点，到2020年使区域内水土流失状况得到有效控制，沙化土地、退化草场得到有效治理；森林面积、森林蓄积量、森林覆盖率得到有效提高；湿地、草地、荒漠生态系统功能得到明显提升；人地矛盾得到有效缓解，配套基础设施逐步完善，农民收入显著增加，区域经济发展结构得到有效优化；生态监管能力明显提升。
初步建设成生态良好、生活富裕、社会和谐、民族团结的生态文明示范区，美丽中国
的典范。

具体目标：

（1）到2020年生态用地比例达到67.32％（生态用地包括林地、湿地和草地三种
利用类型）；

（2）森林覆盖率达到23.54％；

（3）公益林面积占林地面积比例达到85％（其中：国家级公益林面积占林地面
积达到40％以上）；

（4）森林蓄积量达到2723万立方米；

（5）可治理沙化土地治理率达到45％；

（6）水土流失治理率达到80％；

（7）自然湿地保护率达到85％。

初步建立完善的生物多样性保护体系、生态扶贫体系、地质灾害防治体系和科技
保障体系。

表 9-14 规划指标

主要指标	2013 年	2020 年
森林生态系统保护与建设		
生态用地比例（％）	63.32	67.32
森林覆盖率（％）	17.29	23.54
公益林面积占林地面积比例（％）	80.15	85.00
森林蓄积量（万立方米）	2223	2723
可治理沙化土地治理率（％）	11.09	45.00
人工造林（万公顷）		68.92
封山育林（万公顷）		140
湿地生态系统保护与建设		
自然湿地保护率（％）	75	85
湿地植被恢复（万公顷）	—	0.7
湿地保护与恢复工程（万公顷）	—	1.5
生物多样性保护与建设		
新晋升国家级自然保护区（处）	—	3

（续）

主要指标	2013 年	2020 年
完善国家、省级自然保护区（处）	—	8
新建国家森林公园（处）	—	1
完善国家、省级森林公园（处）	—	17
新建国家湿地公园（处）	—	1
完善国家、省级风景名胜区（处）	—	4
生态多样性检测、评估平台（处）	—	3
水土流失综合治理		
水土流失综合治理率（%）	61.08	80.00
坡耕地治理（万公顷）	—	12
水保造林措施（万公顷）	—	12
水保种草措施（万公顷）	—	20
鼠害草地治理（万公顷）	—	32
"三化"草地治理（万公顷）	—	48
退牧还草（万公顷）	—	10
沙化土地综合治理		
封禁治理（万公顷）	—	36
沙化土地治理（万公顷）	—	39.4
生态扶贫建设		
用材林培育（万公顷）	—	15
特色经济林和林下经济（万公顷）	—	27
农村能源改造（万个）	—	60
林农培训（万人）	—	30
地质灾害防治、科技保障体系		
地质灾害防治体系、科技保障体系	—	初步建成

表 9-15   规划指标分省分解表

主要指标	山西	陕西	甘肃	宁夏
森林生态系统保护与建设				
生态用地比例（%）	71.73	67.84	67.63	61.55
森林覆盖率（%）	30.57	28.84	17.70	18.18
公益林面积占林地面积比例（%）	85	85	85	85

（续）

主要指标	山西	陕西	甘肃	宁夏
森林蓄积量（万立方米）	1742	272	490	219
可治理沙化土地治理率（%）	45	45	45	45
人工造林（万公顷）	23.73	16.58	17.07	11.54
湿地生态系统保护与建设				
自然湿地保护率(%)	85	85	85	85
湿地植被恢复（万公顷）	0.2	0.2	0.17	0.13
湿地保护与恢复工程（万公顷）	0.4	0.4	0.4	0.3
生物多样性保护与建设				
新晋升国家级自然保护区（处）		1		2
完善国家、省级自然保护区（处）	4	1	1	3
新建国家森林公园（处）		1		
完善国家、省级森林公园（处）	5	1	8	3
新建国家湿地公园（处）			1	
完善国家、省级风景名胜区（处）	2	1	1	
生态多样性检测、评估平台（处）				3
水土流失综合治理				
水土流失综合治理率（%）	80	80	80	80
坡耕地治理（万公顷）	2	2.2	3.6	4.2
水保造林（万公顷）	3	3	4	2
水保种草（万公顷）	5	5	6	4
鼠害草地治理（万公顷）	1	1	15	15
"三化"草地治理（万公顷）	3	1	20	24
退牧还草（万公顷）		1	1	8
沙化土地综合治理				
封禁治理（万公顷）	8	2	6	20
沙化土地治理（万公顷）	3.2	1	17.8	17.4
生态扶贫建设				
用材林培育（万公顷）	4	3	5	3
特色经济林和林下经济（万公顷）	7.5	5	9.5	5
农村能源改造（万个）	16	12	20	12
林农培训（万人）	8	6	10	6

注：生态用地包括林地、湿地和草地三种利用类型。

第三章　总体布局

第一节　功能区划

一、布局原则

按照地理环境完整与类型结构划分相结合、经济发展与生态保护相协调、科学性与灵活性相结合的原则，根据黄土丘陵沟壑区自然地理条件和水土流失控制现状的地域分异、水土流失对黄土高原丘陵沟壑区域的危害、水土流失成因及治理措施的相似性、生态保护与经济发展的适应性、自然生态系统特征相对一致性。遵照主体功能区规划目标要求，对黄土高原丘陵沟壑水土保持生态功能区进行区划。

二、分区布局

黄土高原丘陵沟壑水土保持生态功能区共划分4个生态保护与建设分区，分别为水土流失保护区，面积40.2万公顷；水土流失防治区，面积346.3万公顷；水土流失治理区，面积629.1万公顷；水土流失监督区，面积104.9万公顷。见表9-16。

表9-16　生态保护与建设分区表

单位：万公顷

区域名称	范围	面积	资源特点
合计		1120.5	
水土流失保护区	国家和省级自然保护区、森林公园、湿地公园、风景名胜区、地质公园	40.2	是森林资源的集中分布区，森林资源保存较好，以温性针叶林、针阔混交林等天然次生林为主，间或原始针叶林。构成了区域内较完整的暖温性落叶阔叶森林生态系统，森林生态系统结构完整，功能完善，水源涵养和水土保持功能强。生物多样性丰富，是野生动物的主要栖息地

（续）

区域名称	范围	面积	资源特点
水土流失防治区	包括除水土流失保护区外的主要以国家级和地方公益林为主的有林地和湿地区域	346.3	森林资源和生物多样性资源丰富。森林资源以有林地为主、灌木林地为辅，主要分布于黄河、汾河、无定河、清水河等江河源头及干流、重要湿地和水库的周围、毛乌素沙地等。构成了区域内以温性针叶林、针阔混交林等天然次生林为主的、较完整的暖温性落叶阔叶森林生态系统，森林生态系统结构尚完整，功能尚完善，水土保持功能较强
水土流失治理区	指除水土流失保护区和防治区以外的林地、草地和耕地区域	629.1	草地、耕地、林地共存，生物多样性资源较丰富，植被类型较为单一，植被盖度大小不一。是发展种植业、林果业和畜牧业的重点区域，农牧业开发强度大。人口多且集中，植被破坏严重，水土保持能力差。存在着水土流失、风沙危害、荒漠化和水资源短缺等严重问题，生态环境脆弱
水土流失监督区	指除水土流失保护区、防治区和治理区以外的区域	104.9	主要为城镇人口聚居区、矿山集中开发区、石油天然气开采区、交通能源等基础设施建设区等。资源开发和基本建设活动集中频繁，损坏原地貌易造成水土流失，水土流失危害后果严重

（一）水土流失保护区

水土流失保护区总面积40.2万公顷，占全区总面积的3.67%，呈点状分布，共有31处，包括国家级自然保护区5个、省级自然保护区4个、国家级森林公园6个、省级森林公园11个、国家级风景名胜区1个、省级风景名胜区3个、国家地质公园1个。详见附表。

该区是森林资源的集中分布区，森林资源保存较好，以温性针叶林、针阔混交林等天然次生林为主，间或原始针叶林。构成了区域内较完整的暖温性落叶阔叶森林生态系统，森林生态系统结构完整，功能完善，水源涵养和水土保持功能强。生物多样性丰富，是野生动物的主要栖息地。

（二）水土流失防治区

包括除水土流失保护区外的主要以国家级和地方公益林为主的有林地和湿地区域，总面积346.3万公顷，占全区面积的30.86%。

森林资源和生物多样性资源丰富。森林资源以有林地为主、灌木林地为辅，主要分布于黄河、汾河、无定河、清水河等江河源头及干流、重要湿地和水库的周围、毛乌素沙地等。构成了区域内以温性针叶林、针阔混交林等天然次生林为主的、较完整的暖温性落叶阔叶森林生态系统，森林生态系统结构尚完整，功能尚完善，水土保持功能较强。

（三）水土流失治理区

指除水土流失保护区和防治区以外的林地、草地和耕地区域，面积629.1万公顷，占全区面积的56.11%。

草地、耕地、林地共存，生物多样性资源较丰富，植被类型较为单一，植被盖度大小不一。是发展种植业、林果业和畜牧业的重点区域，农牧业开发强度大。人口多且集中，植被破坏严重，水土保持能力差。存在着水土流失、风沙危害、荒漠化和水资源短缺等严重问题，生态环境脆弱。

（四）水土流失监督区

指除水土流失保护区、防治区和治理区以外的区域，面积104.9万公顷，占全区面积的9.36%。

主要为城镇人口聚居区、矿山集中开发区、石油天然气开采区、交通能源等基础设施建设区等。资源开发和基本建设活动集中频繁，损坏原地貌易造成水土流失，水土流失危害后果严重。

表9-17　生态保护与建设按省（区）分区表

单位：公顷

功能区名称	合计		山西	陕西	甘肃	宁夏
	小计	百分比（%）				
合计	11205050	100.00	2906400	2359970	3319520	2619160
水土流失保护区	401920	3.67	159368	2180	25549	214823
水土流失防治区	3463523	30.86	1282963	743860	760722	675978
水土流失治理区	6290952	56.11	1158490	1317644	2243181	1571637
水土流失监督区	1048655	9.36	305579	296286	290068	156722

第二节 建设布局

一、水土流失保护区

（一）区域特点

本区气候寒冷，以中、高山为主，山体较大，坡度较陡，森林资源分布集中，有较完整的暖温性落叶阔叶森林生态系统。20世纪70～90年代原始森林遭到大量砍伐，已受到较严重的破坏，大部分为砍伐后形成的次生林、灌木林和灌丛。2000年后天然植被得到一定恢复，目前天然植被仍处于恢复阶段。但森林生态系统结构完整，功能完善，水源涵养和水土保持功能强。生物多样性丰富，是野生动物的主要栖息地。是保护自然、生态文化资源的重点地区，生物多样性和珍稀动植物基因保护地区。

（二）主要问题

植被保护力度不够。目前该区已出现不同程度的生态退化，虽然建立了自然保护区、森林公园等对其进行重点保护，但省级自然保护区和森林公园基本没有运行经费，植被保护需进一步加强，保护区需要尽快升级。同时个别自然保护区的核心区及森林公园的生态保育区仍有土著居民，植被保护效果受到影响。

生物多样性减少。由于基础设施建设穿越自然保护区和森林公园等原因，造成生境破碎化、岛屿化。多项工程的累积影响，使生物多样性受到威胁、种群数量呈现减少趋势，濒危物种增加。

（三）建设重点

水土流失保护区实行科学有效的强制性保护政策，严格控制有悖于主体功能定位的各类开发活动。

继续实施天然林保护、三北防护林和野生动物及自然保护区建设工程。加快农牧民脱贫致富，实施人口易地安置，引导自然保护区核心区及森林公园生态保育区的人口有序转移。

二、水土流失防治区

（一）区域特点

包括除水土流失保护区外的主要以国家级和地方公益林为主的有林地和湿地区域，总面积346.3万公顷，占全区面积的30.86%。

以丘陵沟壑地貌为主，地形破碎，土壤瘠薄。气候温和，雨量偏少，年平均降水量400毫米以下，春旱较多。森林资源和生物多样性资源较丰富，森林资源以有林地为主、灌木林地为辅，森林生态系统结构尚完整，功能尚完善，水土保持功能较强。

专栏9-1　自然保护区管制原则

按核心区、缓冲区和实验区分类管理国家、省、市设立的各类自然保护区。核心区严禁任何生产建设活动；缓冲区除进行必要的科学实验外，严禁各类生产建设活动；实验区可适度发展旅游、种植和畜牧等生产活动。

按国家、省、市级自然保护区的先后序列，按核心区、缓冲区和实验区的先后顺序，分期分批转移自然保护区的人口，缓解自然保护区的承载压力。

加强自然保护区的管理和建设，保护自然环境和自然资源，拯救濒危生物物种，维持生态平衡。

规范和统一管理保护区内的基础设施建设，正确处理基础设施建设与环境保护的关系，尽可能降低建设项目对生态环境的影响。

专栏9-2　森林公园管制原则

除必要的保护设施和附属设施外，严禁其他生产建设活动。

在森林公园内以及可能对森林公园造成影响的周边地区，禁止进行开矿、采石、取土、放牧以及非抚育和更新性采伐等活动。

加强对林地和野生动植物的保护管理，坚持以保护自然景观为主的建设方向，确保各项建设与自然环境相协调。

不得随意占用、征用和转让森林公园范围内的林地。

专栏9-3　风景名胜区管制原则

依据法律法规规定和相关规划实施强制性保护，控制人为因素对自然生态的干扰，保持自然景观的多样性，保障区域生态平衡，改善区域生态环境质量。

科学利用风景名胜资源，科学编制和开展风景名胜区总体规划和专项规划，加强规划实施与监督工作，预防和杜绝各类违法建设活动。

依据资源状况与环境容量开展旅游活动，做到保护第一、合理开发，在开发中实现保护。

专栏9-4　湿地公园管制原则

禁止擅自占用、征用国家湿地公园的土地。确需占用、征用的，用地单位应当征求主管部门意见后，方可依法办理相关手续。

禁止开（围）垦湿地、开矿、采石、取土以及生产性放牧等。

禁止从事房地产、度假村、高尔夫球场等任何不符合主体功能定位的建设项目和开发活动。

禁止商品性采伐林木。

禁止猎捕鸟类和捡拾鸟卵等行为。

（二）主要问题

森林质量不高、生长衰退、生态功能单一。有林地郁闭度不大，多处在0.2～0.5，≥0.5的有林地仅占36.7%。灌木林地盖度较小，多处在0.3～0.6。人工林较多，面积146.16万公顷，占有林地面积的19%。森林生态功能单一与沟壑密度大并存，易造成水土流失。

人为活动频繁，植被恢复困难。该区域人为活动频繁，导致植被退化，森林面积减少，同时降水稀少，地下水位深，造林成活率较低，可选择树种较少。

水资源短缺，降水稀少，地下水位下降，湿地面积小，湿地生态系统功能较弱。

（三）建设重点

对现有植被严加保护，继续实施天然林保护、生态公益林管护及生物多样性保护等工程；加强低质低效林封育和抚育，尽最大可能提高林草植被覆盖率，提升森林质量，扩大乔木林地面积，提高水土保持能力。加强湿地保护和恢复，有效增加湿地面积。

三、水土流失治理区

（一）区域特点

指除水土流失保护区和防治区以外的林地、草地和耕地区域，面积629.1万公顷，占全区面积的56.11%。

区域内植被盖度低，植被类型单一，沟壑密度大，水土流失严重。雨量稀少，但多为暴雨，时空分布严重不均。土壤以黄绵土为主，易受侵蚀，水土流失严重。丘陵类型有宽谷缓坡丘陵、梁状黄土丘陵和峁状黄土丘陵。顶部坡度较小，往下即迅速增大。相对高差大，黄河沿岸可高达300～400米。河流下切较深，不少河沟切至基岩以下，地形支离破碎，侵蚀沟坡很陡。土地利用方式变化频繁。土壤侵蚀以水蚀为主，坡面土壤侵蚀和沟道侵蚀严重，侵蚀产沙淤积河道水库。但冬春地表裸露，以风蚀为主。

（二）主要问题

草原开垦和天然草原过度放牧。发育了以沙生植被为主的草原植被类型。人口增加不仅造成开垦草原，还使草原过度放牧，最终导致草地生物量和生产力下降，草地群落结构简单化，土地沙化程度加重，草原生态系统功能严重退化。鼠害兔害频发。珍稀动植物的生存受到威胁。

耕作强度大，耕地土壤贫瘠化，面源污染严重。干旱与缺水问题突出，雨养农业导致广种薄收，深翻深耕，地表扰动大，冬春地表裸露，风沙危害大。

开发建设强度较大，占用森林资源较多，森林资源保护意识需进一步加强。

（三）建设重点

持续推进小流域治理，继续实施京津风沙源治理、公益林保护、退耕还林和野生动植物保护，对现有植被应严加保护，对长期以来资源开发过度或开发方式不尽合理的区域，在保护生态的前提下，进行综合治理，降低开发强度，规范开发方式，降低水土流失。

科学确定草场载畜量，转变畜牧业生产方式。继续实施草原生态保护补助奖励政策，对退化严重草场实行禁牧轮牧，推行舍饲圈养，以草定畜，严格控制载畜量。提高饲草种植比例和单位产量。

严格保护基本农田，发展高效农业。25度以上坡耕地全部退耕还林；15～25度坡耕地进行坡改梯；改变耕作方式，提倡和推广免耕技术；推行节水灌溉新技术；发展林果业、旅游业等现代农林业。降低人口对土地的依赖性；对人口超过生态承载力的区域实施生态移民措施。

合理采伐，保障采育平衡。保障采伐密度的合理性及林木生长速度，尽量采用间伐或择伐方式，谨慎使用皆伐方式。注重生态优先性，将采伐与培育森林资源和提升森林质量结合起来。发展森林后备资源，实现采育平衡。

加大开发建设监管力度，严格控制和合理规划开山采石，控制矿产资源开发对生态的影响和破坏。

四、水土流失监督区

（一）区域特点

指除水土流失保护区、防治区和治理区以外的区域，面积104.9万公顷，占本区面积的9.36%。主要为城镇人口聚居区、矿山集中开发区、石油天然气开采区、交通能源等基础设施建设区等。人口密度大，水资源短缺，人为活动聚居频繁，城镇扩张迅速，规划布局需进一步优化。

（二）主要问题

资源开发和基本建设活动较集中和频繁，损坏原地貌易造成水土流失，水土流失危害后果较为严重。

城镇扩张迅速，规划布局不当，城镇生态功能低下，人居环境质量下降。该区域分布着较多的小城镇，分散的乡镇企业不断向城镇边缘集中，这些小城镇布局不当，边界不明显，低密度蔓延，不仅造成资源浪费，还占据了很多生态用地。建设过程中不重视生态建设，绿地较少，环卫设施缺乏，污染物处置不当，破坏了小城镇生态环境的自然平衡，使人居环境质量下降。

能源无序开发，生态保护意识差。区域内煤炭、石油天然气资源较丰富，开发强度受市场变化影响大，当市场需求量大时，超强度开发，不顾及生态承载力，对生态环境破坏较大。

地下水位下降。小城镇多使用地下水，能源开发对地下水破坏严重，造成区域地下水位下降很大。

（三）建设重点

对现有植被加强保护，提升城镇多元生态环境。做好与大中城市的产业配套，形成多元联动的产业发展格局。强化城镇自然格局，保护小城镇的公共空间、绿地水体、自然景观、文物古迹等，延续城镇生态脉络和文化脉络。城镇被绿地楔入或外围以绿带环绕，创造多元化的绿地系统，使各种绿地互相连成网络。

依法依规开发，严格资源开发的生态监督。坚持"预防为主，保护优先"的原则，以控制人为不合理开发活动为重点，坚持事先监督，全过程监管，把资源开发的生态损失降低到最低限度。

第四章 主要建设内容

第一节 水土流失防治能力建设

一、森林生态系统保护与建设

森林生态系统保护与建设任务主要在以水土流失防治区为主的范围内实施，统筹兼顾水土流失保护区和监督区等。

（一）森林保护

本区林地中有林地面积158.01万公顷，占本林区林地面积的36.52%，森林覆盖率为17.29%。但林业基础设施薄弱，森林保护和管护任务重，需要加强林业基础设施建设。

规划主要建设任务如下：

（1）森林管护：加强天然林和公益林管护，规划新增17.5万公顷的国家级公益林管护面积，其中山西新增6.56万公顷，陕西新增3.68万公顷，甘肃新增3.90万公顷，宁夏新增3.36万公顷。

（2）管护基础设施：维修和新建巡护步道8000千米，完善540个管护站点的基础设施建设。

（3）森林防火：提高森林防火装备，加强防火道路、物资储备等建设。修建气象站22个、瞭望塔360座、防火道路6800千米、物资储备库1万平方米，购置火险因子采集设备45套、森林防火智能预警监测系统45套，以及相应的通讯、扑火器具等。

（4）森林有害生物防治：重点建设有害生物预警、检测、检疫、防控体系等基础设施和设备。建设有害生物测报站15处、检疫中心15处。

（二）森林培育

1. 人工造林

截至2012年末，本区共有180.69万公顷无立木林地、宜林地等，规划共完成人工造林面积68.92万公顷。其中：山西23.73万公顷，陕西16.58万公顷，甘肃17.07万公顷，宁夏11.54万公顷。

考虑到该区域自然条件严酷，现有的无立木林地、宜林地立地条件差，造林难度大，建议提高造林标准。

2．封山育林

根据本地区自然条件严酷，立地条件差的实际情况以及疏林地、低质低效林面积大的现状，采取相对应的封山育林措施。

规划共完成封山育林建设面积140万公顷。其中：山西45公顷，陕西35万公顷，甘肃35万公顷，宁夏25万公顷。

（1）规划共完成区域内剩余无立木林地和宜林地的封山育林面积100万公顷。主要在以下范围内实施：

岩石裸露、土层浅薄，人工造林易引起水土流失的地段；

急坡（坡度≥36度）及以上，不宜坡改梯或水平带整地；

依靠自然力并适度辅以人工措施等有望成林（灌）或增加植被盖度的地块；

国家、地方重点保护野生动植物栖息地或分布较多地段。

（2）规划共完成区域内疏林地、低质低效林封山育林面积约40万公顷。

3．森林抚育

除了继续扩展林地面积外，更应注重林地生产力的提高。本区中幼林面积占比较大，依据《森林抚育规程》相关规定，规划共完成中幼林抚育面积20万公顷，其中山西7万公顷，陕西6万公顷，甘肃5万公顷，宁夏2万公顷。

4．低质低效林改造

本区森林质量整体较差，低质低效林面积占比较大，每公顷林分平均蓄积量仅14.07立方米，用材林每公顷平均蓄积量仅33.48立方米，远低于全国林分蓄积量84.73立方米的平均水平，林地质量较差，林地生产力低。规划低质低效林改造面积26万公顷，其中山西9万公顷，陕西8万公顷，甘肃6万公顷，宁夏3万公顷。

5．公益林管护

严格依据《国家级公益林管理办法》及相关法律条令，加强各级各类公益林的管理。将新增加的17.5万公顷国家级公益林纳入公益林管护面积后，使公益林面积占林地面积的比例稳定在85%，其中国家级公益林面积占林地面积的比例达到40%以上。

6．林木良种基地建设

林木良种是提高森林质量和林地生产力的关键因素之一，规划建设林木良种基地1万公顷。

二、湿地生态系统保护与建设

湿地生态系统保护与建设主要在水土流失保护区、防治区和治理区实施。

继续推进湿地保护与恢复工程，强化湿地保护与管理能力建设；推进水生态系统保护与修复，维持河流合理流量、水库及地下水的合理水位，维护河湖健康生态。对重点湿地采取湿地植被恢复、设立保护围栏、有害生物防控等综合措施，开展湿地保护与恢复。规划主要建设内容如下：

（1）湿地植被恢复：实施湿地植被恢复0.7万公顷。

（2）湿地保护与恢复工程：在重要湿地、国家湿地公园，通过工程措施和生物措施，实施1.5万公顷湿地保护与恢复工程。

专栏 9-5 森林、湿地生态系统保护与建设重点工程

01 天然林资源保护工程
对天然林资源保护工程区森林实行全面有效管护；对非天然林资源保护工程区的天然林停止商业性采伐。在每省（区）各选一个国有林场开展禁伐补偿试点。

02 公益林建设
调整公益林面积占林地面积比例至 85%，其中国家级公益林面积占林地面积的比例达到 40% 以上；规划新增 17.5 万公顷国家级公益林管护面积，其中山西新增 6.56 万公顷，陕西新增 3.68 万公顷，甘肃新增 3.90 万公顷，宁夏新增 3.36 万公顷。

03 封山育林
对疏林地、灌丛以及未成林造林地实施封育保护；必要时可采取人工促进措施，缩短郁闭成林时间，提高林地生态功能。规划共完成封山育林建设面积 140 万公顷。其中：山西 45 公顷，陕西 35 万公顷，甘肃 35 万公顷，宁夏 25 万公顷。

04 森林抚育
加强森林抚育，规划共完成中幼林抚育面积 20 万公顷，其中山西 7 万公顷，陕西 6 万公顷，甘肃 5 万公顷，宁夏 2 万公顷。

05 人工造林工程
加强森林培育，规划共完成人工造林面积 68.92 万公顷。其中：山西 23.73 万公顷，陕西 16.58 万公顷，甘肃 17.07 万公顷，宁夏 11.54 万公顷。

06 低质低效林改造工程
规划低质低效林改造工程面积 26 万公顷，其中山西 9 万公顷，陕西 8 万公顷，甘肃 6 万公顷，宁夏 3 万公顷。

07 湿地保护与恢复工程
规划完成湿地保护与恢复工程 1.5 万公顷。

第二节 生物多样性保护与建设

生物多样性保护项目主要在水土流失保护区和防治区实施。

本区森林和湿地资源较为贫乏，急需加强森林生态系统、珍贵稀有原生动物群体、植物群落和生物多样性保护。规划主要建设内容如下：

（1）自然保护区：本区现有国家级、省级自然保护区9处。提高和完善自然保护区的基础设施是自然保护区能力建设的重要环节。规划新晋升国家级自然保护区3处，完善国家级、省级自然保护区建设9处。

（2）森林公园：推动国家森林公园建设，加强森林资源和生物多样性保护，完善现有国家森林公园保护能力建设并逐步完善基础设施建设。规划新晋1处国家森林公园建设，完善国家级、省级森林公园建设17处。

（3）湿地公园：加快湿地公园建设，发挥湿地的多种功能效益，开展湿地合理利用。规划新建国家湿地公园1处。

（4）风景名胜区：充分利用区域资源优势，完善国家、省级风景名胜区4处。在保护生态的同时，促进区域经济发展，实现生态扶贫。

（5）地质公园：完善国家、省级地质公园1处。

专栏9-6 生物多样性保护与建设重点工程
01 自然保护区建设 完善自然保护区基础设施建设，新晋升国家级自然保护区3处，完善国家级自然保护区建设9处。积极开展珍稀物种和生态系统监测，促进生态系统正向演替。
02 森林公园建设 新晋1处国家森林公园，完善国家、省级森林公园建设17处。完善基础设施。
03 湿地公园建设 新建国家湿地公园1处。
04 风景名胜区建设 完善国家、省级风景名胜区4处。
05 国家地质公园建设 完善国家地质公园1处。
06 生物多样性资源调查 开展生物多样性资源调查，为珍稀濒危物种保护提供科学依据。

第三节 水土流失综合治理

一、推进水土流失综合治理工程

坚持以小流域为单元，实施水土流失综合治理。以保护土地资源、提高土地生产率为目标，坚持"防治结合、保护优先、强化治理"的治理方针。按照国家统一部署，继续推进实施退耕还林、荒山荒地造林等工程，增加林地面积、减少坡耕地数量，加强坡耕地水土流失综合治理，合理开发利用水土资源。继续加强天然林保护、湿地保护与恢复等工程，系统提高森林及湿地质量，增强水源涵养能力。全面实施开发建设项目水土流失控制方案的报批制度和"三同时"制度，防治人为水土流失。鉴于区域内坡耕地比重高、面积大的特点，为从根本上解决区域水土流失潜在风险，应持续坚持实施退耕还林工程，建议将区域内符合条件的25度以上坡耕地全部退耕。

对于25度以下适宜修梯田的坡耕地进行坡改梯基本农田建设，配套坡面水系工程和生产道路，实现水土资源合理配置，稳定和提高粮食产量。对25度以下不适宜修梯田的坡耕地，采用水土保持耕作措施增加地表覆盖度，减少水土流失。

依据国家主体功能区战略对本区发展方向的定位，持续推进以小流域为单元的水土流失综合治理，配套完成相应的工程措施等。

规划共完成坡耕地治理12万公顷。

规划共完成水保造林12万公顷、水保种草20万公顷。其中：水保造林山西3万公顷、陕西3万公顷、甘肃4万公顷、宁夏2万公顷；水保种草山西5万公顷、陕西5万公顷、甘肃6万公顷、宁夏4万公顷。

二、草地治理工程

草地是本区面积较大的生态系统，对水土流失具有重要影响。加强草地保护，合理利用，落实禁牧休牧轮牧制度，继续推进退牧还草等工程建设，实现草畜平衡，逐步实现草地生态系统健康稳定；通过建设围栏、补播改良、人工种草、土壤改良、封禁等措施，加快草地鼠害治理、"三化"草场治理，逐步提高植被覆盖度。对于草畜矛盾严重的县（区）通过实施退耕还草、天然草地改良，解决舍饲养殖饲料不足的矛盾。

规划共完成草原鼠害治理面积32万公顷，其中：山西1万公顷、陕西1万公顷、甘肃15万公顷、宁夏15万公顷。

规划共完成"三化"草地治理面积48万公顷，其中：山西3万公顷、陕西1万公顷、甘肃20万公顷、宁夏24万公顷。

规划共完成退牧还草工程10万公顷，其中陕西1万公顷、甘肃1万公顷、宁夏8万公顷。

三、降低地质灾害风险

除受自然因素主要控制外，人类不合理的资源开发利用也对地质灾害的发生有重要的影响。因此，对于地质灾害区，要采取科学的生态和工程措施，控制地质灾害的发生，减轻地质灾害损失。同时，建立地质灾害监测、预报、预警系统，对地质灾害做到早预防、早预警、早处理，将损失降到最低程度。

四、加强矿区等相关场所的综合治理、生态修复

重点对现有矿区、矿山废弃地、采空区以及煤焦化工等企业的弃渣场进行生态恢复与重建，开展闭坑废弃矿山、采空区、弃渣场的综合治理、生态恢复，严格矿山闭坑工作的审查与管理。采用工程技术、生物技术和生态农艺技术相结合的方法，使其稳定，并恢复植被，成为结合协调（城乡、产业、空间单元）、功能完善（环境、文化、生产）的区域景观生态系统，彻底改善废弃矿山、煤焦化工等企业弃渣场与周围环境之间的不协调。

规划末期，矿山废弃地等生态恢复率达到90%以上。

专栏 9-7　水土流失防治重点工程

01　水土流失综合治理工程
　　以小流域综合治理为主，修建拦沙坝、谷坊和截水沟，开展坡面水系建设和生态修复，蓄水保土，推进清洁小流域试点示范建设。规划共完成水保造林12万公顷、水保种草20万公顷及相应的配套工程措施。

02　坡耕地治理工程
　　规划建设坡耕地治理12万公顷。

03　退耕还林工程
　　规划对符合条件的25度以上的坡耕地全部实施退耕还林。

04　沙化土地封禁保护工程
　　规划完成沙化土地封禁36万公顷。其中：山西8万公顷、陕西2万公顷、甘肃6万公顷、宁夏20万公顷。

05　沙化土地综合治理工程
　　可控沙化土地治理率达到45%以上。规划沙化土地综合治理39.4万公顷，其中：山西3.2万公顷、陕西1万公顷、甘肃17.8万公顷、宁夏17.4万公顷。

06　草地鼠害治理工程
　　规划共完成草地鼠害治理工程32万公顷。其中：山西1万公顷、陕西1万公顷、甘肃15万公顷、宁夏15万公顷。

07　"三化"草地治理工程
　　规划共完成"三化"草地治理工程48万公顷。其中：山西3万公顷、陕西1万公顷、甘肃20万公顷、宁夏24万公顷。

08　退牧还草工程
　　规划共完成退牧还草工程10万公顷。其中：陕西1万公顷、甘肃1万公顷、宁夏8万公顷。

第四节　沙化土地综合治理

本区共有沙化土地面积128.4万公顷，其中中度以上沙化土地面积59.6万公顷。沙化土地中可治理面积103.7万公顷，现已治理沙化面积11.5万公顷，沙化土地治理率11.09%。按照科学防治、综合防治，遵循自然规律，突出沙区林草植被保护的方针，全面推进沙化土地综合治理、发展沙区特色产业和推进综合示范区建设。

规划完成沙化土地封禁36万公顷（山西8万公顷、陕西2万公顷、甘肃6万公顷、宁夏20万公顷）。

规划完成沙化土地综合治理39.4万公顷（山西3.2万公顷、陕西1万公顷、甘肃17.8万公顷、宁夏17.4万公顷），使可治理沙化土地治理率达到45%以上。

专栏9-8　沙化土地综合治理工程
01　沙化土地封禁保护工程 　　规划完成沙化土地封禁36万公顷。其中：山西8万公顷、陕西2万公顷、甘肃6万公顷、宁夏20万公顷。
02　沙化土地综合治理工程 　　可控沙化土地治理率达到45%以上。规划沙化土地综合治理39.4万公顷，其中：山西3.2万公顷、陕西1万公顷、甘肃17.8万公顷、宁夏17.4万公顷。

第五节　生态扶贫建设

一、生态产业

（一）特色经济林及林下经济

构建生态经济体系是本区生态保护与建设的重点之一。根据不同的自然地理和气候条件，坚持因地制宜、突出特色、科学经营、持续利用的原则，转变和创新发展方式，调整产业结构，大力发展生态旅游、特色经济林、林下经济、花卉和生态牧业，建设产业基地，并带动种苗等相关产业发展；大力提高特色林果产品、山野珍品工业化生产加工能力，延长产业链条，提高农民收入。积极探索建立起较为灵活的投融资及经营机制，不断扩大外来资金利用规模与水平，积极推广龙头企业加合作社、农户基地等形式，鼓励农户以土地入股的形式形成规模化的生产能力。助推区域特色生态产业快速发展，使生态产业在国民经济中逐步占据主导地位，形成具有本区特色的生态经济格局，帮助农牧民脱贫致富。

（1）规划完成特色经济林基地20万公顷。积极发展核桃、油用牡丹、长柄扁桃、花椒、红枣、苹果、沙棘、枸杞、葡萄等特色经济林。

（2）规划共完成林下经济7万公顷。主要包括中草药种植、菌类种植，林下禽类养殖等。

（二）农村能源

实施农村新能源建设，将传统的以烧柴为主的能源利用方式改成以电、太阳能和沼气池为主的能源利用方式。积极发展生物质能源，加大农林剩余物的开发利用，发展循环经济。

规划主要建设：购置节柴节煤灶55万个，太阳灶5万个。

二、技能培训

开展农林培训，针对管理人员、技术人员和林农开展培训，使管理人员和技术人员熟悉规划涉及的各生态工程建设内容、技术路线及项目管理，林农掌握相关技术和技能。

培训管理人员2000人、技术人员1万人、林农30万人次。

三、人口易地安置

主要在水土流失保护区和防治区实施。与国家扶贫攻坚规划相衔接，对区域内生存条件较差地区的居民实施易地扶贫安置。易地安置的农牧民以集中安置为主，安置到条件较好的乡（镇），根据当地的实际情况，发展特色优势产业，同时鼓励富余劳动力外出务工，从事第二、三产业，增加收入，使易地搬迁安置达到"搬得出，稳得住，能致富"的目标，实现区域经济社会的可持续发展。

专栏9-9 生态产业重点工程
01 特色经济林 推荐发展油用牡丹、核桃、长柄扁桃、花椒、红枣、苹果、沙棘、枸杞、葡萄等新品种。在民勤、永登、天祝、永昌、民乐、山丹等县发展酿酒葡萄、红枣、枸杞、核桃为主的特色林果业。
02 林下经济 规划共完成林下经济7万公顷。主要包括中草药种植、菌类种植，林下禽类养殖等。

（续）

专栏9-9　生态产业重点工程
03　农村新能源建设 　　将传统的以烧柴为主的能源利用方式改成以电、太阳能和沼气池为主的能源利用方式。积极发展生物质能源，加大农林剩余物的开发利用，发展循环经济。规划购置节柴节煤灶55万个，太阳灶5万个。
04　林农技术培训 　　开展农林技术培训，针对管理人员、技术人员和林农开展培训，培训管理人员2000人、技术人员1万人、林农30万人次。

第六节　基本公共服务建设体系

一、防灾减灾

（一）林草防火体系建设

大力提高森林、草地防火装备水平，进一步加强防火道路、物资储备库等基础设施建设，增强防火预警、阻隔、应急处理和扑灭能力，实现火灾防控现代化、管理工作规范化、队伍建设专业化，形成较完整的森林火灾防控体系。

（二）林业有害生物防治

重点建设有害生物的预警、监测、检疫、防控体系等设施设备，建设生物防治基地，集中购置药剂、药械和除害处理等。加强野生动物疫源疫病监测和外来物种检测能力建设，全面提高区域有害生物的防灾、御灾能力，有效遏制森林病虫害和草地鼠兔害等灾害的发生。

（三）地质灾害防治

针对滑坡、崩塌、泥石流、不稳定斜坡、地面塌陷、地裂缝、地面沉降等地质灾害，依据其危险性及危害程度，采取不同的工程治理方案。治理措施包括工程措施、生物措施等。建立气象、水利、国土资源等部门联合的监测预报预警信息共享平台和短时临近预警应急联动机制，实现部门之间的实时信息共享，发布灾害预警信息。

（四）气象灾害

建立和完善人工干预生态修复和灾害预警体系，增强防灾减灾能力建设。完善无人生态气象观测站和土壤水分观测站布局，合理配置新型增雨（雪）灭火一体化的火箭作业点，提高气象条件修复生态能力。

（五）野生动物疫源疫病防控体系建设

建立野生动物疫病监测预警、预防控制、防疫检疫监督以及防疫技术支撑和物资
保障系统，形成上下贯通、横向协调、有效运转、保障有力的野生动物防疫体系，明
显提高重大野生动物疫病的预防、控制和扑灭能力。

二、基础设施

完善林区交通设施，把林区道路纳入国家和地方交通建设规划。加快林区电网改
造，完善林区饮水、供热和污水垃圾处理设施，提高林区通讯设施水平，加强森林、草
地管护用房建设，并配备必要的巡护器具、车辆，全面提高森林、草地资源管护能力。

专栏 9-10　基础公共服务体系建设重点工程
01　森林（草原）防火工程 　　建设、健全县市火线预测预报、火情瞭望监测、防火阻隔、通讯及指挥系统，配备无线电通讯、GPS 等设备，购置防火扑火机具、车辆、装备等。建设、健全县信息化指挥中心、储备库、防火道路。购置办公设施。
02　林业有害生物防治工程 　　以省、市、县三级森防检疫站为技术依托单位，增强区域内有害生物检疫检验能力建设，科学布设监测点位，以生物和仿生防治为主、人工和物理防治为辅，开展综合防控。草地分布集中的区域，依托草原站购置草原鼠兔害、虫害以及毒草危害预测预报防治基础设施设备。
03　地质灾害防治 　　对滑坡、崩塌、泥石流、不稳定斜坡、地面塌陷、地裂缝、地面沉降等地质灾害进行综合防治。
04　气象减灾 　　建立和完善人工干预生态修复和灾害预警体系，实施生态服务型人工影响天气工程；开展气象评估和沙尘暴预警监测等服务。
05　水利建设工程 　　加强水利基础设施建设，鼓励和支持农民开展小型农田水利设施建设、小流域综合治理；实现对流域和水资源的统一管理。
06　农村能源建设工程 　　发展太阳灶、节柴灶、生物质炉、太阳能电池、风力发电等设备，积极推进生物质固体成型燃料和沼气发电等试点项目建设，改善农村能源结构。
07　农村环境连片整治示范工程 　　加强对农牧民定居点的规划、生产基础设施、公共基础设施及公益服务配套设施建设；加大对农村环境污染的治理。
08　国有林区基础设施建设工程 　　包括国有林场供电保障、饮水安全、林区道路、棚户区改造等。

（续）

专栏 9-10　基础公共服务体系建设重点工程
09　生态暖棚建设工程 　　推行草畜平衡，保障草地生态平衡。对规模化养殖的农牧民配套建设饲草基地、标准化暖棚、贮草棚和青贮窖等基础设施。
10　生态保护基础设施建设项目 　　实施林业工作站、木材检查站、科技推广站等基础设施建设；配备监控、防暴、办公、交通等设备。加强规划区林政执法和森林公安建设，加大综合执法监管力度。

第七节　生态监管

一、生态监测

以现有监测台（站）为基础，合理布局、补充监测站点，采用卫星遥感、地面调查和定点观测相结合的方法，制定统一的生态监测标准与规范，对森林资源、湿地资源、草地资源和生物多样性等进行动态监测，形成区域生态系统监测网。加强水资源动态监测和科学管理，严格限制纳污控制。强化入河排污口监测管理，开展集中整治清理，禁止污水直排和私设排污口，防止水生态退化。建立信息共享平台，制定监测数据的定期上报制度，重大生态问题及时上报，定期发布生态保护建设报告。建立生态功能评估体系，定期、系统评价生态功能，开展生态预警评估和风险评估。

二、空间管制与引导

（一）严格落实主体功能区定位

全面落实《全国主体功能区规划》提出的主体功能定位要求，在禁止开发区域内，实行强制性保护；在限制开发区域内，实行全面保护。

（二）科学划定区域生态红线

森林、草地和湿地资源是本区主体功能的重要载体，要落实水土流失保护区、防治区、治理区、监督区的建设重点，科学划定区域生态红线，确保现有天然林和湿地面积不能减少，并逐步扩大。严禁改变生态用地用途，人类活动占用的空间控制在目前水平，形成"点状开发、面上保护"的空间格局。加强基础设施建设、公共服务设施建设中的水土流失监管，严格依法执行水土保持方案审批制度，有效控制生产建设中的地貌植被破坏和水土流失。

（三）控制生态产业模式

生态产业只在适宜区域建设，发展不影响生态系统功能的特色产业。

（四）引导超载人口转移

结合新农村建设和生态移民，每个省选取1～2个重点县，每个县重点建设1～2个重点城镇，建设成为易地保护搬迁和易地扶贫搬迁人口的集中安置点、特色产业发展的集中点、游客集散地和基本生活服务集聚点，以减轻人口对区域生态的压力。

三、绩效评估

实行生态保护优先的绩效评价，强化对本区水土流失治理、水源涵养及区域生物多样性保护能力的评价，考核指标包括生态用地占比、森林覆盖率、森林蓄积量、水土流失治理率、沙化土地治理率、湿地总面积、自然湿地保护率、国家公园面积等指标。

本区包含的禁止开发区域，要按照保护对象确定评价内容，强化对自然文化资源原真性和完整性保护情况的评价，包括依法管理的情况、保护对象完好程度以及保护目标实现情况等。

第五章 政策措施

第一节 政策需求

一、生态补偿补助政策

进一步完善森林、湿地生态效益补偿政策，扩大补偿范围，提高补偿标准。按森林、湿地生态系统服务功能的效能和重要程度，实行分类、分级的差别化补偿。

完善水资源保护补助奖励和水生态补偿政策，建立水土保持生态补偿机制。

二、人口易地安置配套扶持政策

在土地方面，可考虑凡用于安置的土地，属国有的，无偿划拨；属集体的，适当补偿；属农户承包的，依法征用，按标准补偿。

在税费方面，考虑涉及易地搬迁过程中的行政规费、办证等费用，除工本费以外全部减免，税收考虑免收；配套工程的设计、安装、调试等费用应考虑由政府适当补偿。对搬迁人员优先进行技能和技术培训、优先安排生态公益岗位；在医疗、子女入学等方面与当地居民享受同等待遇。

三、重点生态功能区财政转移支付政策

本区域生态环境脆弱，经济发展落后，有35个国家级贫困县，贫困县个数占本区域县（区）数的78%。为了确保区域经济社会协调发展，缩小地区差异，应加大对国家重点生态功能区转移支付力度，加强发达地区对不发达地区的对口支援。

第二节 保障措施

一、法制保障

黄土高原丘陵沟壑水土保持主体功能区的管理保护工作必须严格按照《中华人民

共和国森林法》《中华人民共和国森林法实施条例》《中华人民共和国水法》《中华人民共和国水土保持法》《中华人民共和国水土保持法实施条例》《中华人民共和国环境保护法》《中华人民共和国土地管理法》《中华人民共和国野生动物保护法》《中华人民共和国自然保护区条例》《国家级公益林管理办法》《国家重点生态功能区转移支付办法》及地方各相关法规条例等。普及法律知识，增强法律意识，约束人们严格遵守法律法规。

实行规范化管理，建立完善各项管理制度，使本区的各项工作纳入法制化轨道，做到有法可依、有章可循。明确本区管理机构的职责和执法范围等，建立领导责任制度、目标管理制度、财务管理制度和信息反馈制度等，不断完善优秀人才引进制度、质量检查验收制度、工程违规举报制度、环境影响评价制度等，逐步实现管理的法制化、科学化、系统化，提高管理水平。

二、组织保障

对重点生态功能区的生态功能及其保护状况定期组织评估和考核，并公布结果。考核结果纳入功能区所在地领导干部任期考核目标，对任期内生态功能严重退化的，要追究其领导责任；对造成生态功能破坏的项目，要追究项目相关人员的责任。

建立结构完整、功能齐全、技术先进的生态功能区管理信息系统，与政府电子信息平台相连接，提高各级生态管理部门和其他相关部门的综合决策能力和办事效率。

黄土高原丘陵沟壑水土保持生态功能区内各级政府制定重大经济技术政策、社会发展规划、经济发展规划、各项专项规划时，要依据本区的功能规划和定位，充分考虑生态功能的完整性和稳定性。确定合理的生态保护与建设目标、制订可行的方案和具体措施，促进生态系统的恢复、增强生态系统服务功能，为区域生态安全和区域的可持续发展奠定生态基础。

加强生态保护宣传教育。积极宣传和普及生态环境保护知识教育。注重对党政干部、新闻工作者和企业管理人员的培训。完善信访、举报和听证制度，调动广大人民群众和民间团体参与资源开发监督。

三、资金保障

应发挥政府投资的主导作用，中央和地方各级政府要加强对重点生态功能区生态保护和建设资金投入力度，特别是对区域内水土流失综合治理、天然林保护、沙化治理、鼠害及"三化"草地治理、湿地生态系统保护、生物多样性保护等生态工程，国家应在资金保障上予以倾斜，进一步加大重点生态功能区生态保护与建设项目的支持力度，保障规划顺利实施。

四、科技保障

加大林业科技推广工作力度，坚持科技兴林，积极引进、培育优良品种，推广新技术，普及新理念，提高土地生态、社会和经济效益。加强高层次人才队伍建设，强化专家队伍建设，以经验丰富的专家队伍带领本区的行业人才，推动本区的生态保护与经济发展实现双赢。着力开展各种形式的技术培训，以科技进步带动生态保护和产业发展。加强与科研院所、高等院校的科技合作。

五、考核机制

建立生态质量考核机制。根据《国家重点生态功能区县域生态环境质量考核办法》（环发〔2011〕18号），组织开展黄土高原丘陵沟壑水土保持生态功能区生态质量考核评价工作。

建立考评机制。完善对区域地方领导干部的考核评价机制，根据各地实际逐步降低GDP的考核权重，将区域生态保护与建设指标纳入评价考核体系，并作为考核的重要内容。加强对区域生态功能稳定性、生态产品提供能力的考核，探索编制自然资源资产负债表，对领导干部实行自然资源资产离任审计。建立生态环境损害责任终身追究制。

强化对区域生态环境保护制度建立与执行情况的评价和考核。

强化转移支付资金使用的监督考核与绩效评估。按照国家相关规定，统筹安排使用转移支付资金。加强资金使用的绩效监督和评估，杜绝挪用转移支付资金现象，提高转移支付资金使用效率。

附表：

黄土高原丘陵沟壑水土保持生态功能区禁止开发区名录

名　　称	面积（公顷）	级别	行政区位
国家级自然保护区			
山西芦芽山国家级自然保护区	21453	国家级	宁武县、岢岚县、五寨县
山西五鹿山国家级自然保护区	20617	国家级	蒲　县
宁夏哈巴湖国家级自然保护区	8400	国家级	盐池县
宁夏罗山国家级自然保护区	33710	国家级	同心县
宁夏六盘山国家级自然保护区	678.6	国家级	泾源县、隆德县
省级自然保护区			
山西管头山省级自然保护区	10140.1	省级	吉　县
山西蔚汾河自然保护区	16866.7	省级	兴　县
山西贺家山自然保护区	18642.1	省级	保德县

（续）

名　　称	面积（公顷）	级别	行政区位
甘肃会宁县铁木山自然保护区	720	省级	会宁县
国家级森林公园			
山西管涔山国家森林公园	43440	国家级	宁武县、五寨县
甘肃周祖陵国家森林公园	614	国家级	庆城县
甘肃云崖寺国家森林公园	14891	国家级	会宁县
宁夏六盘山国家森林公园	7900	国家级	泾源县
宁夏花马寺国家森林公园	5000	国家级	盐池县
宁夏火石寨国家森林公园	6100	国家级	西吉县
省级森林公园			
山西蔡家川森林公园	4000	省级	吉　县
山西中阳县柏洼山森林公园	1333.47	省级	中阳县
山西飞龙山森林公园	1200	省级	保德县
山西岚漪森林公园	1333.3	省级	岢岚县
甘肃东老爷山省级森林公园	546.07	省级	环　县
甘肃镇原县潜夫山森林公园	110	省级	镇原县
甘肃会宁县东山森林公园	733.3	省级	会宁县
甘肃云凤山森林公园	5768	省级	张家川县
甘肃南屏山森林公园	1067	省级	通渭县
甘肃鹿鹿山森林公园	766.7	省级	通渭县
宁夏北山森林公园	553.33	省级	西吉县
国家级风景名胜区			
陕西佳县白云山	32.1	国家级	佳　县
省级风景名胜区			
山西隰县小西天	34.3	省级	隰　县
山西云丘山风景名胜区	20310	省级	乡宁县
甘肃华池县双塔	333	省级	华池县
国家地质公园			
宁夏西吉火石寨国家地质公园	9795	国家级	西吉县

第十篇

大别山

水土保持生态功能区
生态保护与建设规划

第一章　规划背景

第一节　区域概况

一、规划范围

大别山水土保持生态功能区位于河南、湖北、安徽三省交界处，行政区包括安徽省、河南省、湖北省3省15县，面积31213平方千米，人口898.94万人，森林覆盖率为59.58%。

表10-1　规划范围表

省	县（市、区）级单位
安徽	太湖县、岳西县、金寨县、霍山县、潜山县、石台县
河南	商城县、新县
湖北	大悟县、麻城市、红安县、罗田县、英山县、孝昌县、浠水县

二、自然条件

（一）地形地貌

大别山绵亘于鄂、豫、皖三省，是昆仑—秦岭纬向构造带向东延伸部分，是长江和淮河的分水岭。海拔多在500～800米，山地主要部分海拔1500米左右。

（二）气候

本区具有由暖温带半湿润地区向亚热带湿润区过渡的特点。全区平均气温为14～16℃，绝对最低气温为−24.1℃，≥10℃年活动积温为4500～5100℃，无霜期为210～250天。年降水量因地而异，在800～1000毫米，自西向东逐渐增多。

（三）土壤

本区主要土壤为黄棕壤和黄褐土。黄棕壤分布在海拔600～1000米的山地，淋溶作用较明显，呈微酸性反应，质地较黏重，透水性差。黄褐土，多分布于浅山丘陵区，淋溶作用较弱，土质黏结，透水性差，土层薄，呈弱酸性至中性反应。各土壤带上，均多粗骨土和石质土。

（四）植被

本区地带性植被以北亚热带落叶阔叶与常绿阔叶混交林为主，建群种主要为山毛榉科，落叶树种占优势，外貌近似落叶阔叶林，是暖温带向北亚热带的过渡性植被类型。由于大别山山体较大，境内森林植被的垂直分布明显。海拔600米以下，主要是杉木、马尾松。海拔600~1200米，主要为黄山松、栓皮栎等，它们是本区森林植被的主体。海拔1200~1400米，为栎类、枹树等。海拔1400米以上，系山地矮林和山地草甸。

三、自然资源

（一）土地资源

规划区土地总面积为312.13万公顷，其中林业用地203.73万公顷，占全区土地总面积的65.27%；耕地67.67万公顷，占21.68%，人均耕地0.09公顷，其中坡耕地31.07万公顷，大于15度的坡耕地11.30万公顷，分别占总耕地的45.91%和16.70%；草地11.57万公顷；水域19.76万公顷；未利用地9.26万公顷；其他用地为0.14万公顷。具体见表10-2。

表 10-2　土地类型面积分布表

土地类型	面积（公顷）	百分比 (%)
林业用地	2037331.52	65.27
耕　　地	676678.92	21.68
草　　地	115692.65	3.71
水　　域	197605.59	6.33
未利用地	92606.54	2.97
其　　他	1386.73	0.04
合　　计	3121301.95	100.00

（二）水热资源

本区年降水量因地而异，在800~1000毫米，自西向东逐渐增多。本区河流纵横、水库多且面积大。大别山南北两侧水系丰富，分别注入长江和淮河。注入长江的主要河流有倒水、举水、巴河、浠水、大悟河、滠水、潜水等；注入淮河的主要河流有竹竿河、潢河、史河、浉河等。山地南北两侧修建了许多水库，主要有梅山、响洪甸、磨子潭、佛子岭和花凉亭水库，五大水库的总库容达100亿立方米。

本区平均气温为14～16℃，绝对最低气温为－24.1℃，≥10℃年活动积温为4500～5100℃，无霜期为210～250天。因此本区水热条件优越，适宜植被生长。

（三）森林资源现状

本区林业用地203.73万公顷，占总面积的65.27%。林业用地中有林地面积173.07万公顷，疏林地面积2.00万公顷，灌木林地面积22.79万公顷，未成林造林地面积2.92万公顷，苗圃地面积0.10万公顷，无立木林地0.99万公顷，宜林地1.83万公顷，辅助生产林地面积0.03万公顷。有林地占本区林地面积84.95%，森林覆盖率为59.58%。

本区公益林面积68.20万公顷，占林分面积的39.41%，占林地面积的33.48%。

本区乔木林各林种面积蓄积量分布见表10-3。

表 10-3　乔木林各林种面积蓄积量分布表

林　种	面积（公顷）	蓄积量（立方米）	面积百分比（%）	蓄积量百分比（%）
防护林	614427.14	29139739	35.50	38.56
特用林	67601.1	5008924.2	3.91	6.63
用材林	850754.89	40195760.8	49.16	53.18
经济林	158749.85	309736.7	9.17	0.41
薪炭林	39139.78	925109.9	2.26	1.22
合　计	1730672.76	75579270.6	100.00	100.00

本区非木质林业资源丰富，包括水果、木本粮油、茶叶、调料、食用菌、山野菜、花卉、林药、林化原料、竹笋、陆生野生动物饲料等种类，发展潜力很大。若提高种植、加工创新水平，其潜力还可以大大提高。

（四）野生动植物资源

本区有野生动物237种，其中兽类47种、鸟类151种、爬行类29种、两栖类10种。有高等植物175科892属2879种，其中乔木约500多种。国家I级保护的有银杏、红豆杉和南方红豆杉等10多种，II级保护的有20多种，主要分布在自然保护区内。

（五）湿地资源

本区湿地面积26.80万公顷，以河流和库塘湿地为主。其中河流湿地11.70万公顷，湖泊湿地1.93万公顷，沼泽湿地0.47万公顷，人工库塘12.70万公顷。由于长期以来的人为干扰和破坏影响了流域生态平衡，使来水量减少，河流泥沙含量增大，造成河床、湖底、水库等的泥沙淤积和水质污染，并使湿地面积不断减小，功能衰退。虽然近年来当地政府予以重视，但探索建立湿地保护机制、强化湿地保护的科技支撑已迫在眉睫。

四、社会经济

本区人口总数为898.94万人，占全国总人口的0.67%，人口密度为288人/平方千米，其中农业人口726.74万人，少数民族18.24万人。

本区2011年生产总值为1039.48亿元，占全国生产总值的0.22%。其中一、二、三产业产值分别为258.96亿元、462.99亿元、317.53亿元，分别占总产值的24.91%、44.54%、30.55%。各类牲畜年末存栏量合计为13.65亿头，其中大牲畜9.03亿头，绵山羊4.58亿头。粮食总产量为36.29亿千克，单位面积产量为5589.9千克/公顷。农民年人均收入5921.0元，但分布很不均衡。农村劳动力就业386.18万人。

本区城镇化水平为36.85%，低于全国51.27%的城镇化水平。其中，霍山县最高，为48.9%；罗田县最低，为26.7%。本区正步入城镇化的发展时期。

五、扶贫开发

根据《中国农村扶贫开发纲要（2011~2020年）》，该区域属我国扶贫攻坚连片特困地区中的大别山区范围。本区贫困的主要原因是自然灾害频发和过度垦殖、过度樵采毁林、超载放牧、滥伐森林、陡坡地耕作等造成生态破坏，土地生产力低下。

第二节　生态功能定位

一、主体功能

本区属水土保持生态功能区，主体功能定位是：国家重要的水土流失防治生态功能区，安徽、湖北、河南省水土流失防治主体示范区。淮河中游、长江下游的重要水源补给源区，华中重要的生态屏障。

二、生态价值

（一）生态区位重要地区

大别山与桐柏山、秦巴山地相连形成了我国中部的生态屏障带，有保护江汉平原、江淮平原、长江中下游生态安全的重要职责，生态区位十分重要。

（二）淮河中游、长江下游重要水源补给和水源涵养区

大别山是长江、淮河的分水岭，其南北两侧有众多河流和大型水库，是长江水系和淮河水系众多中小型河流的发源地及水库水源涵养区，也是淮河中游、长江下游的

重要水源补给区。

（三）生物多样性富集地区

该区属亚热带湿润区与暖温带半湿润区过渡地带，主要植被为北亚热带落叶阔叶、常绿阔叶混交林，是华东植物区系代表地，为连接华东、华北、华中植物区系的纽带。其物种组成丰富多样，对华中地区生物多样性保护具有十分重要的意义。

第三节　主要生态问题

一、山洪泥石流等地质灾害趋势加重

该区域处于我国地势第一级阶梯向第二级阶梯的过渡区，区域内山高坡陡、深度切割、岩石破碎，土壤垂直节理发育。特殊的地质地貌极易诱发水土流失、滑坡、泥石流等地质灾害。

本区山洪沟、泥石流沟、滑坡等分布广泛，密度大，活动频繁，常发泥石流面积占区域总面积30%，滑坡分布面积约占1/4。特别是危害性较大的泥石流沟道有300多条，主要分布在城镇、村社分布相对集中的河流地带，对人民群众生命财产安全造成严重威胁。

根据区内1970～2009年发生的地质灾害调查统计，共发生地质灾害3307次，按灾害类型分：滑坡956次，占28.9%；泥石流972次，占29.4%；山洪、崩塌和地面塌陷等共1379次，占41.7%。近年来，区域内地质灾害发生频率明显增大，地质灾害点越来越多。

二、水土流失面积大

从气候条件中的降水量和年平均气温来看，本区地处我国南北方气候过渡带，属北亚热带，区域气候湿润多雨但季节分配不均，且暴雨较多。年均降水量在800～1000毫米，个别区域可达1500毫米，为淮河流域降水最多地区，年均日照时数2000～2200小时，年均气温14～16℃，≥10℃的年活动积温为4500～5100℃。该区地表植被遭到破坏后，暴雨更易引发区域内水土流失、滑坡、泥石流等各种自然灾害。

从土地类型来看，坡耕地的耕作是造成大别山区水土流失的主要原因，也是影响水土流失程度的一个主要因子。该类型地表植被覆盖度较低（约为35%），且地表枯落物量极少，仅有0.57吨/公顷，土壤石砾含量高达18%，土壤腐殖质层厚度仅有0.08厘米，因此该类生态系统不稳定，抗干扰能力较差，也存在严重水土流失现象。其次荒山荒地的水土流失不可忽视。该类型在大别山区一般位于坡度较大的地区，其植被覆盖度低，地表枯落物量较少，极易造成水土流失。

目前，区域内农业人口占80.84%。快速增长的人口使人为干扰加剧，过度垦殖、过度樵采毁林、超载放牧、滥伐森林、陡坡地耕作、过度经济开发建设等现象严重，超过了区域生态环境的承载力，导致部分区域水土流失严重，生态明显失衡。

根据2012年大别山水土保持生态功能区15个县（市、区）的最新统计，该区水土流失面积76.37万公顷，占总面积的24.47%，土壤侵蚀类型主要以水蚀为主，水蚀面积73.59万公顷，其次是风蚀、重力（泥石流、崩塌等）所引起的少量水土流失现象。土壤侵蚀程度主要以微度、轻度、中度为主，面积分别为22.60万公顷、25.99万公顷、17.53万公顷，占流失总面积的86.58%，其次为强度、极强度和强烈。不断加大的水土流失面积对区内水利工程安全有效运行造成严重威胁。

三、湿地生态系统功能衰退

区域内长期受到各种人为活动影响，使来水量减少，河流泥沙含量增大，造成河床、湖底、水库等泥沙淤积和水质污染，湿地面积不断减少，功能衰退。

四、森林生态系统退化

和全国森林资源变化的趋势一致，本区的森林面积呈现出增加的趋势，但主要表现在中幼龄林面积增加，而成、过熟林面积呈下降的趋势，且森林结构不合理，森林生态系统稳定性差，抗外界干扰能力和自我恢复能力低下，从而导致森林生态系统功能退化，易受到外界干扰而被破坏。

本区的森林在维护长江和淮河流域的生态安全、涵养水源、保护区内的生物多样性等方面起着重要作用，同时也是华中生态环境保护的重要绿色屏障。

第四节　生态保护与建设现状

一、生态工程建设

（一）林业生态工程建设

本区近30年来实施与建设的国家重大工程项目有退耕还林工程、长江流域防护林体系建设工程、天然林资源保护工程、野生动植物保护及自然保护区建设工程、湿地保护与恢复工程、中德合作长防林、世行贷款造林、公益林保护、农发林业生态示范项目、荒山造林等，各项工程累计实施规模213.89万公顷，实际投资18.90亿元，其中国家投资14.44亿元，地方投资4.46亿元。

目前区域内纳入中央财政森林生态效益补偿的面积8.94万公顷。共完成营造林28.05公顷（其中退耕还林12.63万公顷），建立了4个国家级、6个省级自然保护区，6个国家级、7个省级森林公园，1个国家湿地公园，4个国家级、2个省级风景名胜区，总面积23.16万公顷，占全区总面积的7.42%。

各项林业工程的实施为本区生态恢复和治理创造了良好条件。

（二）水利工程建设

该区域先后实施了坡耕地治理工程、小流域综合治理工程、中小河流治理和病险水库加固工程、小型饮水工程等一系列重点水利工程。目前，区域已开展注入长江的倒水、举水、巴河、浠水、大悟河、滠水、潜水等，注入淮河的竹竿河、潢河、史河、浉河等中小河流治理和梅山、响洪甸、磨子潭、佛子岭和花凉亭水库多座水库的加固工作。各项工程累计实际投资24.81万元，其中国家投资16.40亿元，地方投资8.41亿元。

（三）地质灾害防治和灾害预警建设

国家高度重视本区域的地质灾害防治工作，各地地质灾害防治工作加速进行。

暴雨等气象条件是诱发地质灾害发生的主要因素之一，进行气象灾害预警十分重要。在各级政府的统一组织下，依托气象、国土、水务、环保等部门建设的多种自然灾害监测站，正在发挥积极的预警作用，减轻了人员伤亡和重大财产损失。

二、国家重点生态功能区转移支付

配合国家主体功能区战略实施，中央财政实行了重点生态功能区转移支付政策。2011年，国家对本区的财政转移支付为6.82亿元，其中用于生态环境保护特殊支出补助为2.43亿元，其他为4.39亿元。国家已经转移支付资金中，用于生态工程建设资金2.70亿元，生态环境治理建设资金1.77亿元，民生保障及公共服务建设资金2.35亿元。

从政策实施情况看，财政转移支付资金用于生态保护与建设的资金规模还远不能满足本区生态保护与建设需要。

三、生态保护与建设总体态势

目前，大别山水土保持生态功能区生态呈现改善趋势，但该区森林质量不高，森林生态系统涵养水源和防止水土流失能力偏低。今后一个时期，该区既要满足人口增长、城镇化发展、经济社会发展所需要的国土空间，又要为保障农产品供给安全而保护耕地，还要保障生态安全、应对环境污染和气候变化，保持并扩大绿色生态空间，生态保护与建设面临诸多挑战，任务仍然艰巨。

第二章 指导思想与原则目标

第一节 指导思想

全面贯彻党的十八大精神，深入学习贯彻习近平总书记系列重要讲话精神，落实《全国主体功能区规划》的功能定位和建设要求，以提升大别山水土保持生态功能区生态服务功能、构建生态安全屏障为目标，尊重自然，积极保护，科学恢复，综合治理，努力增加森林、湿地等生态用地比重，优化森林、湿地等生态系统结构，提高大别山区域生态承载力，增强生态综合功能和效益。充分发挥资源优势，强化科技支撑，协调好人口、资源、生态与扶贫的关系，把该区建设成为生态良好、生活富裕、社会和谐、民族团结的生态文明示范区，美丽中国的典范，为华中地区乃至国家经济社会全面协调发展提供生态安全保障。

第二节 基本原则

一、全面规划、突出重点

大别山水土保持生态功能区的水土流失防治是一项复杂的系统工程，将大别山水土保持生态功能区内的森林、湿地、农田等生态系统都纳入规划范围，以防治水土流失为重点，协调推进各类生态系统的保护与建设。根据本区的特点和主体功能，以森林、湿地、农田生态系统为生态保护与建设的重点。

二、合理布局、分区施策

该区自然条件差别大，不同区域生态问题不同，水土流失的类型、程度及防治措施不同，必须进行合理的功能分区和布局，分区采取针对性的保护和治理措施，合理安排各项建设内容。

三、保护优先、科学治理

在充分考虑人类活动与生态系统结构、过程和服务功能相互作用关系的基础上，根据大别山区域生态问题、生态敏感性、生态系统服务功能重要性，加强大别山水土保持生态功能区的生态保护，巩固已有建设成果，尊重自然规律，确定规划布局、建设任务和重点。在安排治理项目时，要综合考虑工程措施和生物措施，协同配合，落实责任主体，大力推广实用技术，提升综合治理成效。

四、以人为本、改善民生

大别山区正处在城镇化、工业化发展时期，随着城镇化、工业化水平的不断提升，必将增加资源消耗量和环境负荷量。因此要正确处理保护与发展、生态与民生、生态与产业的关系，创新发展机制、保护与建设模式，保障生态建设质量。将生态文明建设融入经济建设、政治建设、文化建设、社会建设各方面和全过程，增强区域经济社会发展能力，改善民生，促进区域经济社会可持续发展。

第三节　规划期与规划目标

一、规划期

规划期限为2013～2020年。其中规划近期为2013～2015年，规划远期为2016～2020年。

二、规划目标

总体目标：在保护好现有森林植被的前提下，以控制水土流失为中心，以生物多样性保护和水源涵养能力提高为重点，到2020年水土流失得到有效控制，生态用地比例达到78.32%，森林覆盖率稳定在60%，森林蓄积量得到提高，农民收入显著增加，配套基础设施建设完善，生态监管能力提升，人地矛盾得到有效缓解，区域经济发展结构得到优化，初步建设成为生态良好、生活富裕、社会和谐、民族团结的生态文明示范区，美丽中国的典范。

具体目标：到2020年生态用地比例达到78.32%，森林覆盖率稳定在60%，公益林占林地比例稳定在45%，森林蓄积量达到1.1亿立方米，沙化土地治理率达95%，水土流失治理率达到85%，自然湿地保护率达到80%，初步建立完善的生物多样性保护体系、生态扶贫体系、地质灾害防治体系和科技保障体系，具体见表10-4。

表 10-4 主要指标

主要指标	2011 年	2015 年	2020 年
森林生态系统保护与建设			
生态用地①比例（%）	75.31	76.60	78.32
森林覆盖率（%）	59.58	59.77	60.00
公益林面积占林地面积比例（%）	33.48	37.00	45.00
森林蓄积量（亿立方米）	0.7	0.9	1.1
沙化土地治理率（%）	90	92	95
生物多样性保护与建设			
新晋升国家级自然保护区（处）		1	2
完善国家级自然保护区（处）		3	3
新建国家森林公园（处）		1	1
新建国家湿地公园（处）			1
完善国家湿地公园（处）		1	
完善国家级风景名胜区（处）		1	1
新建珍稀濒危物种基因库（处）		1	1
湿地生态系统保护与建设			
自然湿地保护率（%）	75	77	80
湿地植被恢复（万公顷）		0.4	0.6
湿地保护与恢复工程（万公顷）		1	2
水土流失综合治理			
水土流失综合治理率（%）	75	80	85
坡耕地治理（万公顷）		2	4
生态扶贫建设			
用材林培育（万公顷）		30	30
特色经济林和林下经济（万公顷）		5	7
农村能源改造（万个）		45	150
林农培训（人）		20000	30000
地质灾害防治			
地质灾害防治体系			初步建成
科技保障体系			
科技保障体系			初步建成

注：①生态用地包括林地、湿地和草地三种土地利用类型。

第三章 总体布局

第一节 功能区划

一、区划原则

（一）综合分析与主导因素相结合原则

大别山水土保持生态功能区是地带性因素与非地带性因素、内生因素与外生因素、现代因素与历史因素等共同作用的结果，但这些因素对形成区域的作用有主次之分。因此，在进行大别山水土保持生态功能区的功能划分时，要综合分析这些因素之间的关系，找出对区域形成和分异起主导作用的自然因素，并选取反映主导因素的主导指标进行功能区划。统筹谋划大别山水土保持生态功能区生态保护与建设基本格局，区域生态可持续发展新机制，为全面推进区域经济社会可持续发展服务。

（二）发生学原则

大别山水土保持生态功能区划分不但要注意区域目前自然景观特征的相对一致性，也必须要考虑其历史形成原因和未来发展趋势的相对一致性。过去50年，大别山的生态环境发生了明显变化。因此，在进行大别山水土保持生态功能区划分时，必须要贯彻发生学的原则。

（三）为经济社会可持续发展服务的原则

生态建设周期长，与自然环境条件和社会经济条件的关系密切。区划既要重视区域当前的利益，又要考虑区域长远需要。大别山水土保持生态功能区功能区划主要目的是改善生态、改善民生，促进区域生态保护与建设以及经济社会有序发展，更好地服务国家战略大局。

二、功能区划

依据区域生态特征和主体功能，确定区域主体利用和发展方向。根据水土流失类型、程度和治理措施将大别山水土保持生态功能区分为水土流失保护区、水土流失防治区、水土流失治理区、水土流失监督区,各功能区面积及占全区百分比见表10-5。

表 10-5　各功能区面积及占全区百分比

功能区	面积（万公顷）	面积百分比（%）
水土流失保护区	23.16	7.42
水土流失防治区	68.20	21.85
水土流失治理区	104.86	33.59
水土流失监督区	115.91	37.14
合　计	312.13	100.00

第二节　建设布局

一、水土流失保护区

水土流失保护区呈点状分散分布。主要包括国家和省级自然保护区、森林公园、湿地公园、风景名胜区。

水土流失保护区依据《中华人民共和国森林法》《中华人民共和国森林法实施条例》《中华人民共和国自然保护区条例》《中华人民共和国野生植物保护条例》《保护世界文化和自然遗产公约》《实施世界遗产公约操作指南》《风景名胜区条例》《森林公园管理办法》，实行科学有效的强制性保护政策，严格控制有悖主体功能定位的各类开发活动，引导超载人口有序向水土流失监督区转移。

水土流失保护区的功能定位为：保护自然、生态文化资源的重点地区，生物多样性和珍稀动植物基因保护地区。

水土流失保护区共有34处，总面积23.16万公顷，占全区国土面积的7.42%，见附表：大别山水土保持生态功能区禁止开发区域名录。今后新设立的自然保护区、文化自然遗产、风景名胜区、森林公园、地质公园自动进入水土流失保护区。

二、水土流失防治区

水土流失防治区主要包括除水土流失保护区外的国家级和地方公益林。

水土流失防治区依据《国家级公益林管理办法》《生态公益林建设导则》《生态公益林建设规划设计通则》《生态公益林建设技术规程》《生态公益林建设检查验收规程》和湖北、安徽、河南省公益林管理办法进行严格管理和建设。

专栏 10-1　自然保护区管制原则

按核心区、缓冲区和实验区分类管理国家、省、市设立的各类自然保护区。核心区严禁任何生产建设活动；缓冲区除进行必要的科学实验外，严禁各类生产建设活动；实验区可适度发展旅游、种植和畜牧等生产活动。

按国家、省、市级自然保护区的先后序列，按核心区、缓冲区和实验区的先后次序，分期分批转移自然保护区的人口，缓解自然保护区的承载压力。

加强自然保护区的管理和建设，保护自然环境和自然资源，拯救濒危生物物种，维持生态平衡。

规范和统一管理保护区内的基础设施建设，正确处理基础设施建设与环境保护的关系，尽可能降低建设项目对生态环境的影响。

专栏 10-2　森林公园管制原则

除必要的保护设施和附属设施外，严禁其他生产建设活动。

在森林公园内以及可能对森林公园造成影响的周边地区，禁止进行采石、取土、开矿、放牧以及非抚育和更新性采伐等活动。

加强对林地和野生动植物的保护管理，坚持以保护自然景观为主的建设方向，确保各项建设与自然环境相协调。

不得随意占用、征用和转让林地。

专栏 10-3　风景名胜区管制原则

依据法律法规规定和相关规划实施强制性保护，控制人为因素对自然生态的干扰，保持自然景观的多样性，保障区域生态平衡，改善区域生态环境质量。

科学利用风景名胜资源，科学编制和开展风景名胜区总体规划和专项规划，加强规划实施与监督工作，预防和杜绝各类违法建设活动。

依据资源状况与环境容量开展旅游活动，做到保护第一、开发第二，在开发中实现保护。

专栏 10-4　湿地公园管制原则

禁止擅自占用、征用国家湿地公园的土地。确需占用、征用的，用地单位应当征求主管部门意见后，方可依法办理相关手续。

禁止开（围）垦湿地、开矿、采石、取土、修坟以及生产性放牧等。

禁止从事房地产、度假村、高尔夫球场等任何不符合主体功能定位的建设项目和开发活动。

禁止商品性采伐林木。

禁止猎捕鸟类和捡拾鸟卵等行为。

　　水土流失防治区的功能定位为：对现有植被应严加保护，在保护好森林资源的条件下，在适宜地区应加大水土流失综合治理，提高森林覆盖率和森林质量，降低水土流失，在有条件地区可适度开发。

三、水土流失治理区

　　水土流失治理区是指除水土流失保护区和防治区以外的林业用地和耕地区域。

　　水土流失治理区在生态保护优先的基础上，依据相关法律法规进行科学治理和建设。

　　水土流失治理区的功能定位为：对现有植被应严加保护，对长期以来资源开发过度，或开发方式不尽合理的区域，需要在保护生态的前提下，进行生态综合治理，降低开发强度，规范开发方式。

四、水土流失监督区

　　水土流失监督区是指除水土流失保护区、防治区和治理区以外的区域。

　　水土流失监督区在生态保护优先的基础上，依据相关法律法规进行科学开发和建设。

　　水土流失监督区的功能定位为：对现有植被加强保护，对长期以来资源开发过度，或开发方式不尽合理的区域，需要在保护生态的前提下，实时监督，进行科学合理适度的工业化和城镇化开发。

第四章　主要建设内容

第一节　水土流失防治能力建设

一、森林生态系统保护与建设

森林生态系统保护与建设项目主要在水土流失保护区、防治区和治理区实施。

（一）森林保护

本区林业用地中有林地面积173.07万公顷，占本区林地面积84.95%，森林覆盖率为59.58%。但林业基础设施薄弱，森林保护和管护任务重，需要加强林业基础设施建设。规划主要建设任务如下：

（1）森林管护：加强天然林和公益林管护，将未纳入天然林保护工程管护和国家级公益林管护的18.86万公顷公益林纳入管护范围。

（2）管护基础设施：维修和新建巡护路4823千米，完善446个管护站点的基础设施。

（3）森林防火：提高森林防火装备，加强防火道路、物资储备等建设。修建气象站40个、瞭望塔88座、防火道路3782千米、物资储备库8500平方米，购置火险因子采集设备40套、视频监控49套以及通讯、扑火器具等。

（4）森林有害生物防治：重点建设有害生物预警、监测、检疫、防控体系等基础设施和设备。建设有害生物测报站8处、检疫中心8处。

（二）森林培育

（1）人工造林：本区还有2.82万公顷无立木林地、宜林地，规划将2.82万公顷进行人工造林。考虑到该区域气候条件优越，适宜森林生长，适宜造林的地方已经完成造林。剩余的无立木林地、宜林地立地条件差，造林难度大，建议提高造林标准。

（2）封山育林：建设面积11.44万公顷。符合下列条件之一的地段可进行封山育林：①主山脊分水岭往下300米范围以内；②急坡（坡度≥36度）及以上，不宜坡改梯或水平带整地；③岩石裸露或土层浅薄，人工造林易引起水土流失的地段；④依靠自然力并适度辅以人工措施可以在5年内成林；⑤国家、地方重点保护野生动植物栖息地或分布较多地段。

（3）中幼林抚育：本区气候条件优越，适宜森林植物生长。本区林业发展的潜力除了继续扩展林地面积外，更应注重林地生产力的提高。规划中幼林抚育面积9.00万公顷。严格控制抚育采伐的面积审批，加强抚育采伐管理，制止以取材为目的的抚育采伐。鉴于本区是非公有制为主的林区，关键要用示范点的示范经营来引导林农。因此，各县均应选择一些抚育采伐示范的对照点，供借鉴。

（4）低质低效林改造：本区建群树种相对较多，但表现不突出；乔木林幼、中龄林比重过大；郁闭度0.4以下林分占林分面积的16.52%；林分每公顷蓄积量为43.67立方米，用材林为47.25立方米，远低于全国林分每公顷蓄积量84.73立方米。低质低效纯林过多，林地质量中等，林地生产力低。规划低质低效林改造面积9.11万公顷。

（5）公益林面积扩大：本区有公益林面积68.20万公顷，占林地面积的33.48%，公益林面积偏小，和该区的主体功能不匹配。应从有利于防治水土流失、涵养水源出发做适当区域地块调整，扩大公益林面积比例。规划将公益林面积占林地面积比例调整并稳定在45%。

（6）林木良种基地：林木良种是提高森林质量和林地生产力的关键因素之一，规划建设林木良种基地2万公顷。

专栏 10-5　森林生态系统保护与建设
01　森林保护 　　加强天然林和公益林的管护，增加 18.86 万公顷公益林管护。完善和提高管护基础设施，维修和新建巡护路 4823 千米，完善 446 个管护站点的基础设施。加强森林防火，修建气象站 40 个、瞭望塔 88 座、道路 3782 千米、物资储备库 8500 平方米，购置火险因子采集设备 40 套、视频监控 49 套以及通讯、扑火器具等。完善森林有害生物防治设施和设备，建设有害生物测报站 8 处、检疫中心 8 处。
02　森林培育 　　加强森林培育，人工造林 2.82 万公顷；封山育林 11.44 万公顷；中幼林抚育 9.00 万公顷；低质低效林改造 9.11 万公顷；调整公益林面积占林地面积比例至 45%；建设林木良种基地 2 万公顷。

二、生物多样性保护与建设

生物多样性保护项目主要在水土流失保护区和防治区实施。

本区森林和湿地资源丰富，急需加强森林生态系统、珍贵稀有原生动物群体、植物群落和生物多样性保护。规划主要建设内容如下：

（1）自然保护区：本区有国家级和省级自然保护区11处。提高和完善自然保护区的基础设施是自然保护区能力建设的重要环节。规划新晋升国家级自然保护区3处，完善国家级保护区建设6处。

（2）森林公园：推动国家森林公园建设，加强森林资源和生物多样性保护，完善现有国家森林公园保护能力建设，新建2处国家森林公园，完善基础设施。

（3）湿地公园：加快湿地公园建设，发挥湿地的多种功能效益，开展湿地合理利用。新建国家湿地公园1处，完善国家湿地公园1处。

（4）风景名胜区：充分利用区域资源优势，完善国家级风景名胜区2处。在保护生态的同时，促进区域经济发展，实现生态扶贫。

（5）珍稀濒危物种基因库建设：推进珍稀濒危物种保护，规划建设珍稀濒危物种基因库2处，主要以保护玉龙蕨、水杉、银杏、红豆杉、珙桐等珍稀植物物种为主。

专栏 10-6　生物多样性保护与建设
01　自然保护区 　　新晋升国家级自然保护区 3 处，完善国家级自然保护区建设 6 处。
02　森林公园 　　新建 2 处国家森林公园，完善基础设施。
03　湿地公园 　　新建国家湿地公园 1 处，完善国家湿地公园 1 处。
04　风景名胜区 　　完善国家级风景名胜区 2 处。
05　珍稀濒危物种基因库 　　建设珍稀濒危物种基因库 2 处。

第二节　湿地生态系统保护与建设

湿地生态系统保护与建设主要在水土流失保护区、防治区和治理区实施。

继续推进湿地保护与恢复工程，强化湿地保护与管理能力建设。对重点湿地采取湿地植被恢复、设立保护围栏、有害生物防控等综合措施，开展湿地保护与恢复。规划主要建设内容如下：

湿地植被恢复：在重点湿地实施湿地植被恢复1万公顷。

湿地保护与恢复工程：在重要湿地、国家湿地公园。通过工程措施和生物措施，实施3万公顷湿地保护与恢复工程。

专栏 10-7　湿地生态系统保护与建设
01　湿地植被恢复 湿地植被恢复 1 万公顷。
02　湿地保护与恢复 实施湿地保护与恢复工程 3 万公顷。

第三节　水土流失综合治理

主要在水土流失治理区实施。

以小流域为单元，合理配置生物措施、工程措施，治理水土流失，保护土地资源，提高土地生产率。规划主要建设内容：

坡耕地治理：对25度以下的适宜修梯田的坡耕地进行坡改梯基本农田建设。对25度以下的不适宜修梯田的坡耕地，采用水土保持耕作措施，增加地表覆盖度和覆盖时间，减少水土流失。规划坡耕地治理6万公顷。

退耕还林：对25度以上的坡耕地全部实施退耕还林，营造水土保持林、水源涵养林和种植经济林。

专栏 10-8　水土流失综合治理
01　坡耕地治理 规划坡耕地治理 6 万公顷。
02　退耕还林 规划对 25 度以上的坡耕地全部实施退耕还林。

第四节　生态扶贫建设

一、用材林培育

用材林培育主要在水土流失治理区实施。

本区是木材外运区，在适当发展本区第二产业的基础上，要提高林分质量，尤其是人工林的质量。规划本区林分蓄积提高到或接近于全国平均水平，本区林分蓄积量可达1.1亿立方米，可支持800万立方米的木材消耗，400万立方米的商品材消耗。而本区自然条件良好，只要加强森林经营管理，完全可以超过全国平均水平的20%以上。

在保证本区生态安全的前提下，应积极利用优越的自然条件，大力发展优良的用材林，为本区林业产业优化发展创造良好基础。在用材林发展中，在山区要充分利用林业发展空间，加快绿化进度，加强乡土树种和珍贵树种发展。规划主要建设内容如下：

（1）商品材基地：建设商品材基地20万公顷。对产量过低的马尾松工业原料林进行复壮。对低密度林分进行补植补造。

（2）短周期工业原料林基地：建设短周期工业原料林基地20万公顷，并保持稳定。基地实施产业化经营，从育种、种苗、密度、防病虫害、抚育、施肥、灌溉、采伐全环节进行配套经营。

（3）珍贵用材林基地：建设珍贵用材林基地10万公顷。在土壤肥沃的低产林中补植补造珍贵乡土树种。

（4）毛竹基地：建设毛竹基地10万公顷。本区毛竹经营在产业发展中占据十分重要的位置。近年来毛竹面积没有明显增长。在条件适宜地区应加大毛竹发展力度。

专栏 10-9　用材林培育
01　商品材基地 商品材基地建设 20 万公顷。
02　短周期工业原料林基地 短周期工业原料林基地建设 20 万公顷，并保持稳定。
03　珍贵用材林基地 珍贵用材林基地建设 10 万公顷。对土壤肥沃的低产林进行珍贵乡土树种补植。
04　毛竹基地 毛竹基地建设 10 万公顷。

二、生态产业

（一）特色经济林及林下经济

特色经济林及林下经济主要在水土流失治理区实施。

本区非木材资源很多，发展潜力很大。应加大非木材资源培育与利用力度，特别要加大茶叶、油茶、果树发展，注意保护传统品牌，创出新品牌，减轻对森林资源的压力。

规划主要建设内容：

（1）特色经济林基地：包括核桃、花椒、茶叶等共7万公顷。

（2）林下经济：包括中药材、菌类种植、林下畜禽养殖等共5万公顷。

（二）农村能源

主要在水土流失保护区、防治区、治理区实施。

实施农村能源建设，将传统的以烧柴为主的能源利用方式改成以电、太阳能和沼气为主的能源利用方式。积极发展生物质能源，加大农林剩余物的开发利用，发展生态循环经济。

规划主要建设内容包括购置节柴节煤灶23万个、太阳灶22万个，建设沼气池150万个。

（三）林农培训

针对管理人员、技术人员和林农开展培训，使管理人员和技术人员熟悉规划涉及的各生态工程建设内容、技术路线及项目管理，林农掌握相关技术和技能。

规划培训管理人员1000人，技术人员5000人，林农50000人。

专栏 10-10　生态产业
01　特色经济林及林下经济 特色经济林基地：包括核桃、花椒、茶叶等共 7 万公顷。林下经济：包括中药材、菌类种植、林下畜禽养殖等共 5 万公顷。
02　农村能源 实施农村能源建设,购置节柴节煤灶23万个、太阳灶22万个,建设沼气池150万个。
03　林农培训 培训管理人员 1000 人,技术人员 5000 人,林农 50000 人。

三、人口易地安置

主要在水土流失保护区和防治区实施。

对居住在自然保护区核心区和缓冲区的居民以及水土流失严重地区的居民实施易地安置。

第五节　基本公共服务体系建设

一、防灾减灾体系

（一）森林防火体系建设

大力提高森林防火装备水平，进一步加强防火道路、物资储备库等基础设施建设，增强防火预警、阻隔、应急处理和扑灭能力，实现火灾防控现代化、管理工作规范化、队伍建设专业化，形成较完整的森林火灾防扑体系。

（二）森林有害生物防治

重点建设有害生物的预警、监测、检疫、防控体系等设施设备建设，建设生物防治基地，集中购置药剂、药械和除害处理等。加强野生动物疫源疫病监测和外来物种监测能力建设，全面提高区域有害生物的防灾、御灾和减灾能力，有效遏制森林病虫害的发生。

（三）地质灾害防治

针对滑坡、崩塌、泥石流、不稳定斜坡、地面塌陷、地裂缝、地面沉降等地质灾害，依据其危险性及危害程度，采取不同的工程治理方案。治理措施包括工程措施、生物措施等。建立气象、水利、国土资源等部门联合的监测预报预警信息共享平台和短时临近预警应急联动机制，实现部门之间的实时信息共享，发布灾害预警信息。

（四）气象减灾

建立和完善人工干预生态修复和灾害预警体系，增强防灾减灾能力建设。完善无人生态气象观测站和土壤水分观测站布局，合理配置新型增雨（雪）灭火一体火箭作业系统，改扩建人工增雨（雪）标准化作业点，提高气象条件修复生态能力。

（五）野生动物疫源疫病防控体系建设

建立野生动物疫病监测预警、预防控制、防疫检疫监督以及防疫技术支撑和物资保障系统，形成上下贯通、横向协调、有效运转、保障有力的野生动物防疫体系，明显提高重大野生动物疫病的预防、控制和扑灭能力。

二、基础设施设备

完善林区交通设施，把林区道路纳入国家和地方交通建设规划。加快林区电网改造，完善林区饮水、供热和污水垃圾处理设施，提高林区通讯设施水平，加强森林管护用房建设，并配备必要的巡护器具、车辆，全面提高森林资源管护能力。

加强专业合作社基础设施建设；结合新农村建设配套解决人畜饮水问题。

专栏 10-11　基本公共服务体系建设重点工程

01　森林防火体系建设

建设县市火险预测预报、火情瞭望监测、防火阻隔、通讯联络及指挥系统，配备无线电通讯、GPS 等设备，购置防火扑火机具、车辆、装备等。建设县信息化指挥中心、储备库、防火道路。购置办公设施。

02　森林有害生物防治

建立 15 个县级林业有害生物测报站、15 个县级检疫中心、15 个林业有害生物除害基地。

（续）

专栏 10-11　基本公共服务体系建设重点工程

03　国有林场（站）危旧房改造项目
　　改造国有林场危旧房 360 户。

04　国有林区基础设施建设项目
　　包括供电保障、饮水安全、林区道路、棚户区改造等。

05　生态保护基础设施项目
　　实施林业工作站、木材检查站、科技推广站等基础设施建设。配备监控、防暴、办公、通讯、交通等设备。开展执法人员培训。

06　地质灾害防治
　　对滑坡、崩塌、泥石流、不稳定斜坡、地面塌陷、地裂缝、地面沉降等地质灾害进行综合防治。

07　气象减灾
　　实施生态服务型人工影响天气工程。

第六节　生态监管

一、生态监测

以现有监测台（站）为基础，合理布局、补充监测站点，采用卫星遥感、地面调查和定点观测相结合的办法，制定统一的生态监测标准与规范，对森林资源、湿地资源和生物多样性动态等进行动态监测，形成区域生态系统监测网。建立信息共享平台，制定监测数据的定期上报制度，重大生态问题及时上报，定期发布生态保护建设报告。建立生态功能评估体系，定期、系统评价生态功能，开展生态预警评估和风险评估。

二、空间管制与引导

（一）落实主体功能定位

全面落实《全国主体功能区规划》提出的主体功能定位要求，在禁止开发区域内，实行强制性保护；在限制开发区内，实行全面保护。

（二）划定区域生态红线

大面积的湿地和天然林资源是本区主体功能的重要载体，要落实水土流失保护区、防治区、治理区、监督区的建设重点，划定区域生态红线，确保现有天然林和湿地面积不能减少，并逐步扩大。严禁改变生态用地用途，人类活动占用的空间控制在目前水平，形成"点状开发、面上保护"空间格局。

（三）控制生态产业规模

生态产业只在适宜区域建设，发展不影响生态系统功能的特色产业。

（四）引导超载人口转移

结合新农村建设和生态移民，每个县重点建设1～2个重点城镇，建设成为易地保护搬迁和易地扶贫搬迁人口的集中安置点、特色产业发展集中点、游客集散地和基本生活服务集聚点，以减轻人口对区域的生态压力。

三、绩效评价

实行生态保护优先的绩效评价，强化对大别山水土流失治理、水源涵养及区域生物多样性保护能力的评价，考核指标包括生态用地占比、森林覆盖率、森林蓄积量、水土流失治理率、自然保护区面积等指标。

本区包含的禁止开发区域，要按照保护对象确定评价内容，强化对自然文化资源原真性和完整性保护情况的评价，包括依法管理的情况、保护对象完好程度以及保护目标实现情况等。

第五章 政策措施

第一节 政策需求

一、国家重点生态功能区转移支付政策

（一）制定必要的行业性区域补偿政策

为了确保区域经济社会协调发展,缩小地区差异,应加大国家重点生态功能区转移支付力度,通过科学、规范、稳定的行业性区域补偿手段，缩小地区间差异，特别要扶持经济不发达地区和老、少、边、穷地区发展。同时，加强发达地区对不发达地区的对口支援，探索将地区间的对口支援关系以法律法规的形式固定下来，明确各对口关系的援助条件与金额，规范区域补偿的运作。

（二）加大均衡性转移支付力度

适应大别山水土保持生态功能区要求，加大均衡性转移支付力度。继续完善激励约束机制，加大奖补力度，引导并帮助地方建立基层政府基本财力保障制度，增强水土流失防治区域基层政府实施公共管理、提供基本公共服务和落实各项民生政策的能力。在测算均衡性转移支付标准时，应当考虑属于地方支出责任范围的生态保护支出项目和自然保护区支出项目，加大均衡性转移支付力度。逐步建立政府投入和社会资本并重，全社会支持生态建设的生态补偿机制，建立健全有利于切实保护生态的奖惩机制。

（三）提高对农林产品主产区的相关专项转移支付补助比例

提高对农林产品主产区的相关专项转移支付补助比例，加大农业、林业、水利、基础设施、科技、交通等的投入，改善农林业生产基本条件，进一步提高农林业生产效率，全面落实中央各项强农惠农补贴政策。

（四）强化转移支付资金使用的监督考核与绩效评估

按照国家相关规定，统筹安排使用转移支付资金。加强资金使用的绩效监督和评

估，杜绝挪用转移支付资金现象，提高转移支付资金使用效率。

二、生态补偿政策

（1）进一步提高森林生态效益补偿标准，完善森林生态效益补偿制度。按森林生态服务功能的高低和重要程度，实行分类、分级的差别化补偿。

（2）扩大湿地保护补助范围，提高补助标准，提高补助资金的使用效率。

（3）建立完善碳汇补偿机制试点。本区的森林和湿地既是我国中部地区生态屏障的重要组成部分，也是一个巨大的储碳库。建议尽快启动大别山区碳汇补偿机制试点，并加大对其倾斜和扶持力度，不断增强和提高该区森林湿地固碳增汇能力。

（4）加大林木良种、珍贵树种培育、森林抚育、低质低效林改造等中央财政补助政策。在停止天然林商品性采伐后，要进一步加强和实施国有林区森林管护和中幼林抚育、低质低效林改造中央财政补助政策，研究支持国有林区水、电、路、气等基础设施建设的政策措施，加大棚户区改造及配套设施支持力度。

三、人口易地安置配套扶持政策

在土地方面，可考虑凡用于安置的土地，属国有的，无偿划拨；属集体的，适当补偿；属农户承包的，依法征用，按标准补偿。在税费方面，可考虑涉及易地搬迁过程中的行政规费、办证等费用，除工本费以外全部减免，税收也可考虑变通免收；配套工程的设计、安装、调试等费用一律减免。对搬迁人员优先进行技能和技术培训，安排就业；优先办理用于生产的小额贷款。在医疗、子女入学等方面与当地居民享受同等待遇。

第二节　保障措施

一、法制保障

大别山主体功能区的管理保护工作必须严格执行《中华人民共和国森林法》《中华人民共和国森林法实施条例》《中华人民共和国水土保持法》《中华人民共和国水土保持法实施条例》《中华人民共和国环境保护法》《中华人民共和国土地管理法》《中华人民共和国野生动物保护法》《中华人民共和国自然保护区条例》《国家级公益林管理办法》《国家重点生态功能区转移支付办法》及地方各相关法规条例等。普及法律知识，增强法律意识，约束人们严格遵守法律法规。

实行规范化管理，建立完善各项管理制度，使本区的各项工作纳入法制化轨道，做到有法可依、有章可循。明确本区管理机构的职责和执法范围等，建立领导责任制度、目标管理制度、财务管理制度和信息反馈制度等，不断完善优秀人才引进制度、质量检查验收制度、工程违规举报制度、环境影响评价制度等，逐步实现管理的法制化、科学化、系统化，提高管理水平。

二、组织保障

对重点生态功能区的生态功能及其保护状况定期组织评估和考核，并公布结果。考核结果纳入功能区所在地领导干部任期考核目标，对任期内生态功能严重退化的，要追究其领导责任；对造成生态功能破坏的项目，要追究项目法人的责任。

建立结构完整、功能齐全、技术先进的生态功能区管理信息系统，与政府电子信息平台相联结，提高各级生态管理部门和其他相关部门的综合决策能力和办事效率。

三、资金保障

应发挥政府投资的主导作用，中央和地方各级政府要加强对重点生态功能区生态保护和建设资金投入力度，每五年解决若干个重点生态功能区的突出问题和特殊困难。对重点生态功能区内国家支持的建设项目，适当提高中央政府补助比例，逐步降低市县政府投资比例。政府在基本公共服务领域的投资要优先向重点生态功能区倾斜。鼓励和引导民间资本投向营造林、生态旅游等生态产品的建设事业。鼓励向符合主体生态功能定位的项目提供贷款，加大资金投入。

四、技术保障

高度重视林业科技推广工作，坚持科技兴林，积极引进、培育优良品种，推广新技术，普及新理念，提高土地生态、社会和经济效益。加强高层次人才队伍建设，强化专家队伍建设，以经验丰富的专家队伍带领本区的行业人才，推动本区的生态保护与经济发展双赢。着力开展各种形式的技术培训班，以科技进步带动生态保护和产业发展。加强与科研院所、高等院校的科技扶持与协作，发展高科技农林业，努力让大别山地区走高科技生态保护与发展道路。

五、制度保障

大别山水土保持生态功能区内各级政府制定重大经济技术政策、社会发展规划、经济发展规划、各项专项规划时，要依据大别山水土保持生态功能区的功能区划和功能定位，充分考虑生态功能的完整性和稳定性。确定合理的生态保护与建设目标、制订可行的方案和具体措施，促进生态系统的恢复、增强生态系统服务功能，为区域生态安全和区域的可持续发展奠定生态基础。

加强生态保护宣传教育。积极宣传和普及生态环境保护知识。注重对党政干部、新闻工作者和企业管理人员的培训。完善信访、举报和听证制度，调动广大人民群众和民间团体参与资源开发监督。

附表

大别山水土保持生态功能区禁止开发区域名录

名　称	行政区域	面积（公顷）
自然保护区		
安徽省石台县牯牛降国家级自然保护区	石台县	3367
安徽省潜山县板仓省级自然保护区	潜山县	1523
安徽省岳西县鹞落坪国家级自然保护区	岳西县	12300
安徽省岳西县枯井园省级自然保护区	岳西县	4000
安徽省金寨县天马国家级自然保护区	金寨县	28914
安徽省霍山县佛子岭省级自然保护区	霍山县	6667
湖北省英山县大别山省级自然保护区	英山县	3803
湖北省孝昌县陆山林场省级自然保护区	孝昌县	593
河南省商城县金刚台省级自然保护区	商城县	5460
河南省商城县鲇鱼山省级自然保护区	商城县	5805
河南省新县连康山国家级自然保护区	新县	5460
风景名胜区		
安徽省潜山县天柱山国家级风景名胜区	潜山县	33300
安徽省霍山县佛子岭国家级风景名胜区	霍山县	1400
安徽省霍山县大别山主峰国家级风景名胜区	霍山县	3733
安徽省霍山县铜锣寨省级风景名胜区	霍山县	520
安徽省太湖县花亭湖国家级风景名胜区	太湖县	25700
安徽省金寨县天堂寨国家级风景名胜区	金寨县	2882
安徽省岳西县司空山省级风景名胜区	岳西县	10600
湖北省麻城市龟峰山省级风景名胜区	麻城市	11200
森林公园		
安徽省石台县目连山省级森林公园	石台县	980
安徽省石台县杉山省级森林公园	石台县	435
安徽省潜山县天柱山国家森林公园	潜山县	33300

（续）

名　　称	行政区域	面积（公顷）
安徽省潜山县金紫山省级森林公园	潜山县	4070
安徽省霍山县霍山省级森林公园	霍山县	6667
安徽省霍山县小南岳省级森林公园	霍山县	200
安徽省岳西县妙道山国家森林公园	岳西县	752
安徽省金寨县天堂寨国家森林公园	金寨县	2882
湖北省浠水县三角山省级森林公园	浠水县	973
湖北省麻城市五脑山国家森林公园	麻城市	2400
湖北省红安县天台山国家森林公园	红安县	6000
河南省新县金兰山国家森林公园	新县	3333
河南省新县黄毛尖省级森林公园	新县	3267
湿地公园		
安徽省石台县秋浦河源国家湿地公园	石台县	1850
安徽省太湖县花亭湖国家湿地公园	太湖县	25700

第十一篇

桂黔滇喀斯特

石漠化防治生态功能区
生态保护与建设规划

第一章 规划背景

第一节 区域概况

一、规划范围

桂黔滇喀斯特石漠化防治生态功能区生态保护与恢复规划范围涉及云南、广西、贵州三省（自治区）的10个州（市），26个县（市、区）。其中，广西5个市12个县（区），贵州4个市（州）9个县（市、区），云南1个州（市）5个县（市），区域国土总面积7.71万平方千米，各类石漠化及潜在石漠化总面积1.59万平方千米，占国土面积的20.61%。

二、自然条件

桂黔滇石漠化区域位于我国西南部，地理位置介于东经103°20′～110°55′与北纬21°51′～27°32′。

（一）地质地貌

由于地质演变历史和构造活动不同，东段和西段的地质地貌特征迥异。区域大部分地处云贵高原东南部及其广西盆地过渡地带，地势西高东低，碳酸盐岩地层发育广泛，连片集中，形成千姿百态、山高地少的高原型亚热带典型喀斯特地貌，是世界上喀斯特地貌发育最典型的地区之一。

（二）气候类型

主要为亚热带湿润季风气候，年平均气温15～16℃，≥10℃年活动积温为4500～5100℃，旱雨季分明。区域内江河纵横，地跨珠江、长江与红河三大江河流域，降水充沛，年平均降雨量在800～1800毫米。年均日照时数1020.9～2207.6小时。

（三）土壤类型

受地理区位、气候与植被的影响，红壤、黄壤、黄棕壤是区域内分布最广的地带性土壤类型，非地带性土壤石灰土也广布于石灰岩出露地区。

（四）水资源

区内河流纵横，地跨珠江、长江两大流域和红河流域，地表河网与地下河网均比较发达，有红水河、左江、右江、清水江、融江等河流，年降水丰富，径流量大，落差高，水资源丰富，总量5420亿立方米，水能资源可开发量1.27亿千瓦。

三、自然资源

（一）森林资源

森林面积1191.3万公顷，其中乔木林面积879.9万公顷，竹林面积1717.1万公顷，国家规定特别灌木林面积294.2万公顷，据第七次全国森林资源清查结果，云南、广西、贵州三省（自治区）森林覆盖率分别为44.2%、62.24%、46.0%，林业资源较为丰富。

（二）生物多样性

地理环境和温暖湿润的季风气候使本区成为珍稀物种的繁衍栖息地，生物多样性保存条件好，生物资源极为丰富。本区内包括5个国家级自然保护区，4个国家森林公园。野生植物种类繁多，野生动物近千种，国家一、二、三级保护动物60余种。

（三）矿产资源

矿产资源以其储量大、矿种多、品质高、易开发的特点而闻名全国。是重要的能源资源开发、化工原料加工和黄金高产基地。目前，整个片区已探明锰、锑、铝土、锡、铅、锌、磷、煤炭矿种达50余种，其中黄金、重晶石和磷矿等储量丰富。

四、经济社会

（一）人口状况

截至2012年末，桂黔滇石漠化区域户籍总人口1108万人，其中农业人口1103万人，少数民族人口619万人，劳动力人口427万人，分别占总人口的90.1%、55.9%和53.4%。城镇化率25.4%，人口密度154人/平方千米。区域内居住着苗族、侗族、布依族、水族、土家族、仡佬族、白族、回族、彝族、瑶族、壮族等少数民族。地域性文化独具特色，民俗风情浓郁，民间工艺和非物质文化遗产十分丰富。

区域内自然、人文景观、风景名胜和世界遗产资源丰富密集，多元的民族文化资源相互交融，适宜开展野生动植物观赏、休闲养生、民族风情观光旅游，独特的喀斯特地貌科学考察等项目。民族文化事业繁荣。

（二）产业结构

截至2012年末，区域生产总值37158781万元，地方财政收入4532402万元，林业总产值3872560万元，其中第一产业2182996万元，第二产业1258612万元，第三产业430951万元，三次产业结构比例为56∶33∶11，林业总产值占地区生产总值的10.4%。农民年人均纯收入3966元，林业收入占比为37.3%。

（三）交通运输

沪昆、广昆、厦蓉、汕昆等国家高速公路贯穿本区域，与已建成的百色、兴义、文山等机场，初步构筑起内外交通运输骨架网络。

五、扶贫开发

根据《中国农村扶贫开发纲要（2011～2020年）》和《全国主体功能区规划》，规划区域属我国扶贫攻坚连片特困地区中的滇桂黔石漠化区，属于以岩溶环境为主的特殊生态系统，生态脆弱性极高，土壤一旦流失，生态恢复难度极大。规划将广西、贵州和云南三个省份的26个县（市、区）列入桂黔滇石漠化区集中连片特殊困难地区范围，作为国家扶贫开发工作重点县，脱贫任务迫切而繁重。本区贫困的主要原因是自然灾害频发、生产方式落后和自然资源过度利用等造成的生态破坏和生产力水平低下。

第二节　生态功能定位

一、主体功能

本区域生态系统脆弱、特殊，生态恢复治理难度巨大。按照《全国主体功能区规划》，本区属水源涵养型重点生态功能区，主体功能定位是：以区域植被保护与恢复为主体的石漠化生态综合治理和生物多样性保护。

二、生态价值

（一）水源涵养价值

本区拥有丰富的森林、草地和湿地资源，发挥着涵养水源，调节地表径流、净化水质和调蓄洪水，防御、降低自然地质灾害发生频率与强度的重要作用，为珠江流域和长江流域居民生产生活用水提供了重要保障，是维护珠江流域和长江流域水体安全的重要防御屏障。

（二）生态屏障价值

本区主体山脉苗岭是中国著名的纬向构造带之一，是南亚热带和中亚热带的分界线，也是珠江流域和长江流域的分界线，对阻挡寒流南侵起到了重要作用。区域内的森林、草地和湿地等生态系统发挥着净化空气、固碳释氧和保持水土等生态功能，是保护中下流域省（区）的重要生态屏障。

（三）山地森林生态系统和生物多样性保护价值

本区既是中亚热带与南亚热带植物区系的过渡区，也是华东与西南植物区系的过渡区，是安息香科植物的原生地和分布中心，分布有世界同纬度地区保存完好、面积大、最具代表性的亚热带原生型常绿阔叶林，并保存着针叶阔叶混交林、针叶林和山顶矮林等森林植被类型，对维护生态平衡、拯救珍稀濒危物种、开展科学研究意义重大。

（四）自然生态景观价值

本区丰富的旅游资源、自然生态资源、休闲游憩人文资源，为促进人与自然和谐相处，社会经济协调发展，区域社区群众生产生活提供良好的资源环境与发展空间。截至2013年，本区共建立了国家级自然保护区5处、国家级森林公园3处，占地总面积1214平方千米；省级以下森里公园9处，面积18857.56公顷。

第三节　主要生态问题与原因

一、主要生态问题

桂黔滇位于典型的生态过渡带，属于以岩溶环境为主的特殊生态系统，生态脆弱性极高，土壤一旦流失，生态恢复难度极大。长期以来，由于人们对这一地区环境的特殊性、生态脆弱性认识不足，不合理开发使一些区域植被覆盖率下降，石漠化面积加大。特别是高强度开发，山地生态系统退化十分明显，直接影响到生态系统结构的完整性，削弱了生态功能。区域石漠化加速发展导致生态与经济贫困，是本区域最主要的生态问题。突出表现在以下五个方面。

（一）生态基础脆弱，防治难度大

第二次全国石漠化监测结果显示，截至2011年底，全国还有12.0万平方千米石漠化土地，65%集中在桂黔滇，云南占23.7%，广西占16.1%，贵州占25.2%。基岩裸露度高，成土速度十分缓慢，立地条件衰退加剧，治理成本越来越高，已经初步治理的区域生态系统尚不够稳定，极易反弹，亟待治理的石漠化土地面积大，而且石漠化程度更重，自然条件更差，治理难度更大，防治任务更艰巨。

（二）认识不到位，人为干扰严重

一些地方在工作中只注重经济发展而忽视生态保护与建设，没有把石漠化防治放在应有的位置，滥樵采、滥放牧、滥开垦等破坏石漠化地区植被资源的现象尚未彻底杜绝，人地矛盾突出，许多石漠化区开发建设项目在立项和实施过程中没有同步实施石漠化防治措施，边治理、边破坏的现象仍有发生，局部地区石漠化土地仍在扩展，对石漠化区生态造成了新的破坏。

（三）投入严重不足，防治质量有待提升

石漠化区域财政状况困难，项目配套资金难以适时落实到位，多依赖中央转移支付支持。受石漠化区立地条件差、土壤贫瘠等自然条件影响，防治成本越来越高。尽管国家对防治投资有所增加，但与实际需求差距依然很大，投资标准低、总量不足的问题依然非常突出，在很大程度上影响了石漠化防治速度和质量。

（四）政策相对滞后，多元投资机制尚未真正形成

近些年来，国家实施了一系列扶贫与支农惠农政策，对于推进石漠化防治起到较好的作用。但是，在防治投入、税收减免、金融扶持、补助补偿以及权益保护等方面尚没有专门的优惠政策，特别是石漠化防治生态补偿机制、防治的稳定投入机制和征（占）用地补偿机制亟待建立，社会各方面参与石漠化防治的积极性还没有得到有效调动和提高。

（五）发展与保护矛盾叠加，尚未形成产业规模

石漠化区域主要分布在山区和生态重点保护区，基础公共设施服务不足，特色产业结构调整受生态环境制约较大。人为不合理开发利用与经济发展方式不相适应等多元因素交织叠加，加剧了生态贫困程度与覆盖范围。资源优势难以真正转化为产业优势，缺少带动力强的龙头企业、产业基地和有效带动经济发展的产业集群，尚未形成产业规模。

二、生态问题的原因

石漠化地区的生态问题，是多方面因素综合叠加形成的。主要包括生态保护与建设滞后，导致区域生态功能衰退等生态问题。其中有自然因素，更多是不合理利用自然资源等人为因素所致。

（一）自然因素

区域丰富的碳酸盐岩资源是石漠化形成的基础物质条件。山高坡陡，气候温暖、雨水丰沛而集中，为加速石漠化的形成提供了侵蚀动力和溶蚀条件。监测数据显示，因自然因素形成的石漠化土地占石漠化土地总面积的26%。

（二）人为因素

人为活动的频繁与强度干扰是石漠化土地蔓延加剧的主要原因。主要包括农林产业布局不尽合理、矿产资源无序开发、水利水电资源的过度开发与利用等。岩溶地区多山，土地资源缺乏，人口增长与资源需求矛盾突出，地区经济贫困，群众生态意识薄弱，滥伐、滥采（矿）、滥樵、滥牧、滥垦等多种不合理的土地资源开发活动频繁，导致土地石漠化加剧。人为因素形成的石漠化土地占石漠化土地总面积的74%。

（三）不合理的耕作经营方式

岩溶地区的农业生产长期、广泛、反复、过度的山地垦耕，加之缺乏必要的水土保持措施，是加速植被丧失，水土流失，基岩裸露与石漠化加剧的助推器。

第四节　生态保护与建设现状

一、生态工程建设

（一）林业生态工程建设

本区近30年来实施与建设的国家重大工程项目有：退耕还林工程、长江流域防护林体系建设工程、天然林资源保护工程、野生动植物保护及自然保护区建设工程、湿地保护与恢复工程、中德合作长防林、世行贷款造林、公益林保护、农发林业生态示范项目、荒山造林等。截至2013年底，项目区实施人工造林3.34万公顷，封山育林、退耕还林工程5.95万公顷，森林抚育6.57万公顷，石漠化综合治理工程13.50万公顷。生态工程建设，有效地缓解了本区生态恶化的趋势，为区域生态环境改善做出了突出贡献。特别是自2008年以来实施石漠化综合治理工程以来，区域石漠化整体扩展的趋势得到初步遏制，由过去持续扩展转变为净减少，呈现逆转发展态势。虽然生态工程建设对改善生态状况发挥了比较明显的作用，但依然存在工程建设投资标准偏低、基础配套设施不完善、管护资金缺失、森林防火和有害生物防治投入管理不到位等问题，影响了工程整体生态效益的发挥。

（二）水利工程建设

本区相继实施了小流域综合治理工程、坡耕地治理工程、中小河流水土流失治理和病险水库加固工程、小型饮水工程等一系列重点水利工程。通过营造水保林、经（济）果林、人工种草、坡改梯（台）、封育治理、建沼气池、蓄水池、沟渠、拦沙坝、农田护堤等综合措施治理。

（三）防灾减灾

国家高度重视防灾减灾工作，逐年加大本区域的地质灾害防治力度。在各级政府的统一组织下，依托气象、国土、水务、环保等部门，建设了多种自然灾害监测站，实时对干旱、高温、暴雨等极端气象条件诱发与加剧地质灾害，进行监测预警。已发挥积极作用，减轻了人员伤亡和重大财产损失。

二、国家重点生态功能区转移支付

国家财政转移支付政策的实施，对石漠化区域的保护与恢复发挥了促进作用，取得了一定的成效。截至2013年底，项目区实施转移支付资金6.40亿元，其中，生态工程建设3.33亿元，占52%；禁止开发区建设0.54亿元，占8.4%；教育、卫生、环保综合治理2.53亿元，占39.6%。但是，受地方经济发展水平及区域发展不平衡影响，投资效益差异较大，生态保护与建设面临的资金压力仍很大。

从现行的石漠化区域政策实施总体情况看，用于生态保护与建设的财政转移支付资金的比例为52%，支付资金范围除生态保护与建设外，还涉及教育、卫生、环保等部门。考虑到石漠化区域生态保护与建设的艰巨性、反弹性与长周期性，应进一步调整支付结构，提高支付标准，加大支付力度，逐年提高对生态环境保护特殊区域支付补助、禁止开发区补助和省级引导性补助的标准。通过一般性补助及税收返还、特殊因素补助和临时性特殊补助等补偿手段来扶持石漠化区域经济社会的发展。

三、生态保护与建设总体态势

本区经过多年的天然林资源保护工程、长江防护林工程、石漠化综合治理工程等生态保护工程的实施，中央重点生态功能区转移支付、公益林补偿等政策的实施，治理区域石漠化发展得到初步遏止，生态环境总体呈好转改善态势。但区域土地资源空间结构不合理、利用率低、利用方式粗放等问题依然存在，区域水土流失、生物多样性下降等生态问题仍然较为严重，生态保护与建设亟待加强。

第五节　生态保护与建设的必要性和紧迫性

纵观国际国内形势，加快推进我国石漠化防治工作，是一项重要而紧迫的战略任务，具有重大的现实意义和深远的历史意义。

一、构建南方绿色生态屏障的需要

桂黔滇是我国石漠化土地的集中分布区，而石漠化是我国南方最重要的生态问题之一。石漠化特殊的喀斯特生态系统丰富的自然植被资源，对调节下游江河水量，维持区域生态平衡及促进生态环境的良性发展起着重要作用，其生态区位极为重要。构建南方绿色生态屏障，首要任务是搞好防沙治沙。

二、应对气候变化的需要

桂黔滇是我国石漠化发育最为典型的地区。加快石漠化地区生态建设，恢复林草植被资源，通过保护和增加林草植被，有效提高林草覆盖率，为提高应对气候变化能力做出更大贡献。

三、改善民生建设美好家园的需要

我国石漠化土地大多分布在西南贫困地区、边疆地区和少数民族地区，石漠化不仅危及当地水土资源安全，也危及了长江、珠江流域的生态安全。为改善石漠化地区民生，必须大力加强生态保护与防治工作，改善生态状况，提高环境质量，同时，发展优势特色产业，增加群众收入，推动地方经济发展，建设美好家园。

四、促进人与自然和谐相处的需要

石漠化是严重制约当地经济发展的重要因素。防治石漠化是事关全局、事关长远、事关人民群众切身利益的一项重大战略任务。推进石漠化综合防治是一项复杂的系统工程，需要用系统的思维和办法，转变观念、行为模式和生产方式，下大气力整合各方面资源，增强人们保护自然资源与环境、科学发展的意识与行为，才能真正实现人与自然和谐相处。

第二章　指导思想与原则目标

第一节　指导思想

全面贯彻党的十八大精神，深入学习贯彻习近平总书记系列重要讲话精神，落实《全国主体功能区规划》的功能定位和建设要求，以提升桂黔滇喀斯特石漠化生态功能区生态服务功能、构建生态安全屏障为目标，尊重自然，积极保护，科学恢复，综合治理，努力增加森林、湿地等生态用地比重，优化森林、湿地等生态系统结构，提高桂黔滇喀斯特石漠化区域生态承载力和应对气候变化的能力，增强生态综合功能和效益。充分发挥资源优势，强化科技支撑，协调好人口、资源、生态与扶贫的关系，把本区建设成为生态良好、生活富裕、社会和谐、民族团结的生态文明示范区，美丽中国的典范，为西南地区乃至国家经济社会全面协调发展提供生态安全保障。

第二节　基本原则

一、全面规划、突出重点

桂黔滇喀斯特石漠化生态功能区的石漠化防治是一项复杂的系统工程，根据本区的特点和主体功能，以森林、湿地、农田生态系统为生态保护与建设的重点。将桂黔滇喀斯特石漠化生态功能区内的森林、湿地、农田等生态系统都纳入规划范围，以防治石漠化区域水土流失为重点，优化空间布局，协调推进各类生态系统的保护与建设，实现经济发展与生态建设形成良性互动格局。

二、合理布局、分区施策

该区自然条件差别大，不同区域生态问题不同，石漠化的类型、程度及防治措施不同，必须尊重自然和经济规律，综合考虑资源、气候、土壤等自然区位条件和资金、市场、技术等环境因素，进行合理的功能分区和布局，分区采取针对性的保护和治理措施，合理安排各项建设内容。

三、保护优先、科学治理

本区域是我国石漠化典型区域，在处理保护、治理与利用关系上，要充分考虑人类活动与生态系统结构、过程和服务功能相互作用关系，针对喀斯特区域生态问题、生态敏感性、生态系统服务功能重要性，加强石漠化生态功能区的生态保护，巩固已有建设成果。在安排治理项目时，要切实发挥规划和政策的引导、调控作用，调动各方积极性，综合考虑工程措施和生物措施有机结合，落实责任主体，大力推广实用技术，提升综合治理成效。

四、以人为本、改善民生

区域内贫困人口多，经济发展压力大，生态建设要正确处理保护与发展、生态与民生、生态与产业的关系，要坚持以人为本，调动全社会广泛参与生态环境保护建设，创新发展机制、保障生态建设质量，提高现代农业产业体系和优势产业集群的综合效益和竞争力。不断增强区域经济社会发展能力，改善民生，实现人与自然和谐相处。

第三节　规划依据

一、相关法律

《中华人民共和国森林法》

《中华人民共和国草原法》

《中华人民共和国水土保持法》

《中华人民共和国水法》

《中华人民共和国土地管理法》

《中华人民共和国环境保护法》

二、相关规划、纲要

《全国主体功能区规划》

《滇桂黔石漠化片区区域发展与扶贫攻坚规划（2011～2020年）》

《林业发展"十二五"规划》

《中国农村扶贫开发纲要（2011～2020年）》

《全国草原保护建设利用总体规划》

《全国重要江河湖泊水功能区划（2011～2030年）》

《中华人民共和国国民经济和社会发展第十二个五年规划纲要》

《岩溶地区石漠化综合治理规划大纲（2006～2015年）》

《全国林地保护利用规划纲要（2010～2020年）》

《中国石漠化状况公报》

《第四次全国荒漠化沙化监测公报》

第四节　规划期限与目标

一、规划期限

规划期为2014～2020年。为了与国民经济和社会发展五年规划相衔接，分两个阶段，其中：近期二年（2014～2015年），远期五年（2016～2020年）。

二、规划目标

总体目标：在保护好现有植被的基础上，依法划定石漠化封育（禁）保护区，全面保护与恢复林草植被，以控制水土流失为中心，积极综合防治石漠化土地，到2020年，水土流失得到有效控制，使区域一半以上可治理的石漠化土地得到有效控制与治理，湿地、草原生态保护与恢复建设步入良性循环，特色农林业加快发展，现代产业体系基本形成，基础设施配套建设完善，生态监管能力明显提升，区域经济发展结构得到优化。初步建成自然和人文景观优美、人民生活富足、民族团结进步、社会和谐的生态文明示范区，美丽中国的典范。

具体目标：林业生态系统保护与建设协调发展，森林覆盖率逐步提高，至2020年稳定在55%左右。可治理石漠化土地治理率18.57%，"三化"草地治理率70.77%，水土流失综合治理面积，自然湿地得到较好的保护与恢复，森林质量、生态功能和生态环境承载能力大幅度提高；石漠化扩展势头得到初步遏制，生态状况明显改善，实现区域生态经济社会可持续发展。

表 11-1　主要指标

指标	2012 年	2015 年	2020 年
森林生态系统保护与建设目标			
生态用地①占比（%）	68.33	69.99	72.11
森林覆盖率（%）	52.18	53.23	54.57
森林蓄积量（亿立方米）	0.998	1.018	1.043
林地面积（万公顷）	660.90	803.33	1025.28
水土流失综合治理建设目标			
石漠化土地治理率（%）	11.31	14.10	18.57
水土流失综合治理率（%）	2.05	3.00	4.83
"三化"草地治理率（%）	35.40	48.16	70.77
湿地保护目标			
自然湿地保护工程（万公顷）	4.96	6.03	7.69
自然湿地保护率（%）	30.50	32.54	35.28
生态监测与防灾减灾体系目标			
生态环境监测能力	汇总生态监测成果	构建生态监测平台	初步建成生态监测体系
防灾减灾体系	提高生态环境监测能力	构建气象监测系统	初步建成监管体系
基础设施设备	购置与升级	完善与提高	满足生态监管需求

注：①生态用地包括林地、草地、湿地三种土地利用类型。

第三章 总体布局

第一节 功能区划

根据《全国主体功能区规划》和云南省、贵州省和广西壮族自治区三个省（区）主体功能区规划，以及区域资源环境条件、石漠化、社会经济状况，以省（区）为单元，因地制宜将三省（区）重点石漠化分布范围划分为生态保护恢复区和生态综合治理区两个区域。

一、区划原则

按照经济发展与生态保护相协调的要求，坚持发生统一性、空间连续性（区域共轭性）、相对一致性、综合性原则和整体保护、适度开发、集聚发展等主导因素原则；根据地形地貌、区域植被分布、石漠化分布和程度差异及生态保护建设现状，从生态保护与建设的角度出发，对重点生态功能区进行区划。

二、功能区划

依据自然地理石漠化发展状况与社会经济发展水平等因素，将本区区划为生态保护恢复区和综合治理控制区两个功能区。

（一）生态综合治理区

本区范围包括广西壮族自治区的上林县、马山县、都安瑶族自治县、大化瑶族自治县、忻城县、凌云县、乐业县、凤山县、东兰县、巴马瑶族自治县、天峨县、天等县12个县，国土总面积29860平方千米，其中石漠化面积7533.1平方千米，占25.2%，一般海拔在1000~2000米，本区为中度、重度和极重度石漠化集中分布区。本区的主要生态问题是，人类不合理的社会经济活动导致的山地森林、草场植被退化、破坏，水蚀严重，土层流失，基岩裸露，石漠化淋溶发育加剧了水土流失，土壤生产力下降。主攻方向与治理措施是，加强水土流失控制与石漠化生态综合治理力度，继续推进天然林保护，造林种草，退耕还林等生态治理工程，增加森林面积，提高森林覆

350

盖率。在石质山地及石漠化发展地区，通过封山育林因地制宜营造水土保持林、水源涵养林等进行石漠化综合治理，改善生态环境；低山丘陵发展以油茶、核桃、油用牡丹等为主的木本油料种植业，增加当地群众收入；山前平缓地带，岩溶槽谷地段，建坝、修排灌渠，进行土地整治，提高土地生产力，栽植优势特色经济林，发展林下经济，致富山区群众。

（二）生态保护恢复区

本区地处云贵高原东部，地势西高东低，平均海拔在2000米左右。范围包括贵州、云南两省的14个县（市），总面积47249平方千米。贵州省赫章县、威宁彝族回族苗族自治县、平塘县、罗甸县、望谟县、册亨县、关岭布依族苗族自治县、镇宁布依族苗族自治县和紫云苗族布依族自治县9个县，国土面积47249平方千米，其中石漠化面积4631.2平方千米，占9.8%；云南省西畴县、马关县、文山市、广南县和富宁县5个县（市），国土面积20806平方千米，其中石漠化面积3730.4平方千米，占17.9%。坡度在20度以上的地区，石漠化分布以中度、轻度和潜在石漠化为主，主要分布在林地、耕地中。区域气候特点：属中亚热带气候区，气候温和、雨量丰沛、雨热同季，多阴雨、少日照，多年平均气温15℃左右，年均降水量1100毫米左右。受大气环流及地形等影响，气候地域性差异很大，具有明显的山地垂直气候特征，灾害性天气较多，干旱、洪涝、秋风、凝冻、冰雹等自然灾害频发。是世界岩溶地貌最典型的地区之一。特殊的地形地貌，造成该区域石多土少，土层瘠薄，易受侵蚀，水土流失严重。本区的主要生态问题，一是地表植被盖度低，岩石裸露率高，一旦植被遭破坏，直接变成石漠化土地；二是人类对资源过度利用，加剧了植被衰退、水土流失，土地生产能力退化。主攻方向与治理措施是以林草植被保护和恢复为主，通过退耕还林、天然林资源保护和森林抚育工程、长江珠江防护林工程、自然保护区建设工程、湿地保护与恢复工程、草地开发利用工程等恢复增加植被，构建生态屏障。

表11-2　生态功能分区范围表

功能区名称	省　份	行政范围	国土面积（平方千米）	石漠化面积（平方千米）
合　计	3	26	77109.0	15894.7
生态综合治理区	广西壮族自治区	上林县	1876.0	405.1
		马山县	2345.0	356.6
		都安瑶族自治县	4092.0	1518.8
		大化瑶族自治县	2854.0	1103.7

（续）

功能区名称	省　份	行政范围	国土面积① （平方千米）	石漠化面积 （平方千米）
生态综合 治理区	广西壮族 自治区	忻城县	2541.0	1178.8
		凌云县	2036.0	358.3
		乐业县	2617.0	260.7
		凤山县	1743.0	397.0
		东兰县	2435.0	728.4
		巴马瑶族自治县	1966.0	386.9
		天峨县	3196.0	80.3
		天等县	2159.0	758.5
生态保护 恢复区	贵州省	赫章县	3245.0	288.8
		威宁彝族回族 苗族自治县	6296.0	772.2
		平塘县	2816.0	746.5
		罗甸县	3010.0	719.4
		望谟县	3006.0	565.4
		册亨县	2597.0	195.1
		关岭布依族 苗族自治县	1468.0	543.2
		镇宁布依族 苗族自治县	1721.0	445.1
		紫云苗族布 依族自治县	2284.0	355.5
	云南省	西畴县	1545.0	199.0
		马关县	2755.0	888.7
		文山市	3064.0	760.0
		广南县	7983.0	1520.7
		富宁县	5459.0	362.0

注：①国土面积数据来源《中华人民共和国行政区划手册》（2012）。

第二节　建设布局

生态建设要围绕《全国生态环境建设规划》《全国生态功能区规划》《全国主体功能区规划》对石漠化区域生态建设的定位，以珠江一级干流及其支流的防护林工程和干线铁路、公路绿色通道工程为"带（线）"，以天然林资源保护工程区和退耕还林工程区以及重点石漠化治理区所覆盖的县为"面"，以区域森林生态系统类型自然保护区、湖泊湿地、石漠化区、水土流失区、森林公园及各类优势特色经济林基地为"点"，逐步形成桂黔滇三省交汇处的区域性经济中心，以点、线、面结合为基本构架，着力打造区域生态产业特色突出、资源培育基地与产业发展相适应、资源优势互补的空间格局。加强森林资源、草地建设和保护，加大湿地和自然保护区建设力度，增强水源涵养和水土保持功能，保护生物多样性和动植物栖息地，提高林草质量，保障长江流域、珠江流域上游生态安全，提高生态环境承载能力，构筑比较完备的生态体系。

一、生态综合治理区

本区属于国际喀斯特山水知名旅游胜地，地理区位、人文资源优势明显，民族民俗文化资源丰富多彩。按照有利于保护生态环境，保障和改善民生，促进贫困人口脱贫致富，保障全体人民共享改革发展成果的基本思路。区域综合治理在生态保护的基础上，依托区域内的自然环境资源，积极保护与恢复植被资源，提高森林覆盖率，防止水土流失，有效减缓遏制石漠化发展进程，建设重要生态安全屏障。在山丘区因地制宜发展特色生态经济林产业、林下经济产业。重点实施核桃、油茶、竹产业、苗木花卉产业以及中药材、干鲜果品等特色产业基地建设。建设喀斯特山水观光、边关览胜、红色教育基地。努力打造具有国际影响的原生态民族文化观光养生旅游景区。积极发展林产品加工业、生态农业、民族医药等。扩大对外开放，推进中国-东盟自由贸易区建设，深化同东南亚的合作与交流，促进边境繁荣稳定、民族团结进步，促进区域社会经济可持续发展。

二、生态保护恢复区

根据桂黔滇石漠化片区的战略定位，资源环境、社会经济发展现状，以及所面临的发展机遇，加强珠江、长江上游重要生态安全屏障建设，加大森林植被、天然湿地、水域等生态功能脆弱区及生物多样性保护力度。加大各类自然保护区、森林公园、湿地公园建设力度。着力打造经济与生态防护功能兼顾的保护恢复建设模式。25度以上的陡坡地，积极发展水土保持林，着力培育木本油料、速生丰产用材林、优势特色经济林等产业。重点发展油茶、核桃、甘蔗、中药材等特色经济林、林下种养殖业及林产品精深加工业，积极调整农业结构，促进农业生产与生态协调发展。在河谷、平坝、低山丘陵与边境地区，以喀斯特自然景观与土著村寨民居景观为主，注重集约用地，提升土地环境综合承载能力，有序推进人口异地安置工作，大力发展优势特色经济林和生态农业，加速推进城镇化、工业化、产业化发展进程，加快脱贫致富步伐，改善人居环境，促进民族团结进步以及人与自然和谐发展。为2020年与全国同步全面建成小康社会奠定坚实基础。

第四章　建设内容

第一节　生态建设

本区是珠江、长江流域重要的生态功能区，也是世界上喀斯特地貌发育最典型的地区之一。区内建有9处国家级自然保护区、森林公园等重要园区。生态建设以现有植被保护恢复为主，加强天然林资源保护，因地制宜实施封育保护，继续推进人工造林等林业重点生态工程，巩固、稳定和扩大退耕还林（草）范围。

一、加强森林生态系统保护与资源的培育

全面有效管护天然林保护工程区森林资源，加强后备森林资源培育与低效林抚育改造，管理好现有防护林。加大对长江流域防护林、珠江流域防护林的建设力度，加强中、幼林抚育和低效林改造，对已纳入中央财政森林效益补偿基金的国家级公益林进行有效管护，对符合条件的其他国家级公益林到规划期末力争全部纳入中央财政森林生态效益补偿范围。

在治理过程中，对地质条件脆弱、坡陡土薄、植被稀疏的区域，要加大石漠化地区生态系统的人工造林治理和修复。以乡土树种为主，大力营造综合防护林体系，积极发展优势特色经济林，提高林地生产力和生态防护功能。针对因立地条件、树种选择或经营等原因形成的各类低效林分，要因地制宜，通过调整造林林种、树种及其配比，加强抚育管理，改善林分生长条件，促进林分生长，提高林分质与量。

针对区域内坡耕地面积大、分布广的特点，为从根本上解决区域水土流失潜在的风险，实施退耕还林工程，建议将区域内25度以上坡耕地全部退耕。巩固与提高天然林保护工程、退耕还林（草）工程和重点防护林体系建设工程等生态林业建设成果。

二、推进水土保持与石漠化综合治理工程

对生态区位重要、石漠化发育典型、水土流失严重、易发泥石流等地质灾害的石漠化区域，坚持"防治结合、保护优先、强化治理"的治理方针，加强天然林保护、湿地保护与恢复等工程，全面提升森林与湿地质量，增强保持水土、涵养水源能力。继续推进荒山荒地造林、退耕还林等工程，增加林地面积、减少坡耕地面积，加强坡耕地水土流失控制与治理，合理开发利用水土资源。全面实施开发建设项目水土流失控制方案报批制度和"三同时"制度，防止人为水土流失。加强岩溶地区石漠化生态环境监测，以岩溶流域为单元，全面实施岩溶地区石漠化综合防治工程，通过封山管护、封山育林、人工造林、低效林改造等治理措施，恢复和增加林草植被，遏制石漠化面积扩大趋势。

专栏 11-1　森林生态系统保护与建设

01　森林培育
　　加强天然林和公益林的管护，增加公益林管护面积。实施工程造林，加大对长江流域防护林、珠江流域防护林的建设力度。大力营造综合防护林体系，积极发展优势特色经济林，提高林地生产力和生态防护功能。

02　森林抚育
　　加强抚育管理，加强中、幼林抚育和低效林改造，改善林分生长条件，促进林分生长提高林分质量。

03　退耕还林
　　区域内 25 度以上坡耕地全部退耕。

04　森林保护基础设施
　　完善和提高管护站点基础设施，加强森林防火、瞭望塔、巡护路、气象站、物资储备库、视频监控、通讯、扑火器具、购置火险因子采集设备等。完善森林有害生物防治设施和设备，建设有害生物测报站、检疫中心等基础设施。

05　防灾减灾体系建设
　　加大对气象、地质灾害活跃区、高发区、重灾区、潜在区域的综合治理力度，建立健全预测预报预警体系，实施生态服务型人工影响天气工程，提高群众防患意识、防灾避险知识和自救互救能力。形成纵向到底、横向到边信息互通，提高科学判断灾情能力。

专栏 11-2　水土保持、石漠化综合治理

01　退耕还林
　　巩固退耕还林成果。区域内 25 度以上坡耕地继续实施退耕还林，防治水土流失。

02　水土流失综合防治工程
　　优化水土保持生物、工程与耕作措施，调整土地利用结构。以坡改梯为主，优化配置水土资源，实施水源地水土流失控制工程，配套建设排灌沟渠、蓄水池窖、田间道路等，实施坡耕地水土流失综合治理。

（续）

专栏 11-2 水土保持、石漠化综合治理

03 石漠化综合治理

以岩溶流域为单元，遵循生物多样性原则，实施农、林、水、国土相结合的复合型综合治理模式，通过封、育、造、管等措施恢复林草植被，遏制石漠化扩展。

对区域内的无林地、疏林地、灌木林地和郁闭度在 0.2 ～ 0.5 的低质低效林实施封山育林，利用自然修复力改善岩溶地区生态。人工造林地类不作要求，采伐迹地和灾后重建地可纳入工程实施范围，以便相对集中连片实施造林，加快森林恢复。通过在灌木林和低效林分中补植乔木树种，促进演替，形成多树种、多层次、乔、灌、草结合的复层混交林。

04 地质灾害防治

以岩溶流域为单元，建立地质灾害监测预警系统，采取工程措施与生物措施相结合的方式，综合治理地质灾害重点区域。

三、生物多样性保护与建设

（一）自然保护区

加速推进国家级自然保护区建设进程，加强自然保护区科学化、规范化建设管理工作，加强自然保护区标志系统建设，引入视频监测、辅助信息决策平台等高科技设施设备，提高资源保护工作科技含量。加大对地方级自然保护区的管理机构设置、管护经费和设施设备配备的扶持力度，鼓励保护价值高的地方申建保护区及开展自然保护区等级晋升工作。

（二）森林公园

继续推进国家森林公园的适时申建、管理机构建设，按核心景观区、一般游憩区、管理服务区和生态保育区分类管理。加强森林资源和生物多样性保护。严格执行游客容量控制，除必要的保护设施和附属设施外，禁止与保护无关的生产建设活动。

（三）湿地公园

遵循"保护优先、科学修复、适度开发、合理利用"的基本原则，加强国家湿地公园等各级湿地公园的申建工作，强调人与自然和谐并发挥湿地多种功能，突出湿地的自然生态特征和地域景观特色，从维护湿地生态系统结构和功能的完整性、保护栖息地、防止湿地及其生物多样性衰退的基本要求出发，按照《全国湿地保护工程"十二五"规划》的建设导向，组织湿地资源保护与恢复建设。通过适度地人工干预，促进修复湿地生态景观，维护湿地生态过程，最大限度地保留原生湿地生态特征和自然风貌，保护湿地生物多样性，确保湿地生态系统安全。

（四）风景名胜区

按照《风景名胜区管理条例》保护风景名胜区内一切景物和自然景观，禁止在风

专栏 11-3　生物多样性保护重点工程

01　资源调查
　　对喀斯特地貌石漠化区域重点生态功能区原生植被，珍稀、濒危野生动植物资源及栖息地进行全面系统调查，建立分布、种群数据库，为生物保护工程提供依据。

02　生态保护体系建设
　　加强自然保护区、湿地、森林公园建设，构建包括自然保护区、森林公园、湿地公园、地质公园在内的生态保护体系。

03　世界文化遗产、风景名胜区保护建设
　　加强对世界罕见的喀斯特岩溶地貌分布范围及生物群落的保护，开展世界物质文化遗产研究与保护，完善国家级风景名胜区建设。

04　湿地生态景观修复
　　继续推进湿地保护与修复工程，强化湿地保护与管理能力建设，修复湿地景观。

景名胜区内进行影响生态和景观的活动。控制人工景观和旅游配套设施的规模和建设地点，核定游客人数，保护区域内核心景观资源的完整性和长期有效性，与其他禁止开发区域共同形成生物多样性资源保护合力。

（五）地质公园

按照《世界地质公园网络工作指南和标准》《关于加强世界地质公园和国家地质公园建设与管理工作的通知》进行管理，除必要的保护设施和附属设施外，禁止其他生产建设活动，对于公园内及可能对公园造成影响的周边地区，禁止采石、取土、开矿、放牧、砍伐及其他可能产生负面影响的活动。

第二节　产业建设

坚持企业为主体和市场导向，充分发挥区位、资源、产业三大优势，调整优化产业结构，因地制宜承接产业转移，促进木本油料产业基地建设与生态产业园区集约发展，发展循环经济，形成布局优化、产业集聚、用地集约、特色明显的产业园区，加快经济发展。

围绕《中国农村扶贫规划纲要（2011～2020年）》提出的产业发展目标要求，根据区域各县的经济发展状况、资源特点和产业优势，结合正在实施的林业重点工程，集中力量帮助贫困地区规划和发展一批市场前景好、投资少、见效快、受益面广、适宜整村推进、一家一户发展、对群众脱贫致富起积极推动作用的名特优新经济林、速生丰产林、优良种苗培育等绿色产业，构建发达的现代林业产业体系。

一、构建区域优势特色生态经济林产业

结合当地速生丰产林、经济林、水土保持林、珍贵用材林等多林种基地建设和产业发展需求，大力打造以核桃、油茶、香料、油用牡丹、竹产业等为重点的优势特色生态经济林产业带。积极发掘乡土树种、适度引入优良景观植物品种，发展烟叶、茶叶、林禽、林药等林间、林下经济，实施立体经营。利用现代生物科技手段繁育新品种，推进多元苗木繁育栽培的基地化、良种化、标准化进程。发挥产业集群效应，使名优特新苗木、花卉产业成为区域新兴特色产业。加快优良林木花卉种源繁育基地建设。

二、生态旅游业与民族文化产业

桂黔滇石漠化区域传统民族文化底蕴深厚，民俗风情浓郁，民间工艺色彩斑斓，侗族大歌和壮锦、苗族古歌、布依族八音坐唱等非物质文化遗产丰富多彩。以石漠化地貌、森林、湿地、草原、野生动植物等特色资源为依托，以自然保护区、森林公园、湿地公园等为载体，着力发展区域森林生态观光、森林休闲度假、森林探险、森林科考科普等特色生态旅游产品，建设一批在国际、国内具有较大影响的森林生态旅游精品景区，打造区域特色生态旅游胜地。

第三节　科技推广

要高度重视石漠化区域科技在发展现代林业中的关键和基础性作用，以现代科技为支撑，在应用现代技术培育森林资源、维护生物多样性、提升森林的多种功能的基础上，要加强科技创新和成果推广应用，积极引进、培育和推广新品种、新技术，加快林下经济利用的规模化、标准化、产业化经营，加强科技人才队伍建设，不断提高现代林业建设的科学化水平。

一、适用技术推广

根据生态建设需要，以相关科技单位为支撑，选择推广一批优势特色树种、林种和建设模式，形成比较完善系统的工程科技支撑体系。规划在工程实施县推广下述林业科技项目。

（一）优良树种推广

推广经国家、省级林木良种审定委员会认定和审定良种，如核桃、油茶、油桐等木本油料良种；以及云南松、桉树、沉香、川滇桤木、花椒、杨梅、秃杉等优良树种

与乡土珍贵树种。在推广过程中不断探索和发掘，继续筛选优良适生树种、品种。

（二）新型育苗技术推广

推广轻基质网袋育苗、无性系培育、笋用竹容器育苗等技术，加大新特优品种、新技术应用力度，增加轻基质容器育苗品种，扩大育苗范围，尤其注重乡土树种的育苗研究，注重在推广过程中不断探索与创新。

（三）工程造林技术

因地制宜推广桉树、杉木、秃杉、枧木、云南松速生丰产林树种以及核桃、油茶等经济林树种丰产栽培技术，大力推广石漠化区域成熟的造林栽培技术与经营模式及综合治理技术。

（四）森林经营技术

以小流域为单元，推广林间、林下立体经营模式，大力发展速生丰产用材林。利用相关科技单位取得的科技成果，积极种植核桃、油桐、油茶优良无性系等经济林树种，推广应用油茶等树种低效林改造技术等。

（五）综合配套技术

推广林下资源培育技术、野生食用菌保育促繁技术、油茶、核桃精炼油技术与加工技术、森林防火、林业有害生物防治等综合配套实用技术。

二、职业培训

职业培训是科技推广的主要手段之一，根据桂黔滇石漠化区域对发展林业科技需求，开展专门针对基层技术骨干和林农的培训项目，强化各级林业技术推广站为林农培训服务的专门职能，形成适合林农不同需求层次的实用技术培训体系。

为保证培训质量，要对承担林农培训的师资队伍严格把关、认真筛选，鼓励具有高级职称的专业技术人才和有一技之长的林农技术能手作为培训的主讲教师开展培训；充分利用各类教学资源，加强林业理论和实用技术培训；发挥示范基地作用，在实验示范基地进行实际操作，做到理论教学与实践操作相结合，针对不同层次培训对象，理论培训、实际操作培训各有侧重。逐步采用现代化教学手段，建立健全林农远程培训服务平台，开展远程培训与技术咨询。

规划开展技能培训和管理培训共108.4万人次，其中技能培训86.9万人次，管理培训21.5万人次。按年度统计，前期规划职业培训63.8万人次，其中2012年15.7万人次，2013年16.1万人次，2014年16.0万人次，2015年16.0万人次；后期规划职业培训44.6万人次。

第四节　基本公共服务体系建设

一、防灾减灾体系

（一）防火体系建设

按照国家重点防火区的防火工程配置标准进一步完善防火预警、瞭望、监控、阻隔、指挥、扑救、通信装备，配备扑火专业队伍和半专业队伍，完善防火物资储备库建设，配备扑救设施设备。

（二）有害生物防治

完善有害生物检验检疫机构以及监测、检疫、防治和服务保障体系，建立有害生物防治责任制度。加强防控体系基础设施建设，提高区域有害生物防灾、御灾和减灾能力。有效遏制有害生物发生。

（三）地质灾害防治

针对滑坡、崩塌、泥石流、不稳定斜坡、地面塌陷、地裂缝、地面沉降等地质灾害，依据其危险性及危害程度，采取工程措施和生物措施相结合的治理方案。建立气象、水利、国土资源等多部门联合的监测预报预警信息平台和短时临近预警应急联动机制，实现部门之间的实时信息共享，发布灾害预警信息。

（四）气象减灾

建立和完善人工干预生态修复和灾害预警体系，增强防灾减灾能力建设。完善无人生态气象观测站和土壤水分观测站布局。

二、基础设施设备

加强完善林区农村新老道路交通建设和改造。逐步将城市公共交通体系向林区乡村延伸，并将林区和农村给排水、供电通讯接入市政管网。继续推进规模化、标准化苗木基地和养殖场建设，加快开发风能、太阳能、生物质能、垃圾发电等农村新能源，开展中央农村环保专项资金环境综合整治，加大城乡垃圾处理和乡村绿化建设力度，积极推进垃圾分类回收、综合利用等多种方式处理垃圾，减轻环境污染负荷。同时，实施一批城镇道路绿化、滨河绿化、公园绿化等城镇绿化工程，美化城镇环境。继续完成棚户区改造工程。

第五节　生态监管

一、生态监测

以现有监测站点为基础，合理布局，补充监测站点，采用卫星遥感、地面调查和定点观测相结合的方式，对森林、湿地、农地、石漠化、生物多样性进行动态监测，形成生态系统监测网，实时发布生态报告、生态预警评估和风险评估。完善生态监测和信息处理设备。对石漠化区土地等自然资源建立产权制度，形成"谁破坏、谁赔偿，谁使用、谁补偿，谁保护、谁获益"机制；重点完善原村民生态监管考核的长效机制，逐步形成生态监管新格局；对政府部门实施生态考核机制，加快推进石漠化区生态保护与建设。

二、空间管制与引导

（一）落实主体功能定位

全面落实《全国主体功能区规划》提出的主体功能定位要求，在禁止开发区域内，实行强制性保护；在限制开发区域内，实行全面保护。

（二）划定区域生态红线

大面积的自然保护区和天然林资源是本区主体功能的重要载体，要划定区域生态红线，确保现有天然林、湿地和草地面积不能减少，并逐步扩大。严禁改变生态用地用途，禁止可能威胁生态系统稳定、生态功能正常发挥和生物多样性保护的各类林地利用方式和资源开发活动。严格控制生态用地转化为建设用地，逐步减少城市建设、工矿建设和农村建设占用生态用地的数量。

（三）控制生态产业规模

合理布局区域生态产业，生态产业只在适宜区建设。发展不影响生态系统功能的生态旅游、特色经济林、林下经济、中药材、高山蔬菜及农产品深加工产业，合理控制发展规模，在保护生态的前提下，提高经济效益。

三、绩效评价

建立具有工程实施范围、进度、目标和时间控制点的定性与定量相结合的生态监测评估指标体系，实时监测生态保护和建设状况以及生态服务能力变化，分功能区、分阶段考核规划实施情况，确保规划的实施效果。

第五章　政策措施

第一节　政策需求

一、重点生态功能区财政转移支付政策

加大转移支付力度。适应桂黔滇喀斯特石漠化防治生态功能区要求，加大均衡性转移支付力度。继续完善激励约束机制，加大奖补力度，引导地方政府建立基本财力保障制度，增强基层政府实施生态综合治理区域的基本公共服务、公共管理和落实各项民生政策的能力。在确定范围与测算标准时，应当考虑属于地方支出责任范围的生态保护支出项目和自然保护区支出项目，加大均衡性转移支付力度。逐步建立政府投入和社会资本并重、全社会支持生态建设的生态补偿与奖惩机制。

强化考核与绩效评估机制。按照国家相关规定，统筹安排使用转移支付资金。加强资金使用的绩效监督与评估，杜绝挪用转移支付资金现象，提高转移支付资金使用效率。

二、生态补偿政策

制定行业性区域森林生态补偿政策，提高补偿标准，完善补偿机制。按森林生态服务功能的大小强弱程度，分类、分级进行补偿。

加速推进与完善喀斯特石漠化区域的碳汇补偿机制试点，不断增强林地、湿地、草地的固碳增汇能力。

扩大湿地保护补助范围，提高补助标准和资金的使用效率。

扩大中央对林木良种、珍贵树种培育、特色优势经济林良种、森林抚育、低质低效林改造等的补助范围，提高补助标准。进一步完善国有林区森林管护和中幼林抚育、低质低效林改造的中央财政补助政策，加大棚户区改造及配套设施支持力度，提高补助资金的使用效率。

三、人口易地安置的配套扶持政策

在土地使用上，要保障人口易地安置房的建设用地，根据土地权属不同，属国有

的，通过无偿划拨、适当补偿、依法征用等形式，按标准补偿。在税费征免方面，要考虑涉及易地搬迁过程中发生的行政规费、办证等费用的征收减免对象及标准。易地安置人员，要考虑易得出、稳得住、能致富。优先进行技能和技术培训，安排上岗；引导参与开发生态旅游等第三产业经营，在医疗、子女入学等方面与当地居民享受同等待遇。

第二节　保障措施

一、法律保障

（一）严格执行法律法规

桂黔滇喀斯特石漠化主体功能区的保护管理工作必须严格执行《中华人民共和国森林法》《中华人民共和国森林法实施条例》《中华人民共和国水土保持法》《中华人民共和国水土保持法实施条例》《中华人民共和国环境保护法》《中华人民共和国土地管理法》《中华人民共和国野生动物保护法》《中华人民共和国自然保护区条例》《国家级公益林管理办法》《国家重点生态功能区转移支付办法》及地方各相关法规条例等。普及法律知识，增强法律意识，不断提高执法部门的执法水平和广大干部群众的法制观念。

（二）严格依法建设

建设项目征占用林地、草地、湿地与水域，要强化主管部门预审制度，依法补偿到位。加大对砍伐林木、滥垦草地等各类犯罪的打击力度，加强生态监管和执法，依法惩处各类破坏资源、污染环境的行为，努力为生态保护与建设创造良好的社会环境。

二、组织保障

对重点生态功能区的生态功能及其保护状况定期组织评估和考核，并公布结果。考核结果纳入功能区所在地领导干部任期考核目标，对任期内生态功能严重退化的，要追究其领导责任；对造成生态功能破坏的项目，要追究项目法人的责任。

加强部门协调，根据各地区不同的重点生态功能定位，把推进形成重点生态功能主要目标的完成情况，纳入对地方党政领导班子和领导干部的综合评价考核结果，作为地方党政领导班子调整和领导干部选拔任用、培训教育、奖励惩戒的重要依据。

三、资金保障

适当提高中央政府对重点生态功能区补助比例，充分发挥政府投资的主导作用，特别是对区域内天然林保护、石漠化治理、水土流失综合治理、生物多样性保护等生态保护工程，在中央预算内资金安排时，要进一步优化完善投资安排的针对性，使中央投资安排符合《全国主体功能区规划》要求，符合区域的主体功能定位和发展方向。

加快建立起投资主体多元化、投资渠道和投资方式多样化的稳定的经济政策体系，逐步降低民间资本准入门槛，吸引和鼓励不同经济成分和各类投资主体以不同形式参与到建设中来。根据工程建设需要，建立投资标准调整机制。同时，要加强对资金使用的监管，确保工程建设资金专账核算、专款专用。

四、技术保障

加强科技人才培养、引进和人才资源的合理配置，鼓励企业与科研院所、大专院校开展多种形式的技术合作开发。在大力加强人才培养的基础上，积极引进社会经济发展和生态保护均急需的人才，为重点生态功能区生态保护与建设服务。

加强对科技创新的支持，深入开展基础理论和应用技术研究。积极筛选并推广适合不同类型生态系统保护和建设的技术，加快现有科技成果的转化。要加强资源综合利用、生态重建与恢复等方面的科技攻关，为重点生态功能区生态保护和建设提供技术支撑，促进生态恢复。

积极推进经济发展方式转变，发展科技先导型、资源节约型和环境友好型的生态产业和产品。鼓励和支持生态良好的地区，在实施重点生态功能区生态保护和建设规划中发挥示范作用。

建立生态环境信息网络，利用网络技术、3S技术，加强生态环境数据收集和分析，及时跟踪环境变化趋势，实现信息资源共享和监测资料综合集成，不断提高生态环境动态监测和跟踪水平，为重点生态功能区生态保护和建设提供科学的信息决策支持。

五、制度保障

要强化生态监管，加大对建设项目征占用林地、草地、湿地和水域的监管审核力度，建立规划中期评估机制，对规划实施情况进行跟踪分析和评价，根据评估结果对规划进行调整。完善工程检查、验收、监督、评估、审计制度，严格按规划立项，按项目管理，按设计施工，按标准验收。实行工程建设法人制，建设过程监理制，资金管理报账制。

要树立质量意识、品牌意识、发展意识，严把质量关，建立工程质量管理档案，跟踪工程建设进度、质量和资金使用情况，并开展定期评估。根据工程评估情况，适时科学合理调整、完善建设项目、任务和政策，提高工程质量和效益。

实行生态保护优先的绩效评价，强化对提供生态产品能力的评价。主要考核生物多样性、水土流失强度、森林覆盖率、湿地面积、河流生态流量保障水平、大气和水体质量等指标，不考核地区生产总值、投资、工业、农产品生产、财政收入和城镇化率等指标。

坚持"谁治理、谁管护、谁受益"的政策，将管护任务承包到户、到人，将责、权、利紧密结合，调动农民群众参与生态建设的积极性。坚持"实施一项工程，致富一方百姓"，建立"人才、技术、创新、产业"四位一体的长效发展机制。

充分调动广大科技人员的积极性和创造性，建立与增强林业、农业、水利、环保、国土等多行业与部门的协同治理，形成比较完善的科技创新与推广体系。利用网络技术、3S技术，建立生态环境信息网络，实现信息资源共享和监测、监管资料综合集成，减少资源消耗，控制环境污染，促进不同类型重点生态功能区生态保护和生态恢复。

附表

桂黔滇喀斯特石漠化防治生态功能区国家禁止开发区域名录

名称	所在位置	主要保护对象与自然景观	面积（平方千米）
广西大明山国家级自然保护区	马山县、上林县	常绿阔叶林、水源涵养林及野生动植物	169.94
广西岑王老山国家级自然保护区	凌云县	季风常绿阔叶林及珍稀野生动植物	189.94
广西雅长兰科植物国家级自然保护区	乐业县	野生兰科植物及其生境	220.62
广西黄猄洞天坑国家森林公园	乐业县	喀斯特地貌、天坑景观、地下森林环境	138.8
广西龙滩大峡谷国家森林公园	天峨县	原始森林和森林环境	41.73
广西聚龙大峡谷国家森林公园	天峨县	广西保存最完好的原始森林——大山原始森林	377.0
云南文山国家级自然保护区	文山市、西畴县	原始阔叶林及珍稀濒危野生动植物	268.67
贵州赫章夜郎国家森林公园	赫章县	天然常绿阔叶和落叶林、生物基因库和水源涵养林区	47.33
贵州毕节国家森林公园	毕节市	针叶林和次生天然林、岩溶地貌、天象景观	41.33

第十二篇

三峡库区

水土保持生态功能区
生态保护与建设规划

第一章　规划背景

第一节　区域概况

一、规划范围

三峡库区水土保持生态功能区位于重庆市、湖北省交界区域，行政区域包括重庆市、湖北省2省（市）9县（区），面积27849.60平方千米，人口521.56万人，森林覆盖率为60.33%。规划区内属于国家禁止开发区域面积1995.56平方千米，占规划区总面积的7.17%。

表 12-1　规划范围表

省　份	县（区）级单位
重庆市	云阳县、奉节县、巫山县
湖北省	巴东县、兴山县、秭归县、宜昌市夷陵区、长阳土家族自治县、五峰土家族自治县

二、自然条件

（一）地形地貌

三峡库区水土保持生态功能区位于三峡库区东部，渝、鄂两省（市）交界区域，地处我国地势第二级阶梯的东缘，北靠大巴山，南依武陵山，处于大巴山断褶带、川东褶皱带和川鄂湘黔隆起褶皱带三大构造单元交汇处。本区在《中国森林立地分类》区划中属于盆东平行岭谷立地亚区和川黔湘鄂山地丘陵立地亚区；对照三峡库区生态屏障区造林绿化技术规程，本区跨越低山丘陵河谷亚区和峡谷低山立地亚区。规划区整体地势中部高，由中部向东西两侧逐渐降低，地形复杂，高差悬殊，山高坡陡，河谷深切。东西部各县（区）最高海拔为1800～2400米，中部县（区）最高海拔为2400～3000米。

（二）气候

本区属湿润亚热带季风气候，纵跨中亚热带与北亚热带、北亚热带与暖温带的两个过渡区域，具有气候温和、四季分明、雨量充沛、湿度大、云雾多和风力小等特征，受地形起伏变化影响，气候垂直地带性明显。规划区年平均气温15～18℃，且西部高于东部，无霜期240～310天。多年平均降水量约1200毫米，降水量主要集中在5～9月，占年降水量的50%～65%。

（三）土壤

本区土壤类型分布错综复杂，土壤的成土母质主要有石灰岩、砂页岩、石英砂页岩、硅质页岩和河流冲积物等。土壤类型主要有黄红壤、山地黄棕壤、黄棕壤、紫色土、石灰土等。地带性土壤具有明显的垂直分布规律：海拔800米以下多黄红壤，丘陵谷地有紫色土。800～1700米，多山地黄壤，其次是石灰土。1700米以上为黄棕壤和山地草甸土。耕地多分布在长江干、支流两岸，大部分是坡耕地和梯田。

（四）植被

本区在《中国植被》的区划中属于亚热带常绿阔叶林区域（IV）、东部（湿润）常绿阔叶林亚区域（IVA）。森林植被类型丰富，林相复杂、季相明显。森林植被建群成分主要有：亚热带山地常绿阔叶林、常绿与落叶阔叶混交林、落叶阔叶林、常绿针叶林、竹林及亚热带山地灌丛矮林的常绿阔叶灌丛、落叶阔叶灌丛。自然植被具有垂直分带的特点，海拔1300米以下为常绿阔叶林，1300～1700米为常绿落叶阔叶混交林，1700米～2000米为针阔混交林，2200米以上为亚高山针叶林带，灌丛分布于淹没区至2200米之间的地带。

三、自然资源

（一）土地资源

全区土地总面积为278.50万公顷，其中林业用地208.72万公顷，占全区土地总面积的74.95%；耕地46.85万公顷，占16.82%，人均耕地0.09公顷，其中坡耕地42.17万公顷，大于15度的坡耕地27.98万公顷，分别占总耕地的89.99%和59.71%；草地0.51万公顷；水域7.16万公顷；未利用地5.00万公顷；其他用地为10.26万公顷。具体见表12-2。

表 12-2　土地类型面积分布表

土地类型	面积（公顷）	百分比（%）
林业用地	2087220.55	74.95
耕　地	468549.98	16.82
草　地	5068.93	0.18

（续）

土地类型	面积（公顷）	百分比（%）
水　域	71563.03	2.57
未利用地	49955.94	1.79
其　他	102601.57	3.69
合　计	2784960.00	100.00

（二）水热资源

本区水系发达、江河纵横，水库众多。除长江干流河系外，还有流域面积100平方千米以上的支流60多条；流域面积1000平方千米以上的支流12条，主要有香溪河、大宁河、梅溪河、汤溪河、磨刀溪、小江、龙河、龙溪河等。规划区内三峡水库水域面积433.90平方千米，此外有大小水库300多座，库容约40亿立方米。

本区雨量充沛，年降水量因地而异，在1000～1400毫米，自西向东逐渐增多。全区年平均气温为15～18℃，≥10℃年活动积温为5000～5800℃。因此本区水热条件优越，适宜植被生长。

（三）森林资源

全区林业用地208.72万公顷，占全区总面积的74.95%。林业用地中有林地面积151.91万公顷，疏林地面积2.89万公顷，灌木林地面积46.40万公顷（其中特灌林地16.10万公顷），未成林造林地面积3.23万公顷，苗圃地面积0.06万公顷，无立木林地0.6万公顷，宜林地3.62万公顷，辅助生产林地面积0.007万公顷。有林地占本区林地面积72.78%，森林覆盖率为60.33%。本区公益林面积116.39万公顷，占有林地面积的76.62%，占林地面积的55.76%。具体见表12-3。

表 12-3　各类土地面积统计表

类　别			面积（公顷）
总　计			2784960.00
林地	合计		2087220.55
	有林地		1519116.30
	疏林地		28940.77
	灌木林地	小计	464045.13
		其中特灌林地	161021.01
	未成林造林地		32271.22

（续）

类 别			面积（公顷）
林地	苗圃地		569.11
	无立木林地		6003.37
	宜林地	小计	36208.30
		宜林荒山荒地	34778.86
		宜林沙荒地	11.46
		其他宜林地	1417.98
	辅助生产林地		66.35
其中：公益林	小计		1163891.69
	国家级公益林		584448.96
	地方公益林		579442.73
非林地			697739.45

本区有林地面积151.91万公顷，其中防护林107.79万公顷，占有林地面积的70.96%；特用林5.39万公顷，占3.55%；用材林32.68万公顷，占21.51%；经济林4.29万公顷，占2.82%；薪炭林1.76万公顷，占1.16%。

本区乔木林总蓄积量6599.86万立方米，其中防护林蓄积量5076.00万立方米，占总蓄积量的76.91%；特用林248.66万立方米，占3.77%；用材林1245.35万立方米，占18.87%；经济林12.62万立方米，占0.19%；薪炭林17.23万立方米，占0.26%。各林种面积蓄积量分布见表12-4。

表 12-4 乔木林各林种面积蓄积量分布表

林 种	面积（公顷）	蓄积量（立方米）	面积百分比（%）	蓄积量百分比（%）
防护林	1077903.85	50760004.70	70.96	76.91
特用林	53942.01	2486531.10	3.55	3.77
用材林	326790.11	12453487.30	21.51	18.87
经济林	42887.98	126201.60	2.82	0.19
薪炭林	17592.35	172338.10	1.16	0.26
合 计	1519116.30	65998562.80	100.00	100.00

（四）野生动植物资源

本区野生动植物资源十分丰富，主要分布在自然保护区内。有陆生脊椎野生动物459种，其中兽类82种、鸟类294种、爬行类48种、两栖类35种。国家重点保护野生动物63种，其中国家I级保护野生动物有金丝猴、华南虎、云豹、金雕、林麝等10种，国家II级保护野生动物有猕猴、短尾猴、黑熊、水獭、穿山甲等53种。有维管植物233科894属2646种，国家重点保护野生植物25种，其中国家I级保护野生植物有红豆杉、南方红豆杉、珙桐、光叶珙桐、伯乐树等7种，国家II级保护野生植物有篦子三尖杉、连香树、鹅掌楸、水青树、香果树等18种。

（五）湿地资源

本区湿地总面积7.91万公顷，湿地率为2.84%，其中自然湿地面积1.67万公顷，占湿地总面积的21.15%，人工湿地6.24万公顷，占湿地总面积的78.85%。

自然湿地中河流湿地面积1.62万公顷，占湿地总面积的20.42%，占自然湿地面积的96.55%；湖泊湿地面积0.02万公顷，占湿地总面积的0.27%，占自然湿地面积的1.28%；沼泽湿地面积0.04万公顷，占湿地总面积的0.46%，占自然湿地面积的2.17%。

四、社会经济

全区人口总数为521.56万人（第六次人口普查数据），占全国总人口的0.39%，人口密度为188人/平方千米，其中农业人口429.10万人，少数民族70.07万人。

本区2012年国内生产总值（GDP）为943.12亿元，占全国生产总值的0.18%。其中一、二、三产业产值分别为201.74亿元、430.25亿元、311.14亿元，分别占总产值的21.39%、45.62%、32.99%。各类牲畜年末存栏量合计为122.93万头，其中大牲畜21.48万头，其他101.46万头。粮食总产量为18.33亿千克，单位面积产量为3512.48千克/公顷。农民年人均收入4693元，其中夷陵区农民年均收入最高为9713元，最低的五峰县仅为3789元，分布很不均衡。农村劳动力就业192.43万人。

本区城镇化水平为17.73%，远低于全国52.57%的城镇化水平。其中，夷陵区最高，为24.88%；巴东县最低，为11.39%。

五、扶贫开发

根据《中国农村扶贫开发纲要（2011～2020年）》，该区域9个县中有7个县位于我国扶贫攻坚连片特困地区中的秦巴山区、武陵山区两大连片特殊困难地区。其中，重庆市云阳县、奉节县、巫山县属于秦巴山区扶贫攻坚连片特困地区；湖北省巴东县、秭归县、长阳土家族自治县、五峰土家族自治县属于武陵山区扶贫攻坚连片特困地区。

本区贫困主要有以下原因：

（1）规划区域诸县长期经济不发达，缺少基础设施投入，交通、能源、通讯等基础设施规划、建设、管理水平不高，阻碍了其利用自身优势资源进行工商业投资，无法满足库区经济发展的需求，整体陷于自然经济的简单再生产。

（2）人力资本发展水平低。由于经济文化落后，大多数移民受教育程度较低，劳动技能差；并且思想观念较差，缺乏竞争和创新意识。无法促进个人发展和采用新的生产技术来提高收入，从而难以提高个人文化技术水平，缺少发展机会，无法共享社会进步成果。

（3）自然地理环境恶劣。规划区多为高山深谷，地质结构复杂，自然灾害频发，生态环境脆弱。恶劣的自然地理环境不利于区域经济发展，增加了生产成本，农村及工业经济发展乏力，产业结构不合理，难以进行产业升级。

（4）人多地少、人地矛盾突出。规划区土地生产条件较差，人均占有资源稀缺，人地矛盾突出。耕地严重不足使库区农村移民生计受到很大影响，土地难以维持生计。粗放落后的农耕经营方式，必然使环境破坏、生态恶化、水土流失严重，人们赖以生存的土地更加贫瘠、生产力更为低下，制约了当地社会经济发展。

第二节 生态功能定位

一、主体功能

本区为水土保持生态功能区，主体功能定位是：国家重要的水土流失防治生态功能区，长江中下游的重要水源补给区，确保三峡库区生态安全的重要生态屏障，实现三峡库区生态屏障建设和富民惠民双赢的重要保障区。

二、生态价值

（一）地理位置独特，生态区位关键区

本区位于渝、鄂两省（市）交界，四川盆地与长江中下游平原的结合部，地处我国地势第二级阶梯的东缘，北靠大巴山，南依武陵山，处于大巴山断褶带、川东褶皱带和川鄂湘黔隆起褶皱带三大构造单元交汇处。本区地理位置独特，生态保护处于经济、社会发展的优先位置，生态区位十分重要。同时，本区地处我国最大的水利枢纽工程——三峡工程的库区腹地，是确保三峡库区生态安全的重要屏障，对于维护华中地区特别是三峡库区的生态安全和三峡工程的长久安全运行具有重大意义。

（二）长江中下游重要水源补给和水源涵养区

本区江河纵横、水系发达，长江干流及其数十条重要支流纵横密布，是长江水系众多中小型河流的发源地及水源涵养地，是长江中下游重要水源补给区，为长江中下游城市生产生活用水提供必要保障。本区水环境质量对长江中下游人民的生产、生活安全具有重要意义。

（三）生物多样性富集地区

本区地处我国地势第二级阶梯的东缘，区内地形地势复杂，高差悬殊，山高坡陡，河谷深切，同时纵跨中亚热带与北亚热带、北亚热带与暖温带的两个过渡区域。本区独特的气候、地理条件孕育了丰富的生物多样性，生态系统类型多，物种丰富、特有程度高、子遗物种数量大、区系成分复杂，在我国乃至世界生物多样性中占有重要地位。本区有陆生脊椎野生动物459种，有高等植物233科894属2646种，同时还保存着许多珍稀和特有的属种，是我国珍贵稀有植物的避难所和一些特有属植物分布中心区之一。

（四）水土保持生态功能区

三峡水库是中国重要的淡水资源库，本区虽是三峡库区重要的生态屏障，但区域内人口相对集中在谷深坡陡的江河沿岸，坡耕地面积大，人们的日常生活和耕作使得沿岸植被遭到破坏，造成了严重的水土流失。为了更好地实现三峡库区生态屏障功能，本区的水土保持生态功能地位重要而显著。

（五）优质宜居生存环境的保障区

三峡库区的建设将把生态文明建设作为重要目标，正确处理治山治水与治穷致富的关系，打造宜人的生态居所、繁荣的生态文化、"一库碧水、两岸青山"的生态库区，实现生态环境质量全面改善，形成人与自然和谐的生态环境安全格局，促进经济社会可持续发展，走上社会富裕、生态文明的发展道路。作为三峡库区水土保持生态功能区，本区不仅承载着诸多重要的生态安全区位功能，同时也是实现生态屏障建设和富民惠民双赢的重要保障区。

第三节　主要生态问题

一、山洪、泥石流等地质灾害趋势加重

该区域处于地势第二级阶梯的东缘，区域内山高坡陡、深度切割、岩石破碎，土壤垂直节理发育。特殊的地质地貌极易诱发水土流失、滑坡、泥石流等地质灾害，破坏生态环境和耕地资源，危害人民群众生命安全和加剧农民贫困等。

本区山洪沟、泥石流沟、滑坡等分布广泛，密度大，活动频繁，地质灾害易发区面积较大，主要分布在城镇、村舍分布相对集中的河流及陡坡沟谷地带，对人民群众生命财产安全造成严重威胁。

根据地质灾害调查统计，区内现有地质灾害点4107处，按灾害类型分：滑坡3199处，占77.89%；崩塌513处，占12.49%；泥石流、不稳定斜坡和地面塌陷等共395处，占9.62%。近年来，区域内地质灾害发生频率明显增大，地质灾害点越来越多。

二、水土流失面积大

从气候条件中的降水量和年平均气温来看，本区属湿润亚热带季风气候，区域气候湿润多雨但季节分配不均，且暴雨较多。年均降水量在1200毫米，个别区域可达1400毫米，年均日照时数1500～1900小时，年均气温15～18℃，≥10℃的年活动积温为5000～5800℃。该地表植被遭到破坏后，暴雨更易引发区域内水土流失、滑坡、泥石流等各种自然灾害。

从土地类型来看，坡耕地的耕作是造成三峡库区水土流失的主要原因，也是决定水土流失程度的一个主要因子。坡耕地地表植被覆盖度较低，且地表枯落物量极少，土壤石砾含量高，土壤腐殖质层薄，土壤肥力差，因此该类生态系统不稳定，抗干扰能力较差，造成严重的水土流失。其次，荒山荒地的水土流失不可忽视。该类型在三峡库区一般位于坡度较大的地区，其植被覆盖度低，地表枯落物量较少，受到雨水冲刷，极易造成水土流失。

目前，区域内农业人口占82.27%。快速增长的人口使人为干扰加剧，陡坡地耕作造成植被破坏、土地生产力降低；水域沿线施用化肥、居民生活污水和工业废水排入江河，使江河中氮、磷、钾等含量上升，造成水体富营养化；过度经济开发建设等现象严重，超过了区域生态环境的承载力，导致部分区域生态明显失衡。

根据2013年三峡库区水土保持生态功能区9个县（市、区）的最新统计，该区水土流失面积155.88万公顷，占总面积的56.14%，土壤侵蚀类型主要以水蚀为主，水蚀面积146.57万公顷，其次是风蚀、重力（泥石流、崩塌等）所引起的少量水土流失现象。土壤侵蚀程度主要以微度、轻度、中度为主，面积分别为68.79万公顷、29.29万公顷、34.41万公顷，占流失总面积的83.71%，其次为强度、极强度和强烈。不断加大的水土流失面积对区内水利工程安全有效运行造成严重威胁。

三、水环境污染较严重

区域内水环境污染严重，农药、化肥、畜禽养殖等面源污染加剧；水功能退化，部分次级河流向富营养化方向发展，出现水华现象；三峡水库水位的变化使得水体中浮现固体废物，岸边出现污染带，污染水体、散发臭味并易滋生有害细菌，易造成疾病的传播。

四、森林生态系统退化

和全国森林资源变化的趋势一致，本区的森林面积呈现出增加的趋势，但主要表现在中幼龄林面积的增加，而成、过熟林面积呈下降的趋势，且森林结构不合理，森林生态系统稳定性差，抗外界干扰能力和自我恢复能力低下，从而导致森林生态系统功能退化，易受到外界干扰而被破坏。

本区的森林在维护长江流域的生态安全、涵养水源、保护区内的生物多样性等方面起着重要作用，同时也是长江流域生态环境保护的重要绿色屏障。

第四节　生态保护与建设现状

一、生态工程建设

（一）林业生态工程建设

林业工程是生态工程建设的基础，本区实施与建设的国家重大林业生态工程项目有退耕还林工程、长江流域防护林体系建设工程、天然林资源保护工程、野生动植物保护及自然保护区建设工程、湿地保护与恢复工程、石漠化治理、公益林建设、农发林业生态示范项目、荒山造林等，截至2012年，各项工程累计实际投资32.86亿元，其中国家投资27.83亿元，地方投资5.03亿元。

截至2012年底，本区纳入中央财政森林生态效益补偿的面积7.96万公顷，累计完成天然林资源保护工程封山育林及天然林资源管护60.28万公顷；退耕还林工程17.61万公顷；公益林保护与建设31.47万公顷；长江防护林工程9.80万公顷；中幼林抚育1.97万公顷；造林补贴1.64万公顷；建立了2个国家级自然保护区，5个国家级森林公园，3个国家地质公园，3个国家级风景名胜区，总面积19.14万公顷，占全区总面积的6.87%。

各项林业生态工程的实施为本区生态恢复和治理创造了良好条件，取得了巨大的成效，但工程投资普遍偏低，森林防火、有害生物防治、水、电、路等配套设施不完善，影响了工程整体效益发挥。

（二）三峡库区后续工作生态保护工程建设

开展三峡后续工作，是党中央、国务院的重大决策，对于切实促进库区生态环境建设与保护工作，确保三峡工程长期安全运行和持续发挥综合效益，提升其服务国民经济和社会发展能力，更好更多地造福库区广大人民群众，意义重大。

以保护三峡水库水质和库区生态环境为目标，紧紧围绕《三峡后续工作总体规划》和《三峡库区生态环境建设与保护分项规划》，本区实施了污染防治与水质保护、消落区生态环境保护、生态屏障区植被恢复与生态廊道建设、重要支流水土保持等生态建设工程，截至2012年底，各项工程累计实际投资6.35亿元，其中国家投资5.65亿元，地方投资0.7亿元。

（三）地质灾害防治和灾害预警建设

国家高度重视本区域的地质灾害防治工作，各地地质灾害防治工作加速进行。

暴雨等气象条件是诱发地质灾害发生的主要因素之一，进行气象灾害预警十分重要。在各级政府的统一组织下，本区依托气象、国土、水务、环保等部门建设的多种自然灾害监测站，正在发挥积极的预警作用，减轻了人员伤亡和重大财产损失。

（四）其他生态工程建设

本区内，农业、水利、环保、国土和气象等部门为推进区域生态环境建设也先后实施了水土流失综合治理、小流域综合治理工程、中小河流治理和水库除险加固工程、滑坡等地质灾害防治以及土地整治项目、农村清洁能源建设、农村综合环境整治工程等一系列生态建设工程。

二、国家重点生态功能区转移支付

配合《全国主体功能区规划》战略实施，中央财政实行了重点生态功能区转移支付政策。2012年，国家对本区的财政转移支付8.18亿元，其中用于生态环境保护特殊支出补助4.25亿元，禁止开发区补助0.54亿元，其他3.39亿元。国家已经转移支付资金中，用于生态工程建设资金0.59亿元，禁止开发区建设0.12亿元，生态环境治理建设资金2.87亿元，民生保障及公共服务建设资金2.17亿元。

从政策实施情况看，财政转移支付资金用于生态保护与建设的资金规模还远不能满足本区生态保护与建设需要。

三、生态保护与建设总体态势

目前，三峡库区水土保持生态功能区生态呈现改善趋势，但区域内森林质量不高，森林生态系统涵养水源和防止水土流失能力偏低。今后一个时期，该区既要满足人口增长、城镇化发展、经济社会发展所需要的国土空间，又要为保障农产品供给安全而保护耕地，更要保障三峡库区生态安全、应对环境污染和气候变化，保持并扩大绿色生态空间，生态保护与建设面临诸多挑战，任务仍然艰巨。

第二章 指导思想与原则目标

第一节 指导思想

全面贯彻党的十八大精神，深入学习贯彻习近平总书记系列重要讲话精神，落实《全国主体功能区规划》的功能定位和建设要求，以提升三峡库区水土保持生态功能区生态服务功能、构建生态安全屏障为目标，尊重自然，积极保护，科学恢复，综合治理，努力增加森林、湿地等生态用地比重，优化森林、湿地等生态系统结构，提高区域生态承载力，增强生态综合功能和效益。充分发挥资源优势，强化科技支撑，协调好人口、资源、生态与扶贫的关系，把该区建设成为生态良好、生活富裕、社会和谐、民族团结的生态库区，为长江流域乃至国家经济社会全面协调发展提供生态安全保障。

专栏 12-1　生态用地
生态用地指的是区域中以提供生态系统服务功能为主的土地利用类型，即能够直接或间接改良区域生态环境、改善区域人地关系（如维护生物多样性、保护和改善环境质量、减缓干旱和洪涝灾害以及调节气候等多种生态功能）的用地类型。生态用地的范围，主要包括林地、草地、湿地等。

第二节 基本原则

一、全面规划、突出重点

三峡库区水土保持生态功能区的水土流失防治是一项复杂的系统工程，将三峡库区水土保持生态功能区内的森林、湿地、农田等生态系统都纳入规划范围，以防治水土流失为重点，协调推进各类生态系统的保护与建设。根据本区的特点和主体功能，以森林、湿地、农田生态系统为生态保护与建设的重点。

二、合理布局、分区施策

该区自然条件差别大，不同区域生态问题不同，水土流失的类型、程度及防治措施不同，必须进行合理的功能分区和布局，分区采取针对性的保护和治理措施，合理安排各项建设内容。

三、保护优先、科学治理

在充分考虑人类活动与生态系统结构、过程和服务功能相互作用关系的基础上，根据规划区域生态问题、生态敏感性、生态系统服务功能重要性，加强三峡库区水土保持生态功能区的生态保护，巩固已有建设成果，尊重自然规律，确定规划布局、建设任务和重点。

四、以人为本、改善民生

本区正处在城镇化、工业化发展时期，随着城镇化、工业化水平的不断提升，必将增加资源消耗量和环境负荷量。因此要正确处理保护与发展、生态与民生、生态与产业的关系，创新发展机制、保护与建设模式，保障生态建设质量。将生态文明建设融入经济建设、政治建设、文化建设、社会建设各方面和全过程，增强区域经济社会发展能力，改善民生，促进区域经济社会可持续发展。

第三节　规划期与规划目标

一、规划期

规划期限为2014～2020年。其中规划近期为2014～2017年，规划远期为2018～2020年。

二、目标

总体目标：在保护好现有森林植被的前提下，以控制水土流失为中心，以生物多样性保护和水源涵养能力提高为重点，到2020年水土流失得到一定控制，生态用地得到严格保护，森林面积增加，森林覆盖率和森林蓄积量得到提高，农民收入增加，配套基础设施建设逐步完善，生态监管能力提升，人地矛盾得到缓解，区域经济发展结构得到优化，初步建设成为生态良好、生活富裕、社会和谐、民族团结的生态库区，美丽中国的典范。

具体目标：到2020年生态用地比例达到81.45%，森林覆盖率达到64.07%，森林蓄积量达到0.78亿立方米，自然湿地保护率达到79%，水土流失治理率达到82%，石漠化综合治理率达到50%，初步建立完善的生物多样性保护体系、生态扶贫体系、地质灾害防治体系和科技保障体系，具体见表12-5。

表 12-5 主要指标

主要指标	2012 年	2017 年	2020 年	属性
水源涵养能力建设				
生态用地比例（%）	77.71	79.58	81.45	预期性
森林覆盖率（%）	60.33	62.20	64.07	约束性
森林蓄积量（亿立方米）	0.66	0.72	0.78	约束性
自然湿地保护率（%）	70.97	75.14	79.03	预期性
湿地植被恢复（万公顷）		2	2.5	预期性
湿地保护与恢复工程（万公顷）		2.8	3	预期性
水土流失综合治理				
水土流失综合治理率（%）	75	79	82	预期性
坡耕地治理（万公顷）		4.8	5	预期性
石漠化综合治理率（%）	15	30	50	预期性
石漠化综合治理（万公顷）		7.7	10	预期性
生物多样性保护与建设				
新建自然保护区（处）		1	2	预期性
新建森林公园（处）		1	1	预期性
新建湿地公园（处）		1	2	预期性
新建地质公园（处）		0	1	预期性
新建珍稀濒危物种基因库（处）		1	1	预期性
生态扶贫建设				
特色经济林和林下经济（万公顷）		10	15	预期性
林农培训（万人）		2	3	预期性
配套设施建设				
防灾减灾体系			初步建成	预期性
生态监测体系			初步建成	预期性
基础设施建设			初步完善	预期性

第三章　总体布局

第一节　功能区划

一、区划原则

按照经济发展与生态保护相协调、科学性与灵活性相结合、地理环境完整与类型划分相结合的原则，根据地形地貌、土地主要生态功能及水土流失防治现状的差异性，结合《三峡后续工作总体规划》，按照《全国主体功能区规划》的要求，从生态保护与建设的角度出发，对三峡库区水土保持生态功能区进行区划。

二、功能区划

三峡库区水土保持生态功能区分为生态屏障区、水土流失防治区、水源涵养区，各功能区面积及占全区百分比见表12-6。

表12-6　各功能区面积及占全区百分比

区域名称	面积（万公顷）	面积百分比（%）
生态屏障区	29.55	10.61
水土流失防治区	193.53	69.49
水源涵养区	55.42	19.90
合　计	278.50	100.00

第二节　建设布局

一、生态屏障区

（一）区划范围

生态屏障区指在本主体功能区范围内三峡水库土地淹没线（坝前正常蓄水位175

米水位线）至两岸第一道山脊线之间的区域。生态屏障区沿长江水系（含部分支流）方向呈线性延伸。

（二）功能定位

生态屏障区的功能定位为：发挥生态屏障作用，防治水土流失、削减入库污染负荷、改善库周景观，减少人为干扰，使其成为库区水体与水土流失防治区天然屏障；合理利用土地，满足留居人口环境改善、生产生活的需要。

（三）建设重点

规划采取综合措施，完善生态系统结构，通过实施人工造林、封山育林、低效林改造、退耕还林、森林管护等林业生态建设措施提升森林覆盖率，改善森林质量。以土地生态功能建设为主导，适度实施生态屏障区内居民向城集镇转移；对集中居民点开展环境整治，减轻环境负荷；集中治理城集镇生活污水和垃圾，强化污染源源头控制；实施植被恢复建设和水土保持工程措施，发挥生态系统过滤、吸收和转化面源污染的功能，提升区域生态环境承载力。

二、水土流失防治区

（一）区划范围

水土流失防治区指重庆市云阳县、奉节县、巫山县、湖北巴东县、兴山县、秭归县、宜昌市夷陵区七个区县生态屏障区以外的区域。水土流失防治区在生态保护优先的基础上，依据相关法律法规进行科学水土流失的科学防治。

（二）功能定位

水土流失防治区的功能定位为：防治水土流失。

（三）建设重点

对现有植被应严加保护，采用人工造林、退耕还林、封山育林等生态修复手段，提升森林覆盖率；实施小流域综合治理、废弃矿区植被恢复、石漠化治理，防治区域水土流失；加强自然保护区、森林公园建设，加强生物多样性保护。

三、水源涵养区

（一）区划范围

水源涵养区包括湖北长阳土家族自治县、五峰土家族自治县。水源涵养区在生态保护优先的基础上，依据相关法律法规进行水源涵养建设。

（二）功能定位

水源涵养区的功能定位为：保护林地、湿地，涵养水源。

（三）建设重点

对现有植被加强保护，禁止资源过度开发，采用退耕还林、坡耕地治理、植被恢复、湿地恢复等生态修复手段，提高森林质量，扩大湿地面积，提升区域内的水源涵养能力。

第四章　主要建设内容

第一节　水土流失综合治理

以小流域为单元，以治理水土流失、保护土地资源、提高土地生产率为目标，采取山、水、田、林、路综合治理，合理配置生物措施、工程措施和农业技术措施。对废弃矿区进行土地平整、表土覆盖，通过植树种草，完成植被恢复。对石漠化土地通过封山育林（草）、退耕还林（草）、人工造林种草等措施进行综合治理。

规划主要建设内容：

坡耕地治理：对25度以下的适宜修梯田的坡耕地进行坡改梯基本农田建设。对25度以下的不适宜修梯田的坡耕地，采用水土保持耕作措施，增加地表覆盖度和覆盖时间，减少水土流失。规划坡耕地治理9.79万公顷。

退耕还林：对25度以上的坡耕地全部实施退耕还林，营造水土保持林、水源涵养林和种植经济林。规划退耕还林4.5万公顷。

矿区植被恢复：对废弃工矿地实施复垦利用工程，进行植被恢复，规划实施工矿区废弃地植被恢复0.5万公顷。

石漠化治理：以岩溶流域为单元，按照以生物多样性为基础的混农林复合型综合治理模式，通过封山管护、封山育林、人工造林等治理措施，恢复和增加林草植被，规划石漠化治理17.7万公顷，其中封山育林16.5万公顷，人工造林1.2万公顷，规划期末实现石漠化综合防治率达60%以上。

专栏 12-2　水土流失综合治理
01　坡耕地治理 　　规划坡耕地治理 9.79 万公顷。
02　退耕还林 　　规划对 25 度以上的坡耕地全部实施退耕还林。规划退耕还林 4.5 万公顷。

（续）

专栏 12-2　水土流失综合治理
03　矿区植被恢复 　　规划实施工矿区废弃地植被恢复 0.5 万公顷。
04　石漠化治理 　　规划石漠化治理 17.7 万公顷，其中封山育林 16.5 万公顷，人工造林 1.2 万公顷，规划期末实现石漠化综合防治率达 60% 以上。

第二节　水源涵养能力建设

一、森林生态系统保护与建设

继续加强退耕还林工程、长江流域防护林体系建设工程、天然林资源保护工程、三峡后续植被恢复工程等林业生态工程建设。

强化森林保护与管护。推进天然林资源保护和国家级公益林管护，按照管护面积、管护难易程度等标准，采取不同的森林管护方式，建立健全管护机构、人员和相关制度，培训管护人员，落实管护责任，实现森林资源管护全覆盖，提升森林质量和数量。加强以林地管理为核心的森林资源林政管理，加大资源监督检查和执法力度。

加强森林资源培育。深入开展人工造林和退耕还林，加快推进长江流域防护林体系与三峡后续植被恢复工程建设，按照国家统一部署，继续对重点地区25度以上坡耕地实施退耕还林。全面加强森林经营管理，加大森林抚育力度，开展低质低效林改造，提高林地生产力；大力开展封山育林，促进森林正向演替。

规划建设任务如下：

（1）森林管护：加强天然林和公益林管护，将未纳入国家级公益林管护的27.54万公顷公益林纳入管护范围；维修和新建巡护路430千米，建设完善管护站点基础设施378处。

（2）人工造林：本区还有4.22万公顷无立木林地、宜林地，结合天然林保护工程、退耕还林工程与三峡库区生态屏障区植被恢复与生态廊道建设工程，规划实施人工造林4.22万公顷。

该区域内易于造林的地方基本已经完成造林，剩余尚未造林的无立木林地、宜林地立地条件差，造林难度大，建议提高造林补贴标准。

（3）封山育林：结合天然林保护工程、退耕还林工程与三峡库区生态屏障区植被恢复与生态廊道建设工程，规划建设面积15.04万公顷。

符合下列条件之一的地段可进行封山育林：①主山脊分水岭往下300米范围以内；②急坡（坡度≥36度）及以上，不宜坡改梯或水平带整地；③岩石裸露或土层浅薄，人工造林易引起水土流失的地段；④依靠自然力并适度辅以人工措施可以在5年内成林；⑤国家、地方重点保护野生动植物栖息地或分布较多地段。

（4）中幼林抚育：本区气候条件优越，适宜森林植物生长。本区林业发展的潜力除了继续扩展林地面积外，更应注重林地生产力的提高。规划中幼林抚育面积31.53万公顷。严格控制抚育采伐的面积审批，加强抚育采伐管理，制止以取材为目的的抚育采伐。

（5）低质低效林改造：本区建群树种相对较多，但表现不突出；乔木林幼、中龄林比重过大；郁闭度0.4以下林分占林分面积的19.63%；林分每公顷蓄积量为43.45立方米，用材林为38.11立方米，远低于全国林分每公顷蓄积量89.79立方米。低质低效纯林过多，林地质量中等，林地生产力低。结合天然林保护工程、三峡库区生态屏障区植被恢复与生态廊道建设工程，规划低质低效林改造面积25.22万公顷。

（6）保障公益林面积：本区有公益林面积116.39万公顷，占林地面积的55.76%，公益林面积较为合理，和该区的主体功能相匹配。从有利于防治水土流失、涵养水源出发，确保公益林面积比例稳定。

专栏12-3　森林生态系统保护与建设

01　森林保护

　　加强天然林和公益林的管护，增加27.54万公顷公益林管护。维修和新建巡护路430千米，完善378个管护站点的基础设施。

02　森林培育

　　加强森林培育，人工造林4.22万公顷；封山育林15.04万公顷；中幼林抚育31.53万公顷；低质低效林改造22.52万公顷；保持公益林面积稳定。

二、湿地生态系统保护与建设

继续推进湿地保护与恢复工程，强化湿地保护与管理能力建设。对重点湿地采取湿地植被恢复、设立保护围栏、有害生物防控等综合措施，开展湿地保护与恢复。规划主要建设内容如下：

湿地植被恢复：在重点湿地实施湿地植被恢复4.5万公顷。

湿地保护与恢复工程：在重要湿地、湿地公园通过工程措施和生物措施，实施5.8万公顷湿地保护与恢复工程。

专栏 12-4　湿地生态系统保护与建设
01　湿地植被恢复 湿地植被恢复 4.5 万公顷。
02　湿地保护与恢复 实施湿地保护与恢复工程 5.8 万公顷。

第三节　生物多样性保护与建设

一、资源调查

本区独特的气候、地理条件孕育了丰富的生物多样性，生态系统类型多，野生动植物资源极为丰富，但存在生物多样性资源普查工作滞后、资源底数不清的情况，珍稀野生动植物种群数量、分布位点不清楚，需要全面开展资源调查工作，建立数据库，为进一步保护和保存生物多样性提供依据。

二、禁止开发区域划建

本区森林和湿地资源丰富，急需加强森林生态系统、珍贵稀有原生动物群体、植物群落和生物多样性保护。

（一）自然保护区

继续推进国家级自然保护区建设。对于典型自然生态系统和极小种群野生植物、极度濒危野生动物及其栖息地，要加快划建为国家级自然保护区。进一步界定核心区、缓冲区和实验区的范围，统一管理主体。依据国家及湖北省与重庆市有关法律法规以及自然保护区规划，按照核心区、缓冲区和实验区实行分类管理。

本区有国家级和省级自然保护区5处。规划新建自然保护区3处。

（二）森林公园

推动森林公园建设，完善现有森林公园保护能力建设，对已经成立的森林公园，督促完成森林公园总体规划，并按核心景观区、一般游憩区、管理服务区和生态保育区分类管理。对资源具有稀缺性、典型性和代表性的区域要加快划建国家级森林公园，加强森林资源和生物多样性保护。在核心景观区、一般游憩区、管理服务区内按照合理游客容量开展适宜的生态旅游和科普教育。除必要的保护设施和附属设施外，禁止与保护无关的任何生产建设活动。

本区有国家级和省级森林公园15处，规划新建2处森林公园。

（三）湿地公园

本区河流、库塘、沼泽等湿地资源极为丰富，要加快湿地公园建设发挥湿地的多种功能效益，开展湿地合理利用。湿地公园建设要符合国家及湖北省与重庆市相关法律法规以及湿地公园规划，以开展湿地保护恢复、生态游览和科普教育为主，建设必要的保护设施和附属设施，禁止随意改变用途。

规划新建湿地公园3处。

（四）地质公园

规划区特殊的地质地貌造就了极为独特的地质景观，充分挖掘地质景观的资源优势，建设国家地质公园。加强对特有地质资源及其周边生态环境的保护。规划建设地质公园1处。

（五）风景名胜区

充分利用区域资源优势，建设国家级风景名胜区。在保护景物和自然环境的前提下，建设旅游设施及其他基础设施，开展生态旅游，促进区域经济发展，实现生态扶贫。

（六）世界文化自然遗产

加强对世界文化自然遗产——奉节天坑地缝的保护。

（七）三峡库区物种基因库建设

推进三峡库区物种保护，规划建设三峡库区物种基因库2处，主要以保护金丝猴、红豆杉、珙桐等三峡库区典型珍稀濒危野生动植物物种为主。

专栏 12-5　生物多样性保护与建设
01　自然保护区 完善自然保护区保护设施建设，新建自然保护区 3 处。
02　森林公园 完善森林公园保护设施建设，新建森林公园 2 处。
03　湿地公园 新建湿地公园 3 处。
04　地质公园 加强地质景观保护，新建地质公园 1 处。
05　风景名胜区 完善国家级风景名胜区设施建设。
06　世界文化自然遗产 完善世界文化遗产保护设施，开展地质研究。
07　三峡库区物种基因库 建设三峡库区物种基因库 2 处。

第四节　生态扶贫建设

一、生态产业

围绕十八大提出的"五位一体"的总体布局，扶持高效生态产业的发展。根据不同的自然地理和气候条件，坚持因地制宜、突出特色、科学经营、持续利用的原则，充分发挥区域良好的生态状况和丰富的资源优势，转变和创新发展方式，调整产业结构，积极发展森林公园、自然保护区实验区、湿地公园和地质公园森林旅游产业基地，引导森林人家、森林旅游示范区、示范村建设，发展特色森林旅游产品，将森林旅游业培育成第三产业的龙头；在低山丘陵区适度发展油桐、油橄榄等油料产业、茶叶产业，以及脐橙、柑橘、核桃、板栗等特色经济林和香料林；鼓励发展林果、林药、林菌、林花等林下种植业，养鸡、养兔等林下养殖业，以及花卉苗木基地和中药材基地，促进农民和林区职工增收致富。

建设特色经济林基地，包括板栗、核桃、油橄榄、茶叶等共15万公顷。发展林下经济，规划包括中药材、菌类种植、林下畜禽养殖等共10万公顷。

二、生态移民

与国家集中连片特困地区区域发展与扶贫攻坚规划相衔接，对自然保护区核心区和缓冲区，以及水土流失严重、生存条件恶劣地区实施生态移民。对生态移民实行集中安置，积极引导就业。

规划生态移民4.5万人。

三、农村清洁能源

实施农村清洁能源建设，将传统的以烧柴为主的能源利用方式改成以电、太阳能和沼气为主的能源利用方式。积极发展生物质能源，加大农林剩余物的开发利用，发展生态循环经济。

规划建设"一池三改"18万户，建设5400处中小型沼气池。

四、林农培训

针对管理人员、技术人员和林农开展培训，使管理人员和技术人员熟悉规划涉及的各生态工程建设内容、技术路线及项目管理，林农掌握相关技术和技能。

规划培训管理人0.2万人，技术人员1万人，林农5万人。

专栏 12-6　生态扶贫建设
01　特色经济林及林下经济 　　特色经济林基地：包括板栗、核桃、油橄榄、茶叶等共 15 万公顷。林下经济：包括中药材、菌类种植、林下畜禽养殖等共 10 万公顷。
02　生态移民 　　对居住在自然保护区核心区和缓冲区的居民以及水土流失严重地区的居民实施生态移民，规划生态移民 4.5 万人。
03　农村清洁能源 　　实施农村清洁能源建设，规划建设"一池三改"18 万户，建设 5400 处中小型沼气池。
04　林农培训 　　培训管理人员 0.2 万人，技术人员 1 万人，林农 5 万人。

第五节　配套设施建设

一、防灾减灾体系

（一）森林防火体系建设

进一步完善防火预警监测系统、防火阻隔系统、防火道路系统、防火指挥系统等建设，配备扑火专业队伍和半专业队伍，完善扑救设施设备。

建设森林防火监测站27个、瞭望塔54座，购置扑火设备9000套。

（二）有害生物防治

完善有害生物检验检疫机构和体系，建立有害生物预测预报制度。提高区域有害生物防灾、御灾和减灾能力。有效遏制森林病虫害发生。重点建设有害生物预警、监测、检疫、防控体系等基础设施和设备。

建设有害生物测报站9处、检疫中心9处。

（三）地质灾害防治

积极推进地质灾害综合多发区域综合治理工程，针对不同类型地质灾害，采取不同的治理措施。同时要建立地质灾害预警监测系统，及时发布信息，减少居民生命财产损失。

设立群测群防点630个，建设县级地质灾害应急响应中心9处。

（四）气象灾害防治

建立和完善气象灾害预警体系，增强防灾减灾能力建设。完善无人生态气象观测站和土壤水分观测站布局，合理配置增雨作业系统，改扩建人工增雨标准化作业点，提高气象条件修复生态能力。

二、基础设施建设

完善林区和农村道路交通系统。逐步将林区和农村给排水、供电和通讯接入市政管网。继续推进标准化规模养殖场、农村新能源、中央农村环保专项资金环境综合整治，减轻环境负荷；逐步完成新能源改造，集中治理城集镇生活污水和垃圾，实现固体废弃物全部统一集中处理，完成棚户区改造。

专栏 12-7　配套设施建设
01　森林防火体系建设 建设森林防火监测站 27 个、瞭望塔 54 座，购置扑火设备 9000 套。
02　有害生物防治 建设有害生物测报站 9 处、检疫中心 9 处。
03　地质灾害防治 对滑坡、崩塌、泥石流、不稳定斜坡和地面塌陷等地质灾害进行综合防治。设立群测群防点 630 个，建设县级地质灾害应急响应中心 9 处。
04　气象灾害防治 实施生态服务型人工影响天气工程。
05　生态系统监测体系建设 建立生态系统监测网，完善生态监测和信息处理设备，新建 9 个生态监测站（点），并配备设备。
06　林区和农村基础设施建设 完善道路交通系统，逐步实现林区和农村给排水、供电、通信接入市政管网，完善固定废弃物等处理设施。

第六节　生态监管

一、生态监测

以现有监测台（站）为基础，合理布局、补充监测站点，采用卫星遥感、地面调查和定点观测相结合的办法，制定统一的生态监测标准与规范，对森林资源、湿地资源和生物多样性动态等进行动态监测，形成区域生态系统监测网。建立信息共享平台，制定监测数据的定期上报制度，重大生态问题及时上报，定期发布生态保护建设报告。建立生态功能评估体系，定期、系统评价生态功能，开展生态预警评估和风险评估。

二、空间管制与引导

（一）落实主体功能定位

全面落实《全国主体功能区规划》提出的主体功能定位要求，在禁止开发区域内，实行强制性保护；在限制开发区内，实行全面保护。

（二）划定区域生态红线

大面积的湿地和天然林资源是本区主体功能的重要载体，要落实生态屏障区、水土流失防治区、水源涵养区的建设重点，划定区域生态红线，确保现有天然林和湿地面积不能减少，并逐步扩大。严禁改变生态用地用途，人类活动占用的空间控制在目前水平，形成"点状开发、面上保护"空间格局。

（三）控制生态产业规模

生态产业只在适宜区域建设，发展不影响生态系统功能的特色产业。

（四）引导超载人口转移

结合新农村建设和生态移民，每个县重点建设1～2个重点城镇，建设成为易地保护搬迁和易地扶贫搬迁人口的集中安置点、特色产业发展集中点、游客集散地和基本生活服务集聚点，以减轻人口对区域的生态压力。

三、绩效评价

实行生态保护优先的绩效评价，强化对三峡库区水土流失防治、水源涵养及区域生物多样性保护能力的评价，考核指标包括生态用地占比、森林覆盖率、森林蓄积量、水土流失治理率、自然保护区面积等指标。

本区包含的禁止开发区域，要按照保护对象确定评价内容，强化对自然文化资源原真性和完整性保护情况的评价，包括依法管理的情况、保护对象完好程度以及保护目标实现情况等。

第五章　政策措施

第一节　政策需求

一、生态补偿政策

进一步提高森林生态效益补偿标准，完善森林生态效益补偿制度。按森林生态服务功能的高低和重要程度，实行分类、分级的差别化补偿。

扩大湿地生态效益补偿试点范围，提高补偿标准，提高补偿资金的使用效率。

建立完善碳汇补偿机制试点。本区的森林和湿地既是我国中部地区生态屏障的重要组成部分，也是一个巨大的储碳库。建议尽快启动三峡库区碳汇补偿机制试点，并加大对其倾斜和扶持力度，不断增强和提高该区森林湿地固碳增汇能力。

加大林木良种、珍贵树种培育、森林抚育、低质低效林改造等中央财政补助政策。在停止天然林商品性采伐后，要进一步加强和实施国有林区森林管护和中幼林抚育、低质低效林改造中央财政补助政策，研究支持国有林区水、电、路、气等基础设施建设的政策措施，加大棚户区改造及配套设施支持力度。

加大《三峡后续工作总体规划》中三峡库区生态环境建设与保护相关工程建设力度，继续推进三峡水库生态屏障区植被恢复和生态廊道建设工程的顺利实施，提高工程建设标准和生态补偿力度。

二、人口易地安置的配套扶持政策

在土地方面，可考虑凡用于安置的土地，属国有的，无偿划拨；属集体的，适当补偿；属农户承包的，依法征用，按标准补偿。在税费方面，可考虑涉及易地搬迁过程中的行政规费、办证等费用，除工本费以外全部减免，税收也可考虑变通免收；配套工程的设计、安装、调试等费用一律减免。对搬迁移民优先进行技能和技术培训，安排上岗；优先办理用于生产的小额贷款。在医疗、子女入学等方面使其与当地居民享受同等待遇。

三、国家重点生态功能区转移支付政策

（一）制定必要的行业性区域补偿政策

为了确保区域经济社会协调发展，缩小地区差异，应加大国家重点生态功能区转移支付力度，通过科学、规范、稳定的行业性区域补偿手段，缩小地区间差异，特别要扶持经济不发达地区和老、少、边、穷地区发展。同时，加强发达地区对不发达地区的对口支援，探索将地区间的对口支援关系以法律法规的形式固定下来，明确各对口关系的援助条件与金额，规范区域补偿的运作。

（二）加大均衡性转移支付力度

适应三峡库区水土保持生态功能区要求，加大均衡性转移支付力度。继续完善激励约束机制，加大奖补力度，引导并帮助地方建立基层政府基本财力保障制度，增强水土流失防治区域基层政府实施公共管理、提供基本公共服务和落实各项民生政策的能力。在测算均衡性转移支付标准时，应当考虑属于地方支出责任范围的生态保护支出项目和自然保护区支出项目，加大均衡性转移支付力度。逐步建立政府投入和社会资本并重，全社会支持生态建设的生态补偿机制，建立健全有利于切实保护生态的奖惩机制。

（三）提高对农林产品主产区的相关专项转移支付补助比例

提高对农林产品主产区的相关专项转移支付补助比例，加大农业、林业、水利、基础设施、科技、交通等的投入，改善农林业生产基本条件，进一步提高农林业生产效率，全面落实中央各项强农惠农补贴政策。

（四）强化转移支付资金使用的监督考核与绩效评估

按照国家相关规定，统筹安排使用转移支付资金。加强资金使用的绩效监督和评估，杜绝挪用转移支付资金现象，提高转移支付资金使用效率。

第二节　保障措施

一、法律制度保障

三峡库区主体功能区的管理保护工作必须严格执行《中华人民共和国森林法》《中华人民共和国森林法实施条例》《中华人民共和国水土保持法》《中华人民共和国水土保持法实施条例》《中华人民共和国环境保护法》《中华人民共和国土地管理法》《中华人民共和国野生动物保护法》《中华人民共和国自然保护区条例》《国家级

公益林管理办法》《国家重点生态功能区转移支付办法》及地方各相关法规条例等。普及法律知识，增强法律意识，约束人们严格遵守法律法规。

三峡库区水土保持生态功能区内各级政府制定重大经济技术政策、社会发展规划、经济发展规划、各项专项规划时，要依据三峡库区水土保持生态功能区的功能区划和功能定位，充分考虑生态功能的完整性和稳定性。确定合理的生态保护与建设目标、制订可行的方案和具体措施，促进生态系统的恢复、增强生态系统服务功能，为区域生态安全和区域的可持续发展奠定生态基础。

尽快健全执法依据，使本区的管护工作纳入法制管理轨道。实行监督、质量保障制度，对已完和未完的工程进行竣工验收和阶段验收，严格监督管理，对不合格的地方进行返工重建。

二、科技保障

高度重视林业科技推广工作，坚持科技兴林，积极引进、培育优良品种，推广新技术，普及新理念，提高土地生态、社会和经济效益。加强高层次人才队伍建设，强化专家队伍建设，以经验丰富的专家队伍带领本区的行业人才，推动本区的生态保护与经济发展双赢。着力开展各种形式的技术培训班，以科技进步带动生态保护和产业发展。加强与科研院所、高等院校的科技扶持与协作，发展高科技农林业，努力让三峡库区走高科技生态保护与发展道路。

建立结构完整、功能齐全、技术先进的生态功能区管理信息系统，与政府电子信息平台相联结，提高各级生态管理部门和其他相关部门的综合决策能力和办事效率。

三、管理保障

实行规范化管理，建立完善各项管理制度，使本区的各项工作纳入法制化轨道，做到有法可依、有章可循。明确本区管理机构的职责和执法范围等，建立领导责任制度、目标管理制度、财务管理制度和信息反馈制度等，不断完善优秀人才引进制度、质量检查验收制度、工程违规举报制度、环境影响评价制度等，逐步实现管理的法制化、科学化、系统化，提高管理水平。

对重点生态功能区的生态功能及其保护状况定期组织评估和考核，并公布结果。考核结果纳入功能区所在地领导干部任期考核目标，对任期内生态功能严重退化的，要追究其领导责任；对造成生态功能破坏的项目，要追究项目法人的责任。

加强生态保护宣传教育。积极宣传和普及生态环境保护知识教育。注重对党政干部、新闻工作者和企业管理人员的培训。完善信访、举报和听证制度，调动广大人民群众和民间团体参与资源开发监督。

四、资金保障

应发挥政府投资的主导作用，中央和地方各级政府要加强对重点生态功能区生态保护和建设资金投入力度，每五年解决若干个重点生态功能区的突出问题和特殊困难。对重点生态功能区内国家支持的建设项目，适当提高中央政府补助比例，逐步降低市县政府投资比例。政府在基本公共服务领域的投资要优先向重点生态功能区倾斜。鼓励和引导民间资本投向营造林、生态旅游等生态产品的建设事业。鼓励向符合主体生态功能定位的项目提供贷款，加大资金投入。

五、考核体系

将水土流失防治、水源涵养及区域生物多样性保护能力指标作为三峡库区水土保持生态功能区范围内政府考核的主体，实行生态保护优先的绩效评价，强化对提供生态产品能力的评价，弱化对工业化、城镇化相关经济指标的评价，主要考核生态用地占比、森林覆盖率、森林蓄积量、水土流失治理率、自然保护区面积等指标，不考核地区生产总值、投资、工业、农产品生产、财政收入和城镇化率等指标。

建立健全相关生态保护建设考核评价综合指标体系，提高其在整个考核体系中的权重；建立并实施独立的生态保护建设考核制度，将考核结果作为党政干部提拔重用的重要依据，确保"一票否决"制度的落实。

此外，还可健全生态文明激励机制，加大对发展循环经济的政策扶持。建立生态贡献表彰奖励制度，建立企业生态信用制度，将企业生态文明建设责任落实情况等作为推荐银行信贷、上市融资、参与政府采购、获得政府补贴的重要依据；建立群众低碳出行、垃圾分类清理、适度消费等奖惩制度。

附表

三峡库区水土保持生态功能区禁止开发区域名录

序号	名　　称	行政区域	面积（公顷）
自然保护区			
1	重庆市五里坡国家级自然保护区	巫山县	35276.60
2	湖北省五峰后河国家级自然保护区	五峰县	10340.00
森林公园			
3	重庆市小三峡国家森林公园	巫山县	2000.00
4	湖北省兴山县龙门河国家级森林公园	兴山县	4644.00
5	湖北省大老岭国家级森林公园	夷陵区	6000.00
6	湖北省清江国家级森林公园	长阳县	49880.00

（续）

序号	名　称	行政区域	面积（公顷）
7	湖北省柴埠溪国家级森林公园	五峰县	6667.00
地质公园			
8	重庆市云阳龙缸国家地质公园	云阳县	29600.00
9	湖北省仙女山国家地质公园	秭归县	2000.00
10	湖北省五峰国家地质公园	五峰县	10000.00
风景名胜区			
11	重庆市天坑地缝国家重点风景名胜区	奉节县	34000.00
12	重庆市白帝城 4A 级风景名胜区	奉节县	990.00
13	重庆市云阳张桓侯庙 4A 级风景名胜区	云阳县	7.50
合　计			191405.10

第十三篇

塔里木河

荒漠化防治生态功能区
生态保护与建设规划

第一章　规划背景

第一节　区域概况

一、规划范围

塔里木河荒漠化防治生态功能区位于新疆西南部，地理坐标为东经73°28′30″～84°56′16″、北纬35°14′23″～41°29′59″，行政区域包括：岳普湖县、伽师县、巴楚县、阿瓦提县、英吉沙县、泽普县、莎车县、麦盖提县、阿克陶县、阿合奇县、乌恰县、图木舒克市、叶城县、塔什库尔干塔吉克自治县、墨玉县、皮山县、洛浦县、策勒县、于田县、民丰县（含新疆生产建设兵团所属团场）等县（市），总面积453601平方千米，总人口520.66万人。

二、自然条件

（一）地质地貌

本区北倚天山，西临帕米尔高原，南凭昆仑山、阿尔金山，三面高山耸立，地势西高东低。来自昆仑山、天山的河流搬运大量泥沙，堆积在山麓和平原区，形成广阔的冲、洪积平原及三角洲平原，以塔里木河干流最大。根据其成因、物质组成，山区以下分为如下地貌带：

山麓砾漠带：为河流出山口形成的冲洪积扇，主要为卵砾质沉积物，在昆仑山北麓分布高度2000～1000米，宽30～40千米；天山南麓高度1300～1000米，宽10～15千米。地下水位较深，地面干燥，植被稀疏。

冲洪积平原绿洲带：位于山麓砾漠带与沙漠之间，由冲洪积扇下部及扇缘溢出带、河流中、下游及三角洲组成。因受水源的制约，绿洲呈不连续分布。昆仑山北麓分布在1500～2000米，宽5～120千米；天山南麓分布在1200～920米，宽度较大；坡降平缓，水源充足，引水便利，是流域的农牧业分布区。

塔克拉玛干沙漠区：以流动沙丘为主，沙丘高大，形态复杂，主要有沙垄、新月型沙丘链、金字塔沙山等。

（二）气候水文

本区远离海洋，地处中纬度欧亚大陆腹地，四周高山环绕，东南部是塔克拉玛干大沙漠，形成了干旱环境中典型的大陆性气候。其特点是：降水稀少、蒸发强烈，四季气候悬殊，温差大，多风沙、浮尘天气，日照时间长，光热资源丰富等。气温年较差和日较差都很大，年平均日较差14～16℃，年最大日较差一般在25℃以上。年平均气温除高寒山区外多在3.3～12℃。夏热冬寒是大陆性气候的显著特征，夏季7月平均气温为20～30℃，冬季1月平均气温为-10～-20℃。

冲洪积平原及塔里木盆地≥10℃积温，多在4000℃以上，持续180～200天，在山区，≥10℃积温少于2000℃；一般纬度北移一度，≥10℃积温约减少100℃，持续天数缩短4天。按热量划分，塔里木河流域属于干旱暖温带。年日照时数在2550～3500小时，平均年太阳总辐射量为1740千瓦·时/平方米·年，无霜期190～220天。

在远离海洋和高山环列的综合影响下，全流域降水稀少，降水量地区分布差异很大。广大平原一般无降水径流发生，盆地中部存在大面积荒漠无流区。降水量的地区分布，总的趋势是北部多于南部，西部多于东部；山地多于平原；山地一般为200～500毫米，盆地边缘50～80毫米，东南缘20～30毫米，盆地中心约10毫米左右。全流域多年平均年降水量为116.8毫米，受水汽条件和地理位置的影响，"四源一干"多年平均年降水量为236.7毫米，是降水量较多的区域。而蒸发能力很强，一般山区为800～1200毫米，平原盆地1600～2200毫米（以折算E-601型蒸发器的蒸发量计算）。干旱指数的分布具有明显的地带性规律，一般高寒山区小，在2～5，戈壁平原大，达20以上，绿洲平原次之，在5～20。干旱指数自北向南、自西向东有增大的趋势。

塔里木河干流位于盆地腹地，从肖夹克至台特玛湖全长1321千米，流域面积1.76万平方千米，属平原型河流。从肖夹克至英巴扎为上游，河道长495千米，河道纵坡1/4600到1/6300，滩槽高差多在2～4米，河道比较顺直，很少岔流，河道水面宽一般在500～1000米，河漫滩发育，阶地不明显。英巴扎至恰拉为中游，河道长398千米，河道纵坡1/5700～1/7700，滩槽高差1～3m，水面宽一般在200～500米，河道弯曲，水流缓慢，土质松散，泥沙沉积严重，河床不断抬升，加之人为扒口，致使中游河段形成众多岔道。恰拉以下至台特玛湖为下游，河道长428千米。河道纵坡较中游段大，为1/4500～1/7900，滩槽高差一般为1～3米，河床宽约100米左右，比较稳定。

阿克苏河由源自吉尔吉斯斯坦的库玛拉克河和托什干河两大支流组成，河流全长588千米，两大支流在喀拉都维汇合后，流经山前平原区，在肖夹克汇入塔里木河干流。流域面积5.4万平方千米（国境外流域面积1.9万平方千米），其中山区面积3.8万平方千米，平原区面积1.6万平方千米。

叶尔羌河发源于喀喇昆仑山北坡，由主流克勒青河和支流塔什库尔干河组成，进入平原区后，还有提兹那甫河、柯克亚河和乌鲁克河等支流独立水系。叶尔羌河全长1165千米，流域面积7.98万平方千米（境外面积0.28万平方千米），其中山区面积5.69万平方千米，平原区面积2.29万平方千米。叶尔羌河在出平原灌区后，流经200千米的沙漠段到达塔里木河。

和田河上游的玉龙喀什河与喀拉喀什河，分别发源于昆仑山和喀喇昆仑山北坡，在阔什拉什汇合后，由南向北穿越塔克拉玛干大沙漠319千米后，汇入塔里木河干流。流域面积4.93万平方千米，其中山区面积3.80万平方千米，平原区面积1.13万平方千米。

开都河-孔雀河流域面积4.96万平方千米，其中山区面积3.30万平方千米，平原区面积1.66万平方千米。开都河发源于天山中部，全长560千米，流经100多千米的焉耆盆地后注入博斯腾湖。博斯腾湖是我国最大的内陆淡水湖，湖面面积为1000平方千米，容积为81.5亿立方米。从博斯腾湖流出后为孔雀河。20世纪20年代，孔雀河水曾注入罗布泊，河道全长942千米，进入70年代后，流程缩短为520余千米，1972年罗布泊完全干枯。随着入湖水量的减少，博斯腾湖水位下降，湖水出流难以满足孔雀河灌区农业生产需要。同时为加强博斯腾湖水循环，改善博斯腾湖水质，1982年修建了博斯腾湖抽水泵站及输水干渠，每年向孔雀河供水约10亿立方米，其中约2.5亿立方米水量通过库塔干渠输入恰拉水库灌区。

（三）土壤植被

该区域绿洲边缘荒漠地带性土壤为棕漠土、胡杨林土、荒漠灌木林土；农区土壤以绿洲黄土、绿洲潮土为主，灌溉耕作土次之；农区以外土壤以典型盐土、草甸盐土为主，残余盐土、沼泽盐土、洪积盐土次之。山地土壤垂直分布是：冰川寒漠土、山地草原土、山地棕钙土、山地棕漠土。该区山地森林植被稀少，植物群落结构简单。

荒漠植被由超旱生的小半乔木，半灌木，小半灌木或灌木组成，以蒿属、猪毛菜、优若藜、琵琶柴、盐生木、合头草、白刺、麻黄、沙拐枣等所属的种群为主。人工林树种较丰富，以新疆杨、银白杨、箭杆杨、杂交杨为主，其次为柳、白榆、臭椿、沙枣、洋槐、大叶白蜡、小叶白蜡、圆冠榆、复叶槭等。国槐、香椿、皂荚、泡桐、法国梧桐、龙须柳、千头柏、侧柏、合欢等有栽培。经济树种有红枣、苹果、杏、梨、核桃、葡萄、桃、石榴、无花果、巴旦木、阿月浑子、酸梅等。天然林树种比较单调，主要有：胡杨、灰杨、沙枣、沙棘、柽柳等。山地植被垂直分布为：高山座垫植被、蒿草高寒荒漠、禾草-昆仑蒿类草原化荒漠、合头草荒漠。喀什地区的叶城县境内叶尔羌河，海拔3000米以上地区分布有天山云杉林，在2000~3000米的沟谷中，有稀疏昆仑圆柏分布，在土壤条件较好地区有桦木、苦杨生长。团场范围内人工林主要有杨、柳、榆、沙枣等；经济林有枣、石榴、杏等；天然植被稀疏，主要有柽柳、骆驼刺等。

三、自然资源

（一）土地资源

土地总面积4088.95万公顷，其中草地1741.49万公顷，占国土总面积的42.59%；林地382.51万公顷，占9.35%；耕地75.04万公顷，占1.83%；湿地80.22万公顷，占1.97%；其他土地1889.91万公顷，占44.26%。草地、林地、耕地和湿地是本区生态系统服务功能的主要载体。

（二）水资源

水资源总量为193.56亿立方米。水资源开发利用总量为39.32亿立方米，其中地表水28.42亿立方米，地下水10.90亿立方米，水资源重复利用率150%。水资源消耗量为39.62亿立方米，其中生态用水总量6.83亿立方米。现有蓄引提水工程492处，打机井（基本井、土筒井）1023万眼。

（三）草地资源

草地面积中，可利用草地面积1248.45万公顷，暂难利用草地面积546.03万公顷。可利用草地面积中，天然草地1244.68万公顷，人工草地1.17万公顷，改良草地2.60万公顷。

"三化"草场面积433.70万公顷，其中植被退化5.27万公顷，沙化377.25万公顷，盐碱化51.18万公顷。"三化"草场已治理面积130.11万公顷。

（四）森林资源

本区森林的活立木蓄积量为1445.30万立方米。

林地面积中，有林地48.01万公顷，疏林地36.24万公顷，灌木林地48.86万公顷，未成林造林地11.19万公顷，苗圃地0.07万公顷，无立木林地160.36万公顷，宜林地77.71万公顷。国家级公益林地面积79.26万公顷，占林地总面积的20.7%。

森林面积中，防护林77.05万公顷，特用林1.9万公顷，用材林0.05万公顷，经济林面积18.08万公顷。从起源看，天然林面积占森林面积的74.5%，人工林面积占25.5%。

（五）湿地资源

本区湿地资源总面积80.2万公顷。湿地面积中，河流湿地38.05万公顷，湖泊湿地3.3万公顷，沼泽湿地32.1万公顷，人工湿地6.8万公顷。

湿地资源的受胁因子主要为干旱、补水减少、盐碱化、放牧、开垦、采矿等，受胁程度为轻度到中度。大部分湿地水质为良。

（六）野生动植物资源

本区分布有特色突出、种类丰富的野生动植物资源。其中，野生植物有麻黄、梭梭、甘草、肉苁蓉、沙拐枣、柽柳等；分布的国家Ⅰ级保护野生动物15种，分别是：新疆虎、雪豹、藏野驴、野骆驼（和田）、藏羚、北山羊、野牦牛、普氏原羚、白鹳、黑鹳、玉带海雕、白尾海雕、胡兀鹫、大鸨、扁吻鱼（新疆大头鱼）。国家Ⅱ级50种，包括：藏马熊、石貂、水獭、马鹿、盘羊、大天鹅、疣鼻天鹅、金雕、纵纹腹小鸮、长耳鸮、短耳鸮等。

四、社会经济

本区总人口530.32万。其中：农牧业人口422.66万，占该区总人口的79.7%。贫困人口424.25万。农村劳动力175.9万，需要转移的农村劳动力人数为53.02万。

（一）经济总量小，人均水平低

2014年，本区国内生产总值526.27亿元，人均生产总值9001元，远低于2014年我国人均GDP 38354元。财政收入45.37亿元。农牧民人均收入4865元。

（二）经济结构单一，产业结构层次低

2014年，区域农业总产值470.33亿元，其中种植业291.17亿元，牧业105.44亿元，林业47.77亿元，其他25.95亿元。

以传统的农牧业为主。乌恰县、阿合奇县、塔什库尔干塔吉克自治县以自然放牧为主，属牧区；伽师县、泽普县、民丰县等属半林半牧区。其他县以农业为主。

（三）公共基础设施薄弱，城镇化进程缓慢

交通、通讯、电力等基础条件落后，教育、医疗卫生、文化等社会事业发展缓慢，人口文化素质不高。区域城镇化率只有23%。

五、扶贫开发

根据《中国农村扶贫开发纲要（2011～2020年）》，新疆南疆三地州是扶贫攻坚主战场，属于连片特困地区。需要加大投入和支持力度，在国家指导下，集中实施一批教育、卫生、文化、就业、社会保障等民生工程，大力改善生产生活条件，培育壮大一批特色优势产业，加快区域性重要基础设施建设步伐，加强生态建设和环境保护，着力解决制约发展的瓶颈问题，促进基本公共服务均等化，从根本上改变连片特困地区面貌。

本区农牧民贫困的重要原因是历史上过牧、过垦、乱砍滥伐和滥采滥挖等造成生态破坏，以及资源不合理利用，土地生产力水平很低等。

第二节　生态功能定位

一、主体功能

本区属防风固沙型重点生态功能区，主体功能定位是：保障南疆及西北地区生态安全的重要区域，塔里木河流域珍稀动植物基因资源保护地，人与自然和谐相处的示范区。

二、生态价值

（一）生态区位重要

本区位于塔里木盆地西南缘。历史悠久，有几千年的开发历史，丝绸之路南道通过本区，是南疆地区经济社会发展较慢区域。本区有大小过境河流20多条，地表水资源量160.14亿立方米。分布有重要内陆河流叶尔羌河、喀什噶尔河、喀拉喀什河、玉龙喀什河、克里雅河、车尔臣河、盖孜河、提孜那甫河，以及直接为绿洲利用的小河水资源乌恰河、桑珠河、恰哈河、亚通古斯河、安迪尔河等。其中，叶尔羌河、喀拉喀什河、玉龙喀什河流经沙漠腹地注入塔里木河，流程都在300千米以上。区域内气候干燥，光热资源丰富，春季大风多，夏热且干旱，属炎热干燥气候区。风害严重，风沙较大，每年有沙暴10～35天，浮尘150～200天。生态区位十分重要。本区位于我国地势第二阶梯向第三阶梯的过渡地带，是我国"两屏三带"生态安全战略格局之北方防沙带的重要组成部分，是"丝绸之路经济带"核心区和国家西北的重要生态屏障，对保护该地区森林及动植物资源、维护国家西北地区生态安全意义重大。

（二）京津地区西路的重要沙源地

该区域包括塔克拉玛干主体沙漠、喀什三角洲上的托克拉克沙漠和布古里沙漠等，沙漠的主要发育基础是广泛的河流冲积平原和风成砂堆积平原上较为深厚的沙物质，塔克拉玛干沙漠腹地沙质沉积物厚达200～500米。深厚松散沙质沉积物在干旱少雨多风的气候条件下极易被风吹起，成为发生土地沙化潜在的物质基础。由于塔里木盆地长年盛行西风，本区域位于新疆塔里木盆地的西部，处于上风口，风沙危害严重威胁着"丝绸之路经济带"核心区人民的生存条件。南疆塔里木盆地是沙尘天气的多发区域之一，和田地区年浮尘天数高达263天。土地沙化过程产生的沙物质，在风力作用下对环境产生严重污染。如蠕移和跃移运动状态的沙粒污染主要发生在沙化地区，而以悬移运动状态漂浮的极细砂和粉砂则可远离沙化地区，尤其是在大风的作用下形成的沙尘暴污染最为强烈，成为对我国环境影响广、危害严重的重大污染源。风沙、尘暴不仅使大气浑浊，妨碍人类活动，而且沙尘中还含有石英、微量元素、盐分等对人体直接有害的物质，当沙尘进入人的鼻、喉、食道后，就可引起人的精神不振，呼吸道发炎和其他疾病。如塔克拉玛干沙漠南缘地区，年均浮尘、扬沙、沙尘暴天数多达260天，致使这一地区成为硅肺病高发区，发病率高达18%。

另外，研究表明，影响京津地区的沙尘源区及路径主要有西北路、北路和西路三条，其中西路从新疆塔克拉玛干沙漠，经柴达木盆地、库姆塔格沙漠、河西走廊地区等影响京津地区。

（三）生物多样性资源丰富

本区是我国西部生物多样性关键地区之一，分布有国家Ⅰ级重点保护野生动物15种，国家Ⅱ级重点保护野生动物50种，是我国西北荒漠区特有野生动植物的生物物种基因库，具有重要的保护价值和科研价值。该区域是西北植物区系和新疆植物区系交汇带，也是新疆、西北动物区系的交汇处，野生动植物种群庞大，种类繁多，对中国北方动物多样性保育具有十分重要的作用。

第三节　主要生态问题与原因

一、主要生态问题

本区是典型的大陆性干旱气候，加之长期以来水资源不合理的利用，盲目开垦、乱砍滥伐，超载过牧等人为活动影响，致使植被衰退、土地沙漠化和盐碱化。

（1）天然植被退化

本区的植被由山地和平原植被组成。山地植被具有强烈的旱化和荒漠化特征，中、低山带超旱生灌木，寒生灌木是最具代表性的旱化植被；高山带形成呈片分布的森林和灌丛植被及占优势的大面积旱生、寒旱生草甸植被。

干流区天然林以胡杨为主，灌木以红柳、盐穗木为主，另有梭梭、黑刺、铃铛刺等，草本以芦苇、罗布麻、甘草、花花柴、骆驼刺等为主。它们生长的盛衰、覆盖度的大小，受水分条件的优劣而异。林灌草分布，其生长较好的主要分布在阿拉尔到铁干里克河段的沿岸，远离现代河道和铁干里克以下，都有不同程度的抑制或衰败。

（2）土地沙漠化

本区土地沙漠化十分严重，土地沙漠化导致气温上升，旱情加重，大风、沙尘暴日数增加，植被衰败，交通道路、农田及村庄埋没，严重威胁绿洲生存和发展。

（3）土壤盐碱化

本区是一个封闭的内陆盆地，土壤普遍积盐，形成大面积的盐土。由于水资源利用不合理，灌排不配套等原因，区内灌区土壤次生盐碱化也十分严重。

（4）水资源严重不足

塔里木河流域位于新疆南部，环绕塔里木盆地的周边地带，是我国最长的内陆河，近几十年来，随着人口增加，社会经济发展，水资源的无序开发和低效利用，水资源供需矛盾日渐突出，各源流向干流输送的水量连年减少，水质不断恶化，生态环境严重恶化，已成为制约流域社会经济和生态环境可持续发展的主要因素。

二、主要原因

植被退化、土地沙化和土壤盐碱化的发生与动态变化是自然和人为因素综合作用的结果，自然因素是客观原因，但在一定的时间和空间范围内，人为因素是主导土地沙化、植被退化发生和发展的最主要因素。区域处于干旱、半干旱地区，是土地沙化易发生地带，人为干扰是导致土地沙化发生和发展最主要、最直接的因素。

干旱、大风及沙物质丰富是区域土地沙化的主要自然因素。区域多年平均降水量在10～200毫米，且年度分配极不均匀，而年蒸发量一般在1500～4000毫米，是我国典型的干旱、半干旱区。长期的干旱导致土地大面积无植被或少有植被生长，在历史上形成了大面积的沙漠和戈壁。另外本区域是多风区，是我国沙尘天气的多发区域之一，年平均风速大多在3米/秒以上，瞬间最大风速在20～30米/秒，个别地区超过40米/秒。沙尘天气与土地沙化有密切关系，相互影响并有反馈作用。疏松的地表物质遇上大风，极易造成土壤的风蚀，发展形成沙化土地。因沙漠的主要发育基础是广泛的河流冲积平原和风成砂堆积平原上较为深厚的沙物质，塔克拉玛干沙漠腹地沙质沉积物厚达200～500米。深厚松散沙质沉积物在干旱少雨多风的气候条件下极易被风吹起，成为发生土地沙化潜在的物质基础。

人为因素概括起来有两个方面，人口增加和不合理的生产活动。塔里木盆地1949年有人口约300万人，至2006年人口近1000万人。从土地沙化发生、发展的机理来看，人口数量的增加并不直接导致土地沙化，但由于沙化集中分布区同时是生产力和经济发展水平较为落后地区，第二、第三产业发展缓慢，人口数量的增长而引起的生活资料需求的增加，往往主要依靠扩大农业生产规模解决，生产规模扩大中以数量扩张为主的粗放型开发在本区域依然存在，从而造成土地和水资源利用方式的改变，这是造成土地沙化的关键所在。不合理的生产活动主要表现为过牧、土地粗放型开发、樵采、滥挖药材和水资源利用不科学等。

第四节　生态保护与建设现状

一、生态工程建设

（一）林业生态工程建设

近几年，本区域主要开展了三北防护林、退耕还林、野生动植物保护及自然保护区建设、湿地保护与恢复、沙化土地封禁保护区等生态工程建设，林业工程的开展有效促进了区域的生态改善。截至2012年底，本区累计完成三北防护林工程6.7万公顷，实际完成投资1.5亿元，沙化土地封禁保护区5.48万公顷，实际完成投资5000余万元；公益林管护79.5万公顷；林业有害生物防治60万公顷；沙产业基地4万公顷。

林业生态工程建设虽然取得了巨大的成效，但工程投资普遍偏低，缺乏管护资金，建设难度越来越大，缺乏森林防火、水、电、路等配套设施，影响了工程整体生态效益的发挥。

（二）其他生态工程建设

农牧生态工程建设，开展了人工种草、围栏封育、基本草场建设、配套设施建设等工程。水利环保生态工程建设：开展了塔里木河流域治理工程、节水工程等工程建设。防灾减灾：国土部门开展了地质灾害防治项目和土地整理项目；气象部门开展了人工增雨、旱情监测、应急监测、山洪地质灾害监测等气象保障工程。

二、国家重点生态功能区转移支付

2014年，国家对本区的重点生态功能区转移支付逾8.4亿元，其中用于生态环境保护特殊支出补助为2.9亿元，其他为5.5亿元。从该政策实施情况看，转移支付资金用于生态保护与建设的比例很低，而且资金规模也不能满足实际需要。

三、生态保护与建设总体态势

目前，塔里木河荒漠化防治生态功能区生态状况已经呈现生态改善的良好势头，但生态承载力低、沙化土地面积大、水资源严重不足、水土流失严重，生物多样性减少等问题依然严重，生态保护与建设处于关键阶段。

第二章　指导思想与原则目标

第一节　指导思想

　　全面贯彻党的十八大精神，深入学习贯彻习近平总书记系列重要讲话精神，按照《中共中央　国务院关于加快推进生态文明建设的意见》和《生态文明体制改革总体方案》要求，全面落实《全国主体功能区规划》的功能定位和建设任务，认真落实《关于贯彻实施国家主体功能区环境政策的若干意见》，以控制区域土地沙化、保障塔里木河流域生态安全为目标，以改善生态、改善民生为主线，统筹空间管制与引导，加强综合治理，逐步减轻森林、草地和湿地的生态负荷，恢复和提高生态系统服务功能。发挥资源优势，创新发展模式，强化科技支撑，加强生态监管，协调好人口、资源、生态与扶贫的关系，促进农牧民脱贫致富，把该区域建设成为生态良好、生活富裕、社会和谐、民族团结的生态文明示范区，为塔里木河流域及周边地区的可持续发展提供生态安全保障。

第二节　基本原则

一、全面规划、突出重点

　　本区荒漠化防治是一项复杂的系统工程，要将区域森林、草原、湿地、农田、城镇等生态系统都纳入规划范畴，与《全国主体功能区规划》《新疆维吾尔自治区林业"十二五"发展规划》等规划相衔接，协调推进各类生态系统保护与建设。同时根据本区的特点，以森林、草原和湿地生态系统为生态保护与建设重点。

二、保护优先、科学治理

　　本区生态环境脆弱，要突出保护和巩固现有工程建设成果，充分发挥自然生态系统的自我修复能力，推广先进实用技术，乔灌草相结合，林业、农业、水利等措施相结合，生物措施与工程措施相结合，综合治理，协同增效。

三、合理布局、分区施策

本区自然条件差别较大，不同区域生态问题不同，要根据区域差异，对工程建设区域进行科学分类，合理区划布局，明确不同区域的主要特点，采取有针对性的保护和治理措施，合理安排建设内容。

四、以人为本、改善民生

本区有大量贫困人口，要妥善处理防、治、用的关系，将生态建设与当地经济、社会发展和农牧民脱贫致富相结合，与调整产业结构和改进生产方式相结合，在改善人居环境与生产环境的同时，帮助农牧民脱贫致富。

五、深化改革、创新发展

本区生态保护和建设要适应新形势，创新发展机制。要深化集体林权制度改革；创新森林、草地、湿地、沙地等资源保护和建设模式，建立生态功能区考核机制，保障生态建设质量；实施生态补偿补助政策，建立生态保护建设长效机制。

第三节　规划期与规划目标

一、规划期

规划期为2016～2020年，共5年。

二、规划目标

总体目标：到2020年，总体上遏制荒漠化土地扩展的趋势。水质达到II类，空气质量得到改善，区域可持续发展能力进一步提高。生态用地面积增加并得到严格保护，森林覆盖率和灌草植被盖度稳步提高，基本实现草畜平衡。野生动植物资源得到恢复。农田基本实现保护性耕作。水土流失得到有效控制。农牧民收入显著增加。配套建设完善，生态监管能力提升，基本建成西北地区的绿色生态屏障。

具体目标：到2020年，生态用地占比达55%，林草植被覆盖度提高到5%，森林覆盖率达到3%，森林蓄积量达到2000万立方米以上，湿地面积稳定在80.2万公顷以上，自然湿地保护率达到60%，可治理沙化土地治理率达到60%，水土流失治理率达到85%。晋升国家级自然保护区2处。农田保护性耕作率达到85%。发展生态产业基地0.85万公顷，农牧民培训9万人次。

表 13-1　主要指标

主要指标	2012 年	2020 年
生态用地①占比（%）	53.5	55
林草植被覆盖度（%）	4.6	5
森林覆盖率（%）	2.8	3
森林蓄积量（万立方米）	1445	2000
可治理沙化土地治理率（%）	50	60
农田保护性耕作率（%）	80	85
湿地面积（万公顷）	80.2	80.2 以上
自然湿地保护率（%）	52	60
水土流失治理率（%）	80	85
晋升国家级自然保护区（处）		2
生态产业基地（万公顷）	0.8	0.85
技能培训（万人次）	—	9

注：①生态用地包括林地、湿地和草地三种土地利用类型。

第三章 总体布局

第一节 功能区划

一、布局原则

根据地貌和生态系统类型的差异性，地理环境的完整性，生态承载力的相似性，按照《全国主体功能区规划》的要求，并注重与《新疆主体功能区规划》和《新疆生态功能区划》等规划的衔接，从生态保护与建设的角度出发，对塔里木河荒漠化防治生态功能区进行区划。

二、分区布局

本区共划分3个生态保护与建设区，即昆仑山高原草地保护建设区、塔河上游农田综合治理区以及和田荒漠植被保护区。

表 13-2 生态保护与建设分区表

区域名称	行政范围（个）	面积（万公顷）	区域特点
合计	19	4088.9	
昆仑山高原草地保护建设区	阿合奇县、乌恰县、阿克陶县、塔什库尔干塔吉克自治县	1068.6	大部分属高原区域，草地面积大，是传统牧区。目前牲畜数量较以前显著减少，区域生态承载力较高
塔河上游农田综合治理区	叶城县、泽普县、莎车县、麦盖提县、岳普湖县、伽师县、巴楚县、阿瓦提县	942.6	位于塔里木河上游，塔里木盆地西缘，叶尔羌河沿岸农田面积较大，林草资源缺乏，贫困人口较多，区域生态赤字较大
和田荒漠植被保护区	皮山县、墨玉县、洛浦县、策勒县、于田县、民丰县	2077.7	塔里木盆地南缘，塔里木河支流和田河发源地，风沙危害最为严重区域之一，区域生态赤字较大

（一）昆仑山高原草地保护建设区

本区位于塔里木河水源涵养地，塔里木盆地西部，属高原地貌类型。行政区域包括新疆克孜勒苏柯尔克孜自治州3个县和喀什地区1个县，传统牧业比较发达，具有国内独一无二的自然条件、自然资源和生物多样性。本区属典型干旱草原区，除塔什库尔干山区林场外，以灌草植被为主。本区虽然生态压力指数偏大，但生态经济协调性较好，生态效率也较高。区域生态主导功能是保护森林和草原植被，提高水源涵养能力，防止土地荒漠化，植被退化。

（二）塔河上游农田综合治理区

本区位于塔里木河上游，塔里木盆地的西缘，塔河支流叶尔羌河分布其中，是农田绿洲和荒漠的交错区。行政区域包括喀什地区的7个县和阿克苏地区的1个县，以农业为主，但农田沙化严重。本区属绿洲－沙漠过渡带，由于人为活动频繁滥垦滥牧，天然植被遭到严重破坏。本区生态压力指数最大，生态经济协调性也较差，生态效率一般。区域生态主导功能是开展农田综合治理，涵养水源，控制沙化。

（三）和田荒漠植被保护区

本区位于域里木盆地南缘，涵盖昆仑山区、山前冲积扇、平原、荒漠和沙漠全部地貌类型区，气候为干旱荒漠类型区，从山区到沙漠分布的植被多为荒漠植被。行政区域包括和田地区的6个县，以林牧业为主，水土流失严重。本区生态压力指数最小，但生态经济协调性最差，生态效率一般。区域生态主导功能是保护荒漠植被。

第二节　建设布局

一、昆仑山高原草地保护建设区

（一）区域特点

土地面积1068.6万公顷，人口为50.49万人，人口密度为0.05人/公顷。主要植被为中高山草甸、灌丛草甸等。森林覆盖率1.2%。

泥石流、滑坡等地质灾害较多。土壤水分、气象监测点等监测点12个。开展了牧草、土壤、生态环境的气象评估服务。

森林面积13.27万公顷，森林单位面积蓄积量3.15 立方米/公顷。草地面积649.0万公顷，湿地面积20.74万公顷，耕地面积3.89万公顷。存栏大小畜约138.4万头（只），其中放养135.2万头（只），舍饲3.2万头（只）。

国家级公益林为7.63万公顷，地方公益林0.73万公顷。国家级公益林已经全部纳入中央财政补偿，地方公益林没有纳入生态补偿补助范畴。草地享受草原生态保护补助奖励政策。

本区有2个国家禁止开发区域。

（二）主要问题

1．人口大量增加

与20世纪60年代相比，本区人口增加了4倍。增加的人口需要开垦更多耕地来养活，许多草地被开垦为耕地。

2．草地"三化"严重

"三化"草地面积占草地总面积的75%，其中重度、中度、轻度"三化"面积，分别占草地总面积的14%、28%和33%。广大牧民的生产生活受到严重影响。牲畜的放养数量较大、草地利用率超过90%等是区域草地"三化"的重要原因之一。

3．生物多样性保护压力大

由于不合理的开发利用，导致湿地面积减少，湿地功能退化，湿地率不足1%。森林面积的81%为特灌林，森林单位面积蓄积量不到全国林分平均蓄积量的4%。区域内国家禁止开发区域比例较小，生物多样性保护压力较大。

（三）建设重点

转变畜牧业生产方式，实行禁牧休牧，推行舍饲圈养，以草定畜，严格控制载畜量。加大退牧还草力度，恢复草原植被。继续实施公益林保护、退耕还林、湿地恢复和野生动植物保护，提高森林质量，扩大湿地面积，控制水土流失。加快发展生态旅游产业，按资源条件分类设立禁止开发区域。

二、塔河上游农田综合治理区

（一）区域特点

土地总面积942.6万公顷，人口为318.9万人，人口密度为0.3人/公顷。森林覆盖率5.7%。

此区域为叶尔羌河沿岸，基本无地质灾害，主要问题是水土流失和干旱，还没有建立森林、草原火险气象基础数据库，只开展了气象预报服务。

森林面积54.3万公顷，森林单位面积蓄积量15立方米/公顷。草地面积318.6万公顷，湿地面积33.1万公顷。耕地面积48.9万公顷。存栏大小畜约647.4万头（只），其中放养605.5万头（只），舍饲41.9万头（只）。

国家级公益林38.5万公顷，地方公益林3.5万公顷。国家级公益林已经全部纳入中央财政补偿。地方公益林没有纳入生态补偿补助范畴。草地享受草原生态保护补助奖励政策。

本区有5个国家禁止开发区域。

（二）主要问题

1．生态赤字较大

本区生态赤字为26.8公顷，生态压力指数为15，生态经济协调指数为5，生态效率指数12。造成本区生态赤字较大的原因是耕地、林地和草地的生态承载力低。

2．沙化土地面积大

沙化土地总面积484.6万公顷，占区域土地总面积的51%。有明显沙化趋势的土地134.4万公顷，需要治理沙化土地437.5万公顷。

沙化土地面积中，沙化耕地面积2.8万公顷。

3．人口大量增加

与20世纪60年代相比，本区人口增加了4倍。增加的人口需要开垦更多耕地来养活，许多草地被开垦为耕地。

4．水土流失严重

森林面积只有54.3万公顷，多为特灌林。森林质量不高，单位面积蓄积量不到全国林分平均蓄积量的三分之一，其水源涵养功能较弱。

由于不合理的开发利用，导致湿地面积减少，湿地率3.5%。湿地水量减少，导致湿地抵御洪水、调节径流、蓄洪防旱的功能大大降低。

由于森林水源能力低，沙化土地面积大，水土流失严重。

5．生物多样性保护压力较大

由于区域森林、草地和湿地面积较小，农田面积较大，野生动植物栖息地破坏严重，生物多样性保护压力较大。

（三）建设重点

转变畜牧业生产方式，实行禁牧休牧，推行舍饲圈养。继续实施塔里木河流域治理、公益林管护、退耕还林等工程建设，加快农田综合治理和林草植被恢复。加强坡耕地水土流失综合治理，加强对河流的规划和管理，合理开发利用水土资源。按资源条件分类设立禁止开发区域。

三、和田荒漠植被保护区

（一）区域特点

土地总面积2077.74万公顷，人口为151.3万人，人口密度为0.07人/公顷。森林覆盖率1.4%。

此区域面积较大，包括了昆仑山区的大部分，泥石流、滑坡等地质灾害较多，还没有建立森林、草原火险气象基础数据库，只开展了气象预报服务。

森林面积29.0万公顷，森林单位面积蓄积量22立方米/公顷。草地面积811.75万公顷，湿地面积26.3万公顷。耕地面积12.7万公顷。存栏大小畜约391.7万头（只），其中放养373.9万头（只），舍饲17.8万头（只）。

国家级公益林33.3万公顷，地方公益林0.5万公顷。国家级公益林已经全部纳入中央财政补偿。地方公益林没有补偿。草地享受草原生态保护补助奖励机制补助政策。

本区有3个国家禁止开发区域。

（二）主要问题

1．沙化土地面积大

沙化土地总面积1280.4万公顷，占区域土地总面积的61.6%。有明显沙化趋势的土地22.8万公顷，需要治理沙化土地510.8万公顷。

沙化土地面积中，沙化耕地面积2.1万公顷。

2．人口大量增加

与20世纪60年代相比，本区人口增加了5倍。增加的人口需要开垦更多耕地来养活，许多草地被开垦为耕地。

3．水土流失严重

森林面积只有29.0万公顷，多为特灌林。森林质量不高，单位面积蓄积量不到全国林分平均蓄积量的三分之一，其水源涵养功能较弱。

由于不合理的开发利用，导致湿地面积减少，湿地率1.2%。湿地水量减少，导致湿地抵御洪水、调节径流、蓄洪防旱的功能大大降低。

由于森林水源能力低，沙化土地面积大，水土流失严重。

（三）建设重点

转变畜牧业生产方式，实行禁牧休牧，推行舍饲圈养。继续实施公益林管护、退耕还林等工程建设，加强水土流失综合治理，加强对河流的规划和管理，合理开发利用水土资源。按资源条件分类设立禁止开发区域。

第四章 主要建设内容

第一节 防沙治沙

一、保护和修复荒漠生态系统

通过造林种草、合理调配生态用水，增加林草植被；通过设置沙障、草方格、砾石压砂等措施固定流动和半固定沙丘。对生态区位重要、人工难以治理的沙化土地实施封禁保护。加强封禁设施建设，禁止滥樵、滥采、滥牧，促进荒漠植被自然修复，遏制沙化扩展。适度发展沙产业。

主要任务：治理沙化土地20万公顷，封禁保护沙化土地10万公顷。

二、保护和培育森林生态系统

强化森林保护与管护。对已经纳入国家生态补偿的国有和集体公益林和待纳入生态补偿的现有林地采取有效措施集中管护。建立健全管护机构和相关制度，培训管护人员，落实管护责任，实现森林资源管护全覆盖。加强以林地管理为核心的森林资源林政管理，加大资源监督检查和执法力度。

加强森林资源培育。深入开展塔里木盆地南缘防沙治沙工程和退耕还林工程建设。全面加强森林经营管理，加大森林抚育力度，开展低质低效林改造，提高林地生产力；大力开展封山育林，促进森林正向演替。

主要任务：人工造林2万公顷，封山育林5万公顷，低质低效林改造5.8万公顷，实施退耕还林工程2万公顷，森林抚育15万公顷。

三、保护和治理草地生态系统

加强草地保护和合理利用，转变畜牧业生产方式，实行禁牧休牧，推行舍饲圈养，以草定畜，严格控制载畜量。加大退牧还草力度，恢复草原植被。通过建设围栏、补播改良、人工种草、土壤改良等措施，加快"三化"草地治理。对于草畜矛盾严重的区域通过实施人工种草、天然草地改良为人工饲草，解决舍饲养殖饲料不足的矛盾。强化草原火灾、生物灾害和寒潮冰雪灾害等防控。完善草原生态保护补助奖励机制，提高补助和奖励标准。

主要任务：人工种草1万公顷，基本草场建设20万公顷，草种基地建设0.2万公顷。

四、保护和建设农田生态系统

实施保护性耕作，推广免（少）耕播种、深松及病虫草害综合控制技术。强化农田生态保育，加大退化农田改良和修复力度，优化种植制度和方式。推广节水灌溉，逐步退还生态用水，增强农田抗御风蚀和截土蓄水能力。

主要任务是：实施保护性耕作面积20万公顷，保育农田10万公顷。

专栏 13-1 防沙治沙工程

01 塔里木盆地南缘防沙治沙

绿洲内部以特色林果业提质增效为主，绿洲外缘生物治沙和非生物治沙相结合遏制沙漠前移，实施草原轮牧、休牧等恢复林草植被，开展工程治沙，适度发展沙产业。

02 沙化土地封禁保护

强化自然修复，因地制宜，划定沙化土地封禁保护区域，加强封禁管护设施和封禁监测监管能力建设，减少人为干扰。

03 公益林管护

对生态公益林进行管护。

04 新一轮退耕还林还草

巩固退耕还林成果，按照国家新一轮退耕还林政策，继续实施退耕还林还湿工程。

05 重点区域防护林建设

大力推进造林、低质低效林改造、更新改造，构建高效防护林体系。

06 森林抚育

对区域中幼林进行抚育，提高林分质量，增强其生态功能。

07 草原生态保护补助奖励

集中连片整体推进阶段性禁牧和草畜平衡政策，对严重退化草原、中度和重度沙化草原实行禁牧补助，对达到草畜平衡的给予草畜平衡奖励。

08 保护性耕作

推广免（少）耕播种、深松及病虫草害综合控制技术，实施保护性耕作，改善土壤结构，增强农田抗御侵蚀和保土蓄水能力。

09 保育农田

推广种植绿肥、秸秆还田、增施有机肥等措施，培肥地力。

10 节水灌溉

大力推广节水灌溉技术，合理利用水资源，逐步退还生态用水。

第二节　湿地保护工程建设

继续推进湿地保护工程，以加强湿地保护的宣传、执法为重点，强化湿地保护与管理能力建设。对重要湿地采取湿地植被与生物恢复、设立保护围栏、有害生物防控、生态补水、严格地下水管理等综合措施，开展湿地恢复与综合治理，确保生态用水。充分发挥湿地的多功能作用，对社会和经济效益明显的湿地，开展资源合理利用试点示范。

加强对河流的规划和管理，采取源头保护、流域治理、水量调度等措施，增加林草植被和水源涵养能力。

主要任务：节水灌溉3万公顷，重点小流域综合治理1万公顷，湿地保护与恢复1万公顷。

专栏 13-2　湿地保护工程
01　塔里木河流域治理 开展水源地保护工程、节水灌溉建设，合理利用水资源。
02　湿地保护与恢复工程 对区域内重要湿地进行保护、恢复和综合治理。
03　水生态保护与修复 对区域内的重要湿地、重点小流域、世界文化遗产水环境开展水生态保护与修复，构建水系连通网络体系。
04　重要水系保护治理 对塔里木河流域水系等重点河流水系进行保护治理，开展植树造林，配备相应的设备。
05　湿地保护能力建设 进行湿地保护的宣传、执法能力建设，配备相应的设备。

第三节　生物多样性保护

一、资源调查

本区是我国西部生物多样性重点地区之一。但存在生物多样性资源普查工作滞后、资源底数不清的情况。开展野生动植物资源全面而详细的调查、分类、统计工作，建立野生动植物资源分布现状数据库，为进一步搞好野生动植物保护管理工作提供科学依据。

二、禁止开发区域划建

（一）自然保护区

继续推进国家级自然保护区建设，对保护空缺的典型自然生态系统和极小种群野生植物、极度濒危野生动物及栖息地，加快划建自然保护区。

进一步界定自然保护区中核心区、缓冲区、实验区范围。在界定范围的基础上，结合禁止开发区域人口转移的要求，对管护人员实行定编。依据国家、省（区）有关法律法规以及自然保护区规划，按核心区、缓冲区、实验区分类管理。

（二）森林公园

继续推动国家级森林公园建设，加快划建一批国家级森林公园，加强森林资源和生物多样性保护，适度开展生态旅游。

界定国家级森林公园的范围，核定面积，严格执行分区管理。

（三）湿地公园

遵循"保护优先、科学修复、合理利用、持续发展"的原则，加快国家湿地公园建设。湿地公园内除必要的保护和附属设施外，禁止其他任何生产建设活动。禁止开垦占用、随意改变湿地用途以及损害保护对象等破坏湿地的行为。不得随意占用、征用和转让湿地。

界定国家湿地公园的范围，核定面积，严格执行分区管理。

（四）沙漠公园

加快沙漠公园建设。沙漠公园建设是国家生态建设的重要组成部分。沙漠公园内除必要的保护和附属设施外，禁止其他任何生产建设活动。按照沙漠公园总体规划确定的范围进行标桩定界，禁止擅自占用、征用国家沙漠公园的土地。鼓励公民、法人和其他组织捐资或者志愿参与沙漠公园建设和保护工作。严格执行分区管理。

（五）沙化土地封禁保护区

继续推进沙化土地封禁保护区建设，对已建沙化土地封禁保护区加强后期管护及生态监测运行投入。依据国家、省（自治区）有关法律法规以及防沙治沙规划，对规划期内不具备治理条件的以及因保护生态的需要不宜开发利用的连片沙化土地，加快划建沙化土地封禁保护区，实行封禁保护，禁止一切破坏植被的活动。

禁止在沙化土地封禁保护范围内安置移民。未经国务院或者国务院指定的部门同意，不得在沙化土地封禁保护区范围内开展修建铁路、公路等建设活动。对沙化土地封禁保护区范围内的农牧民，县级以上地方人民政府应当有计划地组织迁出，并妥善安置。

　　主要任务：新建自然保护区2处，国家级森林公园2处，国家湿地公园2处，国家沙漠公园3处，沙化土地封禁保护区13处。

专栏13-3　生物多样性保护重点工程
01　野生动植物保护及自然保护区建设工程 　　进一步完善现有自然保护区基础设施建设，新建自然保护区2处，完善自然保护区网络体系。
02　极小种群物种拯救工程 　　对野外生存繁衍困难的物种采取必要的人工拯救措施。在且末县建立2处野生动物救护繁育中心。
03　生物遗传资源库和生物多样性展示基地建设工程 　　在墨玉县建设生物多样性保护展示基地，重点保护、保存和培育优异生物遗传资源。
04　国家级森林公园 　　新建国家级森林公园2处。
05　国家湿地公园 　　新建国家湿地公园2处。
06　国家沙漠公园 　　新建国家沙漠公园3处。
07　沙化土地封禁保护区 　　对已建沙化土地封禁保护区加强后期管护及生态监测运行投入。新建沙化土地封禁保护区13处。
08　生物多样性资源调查 　　开展生物多样性资源调查工作，摸清资源底数。

第四节　生态扶贫建设

一、生态产业

　　坚持严格保护，适度开发的原则，根据不同的自然地理和气候条件，因地制宜、突出特色、科学经营、持续利用，充分发挥区域良好的生态状况和丰富的资源优势，发展特色经济林、生态旅游、林下经济、设施农业和生态牧业，建设产业基地，并带动种苗等相关产业发展；大力提高核桃、红枣、肉苁蓉等特色经济林生产加工能力，延长产业链条，提高农牧民收入。积极发展生物质能源，加大农林业剩余物的开发利用，发展生态循环经济。积极探索建立起较为灵活的投融资及经营机制，不断扩大提高外来资金利用规模与水平，助推特色生态产业快速发展，帮助农牧民脱贫致富。政府引导，鼓励建立多种形式的合作社，积极培育市场，充分发挥市场在资源配置中的主导地位。

主要任务：特色经济林示范点10处，低质老化果园改造15万公顷，新建生态产业基地3万公顷。

二、技能培训

结合巩固退耕还林成果项目，针对农牧民就业开展技能培训，在每户农民中至少有1人掌握1门产业开发技能（农业、林业或牧业）。

针对管理人员和专业技术人员开展培训，每个管理人员和专业技术人员要熟悉规划涉及的各生态工程的建设内容、技术路线，以及管理等方面的内容。

主要任务：培训农牧民9万人次，管理人员500人次，技术人员5000人次。

三、人口易地安置

与国家扶贫攻坚规划相衔接，对区域内生存条件恶劣地区的生态难民实行易地扶贫安置。对新建和续建自然保护区核心区和缓冲区内长期居住的农牧民实行异地保护安置。

易地安置的农牧民以集中安置为主。根据当地的实际情况，发展特色产业，同时鼓励富余劳动力外出务工，增加收入，使异地搬迁达到"搬得出，稳得住，能致富"的目标。

专栏 13-4 生态产业重点工程
01 特色经济林 结合龙头企业建设，发展红枣、核桃等特色林果产业。
02 林下经济 积极开发食用菌、生态鸡、生态猪、甘草等林下资源，引导和鼓励农户发展林间种药、养禽、育菌等复合经营模式，实现立体种植。
03 牛羊养殖专业合作社 集中建设牛羊规模养殖专业合作社，每个牛羊养殖专业合作社建设标准化暖棚、贮草棚等。
04 中药材基地 发展甘草、肉苁蓉等中药材，进行规模化种植。
05 花卉产业 建设花卉繁育基地，配套基础设施和设备等。

（续）

专栏 13-4　生态产业重点工程
06　生态旅游 　　结合森林公园、湿地公园、沙漠公园建设，完善旅游规划体系，建设旅游基础设施和精品旅游景区。
07　设施农业 　　通过建设温室、大棚等设施，发展蔬菜、花卉和养殖业。

第五节　基本公共服务体系建设

一、防灾减灾

（一）森林（草原）防火体系建设

大力提高森林、草原防火装备水平，进一步加强防火道路、物资储备库等基础设施建设，增加航空消防系统建设，增强扑火专业队伍及其装备建设，增强防火阻隔带建设，增强防火预警、阻隔、应急处理和扑灭能力，实现火灾防控现代化、管理工作规范化、队伍建设专业化，形成较完整的森林、草原火灾防扑体系。

（二）林业（草原）有害生物防治

重点开展有害生物监测预警、检疫御灾、防治减灾体系基础设施建设，加强外来物种防范，建设有害生物防治示范基地，集中购置应急物资，开展联防联治，全面提高区域有害生物防灾减灾能力，有效遏制有害生物的发生。

（三）地质灾害防治

针对地震、滑坡、崩塌等地质灾害，依据其危险性及危害程度，采取不同的工程治理方案。治理措施包括工程措施、生物措施等。建立气象、水利、国土资源等部门联合的监测预报预警信息共享平台和短时临近预警应急联动机制，实现部门之间的实时信息共享，发布灾害预警信息。

（四）气象减灾

完善无人生态气象观测站和土壤水分观测站布局，补充大风沙尘天气预报预警体系建设，提高气象条件修复生态能力。

（五）野生动物疫源疫病防控体系建设

建立野生动物疫病监测预警、预防控制、防疫检疫监督以及防疫技术支撑和物资保障系统，形成上下贯通、横向协调、有效运转、保障有力的野生动物防疫体系，明显提高重大野生动物疫病的预防、控制和扑灭能力。

二、基础设施

完善林区交通设施，把林区道路纳入国家和地方交通建设规划。加快林区电网改造，完善林区饮水、供热和污水垃圾处理设施，提高林区通讯设施水平，加强森林管护用房建设，并配备必要的巡护器具、车辆，全面提高森林资源管护能力。

加强牲畜暖棚、贮草棚、青贮窖和饲料机械等畜牧业基础设施建设；结合新农村建设，帮助游牧民尽快实现定居；结合游牧民定居点建设，配套解决人畜饮水问题。

主要任务：暖棚100万平方米，饲料机械4000台（套），贮草棚50万平方米，青贮窖30万立方米。

专栏13-5　配套建设重点工程

01　森林（草原）防火体系建设
　　建设火险预测预报、火情瞭望监测、防火阻隔、通讯联络及指挥系统，配备无线电通讯、GPS等设备，购置防火扑火机具、车辆、装备等。建设信息化指挥中心、防火物资储备库、防火道路。购置办公设备。

02　林业（草原）有害生物防治
　　建立18个县级林业有害生物测报站、18个县级检疫实验室，5个林业有害生物防治示范基地。各县草原站购置草原鼠兔害、虫害以及有害植物危害预测预报防治基础设施设备。

03　基础设施建设项目
　　包括供电保障、饮水安全、林区道路、棚户区改造、生产用房等。

04　人工饲草料基地工程
　　开展牲畜暖棚、贮草棚、青贮窖和饲料机械等配套设施建设。

05　生态保护基础设施项目
　　实施草原站、林业工作站、木材检查站、科技推广站等基础设施建设。配备监控、防暴、办公、通讯、交通等设备。开展执法人员培训。

06　地质灾害防治
　　对地震、滑坡、崩塌等地质灾害进行综合防治。

第六节　生态监管

一、生态监测

以现有监测台（站）为基础，合理布局、补充监测站点，采用卫星遥感、地面调查和定点观测相结合的办法，制定统一的生态监测标准与规范，对森林资源、草地资源、湿地资源和生物多样性等进行动态监测，形成区域生态系统监测网。建立信息共享平台，制定监测数据的定期上报制度，重大生态问题及时上报，定期发布生态保护报告。建立生态功能评估体系，定期、系统评价生态功能，开展生态预警评估和风险评估。

二、空间管制与引导

（一）落实主体功能定位

全面落实《全国主体功能区规划》和《新疆主体功能区规划》提出的主体功能定位要求，在禁止开发区域内，实行强制性保护；在限制开发区内，实行全面保护。

（二）划定区域生态保护红线

落实草地保护建设区、农田综合治理区和森林保护治理区的建设重点，划定并严守区域生态红线，确保现有草地、天然林和湿地面积不能减少，并逐步扩大。严禁改变生态用地用途，人类活动占用的空间控制在目前水平，形成"点状开发、面上保护"空间格局。加强基础设施建设、公共服务设施建设中的水土流失监管，严格执行水土保持方案审批制度，有效控制生产建设中的地貌植被破坏和水土流失。

（三）发展生态产业

生态产业只在适宜区域建设，发展不影响生态系统功能的特色产业。草地保护建设区适度发展生态牧业、特色药材、生态旅游等生态产业。农田综合治理区，结合退耕还林和农业产业结构调整，发展设施农业、花卉、生态旅游等生态产业。森林保护治理区适度发展林下经济、特色经济林、生态旅游等生态产业。

（四）引导超载人口转移

结合新农村建设和游牧民定居，每个县重点建设1～2个重点城镇，建设成为异地保护搬迁和异地扶贫搬迁人口的集中安置点、特色产业发展集中点、游客集散地和基本生活服务集聚点，以减轻人口对区域生态的压力。

（五）开展综合示范

按照国家发展改革委《贯彻落实主体功能区战略　推进主体功能区建设若干政策的意见》（发改规划〔2013〕1154号）关于"开展主体功能区建设试点示范"的精神，本着"区域连片、特色突出、基础良好、效益明显"的原则，在草地保护建设区、农田综合治理区和森林保护治理区，建设10处综合示范区，以突显集成优势，发挥综合效益，推动该区域成为美丽新疆的示范基地。

按照每个示范区的主导发展方向和功能，分为生态主导型、景观主导型和生态产业共生型3个类型综合示范区。

1．生态主导型

突出生态环境保护。通过森林植被保护与建设、小流域综合治理、生态移民等生态措施的综合运用，降低风沙危害，改善人居环境。

2．景观主导型

突出生态景观建设。通过森林植被保护与建设及小流域综合治理，建设景观主导型景观生态林及绿色河流廊道，使森林与河流生态功能相互渗透，充分提升生态效应、景观效应和社会效应。

3．生态产业共生型

突出生态和产业共同发展。从生态资源入手，倡导生态建设产业化，产业发展生态化。通过森林植被保护与建设、小流域综合治理及草地资源的合理利用，改善林业、农业生产条件，提升生态旅游资源品质，全面提高绿色产业化经营水平，大幅度增加绿色产业经济总量和经济效益。

三、绩效评估

实行生态保护优先的绩效评价，强化对防沙治沙能力及区域生物多样性保护能力的评价，考核指标包括生态用地占比、森林覆盖率、森林蓄积量、草原植被覆盖度、草畜平衡、沙化土地治理率、自然保护区面积、自然湿地保护率等指标。

本区包含的禁止开发区域，要按照保护对象确定评价内容，强化对自然文化资源原真性和完整性保护情况的评价，包括依法管理的情况、保护对象完好程度以及保护目标实现情况等。

第五章　政策措施

第一节　政策需求

一、生态补偿补助政策

坚持谁受益、谁补偿的原则，完善对重点生态功能区的生态补偿机制。坚持生态共建、资源共享、公平发展的原则，推动地区间建立横向生态补偿制度，在资金落实、量化机制、损失和补偿评估机制、资源议价机制等方面进行全方位的设计，不断扩大生态补偿覆盖面。

认真贯彻《中央财政林业补助资金管理办法》（财农〔2014〕9号），加强规范中央财政林业补助资金使用和管理，提高资金使用效益。根据重点生态功能区的实际情况，探索完善中央财政林业补助资金政策和林业生态补偿政策。

稳定和完善承包经营制度，基本完成确权和承包工作。落实和完善国家生态保护补助奖励机制，对由于发挥生态功能而降低生产性资源功能造成的损失予以补偿，提高生态区农牧民生态保护的积极性，并逐步提高补助奖励标准。

建立完善碳汇补偿机制试点。本区广袤的森林湿地资源是西北地区的一个巨大的吸碳器、储碳库，建议尽快启动碳汇补偿机制试点，并加大对其倾斜扶持力度，不断增强和提高森林湿地固碳增汇的能力。

认真贯彻落实《中共中央　国务院关于全面深化农村改革加快推进农业现代化的若干意见》（中发〔2014〕1号）以及《关于切实做好退耕还湿和湿地生态效益补偿试点等工作的通知》（财农便〔2014〕319号）等文件精神，推进退耕还湿、湿地生态效益补偿试点和湿地保护奖励等工作，进一步促进湿地保护与恢复，推动生态文明建设。

二、人口易地安置配套扶持政策

在土地方面，配套生态移民异地安置补偿置换政策，出台林地流转与转换的相关政策，确保生态移民用失去的原有土地，从县城周围的乡镇中置换宅基地、暖棚建设用地及饲草料基地进行舍饲养畜。涉及农用地转为建设用地的，应依法办理农用地转用审批手续。在税费方面，可考虑涉及易地搬迁过程中的行政规费、办证等费用，除工本费外全部减免，税收也可考虑变通免收；供电、供水、广播电视等配套工程的设计、安装、调试等费用一律减免。在从事非农产业方面，可考虑在自愿原则下，优先安排部分生态移民参加商贸、旅游等二、三产业并为其优先安排岗前培训、农业技术培训和科普技能培训。对搬迁移民优先办理用于生产的小额贷款，保障其在医疗保健、子女入学等方面均享有同当地居民一样的待遇。

三、国家重点生态功能区转移支付政策

根据塔里木河荒漠化防治生态功能区生态保护与建设的需要，建立转移支付标准调整机制，加大转移支付力度，并适当增加用于生态保护与建设的资金份额。

第二节 保障措施

一、法制保障

（一）加强普法教育

认真贯彻执行《中华人民共和国草原法》《中华人民共和国森林法》《中华人民共和国水土保持法》《中华人民共和国环境保护法》《中华人民共和国土地管理法》《中华人民共和国水法》《中华人民共和国防洪法》《取水许可和水资源费征收管理条例》等相关的法律法规。不断提高广大农牧民的法治理念和执法部门的执法水平。

（二）严格依法建设

建设项目征占用林地、草地、湿地与水域，要强化主管部门预审制度，依法补偿到位。加强生态监管和执法，依法惩处各类破坏资源的行为，强化对滥占滥垦林地、滥砍盗伐林木、滥垦草地等各类犯罪的打击力度，努力为生态保护与建设创造良好的社会环境。

（三）落实自然资源资产产权制度和用途管制制度

根据国家统一安排，对水流、森林、山岭、草原、荒地等自然生态空间进行统一确权登记。加强空间管制与引导，划定生产、生活、生态空间开发管制界限，落实用途管制。

（四）实行资源有偿使用制度

坚持使用资源付费和谁污染环境、谁破坏生态谁付费原则，逐步将资源税扩展到

占用各种自然生态空间。稳定和扩大退耕还林、退牧还草范围，开展退耕还湿试点，调整地下水严重超采区耕地用途，有序实现耕地、河湖、湿地休养生息。建立有效调节工业用地和居住用地合理比价机制，提高工业用地价格。

（五）改革生态保护管理体制

建立区域统筹的生态系统保护修复和污染防治区域联动机制。健全国有林区经营管理体制，完善集体林权制度改革。健全举报制度，加强社会监督。对造成生态环境损害的责任者严格实行赔偿制度，依法追究刑事责任。

（六）建立资源环境承载能力监测预警机制

加大对森林、草地、湿地等生态系统以及水土流失监测力度。加强区域生态建设工程过程监管和质量控制。建立规划中期评估机制，对规划实施情况进行跟踪分析和评价，根据评估结果对规划进行调整。

二、组织保障

重点生态功能区生态保护与建设范围广、任务重，涉及部门多，各级地方政府要成立重点生态功能区生态保护与建设领导小组，主管领导任组长，强化生态保护建设工作的领导，各有关部门要发挥各自优势和潜力，按职责分工，各司其职，各负其责，形成合力。

实行政府负责制，各级政府是重点生态功能区建设的责任主体，实行目标、任务、资金、责任"四位一体"的责任制度。建立健全行政领导干部政绩考核责任制，紧紧围绕规划目标，层层分解落实任务，签订责任状，纳入各级行政领导干部政绩考核机制。

三、资金保障

发挥政府投资的主导作用。各级政府要进一步加强生态保护与建设资金投入力度，确保各项任务顺利实施。国家进一步加大重点生态功能区生态保护与建设项目的支持力度，促进规划顺利实施。

通过政策引导和机制创新，积极吸收社会资金，积极争取相关国际机构、金融组织、外国政府的贷款、赠款等，投入塔里木河荒漠化防治生态功能区生态保护与建设。

加强资金使用监管，确保工程建设资金专账核算、专款专用。根据工程建设需要，建立投资标准调整机制。

四、科技保障

（一）强化科技支撑

把科技支撑与工程建设同步规划、同步设计、同步实施、同步验收。落实科技支撑经费，要根据《国家林业局关于加强重点林业建设工程科技支撑指导意见》，提取不低于3%的科技支撑专项资金用于开展科技示范和科技培训，吸引国内外科研单位和机构参与生态建设和特色经济发展关键技术、模式的研究开发，提高科技含量，加快成果转换。促进科研与生产紧密结合，面向生产实际，全面开展前瞻性、预见性的科学研究和技术储备。

（二）加强实用技术推广

围绕农、林、水、气象等领域生态保护与建设的重大问题和关键性技术，成立专家小组、组织科技攻关，并有计划地制定工程建设中的各类技术规范。当前，重点抓好林木容器育苗与栽培、沙化草地综合治理和湿地植被恢复等现有技术优势集成、组装配套，取得突破；有计划、有步骤地建立一批科技示范区、示范点，通过示范来促进先进治理模式和技术的推广应用；积极开展多层次、多形式的培训，使广大农牧民掌握生态建设的基础知识和基本技能，提高治理者素质；加强国际交流与合作，引进和推广国外先进技术。

（三）搞好科技服务

继续发挥林业科技特派员和林场、林业站工程师和技术人员的科技带动作用，完善科技服务体系，开展专家出诊、现场讲授、科技宣传、技术咨询等活动，形成全方位的科技服务体系。要积极开展科技下乡活动，坚持"哪里有问题去哪里、哪里有需要去哪里，把技术送到基层、把服务送到一线"的做法，组织林业科技人员深入基层、深入一线普及林业科技知识，适时发放农民急需的科技资料，解决技术难题，扩大先进技术应用覆盖面，从而全面提升林业工程建设水平。

五、考核体系

（一）建立生态质量考核机制

根据《国家重点生态功能区县域生态环境质量考核办法》（环发〔2011〕18号），组织开展塔里木河沙漠化防治生态功能区生态质量考核评价工作。

（二）建立考评机制

完善对区域地方领导干部的考核评价机制，取消地区生产总值考核，将区域生态保护与建设指标纳入评价考核体系，并作为考核的重要内容。探索编制自然资源资产负债表，对领导干部实行自然资源资产离任审计。建立生态环境损害责任终身追究制。

附表

塔里木河荒漠化防治生态功能区禁止开发区域名录

名称	行政区域	面积（公顷）
新疆塔什库尔干自然保护区	塔什库尔干塔吉克自治县	1500000
新疆帕米尔高原湿地自然保护区	阿克陶县	125600
新疆西昆仑藏羚羊自然保护区	民丰县	132000
叶尔羌河中下游湿地自然保护区	图木舒克市	44000.04
新疆阿瓦提胡杨林野生动物自然保护区	阿瓦提县	345000
泽普县金湖杨国家森林公园	泽普县	2000
新疆巴楚胡杨林国家森林公园	巴楚县	169371.03
岳普湖县沙化土地封禁保护区	岳普湖县	15000
阿瓦提县沙化土地封禁保护区	阿瓦提县	13700
墨玉县沙化土地封禁保护区	墨玉县	16000
策勒县沙化土地封禁保护区	策勒县	10080

第十四篇

阿尔金草原

荒漠化防治生态功能区
生态保护与建设规划

第一章 规划背景

第一节 区域概况

一、规划范围

阿尔金草原荒漠化防治生态功能区位于新疆东南部，地理坐标为东经83°25′~93°45′，北纬35°40′~41°23′。行政区域包括：且末县、若羌县（含新疆生产建设兵团所属团场）共2县，总面积336624.57平方千米（其中兵团2920.24平方千米），总人口10.6万人。

二、自然条件

（一）地质地貌

本区位于新疆最南部，北邻塔里木盆地，南靠青藏高原，前者为典型荒漠区，后者为面积辽阔的高寒荒漠，故本区气候十分干燥，山地景观十分荒凉。区内山脉纵横，地势崎岖。山脊平均高度超过6000米，少数山峰超过7500米，山地总的地势是由西向东降低。

阿尔金山山前倾斜平原属于阿尔金山巨大山麓洪积平原的一部分，为第四纪较粗大的洪积堆积物，洪积扇发育较完全，为深厚的砾石组成。在整个洪积扇缘带土壤质地以砾质为主，地表物质由南向北逐渐变细。车尔臣河冲积平原是本区灌溉耕作区。海拔1100~1500米为塔克拉玛干沙漠分布区，受强劲东北风的搬运和堆积作用，沙丘高大，形态各异，植被稀少，属于流动沙丘地。

（二）气候水文

1. 气候

本区处于中纬度的欧亚大陆腹地，塔里木盆地东部，地形闭塞，远离海洋，为崇山峻岭所环绕，海洋湿润水汽难以到达，因而降水稀少，蒸发量大，空气极度干燥，是世界上同纬度最干旱的地区之一。

自阿尔金山至昆仑山广大地带，海拔3000～5000米，属寒冷干燥气候区，年平均气温－2～2℃，没有明显四季之分，只有冷半年和暖半年之别，4～10月为暖半年，11月至次年3月为冷半年。北部阿尔金山年降水量50毫米，中部祁曼塔格山年降水量100～200毫米（一半以上为固态降水），南部接近昆仑山麓降水量200～350毫米绝大部分为固态降水，最南端的昆仑山降水量约400毫米（全部为固态降水），降水由北向南逐步递增，由西向东逐步递减，终年有降雪，山间谷地和平川是干旱、半干旱荒漠草场。平原区属暖温带大陆性荒漠干旱气候，年平均气温10.7～11.5℃，1月平均气温－8.5℃，7月平均气温27.4℃，极端最低气温－27.2℃，极端最高气温43.6℃。无霜期189～193天，年降水量17.4毫米，多集中在夏季。日照时间长，年日照数3000～3100小时。全年盛行东北风，八级以上大风日36.9天，最大风速可达40米/秒。

2．水文

若羌县境内的主要河流有14条，分属罗布泊水系和南部山区水系两大水系，年总径流量为23.10亿立方米。且末县境内的主要河流有7条，东部有车尔臣河、江尕勒萨依河和塔什萨依河。西南部有莫勒切河、米特河及且末边境的博斯坦托格拉克河，境内地表水流量为16.5亿立方米。河流的补给源主要是冰雪融水和大气降水，河水量季节性变化很大，夏季充足，冬季很少，水质良好，矿化度为0.30～0.45。地下水质较好，储量较丰富。地下水资源量为10.83亿立方米。

（三）土壤植被

1．土壤

土壤质地可大致分为轻质（砂壤—砂质）、砾质（砂砾—砾石）、黏重（黏质—壤质）三种类型。轻质土壤集中分布在山前洪积—冲积平原广大地区，砾质土壤大多分布在阿尔金山区，黏重土壤分布在塔里木河下游各岔流的河间地带和局部碟形洼地，以及为数不多的个别零星地带，根据土壤分类法，本区共划分10个土类，26个亚类和31个土属，10个土类分别为：灌淤土、潮土、草甸土、棕漠土、沼泽土、盐土、风沙土、山地棕钙土、亚高山草原土、高山漠土。

2．植被

本区山地森林植被稀少，植物群落结构简单。山地植被垂直分布为：高山草甸植被、蒿草高寒荒漠、禾草—昆仑蒿类草原化荒漠、合头草荒漠；海拔3000米以上地区分布有天山云杉林，在2000～3000米的沟谷中，有稀疏昆仑圆柏分布，在土壤条件较好地区有桦木、苦杨生长。荒漠区野生植物有麻黄、野罂粟、雪莲、莎草、禾草、针茅、芦苇、罗布麻、甘草等250余种。

农区范围内林木有杨、柳、榆、沙枣等；果木有枣、石榴、杏等；农作物品种也较多，粮食作物主要有小麦、玉米等；油料作物有大麻、油葵、红花、油菜等；经济作物有棉花、黄豆、瓜类、水果、蔬菜等。

三、自然资源

（一）土地资源

本区土地总面积336624.57平方千米，其中：耕地372934.75公顷，园地11273.33公顷，林地455509.08公顷，草地9781164.69公顷，居民工矿交通用地31650.04公顷，水域及水利设施用地548263.04公顷，其他用地22461662.07公顷。

本区内团场土地总面积为2920.24公顷，其中：耕地2300公顷，林地620.24公顷。

（二）水资源

水资源总量为50.43亿立方米。其中地表水39.60亿立方米，地下水10.83亿立方米，水资源重复利用量10.37亿立方米。水资源消耗量为13.98亿立方米，其中农业用水总量97845万立方米，工业及生活用水总量6989万立方米，生态用水总量27956万立方米，其他用水总量6989万立方米。

（三）草地资源

草地面积中，可利用草地面积376.12万公顷，暂难利用草地面积602.00万公顷。可利用草地面积中，天然草地364.52万公顷，人工草地4.10万公顷，改良草地7.50万公顷。

"三化"草场面积81.86万公顷，其中植被退化67.56万公顷，沙化10.67万公顷，盐碱化3.63万公顷。"三化"草场已治理面积50.30万公顷，占"三化"草地总面积的61.45%。

（四）森林资源

本区林地面积455509.08公顷，占本区面积的1.35%。林地中，有林地面积22650.29公顷，全部为乔木林，占林地面积的4.97%；疏林地面积34402.66公顷，占林地面积的7.55%；灌木林347415.25公顷，全部为国家特别规定的灌木林，占林地面积的76.27%；未成林地1591.23公顷，占林地面积的0.35%；苗圃地面积2.50公顷；无立木林地96.33公顷，占林地面积的0.02%；宜林地面积49334.55公顷，占林地面积的10.83%；辅助生产林地面积16.27公顷，占林地面积的0.01%。森林覆盖率1.10%。

本区林地面积极小，灌木林地面积比重大，森林覆盖率极低。在宜林地中，以宜林沙荒地的比例大，占宜林地的70.3%。

本区森林面积370065.54公顷，森林蓄积量821872立方米。森林面积按林种划分，防护林363509.64公顷，占森林面积的98.23%；经济林面积6555.9万公顷，占1.77%。森林面积按起源划分，天然林面积360667.89公顷，占森林面积的97.46%，人工林面积9397.65公顷，占2.54%。

（五）湿地资源

本区湿地总面积为75.81万公顷，占本区总面积的2.25%。按湿地类型划分，本区河流湿地面积22.10万公顷，占湿地总面积的29.14%，主要河流有喀拉喀什河、玉龙喀什河和叶尔羌河；湖泊湿地面积29.47万公顷，占湿地总面积的38.88%；沼泽湿地面积22.58万公顷，占湿地总面积的29.79%；人工库塘湿地面积1.66万公顷，占湿地总面积的2.19%。

（六）野生动植物资源

1．野生植物资源

山区沿海拔不同分布有天山云杉林，沟谷中有稀疏昆仑圆柏分布。受严酷的气候、土壤和水文地质等条件的影响，盐渍化现象非常普遍，形成了地带性的灌木荒漠植被。其特点是沿河岸两侧植被丰富，有古老的胡杨林广泛分布，柽柳、白刺、铃铛刺组成的灌木林及各类草场，此外林冠下还分布有野生甘草、罗布麻及其他，如麻黄、假木贼等交替分布的耐旱植被。

本区有野生植物267种，分属30科83属，大部分植物呈高原矮化特征。

2．野生动物资源

本区野生动物资源丰富，主要分布有：雪豹、北山羊、胡兀鹫、盘羊、猎隼、猞猁、大天鹅、棕熊、游隼、苍鹭、岩羊、黑鹳、野牦牛、西藏野驴、马可波罗盘羊、藏羚羊、野骆驼等脊椎动物109种。其中有蹄类30种，鸟类79种。

国家Ⅰ级保护野生动物主要有：藏羚羊、野牦牛、西藏野驴、野骆驼、胡兀鹫等12种。

国家Ⅱ级保护野生动物主要有：岩羊、盘羊、大天鹅等17种。

四、社会经济

1．人口与民族组成

本区年末总人口10.60万人，人口密度0.315人/平方千米，少数民族8.39万人，农业人口6.60万人。总人口中，贫困人口8.48万人，占总人口的80%。

本区主要民族构成为：维吾尔族、汉族、柯尔克孜族、塔吉克族。

2．经济及发展概况

本区国内生产总值（GDP）851639万元。其中：第一产业283825万元，第二产业434275万元，第三产业133539万元。

本区财政收入89973万元，农村居民人均纯收入14711元。

五、扶贫开发

根据《中国农村扶贫开发纲要（2011～2020年）》，新疆阿尔金草原地区不属于特困地区，但部分农牧民生活较为困难，需要加大投入和支持力度，大力改善生产生活条件，培育壮大人工养殖基地产业，加快区域性重要基础设施建设步伐，加强生态建设和环境保护，着力解决制约发展的瓶颈问题，促进基本公共服务均等化，从根本上改变贫困地区面貌。

本区农牧民贫困的主要原因是土地贫瘠、荒漠草场退化、人均耕地过少，以及资源不合理利用，土地生产力水平很低等。

第二节　生态功能定位

一、主体功能

本区属防风固沙型重点生态功能区，主体功能定位是：保障阿尔金草原及西北地区生态安全的重要区域，阿尔金草原珍稀动植物基因资源保护地，人与自然和谐相处的示范区。

二、生态价值

（一）生态区位重要

本区属于阿尔金山荒漠草原植被重点保护区，总面积336624.57平方千米，北界以4000米高原面与蒙甘新荒漠灌草恢复区分开；南界与昆仑山、可可西里山和羌塘阿里山地高寒草原荒漠保护区、江河源区特用林重点保护区相接；西界至国境线；东界至青海省省界。是新疆乃至整个西北地区的重要生态屏障，对保护该地区森林及动植物资源、维护新疆及西北地区生态安全意义重大。

本区林地面积极小，灌木林地面积比重大，森林覆盖率极低。区域内森林、草原、湿地等生态系统脆弱，自我修复能力差，人工恢复难度大。

（二）生物多样性资源丰富

本区是我国西部生物多样性关键地区之一，分布有国家级禁止开发区域4处，总面积1232万公顷，是我国西北荒漠区特有野生动植物的生物物种基因库，具有重要的保护价值和科研价值。本区域是西北植物区系和新疆植物区系交汇带，也是新疆、西北动物区系的交汇处，野生动植物种群庞大，种类繁多，对中国北方动物多样性保育具有十分重要的作用。

本区还分布有多种国家重点保护野生动物，其中藏羚羊、野牦牛、西藏野驴是高原特有的三大有蹄类动物。

（三）青藏高原珍稀动植物基因资源保护地

本区地处新疆、青海、西藏三省（区）交界处，是动植物区系过渡的连接区。加之海拔高度的垂直变化，孕育着森林、草地、湿地、荒漠、冻原、农田、水域、冰川和雪山九大类型的复合生态系统，为多种植被类型和野生动植物生存栖息繁衍提供了适合的自然条件，成为生物多样化繁育生息的最高区域。区内野生动物资源丰富，是西北地区极为重要的"种质资源库"和"遗传基因库"，承担着自然生态系统保护、物种资源维护、基因保存等任务，是我国生物多样性保护的关键地区之一。

第三节　主要生态问题与原因

一、主要生态问题

（一）生态承载力不足

根据生态足迹及生态承载力模型，2014年，本区人均生态足迹为4.58公顷，人均生态承载力为1.36公顷，生态赤字为3.22公顷，远高于同期中国和全球的人均生态赤字，也高于新疆维吾尔自治区的人均生态赤字。说明本区可持续发展形势严峻，区域生态系统负荷已经超出了其更新能力的可承受范围。

本区生态承载力与生态足迹详见表14-1。

表14-1　生态承载力与生态足迹

单位：公顷

指　　标	本　区	新　疆	中　国	全　球
生态足迹	4.58	4.0551	2.1	2.7
生态承载力	1.36	2.8266	1.05	1.8
生态赤字	3.22	1.2285	1.05	0.9

注：中国生态足迹报告，2012年。

从区域生态系统现状看，草地利用率10%，湿地率2.25%，森林覆盖率和森林单位面积蓄积量分别为1.10%和36.29立方米/公顷。生态保护与建设的方向是加大草地、林地和湿地的保护，提高其生态承载力，降低生态赤字。

本区生态压力指数为1.28，区域生态较不安全；生态经济协调指数1.69，协调性较差；生态效率指数为0.53，资源环境利用效率很差。因此，生态保护与建设要协调区域经济发展，提高生态安全水平。

（二）土地沙化严重

本区沙化土地面积共计1869.86万公顷，占本区土地面积的52.49%。根据全国前四次荒漠化和沙化土地监测数据，本区沙化土地已连续实现减少。但沙化土地占比较高，个别地区仍然沙害蔓延，急需治理的区域面积仍然较大，且自然条件和环境恶劣，治理难度更大。有明显沙化趋势的土地面积23.44万公顷，占本区土地面积的0.66%。需要治理沙化土地72976.61公顷。

沙化土地的主要类型为流动沙丘（丘）、半固定沙地（丘）、固定沙地（丘）、沙化耕地、风蚀劣地和戈壁。流动沙丘（丘）面积1130.27万公顷，占本区沙化土地总面积的60.45%；半固定沙地（丘）面积91.53万公顷，占沙化土地总面积的4.89%；固定沙地（丘）面积63.59万公顷，占沙化土地总面积的3.40%；沙化耕地面积0.91万公顷，占沙化土地总面积的0.05%；风蚀劣地面积15.82万公顷，占沙化土地总面积的0.85%；戈壁面积567.32万公顷，占沙化土地面积的30.34%；其他0.42万公顷，占沙化土地面积的0.02%。

（三）生态用水严重不足

本地区水资源总量较新疆平均水资源量大，但可利用水资源紧缺。加之近年来土地开垦较多，农业用水量急增，水资源利用不合理，导致沙地地下水下降加快，造成沙生植物的死亡，沙地向沙漠转化。

水资源严重不足进一步导致和加剧了区域植被破坏、河水断流、湿地面积萎缩、湿地功能退化、草地退化等生态问题，也影响了区域城市化进程的加速和经济社会的发展。

（四）生物多样性减少

本区已有10种植物物种濒临灭绝，河流湖泊沿岸的原生灌丛也正在大量消失，以森林为栖息地的野生动物，如猞猁、沙鸡、鹅喉羚、獾、狐狸和野兔等种群数量也在不断减少。

（五）自然湿地萎缩，河湖生态退化

伴随着湿地面积萎缩，沼泽小土丘凸起、干裂，泥炭外露，水源涵养功能减弱，原有的湿地正逐步向高寒草甸演替。根据全国第二次湿地资源调查，在重点调查的湿地中，多数河湖湿地正在受到干旱、沙化、氯化物、总氮、总磷等10多类威胁因子影响，逐步向轻度污染、中度污染方向发展，河湖水草减少，生态环境退化，面临着水质污染加重的趋势。

二、主要原因

区域生态环境存在问题的主要原因有气候变化和人为活动影响两个方面。

（一）气候变化

气象观测资料分析表明，近50多年来，本区气温在逐年升高；降水量变化不明显，部分年份出现偏高；蒸发量加大；平均风速、大风日数、沙尘暴日数呈逐年减少态势。

在支持生态系统的环境因子中，光照、氧气含量没有变化，温度升高和二氧化碳的增加对植物的光合作用有利，水分虽有变化，总体雨量正常。

因此，气候变化对区域生态环境恶化的影响相对较小。

（二）人为活动

人为活动影响突出表现在人口和牲畜数量增加。人口和牲畜数量增加使得人地矛盾突出，大规模的毁草开荒种地和超载过度放牧现象成为必然。这也与生态足迹/生态承载力分析相符合。

牧民为了维持基本生活，牲畜数量的减少有其一定的底线。致使牲畜对草场的压力主要表现为空间上的转移，草畜矛盾并没有得到很好解决。

因此，人口和牲畜增加是本区土地退化的最主要原因，生态保护与建设应从控制人为活动影响入手。

（三）其他

由于本区域食物链上层缺失，造成鼠害严重，土地退化趋势严重。另外，此区域地广人稀，近年来，虽然加大保护力度，但盗猎问题依然突出。

第四节　生态保护与建设现状

一、生态工程建设

（一）林业生态工程建设

林业部门主要开展了三北防护林、退耕还林、野生动植物保护及自然保护区建设、湿地保护与恢复、沙化土地封禁保护区等生态工程建设，对本区沙化土地面积连续减少起到了主要作用。

截至2014年底，本区累计完成三北防护林工程8200公顷，实际完成投资1577万元，沙化土地封禁保护区4.21万公顷，实际完成投资近2076.59万元；退耕还林工程

62.62万公顷，实际完成投资近9215.28万元；公益林管护232934.19公顷；林业有害生物防治2020.015公顷；沙产业基地837.30公顷；中幼龄林抚育2520.09公顷，完成投资430万元。

林业生态工程建设虽然取得了巨大的成效，但工程投资普遍偏低，缺乏管护资金，建设难度越来越大，缺乏森林防火、水、电、路等配套设施，影响了工程整体生态效益的发挥。

（二）其他生态工程建设

1．农牧生态工程建设

农牧生态工程建设主要开展了人工种草、围栏封育、基本草场建设、配套设施建设等工程。

截至2014年底，已经完成治理草地建设投资近10.52亿元；草原生态保护补助奖励资金近2.79亿元，其中：中央财政禁牧补植标准82.5元/公顷（或3000元/人·年），草畜平衡补助标准22.5元/公顷，牧民生产资料补助500元/户。

2．水利环保生态工程建设

水利环保生态工程建设主要开展了车尔臣河流域治理工程、节水工程等工程建设。

3．防灾减灾工程建设

防灾减灾工程建设主要包括：

国土部门开展了地质灾害防治项目和土地整理项目。

气象部门开展了人工增雨、旱情监测、应急监测、山洪地质灾害监测等气象保障工程。

二、国家重点生态功能区转移支付

2014年，国家对本区的重点生态功能区转移支付逾0.45亿元，其中用于生态环境保护特殊支出补助为0.15亿元，其他为0.30亿元。从该政策实施情况看，转移支付资金用于生态保护与建设的比例很低，而且资金规模也不能满足实际需要。

三、生态保护与建设总体态势

目前，阿尔金草原荒漠化防治生态功能区的生态状况通过三北防护林、退耕还林、野生动植物保护及自然保护区建设、湿地保护与恢复、沙化土地封禁保护区等各项生态工程的实施，已经呈现生态改善的良好势头，早期受破坏植被正处于缓慢的恢复演替阶段。

但本区生态承载力低、沙化土地面积大、水资源严重不足、湿地面积缩减严重，生物多样性减少等问题依然严重，生态保护与建设处于关键阶段。

第二章 指导思想与原则目标

第一节 指导思想

全面贯彻党的十八大精神，深入学习贯彻习近平总书记系列重要讲话精神，按照《中共中央 国务院关于加快推进生态文明建设的意见》和《生态文明体制改革总体方案》要求，牢固树立生态文明的理念，全面落实《全国主体功能区规划》和《新疆主体功能区规划》的功能定位和建设要求，认真落实《关于贯彻实施国家主体功能区环境政策的若干意见》，以控制区域土地沙化、保障阿尔金草原生态安全为目标，以改善生态、改善民生为主线，统筹空间管制与引导，加强综合治理，逐步减轻森林、草地和湿地的生态负荷，恢复和提高生态系统服务功能。发挥资源优势，创新发展模式，强化科技支撑，加强生态监管，协调好人口、资源、生态与扶贫的关系，促进农牧民脱贫致富，把本区域建设成为生态良好、生活富裕、社会和谐、民族团结的生态文明示范区，为阿尔金草原及周边地区的可持续发展提供生态安全保障。

第二节 基本原则

一、全面规划、突出重点

本区荒漠化防治是一项复杂的系统工程，要将区域森林、草原、湿地、农田、城镇等生态系统都纳入规划范畴，与《全国主体功能区规划》《新疆维吾尔自治区林业"十三五"发展规划》《新疆维吾尔自治区农业"十三五"发展规划》《新疆维吾尔自治区畜牧业"十三五"发展规划》等规划相衔接，协调推进各类生态系统保护与建设。同时根据本区的特点，以森林、草原和湿地生态系统为生态保护与建设重点。

二、保护优先、科学治理

本区生态环境脆弱，要突出保护和巩固现有工程建设成果，充分发挥自然生态系统的自我修复能力，推广先进实用技术，乔灌草相结合，林业、农业、水利等措施相结合，生物措施与工程措施相结合，综合治理，协同增效。

三、合理布局、分区施策

本区自然条件差别较大，不同区域生态问题不同，要根据区域差异，对工程建设区域进行科学分类，合理区划布局，明确不同区域的主要特点，采取有针对性的保护和治理措施，合理安排建设内容。

四、以人为本、改善民生

本区有大量贫困人口，要妥善处理防、治、用的关系，将生态建设与当地经济、社会发展和农牧民脱贫致富相结合，与调整产业结构和改进生产方式相结合，改善人居环境的同时，帮助农牧民脱贫致富。

五、深化改革、创新发展

本区生态保护和建设要适应新形势，创新发展机制。要深化集体林权制度改革；创新森林、草地、湿地、沙地等资源保护和建设模式，建立生态功能区考核机制，保障生态建设质量；实施生态补偿，建立生态保护建设长效机制。

第三节　规划期与规划目标

一、规划期

规划期为2016～2020年，共5年。

二、规划目标

总体目标：到2020年，总体上遏制荒漠化土地扩展的趋势。水质达到II类，空气质量得到改善，区域可持续发展能力进一步提高。生态用地面积增加并得到严格保护，森林覆盖率和灌草植被盖度稳步提高，基本实现草畜平衡。野生动植物资源得到恢复。农田基本实现保护性耕作。水土流失得到有效控制。农牧民收入显著增加。配套建设完善，生态监管能力提升，基本建成西北地区的绿色生态屏障。

具体目标：到2020年，生态用地占比3.1%，林草植被覆盖度提高到2%，森林覆盖率达到1.15%，森林蓄积量达到85万立方米以上，湿地面积稳定在75.8万公顷以上，自然湿地保护率达到60%，可治理沙化土地治理率达到30%。晋升国家级自然保护区1处。农田保护性耕作率达到100%。发展生态产业基地2万公顷，农牧民培训3万人次。

具体目标详见表14-2。

表14-2　规划目标主要指标表

主要指标	2012 年	2020 年
生态用地①占比（%）	3	3.1
林草植被覆盖度（%）	1.68	2
森林覆盖率（%）	1.10	1.15
森林蓄积量（万立方米）	82	85
可治理沙化土地治理率（%）	—	30
农田保护性耕作率（%）	—	100
湿地面积（万公顷）	75.8	75.8 以上
自然湿地保护率（%）	50	60
晋升国家级自然保护区（处）	—	1
生态产业基地（万公顷）	—	2
技能培训（万人次）	—	3

注：①生态用地包括林地、湿地和草地三种土地利用类型。

第三章 总体布局

第一节 功能区划

一、布局原则

根据地貌和生态系统类型的差异性，地理环境的完整性，生态承载力的相似性，按照《全国主体功能区规划》的要求，并注重与《新疆主体功能区规划》和《新疆生态功能区划》等规划的衔接，从生态保护与建设的角度出发，对阿尔金草原荒漠化防治生态功能区进行区划。

二、分区布局

本区共划分2个生态保护与建设区，即阿尔金山高原荒漠保护区和阿尔金草原荒漠综合治理区。详见表14-3。

表14-3 生态保护与建设分区表

单位：万公顷

区域名称	行政范围（个）	面积	区域特点
合计	2	3366.24	
阿尔金山高原荒漠保护区	且末县、若羌县	770.00	与阿尔金山国家级自然保护区和中昆仑自然保护区的区域相同，生态区位重要，野生动植物资源丰富。海拔较高，气候寒冷，干旱多风，蒸发强烈
阿尔金草原荒漠综合治理区	且末县、若羌县	2596.24	位于塔里木盆地南沿，土地沙化严重，生态用水严重不足，林草资源缺乏，贫困人口较多，区域生态赤字较大

（一）阿尔金山高原荒漠保护区

本区与阿尔金山国家级自然保护区和中昆仑自然保护区的区域相同，南靠青藏高原，北邻塔里木盆地，属高原地貌类型。行政区域包括且末县和若羌县的一部分，具有国内独特的自然条件、自然资源和生物多样性。本区属典型高原干旱区，区内水资源和生物多样性资源丰富。本区虽然生态压力指数偏大，但生态经济协调性较好，生态效率也较高。区域生态主导功能是保护高原脆弱生态环境、森林和草原植被，提高水源涵养能力，防止土地荒漠化，植被退化。

（二）阿尔金草原荒漠综合治理区

本区位于塔里木盆地南沿，是农田绿洲和荒漠的交错区。行政区域包括且末县和若羌县的一部分，以农业为主，但农田沙化严重。本区属绿洲—沙漠过渡带，由于人为活动频繁滥垦滥牧，天然植被遭到严重破坏。本区生态压力指数最大，生态经济协调性也较差，生态效率一般。区域生态主导功能是开展农田综合治理、涵养水源、控制沙化。

第二节　建设布局

一、阿尔金山高原荒漠保护区

（一）区域特点

本区包括阿尔金山国家级自然保护区和新疆中昆仑自然保护区的区域。

土地面积770.00万公顷，无常住人口，有少量游牧牧民。主要植被为高原草甸、灌丛草甸等。

泥石流、滑坡等地质灾害较多。土壤水分、气象监测等监测点2个。未开展牧草、土壤、生态环境的气象评估服务。

本区基本无成片森林分布，草地面积537.00万公顷，湿地面积44.43万公顷。草地享受草原生态保护补助奖励政策。

本区全部为国家禁止开发区域。

（二）主要问题

1. 生态系统较脆弱

本区海拔较高，边远偏僻、高寒缺氧，使得保护区内保留了中国特有和珍稀的野生动物。但随着人为活动增加，滥捕乱猎和各类破坏资源情况时有发生，生态系统相对脆弱。

2. 环境承载压力加大

本区周边的青海、西藏以及新疆的若羌、且末两县都属于经济欠发达地区，对资源的依赖性大，且保护区内有着丰富的矿产资源，致使周边县域企业在保护区内大量勘探开发矿产资源，非法矿产资源的开发不可避免地对生态环境和生物资源产生影响。

3. 生物多样性保护压力大

由于自然气候条件恶劣，高原草地沙化趋势严重，草原功能退化，生物多样性保护压力较大。

（三）建设重点

加大退牧还草力度，恢复草原植被。转变畜牧业生产方式，实行禁牧休牧，以草定畜，严格控制载畜量。继续加大自然保护区建设力度，实施湿地恢复和野生动植物保护，扩大湿地面积，控制水土流失。

二、阿尔金草原荒漠综合治理区

（一）区域特点

土地面积2596.24万公顷，人口为10.6万人，人口密度为0.004人/公顷。主要植被为荒漠和沙生植被等。森林覆盖率1.4%。

大风、沙尘天气、沙尘暴等自然灾害频繁。土壤水分、气象监测等监测点4个。开展了牧草、土壤、生态环境的气象评估服务。

森林面积37.00万公顷，森林单位面积蓄积量2.22立方米/公顷。草地面积441.12万公顷，湿地面积10.40万公顷，耕地面积37.29万公顷。

国家级公益林为23.29万公顷，地方公益林0.56万公顷。国家级公益林已经全部纳入中央财政补偿范围，地方公益林未纳入生态补偿补助范畴。草地享受草原生态保护补助奖励机制补助政策。

本区有2个国家禁止开发区域。

（二）主要问题

1. 生态承载力不足

本区生态压力指数为1.48，区域生态较不安全；生态经济协调指数1.89，协调性较差；生态效率指数为0.43，资源环境利用效率很差。因此，生态保护与建设要协调区域经济发展，提高生态安全水平。

2. 生态用水严重不足

本区可利用水资源紧缺，加之近年来土地开垦较多，水资源利用不合理，农业用水量剧增，导致沙地地下水水位下降加快，造成沙生物的死亡，沙地向沙漠转化。

3. 人口大量增加

与20世纪60年代相比，本区人口增加了4倍。增加的人口需要开垦更多耕地来养活，许多草地被开垦为耕地。

4．生物多样性保护压力大

由于大风、沙尘天气和沙尘暴等恶劣天气，以及多年降水量持续降低导致植被退化，草原功能退化，森林面积的93.9%为特灌林，生物多样性保护压力较大。

（三）建设重点

继续实施塔里木盆地南缘防沙治沙、公益林保护、退耕还林、湿地恢复和野生动植物保护，提高森林质量，扩大湿地面积；加快农田综合治理和林草植被恢复。加强对河流的规划和管理，合理开发利用水土资源。加快发展生态旅游产业，加强基础设施和公共服务设施建设，实施生态移民。按资源条件分类设立禁止开发区域。

第四章 主要建设内容

第一节 防沙治沙

一、保护和修复荒漠生态系统

通过造林种草、合理调配生态用水，增加林草植被；通过设置沙障、草方格、砾石压砂等措施固定流动和半流动沙丘。对生态区位重要、人工难以治理的沙化土地实施封禁保护。加强封禁设施建设，禁止滥樵、滥采、滥牧，促进荒漠植被自然修复，遏制沙化扩展。适度发展沙产业。

主要任务：治理沙化土地3万公顷，封禁保护沙化土地2万公顷。

二、保护和培育森林生态系统

强化森林保护与管护。对已经纳入国家生态补偿范围的国有、集体公益林和待纳入生态补偿范围的现有林地采取有效措施集中管护。建立健全管护机构和相关制度，培训管护人员，落实管护责任，实现森林资源管护全覆盖。加强以林地管理为核心的森林资源林政管理，加大资源监督检查和执法力度。

加强森林资源培育。深入开展塔里木盆地南缘防沙治沙工程和退耕还林工程建设。全面加强森林经营管理，加大森林抚育力度，开展低质低效林改造，提高林地生产力；大力开展封山育林，促进森林正向演替。

主要任务：人工造林1.5万公顷，封山育林5万公顷，低质低效林改造2.5万公顷，实施退耕还林荒造工程，森林管护总规模为37万公顷。

三、保护和治理草地生态系统

加强草地保护和合理利用，转变畜牧业生产方式，实行禁牧休牧，推行舍饲圈养，以草定畜，严格控制载畜量。加大退牧还草力度，恢复草原植被。通过建设围栏、补播改良、人工种草、土壤改良等措施，加快"三化"草地治理。对于草畜矛盾严重的区域通过实施人工种草、天然草地改良为人工饲草，解决舍饲养殖饲料不足的矛盾。强化草原火灾、生物灾害和寒潮冰雪灾害等防控。完善草原生态保护补助奖励机制，提供补助和奖励标准。

主要任务：人工种草1万公顷，基本草场建设2万公顷，草种基地建设0.2万公顷。

四、保护和建设农田生态系统

实施保护性耕作，推广免（少）耕播种、深松及病虫草害综合控制技术。强化农田生态保育，加大退化农田改良和修复力度，优化种植制度和方式。推广节水灌溉，逐步退还生态用水，增强农田抗御风蚀和保土蓄水能力。

主要任务是：实施保护性耕作面积2万公顷，保育农田2万公顷。

专栏 14-1　防沙治沙工程

01　塔里木盆地南缘防沙治沙
绿洲内部以特色林果业提质增效为主，绿洲外缘生物治沙和非生物治沙相结合遏制沙漠前移，实施草原轮牧、休牧等恢复林草植被，开展工程治沙，适度发展沙产业。

02　沙化土地封禁保护
强化自然修复，因地制宜，划定沙化土地封禁保护区域，加强封禁管护设施和封禁监测监管能力建设，减少人为干扰。

03　公益林管护
对生态公益林进行管护。

04　退耕还林还草
巩固退耕还林成果，继续实施退耕还林荒造工程。

05　重点区域防护林建设
大力推进造林、低质低效林改造、更新改造，构建高效防护林体系。

06　森林抚育
对区域中幼林进行抚育，提高林分质量，增强其生态功能。

07　草原生态保护补助奖励
集中连片整体推进阶段性禁牧和草畜平衡政策，对严重退化草原、中度和重度沙化草原实行禁牧补助，对达到草畜平衡的草原给予草畜平衡奖励。

08　保护性耕作
推广免（少）耕播种、深松及病虫草害综合控制技术，实施保护性耕作，改善土壤结构，增强农田抗御侵蚀和保土蓄水能力。

09　保育农田
推广种植绿肥、秸秆还田、增施有机肥等措施，培肥地力。

10　节水灌溉
大力推广节水灌溉技术，合理利用水资源，逐步退还生态用水。

第二节　湿地保护工程建设

继续推进湿地保护工程，以加强湿地保护的宣传、执法为重点，强化湿地保护与管理能力建设。对重要湿地采取湿地植被与生物恢复、设立保护围栏、有害生物防控、生态补水、严格地下水管理等综合措施，开展湿地恢复与综合治理，保障生态用水。充分发挥湿地的多功能作用，对社会和经济效益明显的湿地，开展资源合理利用试点示范。

加强对河流的规划和管理，采取源头保护、流域治理、水量调度等措施，增加林草植被和水源涵养能力。

主要任务：节水灌溉3万公顷，重点小流域综合治理1万公顷，湿地保护与恢复1万公顷。

专栏 14-2　湿地生态系统保护和恢复重点工程
01　车尔臣河流域治理 开展水源地保护工程、节水灌溉建设，合理利用水资源。
02　湿地保护与恢复工程 对区域内重要湿地进行保护、恢复和综合治理。
03　水生态保护与修复 对区域内的重要湿地、重点小流域、世界文化遗产水环境开展水生态保护与修复，构建水系连通网络体系。
04　重要水系保护治理 对车尔臣河流域水系等重点河流水系进行保护治理，开展植树造林，配备相应的设备。
05　湿地保护能力建设 进行湿地保护的宣传、执法能力建设，配备相应的设备。

第三节　生物多样性保护

一、资源调查

本区是我国西部生物多样性重点地区之一。但存在生物多样性资源普查工作滞后、资源底数不清的情况。开展野生动植物资源全面而详细的调查、分类、统计工作，建立野生动植物资源分布现状数据库，为进一步搞好野生动植物保护管理工作提供科学依据。

二、禁止开发区域划建

（一）自然保护区

继续推进国家级自然保护区建设，对保护空缺的典型自然生态系统和极小种群野生植物、极度濒危野生动物及栖息地，加快新建自然保护区。

进一步界定自然保护区中核心区、缓冲区、实验区范围。在界定范围的基础上，结合禁止开发区域人口转移的要求，对管护人员实行定编。依据国家、省（区）有关法律法规以及自然保护区规划，按核心区、缓冲区、实验区分类管理。

（二）森林公园

继续推动国家级森林公园建设，加快划建一批国家级森林公园，加强森林资源和生物多样性保护，适度开展生态旅游。

界定国家级森林公园的范围，核定面积，严格执行分区管理。

（三）湿地公园

遵循"保护优先、科学修复、合理利用、持续发展"的原则，加快国家湿地公园建设。湿地公园内除必要的保护和附属设施外，禁止其他任何生产建设活动。禁止开垦占用、随意改变湿地用途以及损害保护对象等破坏湿地的行为。不得随意占用、征用和转让湿地。

界定国家湿地公园的范围，核定面积，严格执行分区管理。

（四）沙漠公园

加快沙漠公园建设。沙漠公园建设是国家生态建设的重要组成部分。沙漠公园内除必要的保护和附属设施外，禁止其他任何生产建设活动。按照沙漠公园总体规划确定的范围进行标桩定界，禁止擅自占用、征用国家沙漠公园的土地。鼓励公民、法人和其他组织捐资或者志愿参与沙漠公园建设和保护工作。严格执行分区管理。

（五）沙化土地封禁保护区

继续推进沙化土地封禁保护区建设，对已建沙化土地封禁保护区加强后期管护及生态监测运行投入。依据国家、省（自治区）有关法律法规以及防沙治沙规划，对规划期内不具备治理条件的以及因保护生态的需要不宜开发利用的连片沙化土地，加快划建沙化土地封禁保护区，实行封禁保护，禁止一切破坏植被的活动。

禁止在沙化土地封禁保护区范围内安置移民。未经国务院或者国务院指定的部门同意，不得在沙化土地封禁保护区范围内开展修建铁路、公路等建设活动。对沙化土地封禁保护区范围内的农牧民，县级以上地方人民政府应当有计划地组织迁出，并妥善安置。

（六）风景名胜区

进一步界定国家级风景名胜区的范围，核定面积。规范国家级风景名胜区建设，在保护生态的同时，促进区域经济发展，实现生态扶贫。

主要任务：新建自然保护区2处，晋升国家级自然保护区1处，新建国家级森林公园2处、国家湿地公园2处、国家沙漠公园2处、沙化土地封禁保护区2处、国家级风景名胜区2处。

专栏 14-3   生物多样性保护重点工程

---

01   野生动植物保护及自然保护区建设工程
　　进一步完善现有自然保护区基础设施建设，新建自然保护区 2 处，晋升 1 处国家级自然保护区，完善自然保护区网络体系。

---

02   极小种群物种拯救工程
　　对野外生存繁衍困难的物种采取必要的人工拯救措施。在且末县建立 1 处野生动物救护繁育中心。

---

03   生物遗传资源库和生物多样性展示基地建设工程
　　在若羌县建设生物多样性保护展示基地，重点保护、保存和培育优异生物遗传资源。

---

04   国家级森林公园
　　新建国家级森林公园 2 处。

---

05   国家湿地公园
　　新建国家湿地公园 2 处。

---

06   国家沙漠公园
　　新建国家沙漠公园 2 处。

---

07   沙化土地封禁保护区
　　对已建沙化土地封禁保护区加强后期管护及生态监测运行投入。新建沙化土地封禁保护区 2 处。

---

08   国家级风景名胜区
　　新建国家级风景名胜区 2 处。

---

09   生物多样性资源调查
　　开展生物多样性资源调查工作，摸清资源底数。

第四节　生态扶贫建设

一、生态产业

坚持严格保护、适度开发的原则，根据不同的自然地理和气候条件，因地制宜、突出特色、科学经营、持续利用，充分发挥区域良好的生态状况和丰富的资源优势，发展特色经济林、生态旅游、林下经济、设施农业和生态牧业，建设产业基地，并带动种苗等相关产业发展；大力提高核桃、红枣特色经济林及沙棘、肉苁蓉、花卉、山野珍品生产加工能力，延长产业链条，提高农牧民收入。积极发展生物质能源，加大农林业剩余物的开发利用，发展生态循环经济。积极探索建立起较为灵活的投融资及经营机制，不断扩大提高外来资金利用规模与水平，助推特色生态产业快速发展，帮助农牧民脱贫致富。政府引导，鼓励建立多种形式的合作社，积极培育市场，充分发挥市场在资源配置中的主导地位。

主要任务：特色经济林示范点5处，低质老化果园改造5000公顷，新建生态产业基地2万公顷。

二、技能培训

结合巩固退耕还林成果项目，针对农牧民就业开展技能培训，在每户农民中至少有1人掌握1门产业开发技能（农业、林业或牧业）。

针对管理人员和专业技术人员开展培训，每个管理人员和专业技术人员要熟悉规划涉及的各生态工程的建设内容、技术路线，以及管理等方面的内容。

主要任务：培训农牧民3万人次，管理人员200人次，技术人员1000人次。

三、人口易地安置

与国家扶贫攻坚规划相衔接，对区域内生存条件恶劣地区生态难民实行易地扶贫安置。对新建和续建自然保护区核心区和缓冲区内长期居住的农牧民实行易地保护安置。

易地安置的农牧民以集中安置为主。根据当地的实际情况，发展特色产业，同时鼓励富余劳动力外出务工，增加收入，使异地搬迁达到"搬得出，稳得住，能致富"的目标。

专栏 14-4　　生态产业重点工程
01　特色经济林 　　结合龙头企业建设，发展红枣、核桃等特色林果产业。
02　林下经济 　　依托巩固退耕还林成果等项目，积极开发食用菌、生态鸡、生态猪、山野菜、甘草等林下资源，引导和鼓励农户发展林间种药、养禽、育菌等复合经营模式，实现立体种植。
03　牛羊养殖专业合作社 　　集中建设牛羊规模养殖专业合作社，每个牛羊养殖专业合作社建设标准化暖棚、贮草棚等。
04　中药材基地 　　发展麻黄、肉苁蓉等中药材，进行规模化种植。
05　花卉产业 　　建设花卉繁育基地，配套基础设施和设备等。
06　生态旅游 　　结合森林公园、湿地公园、沙漠公园和风景名胜区建设，完善旅游规划体系，建设旅游基础设施和精品旅游景区。
07　设施农业 　　通过建设温室、大棚等设施，发展蔬菜、花卉和养殖业。

第五节　基本公共服务体系建设

一、防灾减灾

（一）森林（草原）防火体系建设

大力提高森林、草原防火装备水平，进一步加强防火道路、物资储备库等基础设施建设，增强扑火专业队伍及装备建设，增强防火预警、阻隔、应急处理和扑灭能力，实现火灾防控现代化、管理工作规范化、队伍建设专业化，形成较完整的森林、草原火灾防扑体系。

（二）林业（草原）有害生物防治

重点开展林业有害生物监测预警、检疫御灾、防治减灾体系基础设施建设，加强外来物种防范，建设有害生物防治示范基地，集中购置应急物资，开展联防联治，全面提高区域有害生物防灾减灾能力，有效遏制有害生物的发生。

（三）地质灾害防治

针对地震、滑坡、崩塌等地质灾害，依据其危险性及危害程度，采取不同的工程治理方案。治理措施包括工程措施、生物措施等。建立气象、水利、国土资源等部门联合的监测预报预警信息共享平台和短时临近预警应急联动机制，实现部门之间的实时信息共享，发布灾害预警信息。

（四）气象减灾

完善无人生态气象观测站和土壤水分观测站布局，合理配置新型增雨（雪）灭火一体火箭作业系统，改扩建人工增雨（雪）标准化作业点，提高气象条件修复生态能力。

（五）野生动物疫源疫病防控体系建设

建立野生动物疫病监测预警、预防控制、防疫检疫监督以及防疫技术支撑和物资保障系统，形成上下贯通、横向协调、有效运转、保障有力的野生动物防疫体系，明显提高重大野生动物疫病的预防、控制和扑灭能力。

二、基础设施

完善林区交通设施，把林区道路纳入国家和地方交通建设规划。加快林区电网改造，完善林区饮水、供热和污水垃圾处理设施，提高林区通讯设施水平，加强森林管护用房建设，并配备必要的巡护器具、车辆，全面提高森林资源管护能力。

加强牲畜暖棚、贮草棚、青贮窖和饲料机械等畜牧业基础设施建设；结合新农村建设，帮助游牧民尽快实现定居；结合游牧民定居点建设，配套解决人畜饮水问题。

主要任务：暖棚20万平方米，饲料机械2000台(套)，贮草棚10万平方米，青贮窖30万立方米。

专栏14-5　配套建设重点工程
01　森林（草原）防火体系建设 　　建设火险预测预报、火情瞭望监测、防火阻隔、通讯联络及指挥系统，配备无线电通讯、GPS等设备，购置防火扑火机具、车辆、装备等。建设信息化指挥中心，防火物资储备库，防火道路。购置办公设备。
02　林业（草原）有害生物防治 　　建立2个县级林业有害生物测报站、2个县级检疫实验室，1个林业有害生物防治示范基地。各县草原站购置草原兔鼠害、虫害以及有毒有害植物危害预测预报防治基础设施设备。
03　国有林场（站）危旧房改造项目 　　改造国有林场危旧房屋。
04　基础设施建设项目 　　包括供电保障、饮水安全、林区道路、棚户区改造、生产用房等。

（续）

专栏 14-5 配套建设重点工程
05 人工饲草料基地工程 开展牲畜暖棚、贮草棚、青贮窖和饲料机械等配套设施建设。
06 生态保护基础设施项目 实施草原站、林业工作站、木材检查站、科技推广站等基础设施建设。配备监控、防暴、办公、通讯、交通等设备。开展执法人员培训。
07 地质灾害防治 对地震、滑坡、崩塌等地质灾害进行综合防治。
08 气象减灾 实施生态服务型人工影响天气工程。

第六节 生态监管

一、生态监测

以现有监测台（站）为基础，合理布局、补充监测站点，采用卫星遥感、地面调查和定点观测相结合的办法，制定统一的生态监测标准与规范，对森林资源、草地资源、湿地资源和生物多样性等进行动态监测，形成区域生态系统监测网。建立信息共享平台，制定监测数据的定期上报制度，重大生态问题及时上报，定期发布生态保护报告。建立生态功能评估体系，定期、系统评价生态功能，开展生态预警评估和风险评估。

二、空间管制与引导

（一）落实主体功能定位

全面落实《全国主体功能区规划》和《新疆主体功能区规划》提出的主体功能定位要求，在禁止开发区域内，实行强制性保护；在限制开发区内，实行全面保护。

（二）划定区域生态保护红线

落实草地保护建设区、农田综合治理区和森林保护治理区的建设重点，划定并严守区域生态红线，确保现有草地、天然林和湿地面积不能减少，并逐步扩大。严禁改变生态用地用途，人类活动占用的空间控制在目前水平，形成"点状开发、面上保护"空间格局。

（三）发展生态产业

生态产业只在适宜区域建设，发展不影响生态系统功能的特色产业。草地保护建设区适度发展生态牧业、特色药材、生态旅游等生态产业。农田综合治理区，结合退耕还林和农业产业结构调整，发展设施农业、特色经济林、花卉、生态旅游等生态产业。森林保护治理区适度发展特色经济林、林下经济、生态旅游等生态产业。

（四）引导超载人口转移

结合新农村建设和游牧民定居，每个县重点建设1~2个重点城镇，建设成为异地保护搬迁和异地扶贫搬迁人口的集中安置点、特色产业发展集中点、游客集散地和基本生活服务集聚点，以减轻人口对区域生态的压力。

（五）开展综合示范

按照国家发展改革委《贯彻落实主体功能区战略　推进主体功能区建设若干政策的意见》（发改规划〔2013〕1154号）关于"开展主体功能区建设试点示范"的精神，本着"区域连片、特色突出、基础良好、效益明显"的原则，在草地保护建设区、农田综合治理区和森林保护治理区，建设4处综合示范区，以突显集成优势，发挥综合效益，推动本区域成为美丽新疆的示范基地。

按照每个示范区的主导发展方向和功能，分为生态主导型、景观主导型和生态产业共生型3个类型综合示范区。

1. 生态主导型

突出生态环境保护。通过森林植被保护与建设、小流域综合治理、生态移民等生态措施的综合运用，降低风沙危害，改善人居环境。

2. 景观主导型

突出生态景观建设。通过森林植被保护与建设及小流域综合治理，建设景观主导型景观生态林及绿色河流廊道，使森林与河流生态功能相互渗透，充分提升生态效应、景观效应和社会效应。

3. 生态产业共生型

突出生态产业共同发展。从生态资源入手，倡导生态建设产业化，产业发展生态化。通过森林植被保护与建设、小流域综合治理及草地资源的合理利用，改善林业、农业生产条件，提升生态旅游资源品质，全面提高绿色产业化经营水平，大幅度增加绿色产业经济总量和经济效益。

三、绩效评估

实行生态保护优先的绩效评价，强化对防沙治沙能力及区域生物多样性保护能力的评价，考核指标包括生态用地占比、森林覆盖率、森林蓄积量、草原植被覆盖度、草畜平衡指数、沙化土地治理率、自然保护区面积、自然湿地保护率等指标。

本区包含的禁止开发区域，要按照保护对象确定评价内容，强化对自然文化资源原真性和完整性保护情况的评价，包括依法管理的情况、保护对象完好程度以及保护目标实现情况等。

第五章　政策措施

第一节　政策需求

一、生态补偿补助政策

坚持"谁受益、谁补偿"原则，完善对重点生态功能区的生态补偿机制。坚持生态共建、资源共享、公平发展的原则，推动地区间建立横向生态补偿制度，在资金落实、量化机制、损失和补偿评估机制、资源议价机制等方面进行全方位的设计，不断扩大生态补偿覆盖面。

1. 认真贯彻《中央财政林业补助资金管理办法》（财农〔2014〕9号），加强规范中央财政林业补助资金使用和管理，提高资金使用效益。根据重点生态功能区的实际情况，探索完善中央财政林业补助资金政策和林业生态补偿政策。

2. 稳定和完善承包经营制度，基本完成确权和承包工作。落实和完善国家生态保护补助奖励机制，对由于发挥生态功能而降低生产性资源功能造成的损失予以补偿，提高生态区农牧民生态保护的积极性，并逐步提高补助奖励标准。

3. 建立完善碳汇补偿机制试点。建议尽快启动碳汇补偿机制试点，并加大对其倾斜扶持力度，不断增强和提高森林湿地固碳增汇的能力。

4. 认真贯彻落实《中共中央　国务院关于全面深化农村改革加快推进农业现代化的若干意见》（中发〔2014〕1号）以及《关于切实做好退耕还湿和湿地生态效益补偿试点等工作的通知》（财农便〔2014〕319号）等文件精神，推进退耕还湿、湿地生态效益补偿试点和湿地保护奖励等工作，进一步促进湿地保护与恢复，推动生态文明建设。

二、人口易地安置配套扶持政策

在土地方面，配套生态移民异地安置补偿置换政策，出台林地流转与转换的相关政策，确保生态移民用失去的原有土地，从县城周围的乡镇中置换宅基地、暖棚建设用地及饲草料基地进行舍饲养畜。鼓励定居牧民结合草原建设，建立饲草料基地。涉及农用地转为建设用地的，应依法办理农用地转用审批手续。在税费方面，可考虑涉及易地搬迁过程中的行政规费等费用，除工本费外全部减免，税收也可考虑变通免收；供电、供水、广播电视等配套工程的设计、安装、调试等费用一律减免。在从事非农产业方面，可考虑在自愿原则下，优先安排部分生态移民参加商贸、旅游等二、三产业。优先安排岗前培训、农业技术培训和科普技能培训。对搬迁移民优先办理用于生产的小额贷款，确保其在医疗保健、子女入学等方面均享有同当地居民一样的待遇。

三、国家重点生态功能区转移支付政策

根据阿尔金草原荒漠化防治生态功能区生态保护与建设的需要，建立转移支付标准调整机制，加大转移支付力度，并适当增加用于生态保护与建设的资金份额。

第二节　保障措施

一、法律保障

（一）加强普法教育

认真贯彻执行《中华人民共和国草原法》《中华人民共和国森林法》《中华人民共和国水土保持法》《中华人民共和国环境保护法》《中华人民共和国土地管理法》《中华人民共和国水法》《中华人民共和国防洪法》《取水许可和水资源费征收管理条例》等相关的法律法规。不断提高广大农牧民的法治理念和执法部门的执法水平。

（二）严格依法建设

建设项目征占用林地、草地、湿地与水域，要强化主管部门预审制度，依法补偿到位。加强生态监管和执法，依法惩处各类破坏资源的行为，强化对滥占滥垦林地、滥砍盗伐林木、滥垦草地等各类犯罪的打击力度，努力为生态保护与建设创造良好的社会环境。

（三）落实自然资源资产产权制度和用途管制制度

根据国家统一安排，对水流、森林、山岭、草原、荒地等自然生态空间进行统一确权登记。加强空间管制与引导，划定生产、生活、生态空间开发管制界限，落实用途管制。

（四）实行资源有偿使用制度

坚持使用资源付费和谁污染环境、谁破坏生态谁付费原则，逐步将资源税扩展到占用各种自然生态空间。稳定和扩大退耕还林、退牧还草范围，开展退耕还湿试点，调整地下水严重超采区耕地用途，有序实现耕地、河湖、湿地休养生息。建立有效调节工业用地和居住用地合理比价机制，提高工业用地价格。

（五）改革生态保护管理体制

建立区域统筹的生态系统保护修复和污染防治区域联动机制。健全国有林区经营管理体制，完善集体林权制度改革。健全举报制度，加强社会监督。对造成生态环境损害的责任者严格实行赔偿制度，依法追究刑事责任。

（六）建立资源环境承载能力监测预警机制

加大对森林、草地、湿地等生态系统以及水土流失监测力度。加强区域生态建设工程过程监管和质量控制。建立规划中期评估机制，对规划实施情况进行跟踪分析和评价，根据评估结果对规划进行调整。

二、组织保障

重点生态功能区生态保护与建设范围广、任务重，涉及部门多，各级地方政府要成立重点生态功能区生态保护与建设领导小组，主管领导任组长，强化生态保护建设工作的领导，各有关部门要发挥各自优势和潜力，按职责分工，各司其职，各负其责，形成合力。

实行政府负责制，各级政府是重点生态功能区建设的责任主体，实行目标、任务、资金、责任"四位一体"的责任制度。建立健全行政领导干部政绩考核责任制，紧紧围绕规划目标，层层分解落实任务，签订责任状，纳入各级行政领导干部政绩考核机制。

三、资金保障

发挥政府投资的主导作用。各级政府要进一步加强生态保护与建设资金投入力度，确保各项任务顺利实施。国家进一步加大重点生态功能区生态保护与建设项目的支持力度，促进规划顺利实施。

通过政策引导和机制创新，积极吸收社会资金，积极争取国际相关机构、金融组织和外国政府的贷款、赠款等，投入阿尔金草原荒漠化防治生态功能区生态保护与建设。

加强资金使用监管，确保工程建设资金专账核算、专款专用。根据工程建设需要，建立投资标准调整机制。

四、科技保障

（一）强化科技支撑

把科技支撑与工程建设同步规划、同步设计、同步实施、同步验收。落实科技支撑经费，要根据《国家林业局关于加强重点林业建设工程科技支撑指导意见》，提取不低于3%的科技支撑专项资金用于开展科技示范和科技培训，吸引国内外科研单位和机构参与生态建设和特色经济发展关键技术、模式的研究开发，提高科技含量，加快成果转换。促进科研与生产紧密结合，面向生产实际，全面开展前瞻性、预见性的科学研究和技术储备。

（二）加强实用技术推广

围绕农、林、水、气象等领域生态保护与建设的重大问题和关键性技术，成立专家小组、组织科技攻关，并有计划地制定工程建设中的各类技术规范。当前，重点抓好林木容器育苗与栽培、沙化草地综合治理和湿地植被恢复等现有技术优势集成、组装配套，取得突破；有计划、有步骤地建立一批科技示范区、示范点，通过示范来促进先进治理模式和技术的推广应用；积极开展多层次、多形式的培训，使广大农牧民掌握生态建设的基础知识和基本技能，提高治理者素质；加强国际交流与合作，引进和推广国外先进技术。

（三）搞好科技服务

继续发挥林业科技特派员和林场、林业站工程师和技术人员的科技带动作用，完善科技服务体系，开展专家出诊、现场讲授、科技宣传、技术咨询等活动，形成全方位的科技服务体系。要积极开展科技下乡活动，坚持"哪里有问题去哪里、哪里有需要去哪里，把技术送到基层、把服务送到一线"的做法，组织林业科技人员深入基层、深入一线普及林业科技知识，适时发放农民急需的科技资料，解决技术难题，扩大先进技术应用覆盖面，从而全面提升林业工程建设水平。

五、考核体系

（一）建立生态质量考核机制

根据《国家重点生态功能区县域生态环境质量考核办法》（环发〔2011〕18号），组织开展阿尔金草原沙漠化防治生态功能区生态质量考核评价工作。

（二）建立考评机制

完善对区域地方领导干部的考核评价机制，取消地区生产总值考核，将区域生态保护与建设指标纳入评价考核体系，并作为考核的重要内容。探索编制自然资源资产负债表，对领导干部实行自然资源资产离任审计。建立生态环境损害责任终身追究制。

附表

阿尔金草原荒漠化防治生态功能区禁止开发区域名录

名　称	行政区域	面积（万公顷）
新疆阿尔金山国家级自然保护区	若羌县	450
新疆阿尔金山罗布泊野骆驼国家级自然保护区	若羌县	670
新疆中昆仑自然保护区	且末县	320
且末县沙化土地封禁保护区	且末县	1.96
若羌县沙化土地封禁保护区	若羌县	2.25

第十五篇

呼伦贝尔

草原草甸生态功能区
生态保护与建设规划

第一章 规划背景

第一节 区域概况

一、规划范围

呼伦贝尔草原草甸生态功能区位于中、蒙、俄三国交界处，内蒙古自治区的东北部，其东连陈巴尔虎旗、鄂温克旗，北临俄罗斯和满洲里市，西部、南部与蒙古国接壤。行政区域包括新巴尔虎左旗、新巴尔虎右旗2个旗，总面积45546平方千米，总人口7.78万人。

表15-1 规划范围表

旗	苏木（镇）
新巴尔虎左旗	阿木古郎镇、嵯岗镇、吉布胡朗图苏木、新宝力格苏木、乌布尔宝力格苏木、甘珠尔苏木、罕达盖苏木
新巴尔虎右旗	阿拉坦额莫勒镇、呼伦镇、阿日哈沙特镇、克尔伦苏木、贝尔苏木、宝格德乌拉苏木、达赉苏木

二、自然条件

（一）地形地貌

功能区地处大兴安岭和蒙古高原的过渡地带，属蒙古高原北部。地貌以高平原为主，同时兼有低山丘陵、河谷和风沙等地貌类型。东南部为山地丘陵，中部为广阔的高平原，其间分布有三条大沙带，西北部为低山丘陵。地势两头高（东南部、西北部）中间低，境内最高峰乌日根山海拔1571.9米，最低海拔504.4米，平均海拔在700米左右。

（二）气候

功能区属中温带大陆性干旱气候，春季干燥多风，夏季温凉短促，秋季低温霜冻

早，冬季寒冷漫长。年平均气温0.4～0.5℃，无霜期100～128天，年平均风速4.3米/
秒，风能资源丰富。年均降水量在250～280毫米，蒸发量为降水量的6～8倍，降水量
自东南向西北递减，气温由北向南递增，降水期主要集中于7～8月，雨热同期。

（三）土壤

功能区土壤类型多样，共分为9个土类，20个亚类，35个土属。就垂直分布来
看，随地形从高到低依次分布着灰色森林土、黑钙土、栗钙土、碱土和盐土。就水平
分布规律来看，区内自西向东依次分布着栗钙土、草甸土、草原风沙土、黑钙土四大
土带。其中栗钙土分布范围较广，面积约占总面积的72.34%，几乎占据了整个典型草
原区；草甸土主要分布于中部谷地、河漫滩地、湖滩周围；草原风沙土集中分布于3
条沙带上；黑钙土分布于东南部的低山丘陵区。

（四）植被

功能区的植被主要包括草原植被、沙地植被和森林植被三种类型。草原植被分布
最广，按草地类型不同可划分为高平原干草原植被、低山丘陵草甸植被、低缓丘陵干
草原植被、低湿地草甸植被、平原丘陵草原植被、盐化低地草甸植被、沼泽化低地草
甸植被、沼泽草地植被共8大类。面积较大的有高平原干草原植被、低山丘陵草甸草原
植被和低缓丘陵干草原植被，其中高平原干草原植被广泛分布于海拔高度在550～750米
的波状高平原、河岸高台地，主要建群植物为克氏针茅、隐子草、羊草、芨芨草等；
低山丘陵草甸草原植被分布于功能区东南部、西北部低山丘陵区，海拔高度在800～
1000米，主要建群植物有针茅、线叶菊、苔草、羊草及胡枝子等；低缓丘陵干草原植
被主要分布于平缓丘陵、高平原区，海拔多在600～800米，植物种类以旱生小灌木为
主，伴生有禾本科类杂草，主要建群植物有小叶锦鸡儿、克氏针茅、冷蒿等。沙地植
被集中分布于3条沙带和零星沙地上，主要建群植物有樟子松、黄柳、小叶锦鸡儿、
差巴嘎蒿、贝加尔针茅等。森林植被主要分布于东南部低山丘陵区，主要树种有樟子
松、白桦、山杨、落叶松等。

三、自然资源

（一）土地资源

功能区土地利用结构比较单一，以天然草地为主，耕地、林地相对较小，水域面
积相对较大。草地402.49万公顷，占区域面积的88.37%；耕地2.61万公顷，占0.57%；
林地17.7万公顷，占3.89%；水域25.39万公顷，占5.57%；未利用地5.15万公顷，占
1.13%；其他土地2.12万公顷，占0.47%。草原、湿地、森林是功能区生态系统服务功
能的主要载体。

（二）水资源

功能区河流、湖泊较多，地表水和地下水均很丰富，是我国北方水资源最为丰富

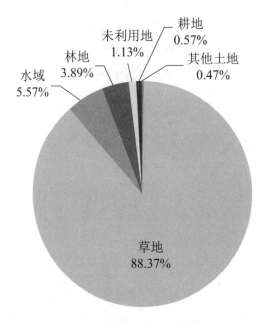

图 15-1　呼伦贝尔草原草甸生态功能区土地利用结构

的地区之一。水域面积25.39万公顷，约占区域总面积的5.57%，地表水年径流总量为35.33亿立方米。境内河流、湖沼均属额尔古纳河水系，其中较大的河流有克鲁伦河、乌尔逊河、额尔古纳河、海拉尔河、辉河、哈拉哈河、达兰鄂罗木河等；境内主要的湖泊有呼伦湖（达赉湖）、贝尔湖等。此外尚有大小湖泊近400个，水资源十分丰富。

（三）草地资源

功能区共有草地面积402.49万公顷，占区域总面积的88.37%。其中：可利用草地面积为383.94万公顷，占草地总面积的95.39%。功能区共有5个草地类，13个草地组、52个草地型。依据草地饲草组成的质量特征，可以划分为优等、良等、中等、低等、劣等五等。其中：优等草地59.57万公顷，占草地总面积的14.80%；良等草地201.60万公顷，占草地总面积50.09%；中等草地84.39万公顷，占草地总面积的20.97%；低等草地54.92万公顷，占草地总面积的13.64%；劣等草地面积较小，不足草地总面积的1%。

（四）森林资源

功能区属于少林地区，林业用地面积17.7万公顷，占区域总面积的3.89%。其中：有林地2.31万公顷；疏林地0.05万公顷；灌木林地1.18万公顷；未成林地4.02万公顷；宜林地10.11万公顷；苗圃地0.03万公顷。森林资源以天然林为主，占森林总面积的79.21%，主要分布于新巴尔虎左旗的乌布尔宝力格苏木、甘珠尔苏木等地。

（五）湿地资源

功能区河流纵横，湖泊众多，湿地资源丰富，共有3大类，11种湿地。湿地总面积41.8万公顷，占区域总面积的9.18%，占内蒙古自治区湿地总面积的21.43%，主要包括湖泊湿地、沼泽湿地、河流湿地三大类。其中湖泊湿地有永久性淡水湖、永久性咸水湖、季节性淡水湖、季节性咸水湖、泛洪平原湖共5种，面积24.65万公顷，占湿地总面积的58.97%；沼泽湿地有草本沼泽、森林沼泽、灌丛沼泽、藓类沼泽共4种，面积16.46万公顷，占湿地总面积的39.38%；河流湿地有永久性和季节性河流湿地2种，面积0.69万公顷，占湿地总面积的1.65%。众多的湿地不但构成了额尔古纳河、黑龙江的重要水源涵养补给区，也为各种野生动物的繁殖、栖息提供了良好场所。

（六）沙化现状

在第四次全国荒漠化和沙化监测时，功能区有沙化土地总面积80.84万公顷，占区域总面积的17.75%，占呼伦贝尔沙地总面积的63.12%；有明显沙化趋势的土地面积86.01万公顷，占区域总面积的18.88%。按沙化土地类型统计，以固定沙地、露沙地为主，半固定沙地和流动沙地面积较小；沙化土地按土地利用类型来分，以草地、林地为主，未利用沙地面积较小。2009～2013年，功能区实施了呼伦贝尔沙地综合治理工程、"三北"防护林工程、新巴尔虎左旗沙化土地封禁保护区建设工程等重点生态工程，本区共治理沙地26.19万公顷，功能区沙化趋势得到了有效的控制。

（七）野生动植物资源

功能区生态系统复杂多样，野生植物资源丰富，共有野生植物525种，隶属于76科，266属。按经济用途可分为饲用植物、药用植物、纤维植物、食用植物、香料植物五大类。其中：饲用植物近300多种，以禾本科和菊科为主，主要有羊草、冰草、苔草、苜蓿、冷蒿等；药用植物共有200余种，常见的有甘草、麻黄、地榆、草乌头、黄芪、柴胡等；纤维植物主要有樟子松、落叶松、大叶草、芦苇、红柳、香蒲等；食用植物有野韭菜、多根葱、芒根、曲麻等。此外，区内分布有大量的野生菌类，如草原白蘑、桦林白蘑、紫花蘑、鸡腿蘑、松蘑等共10余种。

丰富的野生植物资源和复杂的生态系统为野生动物提供了适宜的栖息环境，区域内野生动物资源也很丰富。其中有鸟类349种，隶属20目58科，有黑鹳、白尾海雕、金雕、白肩雕、玉带海雕等11种国家Ⅰ级保护鸟类。有鹗鹰、赤颈鹏鹏、白琵鹭、黑脸琵鹭、白鹮、大天鹅、小天鹅、疣鼻天鹅等国家Ⅱ级保护鸟类52种。鱼类31种，隶属4目6科。兽类38种，隶属7目14科，有黄羊、兔狲、水獭、黑熊4种国家Ⅱ级保护哺乳动物。

表 15-2　呼伦贝尔草原草甸生态功能区国家 I 级保护鸟类名录

名称	分布型	居留型	CITES	濒危等级
黑鹳（*Ciconia nigra*）	U	S	附录 II	濒危
白尾海雕（*Haliaeetus albicilla*）	U	S	附录 II	濒危
金雕（*Aquila chrysaetos*）	C	R	附录 II	易危
白肩雕（*Aquila heliaca*）	O	P	附录 II	易危
玉带海雕（*Haliaeetus leucoryphus*）	D	S	附录 II	稀有
白头鹤（*Grus monacha*）	M	S	附录 I	濒危
丹顶鹤（*Grus raponensis*）	M	S	附录 I	濒危
白鹤（*Grus leucogeranus*）	U	P	附录 I	濒危
大鸨（*Otis tarda*）	O	S	附录 II	易危
遗鸥（*Larus relictus*）	D	W	附录 I	易危
东方白鹳（*Ciconia boyciana*）	U	S	附录 I	濒危

注：①分布型：C：全北型；U：古北型；D：中亚型；M：东北型（我国东北及其附近地区）；
　　K：东北型（东部为主）；X：东北-华北型；E：季风型；W：东洋型；O：不易归类的分
　　布，其中不少分布比较广泛；P和I：高地型。
　　②居留型：S：夏候鸟；W：冬候鸟；P：旅鸟；R：留鸟；O：迷鸟。
　　③CITES：濒危野生动植物种国际贸易公约。
　　④濒危等级：依据中国濒危物种红皮书分类。

四、社会经济

（一）行政区划与人口

功能区包括新巴尔虎左旗、新巴尔虎右旗2个旗，总人口7.78万人，其中：农业
人口3.53万人，占总人口的45.37%。少数民族人口6.32万人，占总人口的81.23%，是
以蒙古族为主体，汉族、达斡尔族、回族、满族等多民族聚居区。

（二）国民经济

2013年，功能区实现生产总值105.7亿元，其中第一产业产值11.72亿元，同比增
长9.4%；第二产业产值74.2亿元，同比增长6.62%；第三产业产值19.78亿元，同比增
长7.24%。三次产业结构比为11.1：70.2：18.7。

（三）社会事业

到2013年末，功能区共建中学7所、小学5所、幼儿园13所。学龄儿童入学率
100%，初中入学率99.80%，义务教育普及率99.50%。同时牧区的医疗条件也得到了
极大的改善，功能区共有卫生机构52个，拥有病床231张，卫生技术人员594人，新型

牧区合作医疗参合率达到98.68%。

五、扶贫开发

根据《内蒙古自治区国家和自治区扶贫开发工作重点旗县调整方案》，规划区内的新巴尔虎左旗是26个自治区级扶贫开发重点旗（县）之一。造成贫困的主要原因是随着人口增加，农牧民为了维持生计，不断扩大养殖规模，超载过牧情况严重，加上近年来自然灾害频发，导致"三化"（沙化、退化、盐渍化）草原不断增加，广大农牧民生存空间变小，生活水平下降。

第二节　生态功能定位

一、主体功能

呼伦贝尔草原草甸生态功能区属防风固沙型重点生态功能区，主体功能定位是我国东北、华北地区重要的防风固沙区，是额尔古纳河、黑龙江的重要水源涵养补给区，我国北方生物多样性保护的关键区域，东北、华北地区的绿色生态屏障。

二、生态价值

（一）东北、华北地区重要的防风固沙区

呼伦贝尔草原是欧亚大陆草原的重要组成部分，是我国迄今保护相对完好、纬度最高的天然草地，被誉为"绿色净土"和"北国碧玉"。本区和青藏高原生态屏障、黄土高原—川滇生态屏障、东北森林带和南方丘陵山地带共同组成了我国"两屏三带"的生态安全格局。本区和大兴安岭生态屏障、阴山北麓生态屏障等区域共同构建了内蒙古自治区"两屏三区"的生态安全战略布局。它是确保华北、东北地区免受风沙侵袭安全线的重要组成部分，也是东北临近省区生态安全线的起始点，是我国东北、华北乃至东北亚重要的生态安全屏障，生态区位极其重要。

（二）重要的水源涵养功能区

本区是由草原、湿地、森林等生态系统构成的复合生态系统，其既是我国北方重要的生态屏障，也是重要的水源涵养区。境内以三湖（呼伦湖、贝尔湖、乌兰诺尔湖）和三河（克鲁伦河、乌尔逊河、达兰鄂罗木河）为主的湿地生态系统，以及草原生态系统和森林生态系统共同形成了额尔古纳河和黑龙江的天然"蓄水池"。其中呼伦湖丰水期蓄水量达138.5亿立方米，贝尔湖丰水期蓄水量达55.3亿立方米，乌尔逊河平均年径流量为6.25亿立方米，克鲁伦河平均年径流量为5.41亿立方米，草原涵养水

源量约68亿立方米。因此，保护好呼伦贝尔草原是保障额尔古纳水系、黑龙江水系水资源安全的根本，是确保下游工农业生产用水和人民生活用水的关键。

（三）生物多样性保护的关键区域

本区从大兴安岭西麓向西北延伸，跨越了山地森林生态系统、高平原草原生态系统与河流湖泊型天然湿地生态系统，集森林、草原、湿地于一体，复杂多样的生境类型为动植物栖息、繁殖提供了优良场所。本区是我国鸟类迁徙的三大通道之一，其中达赉湖自然保护区是"CMR达乌尔国际自然保护区"的一部分，是东北亚—澳洲水鸟迁徙的主要通道和驿站。2002年1月，达赉湖国家级自然保护区被列入"国际重要湿地"名录，同年加入"世界人与生物圈保护区网络"。因此，本区是我国少有的动植物资源宝库之一。同时，本区地处北半球三大植被区：即东亚植物区系、欧亚植物区系和蒙古高原植物区系的交汇处，是多种生物传播的通道和基因库。复杂的生态系统和丰富的植被类型使得呼伦贝尔草原物种多样性、群落组成、生产力、草群高度和盖度均可与北美的高草草原（Tallgrass prairie）和南美的潘帕斯（Pampas）草原相媲美。因此，本区不仅是中国北方生物多样性富集区，也是欧亚大陆东部生物多样性起源中心之一，是我国北方生物多样性保护的关键区域之一。

第三节 主要生态问题

一、草原退化严重

呼伦贝尔草原以水草丰美著称于世，素有"牧草王国"的美称。但由于本区位于高寒地区，牧草生长季短，加上持续干旱、长期的超载过牧等因素的共同影响，使草地没有得到相应的休养生息的机会，草地退化面积不断扩大。截至2013年底，本区共有退化草地面积155.42万公顷，其中轻度退化面积105.78万公顷，占退化草地总面积68.06%；中度退化面积40.19万公顷，占25.86%；重度退化面积9.45万公顷，占6.08%。

在退化草地面积不断增加的同时，草地群落结构也发生了明显的变化。与第一次草地资源普查相比较，植被盖度降低10%～20%，草层高度下降7～15厘米。优质牧草如羊草、冰草等在草群中的比重显著下降，优良禾草比例平均下降10%～40%，低劣杂草比例平均上升10%～35%。草地群落结构的变化，导致草原生产力不断下降，草地初级生产力下降22%～46%，生态环境持续恶化。

二、沙化土地面积不断扩大

本区属中温带大陆性干旱气候，气候区划具有北温带干旱、半干旱气候向干旱气候过渡特点，气候较寒冷，降水较少，干旱多大风。近年来的持续干旱、过度放牧等因素的共同作用，导致呼伦贝尔草原沙地活化。随着沙化面积不断扩大，成千上万亩[①]优良草地被流沙掩埋或变成了风蚀沙地。

目前，本区已经形成了三大沙带，其中：北部沙带西起嵯岗镇南乌力吉图牧场，沿海拉尔至陈旗哈拉干图，在新左旗范围内东西长约45千米，南北宽约30千米。中部沙带呈三角形分布，西起甘珠尔苏木，经阿木古郎镇和新宝力格苏木到辉河，东西长约70千米，南北宽约35千米。南部沙带西起中蒙边境尼楚根乌拉，经乌布尔宝力格苏木到辉河，东西长约65千米，南北宽约50千米。呼伦贝尔草原日益加剧的土地沙化，不仅对呼伦贝尔市经济社会可持续发展造成了严重影响，而且也会对大兴安岭森林以及松嫩平原的生态安全和粮食安全构成严重威胁。

三、湿地面积锐减

湿地不仅是"地球之肾"，更是草原的"绿肺"。本区是我国保存最为完整、面积最大、物种最为丰富的草原湿地，湿地面积达41.8万公顷，主要包括呼伦湖湿地、辉河湿地等。类型多样的湿地对维持呼伦贝尔草原生物多样性、涵养水源及生态平衡起着十分重要的作用。然而近年来，由于连续干旱、对湿地的不合理利用等因素的影响，呼伦湖主要补给河流——克鲁伦河、乌尔逊河径流量大幅度减少。2002～2008年，克鲁伦河和乌尔逊河年平均径流量只有1.28亿立方米和1.27亿立方米，仅为多年平均径流量的18.6%和24.33%。呼伦湖水位持续十年下降，蓄水量也随之剧减。2012年降至最低水平，水位为539.81米，面积约1700平方千米，蓄水量仅46亿立方米。与20世纪80年代中后期最高丰水期相比，水位下降5米左右，水域面积萎缩639平方千米，蓄水量减少90多亿立方米。呼伦湖周边小型湖泊70%干涸，周围近300平方千米的湿地消失。近10年来，辉河湿地面积萎缩近20%，境内的115个水泡大部分变为季节性水泡。一些集中连片分布的湿地演化为斑块状散布，湿地景观丧失，生态服务功能下降。

四、草原鼠害频发

由于环境破坏，加上草原鼠的天敌沙狐、狐狸、狼、鹰等被人们猎杀，致使局部地区草原鼠猖獗，鼠害造成成片的草地失去生长能力，逐渐退化。本区的鼠害形势日趋严峻，2009年，仅新巴尔虎右旗草原鼠害受灾面积就高达90万公顷，占全旗可利用

---

①1亩≈0.067公顷。

草地的40%。其中严重鼠害面积60万公顷，老鼠洞平均密度977个/公顷，最大密度达1520个/公顷。2014年本区春季鼠害发生面积12万公顷，主要发生在贝尔苏木、新宝力格苏木等地。日益猖獗的鼠害严重阻碍牧草正常生长，极大降低了草地的初级生产力，并与牲畜形成争草之势，同时还造成植物群落发生退化性演替，使草地进一步退化，破坏草地生态平衡。

第四节　生态保护与建设现状

一、生态工程建设

（一）林业生态工程建设

本区已经实施的林业工程主要有："三北"防护林工程、退耕还林工程、公益林管护工程、呼伦贝尔沙地综合治理工程、新巴尔虎左旗沙化土地封禁保护区建设工程、野生动植物保护及自然保护区建设工程等。截至2013年底，完成"三北"防护林工程体系建设7.29万公顷；完成退耕还林工程1.47万公顷；完成公益林管护面积14.26万公顷；造林补贴0.73万公顷。完成治理沙化土地面积26.19万公顷，其中：人工造林5.84万公顷，人工种草1.41万公顷，封沙育林育草14万公顷，飞播造林4.67万公顷。已经建立2个国家级、1个自治区级自然保护区，4个旗级自然保护区，1个自治区级地质公园，1个沙化土地封禁保护区，总面积155.29万公顷，占全区总面积的34.09%。

（二）其他生态工程建设

本区已经实施的草地生态工程有退牧还草工程、牧区基础设施建设工程、草原鼠虫病害防治等工程。本区每年完成草原生态补奖任务358.20万公顷，其中：禁牧面积116.67万公顷，草畜平衡面积241.53万公顷。经过多年的发展，畜牧业基础设施也日趋完善，已建棚圈7121座，各类水井4622眼。2013年，草原鼠虫病害防治面积15万公顷。

相关生态工程的实施使功能区 "三化"草原扩张趋势得到有效遏制，沙地面积缩小，治理区的植被覆盖率明显提高，极大地改善了区域生态环境，为本区社会经济的发展提供了强有力的保证。但在生态工程建设中存在专项资金的投入水平低、地方配套困难、重造轻管、管护资金不足、基础设施不完善等问题，亟待解决。

二、国家重点生态功能区转移支付

配合国家主体功能区战略的实施，中央财政实行重点生态功能区财政转移支付政策。2013年，国家对本区的财政转移支付为5072万元。在国家财政转移支付资金中，用于生态工程建设资金849.7万元，用于禁止开发补贴466.5万元，民生保障及公共服务建设3575.4万元，其他180.4万元。从该政策实施情况看，财政转移支付资金用于生态保护与建设的比例较低，而且资金规模也不能满足本区生态保护与建设的实际需要。

除重点生态功能区财政转移支付政策外，中央财政在本区还实行了禁牧补助、草畜平衡奖励，每年发放禁牧补助资金1.67亿元，草畜平衡奖励资金8639.98万元，牧民生产资料补助794万元。

三、生态保护与建设总体态势

随着呼伦贝尔沙地综合治理工程、新巴尔虎左旗沙化土地封禁保护区建设工程、"三北"防护林工程、退耕还林工程、公益林管护工程、野生动植物保护及自然保护区建设工程、退牧还草等国家重点生态工程的实施，功能区的生态环境有了较大的改善，生态环境整体情况良好，但是本区地处北方干旱、半干旱区，土壤质地疏松，多大风天气，生态环境脆弱。尤其在干旱年份，降水量远低于畜牧业的需水下限，导致草场退化、湿地面积缩小、鼠害频发等生态问题。因此，今后功能区的生态保护和建设形势依然很严峻，任务仍然很艰巨。

第二章 指导思想与原则目标

第一节 指导思想

全面贯彻党的十八大精神，深入学习贯彻习近平总书记系列重要讲话精神，坚定不移实施主体功能区战略，建立国土空间开发保护制度，加快生态文明制度建设。按照《全国主体功能区规划》对呼伦贝尔草原草甸生态功能区的功能定位和建设要求，以提高区域防风固沙、水源涵养、生物多样性和促进社会经济发展为目标。在充分分析区域生态系统结构及生态服务功能空间分异规律的基础上，根据功能区环境现状和特点，围绕着生态环境保护、建设与发展这一核心问题进行生态功能区划。提出各个生态功能区发展方向和生态保护措施，引导、规范和约束各类开发、利用、保护自然资源的行为，推动区域经济和生态的协调发展。把呼伦贝尔草原草甸生态功能区建设成"生态良好、生产发展、生活宽裕、民族团结、边疆安宁"的社会主义和谐新牧区。

第二节 基本原则

一、全面规划、突出重点

呼伦贝尔草原草甸生态功能区生态保护与建设是一个复杂的系统工程，在把生态文明建设放在突出地位的同时，要融入经济建设、政治建设、文化建设、社会建设等各方面。同时，根据本区"三化"草原面积不断扩大，湿地面积锐减的现状，将草原、湿地、森林、荒漠生态系统保护和建设列为重点。

二、合理布局、分区施策

本区有草原、湿地、森林、荒漠生态系统，不同区域所面临的生态问题也不同。

因此，在生态保护和建设时进行合理的区划布局，依据各区所面临的生态问题，分区施策，有针对性地采取保护和治理措施，合理安排各项建设内容。

三、保护优先、科学治理

优先保护草原生态系统、湿地生态系统、森林生态系统、荒漠生态系统及各种珍稀濒危野生动植物栖息地，巩固已有的生态保护和建设成果。尊重自然规律，以科技为先导，以法律为保障，采取"保、封、退、建"相结合的方法科学治理，提升综合治理成效。

四、以人为本、改善民生

正确处理生态与民生、生态与产业、保护与发展的关系，兼顾农牧民增收与区域扶贫开发，将生态建设与农牧民增收和调整产业结构相结合，在保护生态功能、维护国家生态安全的同时，提高农牧民收入水平，帮助其脱贫致富，增强区域社会经济发展能力。

五、相互衔接、统一规划

本区是《全国主体功能区规划》的重要组成部分。因此，本规划应与上级规划在发展方向保持一致。同时应借鉴该区域农业、水利等方面的规划，注重与相关专业规划相衔接，避免重复规划。

第三节　规划期与规划目标

一、规划期

规划期为2015~2020年，共6年。

二、规划目标

总体目标：通过实施退牧还草、沙区综合治理、野生动植物保护及自然保护区建设等一系列生态建设和保护措施，努力实现"草原绿起来、生态环境好起来、农牧民富起来"的目标。力争到2020年，区域天然草原植被盖度和牧草产量显著提高，"三化"草原得到有效恢复，基本实现草蓄平衡，风沙侵害得到有效遏制，各类湿地得到有效保护，空气质量得到改善，森林覆盖率显著提高，同时建立起比较完善的生态环境保护和监测体系及服务体系。

具体目标：到2020年，林草植被覆盖度达到88%；累计完成工程治沙18万公顷，其中：人工造林6万公顷，封沙育林育草12万公顷，沙化土地治理率58%；累计完成禁牧594万公顷，草畜平衡面积1600万公顷；森林覆盖率达到1.7%；恢复湿地3万公顷，自然湿地保护率达到91%；晋升国家级、自治区级自然保护区各1处；新建湿地公园2处；开展国家沙漠公园试点建设；培训农牧民5200人；到2020年，初步建立完善的防风固沙体系、水源涵养及生物多样性保护体系。具体指标见表15-3。

表 15-3 主要指标表

主要指标	2013 年	2020 年
防风固沙能力建设		
林草植被覆盖度（%）	81	88
人工造林（万公顷）	1	6
封沙育林育草（万公顷）	2	12
沙化土地治理率（%）	32	58
禁牧（万公顷）	117	594
草畜平衡面积（万公顷）	242	1600
草原鼠虫害防治（万公顷）	15	120
水源涵养能力建设		
公益林管护（万公顷）	8	25
森林覆盖率（%）	0.9	1.7
恢复湿地面积（万公顷）	—	3
自然湿地保护率（%）	83	91
生物多样性保护		
晋升国家级自然保护区（处）	—	1
晋升自治区级自然保护区（处）	—	1
新建湿地公园（处）	—	2
新建野生动物救护繁育中心（处）	—	2
新建生态廊道（条）	—	2
生态扶贫		
生态移民（户）	—	320
农牧民培训（万人次）	—	0.52

第三章　总体布局

第一节　功能区划

一、布局原则

根据地貌和生态系统类型的差异性，生态功能的重要性，生态保护与经济发展的适应性，地理环境的完整性，按照《全国主体功能区规划》的要求，从生态保护与建设的角度出发，对呼伦贝尔草原草甸生态功能区进行区划。

二、分区布局

本区共划分四个生态保护与建设区：即典型草原草甸保护与利用区、"三化"防治区、生物多样性保护功能区和水源涵养功能区。详见表15-4。

（一）典型草原草甸保护与利用区

本区位于新巴尔虎右旗的北部、新巴尔虎左旗中北部，以温性典型草原、低平地草甸为主。区域内植被覆盖率较高，草场质量较好，是功能区畜牧业主要生产基地。但局部地区存在超载过牧，草地退化等现象，因此，要在保护现有草原植被的同时，合理利用草原。

（二）"三化"防治区

本区主要由新巴尔虎左旗的北部沙带、中部沙带、南部沙带以及呼伦湖东岸、南岸零星沙带组成。区域内植被覆盖率低，土地沙化、退化、盐渍化较严重，沙化土地以轻度沙化的固定沙地为主，以重度、中度沙化的半固定沙地为辅。本区生态环境脆弱，是功能区重点治理区，生态建设要以保护和恢复植被为重点。

（三）生物多样性保护功能区

本区主要由呼伦湖、贝尔湖、乌兰诺尔湖及周边湿地组成。区域内湖泊、湿地众多，水资源十分丰富，生物多样性指数高，具有极高的生物多样性保护价值。但存在湿地面积及蓄水量减少，生物多样性降低等生态问题，因此，本区的生态建设要以增加湿地面积和需水量为重点。

（四）水源涵养功能区

本区位于新巴尔虎左旗东南部，与大兴安岭林区、红花尔基樟子松国家森林公园相连。区域森林资源丰富，林地面积占功能区林地总面积的70%，具有较强的水源涵养功能。但存在森林总体质量不高、面积小等问题，本区的生态建设要以扩大森林面积和提高森林资源的质量为中心。

表15-4　生态保护与建设分区表

区域名称	主要行政范围（个）	面积（万公顷）	资源特点
合　计	14	455.46	
典型草原草甸保护与利用区	呼伦镇、克尔伦苏木、阿日哈沙特镇、贝尔苏木、吉布胡朗图苏木、新宝力格苏木、乌布尔宝力格苏木、甘珠尔苏木、宝格德乌拉苏木、达赉苏木	244.86	本区草地资源丰富，牧草质量较高，优等、良等、中等草地所占的比例较高，是功能区畜牧业主要生产基地
"三化"防治区	阿木古郎镇、嵯岗镇、甘珠尔苏木、乌布尔宝力格苏木、阿拉坦额莫勒镇、克尔伦苏木、阿日哈沙特镇、贝尔苏木、宝格德乌拉苏木、达赉苏木	96.6	本区地质条件较差，土地沙化、退化、盐渍化较严重。植被覆盖率低，是功能区重点治理区
生物多样性保护功能区	呼伦镇、贝尔苏木、嵯岗镇、吉布胡朗图苏木、阿拉坦额莫勒镇、甘珠尔苏木、宝格德乌拉苏木、达赉苏木	74	本区有呼伦湖、贝尔湖等大型湖泊及众多河流，湿地资源丰富，具有维持生物多样性、水源涵养和调节气候的功能
水源涵养功能区	乌布尔宝力格苏木、罕达盖苏木	40	本区与大兴安岭林区相连，森林资源丰富，水源涵养功能强

第二节　建设布局

一、典型草原草甸保护与利用区

（一）区域特点

典型草原草甸保护与利用区面积244.86万公顷，草地面积237万公顷，其他土地

7.86万公顷。人口约2.23万人，存栏大小牲畜约140万头。

区域草地植被覆盖率高，植被类型呈地带性分布，从东向西明显的分为温性草甸草原和温性典型草原，隐域性植被分为低平地草甸和山地草甸。植被面积大小依次为：温性典型草原、低平地草甸、温性草甸草原、山地草甸（见表15-5）。区域牧草质量较高，以中等以上牧草为主，是功能区畜牧业主要生产基地。

表 15-5　典型草原草甸保护与利用区草原分类表

植被分类	主要物种	面积比（%）
温性典型草原	羊草、大针茅、克氏针茅	76.68
低平地草甸	碱茅、红沙、芨芨草	14.57
温性草甸草原	羊草、线叶菊、日荫管	8.44
山地草甸	日荫管、拂子茅、地榆	0.31

区域地质条件相对稳定，地质灾害较少，无泥石流、崩塌等灾害，但干旱、白灾、黑灾等气象灾害较多。已经建立地面气象观测点2处，土壤水分监测点2处、大气监测2处。尚未建立草原火险、气象基础数据库，区域生态监测水平较低，没有开展气象及生态评估服务。

（二）主要问题

本区是功能区畜牧业主要生产基地，随着市场牛羊肉需求增加，导致一些地区超载过牧严重，加上近年来的持续干旱，致使局部地区草地退化加速，优质草原面积减少，目前面临的主要生态问题有：

局部地区超载过牧，草地退化。2008年新巴尔虎左旗的牛肉市场价是30元/千克，羊肉40元/千克。2013年牛肉市场价60元/千克，羊肉72元/千克。牛羊肉价格居高不下，导致局部地区草原超载过牧现象严重，目前本区局部地区的夏季牧场超载达30%，冬季牧场超载达40%。加上近年来的持续干旱，致使局部地区草地退化，退化草地以轻度退化为主，中度退化为辅。

牧区基础设施建设滞后。目前牧区的牲畜养殖棚圈大都以简易棚圈为主，标准化暖棚和储草棚建设不足，抵御自然灾害的能力不强。水利工程以20世纪70～80年代建设的中小型和微型水利工程为主，存在工程老化、年久失修等问题，部分地区的人畜安全饮水问题没有得到解决，水利工程建设不足致使人工草场、灌溉饲草料地等工程建设滞后。

草原鼠害、虫害、病害日趋严重。2013年，仅新巴尔虎左旗鼠害危害面积就达10万公顷，其中严重危害面积5.60万公顷，最高有效洞口数约达810个/公顷；蝗虫害危害面积为4.53万公顷，平均密度达到21头/平方米。草原鼠害、虫害、病害危害加重，使草地进一步退化，生产力不断下降。

（三）建设重点

本区主要是由草原生态系统构成，主要生态服务功能是防风固沙和水源涵养，因此，本区的生态建设要以保护和恢复草原植被为核心。

功能区主要湿地呼伦湖、贝尔湖等均分布于新巴尔虎右旗境内，故新巴尔虎右旗境内草地质量要优于新巴尔虎左旗。因此，新巴尔虎右旗境内的草原保护要在积极实施"休牧"的同时，实施禁牧、轮牧，保护好现有的草原植被；新巴尔虎左旗境内草原保护要以"禁牧"为主，同时积极实施休牧、轮牧，尽快恢复草原植被。在严格落实禁牧、休牧、轮牧等制度的同时，要加强牧区暖棚、储草棚、供水井等基础设施建设，增强抗灾保畜能力。根据本区鼠害、虫害、病害的发生特点，采取因害设防，综合治理，建立草原鼠虫病害预警与防治体系。

二、"三化"防治区

（一）区域特点

"三化"防治区面积96.6万公顷，人口约4.38万人，沙化和退化面积84.1万公顷，盐渍化面积12.5万公顷。

区域属中温带大陆性干旱气候，具有降雨少、干旱、多大风的特点，强劲的风力构成风蚀沙化的强大动力。同时区域地表土层薄，仅10～30厘米，在地表土层下有总厚度达900米的第四纪河湖沉积沙，这为草原风蚀沙化提供了丰富的沙源。区域脆弱的生态环境，加上近年来对草原的不合理利用，导致自然植被破坏严重，林草覆盖率低，土地沙化现象严重。

沙化土地主要集中在新巴尔虎左旗境内。其中北部沙带沿海拉尔河分布，主要包括嵯岗镇、吉布胡郎图苏木。北部沙带以轻度沙化的固定沙地为主，以重度、中度、极重度沙化的半固定沙地、流动沙地为辅。中部沙带呈三角形分布于阿木古郎镇、甘珠尔苏木、新宝力格苏木境内。中部沙带相对干旱，植被覆盖率低，以轻度沙化的固定沙地为主，以中度和重度沙化的半固定沙地为辅，同时含有少量极重度沙化的流动沙地。南部沙带主要分布于乌布尔宝力格苏木、罕达盖苏木境内。南部沙带自然条件相对优越，以轻度沙化的固定沙地为主，同时含有少量的中度、重度、极重度沙地。此外在呼伦湖东岸、南岸有少量的零星沙地。

本区地质灾害较少，但是沙尘暴、干旱等气象灾害较多。已经建立土壤水分监测点3处、地面气象监测点2处、大气监测点1处。通过人工造林、封沙育林等措施，土地沙化趋势基本上得到遏制，局部地区得到明显治理和改善。但是仍有大量的沙地尚未治理，若不治理将会对我国东北、华北的生态安全产生巨大的威胁。

（二）主要问题

区域境内的三大沙带上曾经覆盖着丰富的植被，但是由于近代的乱伐、开垦，近年的超载过牧、干旱、火灾等因素共同的影响，使得本区沙化、退化、盐渍化加剧。目前面临的主要生态问题有：

近代的乱伐、开垦使固定沙地活化。20世纪初，沙俄为掠夺我国资源，在兴修中东铁路、滨洲铁路时，把北部沙带上的樟子松林砍伐殆尽，致使固定沙丘活化。20世纪60年代，从"大开荒"到其后的"大闭耕""大弃耕""大撂荒"等，使得弃耕地、撂荒地在风力作用下，表土流失，沙化加剧。

超载放牧严重。一些牧民只顾眼前利益，片面追求经济效益，忽视长远生态效益，局部地区超载放牧现象严重。如功能区的一些冬季牧场超载达到50%，超载过牧加速了生态脆弱地区沙化进程。

自然灾害频发。除了人为因素外，近年来的持续干旱、火灾等自然灾害也加速了本区的沙化。如本区南部沙带上曾经有数万公顷樟子松林分布，以樟子松为主的森林生态系统是维护该区域生态的关键。但随着近年的几次森林火灾，特别是1996年的"4·23"特大火灾，造成樟子松林地面积大幅减少，植被严重退化，部分固定、半固定沙地被活化。

牧草产量下降。草地沙化使得草地植被矮化、疏化、劣质化，位于中部沙带、北部沙带的部分草地平均产草量减少60%～80%，草地承载力急剧下降，严重影响了农牧民及畜牧业的生存与发展。

（三）建设重点

本区主要是由草原、荒漠两大生态系统构成，其主要生态服务功能是防风固沙，因此，本区的生态建设要以防沙治沙为核心，以保护和恢复植被为重点。

根据南、北、中三条沙带的地理位置、土地类型、植被状况、水资源状况等自然条件的不同，坚持因地制宜，因害设防，分类施策，分区突破，注重实效的原则。在自然条件优越的南部沙带，生态建设要以加强樟子松林建设和管护为重点，同时采取封沙育林育草、休牧和禁牧等措施恢复林草植被，最终建立起以樟子松森林生态系统为主体的林草复合生态系统。北部沙带生态建设要以恢复林草植被，抑制流动沙地扩展及预防公路沙害为重点，建设樟子松疏林与草原、河岸灌丛复合生态系统。中部沙带相对干旱，本区生态建设要以固定流动沙地，恢复固定和半固定沙地植被为重点，最终建立起以草原生态系统为主体的灌草复合生态系统。在不具备治理条件的沙化区建立沙化土地封禁保护区，鼓励封禁保护区内居民走开发型转移发展之路，加强保护区管护站（点）、生态定位监测站、防护围栏、固定界标等基础设施建设，采取全面封禁、沙障设置、人工促进自然修复等综合治理措施，恢复封禁保护区植被。

对"三化"防治区内的退化草地，采取围栏、封育、禁牧、人工种草等措施，恢复草地植被。对于盐渍化草地在采取围栏、封育、禁牧等工程措施的同时，通过补播耐盐碱的碱茅、羊草、紫花苜蓿等生物措施来治理盐渍化草地。

三、生物多样性保护功能区

生物多样性保护功能区面积74万公顷，人口约0.4万人，其中：草地40.83万公顷，湿地面积32.53万公顷，沙地0.64万公顷。

本区湖泊、湿地众多，其中呼伦湖丰水期水域面积达23.39万公顷，是亚洲中部干旱地区最大的淡水湖，其水系内共有大小河流80条，水资源十分丰富。本区不仅水资源丰富，生物多样性指数也很高，有种子植物486种，鸟类337种，鱼类31种，兽类34种，全世界共有鹤类15种，而本区就有6种。因此，本区不仅具有极高的生物多样性保护价值，还具有较强的气候调节、水源涵养功能。

本区地势相对平坦，地质灾害较少，无滑坡、崩塌、泥石流等灾害。已建水质监测断面检测点4数，土壤水分监测点1处、大气监测点1处，区域生态保护基础设施建设有待加强。

（二）主要问题

长期以来人们对湿地的生态价值认识不足，持续的干旱，加上保护管理能力薄弱，导致湿地面积逐步减少，生态服务功能明显下降。面临的主要生态问题有：

湿地蓄水量减少，面积缩小。本区虽然湖泡众多，但是由于本区地处内陆，气候干旱，降水稀少，地表径流补给不丰，蒸发强度较大，超过湖水的补给量，湖水不断减少，致使湿地面积大幅减少。

湿地富营养化程度加剧。随着呼伦湖、贝尔湖等主要湖泊蓄水量减少，湖水又不能有效流通，致使湖水富营养化程度加剧，每年夏秋季节发生大面积湖靛，对牲畜饮水和鱼类生存构成了严重威胁。

生态系统退化，导致生物多样性锐减。由于蓄水量减少、水体富营养化等因素的影响，使呼伦湖湖水pH值由20世纪60年代的8.5上升为目前的9.1，呼伦湖水体的碱化使鱼类的栖息环境恶化，其中细鳞鱼、蒙古红鲌和哲罗鱼三种鱼类已经灭绝。加上过度捕捞、无计划的收割芦苇等人为因素的影响，造成鸟类、鱼类的栖息生境不断萎缩，导致"驱逐效应"加剧，生物多样性减少。

（三）建设重点

本区主要是由湿地、草原两大生态系统构成，其主要生态服务功能是生物多样性保护、水源涵养和调节气候，因此，本区的生态保护与建设要以生物多样性保护和提高水源涵养能力为重点。

为防止功能区湿地蓄水量减少，继续实施"引河济湖"补水工程，恢复呼伦湖蓄水量，扩大湿地水域面积；实施新开河与呼伦湖河湖联通疏浚工程，构建稳定的水系连通和循环体系。为提高湿地水质量，开展呼伦湖环境综合治理工程，保护湿地水环境。

四、水源涵养功能区

（一）区域特点

水源涵养功能区面积40万公顷，人口0.77万人，草地25.84万公顷，林地面积12.10万公顷，其他土地2.06万公顷。

本区属于低山丘陵区，平均海拔800~1000米，受地形地貌的影响，降雨较丰富，年平均降雨量约400毫米。区域东部与大兴安岭林区、红花尔基樟子松国家森林公园相连，西邻呼伦贝尔草原，是欧亚大陆森林草原带的一部分。与岭东的森林相比，本区森林以岛状分布，以白桦林为主，兼有部分针阔混交林与沙地樟子松林。森林病虫害、森林火灾是本区的主要灾害。目前本区已经初步建立了防火瞭望塔、防火检查站等火灾观测及预报系统，但是尚不能覆盖所有的区域。

（二）主要问题

由于受自然条件的限制，加上周边地区不合理侵占林地，导致林缘后退，森林面积变小。同时本区的森林林分结构简单，以白桦次生林为主；林龄结构不合理，以中幼林居多。林缘草甸遭到人为破坏，草甸植被退化。由于森林面积缩小，草原草甸退化等原因，致使森林、草原草甸的水源涵养、水土保持的功能下降。

（三）建设重点

本区主要是由草原、森林生态系统构成，其主要生态服务功能是水源涵养、水土保持和生物多样性保护，因此，本区的生态保护要以提高水源涵养能力、水土保持和生物多样性保护为重点。

针对本区森林总体质量不高、面积小，水源涵养、水土保持能力下降的现状，积极实施天然林资源保护工程，加强病害、虫害防治，保护和巩固好现有林业建设成果，提高森林资源的质量。在管护好现有的天然林的同时，依托三北防护林工程、呼伦贝尔沙地综合治理等林业重点工程，加大人工造林力度，提高森林覆盖率，增加森林资源的数量。通过相关生态工程的实施，有计划地恢复森林、草原面积，提高功能区水源涵养、水土保持和生物的多样性。

第四章 主要建设内容

第一节 防风固沙能力建设

一、草原生态系统保护与建设

（一）草原保护与恢复

坚持严格保护、科学利用的原则，依托退牧还草工程、呼伦贝尔沙地综合治理工程等生态工程，结合功能区草原生态现状，采取相应的保护和建设措施。对于本区优等、良等草地要以保护现有的草原植被为重点，继续实施休牧、划区轮牧和草畜平衡等制度，为天然草原提供"休养生息"的机会。严格控制载畜量，严禁超载过牧，实现在科学保护的基础上合理利用。对于中等、低等、劣等草地要以恢复草地植被为重点，通过围栏封育、禁牧、休牧、轮牧、补播、飞播等措施，逐步恢复草原植被。同时要加强对禁牧、休牧、轮牧、草畜平衡等的监管，最终实现草畜平衡。

（二）牧区基础设施建设

围绕畜牧业发展的需求，进一步加强牧区基础设施建设，加大标准化棚圈和储草棚建设，提高畜牧业抵御自然灾害的能力；加强高产优质人工草地、饲料基地建设，生产优质牧草，减轻天然草原放牧压力；加强牧区水利建设，将人畜饮水安全工程、集雨工程、节水灌溉、灌溉饲草料地等工程列为牧区水利建设重点，采取"大、中、小、微"并举的方针，通过对乌兰诺尔水库、阿拉坦水库等大型水利工程续建，新建和改造供水基本井等水源工程，最终解决牧区生活用水、生态用水的问题。通过提高牧区基础设施建设水平，增强区域抗灾保畜能力。

（三）草原鼠害、虫害、病害预警与防治体系建设

依据本区鼠害、虫害、病害的发生特点和规律，采取因害设防，分区施治。在鼠害严重地区建立鼠害观察站，严禁草原上捕猎鹰、雕、猫头鹰、狐狸、鼬等草原鼠虫害天敌，发展不育剂灭鼠；在蝗灾发生严重的河谷地区建立虫害监测点；在人工草地

建立旗级病害检疫中心。采用生物、物理等综合措施防治草原鼠害、虫害、病害,并建立鼠害、虫害、病害预测预报网络,提高草原病虫鼠害的测报和防治水平。

主要任务:2015～2020年,累计完成禁牧594万公顷,草畜平衡面积1600万公顷,草原鼠害、虫害、病害防治120万公顷,优良牧草繁育基地4万公顷,节水灌溉1.5万公顷。

二、"三化"综合治理

(一)沙区综合治理

在保护好现有沙地植被的同时,继续实施呼伦贝尔沙地综合治理工程、三北防护林工程、退牧还草工程、退耕还林等国家重点生态工程。以防沙治沙为核心,以科技为支撑,对功能区内的沙地进行综合治理。根据三条沙带的植被现状、沙化程度、水资源情况等自然条件的不同,采取适宜的治理措施,宜林则林、宜灌则灌、宜草则草、能固则固、能封则封。对于中部、北部沙带的流动沙地,采用飞播造林、设置方格沙障、混播灌草等措施治理,尽快恢复林草植被,让流动沙地固定下来。对于区域内固定、半固定沙地,采取人工造林、封沙育林育草、休牧和禁牧等措施,恢复植被,防止固定沙地活化。在沙化严重区域,建立封禁保护区,采取严格的封禁保护措施,禁止一切破坏植被的生产和开发建设活动,以遏制人为破坏,促进封禁保护区内植被的自然恢复和地表结皮的形成。坚持封育结合,加大育林、育草力度,及时植苗、补播,提高植被覆盖度。积极发展沙地中药材种植、灌草加工等沙产业。实施生态移民,彻底改善封禁区的生态环境。同时要加强治理区管护设施建设,做好防火、鼠害防治等管护工作。加大宣传力度,提高广大农牧民的生态保护意识,改变传统观点,加快治理区的生态保护和建设步伐。

(二)退化草地植被恢复

退化草地的生态建设要以恢复草地植被为重心。通过围栏封育、禁牧、休牧、人工种草、草原改良等措施,对退化草地进行综合治理,改良复壮退化草地,恢复草地植被。同时要加大管护力度,严格执法,严禁在退化草地上开垦、砍挖药材、灌木及其他固沙植物的活动,提高防风固沙功能,遏制沙漠化土地进一步扩展,降低沙尘暴发生频率。

(三)盐渍化草地治理

依据本区盐渍化草地分布现状及特点,采取"封、禁、治、建、管"相结合的原则治理盐渍化草地。即在采用围栏、封育、禁牧等工程措施对盐渍化草地实施管护的同时,根据草地盐渍化程度不同,选择适宜的生物措施进行治理与建设。对轻度、中度盐渍化草地补播羊草、紫花苜蓿等各种耐盐碱牧草;对重度盐渍化草地采取人工种碱茅、披碱草、羊草、紫花苜蓿，以苇治碱等措施，同时把好田间管护关。通过各种综合治理技术，尽快恢复盐渍化草地生态环境。

主要任务：2015～2020年，工程治理沙地总面积18万公顷，其中：人工造林6万公顷，封沙育林育草12万公顷；治理盐渍化草地2.5万公顷，生态移民320户，660人。

专栏15-1　防风固沙能力建设重点工程

01　退牧还草工程

通过休牧、禁牧、划区轮牧等措施，恢复草原植被，通过补播改良、人工种草等措施，减轻天然草原放牧压力，促进草原生态健康发展。

02　标准化棚圈建设工程

确定扶持重点，择优选户，统一建设模式和标准，加大标准化棚圈建设规模，提高抗灾保畜能力，促进畜牧业生产持续稳定发展。

03　优良牧草繁育体系建设工程

结合节水灌溉工程，建立人工优良牧草试验基地；通过引进培育抗旱、抗病、抗虫高产品种，扩大优质牧草种植面积。

04　牧区水利工程

对阿拉坦、乌兰诺尔水库加固；新建和改造人畜饮水基本井；实施集雨、节水灌溉等水利工程，解决牧区用水困难的问题。

05　草原鼠害、虫害、病害防治工程

在鼠害、虫害、病害发生严重的地区建立观察站、观测点等，提高病虫害监测预报水平。

06　呼伦贝尔沙地综合治理工程

坚持封育结合，在积极实施封沙育林（草）、禁牧、建立禁封保护区等措施的同时，加大育林育草力度，采取飞播造林、人工造林、补播等人工复壮措施，提高沙区植被覆盖度，促进植被恢复。

07　三北防护林工程

通过人工造林、封山育林等措施，大力营造防风固沙林，提高森林覆盖率、灌草综合盖度。

08　沙化土地封禁保护区建设工程

建立沙化土地封禁保护区，加大对生态移民的投入力度，妥善安置移民，加强保护区基础设施建设，采取综合治理措施，恢复封禁保护区植被。

第二节　水源涵养能力建设

一、森林生态系统保护与建设

以公益林管护工程、退耕还林工程等林业重点工程为依托，加强对乌布尔宝力格苏木、阿尔山林场、罕达盖林场等地的公益林管护，提高森林质量。在加强天然林、天然灌木林保护和抚育的同时，大力营造水源涵养林、防风固沙林、护岸林和水土保持林等人工林，并建立各种乔木、灌木苗圃。在天然林更新较困难的地区，积极采取人工造林、围封和禁牧等综合措施恢复植被，提高森林覆盖率，确保森林面积总量逐步增加。加强林业有害生物防治工作，完善监测、检疫和应急体系建设，提高森林防灾减灾能力。

主要任务：2015～2020年，完成公益林管护25万公顷，森林覆盖率达1.7%。

二、湿地生态系统保护与建设

要以保护湿地生态系统和改善湿地生态功能为主要内容，继续实施"引河济湖"工程，恢复和扩大湿地水域面积；实施新开河与呼伦湖河湖联通疏浚工程，增加湿地调蓄水资源和抗旱能力；实施呼伦湖生态综合治理工程、封湖休渔工程；通过各种湿地恢复工程的实施，有计划地恢复天然湿地面积，改善湿地生态环境状况；利用"世界湿地日""爱鸟周"等节日，组织开展多种形式的宣传教育活动，提高广大干部群众的湿地保护意识。

主要任务：2015～2020年，通过引河济湖、新开河与呼伦湖河湖联通疏浚工程等生态工程，恢复湿地面积3万公顷，自然湿地保护率达到91%，完成新开河与呼伦湖河湖疏浚工程。

专栏 15-2　水源涵养能力建设重点工程

01　公益林管护工程
　　依托国有林场、管护站等，加强国家级公益林、地方公益林的日常管护。

02　退耕还林工程
　　积极实施退耕还林，通过直播造林、植苗造林、封沙育林等措施提高森林覆盖率。

03　林木种苗工程
　　建立各种乔木、灌木苗圃，为防沙治沙、三北防护林、城市绿化提供各类苗木。

（续）

专栏 15-2　水源涵养能力建设重点工程
04　森林防火体系建设工程 加强防火巡护公路、防火隔离带、林缘线等防火基础设施。
05　湿地生态补水工程 继续实施"引河济湖"等湿地生态补水工程，恢复呼伦湖湿地水量，扩大湿地面积。
06　疏浚工程 实施新开河与呼伦湖河湖联通疏浚工程，构建水系连通和循环体系，减少旱涝灾害的发生频率。
07　呼伦湖生态综合治理工程 加强对沿湖周边环境的有效管理，严格控制工业"三废"排放，严厉打击私捕滥捞行为，保护呼伦湖水体环境。
08　封湖休渔工程 将乌尔逊河、海拉尔河等鱼类产卵场和洄游河道划为常年禁渔区，每年 5～7 月为禁渔期，在禁渔期内严禁捕捞，严格限定年捕捞量，保护鱼类资源。

第三节　生物多样性保护

一、生物多样性本底调查与评估

组织相关机构、部门开展生物多样性本底调查。通过调查物种丰富度、生态系统类型多样性、物种特有性、外来物种入侵度、物种受威胁程度等指标数据，全面了解功能区生物多样性现状、空间分布及变化趋势、威胁因素。完成高等植物、脊椎动物等受威胁现状评估，发布珍稀濒危物种名录，提出生物多样性保护对策和建议，明确本区生物多样性保护重点。

二、生物多样性保护措施

通过对功能区生物多样性本底调查与评估，确立重点保护和优先保护物种，实行就地保护和迁地保护，同时加强生态廊道建设，生物多样性监测和预警建设。

（一）就地保护

就地保护是生物多样性保护的最有效措施，全面加快自然保护区、沙化土地封禁保护区、地质公园和湿地公园建设。加强各级自然保护区管护设施和管理能力建设，积极推进自然保护区标准化建设和管理。将巴尔虎草原黄羊自然保护区、乌日根山自然保护区晋升为国家级和自治区级保护区；在功能区开展国家沙漠公园试点建设；新建克尔伦湿地公园、金鞍湿地公园。在自然保护区的核心区和缓冲区内，不得建设任何生产设施；在实验区内，严禁建设污染环境、破坏资源或者景观的生产设施。禁止在自然保护区内进行砍伐、狩猎、采药、开垦、烧荒、开矿、采石、挖沙等活动。提高本区地质公园、湿地公园、沙漠公园等管理机构的保护管理能力，制订相关生物多样性保护管理办法，处理好生态旅游与生物多样性保护的关系。初步形成以自然保护区为主，沙化土地封禁保护区、地质公园、湿地公园等为辅的生物多样性保护网络。

（二）迁地保护

在就地保护的基础上，对于一些生存条件不复存在，物种数量极少，生存和繁衍受到严重威胁的物种进行迁地保护。通过建立野生动物救护繁育中心、优质牧草种子库等方式，对一些珍稀濒危物种及基因等实施特殊的保护和管理。

（三）生态廊道建设

建立连接达赉湖国家自然保护区和贝尔湖地质公园的乌尔逊河生态廊道，连接达赉湖国家自然保护区和辉河国家自然保护区的海拉尔河生态廊道。通过生态廊道的建设为各物种迁徙提供"垫脚石"、营养源和栖息地，促进各保护区与热点地区之间的物种交流和迁徙。

（四）生物多样性监测和预警建设

依托功能区现有的生物多样性监测力量，加强达赉湖、辉河国家自然保护区等重要湿地监测体系建设。初步建立生物多样性监测评估和预警体系，及时掌握物种和生态系统等的动态变化，为生物多样性的保护与合理利用提供科学依据。

（五）加强生物多样性保护宣传教育

依托现有的教育培训体系、各种媒体，利用每年的"世界环境日""世界湿地日""国际生物多样性日"等节日，开展生物多样性保护宣传教育活动，宣传生物多样性保护的重要意义，提高公众自觉保护生物多样性的意识。

主要任务：2015～2020年，开展国家沙漠公园试点建设，新建湿地公园2处，野生动物救护繁育中心2处；晋升国家级、自治区级自然保护区各1处；完成功能区生物多样性本底调查与评估及乌尔逊河和海拉尔河生态廊道建设。

专栏 15-3　生物多样性保护重点工程

01　生物多样性本底调查

开展生物多样性本底调查，建立野生动植物资源分布现状、变化趋势数据库，完成各物种威胁现状评估。

（续）

专栏 15-3　生物多样性保护重点工程
02　野生动植物保护及自然保护区建设工程 　　进一步完善现有自然保护区基础设施建设，晋升国家级、自治区级自然保护区各1处，完善自然保护区网络体系。
03　湿地公园、沙漠公园、地质公园建设工程 　　完善各类公园基础设施建设，提高管理机构的保护管理能力，新建湿地公园2处，开展国家沙漠公园试点建设。
04　珍稀濒危野生动物救护工程 　　在达赉湖、辉河自然保护区建立野生动物救护繁育中心2处，对濒危动物进行救护。
05　生态廊道建设工程 　　建立乌尔逊河、海拉尔河生态廊道，为动植物迁徙提供"垫脚石"和营养源，促进各保护区与热点地区之间的物种交流。
06　生物多样性监测体系建设工程 　　加强草原、湿地、森林生物多样性监测和预警体系建设。

第四节　生态扶贫产业建设

一、生态产业建设

以科学发展观为指导，以增加贫困人口收入为核心，坚持以市场需求为导向，以产业化扶贫为载体，因地制宜调整种养结构，培育一批市场前景好、优势明显、辐射带动能力较强的重点生态产业。

依据本区生态建设和相关产业发展现状，今后要重点发展乳品加工、肉牛和肉羊养殖、特色养殖、特色种植、饲草加工、风能发电、生态旅游等生态产业。结合禁牧、休牧、封禁，积极发展舍饲养殖业，变放牧为舍养。结合退牧还草工程，积极发展乳品加工，建设肉牛和肉羊育肥养殖示范基地、家庭生态牧场标准户、牛羊合作社等，实现养殖专业化、经营集约化、管理企业化、服务社会化。结合三北防护林工程，积极发展林下山野菜和中药材种植。结合退耕还林（还草）工程，利用退耕区优越的自然条件，建设牧草良种繁育及加工基地，为畜牧业发展提供丰富的饲草资源。结合生态移民工程，调整种植业结构，加大特色养殖、特色种植业的发展。利用本区丰富的风能资源，建立风能发电站。利用功能区现有的旅游资源，积极发展生态旅游，建立精品旅游景区。逐步走上以生态工程带动产业发展，以产业推动广大农牧民脱贫致富的良性发展轨道。

主要任务：2015～2020年，贫困人口人均纯收入年增长16%，2020年基本消除贫困现象。

专栏15-4　生态产业建设重点

01　乳品加工业
依靠重点乳品企业，建立标准化奶牛小区和奶牛场45个，提高乳品精深加工水平。

02　肉牛、肉羊产业
依托南部贝尔苏木、罕达盖苏木等地优质肉牛、肉羊资源，加强龙头企业和牛羊合作社建设力度，建设肉牛、肉羊规模化养殖小区40个，提升畜牧业养殖水平。

03　特色养殖业
以阿木古郎镇和阿拉坦额莫勒镇为核心，大力发展大雁、天鹅、水貂、獭兔等特色动物养殖业，扩大特种养殖基地规模。

04　特色种植业
在阿拉坦额莫勒镇、罕达盖苏木等地，建立产业化、无公害、绿色蔬菜种植和加工基地。

05　饲草加工业
通过建立牧草良种繁育基地，扩大优质牧草种植面积，同时加强饲草储备体系建设，提升饲草加工水平。

06　生态旅游业
结合国家自然保护区和湿地公园建设，完善旅游规划体系，建设旅游基础设施和精品旅游景区。

07　清洁能源业
在阿木古郎镇、呼伦镇等地建设风能发电站。

二、农牧民培训

强化贫困地区农牧民的职业技能培训，采取长短班结合、科技联结、科技咨询、现场指导、能人带动等多种形式，提高农牧民的素质和就业创业能力。同时加强对定点培训机构的指导和监督力度，建立健全扶贫培训项目管理制度，对培训基地认定、培训监督、评估验收、补助奖励等环节进行规范化管理，确保培训质量和效益，实现"培训1人、输出1人、脱贫1户"的目标。

主要任务：培训农牧民5200人，其中：实用技术培训4000人，劳动力转移培训1000人，管理人员200人。

三、人口易地安置

坚持政府引导、群众自愿的原则，对居住在草地沙化、退化严重，水土资源匮乏，自然灾害频发和生态保护重点区域的贫困农牧民实施移民扶贫。将扶贫攻坚与城镇化、沙区综合治理、畜牧业转型升级、社会主义新牧区建设等中心工作有机结合起来，引导贫困人口向城镇、工业园区、物流园区、现代农业示范园区有序转移。同时妥善解决搬迁群众在教育、住房、医疗、就业、社会保障等方面的问题，着重培育和发展牧民专业合作社、特色养殖、民俗旅游等，做到"有产业支撑、有就业岗位、有稳定增收渠道"，最终促进区域经济和环境的协调发展，实现消除贫困和改善生态的目标。

第五节 基本公共服务体系建设

一、防灾减灾体系

（一）防火体系建设

依据全国草原火险区划，本区属于Ⅰ级火险县（旗），随着国家草原生态保护和建设力度的不断加大，草原植被逐步恢复，高火险等级的草原面积不断扩大，防火的形势依然严峻。今后防火体系建设要坚持"预防为主，防消结合"的方针，以强化火情监测预警指挥信息系统建设为前提，以加强防火物资保障系统和草原防火基层专业应急队伍建设为重点。在功能区建立火险预测预报、火情瞭望监测、防火阻隔、通讯联络及指挥系统，配备相关的扑火设备。全面提升对草原（森林）火灾的监测预警、快速反应、应急指挥和综合扑救能力，努力实现草原（森林）火灾的"打早、打小、打了"。全面提高本区防火工作的科学化、信息化、现代化水平。

（二）草原（森林）有害生物防治

加强草原（森林）有害生物监测预警体系和队伍建设，全面准确掌握危害动态，建立三级联网监测预警机构，即在市所在地建立鼠害、虫害、病害（三害）预测预报中心站，在旗（县）建立预测预报基层站，在苏木（镇）建立日常观察站。在鼠害发生严重的贝尔苏木、新宝力格苏木等地建立鼠害观察站，同时发展招鹰控鼠、不育剂灭鼠；在蝗灾发生严重的乌尔逊河流域、辉河流域建立虫害监测点，养殖牧鸡，采用"牧鸡治蝗"；在病害发生严重的人工草场建立旗级检疫中心，加强检疫，严防危险性病虫传入；在新巴尔虎左旗建立林业有害生物除害基地。完善三害防治工作责任制和考核评价制度，提高防治水平。

（三）气象防灾减灾体系建设

加强干旱、雪灾等气象灾害监测预警体系建设，采取灾情监测预警、预案编制与实施等非工程措施，建立和完善农村牧区综合监测网；构建人工影响天气作业体系，通过人工增雨等措施，开发空中云水资源，提高生态修复能力；建设市、旗、苏木三级气象灾害应急指挥管理系统；加强部门协作，完善重大气象灾害、极端气候事件的预报及信息发布渠道，不断提高公共气象服务的能力和科学防御气象灾害水平，最终建立政府主导、部门联动、社会参与的综合气象灾害防御工作体系。

二、基础设施建设

加强水利基础设施建设，实施牧区饮水安全工程，大力建设集中式供水和分散式供水工程；完成阿木古郎镇、阿拉坦额莫勒镇、嵯岗镇等城镇供水管网改造和建设，解决功能区的饮水安全问题。加快电力基础设施建设，完成满洲里—阿拉坦额莫勒、伊敏—诺门罕—阿木古郎、海拉尔—阿木古郎等输变电工程，并完成嵯岗镇、贝尔苏木等牧区低压改造工程。加快旗苏木（镇）公路网和嘎查村道路升级改造建设，建设满洲里—阿拉坦额莫勒—阿木古郎一级公路、阿日哈沙特—额布都格口岸二级公路及嵯岗—乌布尔宝力格乡道升级改造等工程，构建"三横、三纵"的交通基本格局。结合新牧区建设，积极实施游牧民定居工程和农村牧区危房改造工程，通过牧民住房、公共救灾饲草地、移动棚圈等生产生活配套设施建设，转变农牧民靠天养畜的传统生活方式；加快推进棚户区及危房改造，改善农牧民居住环境。通过加强水利、电力、交通等基础设施建设，为功能区的经济发展和生态保护创造良好的条件。

专栏 15-5　配套建设重点工程

01　防火体系建设工程
　　建立覆盖各个苏木（镇）的防火物资保障系统；加强火灾监测预警系统、信息传递系统、防火指挥中心建设；加强防火阻隔体系建设，完成罕达盖林场、阿尔山林场等地 1500 千米防火隔离带、1200 千米林缘线建设。

02　有害生物防治工程
　　在鼠害、虫害、病害发生严重的苏木，建立鼠害观察站 4 个，虫害监测点 2 个，牧鸡养殖基地 6 处，旗级检疫中心 2 个，林业有害生物除害基地 1 个，提高有害生物防治水平。

03　气象防灾减灾体系建设工程
　　加强气象灾害监测预警和应急指挥管理系统建设，完善气象信息发布渠道，建成综合气象灾害防御工作体系。

04　饮水安全工程
　　新建集中供水工程 40 处，分散式供水工程 120 处，完成阿木古郎镇、阿拉坦额莫勒镇、嵯岗镇等城镇供水管网改造和建设。

（续）

专栏 15-5　配套建设重点工程
05　电力建设工程 　　建设 220 千伏输变电工程 3 处，110 千伏、35 千伏输变电工程各 5 处，完成 10 千伏以下农网改造升级工程。
06　交通建设工程 　　以国省干线及地方三级以上公路为骨架，建设一级公路、二级公路、农村公路及专用公路，构建"三横、三纵"的交通基本格局。
07　游牧民定居工程 　　积极实施游牧民定居工程，通过配套生产生活设施建设，实现农牧民"居有定所、畜有暖圈"。

第六节　生态监管

一、生态监测

为了进一步巩固重点功能区的生态保护和建设成果，遏制生态恶化趋势，围绕建设现代化生态监测体系的要求，利用地面监测、遥感影像采集与处理、地理信息系统分析等技术，建立以草畜平衡测定、草原生态环境监测、荒漠化监测为主要内容的预警和评估体系；完善生态环境监测报告制度，并编制年度监测报告，及时向政府决策部门和公众公布；加强人才队伍和执法队伍建设，实现监察大队标准化。最终形成以林业部门牵头，农业、水利、环保等多部门齐抓共管的外部协调机制和分工明确、管理高效的内部运行机制，积极开展生态环境监察工作。

二、空间管制与引导

（一）落实主体功能定位

依据《全国主体功能区规划》的要求，将达赉湖国家级自然保护区、贝尔湖地质公园等区域列为禁止开发区域，实行强制性保护，严格控制人为因素的干扰；在限制开发区内，严禁开展不符合主体功能定位的各类开发活动，同时考虑到生产和建设的需要，将阿木古郎镇、阿拉坦额莫勒镇、嵯岗镇、阿日哈沙特镇、罕达盖苏木列为点状开发镇，在保证生态功能的前提下，进行必要的城镇建设。

（二）划定生态红线

生态红线是为维护国家或区域生态安全和可持续发展，根据生态系统完整性和连通性的保护需求，划定需实施特殊保护的区域。党的十八届三中全会提出，用制度保护生态环境，划定生态保护红线。本区的各类优质草原、三大沙带的植被、湿地、森林等分别是防风固沙、生物多样性保护、水源涵养的主体，是本区生态保护的四条主要生态红线。要严禁超载过牧、采挖固沙植物、砍伐防风固沙林等活动；禁止具有生态破坏性产业进入；严禁改变生态用地用途，确保现有的草原、湿地、森林面积稳步扩大。

（三）控制生态产业规模

按照主体功能区划要求，严格产业发展准入，从源头上提高环境保护水平。确定重点产业发展布局和规模，优先发展乳品加工业、肉牛、肉羊养殖业、特色养殖（种植）业、生态旅游业等生态产业，在保护生态的前提下，提高经济效益，实现"美丽和发展双赢的目标"。

三、绩效评价

对重点生态功能区进行绩效评价和考核是引导、约束、调控功能区保护和建设的重要手段，是推进功能区各项工作的关键抓手。结合本区的社会经济发展及生态环保现状，将林草植被覆盖度、沙化土地治理率、草蓄平衡、森林覆盖率、自然湿地保护率、防火体系建设、有害生物监测体系建设、大气质量、水质量等绿色GDP指标列为主要考核指标。依据每个指标对当地生态保护和社会经济发展的贡献度设定不同的权重，以2013年的数据为基准年，统计分析各项指标，并及时调整生态保护与建设内容。

第五章 政策措施

第一节 政策需求

一、生态补偿补助政策

研究开展国家重点生态功能区、禁止开发区域开展生态补偿，引导生态受益地区与生态保护地区、下游地区与上游地区开展横向补偿。

进一步提高草原、森林生态效益补偿标准，完善草原、森林生态效益补偿制度。

建立完善碳汇补偿机制试点，尽快启动呼伦贝尔草原草甸生态功能区碳汇补偿机制试点，并加大对其倾斜和扶持力度，不断增强和提高该区草原、森林、湿地的固碳增汇能力。

逐步扩大湿地生态效益补偿试点，研究建立湿地生态效益补偿制度。

深入推进草原生态保护补助奖励机制，进一步稳定和完善草原承包制度，对由于草原发挥生态功能而降低生产性资源功能造成的损失予以补偿，提高生态区农牧民生态保护的积极性，并逐步提高补助奖励标准。

二、人口易地安置配套扶持政策

各级政府要结合本地实际，研究制定相关配套扶持政策。鼓励生态脆弱区的农牧民向城镇、工业园区、现代农业示范园区有序转移，在移民安置过程中，应优先保障移民安置房用地、暖棚建设用地、饲草料基地，减免搬迁过程中产生的各项税费。加强职业教育与职业技能培训，增强移民跨区域转移就业能力，优先安排移民及其子女就业，引导参与商贸和生态旅游等第三产业经营。对搬迁移民，在医疗保健、子女入学等方面均享有同当地居民一样的待遇。

三、国家重点生态功能区转移支付政策

国家重点生态功能区不仅是国家生态安全屏障，也是国家生态保护的主要区域。为维护国家生态安全，引导地方政府加强生态环境保护，提高呼伦贝尔草原草甸生态

功能区所在地政府基本公共服务保障能力，应加大国家重点生态功能区转移支付力度，并适当增加用于生态保护与建设的资金份额。将草原生态保护和恢复、三化治理、生物多样性保护和水源涵养能力建设作为建设重点，优先安排并逐步增加资金。同时加大民生方面的基本公共服务领域的投资，以促进基本公共服务均等化。

继续完善激励约束机制，财政部会同环境保护部等部门按照国家相关规定，对国家重点生态功能区所属县进行生态环境监测与评估，并根据评估结果采取相应的奖惩措施。加强资金使用的绩效监督和评估，提高转移支付资金使用效率。确保国家重点生态功能区转移支付用于保护生态环境和改善民生。

第二节　保障措施

一、法制保障

呼伦贝尔草原草甸生态功能区生态保护和建设必须严格执行《中华人民共和国草原法》《中华人民共和国防沙治沙法》《中华人民共和国森林法》《中华人民共和国水土保持法》《中华人民共和国环境保护法》《中华人民共和国土地管理法》《中华人民共和国野生动物保护法》等相关的法律法规。各级政府职能部门要分工协作，认真落实和严格执行有关的法律法规。

要不断提高功能区内广大农牧民的法治理念和执法部门的执法水平。依法惩处各类破坏资源、污染环境的行为，做到有法可依、执法必严。

加强生态监管和执法力度，逐步完善监管、执法体系。

二、组织保障

各级政府要成立主体功能区组织、管理和协调机构，建立组织领导体系。促进林业、农业、畜牧业等部门的配合，明确各部门的主要责任，围绕规划目标，逐级分解落实任务。各级政府是规划实施的主体部门，应建立相应的考核机制，制定年度工作计划。将草蓄平衡、沙化土地治理率等主要生态指标纳入考核范围，并将考核结果作为领导干部综合评价的重要内容。

三、资金保障

发挥政府投资的主导作用，中央和地方各级政府要加强对重点生态功能区生态保护和建设资金投入力度，对草原保护与恢复、三化治理、湿地保护与恢复、生物多样性保护等生态保护工程，要在资金、政策上予以重点倾斜，进一步优化完善投资安排的针对性，使中央投资安排符合区域的主体功能定位和发展方向。

积极鼓励和引导民间资本、社会机构加入生态功能区的保护与建设，逐步建立以公共财政投入为基础、社会力量广泛参与、多渠道投资的投入机制。

加强对资金使用的监管，确保工程建设资金专账核算、专款专用。根据工程建设需要，建立投资标准调整机制。

四、科技保障

加强科学研究，加大技术推广。注重科研在草原保护与恢复、三化治理、湿地保护与恢复、生物多样性保护等方面的投入力度。加快现有科技成果的转化，建立健全科技成果转化稳定支持机制和推广体系，促进产学研紧密结合，为重点生态功能区生态保护和建设提供技术支撑。

加快科研人才队伍建设，注重技能培训。出台政策实施科技人才培养计划，培养和造就一批生态保护和建设的领军人才及基层科技骨干；搭建人才引进平台，有计划地引进相关科技人才，重视在职技术人员的继续教育，同时加强对农牧民和基层技术人员培训工作。

运用现代信息技术，搭建电子信息平台，建设数字化、网络化、智能化和可视化的生态功能区信息网络系统，加强生态环境数据的收集和分析，及时跟踪环境变化趋势，促进信息资源的合理配置、开放共享和高效利用，为重点生态功能区生态保护和建设提供科学化信息决策支持。

五、考核体系

逐步完善重点生态功能区各项规章制度，明确本区管理机构的职责和执法范围等，建立领导责任制度、目标管理制度、财务管理制度、信息反馈制度、质量检查验收制度、工程违规举报制度、环境影响评价制度等，逐步实现管理的法制化、科学化、系统化，提高管理水平。

对重点生态功能区的生态功能及其保护状况定期组织评估和考核，并公布结果。考核结果纳入功能区所在地领导干部任期考核目标，对任期内生态功能严重退化的，要追究其领导责任；对造成生态功能破坏的项目，要追究项目法人的责任。

落实项目管理责任制。完善工程检查、验收、监督、评估、审计制度，严格按规划立项，按项目管理，按设计施工，按标准验收。工程建设实行项目法人制，建设过程实行监理制，资金管理实行报账制。

加强对森林、湿地、草地等生态系统的监管，建立生态监测评估体系，对规划实施情况进行全面监测、分析和评估。保障生态保护和建设成效。

附表

呼伦贝尔草原草甸生态功能区禁止开发区域名录

名称	行政区域	面积（公顷）
自然保护区		
内蒙古达赉湖国家级自然保护区	新巴尔虎左旗、新巴尔虎右旗、满洲里市	740000
内蒙古辉河国家级自然保护区	新巴尔虎左旗、鄂温克族自治旗	56393
内蒙古新巴尔虎左旗沙化土地封禁保护区	新巴尔虎左旗	10006
内蒙古巴尔虎草原黄羊自治区级自然保护区	新巴尔虎右旗	528388
内蒙古莫达莫吉旗级自然保护区	新巴尔虎左旗	6670
内蒙古诺门罕旗级自然保护区	新巴尔虎左旗	160900
内蒙古乌日根山旗级自然保护区	新巴尔虎左旗	12037
内蒙古伊和乌拉旗级自然保护区	新巴尔虎左旗	10000
地质公园		
内蒙古呼伦-贝尔湖地质公园	新巴尔虎右旗	28486

第十六篇

科尔沁草原

生态功能区
生态保护与建设规划

第一章　规划背景

第一节　区域概况

一、规划范围

科尔沁草原生态功能区位于内蒙古自治区和吉林省，行政区域包括内蒙古自治区10个旗（县）和吉林省1个县。总面积111440平方千米，总人口388万人（数据来源于《中华人民共和国行政区划简册2014》）。详见表16-1。

表 16-1　规划范围表

省（区）	旗（县）
内蒙古自治区	阿鲁科尔沁旗、巴林右旗、翁牛特旗、开鲁县、库伦旗、奈曼旗、扎鲁特旗、科尔沁左翼中旗、科尔沁左翼后旗、科尔沁右翼中旗
吉林省	通榆县

二、自然条件

（一）地质地貌

科尔沁草原生态功能区地势南部和北部高、中部低，西部高、东部低，呈马鞍形。北部为大兴安岭南麓余脉的石质山地丘陵，海拔高度400～1540米；中部为西辽河流域沙质冲积平原，海拔高度120～320米，其中在西辽河流域冲积平原与山地、丘陵之间的过渡地带分布着起伏不平的沙丘和沙地，海拔高度200～400米；南部为辽西山地北缘黄土丘陵，海拔高度400～1000米。

（二）气候水文

功能区地处东北平原向内蒙古高原的过渡地带，气候具有暖温带向温带、半湿润区向半干旱区过渡的特点。春季干旱多风，夏季炎热雨量集中，秋季凉爽短促，冬季漫长寒冷。年平均气温5.5～6.4℃，年平均日照时数3000小时左右，≥10℃积温3000～

3200℃，无霜期95~160天，年平均降水量为150~450毫米，并呈现出南多北少、东多西少的特点。年内降水分配极不均匀，夏季的6~8月的降水占全年的70%以上，春季3~5月占10%。功能区地处中纬度西风带，是西路、西北路、偏北路冷空气流经地带。年平均风速3.5~4.5米/秒，最大风速31米/秒，年8级以上灾害性大风日数20~30天。

区内水系属辽河流域西辽河水系和松花江流域嫩江水系。以辽河流域西辽河水系为主，有其支流西拉木伦河、老哈河、教来河、乌力吉木仁河和新开河等，还有辽河干流的部分支流，以及松花江流域嫩江水系支流霍林河。嫩江水系流域面积4759平方千米，西辽河水系流域面积49486平方千米。

（三）土壤植被

区内地带性土壤为暗棕壤、栗钙土和黑垆土，非地带性土壤主要有风沙土、草甸土和盐碱土等。

本区植物区系有蒙古区系、达乌里区系、长白山区系和华北区系，植物构成属草原旱生植物区，历史上曾经是以疏林草原为主，森林草原和草甸草原相间分布。功能区北部大兴安岭南麓海拔400~1400米的山地阴坡有呈岛屿状分布杨树和桦树天然次生林，在较陡的阳坡以及丘陵间有片状骆驼蒿、万年蒿、山黄榆和山杏等灌丛，山顶多为亚高草原化草甸；功能区中部西辽河流域沙质冲积平原随着流沙堆积，沙化面积增多，山黄榆+禾草群落逐渐让位于小叶锦鸡儿灌丛，在流动沙丘上主要有差巴嘎蒿和黄柳等，在固定沙丘上还有驼绒蒿、百里香、苦参、甘草、山黄榆和杠柳等，大青沟国家级自然保护区和乌丹塔拉科尔沁沙地原生植被自然保护区等特殊立地条件分布着较为典型的针阔混交林和阔叶混交林，大青沟国家级自然保护区具有长白山天然阔叶混交林景观特征；功能区南部辽西山地北缘低山阴坡以蒿类为主，阳坡及丘陵以贝加尔针茅、羊草和隐子草等草原类型为主，在固定沙丘上木本植物如鼠李、卫茅和色木等明显增多。

三、自然资源

（一）土地资源

土地总面积中，林地419.7万公顷，占37.7%；耕地145.4万公顷，占13.0%；草地500.6万公顷，占44.9%；湿地48.7万公顷，占4.4%。林地、草地和湿地是本区生态系统服务功能的主要载体。

（二）森林资源

林地面积中，森林153.75万公顷，疏林地8.61万公顷，灌木林地115.00万公顷，未成林造林地32.07万公顷，苗圃地0.26万公顷，无立木林地39.70万公顷，宜林地79.48万公顷，森林蓄积量5088万立方米，森林覆盖率13.8%。

（三）草地资源

本区处温带半干旱草原地带，草地总面积500.6万公顷，可利用草地面积455.5万公顷，退化、沙化、盐渍化草地面积410.5万公顷、占草地总面积的82%。

（四）水资源

本区地处东北地区降水量低值中心和增发量高值中心，水资源较为贫乏。地表水主要为西辽河水系，主要支流有西拉木伦河、老哈河、新开河和教来河等，是区内地下水的主要补给源之一。河流径流量年际变化幅度大，年内分布也不均匀，主要集中在汛期，旱季常出现断流。

（五）湿地资源

本区湿地面积48.7万公顷，其中河流湿地8.6万公顷，湖泊湿地3.4万公顷，沼泽湿地34.2万公顷，人工湿地2.5万公顷，各占湿地总面积的15.6%、7.0%、70.2%、5.2%。受各种形式保护的湿地面积为5.4万公顷，湿地保护率为11.1%。

（六）野生动植物资源

本区野生动植物资源较为丰富。经不完全统计，有维管束植物108科362属722种。其中国家级保护植物有胡桃楸、蒙古黄榆、五角枫、西伯利亚杏等。国家重点保护药用植物有甘草、黄芩、秦艽、达乌里龙胆、远志、卵叶远志、防风、五味子等10种。野生动物种类也较为丰富，有脊椎动物380多种，其中两栖动物1目4科7种，爬行动物2目5科10种，哺乳动物6目15科43种，鱼类29种，鸟类18目49科293种。国家一级保护动物有丹顶鹤、东方白鹳、白鹳、黑鹳、金雕、白肩雕、白尾海雕、虎头海雕、白头鹤、白鹤、大鸨、梅花鹿、紫貂13种；国家二级保护动物有灰鹤、鸢、蓑羽鹤、鸳鸯、天鹅、猞猁、马鹿、黄羊等42种。有《中日保护候鸟及其栖息环境协定》中的鸟类173种，占协定种类的76.21%，有《濒危野生动植物种国际贸易公约》中保护的鸟类49种。有国家保护的有益的或者有重要经济、科学研究价值的陆生野生动物235种。本区在保护珍稀野生动植物资源及湿地生态环境、拯救濒危大型湿地禽类等方面，发挥着重要作用。

四、社会经济

（一）蒙古族聚居区

本区总人口388万人，其中蒙古族人口182万人，占总人口的47.0%，是全国蒙古族人口最集中的地区。

（二）第二产业是当地支柱产业

本区2013年地区生产总值1240.1亿元，其中，第一产业267.3亿元，第二产业604.5亿元，第三产业368.3亿元，三次产业比例为21.6∶48.7∶29.7，第二产业是当地支柱产业。财政收入66.5亿元，农牧民年人均纯收入6827元/人。

（三）农村和林牧区公共服务体系不健全

非农业人口174万人，农业人口214万人，城镇化率45%，低于全国平均城镇化水平（53.7%）。农村和林牧区路况较差，给排水、通讯等基础设施缺乏，教育、医疗和卫生等公共服务体系不完善，广大农牧民和林区职工的生产生活条件较差。

第二节　生态功能定位

一、主体功能

按照《全国主体功能区规划》，本区属防风固沙型重点生态功能区，主体功能定位是温带森林与草原过渡带，东北和华北地区的生态屏障，京津地区的沙源地，辽河和嫩江重要的发源地，优质农牧产品生产基地，人与自然和谐相处的生态文明示范区。

二、生态价值

（一）东北和华北地区重要生态屏障

本区是辽河平原、科尔沁沙地、大兴安岭山地、蒙古高原、辽西冀北山地五大自然地理单元交汇区和过渡带，拥有极具代表性的森林、草原、草甸及湿地相间分布的生态系统，发挥着防风固沙、减缓土地沙化、保持水土、涵养水源等重要生态功能，对保障东北和华北生态安全具有无可替代的作用。

（二）辽河和嫩江重要的发源地

功能区北部和西北部山地广袤的疏林草原涵养了丰富的水源，是辽河流域西辽河水系老哈河、新开河和教来河，以及松花江流域嫩江水系霍林河的发源地，也是区域以及辽河平原、松嫩平原居民生产生活用水的重要保障。

（三）野生动植物重要栖息地

区内野生动植物资源较为丰富，对保护生物多样性、拯救珍稀濒危物种、开展科学研究意义重大。截至2013年，本区共建立了国家级自然保护区7处，保护区域总面积达到63.87万公顷，占区域总面积的5.73%。

第三节　主要生态问题与原因

一、天然草地面积减少，生态功能降低

本区处温带半干旱草原地带。草地总面积500.6万公顷，可利用草地面积455.5万公顷，退化、沙化、盐渍化草地面积410.5万公顷，占草地总面积的82%。人口剧增、过度农垦、过度放牧以及过度樵采是天然草地面积减少的主要原因。清代中叶本区人口密度0.6人/平方千米，光绪三十四年增至6.7人/平方千米，农业人口的迅速增长，使人均粮食占有量下降，在广种薄收、单产较低条件下，只能继续扩大开垦面积，从而形成草原－耕地－撂荒地－土壤沙化的恶性趋势。同时耕地的扩大造成草场面积的减少，引起单位面积草场载畜量过多，超载过牧。冬季牧草不足又以秸秆为补充饲料，使有机质不能还田，导致地力急剧下降。此外农牧民乱挖麻黄、甘草等名贵药材，乱打乱搂柴草等现象较为普遍，加剧了对天然草原的破坏，最终导致大面积疏林草原逐渐退化成流沙和半固定沙丘。

二、土地沙化、盐渍化加重

功能区是科尔沁沙地的主体地区，风力较强，沙物质丰富，土壤风蚀严重，沙化土地面积达353.1万公顷，占国土总面积的31.7%。主要分布在库伦旗、科左后旗、科左中旗、开鲁县、奈曼旗和翁牛特旗等地。在沙化土地中，流动沙丘（地）20.4万公顷，固定、半固定沙丘（地）293.0万公顷，沙化耕地38.4万公顷，露沙地1.3万公顷。另有明显沙化趋势的土地54.0万公顷。土地耕作方式粗放、广种薄收以及严重超载过牧，是导致土地沙化和盐渍化的主要原因。

三、地表水明显减少，地下水位下降

近几十年，本区地表水资源呈明显减少趋势。据资料显示，1980年以后，区内地表水资源较20世纪50年代减少了75%以上。区内原有常年或季节性积水湖、泡600多个，大部分水质较好。但近些年来，井灌农田大力发展，由于灌溉主要采取漫灌，水资源利用率低，再加之连年干旱，河流断流，地下水补给减少，导致地下水位急剧下降，形成大面积地下水位降落漏斗区，已有近50%的湖、泡干涸。开鲁县、科左中旗、奈曼旗、扎鲁特旗南部、库伦旗北部的部分防风固沙林由于地下的水位的下降而生长不良或部分枯死，形成新的沙化林地。

四、风沙灾害频繁，是京津冀主要风沙源

功能区的大部分区域属科尔沁沙地。科尔沁沙地为我国四大沙地之一，总面积423万公顷，是四大沙地中面积最大的沙地。主要由塔敏查干、老哈河南岸、阿古拉和巴彦芒哈四条沙带组成，在历史上大部分为固定沙丘，由于人为、气候和过牧等多重因素推进了沙漠化进程，特别是塔敏查干沙带已成为沙漠。据相关资料，影响京津地区沙尘天气的传输路径主要有北路、西路和西北路。北路从蒙古国东南部，经内蒙古东部的浑善达克沙地、科尔沁沙地和河北坝上地区影响京津地区；西北路从蒙古国中、南部，经巴丹吉林沙漠、腾格里沙漠、乌兰布和沙漠、库布齐沙漠和毛乌素沙地影响京津地区；西路从新疆塔克拉玛干沙漠，经柴达木盆地、库姆塔格沙漠、河西走廊地区等影响京津地区。

本区位于京津地区北部，本区的科尔沁沙地与北京直线距离仅200余千米，从北路对京津地区造成沙尘天气，是京津地区重要的沙源地。据研究，对于粒径主要为0.1～0.25毫米的干燥沙质地，形成风沙流所需风速为4～5米/秒。功能区内沙地地表沙物质的粒径主要为0.01～0.5毫米，春季平均风速在5米/秒，除夏季外，其各月风速大于4米/秒的日数也较多，当风作用于裸露的地表时即可吹起沙粒，形成风沙流，从而造成风沙危害。同时由于功能区地处燕山北麓、松辽平原西部，区内形成的风沙流对京津冀以及松辽平原生态环境造成严重危害。

第四节　生态保护和建设现状

一、生态工程建设

（一）林业生态工程

截至2013年底，功能区累计完成京津风沙源治理、"三北"防护林、退耕还林、重点生态公益林管护、中幼林抚育、沙化土地封禁保护区建设、自然保护区建设、湿地保护与恢复等重点生态工程177.3万公顷，沙化、荒漠化防治取得明显成效，水土流失面积和土壤侵蚀强度均呈下降趋势，林业工程建设取得了巨大的成效，但工程建设投资普遍不足、投资标准偏低，森林防火、有害生物防治等设施设备，以及国家级自然保护区基础设施不完善，影响了工程生态效益的发挥。

（二）其他生态工程

草地生态建设。开展了禁牧、退牧、休牧和移民搬迁等综合治理措施，草原植被

盖度、牧草高度和产草量均有较大幅度提高，草畜矛盾趋缓。截至2013年底，禁牧、休牧、退牧面积已达347.5万公顷，占可利用面积的76.3%。

水土流失治理。水利、国土等部门开展了小流域综合治理、水土保持综合治理、土地整理等项目。截至2013年底，通过采取水保造林、水保种草、封禁治理等措施，共治理水土流失面积27.0万公顷。

从生态建设情况来看，普遍存在资金不足，污水和垃圾等处理设施不完善等问题。

二、国家重点生态功能区转移支付

2013年，生态功能区内11个旗（县）都有财政转移支付资金。资金来源主要为环境保护建设以及涉及民生的基本公共服务领域。从资金来源和使用上可以看出，财政转移支付资金用于生态保护和建设的比例偏低，且资金规模远不能满足生态保护和建设的需要。

三、生态保护与建设总体态势

本区生态保护与建设的总体态势是：森林、草原、湿地等自然栖息地遭到破坏，出现了新的沙源地和盐渍化土地，植被退化、土地沙化和水土流失严重，风沙等自然灾害频发，生物多样性受到威胁，生态保护和建设处于关键时期。

第二章 指导思想与原则目标

第一节 指导思想

全面贯彻党的十八大精神，深入学习贯彻习近平总书记系列重要讲话精神，根据《全国主体功能区规划》的功能定位和建设要求，以保护森林生态系统、草原生态系统、湿地生态系统、荒漠生态系统、珍稀濒危野生动植物及其栖息地，通过合理空间布局、实施生态工程、完善公共服务体系等措施，提高森林、湿地、草地等生态用地比重，加强区域防风固沙、水土流失控制和生物多样性保护等生态服务功能，建设生态良好、生活富裕、人与自然和谐相处的生态文明示范区，为华北和东北地区乃至国家的可持续发展提供生态保障。

第二节 基本原则

一、全面规划、突出重点

将区域森林、草原、湿地、荒漠等生态系统和生物多样性都纳入规划范畴，与《全国主体功能区规划》等上位规划衔接，推进区域人口、经济、资源环境协调发展。根据本区特点，以森林、草原、湿地和荒漠生态系统保护和建设为重点。

二、优先保护、科学治理

优先保护天然林资源、原生型疏林草原及其生态系统、湿地生态系统、荒漠生态系统、珍稀濒危野生动植物及其栖息地，巩固已有建设成果；以草定畜，严格控制载畜量，治理土壤侵蚀；自然修复和人工修复、人工治理相结合，采用先进实用技术，提高成效。

三、合理布局、分区施策

根据区域森林、草地、荒漠植被和珍稀野生动植物分布特点、水资源分布状况以及水土流失程度等，进行合理区划布局，根据各分区特点，分别采取有针对性的保护和治理措施，合理安排建设内容。

四、以人为本、统筹兼顾

正确处理生态与民生、生态与产业、保护与发展的关系，兼顾农牧民增收与区域扶贫开发，将生态建设与农牧民增收和调整产业结构相结合，提高农牧民收入水平，帮助脱贫致富。

第三节 规划期和规划目标

一、规划期

规划期为2015～2020年。

二、规划目标

总体目标：到2020年，区域防风固沙能力明显增强，水质达到Ⅱ类，空气质量得到改善，京津地区风沙危害进一步减轻，区域可持续发展能力进一步提高。生态用地得到严格保护，节约集约使用林地，森林覆盖率和林草植被覆盖度稳步增长，天然疏林草原及其生态系统、荒漠植被及其生态系统以及珍稀濒危野生动植物及其栖息地得到有效保护，湿地进一步得到保护和恢复，水土流失得到有效控制，生态监管能力明显增强，农牧民收入明显增加，公共服务水平明显提升，初步形成富裕和谐的生态文明示范区。

具体目标：到2020年，生态用地占比达到66.3%，森林覆盖率提高到18.2%，森林蓄积量达到6052万立方米以上，"三化"草地治理率达到95.0%，可治理沙化土地治理率达到95%，林草植被覆盖度提高20%，草地生产力提高20%，自然湿地保护率提高到50.0%，国家级自然保护区、国家沙漠公园、国家森林公园和国家湿地公园达到15处，水土流失治理率达到50.0%。建设生态产业基地33.3万公顷，培训农牧民10万人次。

表 16-2　主要指标

指　标	2013 年	2020 年
防风固沙能力建设目标		
生态用地①占比（%）	65.0	66.3
林地面积（万公顷）	355.5	355.5
森林覆盖率（%）	13.8	16.5
森林蓄积量（万立方米）	5088	6052
"三化"草地治理率（%）	76.3	95.0
可治理沙化土地治理率（%）	81.5	95.0
湿地面积（万公顷）	48.7	48.7
湿地保护面积（万公顷）	5.4	24.4
自然湿地保护率（%）	11.1	50.0
生物多样性保护目标		
国家级自然保护区（处）	7	9
国家沙漠公园（处）	—	2
国家森林公园（处）	—	2
国家湿地公园（处）	—	2
水土流失治理目标		
水土流失治理率（%）	14.8	50.0
生态扶贫目标		
建设生态产业基地（万公顷）	—	33.3
农牧民培训（万人次）	—	10

注：①生态用地包括林地、草地、湿地以及通过治理恢复生态功能的沙化土地。

第三章 总体布局

第一节 功能区划

一、布局原则

根据本区地形地貌和生态系统差异性、疏林草原、荒漠植被和珍稀野生动植物分布状况以及荒漠化程度,按照主体功能区规划目标的要求、资源保护与管理的一致性,以及保护和发展的适应性,对本区进行区划。

二、分区布局

本区共划分3个生态保护与建设功能区,即科尔沁沙地防风固沙区、三河平原农田控制区、大兴安岭南麓疏林草原保护区。详见表16-3。

（一）科尔沁沙地防风固沙区

本区位于科尔沁沙地北缘和南缘,有四大沙带分布,沙地面积大,流动沙地和半固定沙地多,风蚀、水蚀严重,生态环境极为脆弱。区域生态主导功能是恢复林草植被,提高防风固沙能力。

（二）三河平原农田控制区

本区地势较为平坦,土质以冲积淤积土为主,土壤肥力较高,沙化程度轻,水资源丰富,是区域粮食主产区。区域生态主导功能是开展农田综合治理,减少土地沙化。

表16-3 生态保护与建设分区表

区域名称	行政范围	面积（万公顷）	资源特点
合计		1114.4	
科尔沁沙地防风固沙区	翁牛特旗西部、巴林右旗、奈曼旗西北部和南部、阿鲁科尔沁旗南部、扎鲁特旗南部、科尔沁右翼中旗南部、库伦旗、科尔沁左翼后旗、通榆县	547.8	有四大沙带分布,沙地面积大,流动沙地和半固定沙地多

（续）

区域名称	行政范围	面积（万公顷）	资源特点
三河平原农田控制区	开鲁县、科尔沁左翼中旗、奈曼旗境内三河平原、翁牛特旗境内三河平原	204.9	沙化程度轻，水资源丰富
大兴安岭南麓疏林草原保护区	巴林右旗北部山区、阿鲁科尔沁旗北部山区、扎鲁特旗北部山区、科尔沁右翼中旗北部山区	361.7	有杨树和桦树等天然次生林、山黄榆等灌丛和亚高山草原化草甸分布

（三）大兴安岭南麓疏林草原保护区

本区是杨树和桦树天然次生林集中分布区，并有山黄榆等灌丛和亚高山草原化草甸，是西拉木伦河和霍林河等河流的发源地。区域生态主导功能是保护和恢复疏林草原，提高水源涵养能力，保护生物多样性。

第二节　建设布局

一、科尔沁沙地防风固沙区

（一）区域特点

土地面积547.8万公顷。位于科尔沁沙地的南缘和北缘，有塔敏查干、阿古拉、苇莲苏和巴彦芒哈四大沙带分布，是京津地区北路主要沙源地。有国家级自然保护区2处，是野生动植物重要的栖息地。

（二）主要问题

沙化土地面积达260.0万公顷，占功能区沙化土地总面积的68.2%，流动沙地和半固定沙地较多。翁牛特旗东北部、科左后旗西部、库伦旗北部以及奈曼旗中部的沙地沙丘连绵，起伏较大，植被稀疏，沙丘活化较严重。

荒漠化土地面积达136.9万公顷，占功能区荒漠化土地总面积的50%。库伦旗和奈曼旗的南部山区和沙区过渡的浅山丘陵地带水蚀、风蚀都很严重，生态环境极为脆弱。

"三化"草地面积大。阿鲁科尔沁旗、扎鲁特旗、科左后旗、敖汉旗、库伦旗和奈曼旗中南部以及通榆县有面积较大且连片的"三化"草场，该区域是主要的牧业生产基地，但由于过度开垦和放牧等，草场退化、沙化和盐碱化严重，植被稀疏低矮，植被覆盖度5%～40%，草种减少，以一年生草本植物为主，亩产草量仅5～50千克，抗自然灾害能力低，无雨时寸草不生，下急雨时则易造成水土流失。

水域和湿地面积逐年减少，水资源匮乏。向海是国际重要湿地，也是国家级自然保护区，栖息有国家一级保护动物10种，国家二级保护动物42种，近几年来由于连续干旱少雨，地下水位下降幅度大，地表水资源锐减，大小泡沼有的干枯无水，有的无法利用，保护区最大蓄水量4.7亿立方米，最佳补给量为每年1.5亿立方米，现年平均来水量仅为0.4亿立方米，水源补给不足导致湿地面积减小、草地退化、物种和种群数量减少，严重影响了湿地的生态功能。

（三）建设重点

以防沙治沙为重点，保护好现有的天然草原植被。继续实施"三北"防护林、京津风沙源治理等工程，采取封沙育林育草、人工造林种草、流动沙地工程固沙等措施，防止沙漠的扩展与风沙侵袭。积极采取措施有效控制"三化"草地，最大限度地减少人为因素造成新的水土流失。发展沙漠旅游、人工饲草等生态产业，改善生产生活条件。通过禁牧、轮牧、休牧等实施草畜平衡，建设绿色农畜产品原料基地，引导农牧民逐步搬迁。

二、三河平原农田控制区

（一）区域特点

土地面积204.9万公顷。位于科尔沁沙地中部，主要由通辽市境内西辽河、新开河、教来河3条河流冲击形成干原，地势较为平坦，土质以冲积淤积土为主，土壤肥力较高，沙化程度轻，地表水和地下水资源较为丰富，地表水年平均径流量22.5亿～28.8亿立方米，地下水埋藏浅，便于开采，是发展粮油糖和畜产品的重要生产基地。

（二）主要问题

天然草地过度开垦、超载放牧，造成草地出现退化。

沿河两岸水土条件较好，是当地居民主要聚居区以及粮油主产区。由于生产生活用水等对水资源的过度开发利用，河流断流时有发生，地下水埋深也呈下降趋势。据2002～2006年对奈曼旗地下水埋深监测数据分析，区域地下水埋深特别是教来河沿岸变化最为明显，年际最大水位差达2.11米，变化幅度13.6%～51.4%。生产生活污水排放对水体污染也较为严重。

（三）建设重点

建设生态经济型防护林网，对风蚀沙化严重的耕地实行退耕还林还草，合理开发利用水土资源、草地资源、耕地资源和其他自然资源，发展沙区舍饲畜牧业和节水型农林业。实施流域水污染防治，提高水污染治理水平、水资源利用水平、镇村污水处理设施建设和管理水平。

三、大兴安岭南麓疏林草原保护区

（一）区域特点

土地面积361.7万公顷。是森林－草原过渡区，分布有大面积蒙古黄榆、西伯利亚山杏、五角枫等疏林草原，是天然次生林和珍稀濒危野生动植物的集中分布区。有森林156.5万公顷，约占区域内森林总面积的52.4 %。有国家级自然保护区5处，保护面积5.25万公顷。

（二）主要问题

山区林牧交错，超载放牧明显。天然草地破坏严重。

保护设施严重不足。国家级自然保护区的森林防火、有害生物防治、生态监测、管护站以及封禁保护等设施严重不足。人为活动对原生型森林生态系统以及野生动植物栖息地破坏加剧，生物多样性降低。

（三）建设重点

继续实施"三北"防护林、退耕还林和封山育林等工程，野生动植物保护和自然保护区建设等工程，保护疏林草原生态系统。落实保护政策，禁止对野生动植物进行滥捕滥采，保护自然生态走廊和野生动植物栖息地，促进自然生态系统恢复，保持野生动植物物种和种群平衡，实现野生动植物资源良性循环和永续利用。推进国家级自然保护区核心区人口易地安置，改善农牧民生产生活环境。

第四章 主要建设内容

第一节 防风固沙能力建设

一、保护和修复草原生态系统

翁牛特旗、巴林右旗、阿鲁科尔沁旗、扎鲁特旗、科左后旗、库伦旗、奈曼旗和科右中旗有面积较大而又连片的"三化"草原，植被稀疏，草种减少，产草量低，采取围封禁牧、休牧、改良草场、飞播和人工种草等措施，对"三化"草地进行综合治理。实施草畜平衡，提高草地植被覆盖度和生产能力。在有条件区域，加快人工饲草料基地建设，以及牲畜棚圈和牧业机械等基础设施建设，缓解草畜矛盾，转变草原畜牧业传统经营方式。对生态环境极为脆弱区域，有计划地实施人口易地安置，减轻草场压力。

主要任务：规划期内，完成"三化"草地治理76.8万公顷，营造牧防林3.3万公顷，建设人工饲草料基地20.0万公顷。

二、沙化土地综合治理

科尔沁沙地防风固沙区库伦旗北部、奈曼旗中东部、科左后旗西部、科左中旗西部以及翁牛特旗东部沙地面积大，沙丘连绵，起伏较大，植被稀疏，是重要的沙尘源。针对该区域流动沙地、半固定沙地和植被盖度低而有沙害的固定沙地采取相应的治理措施。在起伏较大、立地条件差、人工造林困难的沙地，采取工程固沙措施，人工补植补造乡土树种和针叶树种；在立地条件较好的平缓沙地和坨间低地，按照适地适树原则，营造针阔、乔灌混交、带网片相结合的人工林；在集中连片、治理面积大，人工造林、封育、封禁保护工程落实困难，立地条件适宜飞播造林的沙地，根据降雨情况进行飞播林草；在流动沙地周边营造乔灌木结合的锁边林带，防止流沙扩展。

主要任务：规划期末，封沙育林育草26.7万公顷，人工造林种草26.7万公顷，飞播造林种草9.3万公顷。

三、保护和建设森林生态系统

继续推进"三北"防护林和中幼林抚育等重点工程建设，加大低产低效和残次林改造力度，增加中幼龄林抚育管护资金投入，更新树种、调整结构，防治有害生物，提高林分质量，增强抵御自然灾害能力，有效保护森林生态系统，充分发挥生态功能和经济效益。

主要任务：规划期末，工程造林2.0万公顷；封山育林2.6万公顷；低效林改造18.1万公顷；林带更新1.0万公顷；中幼林抚育4.7万公顷；森林管护面积85.0万公顷。

四、保护和恢复湿地生态系统

严格控制城市建设和工矿区建设占用湿地资源。严禁新建重污染企业，关闭或搬迁所有污染企业。加大对农业面源、畜禽粪便以及生活污水的治理力度。大力支持湿地自然保护区、国家湿地公园等重要湿地的建设，增加资金投入力度。继续推进退耕（养）还湿、湿地植被恢复等重点工程建设。

主要任务：规划期末，湿地保护与恢复19.0万公顷。

五、农田综合治理

三河平原农田控制区开鲁县、科左中旗、科左后旗、奈曼旗和翁牛特旗境内的三河平原地势平坦，水土条件好，沙化程度轻，是功能区重要的粮食产区，农田防护林建设和平原绿化已有一定基础，但不完善，尚未形成防护林网。规划营造防护用材兼用型农田防护林，同时对原有已经老化的农田防护林进行更新改造，连片建设，形成完善的农田防护林网；对库伦旗北部、奈曼旗中东部、科左后旗西部、科左中旗西部以及翁牛特旗东部小片旱作农田实行退耕还林还草。

主要任务：规划期末，建设农田防护林网6.7万公顷；退耕还林6.7万公顷。

专栏 16-1　防风固沙能力建设重点工程

01	"三化"草地治理 通过禁牧、休牧、轮牧、飞播等措施，完成"三化"草地治理 76.8 万公顷。
02	牧防林建设 退化沙化草牧场营造牧防林3.3万公顷。
03	人工饲草料基地 在有条件的区域，建设以紫花苜蓿为主的人工饲草料基地20万公顷。
04	京津风沙源治理 在风沙危害和水土流失严重及生态区位重要地段营造防护林，在立地条件较好的区域适当发展用材林和特种用途林等，采用人工造林、封沙（山）育林（草）、飞播造林、工程固沙等措施综合治理京津风沙源。

（续）

专栏 16-1　防风固沙能力建设重点工程

05　"三北"防护林体系建设

　　实施"三北"防护林体系建设，通过工程造林、封山育林和低效林改造等措施保护和建设森林生态系统，重点保护好天然林资源，建设具有区域特色的生态经济林以及以落叶松和樟子松为主的水源涵养林等，在沙区建设乔灌结合的防风固沙林、植物再生沙障等。

06　森林抚育

　　对中幼龄林进行抚育，提高林分质量，中幼林抚育 4.7 万公顷。

07　公益林保护和培育

　　保护和培育公益林资源，加强公益林质量管理和资金管理，优化结构，提高林分质量，森林管护面积 85.0 万公顷，低效林改造 18.1 万公顷。

08　湿地保护与恢复工程

　　对湿地自然保护区、国家湿地公园等重要湿地进行保护，构建水系连通和循环体系，对退化湿地进行恢复，完善湿地保护设施，进行宣传和执法能力建设。

09　农田防护林网

　　在开鲁县、科左中旗、科左后旗、奈曼旗和翁牛特旗等地，采取新建和更新改造相结合的方法，相对集中连片打造 6.7 万公顷农田防护林。

10　退耕还林

　　沙化耕地退耕还林 6.7 万公顷。

第五章 政策措施

第一节 政策需求

一、生态补偿补助政策

建立草原生态建设基金。将草原建设列入财政预算中，按年度进行预算支出。

完善草原生态补偿机制。科学确定补偿标准、补偿方式和补偿对象，补偿的对象、标准、方式、机制与现行相关政策相对应、相衔接。

建立地区之间的横向援助机制。生态环境受益地区采取资金补助、定向援助、对口支援等形式，对重点生态功能区因加强生态保护造成的利益损失进行补偿。

把科尔沁草原和科尔沁沙地全部纳入京津风沙源治理项目区内，实行统一规划、统一措施、统一任务、统一政策、统一管理。

启动退耕还湿、湿地生态效益补偿试点和湿地保护奖励等工作。

二、人口易地安置配套扶持政策

对于国家级自然保护区、贫困地区以及生态脆弱地区实施人口易地安置和农牧民定居的，首先要保障安置房、农牧民安居住房、牲畜棚圈、饲草料基地、水电路等配套工程以及学校、医院等公共服务设施建设用地。做好支撑产业统一规划，大力发展规模养殖，培育养殖小区、养殖专业户。在搬迁过程中产生的税费、规费应予以减免。优先安排易地安置人口和牧民及其子女就业，引导参与生态旅游等第三产业经营。优先安排技能培训。

三、国家重点生态功能区转移支付政策

加大科尔沁草原生态功能区财政转移支付力度。把加强"三北"防护林体系建设、京津风沙源治理、退耕还林、荒漠化综合治理、湿地保护和恢复以及生物多样性保护等林业生态工程作为重要内容，优先安排并逐步增加资金。

第二节　保障措施

一、法制保障

认真贯彻落实《中华人民共和国森林法》《中华人民共和国环境保护法》《中华人民共和国水土保持法》《中华人民共和国草原法》《中华人民共和国防沙治沙法》《中华人民共和国自然保护区条例》《国家级森林公园管理办法》和《湿地保护管理规定》等法律法规规定。建立系统完整的制度体系，加强草原保护与建设，建立和完善草原保护制度，实行最严格的源头保护制度、损害赔偿制度、责任追究制度，完善环境治理和生态修复制度，加大对污染环境、破坏资源等行为的处罚力度。用法律和制度保护生态环境。

二、组织保障

各级领导要以高度的历史责任感，切实把重点生态功能区生态保护与建设纳入政府工作的议事日程，发挥组织协调功能，支持职能部门更有效地开展工作。科尔沁草原生态功能区涉及行政区域多、保护和建设任务重，省、市、旗（县）政府要成立领导小组，主管领导任组长，各有关部门负责人为小组成员，明确责任，围绕规划目标，逐级分解落实任务。

三、资金保障

应发挥政府投资的主导作用，中央和地方各级政府要加强对重点生态功能区生态保护和建设资金投入力度，每五年解决若干个重点生态功能区的突出问题和特殊困难。国家进一步加大重点生态功能区生态保护与建设项目的支持力度，促进规划顺利实施。政府在基本公共服务领域的投资要优先向重点生态功能区倾斜。鼓励和引导民间资本投向营造林、生态旅游等生态产品的建设事业。鼓励向符合主体生态功能定位的项目提供贷款，加大资金投入。

四、科技保障

积极争取地方政府支持，完善林业科研机构的功能和体制。积极争取科研经费，引进先进的技术和设备。林业科研机构的设置重点放在种质资源保护保存区，重点是开展动植物种质资源调查、收集、引种、扩繁和育种研究。特别是在国家级自然保护区和国家森林公园应该以动植物种质资源、森林风景资源和生物多样性的保护和保存为主。加强技术推广服务，针对本区生态保护和建设的难点和重点，提出一批科技攻关项目进行推广，要进一步加强草原理论研究和实践研发工作。大力推广行之有效的治沙造林种草的新模式、新技术、新品种。推广应用"两行一带"、生物经济圈、沙地林网、近自然林、植物再生沙障、山区小流域治理等12种林草复合经营模式和机械钻孔造林、容器苗雨季造林、半地下畦田造林等抗旱造林系列技术。做好干旱地区种草种质基因的保护工作，有组织、有计划地新建一批牧草树木种质基因库。建立一批科技示范基地，通过科研院所－企业－基地体系示范推广先进的治理模式、品种和技术。加强对农牧民培训和基层技术人员培训。加强国际交流与合作。

五、考核体系

深入贯彻落实十八届三中全会精神，对重点生态功能区党政领导干部实行生态保护优先的绩效评价和自然资源资产离任审计，建议建立生态环境损害责任终身追究制。强化对建设项目征用占用林地、草地、湿地与水域的监管和审核。对各类开发活动进行严格管制，开发矿产资源、发展适宜产业和建设基础设施，需开展主体功能适应性评价，不得损害生态系统的稳定性和完整性。加强对森林、湿地、草地、荒漠等生态系统的监管，建立生态监测评估体系，对规划实施情况进行全面监测、分析和评估。落实项目管理责任制，完善检查、验收、审计制度。工程建设实行项目法人制、监理制和招投标制。建立工程档案，监督工程建设进度、资金使用情况和工程质量。保障生态保护和建设成效。

附表

科尔沁草原生态功能区禁止开发区域名录

名　称	行政区域	面积（公顷）
自然保护区		
高格斯台罕乌拉国家级自然保护区	阿鲁科尔沁旗	106248.0
阿鲁科尔沁草原国家级自然保护区	阿鲁科尔沁旗	100000.0
赛罕乌拉国家级自然保护区	巴林右旗	100400.0
罕山国家级自然保护区	扎鲁特旗	91333.0
科尔沁国家级自然保护区	科尔沁右翼中旗	126987.0
大青沟国家级自然保护区	科尔沁左翼后旗	8183.0
向海国家级自然保护区	通榆县	105467.0

第十七篇

浑善达克

沙漠化防治生态功能区
生态保护与建设规划

第一章 规划背景

第一节 区域概况

一、规划范围

浑善达克沙漠化防治生态功能区位于内蒙古自治区东南部和河北省西北部，地理坐标为东经111°～118° 20'、北纬40° 55'～45° 30'，行政区域包括内蒙古自治区9个旗（县），河北省6个县，总面积168048平方千米，总人口291万人。

表 17-1　规划范围表

省（区）	市（盟）	旗（县）
内蒙古	锡林郭勒	多伦县、正镶白旗、正蓝旗、太仆寺旗、镶黄旗、阿巴嘎旗、苏尼特左旗、苏尼特右旗
	赤峰	克什克腾旗
河北	张家口	沽源县、张北县、尚义县、康保县
	承德	围场满族蒙古族自治县、丰宁满族自治县

二、自然条件

（一）地质地貌

本区地质构造单元属于蒙古地槽古生代褶皱带的一部分。沙地多为第三纪的湖相黏土、沙质黏土和沙砾质层所组成的湖相沉积，以及部分第四纪河湖相、沙丘相及黄土相沉积。

地势由东南向西北缓缓降低，南侧山地一般高程1500～2000米，西北部高平原高程900～1100米。沙地西部以半固定沙丘为主，中部以半固定抛物线状沙丘为主，东部以固定、半固定梁窝状沙丘和半固定蜂窝状沙丘为主。

（二）气候水文

本区属中温带半干旱、干旱大陆性季风气候区，年均气温2～6℃。年均降水量

100～500毫米。年潜在蒸发量为2000～2700毫米，干燥度1.2～2。年平均风速3.5～5
米/秒，年大风日数50～80天。

本区有常年性河流20条，分属海河、乌拉盖、呼日查干淖尔、滦河和锡林河等水
系。大小湖泊1363个，其中淡水湖672个。

（三）土壤植被

本区地带性土壤，从东向西依次为灰色森林土、黑钙土、栗钙土和棕钙土，以栗
钙土为主；非地带性土壤主要有风沙土、盐渍土、沼泽土、草甸土等。

植被类型由东向西依次为森林草原、草甸草原、典型草原、荒漠草原和隐域性沙
地植被。

三、自然资源

（一）土地资源

土地总面积1680.48万公顷，其中草地1010.97万公顷，占国土总面积的60.2%；林
地480.51万公顷，占28.6%；耕地98.53万公顷，占5.9%；湿地70.87万公顷，占4.2%；
其他土地19.61万公顷，占1.2%。草地、林地、耕地和湿地是本区生态系统服务功能
的主要载体。

（二）水资源

水资源总量为41.41亿立方米。水资源开发利用总量为9.57亿立方米，其中地表水
2.28亿立方米，地下水5.44亿立方米，水资源重复利用率672%。水资源消耗量为6.67
亿立方米，其中生态用水总量0.11亿立方米。现有蓄引提水工程1520处，打机井（基
本井、土筒井）11万眼。

（三）草地资源

草地面积中，可利用草地面积1006.13万公顷，暂难利用草地面积4.84万公顷。可利
用草地面积中，天然草地950.05万公顷，人工草地18.14万公顷，改良草地37.94万公顷。

“三化”草场面积233.39万公顷，其中植被退化149.41万公顷，沙化66.74万公
顷，盐碱化17.24万公顷。“三化”草场已治理面积105.74万公顷。草地主要分布在阿
巴嘎旗、苏尼特左旗、苏尼特右旗和康保县，占草地总面积的71%。

（四）森林资源

本区森林的活立木蓄积量为7940.9万立方米。

林地面积中，有林地137.19万公顷，疏林地4.61万公顷，灌木林地115.04万公顷，
未成林造林地36.95万公顷，苗圃地0.22万公顷，无立木林地10.49万公顷，宜林地
171.57万公顷。国家公益林地面积189.59万公顷，占林地总面积的39.5%。

森林面积中，防护林119.11万公顷，特用林2.1万公顷，用材林13.69万公顷，经济

林面积2.28万公顷。从起源看，天然林面积占森林面积的59%，人工林面积占41%。

（五）湿地资源

湿地面积中，河流湿地3.43万公顷，湖泊湿地12.52万公顷，沼泽湿地54.33万公顷，人工库塘0.59万公顷。

湿地资源的受胁因子主要为干旱、补水减少、盐碱化、放牧、开垦、采矿、捕捞等，受胁程度为轻度到中度。部分湿地水质为良，但尚义县和沽源县的湿地水质为IV类和III类，多伦县的湿地水质也在III类以下，阿巴嘎旗的部分湿地水质也为III类。

（六）野生动植物资源

本区分布有特色突出、种类丰富的野生动植物资源。其中，国家II级重点保护野生植物有野大豆和沙芦草2种；国家I级重点保护野生动物有豹、金雕、大鸨、黑鹳、白头鹤、蒙古野驴6种；国家II级重点保护野生动物有白枕鹤、马鹿、猞猁、兔狲、黄羊、蓑羽鹤、大天鹅、小天鹅、鸳鸯、黑琴鸡等22种。本区还有鱼类21种，浮游植物72种，浮游动物36种，底栖动物20余种。观赏价值较高的野生花卉有200多种，还有丰富的山野菜、山楂、山荆子、秋子梨等经济物种资源。

四、社会经济

本区总人口291万。其中：农牧业人口225万，占该区总人口的77%。贫困人口90万。农场劳动力127万，需要转移的农村劳动力人数为49万。

（一）经济总量小，人均水平低

2012年，本区国内生产总值749亿元，人均生产总值25737元，低于2012年我国人均GDP 38354元。财政收入78亿元。农牧民人均收入5976元，排河北省和内蒙古自治区的后位。

（二）经济结构单一，产业结构层次低

2012年，区域农业总产值275亿元，其中种植业123亿元，牧业132亿元，林业14亿元，其他6亿元。

以传统的农牧业为主。正镶白旗、正蓝旗、镶黄旗、阿巴嘎旗、苏尼特左旗、苏尼特右旗等旗以自然放牧为主，属牧区；克什克腾、围场、丰宁等属半林半牧区。多伦、太仆寺、沽源、张北、尚义、康保等以农业为主。

（三）公共基础设施薄弱，城镇化进程缓慢

交通、通讯、电力等基础条件落后，教育、医疗卫生、文化等社会事业发展缓慢，人口文化素质不高。区域城镇化率只有23%。

五、扶贫开发

根据《中国农村扶贫开发纲要（2011～2020年）》，河北省的6个县属我国扶贫攻坚连片特困地区中的燕山—太行山片区范围。苏尼特右旗、太仆寺旗、正镶白旗为国家级贫困县。多伦县、镶黄旗、正蓝旗、苏尼特左旗、阿巴嘎旗和克什克腾旗为内蒙古自治区扶贫开发重点旗县（自治区级贫困县）。

本区农牧民贫困的主要原因是过牧、过垦、乱砍滥伐和滥采滥挖等造成生态破坏，以及资源不合理利用，土地生产力水平很低等。

第二节　生态功能定位

一、主体功能

本区属防风固沙型重点生态功能区，主体功能定位是：保障北京乃至华北地区生态安全的重要区域，蒙古高原珍稀动植物基因资源保护地，人与自然和谐相处的示范区。

二、生态价值

（一）生态区位重要

本区位于我国地势第二阶梯向第三阶梯的过渡地带，是森林-草原生态交错地带，是我国"两屏三带"生态安全战略格局之北方防沙带的重要组成部分，与阴山北麓和科尔沁草原生态功能区紧密相连，是京津乃至整个华北地区的重要生态屏障，对保护该地区森林及动植物资源、维护京津及华北地区生态安全意义重大。本区还是我国北方农牧交错带的中心地带。

（二）京津地区的重要沙源地

研究表明，影响京津地区的沙尘源区及路径主要有西北路、北路和西路三条，分别占影响京津地区沙尘暴发生频次的50.8%、29.5%和19.7%。北路从蒙古国东南部，经内蒙古东部的浑善达克沙地、科尔沁沙地和河北坝上地区影响京津地区；西北路从蒙古国中、南部，经巴丹吉林沙漠、腾格里沙漠、乌兰布和沙漠、库布齐沙漠和毛乌素沙地影响京津地区；西路从新疆塔克拉玛干沙漠，经柴达木盆地、库姆塔格沙漠、河西走廊地区等影响京津地区。

本区位于北路，包括浑善达克沙地和河北坝上地区。本区距离北京的直线距离只有180千米，是京津地区的重要沙源地和传输途径。

（三）京津地区的重要水源地

本区地处首都北京的密云和官厅两大水库及天津的于桥水库和潘家口水库等的上游，是海河、滦河和辽河的重要水源涵养区，是京津地区的重要水源地。沽源县是白河、黑河的发源地，丰宁是潮河、汤河和滦河的发源地。白河、黑河、潮河、汤河流入北京密云水库，年均供水占密云水库总入水量的53％；滦河流入潘家口水库，成为天津市人民的主要饮用水来源之一。据专家测算，自1960年密云水库蓄水以来，潮河和白河共向密云水库供水140多亿立方米。

随着京津地区人口和经济社会的发展，用水量将进一步增大。水库依然是北京的基本水源地，即使实现南水北调，由于各种原因，对水库供水的依赖程度仍不会有很大降低。由于官厅水库的水自1997年停止饮用，潮、白二河成为京城唯一的生命河。

（四）京津地区的重要风源地

本区不仅是京津地区的重要水源地、沙源地，还是京津地区的重要风源地。最为直接的是两大风口和五条风沙通道。两大风口是指坝上沿线的张北黑风口和丰宁小坝子六大隘口，这是北部风沙入侵京津的必经之路。五条风沙通道是指以潮河、白河、黑河、天河和汤河谷地形成的五条风沙通道。这两大风口和五条风沙通道，为进入京津地区的风沙提供了动力和加速度，起到了推波助澜的作用，直接加剧了京津地区的风沙危害。

（五）生物多样性资源丰富

本区是我国西部生物多样性关键地区之一，分布有国家级禁止开发区域12处，总面积98万公顷，是我国中温型森林草原地带的生物物种基因库，具有重要的保护价值和科研价值。该区域是东北植物区系、华北植物区系和蒙古植物区系交汇带，也是蒙新、东北、华北三大动物区系的交汇处，野生动植物种群庞大，种类繁多，对中国北方动物多样性保育具有十分重要的作用。

第三节　主要生态问题与原因

一、主要生态问题

（一）生态承载力不足

根据生态足迹及生态承载力模型，2012年，本区人均生态足迹为5.30公顷，人均生态承载力为2.43公顷，生态赤字为2.87公顷，远高于同期中国和全球的人均生态足迹和人均生态承载力，但低于内蒙古自治区（表17-2）。说明本区的可持续发展形势严峻，区域生态系统负荷已经超出了其更新能力的可承受范围。

表 17-2　生态承载力与生态足迹

单位：公顷

指　标	本区	内蒙古自治区[①]	中国[②]	全球[②]
生态足迹	5.30	14.5	2.1	2.7
生态承载力	2.43	3.86	1.05	1.8
生态赤字/盈余	2.87	10.64	1.05	0.9

注：①刘海涛。基于能值生态足迹模型的内蒙古自治区生态承载力与生态安全研究。2011，西南大学硕士论文。

②世界自然基金会。中国生态足迹报告。2012。

六种土地利用方式中，化石能源地和草地为生态赤字，林地、耕地、水域和建设用地为生态盈余。说明能源消费和牧业的可持续性较差，林业和农业的可持续性相对较好。从区域生态系统现状看，草地利用率75%，湿地率只有4.2%，森林覆盖率和单位面积蓄积量分别为15.7%和30立方米/公顷。生态保护与建设的方向是加大草地、耕地、林地和湿地的保护，提高其生态承载力，降低生态赤字。

本区生态压力指数为1.04，区域生态较不安全；生态经济协调指数1.88，协调性较差；生态效率指数为0.49，资源环境利用效率很差。因此，生态保护与建设要协调区域经济发展，提高生态安全水平。

（二）土地沙化严重

本区现有沙化土地面积635万公顷，占区域土地总面积的38%。根据全国前四次荒漠化和沙化土地监测数据，本区沙化土地已连续实现减少。但沙化土地占比较高，个别地区仍然沙害蔓延，急需治理的区域面积仍然较大，且自然条件和环境恶劣，治理难度更大。本区有明显沙化趋势的土地470万公顷，需要治理沙化土地398万公顷。

2000年以来，总体上看，北京市沙尘天气的发生有减少趋势。沙尘天气发生次数从2000年的年均13次以上减少到2011年的年均2～3次。全年空气质量二级和好于二级的天数从2000年的177天增加到2011年的286天。但北京市沙尘天气每年仍有发生。要从总体上有效地减轻京津地区的风沙危害，只有继续加大沙化土地治理力度。

（三）水资源严重不足

本地区水资源总量只占全国水资源总量的0.1%，人均水资源量只有1423立方米，占全国人均水资源量的65%，但本区存栏大小牲畜数量达到935万头（只），考虑到牲畜用水，则区域人均水资源量将更低。浑善达克沙地曾经水草丰美，风光秀丽，地下水位在3～10米，是中国著名的有水沙漠，但现在泉水消失，河水断流，地下水位下降到10～20米，地下水条件较好的沙地现在也下降了2～5米。沙地地下水加快下降，造成沙生植物的死亡，沙地向沙漠转化。坝上高原农区的地下水位现在已经下降到30米以下。

水资源严重不足进一步导致和加剧了区域植被破坏、河水断流、湿地面积萎缩、湿地功能退化、草地退化等生态问题，也影响了区域城市化进程的加速和经济社会的发展。

（四）水土流失严重

本区水土流失面积576万公顷，其中微度侵蚀110万公顷，轻度侵蚀210万公顷，中度侵蚀148万公顷，强度侵蚀65万公顷，极强度侵蚀43万公顷。区域平均侵蚀模数为2755吨/平方千米·年，年侵蚀总量4.4亿吨。从侵蚀类型看，主要是水蚀和风蚀，占总面积的99%。从区域看，正蓝旗、克什克腾旗、围场县和阿巴嘎旗水土流失比较严重，其他区域水土流失程度比较轻。

（五）生物多样性减少

本区已有20多种植物物种濒临灭绝，沙地云杉的面积仅有0.24万公顷，江河湖泊沿岸的原生灌丛也正在大量消失，以森林为栖息地的野生动物，如猞猁、沙鸡、黄羊、狍子、貉子、獾子、狐狸和野兔等种群数量也在不断减少。

二、主要原因

浑善达克沙漠化的原因有气候变化和人为活动影响两个方面。

气象观测资料分析表明，近50多年来，浑善达克沙地气温在逐年升高；降水量变化不明显，部分年份偏高；蒸发量加大；平均风速、大风日数、沙尘暴日数呈逐年减少态势。在支持生态系统的环境因子中，光照、氧气含量没有变化，温度升高和二氧化碳的增加对植物的光合作用有利，水分虽有变化，总体雨量正常。因此，气候变化引起的影响很小。

人为活动影响突出表现在人口和牲畜数量增加。以锡林郭勒盟为例，建国初期总人口约20万人，目前约66万人，净增加209%。牲畜数量从160万头增加到约1000万头，净增加525%。人口和牲畜数量增加使得人地矛盾突出，大规模的毁草开荒种地和超载过度放牧现象成为必然。这也与生态足迹/生态承载力分析相符合。牧民为了维持基本生活，牲畜数量的减少有其一定的底线。致使牲畜对草场的压力主要表现为空间上的转移，草畜矛盾并没有得到很好解决。浑善达克沙地最近10年沙地面积变化与人口和牲畜增加成显著正相关。

因此，人口和牲畜增加是本区土地沙化的最主要原因。生态保护与建设应从控制人为活动影响入手。

第四节　生态保护与建设现状

一、生态工程建设

（一）林业生态工程建设

林业主要开展了京津风沙源治理、退耕还林、野生动植物保护及自然保护区建设、湿地保护与恢复等生态工程建设，为本区沙化土地面积连续减少起到了主要作用。截至2012年底，本区累计完成京津风沙源治理140万公顷，实际完成投资30多亿元，生态移民1.5万人；退耕还林工程70万公顷，实际完成投资近100亿元；公益林管护220万公顷；林业有害生物防治9万公顷；沙产业基地3万公顷；野生动植物保护及自然保护区建设实际完成投资8000多万元；湿地保护与恢复实际完成投资1700多万元。

林业生态工程建设虽然取得了巨大的成效，但工程投资普遍偏低，缺乏管护资金，建设难度越来越大，缺乏森林防火、水、电、路等配套设施，影响了工程整体生态效益的发挥。

（二）其他生态工程建设

农牧生态工程建设。开展了京津风沙源治理工程的禁牧、人工种草、围栏封育、基本草场建设、配套设施建设等工程。截至2012年底，已经完成京津风沙源治理草地建设投资近50亿元；草原生态保护补助奖励资金近20亿元，其中中央财政禁牧补植标准90元/公顷（或3000元/人·年），草畜平衡补助标准25.65元/公顷，牧民生产资料补助800元/户（河北省标准为500元/户）。基本口粮田建设资金4000万元，设施农业建设资金5000多万元。农机深松项目建设资金150万元。

水利环保生态工程建设。开展了京津风沙源治理工程的小流域治理、水源工程、节水工程等工程建设。截至2012年底，已经完成京津风沙源治理水利建设投资近8亿元。21世纪首都水资源保护项目、小流域综合治理、小型农田水利重点县建设项目、饮用水源地建设、农村连片综合整治等多项工程，完成投资近6亿元。

防灾减灾。国土部门开展了地质灾害防治项目和土地整理项目，实际完成投资1.2亿元。气象部门开展了人工增雨、旱情监测、应急监测、山洪地质灾害监测等气象保障工程，实际完成投资近50万元。

二、国家重点生态功能区转移支付

2012年，国家对本区的重点生态功能区财政转移支付逾15亿元，其中用于生态环境保护特殊支出补助为10.1亿元，禁止开发区补助0.3亿元，省级引导性补助2.9亿元，其他为1.6亿元。在国家财政转移支付资金分配情况中，用于生态工程建设资金6.1亿元，禁止开发区建设1.9亿元，环境保护0.1亿元，农牧业产业化建设0.4亿元，用于生态环境治理建设资金0.13亿元，用于民生保障支出资金5亿元，其他1.5亿元。从该政策实施情况看，财政转移支付资金用于生态保护与建设的比例很低，而且资金规模也不能满足实际需要。

除重点生态功能区财政转移支付政策外，中央财政在本区还实行了森林抚育、造林和种苗基地建设补贴，其中森林抚育补贴1亿元，造林补贴近2亿元，种苗基地建设补贴3000多万元。

三、生态保护与建设总体态势

目前，浑善达克沙漠化防治生态功能区生态状况已经呈现生态改善的良好势头，但生态承载力低、沙化土地面积大、水资源严重不足、水土流失严重，生物多样性减少等问题依然严重，生态保护与建设处于关键阶段。

第二章 指导思想与原则目标

第一节 指导思想

全面贯彻党的十八大精神，深入学习贯彻习近平总书记系列重要讲话精神，全面落实《全国主体功能区规划》的功能定位和建设要求，以控制区域土地沙化、保障京津生态安全为目标，以改善生态、改善民生为主线，统筹空间管制与引导，加强综合治理，逐步减轻森林、草地和湿地的生态负荷，恢复和提高生态系统服务功能。发挥资源优势，创新发展模式，强化科技支撑，加强生态监管，协调好人口、资源、生态与扶贫的关系，促进农牧民脱贫致富，把该区域建设成为生态良好、生活富裕、社会和谐、民族团结的生态文明示范区，为京津及周边地区的可持续发展提供生态安全保障。

第二节 基本原则

一、全面规划、突出重点

本区沙漠化防治是一项复杂的系统工程，要将区域森林、草原、湿地、农田、城镇等生态系统都纳入规划范畴，与《全国主体功能区规划》《京津风沙源治理二期工程规划（2012～2021年）》等规划相衔接，协调推进各类生态系统保护与建设。同时根据本区的特点，以草原、森林和湿地生态系统为生态保护与建设重点。

二、保护优先、科学治理

本区是京津风沙源治理工程的核心区，要突出保护和巩固京津风沙源治理一期建设成果，充分发挥自然生态系统的自我修复能力，推广先进实用技术，乔灌草相结

合，林业、农业、水利等措施相结合，生物措施与工程措施相结合，综合治理，协同
增效。

三、合理布局、分区施策

本区自然条件差别较大，不同区域生态问题不同，要根据区域差异，对工程建设
区域进行科学分类，合理区划布局，明确不同区域的主要特点，采取有针对性的保护
和治理措施，合理安排建设内容。

四、以人为本、改善民生

本区有大量贫困人口，要妥善处理防、治、用的关系，将生态建设与当地经济、
社会发展和农牧民脱贫致富相结合，与调整产业结构和改进生产方式相结合，改善人
居环境的同时，帮助农牧民脱贫致富。

五、深化改革、创新发展

本区生态保护和建设要适应新形势，创新发展机制。要深化集体林权制度改革；
创新森林、草地、湿地、沙地等资源保护和建设模式，建立生态功能区考核机制，保
障生态建设质量；实施生态补偿，建立生态保护建设长效机制。

第三节　规划期与规划目标

一、规划期

规划期为2014～2020年，共7年。其中，规划近期为2014～2015年，规划远期为
2016～2020年。

二、规划目标

总体目标：到2020年，总体上遏制沙化土地扩展的趋势。水质达到Ⅱ类，空气质
量得到改善，京津地区风沙危害进一步减轻，区域可持续发展能力进一步提高。生态
用地面积增加并得到严格保护，森林覆盖率和灌草植被盖度稳步提高，基本实现草畜
平衡。野生动植物资源得到恢复。农田基本实现保护性耕作。水土流失得到有效控
制。农牧民收入显著增加。配套建设完善，生态监管能力提升，基本建成京津及华北
地区的绿色生态屏障。

具体目标：到2020年，生态用地占比92%，林草植被覆盖度提高到82%，森林覆
盖率达到20%，森林蓄积量达到8100万立方米以上，自然湿地保护率达到50%，可治
理沙化土地治理率达到80%，水土流失治理率达到80%。晋升国家级自然保护区4处。

农田保护性耕作率达到100%。发展生态产业基地12万公顷，农牧民培训10万人次。

表 17-3　主要指标

主要指标	2012 年	2015 年	2020 年
防沙治沙目标			
生态用地①占比（%）	91	91	92
林草植被覆盖度（%）	76	80	82
森林覆盖率（%）	16	17	20
森林蓄积量（万立方米）	7940	8000	8100
可治理沙化土地治理率（%）	15	40	80
农田保护性耕作率（%）	—	30	100
水源涵养目标			
湿地率（%）	2.5	2.7	3
自然湿地保护率（%）	12	20	50
水土流失治理目标			
水土流失治理率（%）	54	60	80
生物多样性保护目标			
晋升国家级自然保护区（处）	—	2	4
生态扶贫目标			
生态产业基地（万公顷）	—	2	10
农牧民培训（万人次）	—	1	9

注：①生态用地包括林地、湿地和草地三种土地利用类型。

第三章　总体布局

第一节　功能区划

一、区划原则

根据地貌和生态系统类型的差异性、地理环境的完整性、生态承载力的相似性，按照《全国主体功能区规划》的要求，从生态保护与建设的角度出发，对浑善达克沙漠化防治生态功能区进行区划。

二、功能区划

本区共划分3个生态保护与建设区，即浑善达克草地保护建设区、坝上高原农田综合治理区和坝上低山森林保护治理区。

表 17-4　生态保护与建设分区表

区域名称	行政范围（个）	面积（万公顷）	区域特点
合计	15	1680.5	
浑善达克草地保护建设区	正蓝旗、正镶白旗、镶黄旗、阿巴嘎旗、苏尼特左旗、苏尼特右旗	1080.5	浑善达克沙地的核心地带，草地面积大，是传统牧区。目前牲畜数量较以前显著减少，区域生态承载力较高
坝上高原农田综合治理区	沽源县、张北县、尚义县、康保县、多伦县、太仆寺旗	214.4	浑善达克沙地的南缘，农田面积较大，林草资源缺乏，贫困人口较多，区域生态赤字较大
坝上低山森林保护治理区	克什克腾旗、围场县、丰宁县	385.6	浑善达克沙地的东缘，森林和湿地面积较大，是京津地区的水源涵养区，区域生态赤字较小

（一）浑善达克草地保护建设区

本区位于浑善达克沙地西北部，浑善达克沙地的核心区，以固定和半固定沙丘为主，露沙地面积较大，属内蒙古高原地貌类型。行政区域包括内蒙古锡林郭勒盟的6旗，传统牧业比较发达，具有国内独一无二的自然条件、自然资源和生物多样性。本区属典型干旱草原区，以灌草植被为主。本区虽然生态压力指数偏大，但生态经济协调性较好，生态效率也较高。区域生态主导功能是恢复草原植被，控制土地沙化。

（二）坝上高原农田综合治理区

本区位于浑善达克沙地南缘，坝上高原向坝下平原的过渡地带，以固定和半固定沙丘为主，沙化耕地面积较大，属高原丘陵地貌类型。行政区域包括内蒙古锡林郭勒盟的2个旗（县）和河北省张家口市的4个县，以农业为主，是京津地区海河水系的重要水源补给区，但农田沙化。本区属森林－草原过渡带，由于人为活动频繁滥垦滥牧，天然植被遭到严重破坏。本区生态压力指数最大，生态经济协调性也较差，生态效率一般。区域生态主导功能是开展农田综合治理，涵养水源，控制沙化。

（三）坝上低山森林保护治理区

本区位于浑善达克沙地东缘，坝上高原向坝下平原的过渡地带，以固定和半固定沙丘为主，属低山丘陵地貌类型，为大兴安岭、阴山山脉的余脉和燕山山脉的交汇区。行政区域包括内蒙古锡林郭勒盟的1个旗和河北省承德市的2个县，以林牧业为主，是京津地区滦河水系的重要水源补给区，水土流失严重。本区属森林－草原过渡带，塞罕坝林场分布在该区。本区生态压力指数最小，但生态经济协调性最差，生态效率一般。区域生态主导功能是培育森林资源、涵养水源、保护生物多样性。

第二节　建设布局

一、浑善达克草地保护建设区

（一）区域特点

土地面积1080.5万公顷，人口为33.7万人，人口密度为0.03人/公顷。主要植被为荒漠草甸、灌丛草甸等。森林覆盖率10.3%。

地质灾害较少。土壤水分、气象监测点等监测点43个。已经建立了森林、草原火险气象基础数据库。开展了牧草、土壤、生态环境的气象评估服务。

森林面积57.95万公顷，森林单位面积蓄积量3立方米/公顷。草地面积717.8万公顷。湿地面积8.9万公顷。耕地面积4.4万公顷。存栏大小畜约400万头（只），其中放养290万头（只），舍饲110万头（只）。

国家公益林为79万公顷，地方公益林1万公顷。国家公益林已经全部纳入中央财政补偿，地方公益林未纳入补偿。草地享受草原生态保护补助奖励机制补助政策。

本区没有国家禁止开发区域。

（二）主要问题

1. 生态赤字较大

生态赤字为8.5公顷，生态压力指数为7，生态经济协调指数为15，生态效率指数12。造成本区生态赤字较大的原因是原煤消费量较高，需要控制高耗能产业的建设。生态压力主要来自于草地生态足迹较大。

2. 沙化土地面积大

沙化土地总面积512万公顷，占区域土地总面积的47%。有明显沙化趋势的土地433万公顷，需要治理沙化土地287万公顷。

3. 人口大量增加

与20世纪60年代相比，本区人口增加了3倍。

4. 草地"三化"严重

"三化"草地面积占草地总面积的75%，其中重度、中度、轻度"三化"面积，分别占草地总面积的14%、28%和33%。广大牧民的生产生活受到严重影响。牲畜的放养数量较大、草地利用率超过90%等是区域草地"三化"的重要原因之一。

5. 生物多样性保护压力大

由于不合理的开发利用，导致湿地面积减少，湿地功能退化，湿地率不足1%。沙地中的湖泊湿地大量减少，现在仅有2.8万公顷。森林面积的88%为特灌林，50%为人工林，森林单位面积蓄积量不到全国林分平均蓄积量的4%。加之本区还没有国家级禁止开发区域，生物多样性保护压力较大。

（三）建设重点

转变畜牧业生产方式，实行禁牧休牧，推行舍饲圈养，以草定畜，严格控制载畜量。加大退牧还草力度，恢复草原植被；对主要沙尘源区实行封禁管理。继续实施京津风沙源治理、公益林保护、退耕还林、湿地恢复和野生动植物保护，提高森林质量，扩大湿地面积，控制水土流失。加快发展生态旅游产业，加强基础设施和公共服务设施建设，实施生态移民。按资源条件分类设立禁止开发区域。

二、坝上高原农田综合治理区

（一）区域特点

土地总面积214.4万公顷，人口为138.3万人，人口密度为0.6人/公顷。森林覆盖率

15.4%。

地质灾害较多，有滑坡10处，崩塌14处，泥石流156处，不稳定斜坡21条，地面塌陷9处，地裂缝3处。已经开展的地质灾害治理，滑坡1处，泥石流3处。土壤水分、气象监测点等监测点147个，还没有建立森林、草原火险气象基础数据库，开展了气象预报服务。

森林面积17.1万公顷，森林单位面积蓄积量33立方米/公顷。草地面积172.4万公顷，湿地面积15.9万公顷。耕地面积63万公顷。存栏大小畜约220万头（只），其中放养50万头（只），舍饲170万头（只）。

国家公益林29万公顷，地方公益林14万公顷。国家公益林已经全部纳入中央财政补偿。内蒙古自治区部分地方公益林及河北省张家口市的地方公益林没有补偿。草地享受草原生态保护补助奖励政策。

国家禁止开发区域有内蒙古滦河源国家森林公园1个。

（二）主要问题

1．生态赤字较大

本区生态赤字为28.8公顷，生态压力指数为16，生态经济协调指数为5，生态效率指数12。造成本区生态赤字较大的原因是原煤消费量较高，耕地、林地和草地的生态承载力不高。生态压力主要来自于草地生态足迹较高。

2．沙化土地面积大

沙化土地总面积47万公顷，占区域土地总面积的22%。有明显沙化趋势的土地32万公顷，需要治理沙化土地18万公顷。

沙化土地面积中，沙化耕地面积占32%。

3．人口大量增加

与20世纪60年代相比，本区人口增加了4倍。

4．陡坡耕作

坡度超过15度的耕地面积6万公顷。由于自然条件和生产条件差，种植业产出非常低。

5．水源涵养能力低

森林面积只有17.1万公顷，且87%为人工林。森林质量不高，单位面积蓄积量不到全国林分平均蓄积量的一半，其水源涵养功能较弱。

由于不合理的开发利用，导致湿地面积减少，湿地率7%。湿地水量减少，导致湿地抵御洪水、调节径流、蓄洪防旱的功能大大降低。

6．生物多样性保护压力较大

由于区域森林、草地和湿地面积较小，农田面积较大，国家级禁止开发区域只有

1处，加之野生动植物栖息地破坏严重，生物多样性保护压力较大。

（三）建设重点

转变畜牧业生产方式，实行禁牧休牧，推行舍饲圈养。继续实施京津风沙源治理、公益林管护、退耕还林等工程建设，加快农田综合治理和林草植被恢复。加强坡耕地水土流失综合治理，加强对河流的规划和管理，合理开发利用水土资源。按资源条件分类设立禁止开发区域。

三、坝上低山森林保护治理区

（一）区域特点

土地面积385.6万公顷，人口为119万人，人口密度为0.3人/公顷。森林覆盖率31%。

地质灾害较多，有滑坡12处，崩塌109处，泥石流207处，地面塌陷53处。已经开展的地质灾害治理，崩塌2处，泥石流3处。土壤水分、气象监测点等监测点90个，还没有建立森林、草原火险气象基础数据库，未开展森林、草原和水体的气象预报服务。

森林面积62万公顷，森林单位面积蓄积量55立方米/公顷。草地面积120.8万公顷，湿地面积17.5万公顷。耕地面积31万公顷。存栏大小畜380多万头（只），其中放养370万头（只），舍饲10万头（只）。

国家公益林82万公顷，地方公益林4公顷。国家公益林已经全部纳入中央财政补偿。内蒙古自治区的地方公益林补助标准为45元/公顷，河北省承德市的地方公益林没有补偿。草地享受草原生态保护补助奖励机制补助政策。

国家禁止开发区域有红松洼国家级自然保护区、塞罕坝国家森林公园、克什克腾世界地质公园等11个。

（二）主要问题

1. 生态赤字较大

本区生态赤字为3公顷，生态压力指数为5，生态经济协调指数为2，生态效率指数4。造成本区生态赤字的原因是林地和草地的生态承载力不高。因此，需要加强林草资源的培育。

2. 沙化土地面积大

沙化土地总面积76万公顷，占区域土地总面积的20%。有明显沙化趋势的土地18万公顷，需要治理沙化土地52万公顷。

3. 人口大量增加

与20世纪60年代相比，本区人口增加了2倍。

4. 水土流失严重

水土流失面积202万公顷，其中中度以上侵蚀程度的面积占39%。平均侵蚀模数为29938吨/平方千米·年，年侵蚀总量16亿吨，需要治理的小流域面积31万公顷。

5. 水源涵养功能下降

由于不合理的开发利用，导致湿地面积减少，湿地率只有4.5%，抵御洪水、调节径流、蓄洪防旱的功能退化。森林质量不高，单位蓄积量不到全国林分平均蓄积量的80%。森林面积的40%为人工林。因此，森林和湿地水源涵养功能较弱。

（三）建设重点

转变畜牧业生产方式，实行禁牧休牧，推行舍饲圈养。继续实施京津风沙源治理、公益林管护、退耕还林、湿地恢复和野生动植物保护等工程建设，加快林草植被资源培育和湿地资源恢复，控制水土流失。加强对河流的规划和管理。加快发展林下经济、生态旅游等特色产业，加强基础设施和公共服务设施建设。

第四章 主要建设内容

第一节 防沙治沙

一、保护和修复荒漠生态系统

通过造林种草、合理调配生态用水，增加林草植被；通过设置沙障、草方格、砾石压砂等措施固定流动和半流动沙丘。对生态区位重要、人工难以治理的沙化土地实施封禁保护。加强封禁设施建设，禁止滥樵、滥采、滥牧，促进荒漠植被自然修复，遏制沙化扩展。适度发展沙产业。

主要任务：2014～2015年，治理沙化土地3万公顷，封禁保护沙化土地0.5万公顷；2016～2020年，治理沙化土地8万公顷，封禁保护沙化土地2万公顷。

专栏 17-1 荒漠生态系统保护和修复重点工程
01 京津风沙源治理 巩固一期工程建设成果，加大京津风沙源治理二期工程建设，开展工程治沙，适度发展沙产业。
02 沙化土地封禁保护 强化自然修复，因地制宜，划定沙化土地封禁保护区域，加强封禁管护设施和封禁监测监管能力建设，减少人为干扰。

二、保护和培育森林生态系统

强化森林保护与管护。对已经纳入国家生态补偿的国有和集体公益林和待纳入生态补偿的现有集体林采取有效措施集中管护。建立健全管护机构和相关制度，培训管护人员，落实管护责任，实现森林资源管护全覆盖。加强以林地管理为核心的森林资源林政管理，加大资源监督检查和执法力度。

加强森林资源培育。深入开展京津风沙源治理和退耕还林工程建设。全面加强森林经营管理，加大森林抚育力度，开展低质低效林改造，提高林地生产力；大力开展封山育林，促进森林正向演替。

主要任务：2014～2015年，人工造林30万公顷，封山育林20万公顷，飞播造林6万公顷，退耕还林2万公顷；2016～2020年，人工造林90万公顷，封山育林60万公顷，飞播造林16万公顷，退耕还林5万公顷，森林管护总规模为264万公顷。

专栏 17-2　森林生态系统保护和建设重点工程

01　京津风沙源治理
　　巩固一期工程建设成果，加大京津风沙源治理二期工程建设，开展人工造林、飞播造林和封沙育林。

02　公益林管护
　　对生态公益林进行管护。

03　退耕还林
　　巩固退耕还林成果，对25度以上坡耕地和严重沙化耕地，实施退耕还林。

04　重点区域防护林建设
　　大力推进造林、封禁保护、更新改造，着力构建高效防护林体系。

05　森林抚育
　　对区域中幼林进行抚育，提高林分质量，增强其生态功能。

三、保护和治理草地生态系统

加强草地保护和合理利用，转变畜牧业生产方式，实行禁牧休牧，推行舍饲圈养，以草定畜，严格控制载畜量。加大退牧还草力度，恢复草原植被。通过建设围栏、补播改良、人工种草、土壤改良等措施，加快"三化"草地治理。对于草畜矛盾严重的县（区）通过实施退耕还草、天然草地改良为人工饲草，解决舍饲养殖饲料不足的矛盾。强化草原火灾、生物灾害和寒潮冰雪灾害等防控。完善草原生态保护补助奖励机制，提高补助和奖励标准。

主要任务：2014～2015年，人工种草10万公顷，飞播牧草6万公顷，基本草场建设10万公顷，草种基地建设1万公顷。2016～2020年，人工种草40万公顷，飞播牧草16万公顷，基本草场建设25万公顷，草种基地建设2万公顷。

专栏 17-3　草地生态系统保护与治理重点工程

01　京津风沙源治理
　　巩固一期工程建设成果，加大京津风沙源治理二期工程建设，开展人工种草、飞播牧草、基本草场建设、草种基地建设，合理建设和利用草地。

02　草原生态保护补助奖励
　　以嘎查（蒙古族的行政村）为基本实施单元，集中连片整体推进阶段性禁牧和草畜平衡政策，对严重退化草原、中度和重度沙化草原实行禁牧补助，对达到草畜平衡的给予草畜平衡奖励。

四、保护和建设农田生态系统

实施保护性耕作，推广免（少）耕播种、深松及病虫草害综合控制技术。强化农田生态保育，加大退化农田改良和修复力度，优化种植制度和方式。推广节水灌溉，逐步退还生态用水，增强农田抗御风蚀和截土蓄水能力。

主要任务是：2014～2015年，实施保护性耕作面积10万公顷以上，保育农田10万公顷。2016～2020年，实施保护性耕作面积90万公顷，保育农田90万公顷。

专栏17-4　农田生态系统保护和建设重点工程

01　保护性耕作
推广免（少）耕播种、深松及病虫草害综合控制技术，实施保护性耕作，改善土壤结构，增强农田抗御侵蚀和保土蓄水能力。

02　保育农田
推广种植绿肥、秸秆还田、增施有机肥等措施，培肥地力。

03　节水灌溉
大力推广节水灌溉技术，合理利用水资源，逐步退还生态用水。

第二节　涵养水源

继续推进湿地保护工程，以加强湿地保护的宣传、执法为重点，强化湿地保护与管理能力建设。对重要湿地采取湿地植被与生物恢复、设立保护围栏、有害生物防控、生态补水、严格地下水管理等综合措施，开展湿地恢复与综合治理，确保生态用水。充分发挥湿地的多功能作用，对社会和经济效益明显的湿地，开展资源合理利用试点示范。

加强对河流的规划和管理，采取源头保护、流域治理、水量调度等措施，增加林草植被和水源涵养能力。

主要任务：2014～2015年，水源工程4万处，节水灌溉2万处，重点小流域综合治理0.5万平方千米，湿地保护与恢复2万公顷。2016～2020年，水源工程9万处，节水灌溉5万处，重点小流域综合治理1万平方千米，湿地保护与恢复4万公顷。

专栏 17-5 湿地生态系统保护和恢复重点工程
01 京津风沙源治理 开展水源工程、节水灌溉建设，合理利用水资源。
02 湿地保护与恢复工程 对区域内重要湿地进行保护、恢复和综合治理。
03 水生态保护与修复 对区域内的重要湿地、重点小流域、世界文化遗产水环境开展水生态保护与修复，构建水系连通网络体系。
04 重要水系保护治理 对滦河、海河、辽河、锡林河、拉盖河、呼日查干淖尔水系等重点河流水系进行保护治理，开展植树造林，配备相应的设备。
05 湿地保护能力建设 进行湿地保护的宣传、执法能力建设，配备相应的设备。

第三节　预防和治理水土流失

以小流域为单元，采取山、水、田、林、路综合治理，合理配置生物、工程和农业技术措施，形成有效的水土流失综合防护体系。

加大坡改梯及坡面水系工程建设力度。对生态区位重要的耕地和25度以上的坡耕地全部进行退耕还林，营造水保林和种植牧草，条件适宜的地方种植特色经果林。开展重要饮用水水源地水土保持工作，大力推广清洁小流域建设模式，推进试点示范。

加强预防监督，实行水土保持方案限批、缓批制度，强化监督管理，落实水土保持设施与主体工程同时设计、同时施工、同时投产使用的制度。建立水土保持监测与信息系统，提高水土保持动态监测和管理能力。

主要任务：2014～2015年，重点小流域综合治理0.5万平方千米。2016～2020年，重点小流域综合治理1万平方千米。

专栏 17-6 水土流失防治重点工程
01 京津风沙源治理 开展重点小流域综合治理，合理利用水资源。
02 坡耕地专项治理工程 以坡改梯为主，优化配置水土资源，配套建设排灌沟渠、蓄水池窖、田间道路等，实施坡耕地水土流失综合治理。
03 水源地水土保持工程 优化工程、生物和耕作措施，调整土地利用结构。

第四节　生物多样性保护

一、资源调查

本区是我国西部生物多样性重点地区之一。但存在生物多样性资源普查工作滞后、资源底数不清的情况。开展野生动植物资源全面而详细的调查、分类、统计工作，建立野生动植物资源分布现状数据库，为进一步搞好野生动植物保护管理工作提供科学依据。

二、禁止开发区域划建

（一）自然保护区

继续推进国家级自然保护区建设，对保护空缺的典型自然生态系统和极小种群野生植物、极度濒危野生动物以及高原土著鱼类及栖息地，加快划建自然保护区。

进一步界定自然保护区中核心区、缓冲区、实验区范围。在界定范围的基础上，结合禁止开发区域人口转移的要求，对管护人员实行定编。依据国家、省（区）有关法律法规以及自然保护区规划，按核心区、缓冲区、实验区分类管理。

（二）森林公园

继续推动国家级森林公园建设，完善现有国家级森林公园基础设施和能力建设，加快划建一批国家级森林公园，加强森林资源和生物多样性保护，适度开展生态旅游。

进一步界定国家级森林公园的范围，核定面积，严格执行分区管理。

（三）湿地公园

加快国家湿地公园建设。湿地公园内除必要的保护和附属设施外，禁止其他任何生产建设活动。禁止开垦占用、随意改变湿地用途以及损害保护对象等破坏湿地的行为。不得随意占用、征用和转让湿地。

进一步界定国家湿地公园的范围，核定面积，严格执行分区管理。

（四）沙漠公园

加快沙漠公园建设。沙漠公园建设是国家生态建设的重要组成部分。沙漠公园内除必要的保护和附属设施外，禁止其他任何生产建设活动。按照沙漠公园总体规划确定的范围进行标桩定界，禁止擅自占用、征用国家沙漠公园的土地。鼓励公民、法人和其他组织捐资或者志愿参与沙漠公园建设和保护工作。严格执行分区管理。

（五）沙化土地封禁保护区

继续推进沙化土地封禁保护区建设。依据国家、省（自治区）有关法律法规以及防沙治沙规划，对规划期内不具备治理条件的以及因保护生态的需要不宜开发利用的连片沙化土地，加快划建沙化土地封禁保护区，实行封禁保护，禁止一切破坏植被的活动。

禁止在沙化土地封禁保护区范围内安置移民。未经国务院或者国务院指定的部门同意，不得在沙化土地封禁保护区范围内开展修建铁路、公路等建设活动。对沙化土地封禁保护区范围内的农牧民，县级以上地方人民政府应当有计划地组织迁出，并妥善安置。

（六）地质公园与风景名胜区

进一步界定世界地质公园和国家级风景名胜区的范围，核定面积。规范世界地质公园和国家级风景名胜区建设，在保护生态的同时，促进区域经济发展，实现生态扶贫。

主要任务：2014～2015年，晋升国家级自然保护区1处，国家级森林公园2处，国家湿地公园2处，国家沙漠公园1处，沙化土地封禁保护区1处。2016～2020年，晋升国家级自然保护区3处，国家级森林公园3处，国家湿地公园2处，国家沙漠公园2处，沙化土地封禁保护区1处，国家级风景名胜区2处。

专栏 17-7　生物多样性保护重点工程

01　野生动植物保护及自然保护区建设工程
　　进一步完善现有自然保护区基础设施建设，晋升4处国家级自然保护区，完善自然保护区网络体系。

02　极小种群物种拯救工程
　　对野外生存繁衍困难的物种采取必要的人工拯救措施。在围场县建立1处野生动物救护繁育中心。

03　生物遗传资源库和生物多样性展示基地建设工程
　　在克什克腾旗建设生物多样性保护展示基地，重点保护、保存和培育优异生物遗传资源。在康保县和阿巴嘎旗建立生物多样性保护、恢复和减贫示范区。

04　国家级森林公园
　　进一步完善现有国家级森林公园基础设施建设，新建国家级森林公园5处。

05　国家湿地公园
　　新建国家湿地公园3处。

06　国家沙漠公园
　　新建国家沙漠公园3处。

07　沙化土地封禁保护区
　　新建沙化土地封禁保护区2处。

08　国家级风景名胜区
　　新建国家级风景名胜区2处。

09　生物多样性资源调查
　　开展生物多样性资源调查工作，摸清资源底数。

第五节 生态扶贫建设

一、生态产业

根据不同的自然地理和气候条件，坚持因地制宜、突出特色、科学经营、持续利用的原则，充分发挥区域良好的生态状况和丰富的资源优势，发展生态旅游、特色经济林、林下经济、设施农业和生态牧业，建设产业基地，并带动种苗等相关产业发展；大力提高沙棘、山杏、花卉、山野珍品生产加工能力，延长产业链条，提高农牧民收入。积极发展生物质能源，加大农林业剩余物的开发利用，发展生态循环经济。积极探索建立起较为灵活的投融资及经营机制，不断扩大提高外来资金利用规模与水平，助推特色生态产业快速发展，帮助农牧民脱贫致富。

主要任务：2014～2015年，建设生态产业基地2万公顷；2016～2020年，建设生态产业基地10万公顷。

专栏 17-8 生态产业重点工程
01 特色经济林 结合龙头企业建设，发展沙棘、山杏、沙地果等特色林果产业。
02 林下经济 依托巩固退耕还林成果等项目，积极开发食用菌、生态鸡、生态猪、山野菜、药材、榛类等林下资源，引导和鼓励农户发展林间种药、养禽、育菌等复合经营模式，实现立体种植。
03 牛羊养殖专业合作社 在锡林郭勒盟各旗集中建设牛羊规模养殖专业合作社，每个牛羊养殖专业合作社建设标准化暖棚、贮草棚等。
04 中药材基地 发展麻黄、肉苁蓉等中药材，进行规模化种植。
05 花卉产业 建设花卉繁育基地，配套基础设施和设备等。
06 生态旅游 结合自然保护区、森林公园、湿地公园、沙漠公园和风景名胜区建设，完善旅游规划体系，建设旅游基础设施和精品旅游景区。
07 设施农业 通过建设温室、大棚等设施，发展蔬菜、花卉和养殖业。

二、实用技术推广

针对生态保护与建设工程的重点和难点，提出一批科技攻关和科技储备项目进行重点推广，提高现有科技成果的转化率，提高适用技术的推广率和普及率，力争到2020年项目区科技成果转化率达到90%。

规划引进、推广林木容器育苗与栽培系列技术，草原生物围栏营建技术，优良乡土树种繁育技术，湿地植被恢复技术，灌木加工利用技术、植被恢复技术、防沙治沙技术，促进优质牧草引进、示范与推广以及名、优、特、新经济林新品种引进示范推广。

三、农牧民培训

结合巩固退耕还林成果项目，针对农牧民就业开展技能培训，在每户农民中至少有1人掌握1门产业开发技能（农业、林业或牧业）。

针对管理人员和专业技术人员开展培训，每个管理人员和专业技术人员要熟悉规划涉及的各生态工程的建设内容、技术路线，以及管理等方面的内容。

主要任务：2014～2015年，培训农牧民1万人次，管理人员1000人次，技术人员2000人次；2016～2020年，培训农牧民9万人次，管理人员5000人次，技术人员8000人次。

四、人口易地安置

与国家扶贫攻坚规划相衔接，对区域内生存条件恶劣地区生态难民实行易地扶贫安置。对新建和续建自然保护区核心区和缓冲区内长期居住的农牧民实行易地安置。

易地安置的农牧民以集中安置为主，安置到条件较好的乡（镇），根据当地的实际情况，发展特色优势产业，同时鼓励富余劳动力外出务工，从事第二、三产业，增加收入，使易地搬迁达到"搬得出，稳得住，能致富"的目标，实现区域经济社会的可持续发展。

第六节　配套建设

一、防灾减灾体系

（一）森林（草原）防火体系建设

大力提高森林、草原防火装备水平，进一步加强防火道路、物资储备库等基础设施建设，增强防火预警、阻隔、应急处理和扑灭能力，实现火灾防控现代化、管理工作规范化、队伍建设专业化，形成较完整的森林、草原火灾防扑体系。

（二）森林（草原）有害生物防治

重点开展有害生物监测预警、检疫、防控体系基础设施建设，加强外来物种防范，建设有害生物防治示范基地，集中购置应急物资，开展联防联治，全面提高区域有害生物防灾减灾能力，有效遏制有害生物的发生。

（三）地质灾害防治

针对滑坡、崩塌、泥石流等地质灾害，依据其危险性及危害程度，采取不同的工程治理方案。治理措施包括工程措施、生物措施等。建立气象、水利、国土资源等部门联合的监测预报预警信息共享平台和短时临近预警应急联动机制，实现部门之间的实时信息共享，发布灾害预警信息。

（四）气象减灾

完善无人生态气象观测站和土壤水分观测站布局，合理配置新型增雨（雪）灭火一体火箭作业系统，改扩建人工增雨（雪）标准化作业点，提高气象条件修复生态能力。

（五）野生动物疫源疫病防控体系建设

建立野生动物疫病监测预警、预防控制、防疫检疫监督以及防疫技术支撑和物资保障系统，形成上下贯通、横向协调、有效运转、保障有力的野生动物防疫体系，明显提高重大野生动物疫病的预防、控制和扑灭能力。

二、基础设施设备

完善林区交通设施，把林区道路纳入国家和地方交通建设规划。加快林区电网改造，完善林区饮水、供热和污水垃圾处理设施，提高林区通讯设施水平，加强森林管护用房建设，并配备必要的巡护器具、车辆，全面提高森林资源管护能力。

加强牲畜暖棚、贮草棚、青贮窖和饲料机械等畜牧业基础设施建设；结合新农村建设，帮助游牧民尽快实现定居；结合游牧民定居点建设，配套解决人畜饮水问题。

主要任务：2014～2015年，暖棚265万平方米，饲料机械8万台/套，贮草棚43万平方米，青贮窖160万立方米。2016～2020年，暖棚665万平方米，饲料机械20万台/套，贮草棚110万平方米，青贮窖400万立方米。

专栏17-9　配套建设重点工程

01　森林（草原）防火体系建设

建设盟（市）、旗（县）火险预测预报、火情瞭望监测、防火阻隔、通讯联络及指挥系统，配备无线电通讯、GPS等设备，购置防火扑火机具、车辆、装备等。建设盟（市）、旗（县）信息化指挥中心，防火物资储备库，防火道路。购置办公设备。

02　森林（草原）有害生物防治

在阿巴嘎和康保各建立天敌昆虫繁育基地1处；建立15个县级林业有害生物测报站、10个县级检疫实验室、10个林业有害生物防治示范基地。各旗（县）草原站购置草原鼠害、虫害以及毒草危害预测预报防治基础设施设备。

（续）

专栏 17-9　配套建设重点工程
03　国有林场（站）危旧房改造项目 改造国有林场危旧房屋。
04　国有林区基础设施建设项目 包括供电保障、饮水安全、林区道路、棚户区改造、生产用房等。
05　京津风沙源治理 巩固一期工程建设成果，加大京津风沙源治理二期工程建设，开展牲畜暖棚、贮草棚、青贮窖和饲料机械等配套设施建设。
06　生态保护基础设施项目 实施草原站、林业工作站、木材检查站、科技推广站等基础设施建设。配备监控、防暴、办公、通讯、交通等设备。开展执法人员培训。
07　地质灾害防治 对滑坡、崩塌、泥石流等地质灾害进行综合防治。
08　气象减灾 实施生态服务型人工影响天气工程。

第七节　生态监管

一、生态监测

以现有监测台（站）为基础，合理布局、补充监测站点，采用卫星遥感、地面调查和定点观测相结合的办法，制定统一的生态监测标准与规范，对森林资源、草地资源、湿地资源和生物多样性等进行动态监测，形成区域生态系统监测网。建立信息共享平台，制定监测数据的定期上报制度，重大生态问题及时上报，定期发布生态保护报告。建立生态功能评估体系，定期、系统评价生态功能，开展生态预警评估和风险评估。

二、空间管制与引导

（一）落实主体功能定位

全面落实《全国主体功能区规划》提出的主体功能定位要求，在禁止开发区域内，实行强制性保护；在限制开发区内，实行全面保护。

（二）划定区域生态红线

落实草地保护建设区、农田综合治理区和森林保护治理区的建设重点，划定并严守区域生态红线，确保现有草地、天然林和湿地面积不能减少，并逐步扩大。严禁改变生态用地用途，人类活动占用的空间控制在目前水平，形成"点状开发、面上保护"空间格局。

（三）控制生态产业规模

生态产业只在适宜区域建设，发展不影响生态系统功能的特色产业。草地保护建设区适度发展生态牧业、特色药材、生态旅游等生态产业。农田综合治理区，结合退耕还林、水土流失综合治理和农业产业结构调整，发展设施农业、花卉、生态旅游等生态产业。森林保护治理区适度发展林下经济、特色经济林、生态旅游等生态产业。

（四）引导超载人口转移

结合新农村建设和游牧民定居，每个县重点建设1～2个重点城镇，建设成为易地保护搬迁和易地扶贫搬迁人口的集中安置点、特色产业发展集中点、游客集散地和基本生活服务集聚点，以减轻人口对区域生态压力。

（五）开展综合示范

按照国家发展改革委《贯彻落实主体功能区战略 推进主体功能区建设若干政策的意见》（发改规划〔2013〕1154号）关于"开展主体功能区建设试点示范"的精神，本着"区域连片、特色突出、基础良好、效益明显"的原则，在草地保护建设区、农田综合治理区和森林保护治理区，建设10处综合示范区，以突显集成优势，发挥综合效益，推动该区域成为美丽中国和"中国梦"的示范基地。

按照每个示范区的主导发展方向和功能，分为生态主导型、景观主导型和生态产业共生型3个类型综合示范区。

1.生态主导型

突出生态环境保护。通过森林植被保护与建设、小流域综合治理、生态移民等生态措施的综合运用，降低风沙危害，改善人居环境。

2.景观主导型

突出生态景观建设。通过森林植被保护与建设及小流域综合治理，建设景观主导型景观生态林及绿色河流廊道，使森林与河流生态功能相互渗透，充分提升生态效益、景观效益和社会效益。

3.生态产业共生型

突出生态产业共同发展。从生态资源入手，倡导生态建设产业化，产业发展生态化。通过森林植被保护与建设、小流域综合治理及草地资源的合理利用，改善林业、农业生产条件，提升生态旅游资源品质，全面提高绿色产业化经营水平，大幅度增加绿色产业经济总量和经济效益。

三、绩效评价

实行生态保护优先的绩效评价，强化对防沙治沙能力及区域生物多样性保护能力的评价，考核指标包括生态用地占比、森林覆盖率、森林蓄积量、草原植被覆盖度、草畜平衡、沙化土地治理率、自然保护区面积等指标。

本区包含的禁止开发区域，要按照保护对象确定评价内容，强化对自然文化资源原真性和完整性保护情况的评价，包括依法管理的情况、保护对象完好程度以及保护目标实现情况等。

第五章 政策措施

第一节 政策需求

一、生态补偿补助政策

坚持谁受益、谁补偿的原则，完善对重点生态功能区的生态补偿机制。坚持生态共建、资源共享、公平发展的原则，推动地区间建立横向生态补偿制度，在资金落实、量化机制、损失和补偿评估机制、资源议价机制等方面进行全方位的设计，不断扩大生态补偿覆盖面。

进一步完善森林生态效益补偿制度，提高补偿标准。

稳定和完善草原承包经营制度，基本完成草原确权和承包工作。落实和完善国家草原生态保护补助奖励机制，对由于草原发挥生态功能而降低生产性资源功能造成的损失予以补偿，提高生态区农牧民生态保护的积极性，并逐步提高补助奖励标准。

探索研究湿地生态效益补偿制度。按照《中共中央　国务院关于2009年促进农业稳定发展农民持续增收的若干意见》（中发〔2009〕1号）关于"启动湿地生态效益补偿试点工作"的要求，在中央财政湿地保护补助试点政策的基础上，扩大补助范围，提高补助标准，逐步建立湿地生态效益补偿制度。

探索研究沙化土地封禁保护补助制度。按照《防沙治沙法》《全国防沙治沙规划》以及国家林业局关于"启动沙化土地封禁保护补助试点工作"的要求，在中央财政沙化土地封禁保护补助试点政策的基础上，研究探索扩大补助范围，提高补助标准，逐步建立沙化土地封禁保护补助制度。

建立完善碳汇补偿机制试点。本区广袤的森林湿地资源构成了京津地区一道重要的生态屏障，是京津地区乃至华北地区的一个巨大的吸碳器、储碳库，建议尽快启动承德市碳汇补偿机制试点，并加大对其倾斜扶持力度，不断增强和提高森林湿地固碳增汇的能力。

二、人口易地安置的配套扶持政策

在土地方面，配套生态移民异地安置补偿置换政策，出台草地流转与转换的相关政策，确保生态移民用失去的原有草场，从县城周围的乡镇中置换宅基地、暖棚建设用地及饲草料基地进行舍饲养畜。鼓励定居牧民结合草原建设，建立饲草料基地。涉及农用地转为建设用地的，应依法办理农用地转用审批手续。在税费方面，可考虑涉及易地搬迁过程中的行政规费、办证等费用，除工本费外全部减免，税收也可考虑变通免收；供电、供水、广播电视等配套工程的设计、安装、调试等费用一律减免。在从事非农产业方面，可考虑在自愿原则下，优先安排部分生态移民参加商贸、旅游等二、三产业。优先安排岗前培训、农业技术培训和科普技能培训。对搬迁移民优先办理用于生产的小额贷款，使其在医疗保健、子女入学等方面均享有同当地居民一样的待遇。

三、重点生态功能区财政转移支付政策

根据浑善达克沙漠化防治生态功能区生态保护与建设的需要，建立财政转移支付标准调整机制，加大财政转移支付力度，并适当增加用于生态保护与建设的资金份额。

四、康保县"退耕还林、以生态换保障"试点

康保县地处坝上高原农牧交错区，有大面积的农田，且陡坡耕地的面积也较大。农田耕作是该县土地沙化的重要原因之一。将部分陡坡耕地退耕还林，不仅能够恢复扩大全县森林植被，改善生态环境，而且对促进农牧民群众增收，也将产生十分明显的作用。建议在康保县全面实施"退耕还林、以生态换保障"试点，用3～5年时间完成其区域内陡坡耕地退耕还林。

第二节　保障措施

一、加强组织领导，落实责任

重点生态功能区生态保护与建设范围广、任务重，涉及部门多，各级地方政府要成立重点生态功能区生态保护与建设领导小组，主管领导任组长，强化生态保护建设工作的领导，各有关部门要发挥各自优势和潜力，按职责分工，各司其职，各负其责，形成合力。

实行政府负责制，各级政府是重点生态功能区建设的责任主体，实行目标、任务、资金、责任"四位一体"的责任制度。建立健全行政领导干部政绩考核责任制，

紧紧围绕规划目标，层层分解落实任务，签订责任状，纳入各级行政领导干部政绩考核机制。

二、建立生态文明制度，强化监管

（一）加强生态监管

建立资源环境承载能力监测预警机制，加大对森林、草地、湿地等生态系统以及水土流失监测力度。强化监测体系和技术规范建设，加强区域生态建设工程过程监管和质量控制。建立规划中期评估机制，对规划实施情况进行跟踪分析和评价，根据评估结果对规划进行调整。

（二）建立考评机制

完善对区域地方领导干部的考核评价机制，取消地区生产总值考核，将区域生态保护与建设指标纳入评价考核体系，并作为考核的重要内容。探索编制自然资源资产负债表，对领导干部实行自然资源资产离任审计。建立生态环境损害责任终身追究制。

（三）落实自然资源资产产权制度和用途管制制度

根据国家统一安排，对水流、森林、山岭、草原、荒地等自然生态空间进行统一确权登记。加强空间管制与引导，划定生产、生活、生态空间开发管制界限，划定生态保护红线，落实用途管制。

（四）实行资源有偿使用制度

坚持使用资源付费和谁污染环境、谁破坏生态谁付费的原则，逐步将资源税扩展到占用各种自然生态空间。稳定和扩大退耕还林、退牧还草范围，调整地下水严重超采区耕地用途，有序实现耕地、河湖休养生息。建立有效调节工业用地和居住用地合理比价机制，提高工业用地价格。

（五）改革生态保护管理体制

独立进行生态监管和行政执法。建立区域统筹的生态系统保护修复和污染防治区域联动机制。健全国有林区经营管理体制，完善集体林权制度改革。健全举报制度，加强社会监督。完善污染物排放许可制，实行企事业单位污染物排放总量控制制度。对造成生态环境损害的责任者严格实行赔偿制度，依法追究刑事责任。

三、健全法制体系，规范建设

（一）加强普法教育

要认真贯彻执行《中华人民共和国草原法》《中华人民共和国森林法》《中华人民共和国水土保持法》《中华人民共和国环境保护法》《中华人民共和国土地管理法》等相关的法律法规。各级政府职能部门要分工协作，认真落实和严格执行有关法律法规。要不断提高广大农牧民的法治理念和执法部门的执法水平。

（二）严格依法建设

建设项目征占用林地、草地、湿地与水域，要强化主管部门预审制度，依法补偿到位。加强生态监管和执法，依法惩处各类破坏资源的行为，强化对滥占滥垦林地、滥砍盗伐林木、滥垦草地等各类犯罪的打击力度，努力为生态保护与建设创造良好的社会环境。

（三）充分利用乡规民约

发挥民族文化习俗中有利于生态保护的积极因素，把国家法律法规同乡规民约结合起来，形成自觉维护生态、节约利用资源的氛围。

四、拓宽资金渠道，加大投入

重点生态功能区生态保护与建设是以生态效益为主的社会公益性事业，应发挥政府投资的主导作用。各级政府要进一步加强生态保护与建设资金投入力度，确保各项任务顺利实施。对国家支持建设的项目，适当提高中央政府的补助比例。

通过政策引导和机制创新，积极吸收社会资金，积极争取相关国际机构、金融组织、外国政府的贷款、赠款等，投入浑善达克沙漠化防治生态功能区生态保护与建设。

加强资金使用监管，确保工程建设资金专账核算、专款专用。根据工程建设需要，建立投资标准调整机制。

五、依靠科技进步，提高效益

（一）强化科技支撑

把科技支撑与工程建设同步规划、同步设计、同步实施、同步验收。落实科技支撑经费，要根据《国家林业局关于加强重点林业建设工程科技支撑指导意见》，提取不低于3%的科技支撑专项资金用于开展科技示范和科技培训，吸引国内外科研单位和机构参与生态建设和特色经济发展关键技术、模式的研究开发，提高科技含量，加快成果转换。促进科研与生产紧密结合，面向生产实际，全面开展前瞻性、预见性的科学研究和技术储备。

（二）加强实用技术推广

围绕农、林、水、气象等领域生态保护与建设的重大问题和关键性技术，成立专家小组、组织科技攻关，并有计划地制定工程建设中的各类技术规范。当前，重点抓好林木容器育苗与栽培、沙化草地综合治理和湿地植被恢复等现有技术优势集成、组装配套，取得突破；有计划、有步骤地建立一批科技示范区、示范点，通过示范来促进先进治理模式和技术的推广应用；积极开展多层次、多形式的培训，使广大农牧民掌握生态建设的基础知识和基本技能，提高治理者素质；加强国际交流与合作，引进和推广国外先进技术。

（三）搞好科技服务

继续发挥林业科技特派员和林场、林业站工程师和技术人员的科技带动作用，完善科技服务体系，开展专家出诊、现场讲授、科技宣传、技术咨询等活动，形成全方位的科技服务体系。要积极开展科技下乡活动，坚持"哪里有问题去哪里、哪里有需要去哪里，把技术送到基层、把服务送到一线"的做法，组织林业科技人员深入基层、深入一线普及林业科技知识，适时发放农民急需的科技资料，解决技术难题，扩大先进技术应用覆盖面，从而全面提升林业工程建设水平。

（四）抓好林业科技队伍建设

出台政策，鼓励林业技术人员开展科技研究和科技推广，重视在职林业科技干部的继续教育，切实提高林业科技队伍的自身素质。有计划地引进林业技术人才，逐步解决林业科技人员青黄不接问题。

六、建立长效机制，服务民生

建立长效管理机制，积极探索承包、租赁、使用权流转、合作经营等方式，落实管护责任；坚持"谁治理、谁管护、谁受益"的政策，将管护任务承包到户、到人，将责、权、利紧密结合，调动农民群众参与生态建设的积极性。坚持"实施一项工程，致富一方百姓"的思想，建立产业扶持、技术援助、人才支持、就业培训等的长效机制。

附表

浑善达克沙漠化防治生态功能区禁止开发区域名录

名　　称	行政区域	面积（公顷）
自然保护区		
达里诺尔国家级自然保护区	克什克腾旗	119413.6
白音敖包国家级自然保护区	克什克腾旗	13862
塞罕坝国家级自然保护区	围场县	20029.8
滦河上游国家级自然保护区	围场县	50637.4
红松洼国家级自然保护区	围场县	7970
森林公园		
黄岗梁国家级森林公园	克什克腾旗	103333

（续）

名　称	行政区域	面积（公顷）
桦木沟国家级森林公园	克什克腾旗	40000
滦河源国家级森林公园	多伦县	12667
塞罕坝国家级森林公园	围场县	94000
木兰围场国家级森林公园	围场县	5351
丰宁国家级森林公园	丰宁县	8839
地质公园		
克什克腾世界地质公园	克什克腾旗	500000

第十八篇

阴山北麓

草原生态功能区
生态保护与建设规划

第一章 规划背景

第一节 生态功能区概况

一、区域范围

《全国主体功能区规划》中的阴山北麓草原生态功能区气候干旱，多大风天气，水资源贫乏，生态环境极为脆弱，风蚀沙化土地比重高。目前草原退化严重，为沙尘暴的主要沙源地，对华北地区生态安全构成威胁。该区包括内蒙古自治区包头市的达尔罕茂明安联合旗，乌兰察布市的四子王旗、察哈尔右翼中旗、察哈尔右翼后旗，巴彦淖尔市的乌拉特中旗和乌拉特后旗，共6个旗，面积96936.1平方千米，人口116.5万。

阴山北麓草原生态功能区位于阴山山地向蒙古高原的过渡地带，包括农牧交错区和荒漠草原区，风沙危害严重，人为活动造成的生态破坏自北向南逐渐加重。该区域属于我国中温带北部半干旱大陆性季风气候区，降水时空分布不均，是沙漠化敏感性高、土地沙化严重、沙尘天气频发并影响较大范围的生态脆弱区域。

表 18-1 规划范围表

市（盟）	旗（县）
包头市	达尔罕茂明安联合旗
乌兰察布市	四子王旗、察哈尔右翼中旗、察哈尔右翼后旗
巴彦淖尔市	乌拉特中旗和乌拉特后旗

二、自然条件

阴山北麓草原生态功能区位于蒙古高原地带，地势南高北低，缓缓向北倾斜，是东西纬向构造的一部分。已出露的地层由老到新有：上太古界，下元古界的五台群、马尼图群；中元古界的渣尔泰群、白云鄂博群、温都尔庙群；下古生界，上古生界中上石炭统、下二选统；中生界下中上侏罗纪、下上白垩纪；新生界的下上第三系、第四系下中上更新统、全新统、缺失三叠系各统。境内已知出露的岩石，就大类而言，有岩浆岩类（即火成岩）的花岗岩、玄武岩、安山岩、伟晶岩、辉绿岩、辉长岩、橄榄岩、各种脉岩等；沉积岩类（水成岩）的泥岩、砂岩、灰岩、砂砾岩、砾岩、泥灰岩、页岩等；变质岩类（包括火成岩、水成岩的变质者）的片麻岩、石英岩、片岩、次生石英岩、角岩等。境内地质构造复杂，分属两个一级构造单位。因受各期构造运动影响，加之多次大规模岩浆活动的波及，地质构造严重破坏，地层有些缺失，产生褶皱、折曲甚至倒转、破碎，导致各种有工业价值矿床的生成和赋存。南部属丘陵区，中、西有低山陡坡，北部属高平原台地，间有开阔原野，平均海拔1367米。最高点为哈布特盖吉苏敖包，海拔1846米，最低点为腾格淖尔，海拔1058米。主要山脉有文公山、白云鄂博、哈拉敖包、巴什哈拉敖包、巴特尔敖包等。

阴山北麓草原生态功能区地处中温带大陆性季风气候区，又深居内陆腹地，大陆性气候特征十分显著，属中温带半干旱大陆性气候，风多雨少，冷热不匀。因受中纬度及季风的影响，冬季漫长寒冷，春季干旱风沙多，夏季短促凉爽。寒暑变化强烈，昼夜温差大，降水量少，而且年际变化悬殊，无霜期短，蒸发量大，大风较多，日照充足，有效积温多。30年平均气温在1～6℃，年平均气温4.2℃。1月最冷，7月最热。极端最低气温−39.4℃，极端最高气温38.0℃。气温平均日较差13～14℃。平均年较差一般在34～37℃，其特点是春温骤升、秋温剧降、无霜期短。3～5月，月际间气温变化大，4月之后月升温幅度减缓。9月下旬气温开始下降，每5天下降2℃左右，大部地区11月较10月降温9～11℃。最长无霜期217天，最短无霜期年份为1965年，仅70天。年平均降水量110～400毫米，且多集中于7、8两月，年最多降水量425.2毫米，年最少降水量142.6毫米，一日最大降水量90.8毫米。年平均蒸发量为2526.4毫米。地形从南至北由阴山山脉北缘、丘陵和蒙古高原三部分组成。

境内地表水主要以塔布河流域为主，其他区域地表水资源贫乏且利用困难、经济效益低，有呼和淖尔和查干淖尔两大湖泊。呼和淖尔是塔布河注入的主要内陆湖，位于卫境苏木和脑木更苏木境内，中心位置在北纬42°48′、东经111°05′。高程在955米以下，水面面积丰水年达20多平方千米，一般年份水深在2米左右；干旱年份也出现过干涸现象。水质矿化度大于5克/升，为咸水湖。查干淖尔在呼和淖尔东南约4千米处，为塔布河注入的内陆湖，干旱年份时湖水干枯。当湖内水面超过955米时，即流入呼和淖尔。

三、自然资源

该区地域辽阔，土地面积广大，但绝大部分土壤质地粗糙，含沙量大，土层薄，物理性结构不良，再加上地处内陆半干旱气候区，降水量少，风蚀沙化严重，生态系统十分脆弱，可利用率很低。

地下资源十分丰富，经地质勘探，已发现矿种达32种，矿床、矿点和矿化点达130余处，矿产资源种类多、分布广、储量大，已探明的矿藏有煤、金、铝、铜、镍、铁、铬、锰、铅、锌、银、萤石、石灰石、石英石、石墨、电气石、煤、珍珠岩、石膏、芒硝、长石、石棉、水晶、钾长石等。

境内野生植物有45科、225种。其中以禾本科、菊科最多，豆科、藜科、蔷薇科、百合科次之，单科单种的有18种。天然乔木有：白桦、胡杨、黄榆、山杨等，其中胡杨为世界珍稀树种。药用植物产量较高的有：黄芪、知母、甘草、锁阳、柴胡、麻黄、百合、大黄、秦艽、远志、杏仁、枸杞、龙胆、车前子、蒲公英、黄芩、防风、益母草、苁蓉等。优良牧草19种，分布广、产草量高的有羊草、冰草、花苜蓿、山野豌豆、针茅属、冷蒿、三裂亚菊、寸草苔、细中苔、碱蓬、马蔺、多根葱等。在各种植物中，有不少山肴野蔌，如发菜、蕨菜、黄花（金针）、野蘑、蒙古葱、山葱、山韭菜、田苣菜等。有毒植物主要有狼毒、野罂粟、天仙子（薰牙籽）、荨麻等。

区内生存的野生动物品种有：野驴、石羊、黄羊、团羊、青羊、狼、土豹子、狐狸、野鸡、石鸡、鹌鹑、野鸭、地脯、捞鱼鹳、喜鹊、乌鸦、老鹰、猫头鹰、老雕、灰鹤、天鹅、野兔、兔狲、獾子、猞猁、刺猬、黄鼠、松鼠、蛇等。

四、社会经济

（一）经济总量小，人均水平低

2013年，本区国内生产总值374亿元，人均生产总值40663元，低于2013年我国人均GDP 41908元。财政收入39亿元。

（二）经济结构单一，产业结构层次低

2013年，区域第一产业总产值59亿元，第二产业总产值239亿元，第三产业总产值76亿元。以传统的农牧业和资源类矿业为主。

（三）公共基础设施薄弱，城镇化进程缓慢

交通、通讯、电力等基础条件落后，教育、医疗卫生、文化等社会事业发展缓慢，人口文化素质不高。

第二节　生态功能定位

本区位于内蒙古中部，南靠阴山山脉，北至蒙古高原，生态系统极度脆弱，沙漠化敏感性高、土地沙化严重、沙尘暴频发并影响较大范围的区域。属防风固沙型重点生态功能区，主体功能定位是：保障区域生态系统平衡，社会经济可持续发展，建设蒙古高原珍稀动植物基因资源保护地，人与自然和谐相处的示范区。

一、主体功能

由于该区域生态环境脆弱、不合理的经营活动（滥垦、过牧、滥采等），导致大面积土地严重荒漠化，农牧业用地正面临着风蚀沙化、水土流失严重等一系列的生态问题。为了改善内蒙古阴山北麓草原生态功能区生态环境，促进其社会经济和生态系统的和谐共存，协调发展，必须走生态保护与建设基础上的生态农牧业之路，建立良性循环的区域生态系统，开展以封禁保护、平衡发展为原则的牧业发展和以改土治水为中心的农田基本建设，以旗（县）为单位，在粮食、饲料自给的前提下，推行种树种草，防风固沙，治理水土流失；改造天然草场，提高产草量；调整畜牧业结构，加速发展以农畜产品加工为主的乡镇企业，实行转化增值，加快当地居民脱贫致富的步伐；加强农村能源建设，普及节能省柴炕灶和太阳灶，充分开发利用太阳能和风能。

二、生态价值

（一）生态区位重要

本区位于我国北方农牧交错与干旱荒漠草原的过渡地带，是我国"两屏三带"生态安全战略格局之北方防沙带的重要组成部分，与科尔沁草原生态功能区紧密相连，是华北地区的重要生态屏障，对保护该地区动植物资源、维护华北地区生态安全意义重大。

（二）沙尘天气的重要沙源地

春季影响我国的沙尘暴源区有两大类，即境外源区和境内源区。境外沙尘源地主要位于中亚西部地区哈萨克斯坦境内、中俄西北边境接壤地区和蒙古国中南部地区。前两者主要影响我国北疆地区，但不可能影响我国西北地区东部、华北及其他地区；后者影响我国华北大部分地区，并且是影响我国沙尘天气最主要的境外沙尘源。境内源地包括塔克拉玛干沙漠及周边地区、甘肃河西走廊和内蒙古阿拉善高原、蒙陕宁晋长城沿线、内蒙古阴山北坡和浑善达克沙地。

影响我国的沙尘天气路径主要有西北路、北路和西路三条，分别占我国北方沙尘暴发生频次的50.8%、29.5%和19.7%。北路从蒙古国东南部，经内蒙古东部的浑善达克沙地、科尔沁沙地和河北坝上地区；西北路从蒙古国中、南部，经巴丹吉林沙漠、腾格里沙漠、乌兰布和沙漠、库布齐沙漠和毛乌素沙地；西路从新疆塔克拉玛干沙漠，经柴达木盆地、库姆塔格沙漠、河西走廊地区等。本区位于北路，包括浑善达克沙地和河北坝上地区。是华北和华东地区的重要沙源地和传输途径。

（三）生态系统资源丰富

本区是我国北部荒漠草原生物物种基因库之一，具有一定的保护价值和科研价值。该区域是西北植物区系、华北植物区系和蒙古植物区系交汇带，也是蒙新、东北、华北三大动物区系的交汇处，野生动植物种群庞大，种类繁多，对中国北方动物多样性保育具有一定的作用。

第三节　主要生态问题

阴山北麓是典型的传统农业区域与畜牧业区域交汇和过渡地区，是我国典型的生态脆弱带及北方重要的生态屏障，它能及时和灵敏地反映全球变化的区域影响。具有生态和生产双重功能，在区域国民经济发展中占有举足轻重的战略地位。长期以来，由于气候干旱且大风日数多，加之人类高强度、不合理的开发利用使得该地区已经成为我国北方农牧交错带沙质荒漠化强烈发展的地区之一。

一、主要生态问题

（一）先天生态承载力不足

本区地处中温带内陆地区，受蒙古高压的控制时间长，水热条件不稳定，为农业生产的一个限制性因素。高原地势，热量不足，温度不高，降雨量少，无霜期短。森林覆盖率低，对农牧业没有保护作用。处在这样一个特殊的生态地理位置上，本来应该引起人们的高度重视，而事实则相反，不按自然规律办事，无限制的垦荒，超载过牧，使本来脆弱的生态系统遭到破坏，陷入恶性循环。

（二）土地利用结构不合理

近期土地调查资料表明，阴山北麓农牧交错区耕地面积大，质量不高，草场面积占比大，但草场质量低，过牧严重。20世纪80年代初的调查就发现有50%的沙化、退化草场。林地比重小，森林覆盖率低，分布不均匀，大部分林地集中在南部山区，对农田、草牧场几乎没有保护作用。这种土地利用结构的直接后果便是生态失调，风蚀沙化，水土流失，反映在农牧业生产上，则是土地生产率低下。

（三）土地沙化严重

第四次土壤普查结果表明，土地沙化严重，风蚀化面积占比大，沙化土地面积795万公顷，占土地总面积的82.1%，其中，轻度沙化面积12.4万公顷，中度沙化面积131.7万公顷，重度沙化面积141.2万公顷，极重度沙化面积77.8万公顷，其他退化面积

438.3万公顷。

据相关资料分析，本地区土壤侵蚀模数700～3000吨/平方千米。水土流失的结果是南部农牧交错区沟头逐年延伸，沟底不断切割，沟壁持续扩张，农田逐渐塌陷，北部草场表土被逐渐剥蚀，生产力下降，草场承载力恶化。

（四）自然灾害频繁发生

由于人为活动增加，草场过牧，植被稀疏，地面失去庇护，造成地面裸露，气候逐渐恶化，自然灾害频繁发生。

（1）干旱。干旱少雨是农牧业生产的主要限制因素。20世纪50年代以来，大旱与旱年的发生频率接近50%，两年连旱发生频率为27%，基本上10年有1～2个大旱年，3～4年有一个旱年，又由于大气降水主要集中在6～8月份，故有"十年九旱，年年春旱"之称。

（2）冰雹。冰雹发生时间多在7～9月，也正是南部农业区麦类等主要作物生长发育盛期，几乎每年都在局部地区造成严重危害。

（3）大风。年大风日数12.8天，多集中在3～6月，最大风速20米/秒，常对春耕生产和农作物造成危害。

（4）沙尘暴。近10年春季该地区共发生近150次沙尘天气过程，年均13次，对当地工农业生产、交通、通讯等造成不同程度的影响。

（5）霜冻。由于无霜期短，每年均有不同程度的霜冻危害。

二、主要原因

阴山北麓草原生态功能区生态问题的原因有气候变化和人为活动影响两个方面。

气象观测资料分析表明，近50多年来，本区气温在逐年升高；降水量变化不明显，部分年份出现偏高；蒸发量加大；平均风速、大风日数、沙尘暴日数呈逐年减少态势。在支持生态系统的环境因子中，光照、氧气含量没有变化，温度升高和二氧化碳的增加对植物的光合作用有利，水分虽有变化，总体雨量正常。因此，气候变化引起的影响很小。

人为活动影响突出表现为人口和牲畜数量增加。人口和牲畜数量增加使得人地矛盾突出，大规模的毁草开荒种地和超载过度放牧现象成为必然。牧民为了维持基本生活，牲畜数量的减少有其一定的底线。致使牲畜对草场的压力主要表现为空间上的转移，草畜矛盾并没有得到很好解决。最近10年沙地面积变化与人口和牲畜增加成显著正相关。

因此，人口和牲畜增加是本区土地沙化的最主要原因。生态保护与建设应从控制人为活动影响入手。

第四节　生态保护和建设现状

一、生态工程建设

林业主要开展了天然林资源保护工程、京津风沙源治理、退耕还林、野生动植物保护及自然保护区建设、湿地保护与恢复、三北防护林工程、国家生态建设重点县工程、重点公益林建设工程等生态工程建设，为本区、沙化土地面积连续减少及本区域林地的保护与促进起到了关键性作用。截至2013年底，本区累计完成天然林资源保护工程14.8万公顷；退耕还林工程166.0万公顷；京津风沙源治理20.5万公顷；重点公益林建设、自然保护区建设工程、三北防护林工程等其他生态建设工程共计233.0万公顷。

生态工程建设虽然取得了巨大的成效，但工程建设难度越来越大，缺乏森林防火、水、电、路等配套设施，影响了工程整体生态效益的发挥。

二、国家重点生态功能区转移支付

从该政策实施情况看，财政转移支付资金用于生态保护与建设的比例很低，而且资金规模也不能满足实际需要。

除重点生态功能区财政转移支付政策外，中央财政在本区还实行了森林抚育、造林和种苗基地建设补贴。

三、生态保护与建设总体态势

目前，阴山北麓草原生态功能区生态状况已经呈现生态改善的良好势头，但生态承载力低、沙化土地面积大、水资源严重不足、水土流失严重减少等问题依然严重，生态保护与建设处于关键阶段。

第二章　指导思想与原则目标

第一节　指导思想

全面贯彻党的十八大精神，深入学习贯彻习近平总书记系列重要讲话精神，全面落实《全国主体功能区规划》的建设要求，以提升阴山北麓草原生态功能为目标，以处理好经济社会发展与资源环境之间的关系为着力点，坚持草原生态系统恢复、保护和持续利用的密切结合，合理开发和利用草原资源。以生态文明发展观统筹全局，实施可持续发展战略，加快经济增长方式转变，实现草原资源的可持续利用，发展生态经济，维护生态安全，优化生态环境，保留生态空间，树立生态文化。健全自然资源资产产权和用途管制制度，划定生态红线，用制度保护生态环境，同时兼顾当地居民的就业与生态脱贫，促进人与自然和谐相处，走经济发展、生活富裕、生态良好、社会文明的道路。

一、处理好保护与发展的关系

以生态保护为主的重点生态功能区，要充分考虑现有人员的生计来源和生活方式。易地安置要充分尊重农民的意愿，维护农民的权利，要有他们后续生存发展的思路和出路，不能因为突出生态保护，而让他们收入下降，福利减少。

二、处理好政府与市场的关系

全国主体生态功能区划是政府对国土空间开发的战略设计和总体布局，体现了国家战略意图，政府应当根据主体功能区的定位合理配置公共资源，同时要充分发挥市场配置资源的基础性作用，完善法律法规的区域政策，综合运用各种手段，引导市场主体的行为符合主体功能区的定位。同时，也要用政策和经济的手段，调动各种市场经济主体参与生态保护和林业发展的积极性。

三、处理好局部与全局的关系

主体功能区是从全局利益出发，谋求国家和人民的整体利益、长远利益的最大化，要做到局部服从全局，全局兼顾局部。规划应在充分发挥生态功能的前提下，积极探索森林资源的多种形式的利用途径，大力发挥林下经济，大力发展区域经济，实现生态与经济同步发展，自然与社会的和谐共进。

第二节　基本原则

一、全面规划、突出重点

草原生态功能区建设是一项复杂的系统工程，规划要与《全国主体功能区规划》等上位规划充分衔接，全面考虑阴山北麓草原生态功能区的社会、经济和自然等自身特点，突出阴山北麓草原生态功能区的防风固沙主导功能，以草原、森林、湿地等生态用地作为规划重点，长远谋划、总体设计、全面规划、全面部署，同时抓住重点地区的突出问题和难点问题率先突破，推进草原功能区人口、经济、资源和环境的协调发展。

二、优先保护、科学治理

本区是阴山山地向蒙古高原的过渡地带，风沙危害严重，时空分布不均，是沙漠化敏感性高、土地沙化严重、沙尘天气频发并影响较大范围的生态脆弱区域，要积极采取有效措施加强保护，划定优先保护区域，推广实用先进技术，尊重自然规律和科学规律，以自然生态修复为主，辅以必要的人工修复措施，科学推进草原生态系统的修复和保护。

三、合理布局、分区施策

本区自然条件差异较大，不同区域生态环境问题不同，社会经济发展水平不同，需要针对草原生态功能的不同主导功能类型，进行合理的生态功能区划和总体布局，根据各区的具体特点，分别采取有针对性的保护、治理和管理措施，按近、中和远期合理安排各项建设任务。

四、以人为本、统筹兼顾

本区内贫困人口较多，经济发展压力较大，要正确处理好自然与社会、保护与发展的关系，将生态建设与农牧民增收、产业结构调整和人居环境建设等结合，帮助农民脱贫致富，实施区域生态补偿政策，建立生态保护和经济发展长效机制，实现人与自然的和谐相处。

第三节　规划期和规划目标

一、规划期

规划期为2015～2020年，共6年。

二、规划目标

总体目标：到2020年，将国家主体功能区的发展定位作为区域社会经济发展的主线，划定生态保护红线，封育草原，恢复植被，退牧还草，降低人口密度；全面保护和修复草原生态系统；促进区域动植物资源的繁衍和保护，提高生态系统水平；严格保护生态用地面积，增强生态系统服务功能；风蚀沙化土地和草原退化面积比例得到有效控制；农牧民收入显著增加，配套基础设施完善，生态监管能力提高，逐步建成生态良好、人民富裕、民族团结的生态文明示范区。

具体目标：到2020年，生态用地面积比例80%，治理沙化土地13万公顷，封禁保护沙化土地2.5万公顷，建设基本草场建设11万公顷，保育农田15万公顷，重点荒漠化综合治理13万公顷，根据实际情况和社会经济发展需求逐步开展国家沙漠公园和封禁保护区试点建设。新增生态产业基地2万公顷，农牧民培训2万人次，农村清洁能源家庭比例20%，建成生态功能动态监测和评价信息管理系统。

表 18-2　规划指标

主要指标	2013 年	2020 年
草原生态功能区建设目标		
生态用地[①]面积比例（%）	69.5	80
治理沙化土地（万公顷）	—	8
封禁保护沙化土地（万公顷）	—	2
基本草场建设（万公顷）	—	5
保育农田（万公顷）	—	10
重点荒漠化综合治理（万公顷）	—	8
生态扶贫目标		
新增生态产业基地（万公顷）	—	2
农牧民培训（万人次）	—	2
农村清洁能源家庭比例（%）		20
生态监管目标		
生态功能动态监测和评价信息管理系统	各部门有零星监测成果	整合部门监测资源，建成评价与管理信息平台

注：①生态用地包括林地、湿地和草地三种土地利用类型。

第三章　总体布局

第一节　功能区划

一、布局原则

根据地貌和生态系统类型的差异性，地理环境的完整性，生态承载力的相似性，按照《全国主体功能区规划》的要求，从生态保护与建设的角度出发，对阴山北麓草原生态功能区进行区划。

二、分区布局

本区共划分3个生态功能保护与建设区和治理区，即荒漠草原生态建设区，面积50173.8平方千米；草畜平衡治理区，面积26362.6平方千米；农牧综合治理区，面积20399.7平方千米；合计96936.1平方千米。

（一）荒漠草原生态建设区

本区位于阴山北麓草原生态功能区的北部，是该区荒漠草原生态系统的主体，以中度以上沙化土地为主，土地退化比较严重，属内蒙古高原地貌类型。由于自然条件较差，人为活动逐年增加，牧业处于超载状态，天然植被遭到严重破坏。本区生态压力指数最大，生态经济协调性也较差，生态效率一般。区域生态主导功能是开展荒漠草原综合治理，涵养水土资源，控制沙化，防止土地进一步退化。

（二）草畜平衡治理区

本区位于阴山山脉与北部荒漠草原之间，属于山地丘陵向蒙古高原的过渡地带，土地退化比较严重，以粗沙砾质为地表特征的干旱草原为主，牧业比较发达，属高原丘陵地貌类型。

本治理区是阴山北部草原生态功能区的主要牧业生产区，具有国内独一无二的自然条件、自然资源和生态系统。本区属典型干旱草原区，以灌草植被为主。本区虽然生态压力指数偏大，但生态经济协调基本合理，生态效率也较高。区域生态主导功能

表 18-3 生态保护与建设分区表

功能区 行政区范围		荒漠草原 生态建设区	草畜平衡治理区	农牧综合治理区
包头市	达尔罕茂明安联合旗	满都拉苏木、乌兰苏木、召德来苏木	巴音敖包苏木、巴音珠日和苏木、白灵庙镇、白云矿区、查干敖包苏木、都荣敖包苏木、额尔登苏木、红格塔拉种羊场、新宝力格苏木	大苏吉乡、石宝乡、乌克忽洞乡、乌兰忽洞乡、西河乡、希拉穆仁苏木、小文公乡
乌兰察布市	四子王旗	白音敖包苏木、查干敖包苏木、吉尔格郎图苏木、脑木更苏木、卫井苏木	巴音朝克图苏木、白音花苏木、洪格尔苏木、王府苏木、乌兰哈达苏木	大黑河乡、大井坡乡、东八号乡、供济堂乡、忽鸡图乡、活福滩乡、吉生太乡、巨巾号乡、库伦图乡、乌兰花乡、西河子乡
	察右中旗			巴音镇、大滩乡、德胜乡、广益隆乡、宏盘乡、黄羊城乡、科布尔镇、库伦乡、米粮局乡、三道沟乡、铁沙盖乡、头号乡、土城子乡、乌兰苏木、乌素图乡、五号乡、义发泉乡、元山子乡
	察右后旗			阿贵图乡、八号地乡、白音查干乡、贲红乡、大六号乡、当郎忽洞乡、哈彦忽洞乡、韩勿拉乡、红格尔图乡、石门口乡、石窑沟乡、土牧尔台乡、乌兰哈达乡、锡勒苏木
巴彦淖尔市	乌拉特中旗	巴音杭盖苏木、巴音苏木、川井苏木、桑根达来苏木、石哈河镇	巴音哈太苏木、海流图镇、呼鲁斯太苏木、同和太牧场、温更镇、新葱热苏木	宠丰乡、德岭山乡、石哈河镇、石兰计乡、乌加河乡、乌梁素太乡
	乌拉特后旗	巴音戈壁苏木、巴音前达门苏木、宝音图苏木、海力素苏木、乌力吉苏木	那仁宝力格苏木、赛乌苏镇	巴音布拉格镇、呼和温都尔镇、乌根高勒格镇

是恢复荒漠草原植被，控制土地沙化。

（三）农牧综合治理区

本区紧邻阴山山脉，是阴山山地向蒙古高原过渡的低山丘陵地带，属于内蒙古自治区生态最为脆弱的地区，是典型的农牧交错区，农田面积较大，林草资源缺乏，水土流失严重。也是贫困人口最为集中的地区，区域生态赤字较大。本区生态经济协调性最差，生态效率一般。区域生态主导功能是进行农田综合治理，辅助培育森林资源，涵养水源，保护生态系统。

第二节　建设布局

一、荒漠草原生态建设区

（一）区域特点

本区土地面积50173.8平方千米。土地退化严重，退化面积比例高达95.3%，其中，受严重风蚀的粗沙砾质退化土地占比达到总面积的64.7%，生态系统脆弱。主要植被为荒漠草原，森林植被占比很小，而且其中主要还是灌丛，覆盖度偏低，水土保持作用有限。

（二）主要问题

1. 生态压力大

由于长期以来牧区存在过牧和其他破坏草原的生产经营行为，本区长期生态赤字，生态经济协调不理想，生态效率低。造成本区生态赤字较大的原因是长期的过牧状态，需要从宏观上控制载畜量。

2. 土地退化严重

各类沙化土地和退化土地47819.0平方千米，其中，露沙地和有明显趋势的土地32445.7平方千米，退化严重，制约了社会经济的发展。广大牧民的生产生活受到严重影响。牲畜的放养数量较大、草地利用率超过90%等是区域荒漠草原退化的重要原因之一。

（三）建设重点

转变畜牧业生产方式，实行禁牧休牧，推行舍饲圈养，以草定畜，严格控制载畜量。加大退牧还草力度，恢复草原植被；对主要沙尘源区实行封禁管理。继续实施京津风沙源治理、公益林保护、退耕还林、湿地恢复和野生动植物保护，提高草地和林地质量，控制水土流失。加快发展生态旅游产业，加强基础设施和公共服务设施建设，实施生态移民。按资源条件分类设立禁止开发区域。

二、草畜平衡治理区

（一）区域特点

本区介于阴山北麓农牧交错区与蒙古高原干旱荒漠草原之间，属于草原牧业相对较好的区域，但是，由于人口逐年增多，生态压力逐渐加大。退化土地面积达到了22524.4平方千米，占本区国土面积的84.4%。本区植被以草地为主，面积20188.7平方千米，占区域面积的76.6%；有林地稀少，只有129.2平方千米，加上1250.6平方千米的灌木林地，仅占区域面积的5.2%。

（二）主要问题

1. 土地退化面积大

土地退化总面积22523.7平方千米，占区域土地总面积的85.4%。其中，流动沙地就有370.8平方千米，有明显沙化趋势的土地16560.1平方千米，露沙地4143.6平方千米。

2. 水源涵养能力低

本区以干旱草原为主要特点，森林稀少，质量不高，单位面积蓄积量和郁闭度都不高，其水源涵养功能较弱。由于不合理的开发利用，导致湿地面积减少，水量减少，进一步导致湿地抵御洪水、调节径流、蓄洪防旱的功能大大降低。

（三）建设重点

转变畜牧业生产方式，实行禁牧休牧，推行舍饲圈养。继续实施京津风沙源治理、公益林管护、退耕还林等工程建设，加快农田综合治理和林草植被恢复。加强耕地水土流失综合治理，加强对河流与地下水使用的宏观规划和管理，合理开发利用水土资源，按资源条件分类设立禁止开发区域。

三、农牧综合治理区

本区面积20399.7平方千米，草地6999.4平方千米，农田4395.7平方千米，有林地492.0平方千米，灌木林地3568.5平方千米，分别占本区总面积的34.3%、21.5%、2.4%和17.5%，是近代传统的农牧交错区，地貌属于阴山山地向蒙古高原过渡的低山丘陵地带，农田面积较大，林草资源缺乏，水土流失严重。

（二）主要问题

1. 土地退化面积大

区内退化土地总面积9203.1平方千米，其中，有明显沙化趋势的土地占8485.5平方千米，占比高达41.6%，其特点是表层为粗沙砾，一旦破坏，植被很难恢复。

2. 水土流失严重

水土流失面积大，其中，中度以上497.7平方千米，还有8485.5平方千米的土地表面已经被侵蚀为以粗沙砾物质为主的土地，生态系统极度脆弱。

（三）建设重点

转变农业和畜牧业生产方式，加强农业集约化经营和退耕还林，实行禁牧休牧，推行舍饲圈养。继续实施京津风沙源治理、公益林管护、退耕还林、湿地恢复和野生动植物保护等工程建设，促进农业生产模式和结构改革，加快林草植被资源培育和湿地资源恢复，控制水土流失。加强对水资源的规划和管理。加快发展生态观光农业，有机农业和林下经济、生态旅游等特色产业，加强基础设施和公共服务设施建设。

第四章　主要建设内容

第一节　生态建设

一、保护和建设荒漠生态系统

通过适度封禁封育管理，使破坏严重的荒漠草原休养生息，结合造林种草、合理调配生态用水，增加林草植被；通过设置沙障、草方格、砾石压砂等措施固定流动和半流动沙丘。对生态区位重要、人工难以治理的沙化土地实施封禁保护。加强封禁设施建设，禁止滥樵、滥采、滥牧，促进荒漠植被自然修复，遏制沙化扩展。适度发展集约化沙产业。

主要任务：2015年，治理沙化土地5万公顷，封禁保护沙化土地0.5万公顷；2016～2020年，治理沙化土地8万公顷，封禁保护沙化土地2万公顷。在实现生态建设的过程中，要强化自然修复，因地制宜，划定沙化土地封禁保护区域，加强封禁管护设施和封禁监测监管能力建设，减少人为干扰。

二、保护和恢复草原生态系统

强化草原承载平衡，加强草地保护和合理利用，转变畜牧业生产方式，实行禁牧休牧，推行舍饲圈养，以草定畜，严格控制载畜量。加大退牧还草力度，恢复草原植被。通过建设围栏、补播改良、人工种草、土壤改良等措施，加快"三化"草地治理。对于草畜矛盾严重的县（区）通过实施退耕还草、天然草地改良为人工饲草，解决舍饲养殖饲料不足的矛盾。强化草原火灾、生物灾害和寒潮冰雪灾害等防控。完善草原生态保护补助奖励机制，提供补助和奖励标准。

主要任务：2015年，人工种草8万公顷，飞播牧草5万公顷，基本草场建设6万公顷，草种基地建设1万公顷。2016～2020年，人工种草10万公顷，飞播牧草6万公顷，基本草场建设5万公顷，草种基地建设0.2万公顷。

三、保护和恢复农业生态系统

实施保护性耕作，推广免（少）耕播种、深松及病虫草害综合控制技术。强化农田生态保育，加大退化农田改良和修复力度，优化种植制度和方式。推广节水灌溉，逐步退还生态用水，增强农田抗御风蚀和截土蓄水能力。

主要任务是：2015年，实施保护性耕作面积6万公顷以上，保育农田5万公顷。2016～2020年，实施保护性耕作面积10万公顷，保育农田10万公顷。

专栏 18-1　生态建设重点工程

01　退化草地治理
　　继续落实草原生态保护补助奖励机制政策。对区域内生态脆弱、生存环境恶劣、草场严重退化、不宜放牧的重度退化草地划定禁牧区域实施禁牧封育，禁牧周期5年，期满后根据草场生态功能恢复情况，继续实施封禁或转入草畜平衡管理；对区域内中度退化草地实施休牧、轮牧等草畜平衡制度；退化草地治理率提高至85%。

02　沙化草地治理
　　采取围栏封育、免耕播种牧草、草产业基地和小型牧区水利配套设施建设等措施进行治理；沙化草地治理率提高至80%。

03　退耕地还草还林和草地改良工程
　　对迁出居民点内的耕地进行还林还草。坡度在15度以上的坡耕地全部退耕还林，对80%的林缘区弃耕地和关井压田退下的撂荒地进行治理，实施还草还林和草地改良，促进地表植被恢复。

04　坡耕地专项治理工程
　　实施保护性耕作，推广免（少）耕播种、深松及病虫草害综合控制技术，坡度在15度以下的缓坡耕地可实施"坡改梯"工程，增强农田抗御风蚀和截土蓄水能力。

05　草原病虫鼠害防治工程
　　加强对病虫鼠害草地的综合防治，综合治理率提高至60%。

第二节　荒漠化综合治理

以小流域为单元，采取封禁保护与人工促进相结合的综合治理，合理配置生物、工程和农牧业技术措施，形成有效的水土流失综合防护体系。

继续推进沙化土地封禁保护区建设。依据国家、省（自治区）有关法律法规以及防沙治沙规划，对规划期内不具备治理条件的以及因保护生态的需要不宜开发利用的连片沙化土地，加快划建沙化土地封禁保护区，实行封禁保护，禁止一切破坏植被的活动。

禁止在沙化土地封禁保护区范围内安置移民。未经国务院或者国务院指定的部门同意，不得在沙化土地封禁保护区范围内开展修建铁路、公路等建设活动。对沙化土地封禁保护区范围内的农牧民，县级以上地方人民政府应当有计划地组织迁出，并妥善安置。

加强预防监督，实行水土保持方案限批、缓批制度，强化监督管理，落实水土保持设施与主体工程同时设计、同时施工、同时投产使用的制度。建立水土保持监测与信息系统，提高水土保持动态监测和管理能力。

主要任务：2015年，重点荒漠化综合治理5万公顷。2016～2020年，重点荒漠化综合治理8万平方千米。

专栏 18-2　荒漠化防治重点工程

01　水土流失综合治理工程
以小流域综合治理为主，修建拦沙坝、谷坊和截水沟，开展坡面水系建设和生态修复，蓄水保土，推进清洁小流域试点示范建设。

02　防风固沙工程
加大对沙化土地的综合治理，结合三北防护林体系建设工程，在乌拉特中期、后期等县北部营建防沙林带，在达茂旗外围实施沙化土地锁边工程；继续推进沙化土地封禁保护试点示范工程。

03　人工造林
采取人工造林与抚育措施，对荒山实施环境综合治理，促进植被生长，减少水土流失。

04　农田生态保育工程
开展农田质量建设和退化农田改良，配套建设排灌沟渠、蓄水池窖，优化种植制度和方式，强化涵养水源和控制沙化等生态功能。

05　生态脆弱流域治理工程
对阴山北麓生态脆弱流域实施生态综合治理，以灌区节水改造和干流河道治理为重点，强化水资源管理和统一调度。

06　沙化土地封禁保护区
继续推进封禁保护区建设。对规划期内不具备治理条件的以及因保护生态的需要不宜开发利用的连片沙化土地，加快划建沙化土地封禁保护区，实行封禁保护，禁止一切破坏植被的活动。

第三节　生态多样性保护

一、资源调查

本区是我国西部典型的生态脆弱地区之一。但存在生态资源普查工作滞后，资源底数不清的情况。开展生态系统相关调查，如野生动植物资源全面而详细的调查、分类、统计工作，建立野生动植物资源分布现状数据库，为进一步搞好生态系统保护、防止土地沙化进一步加剧、合理开展防沙治沙工作提供科学依据。

二、禁止开发区域划建

（一）自然保护区

继续推进国家级自然保护区建设，对保护空缺的典型自然生态系统和极小种群野生植物、极度濒危野生动物以及高原土著鱼类及栖息地，加快划建自然保护区。

进一步界定自然保护区中核心区、缓冲区、实验区范围。在界定范围的基础上，结合禁止开发区域人口转移的要求，对管护人员实行定编。依据国家、省（区）有关法律法规以及自然保护区规划，按核心区、缓冲区、实验区分类管理。

（二）沙漠公园

加快沙漠公园建设。沙漠公园建设是国家生态建设的重要组成部分。沙漠公园内除必要的保护和附属设施外，禁止其他任何生产建设活动。按照沙漠公园总体规划确定的范围进行标桩定界，禁止擅自占用、征用国家沙漠公园的土地。鼓励公民、法人和其他组织捐资或者志愿参与沙漠公园建设和保护工作。严格执行分区管理。根据实际情况和社会经济发展需求逐步开展国家沙漠公园试点建设。

专栏 18-3　生态系统保护和防沙治沙重点工程
01　自然保护区建设工程 　　完善自然保护区保护设施建设，国家级自然保护区由 1 个增加到 2 个。以河流湿地和荒漠植被为核心，新建 3 个自治区级自然保护区，积极开展珍稀物种和生态系统监测，促进生态系统演替。
02　沙漠公园、森林公园、风景名胜区、地质公园建设 　　加强管理，控制建设内容与规模，形成自然保护区空缺地带生态系统保护的网络体系；新建国家沙漠公园 3 处，加强国家沙漠公园建设与管理。
03　生态资源调查 　　开展生态资源调查，为保护脆弱生态系统提供科学依据。

第四节　生态扶贫建设

一、生态扶贫

根据不同的自然地理和气候条件，坚持因地制宜、突出特色、科学经营、持续利用原则，充分发挥区域良好的生态状况和丰富的资源优势，发展生态旅游、特色经济林、林下经济、设施农业和生态牧业，建设产业基地，并带动种苗等相关产业发展；大力提高沙棘、山杏、花卉、山野珍品生产加工能力，延长产业链条，提高农牧民收入。积极发展生物质能源，加大农林业剩余物的开发利用，发展生态循环经济。积极探索建立起较为灵活的投融资及经营机制，不断扩大提高外来资金利用规模与水平，助推特色生态产业快速发展，帮助农牧民脱贫致富。

主要任务：2015年，建设生态产业基地1万公顷；2016～2020年，建设生态产业基地2万公顷。

二、技能培训

结合京津风沙源工程和国家级公益林工程，针对农牧民就业开展技能培训，在每户农民中至少有1人掌握1门产业开发技能（牧业、农业或林业）。

针对管理人员和专业技术人员开展培训，每个管理人员和专业技术人员要熟悉规划涉及的各生态工程的建设内容、技术路线，以及管理等方面的内容。

主要任务：2015年，培训农牧民0.3万人次，管理人员200人次，技术人员200人次；2016～2020年，培训农牧民2万人次，管理人员500人次，技术人员800人次。

三、人口易地安置

与国家扶贫攻坚规划相衔接，对区域内生存条件恶劣地区生态难民实行易地扶贫安置。对新建和续建自然保护区核心区和缓冲区内长期居住的农牧民实行易地安置。

易地安置的农牧民以集中安置为主，安置到条件较好的乡（镇），根据当地的实际情况，发展特色优势产业，同时鼓励富余劳动力外出务工，从事第二、三产业，增加收入，使易地搬迁达到"搬得出，稳得住，能致富"的目标，实现区域经济社会的可持续发展。

第五节　基本公共服务体系建设

一、防灾减灾

（一）草原（森林）防火体系建设

大力提高森林、草原防火装备水平，进一步加强防火道路、物资储备库等基础设施建设，增强防火预警、阻隔、应急处理和扑灭能力，实现火灾防控现代化、管理工作规范化、队伍建设专业化，形成较完整的森林、草原火灾防扑体系。

（二）草原（森林）有害生物防治

重点开展有害生物监测预警、检疫、防控体系基础设施建设，加强外来物种防范，建设有害生物防治示范基地，集中购置应急物资，开展联防联治，全面提高区域有害生物防灾减灾能力，有效遏制有害生物的发生。

（三）气象减灾

完善无人生态气象观测站和土壤水分观测站布局，合理配置新型增雨（雪）灭火一体火箭作业系统，改扩建人工增雨（雪）标准化作业点，提高气象条件修复生态能力。

（四）野生动物疫源疫病防控体系建设

建立野生动物疫病监测预警、预防控制、防疫检疫监督以及防疫技术支撑和物资保障系统，形成上下贯通、横向协调、有效运转、保障有力的野生动物防疫体系，明显提高重大野生动物疫病的预防、控制和扑灭能力。

二、基础设施

完善农牧区交通设施，把牧区道路纳入国家和地方交通建设规划。加快电网改造，完善饮水、供热和污水垃圾处理设施，提高通讯设施水平，加强生态管理管护用房建设，并配备必要的巡护器具、车辆，全面提高草场资源管护能力。

加强牲畜暖棚、贮草棚、青贮窖和饲料机械等畜牧业基础设施建设；结合新农村建设，帮助游牧民尽快实现定居；结合游牧民定居点建设，配套解决人畜饮水问题。

主要任务：2015年，暖棚65万平方米，饲料机械0.6万台/套，贮草棚3万平方米，青贮窖16万立方米。2016～2020年，暖棚50万平方米，饲料机械2万台/套，贮草棚10万平方米，青贮窖20万立方米。

第六节　生态监管

一、生态监测管理系统

以现有监测台（站）为基础，合理布局、补充监测站点，采用卫星遥感、地面调查和定点观测相结合的办法，制定统一的生态监测标准与规范，对森林资源、草地资源、湿地资源和生态系统等进行动态监测，形成区域生态系统监测网。建立信息共享平台，制定监测数据的定期上报制度，重大生态问题及时上报，定期发布生态保护报告。建立生态功能评估体系，定期、系统评价生态功能，开展生态预警评估和风险评估。

二、空间管制与引导

全面落实《全国主体功能区规划》提出的主体功能定位要求，在禁止开发区域内，实行强制性保护；在限制开发区内，实行全面保护。

落实草地保护建设区、农田综合治理区和森林保护治理区的建设重点，划定并严守区域生态红线，确保现有草地、天然林和湿地面积不能减少，并逐步扩大。严禁改变生态用地用途，人类活动占用的空间控制在目前水平，形成"点状开发、面上保护"空间格局。

生态产业只在适宜区域建设，发展不影响生态系统功能的特色产业。草地保护建设区适度发展生态牧业、特色药材、生态旅游等生态产业。农田综合治理区，结合退耕还林、水土流失综合治理和农业产业结构调整，发展设施农业、花卉、生态旅游等生态产业。森林保护治理区适度发展林下经济、特色经济林、生态旅游等生态产业。

结合新农村建设和游牧民定居，每个县重点建设1~2个重点城镇，建设成为易地保护搬迁和易地扶贫搬迁人口的集中安置点、特色产业发展集中点、游客集散地和基本生活服务集聚点，以减轻人口对区域生态的压力。

三、生态监测评估方法

实行生态保护优先的绩效评价，强化对防沙治沙能力及区域生态系统保护能力的评价，考核指标包括生态用地占比、森林覆盖率、森林蓄积量、草原植被覆盖度、草畜平衡、沙化土地治理率、自然保护区面积等指标。

本区包含的禁止开发区域，要按照保护对象确定评价内容，强化对自然文化资源原真性和完整性保护情况的评价，包括依法管理的情况、保护对象完好程度以及保护目标实现情况等。

第五章　政策措施

第一节　政策需求

一、生态补偿补助政策

生态补偿政策涉及公共管理的各个层面和各个领域，我国生态补偿政策很不完善，生态系统服务功能的价值没有得到应有的重视，现有的资源法和环境保护法缺乏对生态补偿的明确规定，生态税费制度尚未建立，扶贫工作与生态补偿脱节，为此需加强以下几方面工作：

（1）稳定和完善草原承包经营制度，基本完成草原确权和承包工作。落实和完善国家草原生态保护补助奖励机制，扩大草原生态功能区的补偿范围，提高补偿标准，提高农牧民生态保护的积极性和生活水平。

（2）进一步完善湿地和森林生态效益补偿制度。按照《中共中央、国务院关于2009年促进农业稳定发展农民持续增收的若干意见》的精神，在中央财政湿地生态效益补偿试点政策的基础上，扩大补助范围，提高补助标准，逐步建立湿地生态效益补偿制度。

（3）建立和完善碳汇补偿机制试点。优先将区域内的林地和草地碳汇、可再生能源开发利用等纳入碳排放权交易试点。

（4）加强国际合作。与世界银行、世界自然基金会等国际组织在生态保护、扶贫发展、公众参与和生态补偿方面展开合作。改进合作方式，丰富合作内容，建立部门联系、上下联动的综合生态补偿机制。

二、生态移民配套扶持政策

首先应由有关部门成立配套工作领导小组，负责生态移民后续扶持服务协调工作。

（1）组建基层党组织和日常管理机构，做好安置区的日常事务管理，积极协调有关部门做好生态移民工程后续扶持引导及管理工作，保证安置点水、电、路能长期正常使用。

（2）出台草地流转与转换的相关政策，涉及农用地转为建设用地的，应依法办理农用地专用审批手续。减免搬迁过程中产生的税费。

（3）优先对移民户进行产业扶持和开展产业发展培训，组织生态移民在集贸市场从事经营活动；为生态移民安排职业技能培训、就业指导、就业推荐和生产、生活常识培训。

（4）做好生态移民的养老保险、工伤保险、失业保险、户口迁移、居住证办理等工作。

（5）协调金融部门做好生产资金融资，为符合条件的移民户优先办理生产贷款。

（6）做好生态移民安置点周围的规划和管理，保障生态移民在医疗保健和子女入学等方面均享有同当地居民一样的待遇。

三、重点生态功能区转移支付政策

在明确阴山北麓主体生态功能的基础上，对当地生态建设现状和工程需求进行全盘分析，确定合理的工程内容和布局，提高地区生态工程设置与草原生态功能保护的相关性，将地方级自然保护区和国有林业局纳入国家重点生态功能区转移支付资金分配范围，确保重点生态功能区转移支付资金使用的有效性。同时配套与工程实施效果挂钩的考核体系，提高资金使用的规范性。根据草原生态功能区生态保护与建设的需要，建立转移支付标准调整机制，加大转移支付力度。

第二节　保障措施

一、法律保障

（一）严格执行法律法规

桂黔滇喀斯特石漠化主体功能区的保护管理工作必须严格执行《中华人民共和国森林法》《中华人民共和国森林法实施条例》《中华人民共和国草原法》《中华人民共和国草原法实施条例》《中华人民共和国环境保护法》《中华人民共和国土地管理法》《中华人民共和国野生动物保护法》《中华人民共和国自然保护区条例》《国家级公益林管理办法》《国家重点生态功能区转移支付办法》及地方各相关法规条例等。普及法律知识，增强法律意识，不断提高执法部门的执法水平和广大干部群众的法制观念。

（二）严格依法建设

建设项目征占用林地、草地、湿地与水域，要强化法制观念，依法补偿到位。加大对砍伐林木、滥垦草地等各类犯罪的打击力度，加强生态监管和执法，依法惩处各类破坏资源的行为，污染环境的行为，努力为生态保护与建设创造良好的社会环境。

二、组织保障

对重点生态功能区的生态功能及其保护状况定期组织评估和考核，并公布结果。考核结果纳入功能区所在地领导干部任期考核目标，对任期内生态功能严重退化的，要追究其领导责任；对造成生态功能破坏的项目，要追究项目法人的责任。

加强部门协调，根据各地区不同的重点生态功能定位，把推进形成重点生态功能主要目标的完成情况，纳入对地方党政领导班子和领导干部的综合评价考核结果，作为地方党政领导班子调整和领导干部选拔任用、培训教育、奖励惩戒的重要依据。

三、资金保障

改进和调整现有的财政与金融措施。按建立公共财政的要求，将重点生态功能区生态保护和建设资金列入财政预算，统筹安排，随着经济增长，每年按一定比例增长。对区域内国家支持建设的项目，适当提高中央政府的补助比例。

引入市场机制，积极吸引国内外社会资金。通过政策引导和机制创新，制定一系列优惠政策，动员全社会力量，实行政府、集体和个人相结合的政策，鼓励多方投资，以效益吸引投资，多渠道增加区域内生态保护和建设的投入，提高资金使用效益，确保各项工程建设任务得以实施和落实。

利用税收政策促进生态功能区保护与建设。按照税费改革总体部署，积极稳妥地推进生态环境方面的税费改革，逐步完善税制，进一步增强税收对节约资源和保护环境的宏观调控功能。

四、科技保障

强化科技支撑。围绕影响重点生态功能区主导生态功能发挥的自然、经济和社会因素，深入开展基础理论和应用技术研究。吸引国内外科研单位、机构和组织参与生态建设和特色经济发展关键技术和模式的研究，提高科技含量，加快成果转化。促进科研与生产紧密结合，开展前瞻性和预见性的科学研究和技术储备。

加强实用技术推广。围绕生态保护与建设的重大问题和关键技术，积极筛选并推广适宜不同类型生态系统保护和建设的技术，成立专家小组，组织科技攻关，制定各类工程技术规范。有计划地建立一批科技示范区和示范点，通过示范来促进成功治理模式和技术的推广应用。积极开展多层次和多形式的培训，提高治理者素质，加强国际交流和合作，引进和推广国外相关先进技术。

建立健全专家咨询机制。建立国内外知名专家学者组成的咨询机构——阴山北麓草原生态功能区建设专家咨询委员会；充分发挥本地人才优势，建立一个专家顾问班子，为生态功能区保护和建设出谋划策。

请进来、送出去，培训一支本土化科技队伍。着力培养本地技术力量，采用请进来、送出去的办法对治理者进行培训。可以请专家来讲学、讲课、讲座，也可以把培养对象送到省内外和国外去培训，全方位有序地培训高级、中级、初级人才，建立一支本土化的生态建设科技队伍。

不断提高环境管理的科技含量，建立环境质量和重点污染源的自动监控系统，建立环境突发事件的预警、预报和应急处理系统，建立健全环境宣传教育网络体系。

建立生态环境信息网络。利用3S技术和网络等技术建立生态环境信息网络，加强生态环境数据的收集和分析，及时动态跟踪环境变化趋势，实现监测资料与信息资源共享，不断提高生态环境动态监测和跟踪水平，为重点功能区生态保护与建设提供科学化信息决策支持。

五、考核体系

（一）加强生态监管，保护生态资产

加大对森林、草地、湿地等生态系统退化草场的治理力度，强化生态监测体系和技术规范建设。建立规划和工程中期评估机制，对规划和工程实施情况进行跟踪评价和调整。运用市场机制在政府和用地单位之间孵化一批生态环境监管产业，负责检测、监督和管理各单位对草原等生态资产和服务功能的占用、影响、破坏和建设行为，并进行年度生态审计，设立奖罚制度，建设生态监管体系和信息平台。

（二）建立工程档案，落实管护责任

要建立工程特别是重点工程档案，动态跟踪工程建设进度、质量和资金使用情况，并开展定期评估工作。根据工程评估情况，进行适时科学的合理调整，制定和完善工程建设项目的任务和政策，确保工程质量和效益。

（三）落实项目管理责任制

要把规划的每一项任务都具体落实，责任到部门、区、县、乡、镇和村，并定期检查问责。完善工程检查、评估、验收、监督和审计制度，严格按规划立项，按项目管理，按设计施工，按标准验收。工程建设实行项目法人制，建设过程实行监理制，资金管理实行报账制。

（四）建立和完善公众参与制度，让人民充分行使环境权

公众参与是生态功能区保护和建设的根本保证，使群众享有环境信息的知情权、环境保护和生态建设决策的参与权、对环境违法行为和执法部门不作为的监督权。完善公共参与制度，开展公示评议活动，对生态功能区保护和建设重点工程实施情况、目标完成情况定期公示，以便公众监督。

（五）加大宣传教育力度，建立全社会参与机制

要在广大群众中广泛开展科学的资源观、消费观、发展观及生态伦理道德教育，提高全社会的生态环境意识。严肃查处环境违法案件，要通过电视、报刊、电台、网络等多种形式宣传生态保护与建设的重要性和深远意义，用通俗的语言、群众接受和欢迎的方式加强宣传，扩大影响。

（六）建立长效管理机制

建立一套完整可行的环境保护和生态文明建设的管理绩效和考核体系，并实行任期问责制。积极探索承包、租赁、使用权流转、合作经营等方式，落实管护责任。坚持"谁治理、谁管护、谁受益"的政策，将管护任务承包到户和人，将责、权、利紧密结合，调动农民群众参与生态建设的积极性。建立产业扶持、技术援助、人才支持和就业培训等长效管理机制。

附表

阴山北麓草原生态功能区禁止开发区域名录

序号	名　称	行政区域	面积（公顷）
自然保护区			
1	乌拉特梭梭林——蒙古野驴国家级自然保护区	乌拉特中旗、乌拉特后旗	131900
2	脑木更第三系剖面遗迹自治区级自然保护区	四子王旗	10410
3	四子王旗哺乳动物地质遗迹自治区级自然保护区	四子王旗	48
4	巴音杭盖自治区级自然保护区	达尔罕茂明安联合旗	49650
5	阿尔其山叉子圆柏自治区级自然保护区	乌拉特中旗	14787
6	巴彦满都呼恐龙化石自治区级自然保护区	乌拉特后旗	3249
7	察右后旗天鹅湖盟市级自然保护区	察哈尔右翼后旗	2400
8	乌拉哈达3号火山锥旗县级自然保护区	察哈尔右翼后旗	155
9	红格尔敖德其沟旗县级自然保护区	四子王旗	1000
10	乌兰哈达地质遗迹旗县级自然保护区	四子王旗	1500
地质公园			
11	四子王旗自治区级地质公园	四子王旗	47250
风景名胜区			
12	希拉穆仁自治区级风景名胜区	达尔罕茂明安联合旗	71000
13	辉腾锡勒自治区级风景名胜区	察哈尔右翼中旗	20000
封禁保护区			
14	乌拉特后旗沙化土地封禁保护区	乌拉特后旗	1072000
合计			1425349

第十九篇

川滇

森林和生物多样性生态功能区
生态保护与建设规划

第一章 规划背景

第一节 区域概况

一、规划范围

川滇森林和生物多样性生态功能区位于四川省和云南省，行政区域包括四川省34个县和云南省13个县。总面积303767平方千米，总人口547.8万人（数据来源于《中华人民共和国行政区划简册2014》）。详见表19-1。

表 19-1　规划范围表

省	县
四川省	天全县、宝兴县、小金县、康定县、泸定县、丹巴县、雅江县、道孚县、稻城县、得荣县、盐源县、木里藏族自治县、汶川县、北川县、茂县、理县、平武县、九龙县、炉霍县、甘孜县、新龙县、德格县、白玉县、石渠县、色达县、理塘县、巴塘县、乡城县、马尔康县、壤塘县、金川县、黑水县、松潘县、九寨沟县
云南省	香格里拉县（不包括建塘镇）、玉龙纳西族自治县、福贡县、贡山独龙族怒族自治县、兰坪白族普米族自治县、维西傈僳族自治县、勐海县、勐腊县、德钦县、泸水县（不包括六库镇）、剑川县、金平苗族瑶族傣族自治县、屏边苗族自治县

二、自然条件

（一）地质地貌

川滇森林和生物多样性生态功能区位于中国地势第二级阶梯与第一级阶梯交界处——横断山脉，是中国第一、第二阶梯的分界线。山岭海拔多在4000～5000米，岭谷高差一般在1000米以上，山高谷深。总地势北高南低，大雪山主峰贡嘎山海拔7556米，为功能区内最高峰。山岭褶皱紧密，断层成束，怒江、澜沧江、金沙江、元江、大渡河、安宁河、雅砻江等许多河流都沿深大断裂发育。各条断裂带在第四纪都有活动。山间盆地、湖泊众多，古冰川侵蚀与堆积地貌广布，现代冰川作用显著，重力地质作用如山崩、滑坡和泥石流屡见。同时，地震频繁，是中国主要地震带之一，著名的鲜水河、安宁河和小江等地震带都分布于本区。

（二）气候水文

功能区受高空西风环流、印度洋和太平洋季风环流的影响，冬干夏雨，干湿季非常明显，一般5月中旬至10月中旬为湿季，降水量占全年的85%以上，不少地区超过90%，且主要集中于6月、7月、8月三个月；从10月中旬至翌年5月中旬为干季，降雨少，日照长，蒸发大、空气干燥。气候有明显的垂直变化，高原面年均温14～16℃，最冷月6～9℃，谷地年均温可达20℃以上。南北走向的山体屏障了西部水汽的进入，如高黎贡山东坡年降水量903毫米左右、年均相对湿度70%，西坡则分别为2595毫米左右、年均相对湿度83%。

区内水系属长江流域金沙江水系、长江流域岷江水系、湄公河流域澜沧江水系以及怒江水系。金沙江、澜沧江和怒江三江并行奔流170多千米，穿越担当力卡山、高黎贡山、怒山和云岭等崇山峻岭之间，形成世界上罕见的"江水并流而不交汇"的奇特自然地理景观，且由于地处东亚、南亚和青藏高原三大地理区域的交汇处，是世界上罕见的高山地貌及其演化的代表地区，也是世界上生物物种最丰富的地区之一。

（三）土壤植被

功能区内植被和土壤类型水平分布明显，从东南到西北依次为热带雨林、季雨林-红壤带；亚热带常绿阔叶林-红壤黄壤带；暖温带、温带针阔叶林-褐色土、棕壤带；寒温带亚高山森林草甸-暗棕壤和亚高山草甸土带。

植被和土壤类型垂直分布也十分明显，海拔1000～2400米山地为亚热带常绿阔叶林-黄红壤、黄棕壤带，并有茶、油桐、核桃、板栗等经济林木；海拔2400～2800米山地为暖温带针阔叶混交林-棕壤带；海拔2800～3500米山地为温带、寒温带暗针叶林-暗棕壤、漂灰土带，主要分布有高山松林、云南松林、云杉林；海拔3500～4400米为亚高山亚寒带灌丛草甸-亚高山草甸土、高山草甸土带，主要分布有高山灌丛、草甸，并有冷杉林、红杉林和云杉林；海拔4400～4900为高山寒带流石滩植被-寒漠土带；海拔4900米以上为极高山永久冰雪带。

三、自然资源

（一）土地资源

土地总面积中，林地1428.5万公顷，占47.03%；耕地196.2万公顷，占6.46%；草地1041.0万公顷，占34.3%；湿地87.8万公顷，占2.9%。林地、草地和湿地是本区生态系统服务功能的主要载体。

（二）森林资源

林地面积中，森林1333.9万公顷，疏林地19.7万公顷，灌木林地305.7万公顷，未成林造林地16.4万公顷，无立木林地4.2万公顷，森林蓄积量8.9亿立方米，森林覆盖率43.9%。植被类型丰富多样且保存相对完整，山地森林生态系统垂直带发育十分完整，占四川和云南主要森林类型的2/3以上。

（三）草地资源

本区拥有草地1041万公顷，占功能区总面积的34.3%，其中可利用草地面积470万公顷。草地类型以高山、亚高山草甸草地为主，草地饲用植物以禾本科牧草为主，菊科、莎草科等杂类草次之，豆科牧草较少。是全国五大牧区之一的川西北牧区的重要组成部分。

（四）水资源

区内水系属长江流域金沙江水系和岷江水系、澜沧江水系以及怒江水系。金沙江流域广阔，支流众多，水量丰沛稳定，年际变化小，多年平均年径流量1498亿立方米；岷江干流全长711千米，流域面积5.9万平方千米，流域面积100平方千米以上的支流有320条；澜沧江是湄公河上游在中国境内的名称，是世界第六长河，亚洲第三长河，主干流总长度2139千米，流域径流以降水为主，地下水和融雪补给为辅，流域面积100平方千米以上的支流有138条，多年平均径流量740亿立方米；怒江从河源至入海口全长3240千米，总流域面积32.5万平方千米，径流总量约700亿立方米。

（五）湿地资源

本区湿地面积93.7万公顷。其中河流湿地18.9万公顷，湖泊湿地3.3万公顷，沼泽湿地64.8万公顷，人工湿地6.7万公顷。河流湿地面积、湖泊湿地面积、沼泽湿地面积分别占区域湿地总面积的20.2%、3.5%、69.2%，是我国高原河流湖泊与沼泽湿地景观分布最为集中，高原湿地最具代表性的地区之一。

（六）冰川资源

本区冰川为海洋性冰川，分布较为独立和零散，有雀儿山冰川区、沙鲁里山冰川区、大雪山冰川区、邛崃山冰川区和岷山冰川区以及玉龙雪山和云岭冰川区，冰川共有615条，面积760平方千米，雪宝顶和玉龙雪山分别是中国及亚洲冰川分布的最东和最南界限。

（七）野生动植物资源

本区野生动植物资源极为丰富。是中国乃至全世界生物多样性最丰富、最集中的地区之一，素有"植物王国""动物王国"之美誉。由于区域内最低点与最高点海拔高差达7700余米，有北半球南亚热带、中亚热带、北亚热带、暖温带、温带、寒温带和寒带等多种气候类型和生物群落，有10个植被型23个植被亚型90余个群系，有高等植物460余科2800余属18000余种，科、属、种的数量分别占中国的95%、73%、65%。其中列为国家重点保护的野生植物有望天树、版纳青梅、苏铁、藤枣、黑黄檀、滇南风吹楠、千果榄仁、四数木、合果木、大叶木兰、红椿、粗枝崖摩、桫椤等160种，占中国总数的63%。

动物兼具东洋界西南区、古北界青藏高原区和北方华北区等多种成分，有脊椎动物1900余种，占中国总数的63%，其中陆生脊椎动物1500余种。有大熊猫、滇金丝猴、黑金丝猴、白唇鹿、羚牛、印度野牛、亚洲象、长臂猿、小熊猫、班羚、林麝、马麝、水鹿、藏雪鸡、绿尾红雉、血雉、懒猴、白颊长臂猿、印支虎、犀鸟、绿孔雀、穿山甲、金猫、菲氏叶猴、小灵猫、灰头鹦鹉、鹰、兀鹫、白腹黑啄木鸟、金钱豹等220余种，占中国重点保护野生动物总数的66%。

四、社会经济

（一）少数民族聚居区

本区是多民族、多语言、多种宗教信仰和风俗习惯的地区。是少数民族聚居区，有阿昌族、白族、布朗族、布依族、藏族、傣族、德昂族、独龙族、哈尼族、回族、基诺族、景颇族、拉祜族、傈僳族、门巴族、蒙古族、苗族、纳西族、怒族、普米族、羌族、水族、瑶族、彝族、壮族、仡佬族、佤族、珞巴族等28个少数民族世居于此，多数地区人口密度低。

（二）我国贫困落后地区，农村和林牧区公共服务体系不完善

本区47个市（县）中有18个国家级贫困县，这些贫困县的财政收入以上级补助为主，如阿坝州黑水县2013年财政总收入6.7亿元，其中上级补助收入5.6亿元、占财政总收入的83.6%。农牧民年人均纯收入普遍低于全国平均水平。非农业人口174万人，农业人口214万人，城镇化率45%，低于全国平均城镇化水平（53.7%）。农村和林牧区路况较差，给排水、通讯等基础设施缺乏，教育、医疗和卫生等公共服务体系不完善，广大农牧民和林区职工的生产生活条件较差。

第二节　生态功能定位

一、主体功能

按照《全国主体功能区规划》，本区属生物多样性维护型重点生态功能区，主体

功能定位是珍稀濒危野生动植物基因库以及栖息地，长江、怒江和澜沧江重要的发源地，西南地区和华中地区的重要生态屏障，人与自然和谐相处、民族团结的生态文明示范区。

二、生态价值

（一）极为重要的物种基因库

区内植被具有古北植物区系、中亚区系、喜马拉雅区系和印度马来亚区系等多种成分，是我国三大特有物种起源和分化中心之一，是我国战略资源的核心组成部分，也是世界200个关键保护地区之一，素有"植物王国""动物王国"的美誉，是极为重要的物种基因库，对保护生物多样性、拯救珍稀濒危物种、开展科学研究意义十分重大。有高等植物460余科2800余属18000余种，科、属、种的数量分别占中国的95%、73%、65%。有乔杉、铁杉、连香树、水青树、珙桐、苏铁、杪椤、鸡毛松和树蕨等孑遗植物，特别是第三纪的古老植物种类如云杉属和冷杉属种类占我国一半以上。区内还有观赏植物2200多种、药用植物2000多种、用材树种200余种、饲用植物400余种、食用菌类70余种等。动物兼具东洋界西南区、古北界青藏高原区和北方华北区等多种成分，有脊椎动物1900余种，占中国总数的63%，其中陆生脊椎动物达1500余种，兽类、鸟类和鱼类约占中国总数一半以上。列为国家重点保护的野生动物有220种，占中国总数的66%。动物学家把功能区内北南延伸的山脉称之为南北动物区的走廊，是"哺乳动物祖先分化"的发源地。

（二）重要物种的栖息地

功能区地处东亚、南亚和青藏高原三大地理区域的交汇处，山势陡峭，峰谷南北相间排列，有着极为典型的高山峡谷自然地理垂直带景观和立体气候，是全世界迄今唯一保存有大片由湿润热带森林到寒温带森林过渡的区域，复杂的地形和生境，为大熊猫、滇金丝猴、亚洲象、羚牛、珙桐和杪椤等重要物种提供了重要的栖息地。截至2013年，本区共建立了国家级自然保护区17处，保护区域总面积达到332万公顷，约占功能区总面积的10%，其中卧龙、九寨沟、亚丁、高黎贡山和西双版纳5个国家级自然保护区是世界生物圈保护区网络成员，约占我国世界生物圈保护区网络成员总数的20%。

（三）长江、怒江和澜沧江重要的发源地

功能区森林覆盖率高达43.9%，由于山势陡峭、交通不便，人为干扰较少，保留有大面积的原始森林，森林植被有热带雨林、热带季雨林、亚热带常绿阔叶林、暖温带针阔混交林、温带针阔混交林、寒温带针叶林等多种类型，广袤的森林涵养了丰富的水源，是长江、怒江和澜沧江等河流重要的发源地。区内山岭海拔多在4000～5000

米，有冰川615条、760平方千米，是重要的水源补给地，为区域居民生产生活用水的重要保障。

（四）西南地区和华中地区的重要生态屏障

本区横断山脉是印度洋暖湿气流进入我国的通道，印度洋的暖湿气流被喜马拉雅山脉和冈底斯山脉两条东西向的高大山脉所阻挡，沿南北走向的横断山脉进入我国，给青藏高原东南地区带来丰沛雨水，进而对这里冰川发育、植物分布有重大影响。本区也是中国地势第二级阶梯与第一级阶梯交界处，是中国第一、第二阶梯的分界线，拥有极具代表性的森林、草原、草甸及湿地相间分布的生态系统，发挥着涵养水源、保持水土、调节气候、调洪蓄水等重要生态功能，对保障西南地区、华中地区以及长江流域、怒江流域和澜沧江流域生态安全具有无可替代的作用。

第三节　主要生态问题与原因

一、生物多样性受到威胁

功能区内野生动植物资源极为丰富，是全国乃至全球生物多样性最为丰富和集中的地区之一。自20世纪50年代起先后建立了17个国家级自然保护区，使区域内大熊猫、滇金丝猴、亚洲象、羚牛、雉类、雪莲等珍稀濒危动植物及其栖息地得到了有效保护。但一些区域仍存在森林、湿地、草原原生生态系统遭受不同程度破坏的现象，野生动物栖息环境被蚕食，大面积连续分布的栖息地被人为分隔成小面积不连续的栖息地斑块，栖息环境破碎化，导致一些珍稀濒危物种资源减少，生物多样性面临威胁。20世纪60～70年代在云南省西北部尚有孟加拉虎，现已基本灭绝。维西县是中国细叶莲瓣兰的原种地，近年来由于不合理采挖，目前也濒临灭绝。究其原因是多方面的，人为干扰破坏以及保护监管不够应是主要原因。伴随当地人口数量逐年增长，对资源需求也在急剧增加，而当地农牧民多聚（散）居在高寒山地及江河源头地区，生活贫困，并仍然沿袭刀耕火种、轮歇耕作等传统生产方式，过度开垦、放牧、采挖以及盗伐、狩猎等现象常有发生；同时区域内矿产等资源较丰富，对金、锂等矿产资源的过度开发，也导致森林被大量砍伐，野生动植物的原生生境遭到破坏。区域内多数县为贫困县，财政收入以财政转移支付为主，保护管理经费不足，保护管理和监测设施设备落后，对区域内珍稀濒危野生动植物种类、数量以及分布范围等本底资源情况也缺少全面的调查，保护管理和监测缺乏科学的依据。

二、地质灾害和次生地质灾害频发

功能区内地质地形条件十分复杂，常年气候变化剧烈，土壤侵蚀面积大、强度高，导致自然灾害发生频繁，灾害种类多，发生频率高。自然灾害主要有干旱、低温霜冻、暴雨洪涝、雪灾和地质灾害等。由于功能区处于亚欧板块交界处，地壳运动强烈，导致地表不稳定，滑坡、泥石流和地震等地质灾害发生频繁且危害大。20世纪90年代以来，川西和滇西北每年雨季和冬春降雪季节，都会诱发泥石流和滑坡，阻断公路等设施，淹没农田村庄，危及人畜安全，造成较大的经济损失。同时，受汶川"5·12"特大地震和芦山"4·20"强烈地震冲击，次生地质灾害点增多，生态十分脆弱，植被恢复难度大、造林成本高。

三、水土流失较为严重

本区山地面积约占总辖区面积的83.20%，坡度大于25度以上的陡坡地约占山地面积的一半，水土极易流失。特别是金沙江、岷江、大金川和白水江等干旱河谷地区，由于谷坡陡峻，植被稀疏，生态环境恶劣，洪涝、干旱频繁，水土流失十分严重，属国家级金沙江、岷江及三江并流水土保持重点预防区。目前，干旱河谷的干旱化、半荒漠化仍在继续发展和扩大。水土流失类型主要为水力侵蚀、冻融侵蚀和风力侵蚀。汶川"5·12"特大地震后水土流失面积达465万公顷，占阿坝藏族羌族自治州辖区面积的55%。

四、草原生态功能降低

20世纪70年代以来，随着自然、人为因素的影响，功能区草原生态遭到破坏，草原退化、沙化、荒漠化现象严重，草原生态系统功能下降，抵御各种自然灾害的能力减弱。据统计，"两化三害"草地总面积达200多万公顷，占可利用草原的51.9%，草原植被覆盖率由20世纪70年代的95%下降到现在的75%，草原功能退化严重。在草地利用方面，随着人口和牲畜的不断增长，依赖传统畜牧养殖为主的生产规模不断扩大，人、草、畜之间的矛盾日益突出，超载过牧严重。目前，草地超载率高达50%以上，掠夺式草原资源利用，使草原植被遭到毁灭性破坏的同时，生态环境进一步恶化。

第四节　生态保护和建设现状

一、生态工程建设

（一）林业生态工程

截至2013年底，功能区累计完成天然林资源保护、退耕还林、重点生态公益林补偿、中幼林抚育、自然保护区建设、湿地保护与恢复等重点生态工程200万公顷，生物多样性保护取得明显成效，水土流失面积呈下降趋势。

林业工程建设取得了巨大的成效，但工程建设投资普遍不足、投资偏低，森林防火、有害生物防治等设施设备，以及国家级自然保护区基础设施不完善，影响了工程生态效益的发挥。

（二）其他生态工程

草地生态建设。实施了天然草原退牧还草工程和草原生态保护补助奖励政策，草原植被盖度、牧草高度和产草量均有较大幅度提高，草畜矛盾趋缓。

水土流失治理。水利、国土等部门开展了小流域综合治理、水土保持综合治理、土地整理等项目。

石漠化综合治理。通过人工造林、封山育林、草地建设及相应的水利水保设施建设等措施，治理石漠化，促进当地经济发展。

从生态建设情况来看，普遍存在资金不足、污水和垃圾等处理设施不完善等问题。

二、国家重点生态功能区转移支付

2013年，生态功能区内47个县都有财政转移支付资金。资金来源主要为环境保护建设以及涉及民生的基本公共服务领域。从资金来源和使用上可以看出，财政转移支付资金用于生态保护和建设的比例偏低，且资金规模不能满足生态保护和建设的需要。

三、生态保护与建设总体态势

本区生态保护与建设的总体态势是：森林、草原、湿地等自然栖息地遭到破坏，地质灾害和次生灾害频发，水土流失较为严重，生物多样性受到威胁，生态保护和建设处于关键时期。

第二章 指导思想与原则目标

第一节 指导思想

全面贯彻党的十八大精神，深入学习贯彻习近平总书记系列重要讲话精神，根据《全国主体功能区规划》的功能定位和建设要求，以保护森林生态系统、草原生态系统、湿地生态系统、珍稀濒危野生动植物及其栖息地，通过合理空间布局、实施生态工程、完善公共服务体系等措施，提高森林、湿地、草地等生态用地比重，加强区域生物多样性保护、水土流失控制等生态服务功能，建设生态良好、生活富裕、民族团结、人与自然和谐相处的生态文明示范区，为西南地区乃至国家的可持续发展提供生态保障。

第二节 基本原则

一、全面规划、突出重点

将区域森林、草原、湿地等生态系统和生物多样性都纳入规划范畴，与《全国主体功能区规划》等上位规划衔接，推进区域人口、经济、资源环境协调发展。根据本区特点，以森林、草原和湿地生态系统保护和建设为重点。

二、优先保护、科学治理

优先保护原始森林及其生态系统、湿地生态系统、珍稀濒危野生动植物及其栖息地，巩固已有建设成果；以草定畜，严格控制载畜量，治理土壤侵蚀；自然修复和人工修复相结合，采用先进实用技术，提高成效。

三、合理布局、分区施策

根据区域森林、草地和珍稀野生动植物分布特点、水资源分布状况以及水土流失程度等，进行合理区划布局，根据各分区特点，分别采取有针对性的保护和治理措施，合理安排建设内容。

四、以人为本、统筹兼顾

正确处理生态与民生、生态与产业、保护与发展的关系，兼顾农牧民增收与区域扶贫开发，将生态建设与农牧民增收和调整产业结构相结合，提高农牧民收入水平，帮助脱贫致富。

第三节　规划期和规划目标

一、规划期

规划期为2015～2020年。

二、规划目标

总体目标：到2020年，区域生物多样性健康稳定水平明显提高，水质达到Ⅱ类，空气质量得到改善，区域可持续发展能力进一步提高。生态用地得到严格保护，节约集约使用林地，森林覆盖率稳步增长，原始森林及其生态系统、草原植被及其生态系统以及珍稀濒危野生动植物及其栖息地得到有效保护，湿地进一步得到保护和恢复，水土流失得到有效控制，生态监管能力明显增强，农牧民收入明显增加，公共服务水平明显提升，初步形成富裕和谐的生态文明示范区。

具体目标：到2020年，生态用地占比达到84.4%，森林覆盖率提高到44.4%，森林蓄积量达到90000万立方米以上，"两化三害"草地治理率达到60.0%，自然湿地保护率提高到30.0%，国家级自然保护区、国家森林公园和国家湿地公园达到44处，国家重点保护野生动物保护10种，极小种群野生植物拯救保护10种，建成珍稀濒危野生动植物保护保存和科普教育基地5处，完善自然保护区间生态廊道建设，建立生态系统保护小区，全面提高生物多样性保护水平。

表 19-2　主要指标

指　　标	2013 年	2020 年
生物多样性保护目标		
生态用地①占比（%）	84.2	84.4
林地面积（万公顷）	1428.5	1428.5
森林覆盖率（%）	43.9	44.4
森林蓄积量（万立方米）	89000	90000
国家级自然保护区（处）	17	24
国家森林公园（处）	10	15
国家湿地公园（处）	—	5
国家重点保护野生动物保护（种）	—	10
极小种群野生植物拯救保护（种）	—	10
珍稀濒危野生动植物保护保存和科普教育基地（处）	—	5
"两化三害"草地治理率（%）	—	60.0
自然湿地保护率（%）	—	30.0
水土流失控制目标		
水土流失治理率（%）	—	30.0
生态扶贫目标		
建设生态产业基地（万公顷）	—	50.0
农牧民培训（万人次）	—	20

注：①生态用地包括林地、草地、湿地以及通过治理恢复生态功能的土地。

第三章　总体布局

第一节　分区原则

一、布局原则

根据本区地形地貌和生态系统差异性、植被和珍稀野生动植物分布状况，按照主体功能区规划目标的要求、资源保护与管理的一致性以及保护和发展的适应性，对本区进行区划。

二、分区布局

本区共划分3个生态保护与建设功能区，即重点保护区、生境恢复区和民生发展区。详见表5-3。

（一）重点保护区

本区是我国极为重要的物种基因库，是大熊猫、金丝猴等珍稀濒危野生动植物栖息地，是三江并流自然文化遗产地。区域主导功能是生物多样性保护。

（二）生境恢复区

人类社会经济活动较为频繁，对区域内野生动植物栖息地有不同程度的干扰和破坏，需要进行恢复和优化。区域主导功能是生物多样性保护和恢复。

（三）民生发展区

功能区内除香格里拉县和泸水县以外的45县县城建成区，是人口聚集区，社会经济活动频繁。区域主导功能是控制建设用地规模，引导发展生态产业。

表 19-3　生态保护与建设分区表

区域名称	行政范围	面积（万公顷）	资源特点
合　计		3037.7	
重点保护区	石渠县、九寨沟县、松潘县、平武县、黑水县、理县、小金县、汶川县、康定县、宝兴县、泸定县、天全县、九龙县、白玉县、雅江县、巴塘县、理塘县、稻城县、德钦县、维西县、香格里拉县（不包括建塘镇）、贡山县、福贡县、兰坪县、玉龙县、剑川县、泸水县（不包括六库镇）、勐海县、勐腊县、金平县、屏边县共31县（不包括县城建成区等人口密集、社会经济活动频繁的区域）	1816.3	是原生型热带雨林、季雨林，亚热带常绿阔叶林，温带、暖温带针叶林集中分布区，是我国极为重要的物种基因库，是大熊猫、金丝猴、黑金丝猴、白唇鹿、羚牛、印度野牛、亚洲象、长臂猿等珍稀濒危野生动植物栖息地和三江并流自然文化遗产地，生物多样性极为丰富
生境恢复区	德格县、色达县、壤塘县、马尔康县、甘孜县、炉霍县、金川县、新龙县、道孚县、丹巴县、得荣县、乡城县、木里县、盐源县、茂县、北川县共16县（不包括县城建成区等人口密集、社会经济活动频繁的区域）	1108.0	水力资源、地热资源、矿产资源和药用植物资源丰富，有小熊猫、黑熊、豹等野生动物分布，并有大面积的天然草原，是川西北牧区的重要组成部分
民生发展区	天全县、宝兴县、小金县、康定县、泸定县、丹巴县、雅江县、道孚县、稻城县、得荣县、盐源县、木里县、汶川县、北川县、茂县、理县、平武县、九龙县、炉霍县、甘孜县、新龙县、德格县、白玉县、石渠县、色达县、理塘县、巴塘县、乡城县、马尔康县、壤塘县、金川县、黑水县、松潘县、九寨沟县、玉龙县、福贡县、贡山县、兰坪县、维西县、勐海县、勐腊县、德钦县、剑川县、金平县、屏边县共45县县城建成区等人口密集、社会经济活动频繁的区域	113.4	人口聚集、社会经济活动频繁

第二节 分区布局

一、重点保护区

（一）区域特点

土地面积1816.3万公顷，占功能区国土总面积的59.8%。有原生型热带雨林、季雨林，亚热带常绿阔叶林，温带、暖温带针叶林分布，是我国极为重要的物种基因库，是大熊猫、滇金丝猴、黑金丝猴、白唇鹿、羚牛、印度野牛、亚洲象、长臂猿等珍稀濒危野生动植物栖息地和三江并流自然文化遗产地，生物多样性极为丰富。有国家级自然保护区17处、国家森林公园10处。

（二）主要问题

由于当地社会经济条件落后，过度垦牧、采挖等现象时有发生，导致森林生态系统和珍稀濒危野生动物栖息环境遭受破坏；一些国家级自然保护区珍稀濒危野生植物保护和管理经费欠缺，管护设施设备和手段较为落后，而珍稀濒危野生动物救护、科研、巡护、监测等专项经费也没有固定来源，科研监测、疫源疫病防控等设备缺乏，与之作为我国极为重要的物种基因库的生态地位和战略地位极不适应。

（三）建设重点

优化保护区空间布局和类型结构，提高保护区的管护能力和建设水平；提高保护区的建设质量，完善保护、管理和监测设施设备；加强对保护区周边资源开发活动的监控引导；加强外来物种的防范和管理；发挥区位优势，与周边国家加强合作交流，开展边境生物多样性保护等课题研究。

二、生境恢复区

（一）区域特点

生境恢复区域总面积1108.0万公顷，占功能区国土总面积的36.5%。水力、地热和矿产资源丰富，有小熊猫、黑熊、豹、雪豹、西藏野驴、金雕和褐马鸡等国家重点保护野生动物分布，盛产虫草、贝母、羌活、大黄、黄芪等名贵中药材，天然草原面积较大。

（二）主要问题

由于本区水力、地热、矿产、中药材和草地等资源丰富，采挖药材、放牧和开矿等社会经济活动频繁，对区域内珍稀濒危野生动植物栖息地破坏较为严重，同时由于该区地处川西藏区，地方财政困难，目前尚未划建国家级自然保护区、国家森林公园等国家级禁止开发区域，对资源的保护和管理缺乏更有力的政策支撑和法律保证。

（三）建设重点

加快国家级自然保护区、国家森林公园、国家湿地公园等国家级禁止开发区域的晋升和划建，完善界桩、界碑、监测站点等保护管理设施设备，减少不合理的人为开发利用活动，加大对矿产资源开发等社会经济活动的监管力度，通过恢复原生植被和降低人为干扰强度，扩大珍稀濒危野生动植物的有效保护范围，恢复野生动植物栖息地。

三、民生发展区

（一）区域特点

总面积113.4万公顷，占功能区国土总面积的3.7%。为功能区内人口分布最为集中的区域，开发建设和人为活动频繁，对原生生态系统干扰和破坏最为严重。

（二）主要问题

近年来当地人口不断增加，经济开发活动规模和强度不断提升，城镇建设用地与生态用地矛盾较为突出。同时，由于前期缺乏科学的、长远的规划，土地和水力等资源的利用率较低。

（三）建设重点

通过合理引导和规划，优化土地和水资源利用。引导发展资源利用率和产品附加值较高的生态旅游、高原中药材、特色经济林等生态产业。完善道路、水、电等公共服务设施，建设生态宜居城镇。

第四章　主要建设内容

第一节　生物多样性保护和恢复

一、生物多样性资源调查

本区是大熊猫、滇金丝猴、黑金丝猴、白唇鹿、羚牛、印度野牛、亚洲象、长臂猿等珍稀濒危野生动植物栖息地，野生动植物资源极为丰富，但存在生物多样性调查工作滞后，珍稀野生动植物种群数量、分布位点不清楚等问题，需要全面开展资源调查工作，依托自然保护区、森林公园等保护地管理机构逐步建立起规范、长效的生物多样性监测体系和数据库，为进一步保护和保存生物多样性提供依据。

主要任务：规划期末，完成国家级自然保护区生物多样性资源调查，初步建立生物多样性监测网络。

二、野生动植物拯救性保护和自然保护区建设

对野外繁衍生存困难的物种采取人工抢救措施，建设救护繁育中心和基因库等，对珍稀濒危野生动植物物种进行抢救性保护。继续推进国家级自然保护区建设。对于典型自然生态系统和极小种群野生植物、极度濒危野生动物及其栖息地，特别是四川新路海白唇鹿省级自然保护区、四川雄龙西省级自然保护区、四川宝顶沟省级自然保护区、四川下拥省级自然保护区、四川木里鸭嘴省级自然保护区、云南拉市海省级自然保护区、云南玉龙雪山省级自然保护区7个省级自然保护区，要加快晋升为国家级自然保护区，建设连通功能区内北南延伸的野生动物保护走廊。以大熊猫、亚洲象基因交流廊道建设为示范，开展大熊猫、亚洲象等珍稀濒危野生动物及其栖息地调查工作，做好大熊猫、亚洲象等珍稀濒危野生动物及其栖息地的监测工作和保护管理工作，推动自然保护区间的生态廊道建设，逐步解决因人为活动造成的栖息地破碎化问题。对已建立的国家级自然保护区要进一步界定核心区、缓冲区和实验区的范围，统一管理主体，完善保护管理和科研监测设施设备。依据国家和地方有关法律法规以及

自然保护区规划，按照核心区、缓冲区和实验区实行分类管理。核心区要逐步完成人口易地安置，缓冲区和实验区也应大幅度减少人口。对于尚未受到有效保护的珍稀濒危物种或受到严重威胁的区域特有物种，其分布地又不宜建立自然保护区的，确定合理地域，建立针对保护某一物种或与某一物种相关联的生态系统保护小区。

主要任务：规划期末，国家重点保护野生动物保护10种，极小种群野生植物抢救保护10种，建设珍稀濒危野生动植物保护保存和科普教育基地5处。国家级自然保护区达到24处，基本实现国家级自然保护区规范化建设。

三、森林公园建设

对资源具有稀缺性、典型性和代表性的区域要加快晋升国家森林公园，加强森林资源和生物多样性保护。督促完成森林公园总体规划，并按核心景观区、一般游憩区、管理服务区和生态保育区分类管理。在核心景观区、一般游憩区、管理服务区内按照合理游客容量开展适宜的生态旅游和科普教育，建设旅游设施及其他基础设施等必须符合森林公园规划，逐步拆除违反规划建设的设施。除必要的保护设施和附属设施外，禁止与保护无关的任何生产建设活动。

主要任务：规划期末，国家森林公园达到15处。

四、保护和恢复森林生态系统

巩固天然林资源保护一期工程建设成果，继续推进天然林资源保护二期工程、新一轮退耕还林等重点工程建设。人工促进天然更新与天然更新相结合，继续开展中幼龄林抚育和低效林改造，增加中幼龄林抚育管护资金投入，加强林业有害生物防治，提高林分质量，增强抵御自然灾害能力，有效保护森林生态系统，充分发挥生态功能和经济效益。

主要任务：规划期末，天然林资源保护470.0万公顷，新一轮退耕还林5.0万公顷。

五、保护和恢复草原生态系统

香格里拉县、马尔康县、小金县、金川县、汶川县、理县、黑水县、松潘县、壤塘县和九寨沟县等县有"两化三害"草原200多万公顷，植被稀疏、草种减少、产草量低。继续巩固和推进退牧还草工程，按照以草定畜、草畜平衡的原则，实施划区轮牧、阶段性禁牧和季节性休牧。建设免耕人工草地和节水灌溉饲草地，发展舍饲、半舍饲养殖，降低天然草地载畜量。开展沙化草地、重度退化草地、毒杂草草地和草原鼠虫害等的综合治理，提高草地植被盖度，提高草地生产力，恢复草地生态功能。对生态环境极为脆弱区域，有计划地实施人口易地安置。

主要任务：规划期末，完成"两化三害"草地治理120.00万公顷。

六、保护和恢复湿地生态系统

加强湿地保护体系建设力度，形成以自然保护区为主体，湿地公园、湿地保护小区等多种保护管理形式并存的湿地保护体系，积极申报、建设和完善湿地自然保护区、国际重要湿地、湿地公园，开展九寨沟国家级自然保护区、黄龙寺省级自然保护区等国际重要湿地的申报工作。大力推进沼泽、湖泊和河流湿地生态系统保护和恢复工程，在重点区域及自然保护区内禁止围沼造地、挖沟排水和开采泥炭等工程性活动。自然封育恢复与工程措施相结合，有计划地采取退牧还沼、填沟还湿和治沙还湿等工程措施，逐步恢复湿地生态系统。

主要任务：规划期末，国家湿地公园达到5处，湿地保护和恢复20.0万公顷。

专栏 19-1　生物多样性保护和恢复重点工程

01	生物多样性资源调查 开展生物多样性资源调查。
02	珍稀濒危野生动植物物种抢救性保护工程 对野外繁衍生存困难的物种采取人工抢救措施，国家重点保护野生动物保护 10 种，极小种群野生植物抢救保护 10 种。
03	珍稀濒危野生动植物保护保存和科普教育基地 在云南西双版纳、云南白马雪山、四川贡嘎山、四川卧龙和四川亚丁等国家级自然保护区建设和完善珍稀濒危野生动植物保护保存和科普教育基地 5 处。
04	自然保护区建设工程 加强国家级自然保护区建设，国家级自然保护区达到 24 处，完善自然保护区保护管理和科研监测设施设备，建设和完善自然保护区间生态廊道，解决因人为活动造成的栖息地破碎化问题。
05	国家森林公园 完善国家森林公园基础设施建设，国家森林公园达到 15 处。
06	天然林资源保护 通过工程造林、封山育林、森林抚育、低质低效林改造等措施保护和建设森林生态系统，重点保护好天然林资源。
07	退耕还林 加快推进新一轮退耕还林工程。
08	"两化三害"草地治理 通过禁牧、休牧等措施，完成"两化三害"草地治理 120.00 万公顷。
09	草畜平衡 实施草畜平衡，提高草地植被覆盖度和生产能力。
10	国家湿地公园 完善国家湿地公园基础设施建设，国家湿地公园达到 5 处。
11	湿地保护与恢复工程 通过填沟还湿、治沙还湿等工程措施，保护和恢复湿地。

第二节　水土流失综合治理

一、水土流失综合治理

通过人工造林、种草和封禁，以及修建截水沟、排水沟和堤坝等措施，实施重点小流域水土流失治理，集中整片综合整治。结合河道治理、乡村公路建设和村镇建设，加固和修建基本农田防护坝，提高其防洪标准和抗冲能力。对于危害极其严重地区有计划、有步骤地开展人口易地安置，人口总数控制在生态承载区范围内，减少对生态环境压力。

主要任务：规划期末，水土流失综合治理150.0万公顷。

二、地震灾后植被恢复

九寨沟县、松潘县、黑水县、茂县、理县和汶川县等区域在汶川"5·12"地震中受灾严重，地震引发的泥石流、塌方、堰塞湖等次生灾害也较频繁，是灾后植被恢复的重点区域。

主要任务：规划期末，地震灾后植被恢复2.0万公顷。

三、干旱河谷治理

甘孜、阿坝、丽江、迪庆、怒江等地州（市）的大部分县山高、坡陡、谷深，干旱河谷分布面积20万公顷以上，年日照时间长、降水量少，水分蒸发快、渗透力强，土壤干燥且贫瘠。同时，由于地形破碎、坡面陡峻、自然地理单元分散性强，自然灾害频发，造林种草难度大、成活率低，治理困难。对该区域的恢复与治理应因地制宜采用草、灌、乔结合的方式，圈舍饲养牲畜，减少牲畜危害，加强护林防火，加强封山育林力度。对不适宜生产生活的区域，实施人口易地安置。

主要任务：规划期末，干旱河谷治理2.0万公顷。

专栏 19-2　水土流失综合治理重点工程
01　水土流失综合防治工程 采取人工造林、种草和封禁等措施综合治理水土流失。
02　地震灾后植被恢复 通过人工造林、封山育林等工程措施，进行地震灾后植被恢复。
03　干旱河谷治理 通过植被保护、退耕还林、封山育林育草、种草养畜、土地整治和水土保持等措施加大干旱河谷治理。

第三节 生态扶贫建设

一、生态产业

围绕十八大提出的"五位一体"的总体布局，扶持高效生态产业的发展。积极提升森林公园、自然保护区实验区、湿地公园的生态旅游发展能力，引导森林人家、旅游示范区和示范村建设，发展特色生态旅游产品，将生态旅游业培育成第三产业的龙头；发展珍贵树种用材林基地、采种基地以及绿化苗圃，建设特色经济林基地以及产品加工基地，发展林下生态畜禽养殖、高原中低温食用菌培育、野生菌类和山野菜采集、高原中药材种植和珍稀野生动物驯养繁殖等生态产业。

二、技能培训

针对农牧民开展技能培训，对管理人员和专业技术人员开展培训。

培训任务：管理人员0.5万人次，技术人员2万人次，农牧民20万人次。

三、人口易地安置

对国家级自然保护区核心区和缓冲区、国家森林公园核心景观区、国家湿地公园生态保育区以及生存条件恶劣地区实施人口易地安置。对易地安置人口实行集中安置，积极引导就业。制订切实可行的实施方案，适时启动核心区内人口易地安置，确保移得出、稳得住、发展好。

专栏 19-3　生态扶贫重点工程

01　珍贵树种用材林基地、采种基地以及绿化苗圃

发展以桢楠、黄连木、光皮桦和红豆杉等为主的珍贵树种用材林基地、采种基地以及绿化苗圃，优化森林资源结构，提升城乡绿化品位和档次。

02　特色经济林基地

发展核桃、杜仲、油橄榄、红豆杉、花椒等特色经济林基地，坚持本地良种选育和推广，提高良种使用率，发展农民专业合作组织，加强基地规范管理，提高产品品质和效益。

03　林下经济

合理开发利用林下资源，开展野生食用菌、森林蔬菜、野生中药材等可开发林下资源清查和采集规划，实行计划采挖采集，确保资源可持续开发利用。开展林下食用菌、中药材和农作物的种植，以及禽、畜、鱼和野生动物的养殖，发展林下经济。

（续）

专栏 19-3　生态扶贫重点工程
04　林产品加工基地 　　发展林产品加工业，提高产品附加值。培育核桃、花椒、沙棘等特色经济林，以及野生菌、天然药、森林蔬菜、蜂蜜等森林食品加工企业。
05　森林生态旅游 　　发展森林公园、自然保护区实验区和湿地公园森林旅游产业基地，引导森林人家、森林旅游示范区、示范村建设。

第四节　基本公共服务体系建设

一、防灾减灾

（一）森林草原防火体系建设

进一步完善防火预警监测系统、防火阻隔系统、防火道路系统、防火指挥系统、防火通信系统、林火视频监控系统以及航空消防系统建设，配备扑火专业队伍和半专业队伍，完善扑救设施设备，配备物资储备库，提高森林草原防火综合防控能力，规划期末，无重特大森林草原火灾、人畜伤亡和火烧连营事故发生，森林火灾受害率稳定控制在1‰以下。

（二）林业有害生物防治

完善林业有害生物防治检疫机构和监测预警、检疫御灾、防治减灾体系，建立林业有害生物防治责任制度。加强防控体系基础设施建设，提高区域林业有害生物防灾、御灾和减灾能力。有效遏制林业有害生物发生。规划期末，林业有害生物成灾率控制在4‰以下。

（三）地质灾害防治

积极推进地质灾害综合多发区域综合治理工程，针对不同类型地质灾害，采取不同的治理措施。同时要建立地质灾害预警监测系统，及时发布信息，减少居民生命财产损失。

（四）气象灾害防治

建立气象灾害预警系统，及时发布信息。建设人工主动干预天气系统工程。

二、基础设施

完善林、牧区和农村道路交通系统。逐步将林、牧区和农村给排水、供电和通讯接入市政管网。继续推进农村清洁生产、小流域综合治理以及生活污水处理厂改造等生态环境综合治理工程，实现固体废弃物全部统一集中处理。

专栏 19-4　基本公共服务体系重点工程
01　森林草原防火体系建设 　　建立和完善各县以及国家级禁止开发区域的防火预警监测系统、防火阻隔系统、防火道路系统、防火指挥系统，配备扑火专业队伍和半专业队伍，完善扑救设施设备，配备物资储备库。
02　林业有害生物防治 　　各县林业主管部门建立林业有害生物测报站、林业有害生物检疫中心，购置林业有害生物防治设施设备，建设防控体系基础设施。
03　地质灾害防治 　　对滑坡、崩塌和泥石流等地质灾害进行综合防治。
04　气象灾害防治 　　建设人工主动干预天气系统工程。
05　国有林场危旧房改造 　　对国有林场危旧房进行改造。
06　林牧区和农村基础设施建设 　　完善道路交通系统，逐步实现林牧区和农村给排水、供电、通信接入市政管网，完善固定废弃物等处理设施。
07　河流、湖泊和库塘污染源综合治理 　　实施区域内河流、湖泊和库塘污染源综合治理，完成生活污水处理厂改造。

第五节　生态监管

一、生态监测

建立覆盖本区、统一协调、及时更新、功能完善的生态监测系统，对重点生态功能区进行全面监测、分析和评估。目前，国家林业局已经成立生态监测评估中心，规划在省级林业主管部门设立生态监测评估站，县级单位设立生态监测评估点，形成"中心—站—点"的三级生态监测评估系统。

建立由林业部门牵头，水利、农业、环保和国土等部门共同参与，数据共享、协同有效的工作机制。

生态监测系统以林地、草原、湿地、自然保护区、森林公园、湿地公园和蓄滞洪区为主要监测对象。

建立生态评估与动态修订机制。适时开展评估，提交评估报告，并根据评估结果提出是否需要调整规划内容，或对规划进行修订的建议。

每两年开展一次林地变更调查，使林地与森林的变化落到山头地块，形成稳定的林地监测系统。

二、空间管制与引导

（一）落实主体功能定位

全面落实《全国主体功能区规划》提出的主体功能定位要求，在禁止开发区域内，实行强制性保护；在限制开发区域内，实行全面保护。

（二）划定区域生态红线

大面积的森林、草地和湿地是本区主体功能的重要载体，要落实防风固沙的建设重点，划定区域生态红线，确保现有天然林、湿地和草地面积不能减少，并逐步扩大。严禁改变生态用地用途，禁止可能威胁生态系统稳定、生态功能正常发挥和生物多样性保护的各类林地利用方式和资源开发活动，形成"点状开发、面上保护"空间格局。

（三）引导超载人口转移

结合人口易地安置，每县重点建设1~2处重点城镇，建设成为脆弱地区人口易地安置点和特色产业发展集中点，减轻人口对区域生态压力。

三、绩效评估

为了使重点生态功能区保护和建设目标任务具体化、指标化和数量化，建立定性与定量相结合的生态监测评估指标体系，实时监测生态保护和建设状况以及生态服务能力变化。

评估以2013年为基准年，按指标体系的指标内容采集相关的实际数据。以2015~2020年为一个阶段，以后均以5年或10年为一个阶段，确定5年或10年后各项指标完成目标，以该年度为目标年。按照各指标内容收集目标年度的实际数据。对比目标年度与基准年度各项指标数据，分析生态功能区保护和建设进展情况，并参照目标年设定的保护和建设任务目标，调整保护和建设规划内容。完成目标年的建设任务后，将各项指标的实际数据与目标值对比分析。

表19-4　重点生态功能区生态监测评估指标体系

综合指标层	单项指标层	单位
生物多样性保护	林地面积	万公顷
	森林覆盖率	%
	森林蓄积量	立方米/公顷
	国家级自然保护区数量	个
	国家级自然保护区面积	万公顷
	国家森林公园数量	个
	国家森林公园面积	万公顷
	国家重点保护野生动物保护	种
	极小种群野生植物拯救保护	种
	珍稀濒危野生动植物保护保存和科普教育基地	处
	湿地保护面积	万公顷
	自然湿地保护率	%
	国家湿地公园数量	个
	国家湿地公园面积	万公顷
	"两化三害"草原治理率	%
水土流失控制	水土流失治理率	%
	地质灾害治理率	%
林牧区和农村综合治理	新能源改造所占比例	%
	水、电、路、通讯接入市政管网所占比例	%
	国有林场危旧房改造所占比例	%
	生活污水集中处理率	%
	生活垃圾无害化处理率	%
	大气质量	大气质量级别
	地表水质量	地表水质级别
	地下水质量	地下水质级别
	土壤质量	土壤质量级别

第五章　政策措施

第一节　政策需求

一、生态补偿补助政策

提高中央财政森林生态效益补偿的标准。

建立地区之间的横向补偿机制。评估功能区在促进区域生态平衡、区域持续发展中所做的贡献，完善生态补偿政策，建立长期、稳定的生态补偿机制。生态环境受益地区采取资金补助、定向援助、对口支援等形式，对重点生态功能区因加强生态保护造成的利益损失进行补偿。

启动退耕还湿、湿地生态效益补偿试点和湿地保护奖励等工作。

实施草原生态保护补助奖励政策，建议全面建立草原生态保护补助奖励机制。

建立野生动物致害补偿机制。建立以国家财政补偿为主、地方财政补偿为辅的野生动物损害赔偿机制和野生动物保护专项资金，通过财政转移支付对重点或非重点保护野生动物造成的人身财产损害给予补偿。

二、人口易地安置配套扶持政策

对于国家级自然保护区、贫困地区以及生态脆弱地区实施人口易地安置和农牧民定居的，首先要保障安置房、农牧民安居住房、牲畜棚圈、饲草料基地、水电路等配套工程以及学校、医院等公共服务设施建设用地。做好支撑产业统一规划，大力发展规模养殖，培育养殖小区、养殖专业户。在搬迁过程中产生的税费、规费应予以减免。优先安排易地安置人口和牧民及其子女就业，引导参与生态旅游等第三产业经营。优先安排技能培训。

三、国家重点生态功能区转移支付政策

加大川滇森林和生物多样性生态功能区财政转移支付力度。把加强自然保护区建设、天然林资源保护、热带雨林保护和恢复、退耕（牧）还林（草）、湿地保护和恢

复等林业生态工程作为重要内容，优先安排并逐步增加资金。

第二节 保障措施

一、法制保障

认真贯彻落实《中华人民共和国野生动物保护法》《中华人民共和国森林法》《中华人民共和国环境保护法》《中华人民共和国水土保持法》《中华人民共和国草原法》《中华人民共和国防沙治沙法》《中华人民共和国野生植物保护条例》《中华人民共和国自然保护区条例》《国家级森林公园管理办法》《湿地保护管理规定》以及《生物多样性公约》等法律法规规定及国际公约。建立系统完整的制度体系，加强生物多样性保护与建设，实行最严格的源头保护制度、损害赔偿制度、责任追究制度，完善环境治理和生态修复制度，加大对污染环境、破坏资源等行为的处罚力度。用法律和制度保护生态环境。

二、组织保障

各级领导要以高度的历史责任感，切实把重点生态功能区生态保护与建设纳入政府工作的议事日程，发挥组织协调功能，支持职能部门更有效地开展工作。川滇森林和生物多样性生态功能区涉及行政区域多、保护和建设任务重，省、州（市）、县政府要成立领导小组，主管领导任组长，各有关部门负责人为小组成员，明确责任，围绕规划目标，逐级分解落实任务。

三、资金保障

应发挥政府投资的主导作用，中央和地方各级政府要加强对重点生态功能区生态保护和建设资金投入力度，每五年解决若干个重点生态功能区的突出问题和特殊困难。国家进一步加大重点生态功能区生态保护与建设项目的支持力度，促进规划顺利实施。政府在基本公共服务领域的投资要优先向重点生态功能区倾斜。鼓励和引导民间资本投向营造林、生态旅游等生态产品的建设事业。鼓励向符合主体生态功能定位的项目提供贷款，加大资金投入。

四、科技保障

积极争取地方政府支持，完善林业科研机构的功能和体制。积极争取科研经费，引进先进的技术和设备。林业科研机构的设置重点放在种质资源保护保存区，重点是开展珍稀濒危野生动植物种质资源调查、收集、引种、扩繁和育种研究。特别是在国家级自然保护区和国家森林公园应该以珍稀濒危野生动植物种质资源、森林风景资源和生物多样性的保护和保存为主。加强技术推广服务，针对本区生态保护和建设的难点和重点，提出一批科技攻关项目进行推广，要进一步加强热带雨林生态系统保护和恢复、干旱河谷造林、地震灾后植被恢复等课题研究。建立珍贵树木种质基因库。建立一批科技示范基地，通过科研院所—企业—基地体系示范推广先进的治理模式、品种和技术。加强对农牧民培训和基层技术人员培训。加强国际交流与合作。

五、考核体系

深入贯彻落实十八届三中全会精神，对重点生态功能区党政领导干部实行生态保护优先的绩效评价和自然资源资产离任审计，建立生态环境损害责任终身追究制。强化对建设项目征用占用林地、草地、湿地与水域的监管和审核。对各类开发活动进行严格管制，开发矿产资源、发展适宜产业和建设基础设施，需开展主体功能适应性评价，不得损害生态系统的稳定性和完整性。加强对森林、湿地、草地等生态系统的监管，建立生态监测评估体系，对规划实施情况进行全面监测、分析和评估。落实项目管理责任制，完善检查、验收、审计制度。工程建设实行项目法人制、监理制和招投标制。建立工程档案，监督工程建设进度、资金使用情况和工程质量。保障生态保护和建设成效。

附表

川滇森林和生物多样性生态功能区禁止开发区域名录

名　称	行政区域	面积（公顷）
自然保护区		
云南高黎贡山国家级自然保护区	泸水县、福贡县、贡山县	405549.00
云南大围山国家级自然保护区	屏边县	43993.00
云南金平分水岭国家级自然保护区	金平县	42027.00
云南西双版纳国家级自然保护区	勐腊县、勐海县	242510.00
云南白马雪山国家级自然保护区	德钦县、维西县	276400.00
四川王朗国家级自然保护区	平武县	32297.00
四川雪宝顶国家级自然保护区	平武县	63615.00
四川保蜂桶寨国家级自然保护区	宝兴县	39039.00
四川卧龙国家级自然保护区	汶川县	200000.00

（续）

名　称	行政区域	面积（公顷）
四川九寨沟国家级自然保护区	九寨沟县	72000.00
四川小金四姑娘山国家级自然保护区	小金县	56000.00
四川贡嘎山国家级自然保护区	康定县、泸定县、九龙县	409143.50
四川察青松多白唇鹿国家级自然保护区	白玉县	143683.00
四川海子山国家级自然保护区	理塘县、稻城县	459161.00
四川亚丁国家级自然保护区	稻城县	145750.00
四川长沙贡玛国家级自然保护区	石渠县	669800.00
四川格西沟国家级自然保护区	雅江县	22896.80
森林公园		
云南飞来寺国家森林公园	德钦县	3431.00
云南新生桥国家森林公园	兰坪县	2616.00
四川措普国家森林公园	巴塘县	48000.00
四川二郎山国家森林公园	天全县	57517.00
四川亚克夏国家森林公园	黑水县	44889.00
四川海螺沟国家森林公园	泸定县	18598.00
四川九寨国家森林公园	九寨沟县	37000.00
四川荷花海国家森林公园	康定县	5416.80
四川夹金山国家森林公园	宝兴县、小金县	88332.00
四川北川国家森林公园	北川县	3656.00
风景名胜区		
云南大理风景名胜区石宝山景区	剑川县	101200.00
云南西双版纳风景名胜区	勐腊县、勐海县	120231.00
云南三江并流风景名胜区	香格里拉县、德钦县、维西县、泸水县、福贡县、贡山县、兰坪县、玉龙县	860910.00
四川九寨沟 - 黄龙寺风景名胜区	松潘县	255000.00
四川四姑娘山风景名胜区	小金县	45000.00

（续）

名　称	行政区域	面积（公顷）
自然文化遗产		
云南三江并流	香格里拉县、德钦县、维西县、泸水县、福贡县、贡山县、兰坪县、玉龙县	1698419.00
四川大熊猫栖息地	天全县、宝兴县，汶川县、小金县、理县、泸定县、康定县	924500.00
四川九寨沟风景名胜区	九寨沟县	72000.00
四川黄龙风景名胜区	松潘县	70000.00
地质公园		
云南玉龙黎明 - 老君山国家地质公园	玉龙县	111000.00
四川海螺沟国家地质公园	泸定县	35000.00
四川黄龙国家地质公园	松潘县	70000.00

第二十篇

秦巴

生物多样性生态功能区
生态保护与建设规划

第一章 规划背景

第一节 区域概况

一、规划范围

秦巴生物多样性生态功能区位于我国秦岭主脉和大巴山所在区域。该区域北至渭河平原，东接江汉平原，南连四川平原，西与青藏高原东缘相望，是我国中部生态屏障的重要组成部分。包括湖北、重庆、四川、陕西和甘肃5省（市）的46个县（市），总面积140005平方千米。

表20-1 规划范围表

省份	县（市、区）级单位
湖北	竹溪县、竹山县、房县、丹江口市、神农架林区、郧西县、郧县、保康县、南漳县
重庆	巫溪县、城口县
四川	旺苍县、青川县、通江县、南江县、万源市
陕西	凤县、太白县、洋县、勉县、宁强县、略阳县、镇巴县、留坝县、佛坪县、宁陕县、紫阳县、岚皋县、镇坪县、镇安县、柞水县、旬阳县、平利县、白河县、周至县、南郑县、西乡县、石泉县、汉阴县
甘肃	康县、两当县、迭部县、舟曲县、武都区、宕昌县、文县

二、自然条件

秦巴生物多样性生态功能区主体为秦岭和巴山两座山脉，区域内秦岭、巴山横贯东西，长江、黄河分岭而走，汉江、丹江穿境而过，两山夹一川的地势特点突出，区间高山绵延，川道狭小。其中秦岭是我国中部东西走向的最大山脉，山势北陡南缓，东西全长约800千米，海拔多在1500～2500米。巴山是陕西南部与四川、重庆、湖北

之间的一道天然屏障，山势成西北至东南走向，绵延约300千米，山势高峻，海拔多
在1300～2000米。

秦岭为我国气候南北分界线，具有由暖温带向北亚热带过渡的特征。区域内年均
气温7～15℃，年均降水700～1000毫米，雨热同期，水热条件较为优越。

秦巴生物多样性生态功能区是我国暖温带落叶阔叶林向北亚热带常绿落叶阔叶林
混交林的过渡带，兼有我国南北植物种类成分，加上地域广阔，自然条件复杂，野生
植被种类丰富，兼有南北区系成分，更因秦岭、巴山山体较高，天然植被分布因海拔
高度而异，垂直分布具有明显的分异特征。但受人为开发活动时间较长的因素影响，
原生植被仅存留于地域内交通不便、人烟稀少的高山区，其他地区则多为次生林。

三、自然资源

（一）土地资源

秦巴生物多样性生态功能区内林地为占比重最大的土地利用类型，占区域国土面
积的75.50%，构成区域内生态景观基底；其次为耕地，占国土的11.47%；草地面积居
第三位，占国土面积的4.01%。

（二）森林资源

秦巴生物多样性生态功能区内林地是区域生态系统的主体，也是生物多样性保护
的主要载体，林地中有林地和灌木林地是构成林地的主要组成部分，面积分别占林地
总面积的57.47%和14.59%。国家级公益林和地方公益林分别占林地总面积的34.07%和
17.54%，是秦巴生物多样性生态功能区内林地保护的主要形式。

秦巴生物多样性生态功能区内天然林比例较低，占森林总面积的51.31%，按林种
分，防护林占森林总面积的47.47%，特用林占24.93%，对区域内生物多样性保护、水
源涵养和水土保持等生态功能的发挥具有决定性贡献。

（三）草地资源

秦巴生物多样性生态功能区草地资源与当地的气候水热条件对应，在甘肃省境内
分布较多，其中天然草地占草地总面积的88.61%。从草地的保护水平看，可利用草地
占草地总面积的86.01%，发生退化、沙化和盐碱化的草地占草地总面积的16.00%，其
中85.31%的退化草地已开展了治理工程。

（四）湿地资源

秦巴生物多样性生态功能区是我国长江流域和黄河流域的分水岭。分布有河流、
人工湿地、沼泽和湖泊4类湿地，占区域国土面积的1.59%，其中河流湿地占湿地总面
积的68.49%；其次是人工湿地，以库塘为主，占湿地总面积的30.01%；最小的是湖泊
湿地，占总湿地面积0.14%。规划区内湿地所占面积比例不大，其中人工湿地所占比

例较高，承担着南水北调中线工程和三峡工程等大型水利工程的水源涵养和水土保持功能。

（五）生物多样性资源

秦巴生物多样性生态功能区是我国中部东西走向的最大山脉，是暖温带和北亚热带气候的天然屏障和分界线，也是中国-喜马拉雅和中国-日本两个森林植物亚区的交会区、古北界和东洋界动物区划的分界线，在自然地理和动植物区划上均具有明显的过渡带特点，在生态系统、物种和基因层次上的生物多样性特点也较为突出。

1. 生态系统多样性

秦巴生物多样性生态功能区是我国中部北亚热带和暖温带过渡区山地垂直带结构最复杂、最完整的山地。整个区域以森林生态系统类型为主，森林面积占国土面积的57.30%，为当地占地面积最广的生态系统类型；同时，区域内兼有农田生态系统、草原生态系统和湿地生态系统。

大巴山南坡是以亚热带常绿阔叶林为基带的植被体系，秦岭北坡以农牧交错带、落叶阔叶林为基带植被体系，秦岭和大巴山之间的汉江流域小气候则颇为复杂，各种植被类型交错分布，随着山体的升高，在秦岭和大巴山上都出现了寒温性针叶林，不但有暗针叶林的冷杉群系（秦岭冷杉、巴山冷杉）、云杉群系（大果青杆等），而且有明亮针叶林落叶松群系（太白红杉），局部山地顶端还出现了高山草甸和亚高山草甸，山体中部在阴阳坡分别有红桦、白桦、山杨、华山松、刺叶栎等各种植被类型依次分布，它们各自占据自己的生态位，类型多样，镶嵌繁杂。

秦巴山地特殊的地理位置，使得该区域降水十分丰富，南坡随着地形的抬升，东南暖湿气流在植被的生长季形成地形雨；中间喇叭口地形使得秦岭南坡和大巴山北坡接受从汉江平原吹来的暖湿气流，降雨比南坡更加丰富；秦岭北坡由于背阴，也具有良好的水湿条件，所以保证了该区域良好的植被分布。

2. 物种多样性

秦巴生物多样性生态功能区作为是我国"两屏三带"生态安全战略格局和生态安全屏障的重要组成部分，向西、向南分别连通中国三大植物多样性分布中心的横断山脉和华中地区两处；处于动植物区系交汇处，且在漫长的地质变迁中为多种珍稀古老物种提供了庇护场所，具有区系成分丰富、新老兼备、多成分汇集的特点，动植物物种非常丰富。在占全国1.46%的国土面积上分布有占全国8.25%的脊椎动物和12.34%的维管束植物。

经初步统计，区域内有野生脊椎动物550余种，包括国家Ⅰ级重点保护动物19种、Ⅱ级重点保护动物72种；高等植物4100多种，包括国家Ⅰ级重点保护植物6种、

Ⅱ级重点保护植物26种。

此外，秦巴生物多样性生态功能区贯通我国两大特有植物分布中心，是中国特有植物种类数量最多的区域，也是我国"中国-日本植物亚区"和"中国-喜马拉雅植物亚区"过渡区，而这两处亚区分别是我国古老孑遗的特有属和新特有属的集中分布区，区域内东部复杂的山地环境在冰期为古特有属的生存提供了避难所，而西部青藏高原的隆起形成海拔梯度上的生境多样性，为新植物属的形成提供了条件。山地地形在提供特有小生境条件的同时也限制了物种的扩散，使这些幸存的和后形成的特有物种分布范围偏小，从而成为中国特有物种，如崖柏、珙桐、太白红杉、秦岭冷杉、大果青杆等区域特有物种，同时也是珍稀濒危物种，容易遭受灭绝威胁，属于生物多样性保护的优先领域。

同时，秦巴生物多样性生态功能区也是我国动物特有物种分布集中的区域，大熊猫、川金丝猴、羚牛、朱鹮被誉为秦岭四大宝，是典型的狭域分布"旗舰物种"，备受世界瞩目；此外，还有大鲵、秦巴北鲵、秦巴小鲵、秦岭蝮、秦岭雨蛙、血雉、小鹿、毛冠鹿、长尾雉、红腹锦鸡、蓝鹇等均是区域特有物种，具有很高的保护价值。

3．基因多样性

秦巴生物多样性生态功能区处于生物区系过渡带的特点使其成为物种聚集地内重要的基因传播廊道，进而保证了区域基因库的一体性和完整性；同时，规划区内较高的生境异质性，为物种基因漂变和分化提供了条件，奠定了丰富的特有物种遗传变异基础，也为当地生物多样性保护、传承、扩充提供了物质基础。

四、社会经济

秦巴生物多样性生态功能区内总人口1519.26万人，其中农业人口占总人口的81%，主要集中于地势和缓、沟谷低平的区域，是区域内经济要素聚集、产业发展布局和城镇化拓展的土地集约使用重点区域。

秦巴生物多样性生态功能区为社会经济欠发达地区，46个县中有38个为国家级贫困县。2011年，农民人均收入为4582元/年，低于我国同期6977元/年的平均水平。规划范围内第一产业占国内生产总值的23.39%，高于我国10.10%的平均水平。林业在区域经济发展中占比较大，主要包括林木培育与种植、木材与竹林采伐、林下资源利用、花卉种植等，具有较好的生态产业发展基础。

秦巴山区因地势险峻，交通相对不便，境内交通主要依赖于宝成、汉渝、阳安、西康、襄渝、汉丹等铁路，西汉、西康、安汉、京昆、连霍、福银等高速公路，G108、G210、S102、S210、S212、310、316、416、710等主要干线公路，基本实现县县通二级公路、乡乡通柏油马路。区内的汉江、堵河均为区内的重要水上交通干线。区内的武当山机场、襄樊机场等与北京、上海、广州、深圳、珠海等地均有定期航班。

规划区内已实现固定电话村村通工程，移动通讯覆盖率达到80%。

五、扶贫开发

根据《中国农村扶贫开发纲要（2011～2020年）》，规划区域属我国扶贫攻坚连片特困地区中的秦巴山区，规划范围内有34个县列入秦巴山区集中连片特殊困难地区范围内的国家扶贫开发工作重点县，脱贫任务迫切而繁重。区域扶贫攻坚工作得到党中央国务院的高度重视，按照中央把集中连片特殊困难地区作为新阶段扶贫攻坚主战场的战略部署和"加大重点生态功能区生态补偿力度，重视贫困地区的生物多样性保护"的要求，秦巴生物多样性生态功能区脱贫致富应结合生物多样性保护工作，以生态扶贫为主，大力发展绿色富民产业。

第二节　生态功能定位

一、主体功能

秦巴山区包括秦岭、大巴山、神农架等亚热带北部和亚热带向暖温带过渡的地带，生物多样性丰富，是许多珍稀动植物的分布区，目前水土流失和地质灾害问题突出，生物多样性受到威胁。基于对秦巴区域生态环境现状及其在构建国家生态安全中的发展需要，秦巴重点生态功能区定位为生物多样性维护。主体功能为我国中部的物种基因库、中国特有物种资源保护区，重要水利工程的生态安全区。

根据《全国主体功能区规划》的总体要求，确定秦巴生物多样性功能区的发展方向为：以保护和修复生态环境、提供生态产品为首要任务，禁止对野生动植物进行滥捕滥采，保持并恢复野生动植物物种和种群的平衡，实现野生动植物资源的良性循环和永续利用。加强防御外来物种入侵的能力，防止外来有害物种对生态系统的侵害。保护自然生态系统与重要物种栖息地，防止生态建设导致栖息环境的改变。

二、生态价值

（一）生态区位重要

秦巴山区为我国"两屏三带"生态安全战略格局的重要组成部分，四周分别与北边的黄土高原丘陵沟壑水土保持生态功能区、东边的大别山水土保持生态功能区、南部的武陵山区生物多样性及水土保持生态功能区、西部的若尔盖草原湿地生态功能区和甘南黄河重要水源补给生态功能区相望，对于提高我国重要生态功能区间的网络连接水平，形成一体化的保护态势具有重要区位价值。

（二）生物多样性保护的关键地区

秦巴生物多样性生态功能区内有我国温带和北亚热带的分界线，也是动植物区系的过渡连接区。贯通东西和西南-东北的山势走向，使秦巴山区成为我国植物多样性三大中心中两大中心的连接线，也是我国两大特有植物中心的贯通带。

因此，整个秦巴山区呈现出南北方物种的过渡混杂分布现象，为多种植被类型和野生动植物生存栖息繁衍提供了自然条件，是我国生物多样性热点地区之一，也是我国特有物种数量最多的区域，承担着自然生态系统保护、物种资源维护、基因保存任务，是我国生物多样性保护的关键地区。

（三）重要的水源涵养区

秦巴山区是我国两大河流——长江、黄河的分水岭，区域内良好的植被条件对于流域内的水源涵养、水文调节以及水质净化均有较大的贡献。区域内分布有南水北调中线工程和三峡工程的水源涵养和水土保持区，秦巴生物多样性生态功能区的生态保护和建设水平对于确保水利工程安全运行具有举足轻重的作用。

第三节　主要生态问题

一、森林质量不高，生物多样性保护功能相对较差

秦巴生物多样性生态功能区内次生林面积较大，占区域林地面积的81.7%。这些次生林地尚处于演替发展的初级阶段，森林资源整体质量不高。2011年区域内单位面积蓄积量48.13立方米/公顷，低于全国平均水平（86立方米/公顷），森林生态系统功能较为脆弱，为野生物种提供栖息繁衍场所的功能相对较弱。

而占区域林地面积14.3%的人工林，则存在着林相单一，形成乔、灌、草复合系统比例低的问题，降低了山地森林生态系统的自然度和丰富度，对区域生物多样性保护的贡献力度有限。

二、局部地区生态功能出现退化

秦巴生物多样性生态功能区是我国25个国家重点生态功能区中人口数量最多的区域，人为活动相对较为频繁，近年来，开发利用活动范围呈不断扩大的态势。水库建设、矿产开发、道路修建、城区扩张、毁林发展经济作物等活动范围不断扩展，造成区域内原生植被面积萎缩、动植物生境切割、栖息地边缘化范围扩大等问题，与区域整体开展生态保护建设的局面相对照，呈现出整体生境改善，局部生境恶化的态势。根据《全国主体功能区规划》的生态脆弱性评价，本区大部分处于微度和中度脆弱区，另有少量的重度脆弱区。

区域内草原生态系统中发生鼠害和"三化"的草地面积占草地总面积的28.1%。主要分布于湖北南漳县，陕西太白县和镇安县，甘肃宕昌县和迭部县。其中高海拔区域的草原在维系生态系统稳定方面具有重要价值，其退化问题应得到充分重视。而目前仅有迭部境内97.2%的退化草原得到了治理，退化草原治理工作非常迫切。

区域内水土流失面积占国土总面积的23.31%，主要分布在湖北南漳县，四川通江县、南江县和旺苍县，陕西留坝县和镇安县，甘肃武都区、舟曲县、宕昌县、迭部县和文县。侵蚀程度以轻度和微度侵蚀为主，占水土流失总面积的68.0%，强度、极强度和剧烈侵蚀占水土流失总面积的21.6%。对区域内生态系统的稳定、水源涵养功能的发挥均构成了一定的威胁。

与水土流失情况对应，2011年，秦巴生物多样性生态功能区内共发生滑坡、崩塌、泥石流、不稳定斜坡和地面塌陷等地质灾害75870处，其中滑坡70464次，对区域生态安全构成严重威胁。

三、生物多样性保护任务紧迫

秦巴生物多样性生态功能区是我国多种珍稀濒危物种的重要分布点，其中许多物种保护形势严峻。根据第一次全国重点保护野生植物资源调查，区域内在20世纪70年代前还连片分布有高大茂密的岷江柏木林，目前只在舟曲黑裕沟的干暖河谷山坡见到稀疏分布。分布区内生态环境十分脆弱，由于大面积的砍伐，水土流失日益严重，泥石流频繁发生，岷山柏木自然种群很难恢复和发展。

区域内的秦岭冷杉数量占全国总量的99.99%以上，由于自然更新困难，早期采伐过量，资源量已呈日趋减少的趋势，需要进行人工干预保护。

太白红杉以秦巴山区为唯一分布地，生在高寒地带，立地条件严酷，生长缓慢，天然繁殖能力较弱，种群数量不易增多。一旦遭受破坏，土层必将被剥蚀净尽，而难以更新，按照IUCN评估标准，属濒临灭绝物种。

大果青杆在秦巴山区的分布数量占全国总量的99.99%以上，但由于分布地区较窄，种群分散，结实率低，受到过度砍伐后，在大多数地方只能在一些环境条件较差的陡峭山坡看到分布，群落内很难找到幼龄苗木，自然更新能力很差。自20世纪80年代以来，在湖北、甘肃两省的3处林分已全部消失，按照IUCN评估标准，属濒临灭绝物种。

四、湿地保护和生态用水保障水平偏低

水是生物资源生存繁衍过程中不可或缺的因素，水本身的流动特性使其影响范围沿流域大规模扩展，水资源空间分布特性的变化对生物多样性保护带来的影响非常深远。

根据全国第二次湿地资源调查，秦巴生物多样性生态功能区内自然湿地保护率仅为25.17%。在重点调查的33块湿地中，共受到10类威胁因子影响，其中出现频次最多的依次为污染、泥沙淤积、水利工程和引排水的负面影响。其中19块受到轻度威胁，1块受到重度威胁，占重点调查数量的57.58%的3.03%。重点调查湿地多为有一定保护形式的湿地，保护水平相对较高，而在区域内广泛存在的小水电站和小规模局部调水活动，由于缺乏充分论证和有效管理，对区域水平衡产生较大的影响，且对当地的生态用水造成一定程度的威胁，必须引起足够重视。

第四节　生态保护与建设现状

一、生态工程建设

（一）林业生态工程建设

秦巴生物多样性生态功能区在国家目前生态保护政策的大背景下，对林业重大生态修复工程的依赖程度较高，已开展工程主要包括天然林资源保护工程、退耕还林工程、野生动植物保护及自然保护区建设工程、长江流域防护林体系建设工程、中幼林抚育、速生丰产用材林、公益林保护、石漠化综合治理、日援和国债造林等，累计完成封山育林62.42万公顷、退耕还林126.53万公顷、造林109.46万公顷、中幼林抚育7.33万公顷、种苗基地和珍稀濒危植物园0.78万公顷、湿地恢复0.05万公顷，为区域内生态恢复和治理提供了重要的支撑。

区域内还配套了森林防火体系、有害生物防治体系、人口易地安置和生态产业扶持等建设内容，服务于当地的森林生态系统维护和物种资源保护，取得了突出的成效。但同时也存在着工程投资标准偏低，水、电、路等配套设施不完善，森林防火、有害生物防治、资源管护等覆盖面积偏小，影响了工程成果的巩固和生态功能的有效提升。

（二）其他生态工程建设

农业、水利、环保、国土和气象等部门为推进区域生境恢复也先后推出了农村能源利用、小流域治理、环境集中整治、水土保持和地质灾害防治、气象监测等相关工

程建设，累计完成小流域治理53处、地质灾害治理395处，完成土地整理193.57万公顷，建成垃圾污水集中处理场68处、气象监测站8处、雨量站26处、农业基地2.50万公顷、各种清洁能源9.90万户，为推动当地生态保护和建设发挥了重要作用。

二、国家重点生态功能区转移支付

2011年，规划区获国家重点生态功能转移支付24.66亿元，其中生态环境保护特殊支出补助15.52亿元，占转移支付总额的62.94%；禁止开发区补助0.90亿元，占转移支付补助总额的3.65%。实际使用24.08亿元，占补助总额的97.65%；其中生态工程建设14.49亿元，占使用总额的60.17%；禁止开发区建设1.19亿元，占4.94%；其余使用方向包括保障性安居工程、环境保护、农村民生和基础设施建设、医疗卫生和教育文化事业等，占使用资金总额的34.89%。

三、生态保护与建设总体态势

目前，秦巴生物多样性生态功能区范围内整体生态质量逐步改善，早期受破坏植被正处于缓慢的恢复演替过程中。

但仍存在着森林质量不高、草原破坏修复滞后、水土流失面积偏大、地质灾害发生频率较高、湿地保护水平有待提升等问题，在一定程度上影响了区域生物多样性保护工作效果。而且，部分物种受其生理生态特点的限制，存在着分布范围小、自我更新困难、抗干扰能力弱等情况，保护难度较大。

同时，迫于地区和居民脱贫致富需要，区域土地、资源空间结构不合理、利用方式不合理等问题依然存在，给区域生物多样性保护工作带来了一定挑战。

生态保护与建设工作的持续性和科学性对于区域整体生态发展的走势将起到决定作用，目前正处于生态建设工作的关键阶段。

第二章　指导思想与原则目标

第一节　指导思想

全面贯彻党的十八大精神，深入学习贯彻习近平总书记系列重要讲话精神，以提升秦巴山区生物多样性保护功能、构建生态安全屏障为核心，立足当地生态保护实际，紧紧围绕珍稀濒危动植物物种保护和典型生态系统就地保护，依托区域内已有的自然保护区，进一步扩大野生动植物资源有效保护范围。实现生态系统结构优化和功能提升。同时兼顾当地居民的生态脱贫，降低经济活动对区域生态保护的压力，提高国土空间生态承载力，强化秦巴山地在我国战略资源储备和生物多样性保护中的重要地位，实现建设美丽中国、成就绿色发展的宏伟目标。

第二节　基本原则

一、全面规划，突出重点

与《全国主体功能区规划》进行充分衔接，全面考量秦巴生物多样性生态功能区自身特点，突出"生物多样性维护"功能，把增强提供生态产品能力作为首要任务，将保障区域内森林、草原、湿地等生态用地面积不减少作为规划重点，推进区域人口、经济、资源环境协调发展。

二、优先保护、科学治理

秦巴山区是我国动植物群系过渡交汇区，物种数量多且特有物种丰富，是具有全球意义的生物多样性保护关键地区。区域生态保护要优先保护区域内原生型生态系统和物种资源，以自然修复为主，同时尊重自然规律和科学规律，辅以必要的人工措施，科学推进生态系统恢复和物种资源保护。

三、合理布局，分区施策

本区自然条件差异较大，生态保护水平不一，规划要根据生物多样性保护需求，进行分区布局，凸显各区特点，分别采取针对性的保护和治理措施，合理安排建设内容。

四、以人为本，统筹兼顾

区域内贫困人口多，经济发展压力大，正确处理生态与民生、保护与发展的关系，是确保生态建设成果，实现人与自然的和谐相处的重要保障。

第三节　规划期与规划目标

一、规划期

规划期为2013～2020年，共8年。其中，规划近期为2013～2015年，规划远期为2016～2020年。

二、规划目标

总体目标：到2020年，将国家重点生态功能区的发展定位作为区域社会经济发展的主线，划定生态保护红线，全面保护和修复森林、湿地和草原生态系统；促进区域动植物资源的繁衍和保护，提高区域生物多样性的健康稳定水平；增强生态服务功能。形成生物多样性优先保护，城镇生态经济区适度发展，区域居民生活水平有所提高，配套设施逐步完善的区域发展格局。

具体目标：进一步完善以自然保护区为主的禁止开发区域网络建设，实现生物多样性丰富地区的集中连片保护；为珍稀濒危物种提供有效的生存繁衍环境，提高物种保护水平；森林覆盖率提高至61.3%；退化草地治理率提高至70%；生态用地面积增加，生物丰度指数有所提升；鼓励发展生态产业3万公顷；建成生态功能动态监测和评价信息管理系统。

专栏 20-1　生物丰度指数

生物丰度指数：是财政部印发的《国家重点生态功能区转移支付办法》中对"生物多样性维护类型"的生态功能区的考核指标，其计算方法为：生物丰度指数＝Abio×（0.35×林地＋0.21×草地＋0.28×湿地＋0.11×耕地＋0.04×建设用地＋0.01×未利用地）/区域面积，其中 Abio 为生物丰度指数的归一化系数。

由计算方法可知，扩大高权重的林地、草地、湿地面积，有利于提高生物丰度指数，也是本规划工程设置的主要依据。

表 20-2 规划指标

主要指标	2011 年	2015 年	2020 年
生物多样性保护目标			
生态用地①面积占比（%）	81.1	81.6	82.0
森林覆盖率（%）	57.3	59.8	61.3
国家级自然保护区管理能力	部分建成视频监控体系	提高视频监测体系覆盖程度	大部分建成视频监测和辅助信息决策体系
国家级自然保护区管护体系建成占比（%）	60	80	100
极小濒危种群资源保护（种）		3	5
湿地保护与恢复工程（项）		4	6
退化草地治理率（%）	28.1	50	70
自然保护区网络建设	87 处	完成保护对象空缺填补	优化保护区整体布局
生态扶贫目标			
新增产业基地（万公顷）		2	1
农村清洁能源家庭占比（%）	5	10	20
生态监管目标			
生态功能动态监测和评价信息管理系统	各部门有零散监测成果	整合部门监测资源	建成评价信息平台

注：①生态用地包括林地、湿地和草地三种土地利用类型。

第三章 总体布局

第一节 功能区划

秦巴山区除了以舟曲为代表的局部生态极为脆弱区域外，大部分地区处于整体生态良性发展阶段，植被群落缓慢地进行正向演替，生态系统结构和功能正在逐步完善。但抵御外界干扰能力仍较弱，还需持续开展生态保护与建设。对局部地区破坏性建设带来的负面影响应尽快予以消除和恢复。同时从消除生态破坏源头的角度出发，对地区民生和脱贫致富予以扶持，并建立生态保护监测、评估配套机制，为生态保护工作长期有效推进提供制度保障。

因此，功能区划和建设布局应紧紧围绕"生物多样性保护"这一主体目标，根据区域生物多样性保护水平的差异性，采取区别化建设措施：在生物多样性保护较好的区域，强调优化生态系统建设；在生物多样性保护仍有提升空间的区域，以改善生境为建设重点；对于需要优化经济结构、城镇居住环境的点状区域，根据自然条件分类对待，或保护环境、扩大绿色生态空间，或优化开发、服务居民，使规划区的生态质量和居民生活均得到有效提升，为生物多样性保护建立长效机制。

一、区划原则

（一）地域连通

充分考虑生物多样性保护对面积有效性的需求，确保区划能够实现生物资源的有效沟通和传播，在地域上具有连续性和可通达性，为大型兽类活动提供足够的空间保障。

（二）多因素综合

统筹考虑地势地貌、水系分布和人为干扰可达性对生物多样性保护的影响，从生态保护工作的有效性出发，确保不同区划范围内的工程措施便于操作且具有较好的实施效果。

二、功能区划

（一）严格保护区域

主要包括目前秦巴山区内交通不便，植被较少受到人为活动干扰的区域，以自然保护区、森林公园、湿地公园、地质公园、风景名胜区为依托，构建区域间相互连通的外围保护地带，有效扩展保护范围，总面积290万公顷。

（二）生境恢复区域

主要包括严格保护区区域和居民聚集区之间的区域，该范围内人为活动相对频繁，但对自然生态影响有限，为可恢复优化的区域，总面积867万公顷。

（三）合理利用区域

主要包括城镇建成区，多位于河谷、盆地等地势低缓、便于人类集中居住的区域，总面积243万公顷。

第二节　建设布局

一、严格保护区域

严格保护区域依托规划区内已有的自然保护区、森林公园、湿地公园、地质公园和风景名胜区等自然生态保护形式。

严格保护区域范围内生态系统质量较高，是当地生物多样性保护工作的主战场。

区内的国家级自然保护区配备了齐全的管理机构和设施，具有较为便利的资源保护管理条件。但地方级自然保护区则存在着缺乏管理机构、人员及必要的资源保护管理设施设备等问题，在一定程度上限制了资源管理工作的有效开展。

森林公园、湿地公园、风景名胜区和地质公园在保护生物多样性资源的同时，也是发展生态旅游的主要场所，强化对其中生态保育区和核心景观区的保护，实行分区管理，强化对区域生物多样性保护功能的管理。

严格保护区域的发展定位为：以自然保护区、森林公园、湿地公园、风景名胜区和地质公园等生态保护形式为核心，以自然恢复为主，配合必要的人工辅助恢复措施，通过对物种生境的保护、恢复，实现功能区内生态系统质量提升，扩大森林、湿地和草原等生态系统的面积，通过设置管护、检查设施，控制区域内人为活动范围和强度，逐步实现提高自然保护效果的发展目标。

二、生境恢复区域

生境恢复区域位于严格保护区域外围，生境质量整体处于正向演替过程中，但人为干扰较多，也是不合理工程建设的主要影响区域。

其发展定位为：以减少不合理的人为开发利用活动痕迹为主，通过相关建设内容，恢复原生植被，降低人为干扰强度，实现区域有效保护范围的扩展，服务于生态系统的恢复和优化，为原生物种重返提供必要的生境条件。

三、合理利用区域

合理利用区域为目前已具备较大规模的城镇建成区，由于建设初期缺乏良好的规划，土地利用格局和利用水平均有提高空间。

其发展定位为：以提高土地的合理利用水平为主，通过优化公共设施，实现人为活动适当集中，提高区域内人口密度和空间利用水平，提高当地居民生活水平。

第四章 主要建设内容

第一节 生物多样性保护

生物多样性保护工作主要安排在严格保护区域内。建设内容包括：优化生物多样性保护体系、建成外围缓冲地带两部分。

一、优化生物多样性保护体系

推进区域内包括自然保护区、森林公园、湿地公园、地质公园、风景名胜区在内的多种生态保护形式，共同组成生物多样性保护体系。对保护空缺的典型自然生态系统、极小种群野生植物、极度濒危野生动物及其栖息地，加快划建不同生态保护形式的步伐，完善生物多样性保护体系的组成和布局，构建生态系统一体化的大景观格局和生态廊道。

强化生物多样性保护体系及其周边地区的生态系统保护、管理工作，通过实施天然林资源保护、公益林保护、湿地保护与恢复等工程进一步提高区域生态系统质量。

结合全国野生动植物资源调查工作，对区域内珍稀濒危物种资源进行专项调查，摸清家底，为进一步搞好区域生物多样性保护管理工作提供科学依据。依托生物多样性保护体系及其周边地区良好的自然条件，探索在此范围内开展珍稀濒危物种就地保护、资源扩繁和近地野化工程。

（一）自然保护区

完善区域内国家级自然保护区的资源管护和监测设施建设，引入视频监测、辅助信息决策平台等高科技设施设备，提高资源保护工作科技含量。完成区域内湿地自然保护区内湿地生态系统的保护与恢复建设。

加大对地方级自然保护区的管理机构设置、管护经费和设施设备配备的扶持力度，鼓励保护价值高的地方级自然保护区等级晋升。

稳步推进自然保护区核心区、缓冲区的人口易地安置工程，配套进行搬迁后耕地还林建设。

（二）森林公园

强化现有国家森林公园管理机构建设，按核心景观区、一般游憩区、管理服务区和生态保育区分类管理。加强森林资源和生物多样性保护。严格执行游客容量控制，除必要的保护设施和附属设施外，禁止与保护无关的生产建设活动。

（三）湿地公园

遵循"保护优先、科学修复、适度开发、合理利用"的基本原则，强调人与自然和谐并发挥湿地多种功能，突出湿地的自然生态特征和地域景观特色，从维护湿地生态系统结构和功能的完整性、保护栖息地、防止湿地及其生物多样性衰退的基本要求出发，按照《全国湿地保护工程"十二五"规划》的建设导向，组织湿地资源保护与恢复建设，通过人工适度干预，促进修复或重建湿地生态景观，维护湿地生态过程，最大限度地保留原生湿地生态特征和自然风貌，保护湿地生物多样性。各类工程建设要严格遵循国家和地方的相关法律法规以及湿地公园规划，以开展湿地保护恢复、生态游览和科普教育为主，严格控制游客数量，确保湿地生态系统安全。

（四）风景名胜区

严格保护风景名胜区内一切景物和自然景观，控制人工景观和旅游配套设施的规模和建设地点，核定游客人数，保护区域内核心景观资源的完整性和长期有效性，与其他禁止开发区域共同形成生物多样性资源保护合力。

（五）地质公园

严格按照《世界地质公园网络工作指南》《关于加强国家地质公园管理的通知》进行管理，除必要的保护设施和附属设施外，禁止其他生产建设活动，对于公园内及可能对公园造成影响的周边地区，禁止采石、取土、开矿、放牧、砍伐及其他可能产生负面影响的活动。

（六）主要任务

2013～2015年，完成重点保护对象分布区的自然保护区划建，生物多样性保护体系面积达到270万公顷；完成能够覆盖全部严格保护区域的管理机构设置；对列入附表中的国家级自然保护区，完成资源管护基础设施建设。

2016～2020年，国家级自然保护区面积达到20万公顷，完成陕西朱鹮、湖北丹江口、湖北神农架大九湖自然保护区以及国家级湿地公园的湿地保护与恢复建设。巩固退耕还林工程成果，并根据国家总体部署，实施移民区退耕还林。

专栏 17-2　　生物多样性保护建设重点工程

01　野生动植物保护及自然保护区建设工程

建立秦岭西部和中南部的国家级自然保护区间的生态廊道；在秦岭中部四个国家级自然保护区东、西两侧的大熊猫潜在栖息地内建立一批自然保护区，使秦岭大熊猫栖息地成为一个有机整体。

结合《全国极小种群野生植物拯救保护工程规划》对保护空缺物种进行自然保护区划建。

以三峡水库和丹江口水库为核心，建立一批自然保护区，积极开展珍稀物种和生态系统监测，促进生态系统演替，保障大型水利设施和库区安全。完成区域内湿地自然保护区的湿地保护与恢复建设。

02　实施濒危物种抢救性保护工程

对列入国家Ⅰ、Ⅱ级重点保护的物种，加强自然生长区的保护措施。利用科技手段，对珍稀濒危动植物进行就地、近地繁育，扩大物种数量和分布范围。

03　湿地濒危物种保护工程

依托康县、竹溪县、两当县已有的大鲵和特有鱼类自然保护区开展物种保护，对区域湿地资源调查中发现的喜树、红花绿绒蒿及朱鹮、白鹤、黑鹳等保护物种加强保护和监测。

04　资源调查

对珍稀濒危物种开展专项调查工作，为珍稀濒危物种的保护提供科学依据。

05　森林公园、湿地公园、风景名胜区、地质公园建设

加强管理，控制建设内容与规模，形成自然保护区空缺地带生物多样性保护的网络体系；完成国家湿地公园的湿地保护与恢复建设。

06　人口易地安置

对自然保护区核心区、缓冲区开展人口易地安置工程，降低居民生产生活对自然保护区生态系统的影响。

07　退耕还林工程

巩固退耕还林成果，对迁出居民点内的耕地进行还林建设。

二、建成自然保护区外围缓冲带

在具备一定保护条件的自然保护区外划定外围缓冲带和生态廊道，按照《中华人民共和国自然保护区条例》第十八条、第三十二条对外围保护地带进行管理。加密外围缓冲带内的基层林业站点，行使辅助管理机构职能，加强机构执法和保护宣传工作。

以确保区域生态系统安全为目标，推进天然林资源保护和公益林保护，实施湿地生态系统保护和恢复工程，组织退化草地的保护和恢复工程，对陡坡耕地开展还林建设。

第二节　生物多样性恢复

生物多样性恢复工程集中于生境恢复区域内，主要建设内容包括森林生态系统恢复、湿地生态系统恢复、水土保持、保障水电工程下游生态用水和农村能源建设等。

一、森林生态系统恢复

与国土部门地质灾害防治和水利部门水土保持工作相结合，大力推进宜林地造林工作，扩大林地面积。坚持自然恢复和人工治理相结合，推进封山育林工程，强化对人为活动干扰的控制；继续推进天然林资源保护和公益林保护工程，加大管护人员培训，落实管护责任，强化成果核查管理；继续推进长江流域防护林体系建设，进一步优化区域林地分布；加强中幼林抚育，提高现有森林资源的林分结构和生态效益；在巩固已有退耕还林成果的基础上，根据国家的统一部署，对生态脆弱区的陡坡耕地安排退耕还林建设，与当地的脱贫工程结合，并充分考虑树种的经济效益。

对岩溶石漠化地区，选择适生乡土树种、草种，着力开展大苗客土造林、植草，加强前期管护，提高栽种成活率，并配套封育管理措施，提高治理成果的保存水平。对废弃矿区进行土地平整、表土覆盖，通过植树种草，完成植被恢复。

配套种苗基地建设工程，为森林生态系统建设提供基础保障。

主要任务：2013～2015年，继续推进天然林资源保护、长江流域防护林体系建设、石漠化综合治理等工程，实现石漠化治理6万公顷、完成区域内中幼林抚育5万公顷。

2016～2020年，进一步扩大生态工程的实施范围；完成石漠化治理3万公顷、中幼林抚育3万公顷。

二、湿地生态系统恢复

在规划区内通过保障区域水资源补给、控制水源污染、清除入侵生物、恢复湿地植被、消落带覆绿和鸟类栖息地恢复等措施进行湿地植被恢复。配合加固岸线、控制种养殖活动、清淤等综合治理措施实现湿地生态系统的逐步恢复。

主要任务：在三峡库区、丹江口湿地、汉江和丹江流域湿地、渭河流域湿地等国家和省重要湿地内，积极推进湿地恢复建设和宣传，营造良好的湿地保护社会环境。2013～2015年，完成湿地恢复4处；2016～2020年，完成湿地恢复2处。

三、草地生态系统恢复

秦巴生物多样性生态功能区内草地面积有限，但分布于高海拔区域的草地生态系统，对维护以太白红杉为代表的高海拔物种生境、防治区域水土流失有较大贡献。加大草地保护力度，强化对鼠害草地和"三化"草地的治理，落实草原禁牧休牧轮牧制度，继续推进退牧还草等工程建设，实现草畜平衡，逐步实现草原生态系统健康稳定，提高植被覆盖度，为区域生物多样性保护提供生境支持。

主要任务：加强区域内草地生态系统保护，将"三化"草原治理率提高至70%以上。

四、水土保持

坚持"防治结合、保护优先、强化治理"的水土流失治理方针，以小流域治理工程为主体，采取整治河堤、加固溪沟堤岸、保土耕作、泥石流（滑坡）治理、土地整理等工程措施，降低流域内水土流失强度，为植被恢复提供前提条件，减少地质灾害发生频率。

全面实施开发建设项目水土流失控制方案报批制度和"三同时"制度，防止人为水土流失。

区域内的地质灾害以强水土流失导致的滑坡为主，占地质灾害总量的92.88%，且多因水蚀而发生，需建立地质灾害监测、预报、预警系统，对地质灾害做到早预防、早预告、早处理，使损失降低到最低程度。

主要任务：2013～2015年，完成小流域治理3万公顷；2016～2020年，完成区域内小流域治理2万公顷。

五、保障水电工程下游生态用水

建立水电站生态流量达标监督管理机制。强化对水电工程的生态保护宣传，促使水电行业形成保障生态流量的职业理念。建立水电站与下游社区共同保障生态流量的协商制度，选派下游社区代表，对水电站下泄流量的合理水平进行监督，确保流域内生态流量达标，减轻水电站建设对流域生物多样性保护的负面影响。

主要任务：建立健全水电站保障生态用水的管理监督制度。

六、农村清洁能源建设

大力推广沼气池、太阳能灶、太阳能热水器、生物质燃气灶、节柴灶等清洁能源的利用。在水电资源丰富的地方，通过政府补助的方式，鼓励农民使用电力资源，减少森林资源消耗。

专栏 20-3　生物多样性恢复重点工程
01　森林生态系统恢复 　　完成中幼林抚育 8 万公顷；完成石漠化治理 9 万公顷。
02　湿地生态系统恢复 　　完成区域内列入《全国湿地保护工程"十二五"实施规划》的重要湿地和湿地公园的保护恢复工程。
03　草地生态系统恢复 　　退化草地治理率提高至 70%。
04　水土保持 　　完成小流域治理 5 万公顷。
05　农村能源建设 　　使用环保能源户数比例达到 20%。

第三节　生态扶贫建设

生态扶贫建设集中于合理利用区域内，主要建设内容包括扶持生态产业、人口易地安置和发展生态旅游等。

一、生态产业

坚持因地制宜，充分发挥区域良好的生态状况和丰富的资源优势，突出名、特、优、新的特点，转变和创新发展方式，调整产业结构，大力发展特色经济林、林下经济、中药材和高山蔬菜，建设产业基地，并带动种苗等相关产业发展；大力提高特色林果产品、山野珍品工业化生产加工能力，延长产业链条，提高农民收入。积极发展生物质能源，加大农林业剩余物的开发利用，发展生态循环经济。积极探索建立起较为灵活的投融资及经营机制，不断扩大提高外来资金利用规模与水平，助推特色生态产业快速发展，使生态产业在国民经济中逐步占据主导地位，形成具有秦巴山区特色的生态经济格局，帮助农民脱贫致富。

主要任务：2013～2015年，组织生态产业工程论证和试点建设，开展工程实用技术培训；2016～2020年，扩大生态产业发展范围，扩充产业类型和发展规模。

二、人口易地安置

与国家扶贫攻坚规划相衔接，对区域内生存条件恶劣地区的居民实行易地扶贫搬迁；对自然保护区核心区及缓冲区内的居民、国家级风景名胜区核心景区的居民实行人口易地安置。将生活条件相对优越的合理利用区域作为优先安置场所，搬迁以集中安置为主。

对易地安置人员应根据当地的实际情况，结合城镇化建设和新农村建设，每个县重点建设1～2个重点城镇，作为易地保护搬迁和易地扶贫搬迁人口的集中安置点、特色产业发展集中点、游客集散地和基本生活服务集聚点，减轻人口对区域生态的压力。扶持特色优势产业，同时也鼓励富余劳动力从事第二、三产业，增加收入，使安置人口搬迁达到"搬得出，稳得住，能致富"的目标，实现区域经济社会可持续发展。

三、发展生态旅游

利用规划区内生态资源良好的优势，依托森林公园、湿地公园、风景名胜区、世界文化遗产等资源，科学编制区域生态旅游规划，大力推进生态旅游服务产业。配套服务设施，组织专业培训，弘扬生态文明理念，建立生态旅游服务队伍的监督管理制度，避免破坏性旅游开发行为。

主要任务：2013～2015年，推进区域内生态旅游规划论证工作，统筹安排服务设施建设，开展旅游服务人员培训；2016～2020年，结合规划推进生态旅游服务设施建设。

专栏20-4 生态扶贫重点工程
01 生态产业工程 完成3万公顷生态产业基地建设，组织2万人次的实用技术培训。
02 生态旅游建设 编制区域生态旅游规划；建成满足区域内森林公园、湿地公园、风景名胜区生态旅游需求的旅游基础设施建设。

第四节 基本公共服务体系建设

基本公共服务体系建设布局于整个规划区范围内，包括防灾减灾和基础设施配备两部分内容。

一、防灾减灾

（一）森林（草原）防火体系建设

按照国家重点防火区的防火工程配置标准进一步完善防火预警、瞭望、监控、阻隔、指挥、扑救、通信装备，配备扑火专业队伍和半专业队伍，完善防火物资储备库建设，配备扑救设施设备。

（二）林业（草原）有害生物防治

完善林业有害生物检验检疫机构和监测、检疫、防治和服务保障体系，建立林业有害生物防治责任制度。加强防控体系基础设施建设，提高区域林业有害生物防灾、御灾和减灾能力。有效遏制林业有害生物发生。

（三）地质灾害防治

针对滑坡、崩塌、泥石流、不稳定斜坡、地面塌陷、地裂缝、地面沉降等地质灾害，依据其危险性及危害程度，采取工程措施和生物措施相结合的治理方案。建立气象、水利、国土资源等多部门联合的监测预报预警信息平台和短时临近预警应急联动机制，实现部门之间的实时信息共享，发布灾害预警信息。

（四）气象减灾

建立和完善人工干预生态修复和灾害预警体系，增强防灾减灾能力建设。完善无人生态气象观测站和土壤水分观测站布局，合理配置新型增雨（雪）灭火一体火箭作业系统，改扩建人工增雨（雪）标准化作业点，提高气象条件修复生态能力。

（五）野生动物疫源疫病防控体系建设

建立野生动物疫病监测预警、预防控制、防疫检疫监督以及防疫技术支撑和物资保障系统，形成上下贯通、横向协调、有效运转、保障有力的野生动物防疫体系，明显提高重大野生动物疫病的预防、控制和扑灭能力。

二、基础设施设备

专栏20-5　基础公共服务体系建设重点工程
01　森林（草原）防火工程 　　建成区域内森林、草原火险预测预报、火情瞭望监测、防火阻隔、通讯联络及指挥系统，增强预警、监测、应急处置和扑救能力，实现火灾防控现代化。
02　有害生物防治工程 　　在已有天敌昆虫繁育基地的基础上，以省、市、县森防检疫站（局）为依托，增强区域内有害生物检疫检验能力，布设监测点，以生物和仿生防治为主、人工和物理防治为辅，开展综合防控。草地分布集中的区域，依托草原站购置草原鼠害、虫害以及毒草危害预测预报防治基础设施设备。
03　地质灾害防治 　　对滑坡、崩塌、泥石流、不稳定斜坡、地面塌陷、地裂缝、地面沉降等地质灾害进行综合防治。

完善林区交通设施，把林区道路纳入国家和地方交通建设规划。加快林区电网改造，完善林区饮水、供热和污水垃圾处理设施，提高林区通讯设施水平，加强森林管护用房建设，并配备必要的巡护器具、车辆，全面提高森林资源管护能力。

第五节　生态监管

生态监管服务于"国家重点生态功能区转移支付"对秦巴山区生态保护工作的考核，采取"制度保障、数据支撑"的管理模式，工程覆盖整个规划范围。

一、生态监测

以现有监测台（站）为基础，合理布局、补充监测站点，建立覆盖本区、统一协调、及时更新、功能完善的生态监测管理系统，对森林资源、草地资源、湿地资源和生物多样性等进行动态监测。

目前，国家林业局已经成立生态监测评估中心，规划在省级林业主管部门内设立省级生态监测评估站，县级单位设立生态监测评估点，形成"中心－站－点"的三级生态监测评估系统，制定统一的生态监测标准与规范，形成区域生态系统监测网。林地在秦巴山区的生态用地中占比高达93.46%，是当地生态用地的主体，也是生物多样性保护的主战场、生态监测的重点对象，每两年应开展一次林地变更调查，将林地与森林的变化落到山头地块，形成稳定的监测系统。建立信息共享平台，制定监测数据的定期汇总制度，及时上报重大生态问题，定期发布生态保护建设报告。建立生态功能评估体系，定期、系统评价生态保护水平，开展生态预警评估和风险评估。

二、空间管制与引导

（一）落实主体功能定位

全面落实《全国主体功能区规划》提出的主体功能定位要求，在禁止开发区域内实行强制性保护；在限制开发区域内实行全面保护。

（二）划定区域生态红线

大面积的自然保护区和天然林资源是本区主体功能的重要载体，要落实生物多样性保护的建设重点，划定区域生态红线，确保现有天然林、湿地和草地面积不能减少，并逐步扩大。严禁改变生态用地用途，禁止可能威胁生态系统稳定、生态功能正常发挥和生物多样性保护的各类林地利用方式和资源开发活动。严格控制生态用地转化为建设用地，逐步减少城市建设、工矿建设和农村建设占用生态用地的数量，形成"点状开发、面上保护"的空间格局。

（三）控制生态产业规模

合理布局区域生态产业，发展不影响生态系统功能的生态旅游、特色经济林、林下经济、中药材、高山蔬菜及农产品深加工，合理控制发展规模，在保护生态的前提下提高经济效益。

三、绩效评价

为确保规划的执行情况和实施效果，建立具有时间控制点的规划考核指标，分功能区、分阶段考核规划实施情况。

表20-3　考核指标表

考核指标	2015 年	2020 年
生物多样性保护（严格保护区域）		
自然保护区面积增加（万公顷）	2	1
晋升国家级自然保护区（处）	2	2
建成具有辅助信息决策体系的国家级自然保护区（处）	6	10
建成具有视频监测体系的国家级自然保护区（处）	5	7
有独立管理机构和经费保障的地方级自然保护区占比（%）	30	50
生态保护执法工作覆盖面积比例（%）	80	100
防火工程覆盖面积占比（%）	60	80
有害生物防治工程覆盖面积占比（%）	60	80
完成湿地恢复建设的自然保护区、湿地公园（处）	4	5
生物多样性恢复（生境恢复区域）		
中幼林抚育面积（万公顷）	5	3
建成区域性生物防控基地（处）	1	1
湿地恢复工程（项）	4	6
小流域治理（万公顷）	3	2
石漠化治理（万公顷）	6	3
生态扶贫（合理利用区域）		
编制区域生态旅游规划		完成
建立生态旅游服务监管机制		建成
特色种植（林果业、林下经济、中药材、蔬菜）（万公顷）	2	1
实用技术推广（人次）	8000	12000
生态监管（整个规划区）		
建立生态影响评估监督机制		建成
建设生态文明教育基地（处）	2	3
生态监测站点布设	合理	完善
建成生物多样性监测、评估平台	监测数据录入	能够开展评估

第五章 政策措施

第一节 政策需求

生物多样性保护属社会公益性事业，服务于国家的生态安全和生物战略资源储备，对政策导向依赖水平较高，迫切需要相关政策支撑，以达到规划预期目标。

一、国家重点生态功能区转移支付政策

在明确秦巴山区主体生态功能的基础上，对当地生态建设现状和工程需求进行全盘分析，确定合理的工程内容和布局，提高地区生态工程设置与生物多样性保护的相关性，将地方级自然保护区、国有林业局纳入国家重点生态功能区转移支付资金分配范围，确保重点生态功能区转移支付资金使用的有效性。同时配套与工程实施效果挂钩的考核体系，强化对生态建设和资金使用关联性、合理性的监管，使生态转移支付资金的使用水平得到及时量化和评估，提高资金使用规范水平。

二、生态效益补偿政策

着力推进秦巴山区的生态补偿建设，引导生态受益地区与生态保护地区、下游与上游地区开展横向补偿，优先将区域内的林业碳汇、可再生能源开发利用纳入碳排放权交易试点。根据周边经济发展水平适时完善森林生态效益补偿政策；在中央财政湿地保护补助试点政策的基础上，扩大补助范围，提高补助标准，逐步建立湿地生态效益补偿制度。

三、人口易地安置配套扶持政策

加强区内义务教育、职业教育与职业技能培训，增强劳动力跨区域转移就业的能力，鼓励人口到重点开发区、优化开发区和区域内县城和中心城镇集聚、就业并定居。

人口易地安置的过程中，涉及农用地转为建设用地的，应依法办理农用地转用审批手续。制定减免搬迁过程中产生的税费，优先安排安置人员及其子女就业，引导安置人员参与商贸和生态旅游等第三产业经营并为其优先办理生产性小额贷款的配套政策。保障搬迁人员在医疗保健、子女入学等方面均享有同当地居民一样的待遇。

四、基层保护工作人员待遇保障政策

按照因事设岗原则，在林区、林场设置基层生态保护机构，将广大一线工作人员纳入编制，为区域内生物多样性保护提供基层机构和人员保障。

五、区域建设与生态功能区定位保持一致的政策

根据重点生态功能区发展要求，在秦巴生物多样性生态功能区内的资源开发利用项目的选择上，实行更加严格的行业准入条件。对属于限制类的新建项目按照禁止类进行管理；对不符合重点生态功能区发展定位的已有产业，积极促进产业跨区域转移或关闭；发展适宜产业和基础设施建设应尽量缩减建设范围，严保绿色生态空间面积不减少。

对于点状开发的县城和重点城镇，完善城镇基础设施及对外交通设施，严格控制新增公路、铁路等工程建设规模，必须新建的，应事先规划动物迁徙通道，对有条件的生态地区要通过水系、绿带等构建生态廊道。确保所有建设内容与秦巴生物多样性生态功能区的主体功能保持一致。

第二节　保障措施

一、法制保障

（一）加强普法教育

认真贯彻执行《中华人民共和国森林法》《中华人民共和国水土保持法》《中华人民共和国环境保护法》《中华人民共和国土地管理法》《中华人民共和国自然保护区条例》《风景名胜区条例》等相关的法律法规。各级政府职能部门要分工协作，认真落实和严格执行有关的法律法规，不断提高执法部门的执法水平和广大群众的法治理念。

（二）依法惩处各类破坏资源、污染环境的行为

要在加强管护的基础上，加大对砍伐林木、截留水源、引发火灾、超标排污等各类违法行为的打击力度，努力为生态建设创造良好的社会环境。

二、组织保障

各级领导要以高度的历史责任感，切实把重点生态功能区生态保护与建设纳入政府工作的议事日程，发挥组织协调功能，支持职能部门更有效地开展工作。重点生态

功能区生态保护与建设范围广、任务重，涉及部门多，各级地方政府要成立重点生态功能区生态保护与建设领导小组，主管领导任组长，强化对生态保护建设工作的领导，各有关部门要发挥各自优势和潜力，按职责分工，各司其职，各负其责，形成合力。

三、资金保障

积极争取中央财政的支持、帮助，加快重点生态功能区生态保护和建设速度。在市场机制条件下，充分发挥资源优势、科技优势和人才优势，积极吸引内外资金。动员全社会力量，实行个人、集体、政府相结合的政策，鼓励多方投资，制定一系列优惠政策，引入市场机制，以效益吸引投资，多渠道增加区域内生态保护和建设的投入，提高资金使用效益，确保重点生态功能区生态保护和建设规划中的各项建设任务得以实施和落实。

改进和调整现有的财政与金融措施。将重点生态功能区生态保护和建设资金列入财政预算，作为一项重要内容统筹安排，重点倾斜。对区域内国家支持的建设项目，适当提高中央政府补助比例，逐步降低市县级政府投资比例。增加财政对生物多样性保护、生态恢复，以及各种自然资源开发利用工程的生态保护支持。

对不符合区域生物多样性保护定位的产业，通过设备折旧补贴、设备贷款担保、迁移补贴、土地置换、关停补偿等手段，进行跨区域转移或关闭。

利用税收政策促进可持续发展。按照税费改革总体部署，积极稳妥地推进生态环境保护方面的税费改革，逐步完善税制，进一步增强税收对节约资源和保护环境的宏观调控功能。

四、技术保障

（一）加强对科学研究和技术创新的支持

围绕影响重点生态功能区主导生态功能发挥的自然、社会和经济因素，深入开展基础理论和应用技术研究。积极筛选并推广适宜不同类型生态系统保护和建设的技术。加快现有科技成果的转化，努力减少资源消耗，控制环境污染，促进生态恢复。要加强资源综合利用、生态重建与恢复等方面的科技攻关，为重点生态功能区生态保护和建设提供技术支撑。

（二）建立生态环境信息网络

利用网络技术、3S技术，建立生态环境信息网络，加强生态环境数据的收集和分析，及时跟踪环境变化趋势，实现监测资料综合集成和信息资源共享，不断提高生态环境动态监测和跟踪水平，为重点生态功能区生态保护和建设提供科学化信息决策支持。

五、制度保障

加强部门协调，把有利于推进形成重点生态功能区的绩效考核评价体系和中央组织部印发的《体现科学发展观要求的地方党政领导班子和领导干部综合考核评价试行办法》等考核办法有机结合起来，根据各地区不同的重点生态功能定位，把推进形成重点生态功能区主要目标的完成情况纳入对地方党政领导班子和领导干部的综合考核评价结果，作为地方党政领导班子调整和领导干部选拔任用、培训教育、奖励惩戒的重要依据。

将生物多样性保护指标作为秦巴生物多样性生态功能区范围内政府考核的主要方向，实行生态保护优先的绩效评价，强化对提供生态产品能力的评价，弱化对工业化、城镇化相关经济指标的评价。主要考核生物多样性、水土流失强度、森林覆盖率、湿地面积、河流生态流量保障水平、大气和水体质量等指标，不考核地区生产总值、投资、工业、农产品生产、财政收入和城镇化率等指标。

附表

秦巴生物多样性生态功能区禁止开发区域名录

省份	名称	行政区域	面积（公顷）
自然保护区、保护小区			
湖北	赛武当国家级自然保护区	十堰市茅箭区	21203
湖北	青龙山恐龙蛋化石群国家级自然保护区	郧　县	205
湖北	神农架国家级自然保护区	神农架林区	70467
湖北	堵河源国家级自然保护区	竹山县	48452
湖北	十八里长峡省级自然保护区	竹溪县	30459
湖北	万江河大鲵省级自然保护区	竹溪县	780
湖北	丹江口库区省级自然保护区	丹江口市	45103
湖北	武当山县级自然保护区	丹江口市	79523
湖北	五朵峰省级自然保护区	丹江口市	20422
湖北	保康野生腊梅县级自然保护区	保康县	2800
湖北	鹫峰市级自然保护区	保康县	134
湖北	五道峡省级自然保护区	保康县	23816
湖北	保康红豆杉市级自然保护区	保康县	4000
湖北	刺滩沟市级自然保护区	保康县	800
湖北	官山自然保护小区	保康县	400
湖北	欧店自然保护小区	保康县	900

（续）

省份	名称	行政区域	面积（公顷）
湖北	七里扁腊梅自然保护小区	保康县	567
湖北	九路寨自然保护小区	保康县	408
湖北	大九湖湿地县级自然保护区	神农架林区	5083
湖北	红坪画廊县级自然保护区	神农架林区	1033
湖北	红岩岭县级自然保护区	神农架林区	333
湖北	将军寨县级自然保护区	神农架林区	634
湖北	刘享寨县级自然保护区	神农架林区	1634
湖北	杉树坪县级自然保护区	神农架林区	100
湖北	神农架摩天岭县级自然保护区	神农架林区	66
湖北	燕子垭县级自然保护区	神农架林区	3333
湖北	五龙河省级自然保护区	郧西县	15121
湖北	伏山自然保护小区	郧　县	500
湖北	七里山市级自然保护区	南漳县	807
湖北	金牛洞市级自然保护区	南漳县	7000
湖北	香水河市级自然保护区	南漳县	11000
湖北	湖北漳河源省级自然保护区	南漳县	10266
湖北	野人谷省级自然保护区	房　县	36892
重庆	大巴山国家级自然保护区	城口县	136017
重庆	阴条岭国家级自然保护区	巫溪县	22423
四川	米仓山国家级自然保护区	旺苍县	23400
四川	唐家河国家级自然保护区	青川县	40000
四川	花萼山国家级自然保护区	万源市	48203
四川	大小沟市级自然保护区	青川县	4067
四川	东阳沟省级自然保护区	青川县	30760
四川	毛寨省级自然保护区	青川县	14150
四川	诺水河省级自然保护区	通江县	63000
四川	诺水河大鲵省级自然保护区	通江县	9480
四川	五台山猕猴省级自然保护区	通江县	27900
四川	大小兰沟省级自然保护区	南江县	40155
四川	贾阁山县级自然保护区	平昌县	1630

（续）

省份	名称	行政区域	面积（公顷）
陕西	周至国家级自然保护区	周至县	56393
陕西	太白山国家级自然保护区	太白县、眉县、周至县	56325
陕西	汉中朱鹮国家级自然保护区	洋县、城固县	37549
陕西	长青国家级自然保护区	洋县	29906
陕西	青木川国家级自然保护区	宁强县	10200
陕西	桑园国家级自然保护区	留坝县	13806
陕西	佛坪国家级自然保护区	佛坪县	29240
陕西	天华山国家级自然保护区	宁陕县	25485
陕西	化龙山国家级自然保护区	镇坪县、平利县	27103
陕西	牛背梁国家级自然保护区	柞水县、长安区、宁陕县	16418
陕西	米仓山国家级自然保护区	西乡县	34192
陕西	屋梁山国家级自然保护区	凤县	13684
陕西	紫柏山国家级自然保护区	凤县	17472
陕西	太白湑水河省级自然保护区	太白县	5343
陕西	老县城省级自然保护区	周至县	11743
陕西	周至黑河湿地省级自然保护区	周至县	13126
陕西	宝峰山省级自然保护区	略阳县	29485
陕西	略阳大鲵省级自然保护区	略阳县	5600
陕西	留坝摩天岭省级自然保护区	留坝县	8520
陕西	佛坪观音山省级自然保护区	佛坪县	13534
陕西	瀛湖湿地省级自然保护区	安康市	19800
陕西	鹰嘴石省级自然保护区	镇安县	11462
陕西	东秦岭地质剖面省级自然保护区	柞水县、镇安县、周至县	25
陕西	牛尾河省级自然保护区	太白县	13492
陕西	黄柏塬省级自然保护区	太白县	21865
陕西	平河梁省级自然保护区	宁陕县	21152
陕西	皇冠山省级自然保护区	宁陕县	12372

（续）

省份	名称	行政区域	面积（公顷）
甘肃	白水江国家级自然保护区	文　县	183799
甘肃	嘉陵江两当段特有鱼类水产种质资源国家级自然保护区	两当县	8608
甘肃	小陇山国家级自然保护区	两当县、徽县	31938
甘肃	裕河金丝猴省级自然保护区	武都区	74944
甘肃	尖山省级自然保护区	文　县	10040
甘肃	龙神沟县级自然保护区	康　县	100
甘肃	康县大鲵省级自然保护区	康　县	10247
甘肃	黑河省级自然保护区	两当县	3495
甘肃	两当县灵官峡县级自然保护区	两当县	2973
甘肃	插岗梁省级自然保护区	舟曲县	114361
甘肃	博峪省级自然保护区	舟曲县、文县	61547
甘肃	多儿省级自然保护区	迭部县	55275
甘肃	白龙江阿夏省级自然保护区	迭部县	135536
甘肃	文县大鲵省级自然保护区	文　县	13579
世界文化遗产			
湖北	武当山古建筑群	丹江口市	10
风景名胜区			
湖北	武当山国家级风景名胜区	丹江口市	312
四川	光雾山国家级风景名胜区	南江县	52500
四川	诺水河国家级风景名胜区	通江县	52500
四川	白龙湖国家级风景名胜区	青川县	416
森林公园			
湖北	偏头山国家森林公园	竹溪县	3132
湖北	九女峰国家森林公园	竹山县	3527
湖北	房县诗经源国家森林公园	房　县	8280
湖北	神农架国家森林公园	神农架林区	13333
湖北	沧浪山国家森林公园	郧　县	7467
湖北	九重山国家森林公园	城口县	10089
重庆	红池坝国家森林公园	巫溪县	24200

（续）

省份	名称	行政区域	面积（公顷）
重庆	九重山国家森林公园	城口县	10089
四川	米仓山国家森林公园	南江县	40155
四川	空山国家级森林公园	通江县	11511
陕西	五龙洞国家森林公园	略阳县	5800
陕西	通天河国家森林公园	凤　县	5235
陕西	天台山国家森林公园	凤　县	8100
陕西	南宫山国家森林公园	岚皋县	3100
陕西	木王国家森林公园	镇安县	3616
陕西	鬼谷岭国家森林公园	石泉县	5135
陕西	千家坪国家森林公园	平利县	2145
陕西	上坝河国家森林公园	宁陕县	4526
陕西	黑河国家森林公园	周至县	7462
陕西	楼观台国家森林公园	周至县	27487
陕西	天华山国家森林公园	宁陕县	6000
陕西	上坝河国家级森林公园	宁陕县	4526
陕西	牛背梁国家森林公园	柞水县	2124
陕西	紫柏山国家森林公园	凤　县	4662
陕西	黎坪国家级森林公园	南郑县	9400
甘肃	官鹅沟国家森林公园	宕昌县	41996
甘肃	文县天池国家森林公园	文　县	14338
甘肃	大峡沟国家森林公园	舟曲县	4070
甘肃	腊子口国家森林公园	迭部县	27897
甘肃	沙滩国家森林公园	舟曲县	17415
湿地公园			
湖北	圣水湖国家湿地公园	竹山县	3255
湖北	神农架大九湖国家湿地公园	神农架林区	5083
地质公园			
湖北	湖北青龙山国家地质公园	郧　县	577
四川	八台山—龙潭河国家地质公园	万源市	11000

第二十一篇

藏东南高原

边缘森林生态功能区
生态保护与建设规划

第一章　规划背景

第一节　区域概况

一、规划范围

藏东南高原边缘森林生态功能区位于我国地貌第一阶梯的青藏高原南缘及其由西北向东南倾斜下降的地带，为青藏高原南部喜马拉雅山东段，地理位置为东经91°23′～98°45′，北纬26°51′～29°55′，东西长750千米，南北宽250千米，北至喜马拉雅山北坡雅鲁藏布江谷底，东被一山三江（横断山、澜沧江、怒江和金沙江）所隔，南与缅甸、印度接壤，西以年降水量400毫米等值线为界。包括西藏自治区的墨脱县、察隅县和错那县，总面积980.18万公顷。

二、自然条件

藏东南高原边缘森林生态功能区位于青藏高原和喜马拉雅造山运动综合作用的区域内，地史发育相对年轻且变化过程剧烈。区域南侧为喜马拉雅山，北部为雅鲁藏布江谷地，雅鲁藏布江自西向东流经南迦巴瓦峰和加拉白垒峰前，从两座山间劈出深切峡谷，然后绕南迦巴瓦做奇特的马蹄形回转后折向西南，注入印度阿萨姆平原，呈现出高山耸立、峡谷深邃的地貌特点。整个规划范围内最高海拔7782米，最低海拔18米，海拔落差高达7000余米，自然环境垂直分异明显。

规划区内有印度洋暖湿气流北上青藏高原的主要水汽通道，高大山系形成的马蹄形山环作为巨大的地形屏障，截获了大量的水汽使之凝雨落下，同时收获了水汽凝结潜热，使这里成为北半球最北的热带气候分布区，并受地貌快速抬升的影响，随海拔梯度升高依次分布着亚热带、暖温带、寒温带和寒带等气候类型，在小范围内汇集有北半球所有气候带类型。受特有的地形、气候特点影响，区域内气候因子变幅较宽。年降水量400～5000毫米，年均温1.2～16.0℃，无霜期49～340天不等。

由于规划范围内自然条件分异剧烈，使多种地貌特征和气候类型被压缩于较小区域内，为野生动植物资源和地带性植被分布提供了多样的生境。从垂直分布上看，由谷底到高山发育了北半球从海南岛到极地的所有主要森林植被类型，加上植被垂直带交替带上各种过渡植被类型的存在，更丰富了当地的植被类型组成。从水平分布上看，区域内地形起伏多变，为不同类型的森林及树种构成斑块状或融合性的混交镶嵌提供了条件，呈现出热带、亚热带、温带植被犬牙交错的分布形态，森林的水平配置结构也非常丰富。

规划区在植物区系变迁过程中，曾与印度-马来西亚、原地中海及泛北极植物区系有广泛的交流，是我国唯一具有印度-马来西亚植物区系成分的区域，植物区系成分具备古老性和多方关联性的特点。加上未受第四纪冰川的影响，沟壑纵横交错的地形使其成为"生物避难所"，一些第三纪植物区系得到了较好的保留，成为多种古老的孑遗种和特有种分布区，构成了全球最丰富独特的亚热带高山、高原植物区系。

三、自然资源

（一）土地资源

藏东南高原边缘森林生态功能区内林地为占比重最大的土地利用类型，总面积980.18万公顷，占区域国土面积的67.87%，构成区域内生态景观基底；另有草地55.24万公顷，占国土面积的5.64%；湿地7.74万公顷，占国土面积的0.79%；耕地0.55万公顷，占0.06%。区内由林地、草地和湿地组成的生态用地占全部国土面积的74.30%。

（二）森林资源

藏东南高原边缘森林生态功能区是青藏高原为数不多的林区，森林是区域内生态系统的绝对主体，占国土总面积的61.27%。由于水热条件优越，人为干扰很少，区内森林多为原始林，林内结构复杂，长势良好，是生物多样性保护的重要载体。区域内的森林资源具有非常鲜明的自身特点。主要包括：

（1）种类组成的多样性

规划区内木本植物约有110多科300余属1700多种，几乎拥有北半球各气候带的针、阔叶树种。

作为主要建群种的针叶树有7科16属40余种，其中以松柏科的高耸、长寿、珍贵的树种占绝对优势，如寒温带的冷杉属、云杉属，暖温带的铁杉属以及混生于亚热带阔叶林中的三尖杉属、红豆杉属、罗汉杉属等。阔叶树种包括热带的龙脑香属、娑罗双属、榕树属、第伦桃鼠、阿丁枫属，亚热带的木兰属、含笑属、樟属、润楠属、栲属、青冈属的种类成分，温带的槭树属、桦木属、杨属、栎属等。

各气候带的典型建群种汇集分布，大大丰富了区域内的森林物种组成。

（2）种类成分的古老性和特有性

由于喜马拉雅山南缘未受第四纪冰川的影响，沟壑纵横的小地形又提供了丰富的生物避难所，区内古老的森林建群种得到了较好的保护，有许多成分是植物进化系统中的原始类群和第三纪孑遗种。以区域内广为分布的第三纪以前发生的较古老植物——松柏类为例，全世界共约30属，我国有20余属，规划区内有14属，且区域特有种即达15种以上。

受规划区成陆时间短、地形抬升迅速的影响，区域内大量的古老植物与新进成分快速发生迁移交流，再经过适应与进化，形成了独特而年轻的植物成分。以乔松、喜马拉雅冷杉、喜马拉雅红杉、西藏润楠、察隅柳为代表的区域特有植物种类丰富。

（3）区系的年轻性和关联性

规划区属于起源于泛北极植物区系的喜马拉雅亚区，与其他发育于第三纪以前的古陆上亚区相比，是相对年轻的区系。在区系的形成演化过程中，与周边植物区系存在着千丝万缕的联系。从植物成分看，北与泛北极其他亚区如我国华北、东北以至北欧的区系成分相联系；南与古热带的印度-马来西亚植物区西成分交混；东与中国台湾、日本和北美的一些种近似；西与地中海、非洲的一些成分共宗衍生。植物区系反映了泛北极与古热带植物区系错综交汇和过渡的现象。

（4）森林分布集中连片

在规划区的广大范围内，除了河流、城镇以及高海拔地区的高山灌丛、草原、草甸和雪峰以外，天然林连绵逶迤，在水热综合状况基本一致的地域和地带，往往由单一树种或生态位相近的树种构成集中连片的单纯林或复合同型林。其中的云、冷杉林是区域内面积最大、蓄积量最高的林型代表，面积占区内森林总面积的24.30%，以过熟林为主，云、冷杉过熟林占规划区内过熟林面积的50.98%。

（5）森林成带分层

规划区内的森林垂直带谱组成丰富，几乎包括了北半球从热带到寒带的所有森林类型，森林分布也随海拔高度呈现明显的垂直分异性。

在海拔1100（1200）米以下为山地热带雨林、季雨林，树种主要为印度-马来区系的热带常绿阔叶树种。1100（1200）～2200（2500）米为亚热带常绿阔叶树和松林带，树种主要以常绿栎类（栲、椆、柯等）和樟、楠、榕以及亚热带的针叶树种红豆杉、三尖杉等组成亚热带常绿阔叶（少量针叶）混交林；此带还有大面积的亚热带云南松林，在带的上段还夹有一些落叶阔叶槭、桦、鹅耳枥组成常绿、落叶混交林。海拔2200（2500）～2800（3000）米为暖温带针阔混交林带，主要树种为铁杉和桦木、槭树等。2800（3000）～4000（4100）米为亚高山寒温带暗针叶林带，主要为云杉、冷杉、圆柏等暗针叶树和落叶松、高山栎、山杨、桦、槭等组成暗针叶林。4000（4100）米以上则是一些柏树和杜鹃组成的高山寒带稀林灌丛以及草甸。在各垂直带的交替处，更是存在多种过渡类型，群落类型丰富。

规划区内的森林除大尺度上呈现垂直带谱分异外，在林内也存在明显的分层现象。林木层多为高差悬殊、层次鲜明的复层结构，且林下多具有一至数层典型的生态层片。反映了森林与当地自然环境长期适应、发育良好，林内相对稳定、植物成分间相互协调的天然林内景。

（6）生物量大且生长持续性好

规划区内光照时间长、水热配合条件好，林分立木生长迅速、林地生物量高且长期保持快速生长的势头，是世界上单位蓄积量最高的林地之一。多种树种可在数十年间维持年高生长量1~2米，年胸径生长量1~2厘米的速度快速生长。

规划区内的林地以成熟林为主，成、过熟林占有林地总面积的82.19%，规划区内林地平均蓄积量为202立方米/公顷，在部分林地中甚至达到1000立方米/公顷以上。区域内最主要的优势群落包括冷杉、高山松、云南松和硬阔树种群落，这些群落占有林地总面积的80.02%，其他常见群落还包括云杉林、乔松林、柏木林、高山栎林、杨桦林等。

（三）湿地、水文资源

规划区内湿地总面积7.74万公顷，以自然湿地为主，自然湿地占湿地总面积的99.93%，包括河流、湖泊、沼泽三种湿地类型，其中以雅鲁藏布江为主体的河流占湿地总面积的76.28%，为区域湿地的主要类型。区内河网密布，水利资源极其丰富，主要河流为雅鲁藏布江及其支流，察隅河、丹巴曲等，除雅鲁藏布江外，其他河流及其支流均发源于林芝地区的高山峻岭，并随雅鲁藏布江流归印度洋，属印度洋水系。

雅鲁藏布江是西藏第一大河，出境处平均径流量为5240立方米/秒，最大洪水流量76600立方米/秒，在规划区内形成了长565千米、极值深度6009米、单侧最深值7057米、核心地段平均深值2673米、最窄江面35米的世界第一大峡谷，在规划区内约800千米的长度内，水流落差达3000余米，占全国蕴藏水能的1/3左右，水能资源潜力巨大。

（四）生物多样性资源

规划区内分布有热带山地雨林、季雨林，亚热带常绿阔叶混交林，暖温带针阔叶混交林，寒温带亚高山暗针叶林和寒带高山疏林、灌丛草甸等从热带至极地的所有典型森林植被类型，并因植被的集中分布而出现了水平带谱的混交镶嵌和垂直带谱的过渡分布，配置结构多样，生境类型丰富，为多种野生动植物的生存提供了生态空间，具有生态系统类型多、物种饱和度大、特有稀有种多的特点。

据现有调查资料统计，规划区内分布有高等野生植物5000余种，陆生野生脊椎动物400余种，同时，也是多种新种和新分布科、属的分布区，仅以墨脱命名的"模式种"植物就有40余种，在南迦巴瓦登山科考中就发现了未纳入《西藏植物志》的6科植物和46个新属、337个种（变种），随着当地综合科学考察工作的逐步深入，规划区已成为与南美亚马逊流域、非洲刚果河流域并列的世界三大生物基因宝库之一。

四、社会经济

藏东南高原边缘森林生态功能区包括西藏自治区中的墨脱县、察隅县、错那县。总面积为9.80万平方千米，总人口为5.8万人，除藏族外，还有门巴、珞巴、夏尔巴、独龙、纳西等少数民族，少数民族人口占总人口的90%以上。规划区内经济发展水平不高，农业生产较为落后、工业基础薄弱，近年来以旅游为主的第三产业成为当地经济发展的支柱产业，且呈快速增长势头。

当地人口数量较少，人口密度低，平均每平方千米不足0.6人，对自然资源的依赖水平较低，当地人民朴素的资源保护意识，也为区域内的野生动植物营造了良好的生存繁衍条件。

第二节　生态功能定位

一、主体功能及发展方向

藏东南高原边缘森林生态功能区内，生境类型多样，生物多样性丰富，是许多珍稀濒危野生动植物分布区，由于交通不便、人为活动干扰较少，而处于较好的保护状态中，但近年来，随着人为活动日益增多而引起的水土流失和地质灾害问题突出，在一定程度上对区域的生物多样性产生了威胁。基于藏东南高原边缘森林生态功能区现状及其在构建国家生态安全体系中的重要作用，藏东南高原边缘森林生态功能区定位为生物多样性维护。主体功能为我国重要的物种基因库。

根据《全国主体功能区规划》的总体要求，确定藏东南高原边缘森林生物多样性功能区的发展方向为：以保护和修复自然生态系统、提供生态产品为首要任务，禁止对野生动植物进行滥捕滥采，保持并恢复野生动植物物种和种群的平衡，实现野生动植物资源的良性循环和永续利用。加强防御外来物种入侵的能力，防止外来有害物种对生态系统的侵害。保护自然生态系统与重要物种栖息地，防止生态建设导致栖息环境的改变。

二、生态价值

（一）重要的生态区位

青藏高原的隆起，以其高达对流层1/3～1/2的高度兀立于西风带上，并以独有的热力和动力作用，迫使大气环流改变行径，建立了包括东南、西南和高原季风在内的季风气候系统。对全球生态因子的空间分异和生态多样化的地区分化产生了巨大的持续影响。由于高原的"热岛"效应，其吸热系数远大于同纬度、等高度的自由大气。作为下垫面主要组成的植被、水体和沼泽，势必要影响到高原的吸热状况，从而改变近地面气流运动与交换，反作用于大气，影响高原及其周围地区的气候，并经过大气环流和江河水流的水气循环影响全球气候和生态变化。

规划区作为青藏高原的主要林区和我国境内汇水量第四的大河汇水区，对东南亚地区的大气环流、水资源分布情况有深远的影响。

（二）得天独厚的代表性生态系统集中分布区

规划区是世界最大的高山峡谷所在区域，罕见的江河与高大山体间的切割变向，营造了印度洋暖湿气流贯入青藏高原的主要通道，暖湿气流北上和强烈抬升的喜马拉雅山脉环状屏障的综合作用，使当地成为包含我国海南岛至极地的所有代表性森林生态系统的集中分布区。

各植被带谱受小地形和气候过渡影响产生的嵌套交融和承接变化更大大丰富了区域森林生态系统的多样性水平，使规划区的植被类型数量远高于典型气候条件下的植被分布情况。当地闭塞的外部环境和朴素的资源保护意识，为区域内森林生态系统保护营造了良好的条件，大量林地仍保持着较为原始的状态，堪称北半球代表性森林植被的天然博物馆。

（三）生物资源的战略储备区

规划区在地表隆升的过程中经历了印度-马来西亚、原地中海和泛北极植物区系的扩展和交汇，并经温带、寒带成分的迁移交流，长期进化和适应，最终形成了特有的中国-喜马拉雅植物区系，植物资源本身具有多方融合和快速演化的特点。

在规划区内类型多样的森林生态系统的庇护下，当地野生动植物种类数量繁多，且仍处于新物种不断被发现和物种分布区不断被拓展的进程中，部分受地史变迁在其他地域灭绝的物种，在规划区内又被重新发现。受制于当地交通不便的影响，区域内的生物多样性资源在得到良好保护的同时，也有待于进一步调查物种组成和数量分布情况，规划区内宝贵的生物多样性资源堪称一座生物基因宝库，是我国生物资源的重要战略储备区，生物多样性保护价值极高。

（四）保持水土，维护国土安全的天然屏障

规划区内河网密布，当地的森林植被服务于多条雅鲁藏布江支流的水源涵养，由于森林良好的蓄水调节能力，区域内常年水流不断，水量相对稳定，为我国及下游的印度、孟加拉国提供了丰沛的水资源。

规划区地质构造复杂、岩石发育破碎、地势高差悬殊、河流发育水平不一，是激发性地质灾害高发区。当地高质量的林地在保水固土、消减地质灾害触发因素的作用强度上具有重要贡献，是维护区域国土安全的天然屏障。

（五）重要的边境国防林

规划区地处我国与印度、缅甸两国的交界地区，绵长的国境线以及麦克马洪分界线的存在，使这一区域内的国土资源敏感水平远比其他地区高。生长茂盛且层片结构复杂的林地资源对于荫蔽军事设施和敏感国防目标，保障边境地区国防安全具有较大的贡献作用，是重要的边境国防林。

第三节　主要生态问题

一、经济活动与生态保护间的矛盾逐年凸显

近年来，当地群众发展经济的意识有所提升，经济活动规模扩张，挤占了部分低海拔前山、低山地区和道路沿线的森林生态系统占地，并由此导致林地边缘区面积比例扩大、岛屿化和破碎化水平增加，进而出现森林资源退化，对区域生态系统产生负面影响。以墨脱县城为例，县城位于雅鲁藏布江大峡谷国家级自然保护区内，近年来县域经济发展提速，土地利用范围和开发强度均与自然保护区的管理要求不符；经济活动对区域内珍贵的热带山地季雨林资源产生了较大影响。

二、地质灾害受人为活动影响日益频发

规划区处于多板块交界地带，地质构造复杂，新构造运动活跃。在受到人为扰动的情况下，滑坡、崩塌和泥石流等地质灾害表现出与人为活动强度密切关联的特点，呈明显的条带状及岛状分布特征，高发于交通干线及城镇居民聚集区附近，规划区内发育有滑坡109处、崩塌127处、泥石流143处，由于多分布于人为活动密集处，对区域人民群众的生产生活安全和当地的生态安全构成了较大威胁。

三、从事生态建设、管理工作人员严重不足

规划区属于西藏自治区行政管理改革试点范围，根据试点工作要求，大幅削减了

从事生态建设和管理工作的人员编制数量，与当地资源保护工作的重要地位和与之配套的保护工作要求严重不匹配。以墨脱县为例，全县从事生态保护和管理的工作人员编制为15人，其中开展执法工作的只有3人，与全县246.31万公顷的林地保护工作需求严重脱钩；察隅县全县林业执法人员为4人，与163.94万公顷的林地保护需求也不匹配。人员不足造成工作难以开展和落实，制约了保护工作的有效性。

四、不规范的资源保护行为破坏了区域内的生物资源

为促进当地的生物多样性保护与区域经济共同发展，规划区开展了一些高经济价值的珍稀物种繁育工程，但由于前期论证不足，后期管理粗放，形成了直接采集野生种质资源进行人工培育的局面，加上后期管理工作脱节，降低了培育范围内的野生植株的存活几率，反而造成了珍稀种质资源的破坏。

五、快速增长的自助旅游活动对区域生态系统产生威胁

近年来，当地公路通车里程不断增加，外来人口数量和停留时间均有较大幅度的增长。自助旅游活动更是以突飞猛进的速度增长。包车游、自驾游和骑行游等旅游形式均呈快速增长态势，在旅游配套设施尚不完善、旅游活动监管不到位的情况下，游客随意进入林下采挖植物、砍山取火等行为对区域的自然资源产生了一定威胁。

第四节　生态保护与建设现状

一、重大生态修复工程建设情况

（一）林业工程建设情况

藏东南高原边缘森林生态功能区在当前国家生态保护政策的大背景下，开展了覆盖区域内125.09万公顷林地的生态公益林保护，对2100公顷的中幼林进行了抚育建设，此外针对森林防火、有害生物防治、野生动植物保护及自然保护区建设等方面也开展了一系列的建设工程。并结合西藏自治区林业建设的特点推进了重点区域造林和西藏生态屏障建设工程。

此外还开展了刀耕地退耕工程，累计完成675公顷的耕地退耕、666公顷的荒山造林和612.3公顷的补植补造工程，配套完成了322.5公顷的口粮田建设。并结合生态产业扶持等建设内容，发展了23.4公顷的林果地、47.7公顷的饲草地，完成人员技能培训4840人次。在当地森林生态系统建设维护和物种资源保护工作中，发挥了较大作用。

（二）其他生态建设工程

农业、水利、环保、国土和气象等部门为推进区域生境恢复先后开展了建设产业基地248公顷、灌溉设施111千米、河道治理和堤防工程21千米、沼气池5383户、满足3乡34个村的山洪监测和预警广播站、覆盖24个行政村的环境集中整治工程等相关工程建设，在推动当地生态保护和建设中发挥了明显作用。同时作为藏区对口支援单位的福建、广东两省在清洁能源利用、生态产业扶持等方面对当地生态建设给予了较大支持。

二、国家重点生态功能区转移支付

2012年，规划区获国家重点生态功能转移支付25182万元，其中生态环境保护特殊支出补助16330万元，占转移支付总额的64.85%；禁止开发区补助1200万元，占转移支付补助总额的4.77%。实际使用中生态工程建设16330万元，占使用总额的64.85%；禁止开发区建设1200万元，占4.77%；其余使用方向为民生和基础设施建设，占使用资金总额的30.38%。

三、生态保护与建设总体态势

藏东南高原边缘森林生态功能区范围内整体生态质量较高，林地为当地占地面积最大的土地利用类型，其中天然林占绝对优势，成熟林和过熟林占森林总面积的82.19%，且单位面积蓄积量高达202立方米/公顷，远高于全国平均水平，林地内林层结构丰富，林下物种多样，具有很高的保护价值。

但近年来，随着区域经济发展和交通条件的改善，毁林开荒和城镇建设占地面积逐年增加，热带季雨林分布区受到的破坏较为严重，林相残破，分布面积小；此外地质灾害也随人为活动的发展而增加，对区域内的国土安全带来了一定的压力。总体而言，当地生态本底条件优越，人为活动影响范围有限，但需对人为开发活动的方式、强度等要素进行适当引导，控制人为活动影响范围快速增加的趋势。

第二章 指导思想与原则目标

第一节 指导思想

全面贯彻党的十八大精神，深入学习贯彻习近平总书记系列重要讲话精神，从优化国土空间格局入手，大力推进生态文明建设，以提升藏东南地区生物多样性保护功能、构建生态安全屏障为核心，立足当地生态保护实际，紧紧围绕珍稀濒危野生动植物物种保护和典型生态系统就地保护，以区域内已有的自然保护区为基础，进一步扩大野生动植物资源有效保护范围，优化生态系统结构，提升生态系统功能，同时在降低经济活动对区域生态保护压力的前提下，兼顾当地居民的生态脱贫，提高国土空间生态承载力，强化藏东南在我国战略资源储备和生物多样性保护中的重要地位，实现建设美丽中国、成就绿色发展的宏伟目标。

第二节 基本原则

一、衔接已有规划，突出自身特点

与《全国主体功能区规划》《西藏生态安全屏障保护与建设规划》以及林业、国土、环保等部门生态保护建设相关规划内容进行充分衔接，全面分析藏东南生物多样性生态功能区自身特点，将区域森林、草地、湿地、农田等生态系统全部纳入规划范畴，推进区域人口、经济、资源环境协调发展。突出森林生态系统作为当地景观基质的本底作用，强调"生物多样性维护"功能，把增强提供生态产品能力作为首要任务。

二、合理布局，分区施策

根据区域生态系统、自然植被、野生动植物资源和人为干扰分布特点，合理区划布局，根据各分区特点，采取有针对性的保护和治理措施，合理安排建设内容。

三、以人为本，统筹兼顾

正确处理生态与民生、保护与发展的关系，以生态建设为主，兼顾当地居民增收与区域经济发展，推进人与自然的和谐相处。

第三节　规划期与规划目标

一、规划期

规划期为2014～2020年，共7年，分为前后两期，前期为2014～2015年，后期为2016～2020年。

二、规划目标

总体目标：重点保护区域内的森林生态系统，划定生态保护红线，规划期末生态用地占国土面积比例提高1个百分点，达到75.3%；促进区域野生动植物资源的繁衍和保护，提高区域生物多样性健康稳定水平；增强生态服务功能，提供生态产品，改善环境质量。形成生物多样性保护优先、城镇生态经济适度发展、区域居民生活水平有所提高、配套设施逐步完善的区域发展格局。

具体目标：进一步完善以自然保护区为主的严格保护区域建设，实现生物多样性丰富地区的集中连片保护，进一步优化珍稀濒危物种的生存繁衍空间；建成珍稀物种繁育保护基地3处，提高物种保护水平；完成重点区域造林1500公顷、刀耕地恢复800公顷、地质灾害防治349处，并通过上述工程使森林覆盖率提高至59.5%；控制建设用地范围（不包含水利水电设施）不突破土地利用规划限定区域；提高县城和中心集镇内的固体废弃物处理水平；提高生态产业发展水平。

专栏 21-1　生物丰度指数

生物丰度指数：是财政部印发的《国家重点生态功能区转移支付办法》中对"生物多样性维护类型"的生态功能区的考核指标，其计算方法为：生物丰度指数＝Abio×（0.35×林地＋0.21×草地＋0.28×湿地＋0.11×耕地＋0.04×建设用地＋0.01×未利用地）/区域面积，其中Abio为生物丰度指数的归一化系数。

由计算方法可知，扩大高权重的林地、草地、湿地面积，有利于提高生物丰度指数，也是本规划工程设置的主要依据。

表 21-1　规划指标

主要指标	2012 年	2015 年	2020 年
生态多样性保护目标			
自然保护区网络建设	已有 2 处	带动周边区域资源保护	进一步优化保护区布局
濒危、极小种群物种资源保护工程（种）		1	3
生态保护工作人员数量（人）		150	240
生态用地①所占比例（%）	74.3	74.8	75.3
森林覆盖率（%）	57.5	57.8	59.5
建成县级地质灾害监督管理体系（个）		2	3
地质灾害防治工作覆盖区域		重点防治区示范建设	覆盖全部重点防治区
生态扶贫建设目标			
清洁能源替代（户）	3750	4460	5000
庭院经济（户）		4000	5000
生态监管建设目标			
生态功能动态监测和评价信息管理系统	各部门有零散监测成果	整合部门监测资源	建成评价信息平台

注：①生态用地包括林地、湿地和草地三种土地利用类型。

第三章 总体布局

第一节 功能区划

藏东南高原边缘森林生态功能区，绝大部分地区生态本底条件优越，植被群落结构完整、层次丰富，生态系统结构和功能较为完善。但抵御外界干扰能力较弱，受人为活动影响易发生滑坡、泥石流等地质灾害，还需持续开展生态保护与建设。同时从消除生态破坏源头的角度出发，对地区民生工程予以引导扶持，并建立生态保护监测、评估配套机制，为生态保护工作长期有效推进提供制度保障。

因此，功能区划和建设布局应紧紧围绕"生物多样性保护"这一主体目标，根据区域生物多样性保护水平的差异性，采取区别化建设措施：在生物多样性保护较好的区域，以保持优化生态系统为主；在生物多样性保护仍有提升空间的区域，以改善生境为建设重点；对于需要优化经济结构、城镇居住的点状区域，根据自然条件分类对待，或优化开发、服务居民，或保护环境、扩大绿色生态空间，使规划区的生态质量和居民生活质量均得到有效提升，为生物多样性保护建立长效机制。

一、区划原则

（一）地域联通

充分考虑生物多样性保护对面积有效性的需求，确保区划能够实现生物资源的有效沟通和传播，在地域上具有连续性和可通达性，为大型兽类活动提供足够的空间保障。

（二）综合区划

统筹考虑地势地貌、水系分布和人为干扰可达性对生物多样性保护的影响，优先从生态保护工作的有效性出发，确保不同区划范围内的工程措施便于操作且具有较好的实施效果。

二、功能区划

（一）严格保护区域

包括目前规划区内的西藏察隅慈巴沟国家级自然保护区和西藏雅鲁藏布大峡谷国家级自然保护区，其中墨脱县城位于雅鲁藏布大峡谷自然保护区内，遵循综合区划的原则，按照保护优先的序列，将其纳入严格保护区域内。此外，还包括位于两保护区间的墨脱县东北部和察隅县西北部的交通不便、很少受到人为活动影响的82.79万公顷的土地。整个严格保护区域总面积145.48万公顷，涉及的区域见表21-2。

表21-2　严格保护区域涉及范围一览表

名　　称	行政区域	面积（公顷）
西藏察隅慈巴沟国家级自然保护区	察隅县	101400.00
西藏雅鲁藏布大峡谷国家级自然保护区	墨脱县	525500.00
外围区域	察隅县、墨脱县	827900.00

（二）生境恢复区域

主要包括严格保护区区域和居民聚集区以外的广大区域，该区域内人为活动较严格保护区域相对频繁，但整体而言，人为活动对自然生态系统影响有限，为可恢复优化的区域，总面积833.54万公顷。

（三）民生发展区域

主要包括察隅县境内的县城、道路节点处的乡镇分布区，错那县城及其附近的三个乡镇所在的地势相对低平的区域。多位于河谷、洼地、山前平地等地势低缓、便于人类集中居住的区域，在整个规划区内呈点状分布，总面积1.17万公顷。

第二节　建设布局

一、严格保护区域

（一）区域特点

严格保护区域总面积145.48万公顷，总人口1.26万人，人口密度0.009人/公顷。是当地降水量较多、气候和植被海拔梯度变化最为充分和典型的区域，区域内以森林生态系统为主，从热带雨林一直过渡至寒温带暗针叶林，还包括高寒灌丛、高寒草甸和高山流石滩稀疏植被。是当地生物多样性富集区域，也是当地生物多样性保护工作的主战场。

受我国自然保护区管理条例的保护，区域内的察隅慈巴沟自然保护区和雅鲁藏布大峡谷自然保护区的自然资源得到了较好的维护，在资源管护设施建设上也得到了中央专项资金的扶持，具备较为优越的保护条件。保护区间人烟稀少的保护区外围地带具备较好的生物资源和外部干扰隔离条件，其存在也有利于两处保护区间的地域连通和资源保护范围拓展。

（二）存在问题

墨脱县城位于雅鲁藏布大峡谷自然保护区范围内，区域经济活动与保护区管理之间存在着一定的冲突。保护区内为数不多的印度-马来区系热带常绿阔叶树种分布区，多受刀耕地开发和居住建设影响而呈破碎化状态。近年来当地已组织开展刀耕地恢复工程，被破坏区域尚处于自然恢复初期。

区域地质灾害呈现出与人为活动密切相关的特性，近年来墨脱县城及乡镇、道路沿线范围内地质灾害发生呈不断增多的趋势。区域内已建成的自然保护区管护设施受地质灾害破坏后，缺乏人员管理维护而长期无法恢复，不利于管控周边人为活动对区内资源产生的干扰。

（三）建设重点

严格保护区域的建设重点应以合理引导区域内的经济活动，缓解人为活动和自然保护区管理间的矛盾为重点，推动区域地质灾害防治和刀耕地恢复，建立区域生态恢复监测机制。同时适当带动保护区外围地带的资源管护，通过控制区域内人为活动的范围和强度，实现对物种生境的保护恢复和生态系统质量的提升，逐步实现提高自然保护效果的发展目标。

二、生境恢复区域

（一）区域特点

生境恢复区域总面积833.54万公顷，占整个规划区的85.04%，构成规划区的生态基底。其间多有印度非法控制区，缺少相关范围内的人口和资源条件数据，但在我国实际管理范围内没有集中居民点分布，人口密度较低，生境质量整体良好。

（二）存在问题

由于此范围内尚未建立明确的资源保护形式，没有任何禁止开发区分布，资源管理维护缺乏支撑依据，有可能受到不合理的开发建设活动影响。

此外，该区域内旅游资源分布相对集中，也是近年来各种不规范旅游活动带来的动植物资源采集、固体废弃物堆积、火险隐患累积和有害生物扩散等问题的高发区域。

（三）建设重点

以减少不合理的人为开发利用活动、强化旅游活动监管和配套设施建设为主，通

（一）区域特点
总面积1.17万公顷，人口密度近2人/公顷，为整个规划区内人口分布最为集中的

过恢复原生植被和降低人为干扰强度，实现区域有效保护范围的扩展，服务于生态系统的进一步优化。

三、民生发展区域

（一）区域特点

总面积1.17万公顷，人口密度近2人/公顷，为整个规划区内人口分布最为集中的区域，为已初具规模的县城（察隅县、错那县）、乡镇建成区。区域内地势相对开阔平坦，开发建设和人为活动频繁，是区域内对原始生态系统改造最为剧烈的功能区。

（二）存在问题

近年来，当地人口不断增加，人口总数较20世纪50年代增长近一倍，伴随着经济开发活动规模和强度的提升，城镇建设用地短缺现象日益突出。各城镇建成区由于建设时间短、初期缺乏良好的规划，土地利用格局和利用水平均有提高空间。

此外，为追求经济效益，城镇周边毁林开发的现象较为普遍，不合理的土地利用方式对此区域内的森林生态系统造成了一定冲击。

（三）建设重点

通过合理引导和规划，提高区域内建设用地的利用水平，以优化公共服务配套设施为抓手，促进人为活动的适当集中，服务于当地生产生活水平的提高。

同时，强化对周边不合理开发土地的恢复建设，通过发展生态友好的扶持性产业，推动经济效益和生态效益同步增长。

第四章　主要建设内容

第一节　生物多样性保护

生物多样性保护工作主要安排在严格保护区域内。主要建设内容包括：优化生物多样性保护体系、开展珍稀濒危物种种质资源保护两部分。

一、优化生物多样性保护体系

推进区域内由自然保护区、外围缓冲带共同组成生物多样性保护体系，对保护空缺的典型自然生态系统、极小种群野生植物、极度濒危野生动物及其栖息地，加快划建自然保护区的步伐，完善生物多样性保护体系的组成和布局，构建生态系统一体化的大景观格局和物种交流廊道。

强化自然保护区及其周边地区的生态系统保护、管理工作，通过实施公益林保护、恢复刀耕地等工程进一步提高区域森林生态系统质量。

（一）自然保护区

完善区域内自然保护区的资源管护和监测设施建设，引入视频监控、辅助信息决策平台等高科技设施设备，提高资源保护工作科技含量。适当提高当地自然保护区管护设施、设备的投资标准，对增加管理人员和管护经费数量加大扶持力度。

强化区域内地质灾害防治，鼓励采用自然措施对区域内的地质灾害防治点进行治理。

（二）外围保护地带

在现有两处自然保护区间具备保护条件的区域划定外围缓冲带和生物廊道，按照《中华人民共和国自然保护区条例》第十八条、第三十二条的外围保护地带进行管理。在外围缓冲带的主要路口入口处设林业管理站，行使辅助管理机构职能，加强机构执法和保护宣传工作，大力推进此区域内的公益林保护。

二、珍稀濒危物种种质资源保护

结合全国野生动植物资源调查工作，对区域内珍稀濒危物种资源进行专项调查，摸清家底，为进一步搞好区域生物多样性保护管理工作提供科学依据。依托生物多样性保护体系及其周边地区良好的自然条件，探索在此范围内开展珍稀濒危物种就地保护、资源扩繁和近地野化工程。

三、建设任务

2014～2015年，完成外围缓冲带主要入口节点的管理设施建设；优化自然保护区的资源管护基础设施建设。

2016～2020年，进一步优化区域内的自然保护区布局；完成能覆盖整个严格保护区域的管理机构设置，形成区域有效管护网络；恢复刀耕地300公顷。

专栏 21-2　生物多样性保护建设重点工程

01　野生动植物保护及自然保护区建设工程

　　结合全国野生动植物资源调查工作成果，优化区域自然保护区布局；对自然保护区内的生物多样性资源进行系统调查；与区域内已有的两处自然保护区的建设规划结合，优化管护体系，完成管护站点、巡护道路的优化布设；在保护区外围缓冲带主要道路节点处设检查站 5 处。

02　实施濒危物种抢救性保护工程

　　加强列入国家Ⅰ、Ⅱ级保护的野生物种的原生境保护，禁止砍伐、采掘、迁移和捕猎。利用科技手段，对珍稀濒危野生动植物进行就地、近地繁育，不断扩大其物种数量和分布范围。完成兰花繁育基地 1 处、楠木种质资源保护基地 1 处、当地特有物种繁育基地 1 处。

03　资源调查

　　对珍稀濒危物种开展专项调查工作，为珍稀濒危物种的保护提供科学依据。

04　刀耕地还林工程

　　继续扩大刀耕地恢复建设，完成刀耕地退耕 300 公顷。

第二节　生物多样性恢复

生物多样性恢复工程集中于生境恢复区域内，主要建设内容包括森林生态系统恢复、地质灾害防治和配套体系建设等。其中的森林生态系统恢复工程主要是对低海拔地区受人为活动干扰相对严重的热带雨林、季雨林和亚热带常绿阔叶混交林分布区。

一、热带山地雨林、季雨林恢复

规划范围内的山地雨林、季雨林位于规划区南部海拔1100米以下的浅山和低山地区，该区域内刀耕地破坏较为严重。结合近年来当地政府推出的刀耕地治理方案，以自然恢复为主，控制人为活动扰动，推动区域内残存的小片林地面积逐步扩展，实现原生植被的恢复。

二、亚热带常绿阔叶混交林恢复

与当地公益林保护工程结合，加大管护人员培训，落实管护责任，强化成果核查管理；加强中幼林抚育，提高现有森林资源的林分结构和生态效益；进一步开展重点区域造林和生态安全屏障建设，在巩固已有退耕还林成果的基础上，对生态脆弱区的刀耕地安排退耕还林建设。

配套种苗基地建设工程，为森林生态系统建设和发展经济林木提供基础保障。

三、清洁能源建设

大力推广沼气池、太阳能灶、太阳能热水器、生物质燃气灶、节柴灶等清洁能源的利用。在水电资源丰富的地方，通过政府补助的方式，鼓励农民使用电力资源，减少森林资源消耗。

四、建设任务

2014～2015年，推进公益林建设、重点区域造林、生态屏障建设等工程，完成区域内中幼林抚育500公顷、刀耕地恢复200公顷；在察隅县建设种苗基地1处，农村绿色能源应用范围和水平提高至50%。

2016～2020年，进一步扩大生态工程的实施范围，继续推进公益林保护和生态屏障建设；完成重点区域造林1500公顷、中幼林抚育1000公顷、刀耕地恢复300公顷；农村绿色能源应用范围和水平提高至70%。

专栏21-3　生物多样性恢复重点工程
01　森林生态系统恢复 　　加强公益林管护人员培训，完成重点区域造林1500公顷，完成中幼林抚育1500公顷，恢复刀耕地500公顷，建成配套种苗基地1处。
02　农村能源建设 　　使用环保能源户数比例达到70%。

第三节　生态扶贫建设

生态发展工程集中于合理利用区域内，主要建设内容包括扶持生态产业、发展生态旅游、开展环境集中整治、推进生态文明宣教体系建设和推广实用技术等。

一、扶持生态产业

坚持因地制宜，充分发挥区域良好的生态状况和丰富的生物资源优势，突出名特优新的特点，转变和创新发展方式，调整产业结构，大力发展庭院经济、特色盆景、名贵花卉、特有林果、传统竹编等产业，提高农民收入。积极发展生物质能源，加大农林业剩余物的开发利用，发展生态循环经济。积极探索建立起较为灵活的投融资及经营机制，不断扩大提高外来资金利用规模与水平，助推特色生态产业快速发展，使生态产业在国民经济中地位不断提高，形成具有地区特色的生态经济格局，帮助农民脱贫致富。

二、发展生态旅游

利用规划区内生态资源良好的优势，科学编制区域生态旅游规划，大力推进生态旅游服务产业，配套县城周边及公路沿线旅游服务设施，引导游客的旅游行为。建立生态旅游监督管理制度，避免破坏性旅游开发行为。

三、建设生态文明宣教体系

利用规划区内良好的生态资源本底制作具有吸引力的生态宣传材料，向近年来数量井喷式增长的游客宣传当地群众朴素的生态保护观念。在普及当地传统文化的同时，引入系统的生态文明发展理念。

四、开展环境集中整治

随着当地人口数量的增加和生活配套设施的逐步完善，在人口相对聚集的县城区域建成集中式生活饮用水源保护地、垃圾填埋处理场等环境保护和集中整治设施，优化区域内基础设施条件，提高民生发展区内的环境质量水平，进而实现当地群众生活质量的提升。

五、推广实用技术

针对当地居民增收中遇到的技术难题，组织专业技术人员进行科技攻关和成果推广，提高实用技术的推广率和普及率，增加居民收入的科技贡献水平。

六、建设任务

2014～2015年，组织生态产业工程论证和试点建设，开展工程实用技术培训；推进区域内生态旅游规划和环境集中整治工程论证工作，统筹安排服务设施建设，主要旅游道路沿线的旅游设施服务范围覆盖道路全长的30%，县域范围旅游接待能力满足环境容量测算的游客规模，开展旅游服务人员培训。

2016～2020年，进一步扩大生态产业发展范围；引导生态旅游服务设施建设，完成覆盖主要旅游道路总长70%的配套旅游设施建设，道路沿线乡镇具备初步的旅游接待能力；完善区域内环境集中整治设施建设。

专栏21-4　生态扶贫重点工程

01　生态产业
　　建成红豆杉盆景园1处、生态产业基地800公顷、油桐子加工厂1处，发展庭院经济，扩大竹编产业规模，组织5000人次的实用技术培训。

02　生态旅游建设
　　编制区域生态旅游规划；完成满足区域内公路沿线和县、乡镇两级基础性旅游服务设施的建设。

03　生态文明宣教体系
　　在县城、主要旅游景点和交通干线沿线建设形式多样的宣教和展示设施。

04　环境集中整治
　　完成服务于县城所在地的集中式饮用水保护和生活垃圾处理设施建设。

第四节　基本公共服务体系建设

一、防灾减灾体系

（一）森林防火体系建设

大力提高森林防火装备水平，增强防火预警、阻隔、应急处理和扑灭能力，实现火灾防控现代化、管理工作规范化、队伍建设专业化，形成较完整的森林火灾防扑体系。

（二）森林有害生物防治

与道路沿线检查站相结合，加强有害生物的预警、监测、检疫、防控体系等设施设备建设，建设有害生物防治点2处，集中购置药剂、药械和除害处理设施等。加强野生动物疫源疫病监测和外来物种监测能力建设，全面提高区域有害生物的防灾、御灾和减灾能力，有效遏制森林病虫害发生。

（三）地质灾害防治

建立气象、水利、国土资源等部门联合的监测预报预警信息共享平台和短时临近预警应急联动机制，实现部门之间的实时信息共享，对地质灾害做到早预防、早预告、早处理，使损失降低到最低程度。

对已列入区域地质灾害防治规划的重点治理区域进行综合防治，并对可能受人为活动激发产生地质灾害隐患的敏感区进行谨慎开发。

二、基础设施设备

提高林区通讯设施水平，加强严格保护区域内管护用房建设维护，并配备必要的巡护器具、车辆，全面提高森林资源管护能力。对进出规划区的主要路口检查站进行重点建设，配备值班、检查、检疫设施设备。

专栏 21-5　基本公共服务体系建设重点工程

01　森林防火工程

建成区域内森林火险预测预报、火情瞭望监测、防火阻隔、通讯联络及指挥系统，增强预警、监测、应急处置和扑救能力，实现火灾防控现代化。

02　有害生物防治工程

增强区域内有害生物检疫检验能力，以生物和仿生防治为主、人工和物理防治为辅，布设 2 处有害生物防控基地，配套有害生物监测点和道路沿线的检查站建设，形成有害生物防治体系，开展综合防控。

03　地质灾害防治

以生物措施为主，完成地质灾害防治 349 处。

04　基础设施设备配备

强化对自然保护区的基层管护站点、哨卡，规划区内的林业工作站、木材检查站、科技推广站等基础设施建设。配备监控、防暴、办公、通讯、交通等设备。开展执法人员培训。

第五节　生态监管

生态监管服务于"国家重点生态功能区转移支付"对藏东南高原边缘森林生态功能区生态保护工作的考核，采取"制度保障、数据支撑"的管理模式，工程覆盖整个规划范围。

一、生态监测

以现有监测台（站）为基础，合理布局、补充监测站点，建立覆盖本区、统一协调、及时更新、功能完善的生态监测管理系统，对森林资源、草地资源、湿地资源和生物多样性等进行动态监测。

目前，国家林业局已经成立生态监测评估中心，规划在省级林业主管部门内设立省级生态监测评估站，县级单位设立生态监测评估点，形成"中心—站—点"的三级生态监测评估系统，制定统一的生态监测标准与规范，形成区域生态系统监测网。林地是当地生态用地的主体，也是生物多样性保护的主战场、生态监测的重点覆盖对象，将林地与森林的变化落到山头地块，形成稳定的监测系统。建立信息共享平台，制定监测数据的定期上报制度，重大生态问题及时上报，定期发布生态保护建设报告。建立生态功能评估体系，定期、系统评价生态功能，开展生态预警评估和风险评估。

二、空间管制与引导

（一）落实主体功能定位

全面落实《全国主体功能区规划》提出的主体功能定位要求，在禁止开发区内，实行强制性保护；在限制开发区内，实行全面保护。

（二）划定区域生态红线

大面积的自然保护区和天然林资源是本区主体功能的重要载体，要落实生物多样性保护的建设重点，划定区域生态红线，确保现有天然林、湿地和草地面积逐步扩大。严禁改变生态用地用途，禁止可能威胁生态系统稳定、生态功能正常发挥和生物多样性保护的各类林地利用方式和资源开发活动。

（三）控制生态产业规模

在合理利用区域发展生态产业，选择不影响生态系统功能的生态旅游、特色经济林、中药材、茶叶等产业类型，同时结合竹编等特色手工业，积极推进庭院经济发展，合理控制发展规模，在保护生态的前提下，提高经济效益。

三、建立考核指标

为确保规划的执行情况和实施效果，建立具有时间控制点的规划考核指标，分功能区、分阶段考核规划实施情况。

表 21-3　考核指标表

考核指标	2015 年	2020 年
生物多样性保护（严格保护区域）		
完善基础管护设施的自然保护区（处）	1	2
建成辅助信息决策体系国家级自然保护区（处）	1	2
严格保护区域内生态保护执法覆盖面积比例（%）	30	60
珍稀濒危物种保护基地（处）	1	3
刀耕地恢复面积（公顷）	100	300
生物多样性恢复（生境恢复区域）		
中幼林抚育面积（公顷）	500	1500

（续）

考核指标	2015 年	2020 年
刀耕地恢复面积（公顷）	200	500
种苗基地建设（处）	1	
重点区域造林（公顷）		1500
有害生物防控基地（处）		2
农村清洁能源利用家庭比例（%）	50	70
生态扶贫（合理利用区域）		
特色林果业、中药材面积（公顷）	200	800
编制区域生态旅游规划		完成
完善道路沿线基础性生态旅游配套设施比例（%）	30	70
建立生态旅游服务监管机制		建成
水源保护地和生活垃圾处理设施	1	2
建设生态文明教育基地（处）	1	3
实用技术推广（人次）	2000	5000
生物质能源加工厂（处）		1
红豆杉盆景基地		1
基本公共服务体系建设（整个规划区）		
森林防火工程体系		建成
有害生物防治点	1	2
地质灾害防治	109	349
生态监管（整个规划区）		
建立生态影响评估监督机制		建成
生态监测站点布设	合理	完善
建成生物多样性监测、评估平台	已有监测数据录入	能够开展评估

第五章　保障措施

第一节　政策需求

生物多样性保护属社会公益性事业，服务于国家的生态安全和生物战略资源储备，对政策导向依赖水平较高，迫切需要相关政策支撑，以达到规划预期目标。

一、国家重点生态功能区转移支付

作为国家优先启动生态保护修复的重点生态功能区，在明确藏东南高原边缘森林生态功能区主体生态功能的基础上，对当地生态建设现状和工程需求进行全面分析，确定合理的工程内容和布局，实施国家重点生态功能区保护修复工程，每五年统筹解决若干个国家重点生态功能区民生改善、区域发展和生态保护问题。根据规划和建设项目的实施时序，按年度安排投资数额。提高地区生态工程设置与生物多样性保护的相关性，确保生态转移支付资金使用的科学性。同时配套与工程实施效果挂钩的考核体系，强化对生态建设有效性和资金使用合理性的监管，使生态转移支付资金的实用水平得到及时量化和评估，提高资金使用规范水平。

二、生态效益补偿政策

着力推进藏东南高原森林生态功能区的生态补偿建设，引导生态受益地区与生态保护地区、下游与上游地区开展横向补偿，优先将区域内的林业碳汇、可再生能源开发利用纳入碳排放权交易试点。根据周边经济发展水平适时完善森林生态效益补偿政策。

三、增加生态保护、管理工作人员的编制

按照因事设岗原则，在林区、林场设置基层生态保护机构，扩大一线工作人员数量，为区域内生物多样性保护提供基层机构和人员保障。

四、为刀耕地恢复提供政策支持

服务于规划区的生态保护方向，为规划区近年来由政府主导开展的刀耕地恢复工程提供政策支持，通过资金扶持、人员就业转移等途径，引导土地的合理利用。

五、区域建设与生态功能区定位保持一致的政策

根据重点生态功能区发展要求，对不符合主体功能定位的现有产业，要通过设备折旧补贴、设备贷款担保、迁移补贴、土地置换等手段，促进产业跨区域转移或关闭。在规划区的资源开发利用项目的选择上，应实行更加严格的行业准入条件。严控绿色生态空间面积不减少。

对于点状开发的县城和重点集镇，完善城镇基础设施，严格控制新增公路、铁路等工程建设规模。确保所有建设内容与藏东南森林生物多样性生态功能区的主体功能保持一致。

第二节　保障措施

一、法律保障

（一）加强普法教育

认真贯彻执行《中华人民共和国森林法》《中华人民共和国水土保持法》《中华人民共和国环境保护法》《中华人民共和国土地管理法》《中华人民共和国自然保护区条例》《中华人民共和国野生动物保护法》和《中华人民共和国野生植物保护条例》等相关的法律法规。各级政府职能部门要分工协作，认真落实和严格执行有关的法律法规。要不断提高广大群众的法治理念和执法部门的执法水平。

（二）依法惩处各类破坏资源、污染环境的行为

要在加强管护的基础上，强化对砍伐林木、引发火灾等各类违法行为的打击力度，努力为生态建设创造良好的社会环境。

二、资金保障

积极争取中央财政的支持、帮助，加快重点生态功能区生态保护和建设速度。在市场机制条件下，充分发挥资源优势、科技优势和人才优势，积极吸引内外资金。动员全社会力量，实行个人、集体、政府三结合的政策，鼓励多方投资，制订一系列优惠政策，引入市场机制，以效益吸引投资，多渠道增加对重点生态功能区生态保护和建设的投入，提高资金使用效益，以确保重点生态功能区生态保护和建设规划中的各项建设任务得以落实和实施。

改进和调整现有的财政与金融措施。将重点生态功能区生态保护和建设资金列入财政预算，作为一项重要内容，统筹安排，重点倾斜。对区域内国家支持的建设项目，

适当提高中央政府补助比例，逐步降低市县级政府投资比例。增加财政对生物多样性保护、生态恢复，以及各种自然资源开发利用的生态保护的支持。同时，广泛寻求国际合作、国内合作和与周边合作，鼓励和引导可持续发展的国际投融资活动。积极争取国际相关机构、金融组织、外国政府的贷款、赠款及生态保护专项资助、无息贷款等。

三、技术保障

（一）加强对科学研究和技术创新的支持

筛选影响重点生态功能区主导生态功能发挥的自然、社会和经济因素，深入开展基础理论和应用技术研究。加强区域内物种资源保护的科技公关，尽快开展当地珍稀濒危物种和特有物种的人工繁育技术研究，配套繁育设施。积极筛选并推广适宜不同类型重点生态功能区生态保护和工程建设技术。加快现有科技成果的转化，努力减少资源消耗，促进生态恢复。要加强资源综合利用、生态重建与恢复等方面的科技攻关，为重点生态功能区生态保护和建设提供技术支撑。

（二）建立生态环境信息网络

利用网络技术、3S技术，建立生态环境信息网络，加强生态环境数据的收集和分析，及时跟踪环境变化趋势，实现信息资源共享和监测资料综合集成，不断提高生态环境动态监测和跟踪水平，为重点生态功能区生态保护和建设提供科学化信息决策支持。

四、考核体系

将生物多样性保护指标作为当地政府考核的主体，实行生态保护优先的绩效评价，强化对提供生态产品能力的评价，弱化对工业化城镇化相关经济指标的评价，主要考核生物多样性、水土流失强度、森林覆盖率、森林蓄积量、湿地面积、大气和水体质量等指标，不考核地区生产总值、投资、工业、农产品生产、财政收入和城镇化率等指标。

加强部门协调，把有利于推进形成重点生态功能区的绩效考核评价体系和中央组织部印发的《体现科学发展观要求的地方党政领导班子和领导干部综合考核评价试行办法》等考核办法有机结合起来，根据各地区不同的重点生态功能定位，把推进形成重点生态功能区主要目标的完成情况纳入对地方党政领导班子和领导干部的综合考核评价结果，作为地方党政领导班子调整和领导干部选拔任用、培训教育、奖励惩戒的重要依据。

附表

藏东南高原边缘森林生态功能区禁止开发区域名录

名　称	行政区域	面积（公顷）
西藏察隅慈巴沟国家级自然保护区	察隅县	101400.00
西藏雅鲁藏布大峡谷国家级自然保护区	墨脱县、米林县、林芝市、波密县	916800.00

第二十二篇

藏西北羌塘

高原荒漠生态功能区
生态保护与建设规划

第一章 规划背景

第一节 区域概况

一、规划范围

藏西北羌塘高原荒漠生态功能区位于西藏自治区北部，北以昆仑山、可可西里山，西以喀喇昆仑山，南以冈底斯山，东以念青唐古拉和唐古拉山为界，是藏语"北方高地"的组成部分，平均海拔在5000米以上，是我国地势最高的一级台阶。地理坐标东经79°04′25″～89°31′43″，北纬31°10′09″～36°07′46″，总面积494381平方千米，占西藏国土面积的41.12%。由于淡水奇缺、寒冷缺氧，一半以上的面积不具备人类生存条件。规划范围内涉及人口11万，占西藏总人口的4.21%，在整个西藏自治区属于地广人稀的地域，人口密度0.22人/平方千米。

《全国主体功能区规划》发布时，本生态功能区涉及两个地区5个县，2012年双湖县获批成立，包括区内尼玛县的7个乡，因此本次规划范围扩至6个县，地域范围和面积保持不变。具体行政区域名称见表22-1。

表 22-1　规划范围表

州　市	县、乡
那曲地区	尼玛县、安多县、双湖县
阿里地区	日土县、革吉县、改则县

二、自然条件

藏西北羌塘高原荒漠生态功能区位于青藏高原和喜马拉雅造山运动综合作用的区域内，地史发育相对年轻且变化剧烈。区内山体连续分布，平均海拔5000米以上，相对高差一般在200～500米。地势西北高、东南低，由低山缓丘和湖盆宽谷组成，呈起伏平缓、湖泊棋布的高原湖盆地貌。寒冻风化与冻融活动形成的冰缘地貌普遍，冰川发育较完整。

规划范围处于我国的干旱半干旱地区，气候特点为寒冷、干燥、多风，是同纬度的寒极和旱极。当地空气稀薄，云量稀少，太阳辐射强烈，全年日照时数2800～3400小时；年太阳辐射总值在836千焦耳/平方厘米以上，远超同纬度地区。但因地势高亢，在冷气流的影响下，地表大气获得能量的98.6%随即丧失，此外高原地面反射率高达40%以上，地面实际俘获能量有限。当地年平均气温约－8～4℃，无霜期仅有几十天；年降水量100～400毫米，蒸发量则达2000毫米左右；年平均风速在3米/秒以上，年内≥17米/秒的大风日数多达50天以上，改则县甚至高达200天左右，是西藏现有台站实测大风日数最多的地区。

规划范围处于青藏高原最大的内流区，河流众多且发育不充分，以季节性河流为主，主要靠融水和地下水补充，年径流深小于60毫米，最终汇入湖泊或消失在干涸的湖盆中。同时，规划范围是世界湖泊数量最多、湖面最高的高原湖群区，也是我国第二大湖区，湖泊面积约占我国湖泊总面积的四分之一。从地质史看，当地湖泊处于缓慢退缩期，但近30年来受冰川融化加速和蒸发量减小的影响，湖泊面积呈逐步扩大状态。规划范围内地势平坦，水流不畅，沼泽发育受高寒条件限制植物生长量的影响，区域内沼泽具有较强的地域性。

规划范围内的土壤分布与太阳辐射、海拔、小地形和水文地质条件密切相关，主要的土壤类型包括分布最为广泛的高山草原土、北部的高山荒漠草原土、接近喀喇昆仑山区域的亚高山荒漠土和喀喇昆仑山脉西段以北高海拔区域的高山荒漠土。此外，在高山上部邻近雪线地段普遍发育着寒冻土；在湖盆和谷地等低洼地段有草甸土、沼泽土和盐渍土分布。

三、自然资源

（一）土地资源

藏西北羌塘高原荒漠生态功能区内草地为占比重最大的土地利用类型，总面积395505平方千米，占规划范围总面积80.01%，构成区域内生态景观的基底；此外荒滩戈壁64072平方千米，占区域面积的12.96%；湿地也是当地的代表性景观，总面积257.48万公顷，占5.21%。冰川、林地、建设用地及其他土地构成剩余土地利用类型。

（二）草地资源

规划范围内草地生态系统基本上全部为天然草地，其中可利用草场222195平方千米，占草地总面积的56.18%，主要由高寒草原、高寒荒漠、高寒荒漠草原和高寒草甸四大类构成。其中高寒草原面积最大，占草地面积的70.11%，分布于海拔4600～5200

米的平坦高原或丘陵山地上，产草量550千克/公顷；高寒荒漠所占面积最小，约占草原面积的1.41%，分布于海拔4900～5200米的湖盆底部、湖滨和古湖堤，产草量225千克/公顷；高寒荒漠草原分布于海拔4900～5200米的高原面或丘陵山地上，产草量360千克/公顷；高寒草甸分布于海拔4300～5300米的高原宽谷、山地阴坡和河滩地，产草量900千克/公顷。

（三）湿地资源

藏西北羌塘高原荒漠生态功能区周围高山环抱，内部地势波状起伏，形成了数以千计的网格状盆地。各盆地低洼处有湖泊或沼泽分布，盆地边缘则多有雪山冰川分布。根据第二次全国湿地调查数据，藏西北羌塘高原荒漠生态功能区有3类湿地，总面积257.48万公顷，均为自然湿地，其中河流湿地51.73万公顷，占区域内湿地总面积的20.09%；湖泊湿地123.09万公顷，占47.81%；沼泽湿地82.67万公顷，占32.10%。此外规划范围内还有全世界除南、北极外最大的冰川——普若冈日冰原，以及玛依冈日、木嘎各波、布若冈日、土则冈日等多处冰川存在，是当地水源补给的主要途径之一。

（四）森林资源

藏西北羌塘高原荒漠生态功能区内干燥寒冷、生境严苛，不适宜森林生长，规划范围内的6个县中除日土县外均为无林县，林地由匍匐水柏枝、小金露梅和西藏锦鸡儿等匍匐于地的灌丛构成，总面积35.45万公顷，其中，日土县占91.72%。区内有国家级公益林25.08万公顷，全部位于日土县境内。

（五）生物多样性资源

规划范围几乎包括了"世界屋脊"——青藏高原的大部分腹心地带，分布着全世界面积最大的陆地生态系统自然保护区。受当地特有的地形地貌和气候条件限制，区域内发育了世界上独一无二的大面积高寒湖泊、高山湿地、高山草甸、高寒干旱草原和高寒干旱荒漠，是世界山地生物物种最主要的分化和形成中心。

青藏高原是全球25个生物热点地区之一，而羌塘地区被列为西藏生物多样性保护的最优先地区，也是我国生物多样性保护行动计划优先保护生态系统重点区域，其间的生物多样性资源具有很强的地域代表性和特有性。当地很少受到人为活动干扰，是目前全球范围内为数不多的生态系统原始状态保持较好的区域，保存着世界上独一无二的高原生物基因库。

规划范围内的植物区系属于泛北极植物区青藏高原植物亚区的羌塘亚地区，以喜马拉雅区系为主，向西逐步增加了中亚成分。区域植物区系发育过程年轻且相对独立，有较高比例的种、属是在高原强烈隆升过程中逐渐适应寒冷干旱的生境条件发展而来的。规划范围内已知有高等植物45科153属375种，其中多年生草本占绝对多数，植物种类相对较少，结构简单，特有水平较高。

受地势强烈抬升、气候高寒旱化的影响，规划区内的多种动物为适应高原独特的自然环境条件发生了变异。高度适应的物种由于竞争对象少而大量繁殖，使规划范围成为这些特化物种的分布中心和集中区。区域内有野生脊椎动物24目45科147种，鱼类和爬行类的所有种、哺乳类中62%的物种均为西藏和我国特有物种，当地还是我国猛禽保护的核心区域，在高原物种资源保护上具有无法替代的重要价值。

四、社会经济

20世纪50年代前，规划范围绝大部分因人迹罕至，被称为"无人区"，只有日土县部分区域是传统牧区。至20世纪70年代，为开发"无人区"，安多县、申扎县和尼玛县等牧民向北迁移，并设立了县、乡等政府机构。

目前，藏西北羌塘高原荒漠生态功能区共有人口11万人，人口组成以藏族牧民为主，另外有少量回族、维吾尔族、蒙古族及汉族。在所有人口中，牧业人口占90%以上。在全部人口中，文盲、半文盲占到50%以上。

2013年，阿里地区国内生产总值24.20亿元，人均国民生产总值4031元，城乡居民人均可支配收入16410元。那曲地区国内生产总值65.57亿元，人均国民生产总值2256元，城乡居民人均可支配收入15894元。

规划范围由于交通、通讯、资源和传统观念等因素影响，经济类型单一，以纯牧业生产为经济主导产业，发展相对迟缓，地方经济落后。

五、扶贫开发

根据《中国农村扶贫开发纲要（2011～2020年）》，藏西北羌塘高原荒漠生态功能区属于"已明确实施特殊政策的西藏、四省藏区、新疆南疆三地州是扶贫攻坚主战场"。扶贫攻坚工作从专项扶贫、行业、社会、政策等多方面对扶贫对象进行了规划和要求，明确指出少数民族为重点扶贫群体，并要求"加强草原保护和建设，加强自然保护区建设和管理，大力支持退牧还草工程。采取禁牧、休牧、轮牧等措施，恢复天然草原植被和生态功能"。

因此，藏西北羌塘高原荒漠生态功能区作为民族地区、承担世界高原生物多样性保护的重点区域，脱贫致富应紧紧围绕生态扶贫开展，在保证以草原为主体的生态系统结构功能完善的前提下，逐步降低经济发展对草地资源的依赖水平，减少对自然资源的破坏。

第二节　生态功能定位

一、主体功能

藏西北羌塘高原荒漠生态功能区是世界高海拔区域生物多样性最丰富、最集中的区域之一，是多种适应高原环境而高度特化的物种的主要栖息地和新物种分化中心，对区域适生物种资源保存具有举足轻重的意义。当地自然条件严苛，生态系统极为脆弱，应对外来干扰修复能力差，在近年来全球变暖和人为活动强度不断增大的背景下，区域生态保护建设刻不容缓。

鉴于藏西北羌塘高原荒漠生态功能区在高原代表性物种资源保护中的地位和区域生态保护现状，《全国主体功能区规划》确定区域主体功能为生物多样性维护。

二、生态价值

（一）区域气候的控制器

藏西北羌塘高原荒漠生态功能区是青藏高原的主体部分，是我国地势最高的一级台阶。高原的隆起，以其高达对流层$1/3$～$1/2$的高度兀立于西风带上，并以独有的热力和动力作用，迫使大气环流改变行径，建立了包括东南、西南和高原季风在内的季风气候系统。对全球生态因子的空间分异和地区分化产生了巨大的持续影响。由于高原"热岛"效应，其吸热系数远大于同纬度、等高度的自由大气。作为下垫面主要组成的植被、水体和沼泽，进而改变了近地面气流运动与交换，反作用于大气，影响高原及其周围地区的气候，并经过大气环流和江河水流的水气循环影响全球气候和生态进程。

（二）高寒地区生物资源的基因库

规划区是青藏高原的主体部分，特殊的地理位置和气候，使之成为世界高寒地区生物多样性最集中和丰富的地区，也是全球山地生物物种最主要的分化与形成中心。区内拥有全球仅次于格陵兰国家公园的第二大自然保护区——羌塘国家级自然保护区。同时还拥有色林错、洞错、班公错、昂孜拉错-玛尔下错等共同构成的自然保护区群，为当地野生动植物资源保护创造了良好的外部环境。

规划范围内的动物多是适应青藏高原强烈抬升而出现的特有物种。由于区域自然条件严苛，存留下的物种竞争对象少，规划区的动物资源具有种类集中、资源量大的特点，是世界范围内独一无二的高原生物基因库，对于保护以"羌塘三宝"——藏羚羊、藏野驴和野牦牛为代表的多种特有物种具有决定性意义，因而在生物多样线保护上被界定为具有全球意义的关键区域。

第三节　主要生态问题与原因

一、主要生态问题

（一）野生动物栖息地日渐缩小

规划范围内在过去数百年间，只有少数季节性放牧者临时居住，游牧对于区域内的生态保护而言是恰当和安全的。20世纪70年代期间，藏北人口迁居和发展畜牧生产的政策导向，使牧民逐步搬迁至此且陆续定居。随着牧民数量增加和畜牧产业发展，野生动物栖息地范围不断向自然条件更为恶劣的北部地区退缩。其中对野生动物影响较大的事件包括草场承包、围栏建设和草场退化。

1. 草场承包

规划区各县已将大部分可利用草场承包到户，承包草场占区域草场面积的90%以上，甚至整个色林错自然保护区的草场、羌塘自然保护区内人口密度较大的区域草场也被完全承包。这一做法缓解了牧户之间的草场资源争夺，但打破了草场由牲畜和野生动物共享的局面。承包后的草场被作为私人财产而受到牧民保护，进入承包范围内的野生动物多受到驱赶，野生动物的生存空间被大范围压缩。

2. 围栏建设

规划范围内开展退牧还草和扶贫工程建设过程中，安排了一定数量的围栏建设，由于阻隔效果好，获得了牧民的广泛欢迎，建设范围呈不断扩大的趋势，甚至深入羌塘自然保护区核心区中野牦牛和藏羚羊的最好栖息地之一——阿鲁盆地所在地。

大范围长距离的围栏造成野生动物的水源和食草路径阻断，直接威胁着野生动物的生存；其次，围栏将完整的动物种群分割成支离破碎的小群体，造成遗传多样性降低和种群退化；再次，围栏切断了部分藏羚羊、藏原羚种群的迁徙路径，出现个体大范围死亡的现象，根据已有监测数据显示，围栏分割后的种群数量在5年间至少减半；此外，由围栏造成的野生动物受伤、死亡现象也非常普遍，甚至出现了牧民将围栏作为工具来驱赶和猎杀野生动物的刑事案件。围栏建设对野生动物的生存影响深远。

3. 草场退化

受过牧影响，规划范围内的草场退化情况较为严重。中国科学院农业环境与可持续发展研究所与那曲地区畜牧局的联合监测显示：当地草地退化面积占草场总面积的

64.3%，且由于缺少有效的保护手段，草地以每年3%～5%的速度加剧退化，由此带来鼠（兔）害横行、有害植物泛滥、水土流失等后续影响，食物来源减少则进一步加大了野生动物的取食压力。

此外，近年来，受冰川加速融化的影响，区域内湖泊等湿地面积呈不断增加的趋势，湖泊周围的承包草场面积有所缩减，根据之前草场面积确定的草畜平衡被打破，近湖区域的草场保护压力较大。

（二）道路等基础设施建设带来扰动

规划范围内的生态系统为世界上海拔最高的荒漠生态系统，与南北极荒原一样，属于世界上最脆弱的生态系统。通常被认为最轻微的破坏在羌塘地区也可能造成十分严重的后果，甚至发生不可逆破坏。

近年来，随着人口迁入，当地道路等建设活动也日益深入，由此带来的施工操作和营地建设等行为对道路沿线的生态造成了一定的破坏。施工期内，道路周边的草地成为施工便道和往来车辆的临时通行路径，由于缺乏相应的引导和司机为规避碾压后的土地扬尘，车辆往往另辟路径，在平坦的草地上随意行驶，碾压范围远远超出行驶需要区间。再加上当地建设期短，工程延续年限长，单次碾压的车辙若干年后尚难恢复，来年行车势必形成更大的碾压区间，导致工程影响范围扩张失控。同时受影响范围内的土地在经年反复扰动后，恢复难度与日俱增。

道路修建后，为外来车辆和人口的大量涌入创造了条件，由此可能产生的踩踏、扰动、废弃物增加、盗采矿产和商业化发展等负面影响，都将对区域内生态保护工作构成严重威胁。

（三）固体废弃物散失严重

近年来旅游活动升级使得外来人员数量攀升，包装袋、饮料瓶和衣物鞋帽等旅游垃圾在沿途道路周边、人口聚集点经常可见。羌塘地区缺少固体废弃物收集系统，这些废弃物四处丢落，随风散布，在当地寒冷干旱、土壤生态系统脆弱、垃圾分解困难的条件下，对景观和自然条件均有一定程度的影响。

（四）自然保护区内放牧、猎杀野生动物等事件频发

当地畜牧活动盛行，已有大量放牧活动违反我国自然保护区条例的相关条款规定，深入保护区内部，且常有牧民驱逐、猎杀野生动物事件发生，对于保护区资源管理和野生动物安全构成了较大威胁。

（五）冰川溶解加速

从20世纪70年代以来，规划范围内的冰川受气候变暖的影响，呈持续退缩状态，尤其从90年代后，由于气候变暖持续，冰川退缩加速。

作为规划范围内主要淡水来源的冰川加速退缩，在短期内呈现出湿地面积增加、草地生长条件优化的局面。但随着雪线不断上移，将导致高原淡水蓄积量持续快速消耗，不利于当地生态系统的长期稳定发展。

二、主要原因

（一）自然因素

对区域内生态问题产生影响的主要自然因素是气候变化，气温升高导致冰川加速融化，由于当地气候干旱，短期内这一变化有利于区域内水量增多，呈现出对区域生态建设有利的局面。但从长期来看，冰川淡水的过量消耗带来冰源枯竭，将直接导致区域内草地和湿地生态系统的覆灭。

近年来湿地面积连续增加，周边草场草畜平衡被打破，过牧压力较大。

近期气象监测资料显示当地的大风天数呈缓慢减少的趋势，蒸发量也随之降低，有利于缓解当地干旱的气候条件，但也降低了形成沙尘气溶胶及海洋生物泵，进而缓解全球变暖趋势的几率。

草场退化后，鼠（兔）、草原毛虫快速侵入，在消耗牧草产量的同时，对草根、牧草返青造成较大破坏，进而造成水土流失，降低了草地生态系统的生物生产力和水土保持功能。草场退化还造成冰川棘豆、胀果棘豆、小垫黄芪等有害植物分布扩展，造成家畜因误食而死亡的数量占牲畜死亡量的一成，因中毒导致牲畜的生产性能和繁殖性能降低造成的损失则难以估量。

（二）人为因素

人为因素是本区生态问题的主要影响因素，主要由人口的定居和增长所致。规划区内由原来偶有游牧民季节性短暂居留，逐渐发展成今天的定居点，人口增至11万人，对当地恶劣的自然条件和脆弱的生态系统而言，生态系统保护压力偏大。

1. 放牧活动挤压野生动物生存空间

人口增多带来的社会经济活动使得当地的畜牧业以超草场更新生长的速度发展，不断增长的牲畜数量和日益萎缩的草场产量迫使畜牧范围不断扩展，在挤压野生动物生存空间的同时也延伸着草场的退化范围。人为活动区域和动物活动区域的高度重叠使得当地动物肇事和报复性猎杀活动不断升级。其中在保护区内开展的放牧活动侵占了野生动物的活动空间和食物来源，更与我国自然保护区管理条例"禁止放牧活动"的条款冲突。

为缓和牧民间的草场争夺，当地开展的草场承包为驱离野生动物提供了政策依据，自然保护区核心区的居民由于区外草场被承包完毕而面临着搬迁后无草场可用的局面，无法实施搬迁，继续留在核心区内放牧。在退牧还草过程中建立的网围栏更为控制野生动物进入草场提供了长效保障工具。其中相当一部分建设是在自然保护区范围内开展的，对于自然保护区内的野生动物保护构成了较大威胁。

2．生态保护工作人员、经费不足，无力支撑对野生动物等自然资源的有效保护

规划范围内60%以上的区域为自然保护区，保护着我国面积最大的自然保护区群，但受制于工作人员不足，目前主要通过在地方林业局加挂保护区管理机构的牌子、将林业局工作人员作为保护区管理人员的方式来进行管理。对于羌塘国家级自然保护区这样的超大型自然保护区，将地方林业局工作人员97人作为保护区工作人员，过大的人员缺口则通过外聘解决，即便将羌塘保护区的全体专兼职工作人员477人全部作为一线管护人员，保护区的人均管护面积仍为国家相关标准的28倍多，工作人员数量严重不足。

20余年来，羌塘自然保护区累计基础设施建设投资2303万元，相对于当地偏远的交通条件、恶劣的自然环境和高昂的建设成本而言，建设工程远不能保障保护工作的正常开展。保护区265万元/年的管护经费主要用于聘用管护人员工资和培训支出，少量用于解决日常巡护开支，办公经费则长期没有保障。

经过多年保护，羌塘地区野生动物数量有所增长，近年来人类活动日益频繁，野生动物肇事、争夺草场的情况逐渐增多。在肇事补偿和相关补偿资金到位困难的情况下，报复性猎杀、驱赶野生动物现象也日趋频繁，造成保护区和牧民间的关系紧张、甚至对立，野生动物资源保护的形势愈加严峻，当地野生动植物资源保护工作难度与日俱增。

3．基础设施建设对生态系统和野生动物保护带来更大压力

人口增加后所需配套的基础设施建设活动，尤其是道路建设，对脆弱生态系统产生的影响将长期持续，并随着人为活动的大量增加而呈扩大化趋势，对区域内以自然保护区为主战场的野生动物保护工作产生了较大的压力。目前数量严重短缺的自然保护区管护人员，尚无能力对抗持续增多的外来资源扰动行为和当地居民的报复性猎杀活动。

4．牧民秉承永不枯竭的草场资源观念对草地生态系统构成威胁

传统的游牧式畜牧活动对草场资源消耗较少，且处于草场可恢复的范围内，因而使牧民们认为草场资源取之不尽。在传统的"牲畜数量代表财富水平"观念的影响下，牧民们以低出栏率维持牲畜种群数量不断增大的发展模式，对已发生退化的草地生态系统构成持续增大的压力。

第四节　生态保护与建设现状

一、生态工程建设

（一）林业生态工程建设

藏西北羌塘高原荒漠生态功能区作为我国重要的生态屏障区，生态条件非常脆弱，当地以草地生态系统为主，规划范围涉及的6个县中仅日土县为灌木林县，林业生态工程以自然保护区建设、湿地保护类工程为主，兼有少量的重点区域公益林建设。

截至2013年，本区已开展的林业生态工程主要包括：自然保护区建设，投入2303万元，建成西藏羌塘国家级自然保护区的2处管理局、7处管理分局、7个管理站点的综合用房，建设了一批保护区宣传设施，购置了必要的办公和科研设备。保护区内落实动物肇事补偿资金1724.4万元，棚户区改造1332.8万元。此外还建立了保护区管理机构、组建了管理队伍、开展50余次自然资源保护宣传、关停97处探采矿点、破获50余起盗猎案件。

湿地保护工程：投入2846万元开展班公错湿地保护与恢复建设、投入200万元作为湿地保护补助。

林地保护工程集中于日土县境内，包括投资72万元开展了57.5公顷的防护林体系建设，投入488.6万元开展了总面积248.7公顷的重点区域公益林建设。

林业生态工程使当地自然保护区内的生态系统基本保持原状，由20世纪90年代中期至今，藏羚羊数量由5万只增至15万只以上，野牦牛由7000头左右增至1万余头，藏野驴由3万多头增至5万多头，雪豹、盘羊、岩羊、黑颈鹤等野生动物恢复性增长明显。

林业生态工程建设取得的成绩有目共睹，但相对于规划范围内自然保护区群所面临的保护压力而言，仍然任重道远。

（二）其他生态工程建设

为保护规划范围内的草原生态系统，农牧部门开展了草原生态保护补助奖励、退牧还草等一系列工程建设，在缓解草场过牧、推动草畜平衡、控制草场退化、强化草原生态保护等方面开展了大量的工作，仅尼玛县2013年就兑现禁牧补助和草畜平衡奖励资金12048.82万元，极大地促进了区域内的草原生态系统保护。

此外，水利部门在规划范围内除改则以外的5个县建立了水土保持监测站，用于监测风力侵蚀和冻融造成的水土流失。并在水热条件好、群众有需求的地域内为人工种草活动提供灌溉建设，为当地人工草地建设和草场恢复提供了必要的条件。

二、国家重点生态功能区转移支付

配合国家主体功能区战略的实施，中央财政实行重点生态功能区财政转移支付政策。2013年，国家对西藏自治区的财政转移支付为4.2亿元，其中用于本规划区内的转移支付资金为2865万元。

三、生态保护与建设总体态势

藏西北羌塘高原荒漠生态功能区内地广人稀，处于自然生态系统保持较好的原生状态，占规划区总面积66.37%的禁止开发区域更是有法可依的生态保护大本营。

近年来受冰川加速消融、雨水增多和大风天数减少等有利因素的作用，区域内草地长势较好、湿地面积扩大，呈现出水丰草茂的大好局面。进而掩盖了放牧活动和围栏建设深入自然保护区内、过牧导致大面积草场退化、鼠（兔）虫害和水土流失亦步亦趋等问题。但这些问题的后续影响不容忽视，尤其在冰川淡水资源快速消耗后，人为因素和自然因素的叠加将对当地生态系统和建立其上的畜牧产业，甚至整个区域社会经济产生巨大影响。

因此，考虑到藏西北羌塘高原荒漠生态功能区在我国生态保护格局中的重要地位，从其作为全球独一无二的高原生物基因库的角度出发，结合当地严苛的自然条件和脆弱的生态系统特性，加大以自然保护区为主体的禁止开发区域的管护强度，控制畜牧活动的范围和强度，实现规划范围内草地生态系统的逐步恢复已经刻不容缓。

第二章 指导思想与原则目标

第一节 指导思想

全面贯彻党的十八大精神，深入学习贯彻习近平总书记系列重要讲话精神，根据《全国主体功能区规划》的功能定位和建设要求，从优化国土空间入手，立足当地生态保护实际，紧紧围绕特有高原物种和生态系统的保护，以区域内已有的禁止开发区为基础，进一步扩大生物资源有效保护范围，充分发挥藏西北羌塘高原荒漠生态功能区作为国家生态安全屏障的重要作用，强化其作为全球独一无二的高原生物基因库的重要地位。

第二节 基本原则

一、因地制宜，尊重自然

羌塘高原荒漠生态功能区覆盖青藏高原腹心地带，地势高耸、气候恶劣、生态系统极度脆弱，规划必须充分尊重当地的自然条件和生态阈值，从实际情况出发，以自然修复为主，科学安排规划内容。

二、明确目标，突出重点

明确藏西北羌塘高原荒漠生态功能区在我国生态屏障构建中的主体功能，全面分析当地生态建设需求，以强化区域主要生态功能为规划导向，强调生物多样性维护，关注生态系统稳定，把增强提供生态产品能力作为首要任务。

三、统筹安排，多管齐下

合理协调生态与民生的关系，以生态建设为主，兼顾牧民生产生活。配合公众教育和收入结构调整，实施生态补偿等长效机制，在保护和修复生态系统的同时，帮助牧民实现就业转移，推进人与自然和谐相处。

四、优化空间，分区施策

根据不同地域空间的管理要求，进行功能分区，分类安排保护与恢复治理措施，逐步扩大生态空间，控制生产生活空间及开发利用强度。

第三节　规划期与规划目标

一、规划期

规划期为2015～2020年。

二、规划目标

总体目标：重点确保规划范围内的野生动物种群健康发展，以禁止开发区域为主体划定生态保护红线，强化红线范围内的资源管护，逐步完善监管配套设施、增加管护人员数量，提高生态监管能力。控制区域内草地退化速度并推进草场休养恢复，基本实现可利用草场草畜平衡。强化区域内基础设施建设的生态影响监理管理，建立固体废弃物收集外运体系。到2020年，实现区域内生态系统健康稳定、以野生动物为代表的生物多样性资源获得良好保护的目标。

具体目标：到2020年，拆除禁止开发区域内野生动物主要活动区域的围栏，围栏长度较2013年减少70%。鼓励承包草场位于禁止开发区域内的牧民成为兼职资源管护人员，推进各级自然保护区、湿地公园、森林公园的基础管护设施建设，提升西藏羌塘国家级自然保护区在我国生态屏障构建中的战略地位。规划范围内80%的退化草场得到恢复保护，可利用草场100%实现草畜平衡，完成150公顷的重点区域公益林、430公顷防护林体系建设。建立规划区域内重大基础设施建设项目的生态监理制度。构建覆盖规划范围内所有县城的固体废弃物收集外运体系。控制规划范围内不再迁入居民，加强对现有居民的生态保护理念培训。

表 22-2　规划指标

主要指标	2013 年	2020 年
生物多样性保护目标		
提升羌塘国家级自然保护区的战略地位		完成
国家级自然保护区管护设施建设	一期	二期
禁止开发区域内兼职牧民（人）	300	13000
建设国家湿地公园（处）	2	3
自然湿地保护率（%）	74.55	76.00
藏羚羊数量（万头）	15	16
野驴数量（万头）	8	9
野牦牛数量（万头）	3	3.5
黑颈鹤数量（只）	5000	5500
禁止开发区域内围栏长度		在 2013 年基础上减少 50%
禁止开发区内域围栏分布		让出野生动物主要取食、取水和迁徙通道
生境维护目标		
恢复退化草场面积占比（%）		80
草畜平衡草场占比（%）		100
重点区域公益林建设（公顷）	248.7	398.7
重大基建项目生态监理制度		发布实施
固体废弃物收集外运体系		覆盖 6 县
有害生物防控基地（处）		2
疫源疫病监测站（处）		2
人口管理目标		
区域人口数量控制（万人）	11	不再新迁入
牧民生态保护观念培训（万人次）		3

第三章　总体布局

第一节　功能区划

一、布局原则

根据当地代表性生态系统的地域分布、人为活动强度和野生动物种群分布空间需求，对藏西北羌塘高原荒漠生态功能区进行功能分区，以提高不同区域生态建设的针对性。

（一）面积有效

充分考虑生物多样性保护对地域面积的需求，确保区划能够实现生物资源的有效沟通和传播，生态系统的自身完整，在地域上具有可通达性，为大型兽类活动提供足够的空间保障。

（二）管理可行

统筹考虑草场生产力、地域管理要求和人为干扰可控性对生物多样性保护的影响，优先从生态保护工作的有效性出发，确保不同区划范围内的工程措施符合区域管理规定，且具有较好的实施效果。

二、分区布局

藏西北羌塘高原荒漠生态功能区共划分2个生态功能区，即禁止开发区域和生境恢复区域。详见表22-3。

禁止开发区域包括区域内以自然保护区为主的所有自然保护地，在此范围内严格禁止一切与保护无关的人为活动。其余区域则划定为生境恢复区域，以生态系统保护恢复建设为主，考虑到当地居民的传统生活方式，在满足草地承载水平的前提下，允许开展畜牧活动，但需严格控制畜牧规模，并逐渐疏减区域人口数量。

表 22-3　生态保护与建设分区表

区域名称	范围	面积（万公顷）	资源特点
禁止开发区域	以自然保护区等自然生态保护地范围为主	3281.22	保护水平较高的高寒草原草甸、荒漠、湿地生态系统分布区
生境恢复区域	规划范围内除禁止开发区域以外的所有区域	1662.59	人为活动相对较多、草地生态系统发生退化、人与野生动物冲突相对较多的区域

第二节　建设布局

一、禁止开发区域

（一）区域特点

禁止开发区域由2个国家级自然保护区、8个地方级自然保护区和2个国家湿地公园、1个国家森林公园组成。面积共计3281.22万公顷，占本区总面积66.37%；涉及人口4.43万人，占规划范围总人口的40.27%。具体范围见表22-4。

禁止开发区域主要分布在规划范围的北部，相对南部区域而言，自然条件更为寒冷干旱，人为活动相对较少，因而成为生物多样性保护的主战场。该区域是规划范围内的自然保护区所在地，有对应管理机构且执行有关管理法规，生态系统较为稳定，生物资源最为丰富，是野生动物的主要栖息和繁殖区域。

表 22-4　禁止开发区域涉及范围表

名称	行政区域	面积（万公顷）
西藏羌塘国家级自然保护区	安多、尼玛、双湖、革吉、日土、改则	2980
西藏色林错国家级自然保护区	尼玛、安多、双湖	37.29
西藏洞错湿地自然保护区	改则	4.1
西藏班公错湿地自然保护区	日土	5.6
西藏昂孜拉错 - 玛尔下错自然保护区	尼玛	9.4
西藏扎日南木错自然保护区	尼玛	
西藏日土甲岗盘羊自然保护区	日土	1.9

（续）

名称	行政区域	面积（万公顷）
西藏日土县热帮河流域湿地自然保护区	日土	1.9
西藏南部野生动物自然保护区	改则	10.1
西藏亚热野生动物自然保护区	革吉	72.4
班公湖国家森林公园	日土	4.8
当惹雍错国家湿地公园	尼玛	138.1
阿里狮泉河国家湿地公园	日土、革吉	

禁止开发区域内草地是占地比重最大的土地利用类型，总面积248709平方千米，占禁止开发区域总面积的75.80%；其次是荒滩戈壁等未利用地，总面积43204平方千米，占13.17%；再次是湿地，总面积30734平方千米，占9.37%，这三类土地利用类型构成区域生态景观主体，此外尚有建设用地、冰川、林地、耕地占整个禁止开发区域总面积的1.66%。

禁止开发区域的主要保护对象包括野生动物和高原荒漠、湿地生态系统，涉及野牦牛、藏野驴、藏羚羊、雪豹、高山兀鹫、黑颈鹤、盘羊等高原代表性野生动物及其适生生态系统。为实现区内各保护地的有效保护和规范发展，各保护地均编制了发展规划，并在规划指导下开展了增强自身管护能力的基础设施建设和集中执法活动，为区域内自然资源和生态系统的保护创造了良好的外部条件。

（二）主要问题

在各级管理机构的积极保护下，区域内的野生动物资源得到了恢复性增长，但禁止开发区域内的生态保护也面临着日益增强的人为活动干扰，甚至在部分区域已经对野生动物的生存繁衍构成威胁。问题集中于人口迁入后开展的畜牧活动及围封草场等行为与《中华人民共和国自然保护区条例》相冲突，造成野生动物活动空间与人类经济活动空间重叠范围不断加大。从而导致一系列问题：

（1）野生动物的食物来源减少，取水、迁徙路线受阻，对其正常生活状态产生不利影响，在部分区域已出现食草野生动物的大面积非正常死亡现象。

（2）当地草场生产力低下，畜牧活动使草场消耗陡增，出现草场生产力下降、鼠（兔）增多、水土流失加剧等草场退化情况。

（3）人类活动空间与野生动物栖息地重合范围日增，野生动物肇事几率增大，造成牧民生命和财产损失，同时引发牧民的报复性猎杀活动。

（4）道路贯通为进入自然保护地旅游、户外活动及非法盗猎、采矿提供了便利途径，管护人员工作压力加大。

（三）建设重点

以合理引导区域内的经济活动、缓解畜牧活动和自然保护地管理间的矛盾为重点，通过控制区域内人为活动的范围和强度，推动物种生境的保护恢复和生态系统质量的提升，逐步实现提高自然资源保护效果的发展目标。

二、生境恢复区域

（一）区域特点

生境恢复区域为除去禁止开发区域以外的地域，总面积1662.59万公顷，占规划范围总面积的33.63%。是规划范围内自然条件相对优越的区域，气温和降水量均高于禁止开发区域，人口密度是禁止开发区域的3倍，为0.40人/平方千米。

相对而言，此区是整个羌塘地区人口进入较早、开发时间较长且利用强度偏大的区域，是主要集镇居民点和规模基础设施分布区，也是草场退化相对集中的区域。

（二）主要问题

生境恢复区域在人口迁入过程中，长期充当接纳中转的角色，因而具有人口进入早、对自然生态系统的倚重程度高、开发强度大的特点，加上区域内没有明确的自然资源保护实体存在，资源管理和维护缺乏支撑依据。在禁止开发区域畜牧活动退出的过程中，有可能受到转移活动带来的叠加压力。

此外，现有公路和施工中的道路穿区而过，由此带来的建设扰动和后续旅游等商业开发压力也不容忽视，对于亟待恢复的草地生态系统而言，更是雪上加霜。

（三）建设重点

控制人口数量，强化草原承载力的论证宣传和草畜平衡控制；加强大型基础设施建设的生态影响监理和管控；对具备恢复条件的区域，开展植被恢复；实现自然生态系统质量的逐步提升。

第四章 主要建设内容

第一节 生物多样性保护建设

生物多样性保护是本区生态保护与建设的核心，主要安排在禁止开发区域内，以优化区域内自然保护地的生态质量、加大管护力度和改善管护设施为主要建设内容。

一、加强管护队伍建设

进一步加强区域内自然保护地管护体系建设，完善管理机构设置，根据国家相关标准增加工作人员数量，吸纳当地居民参与资源保护工作，在禁止开发区域内4.43万人口中选择1.3万人从事资源管护工作，享受管护人员日常补助。

根据当地经济发展水平实时调整管护人员补助水平，鼓励区域内牧民从事资源管护工作，扩大管护队伍规模以实现资源管理能力的提升。

组织针对保护区工作人员和兼职管护人员的培训，增强对自然资源保护工作的认可度和工作使命感。

二、优化生态系统

提升西藏羌塘国家级自然保护区在我国生态屏障构建中的战略地位，形成国家专项规划。在具备条件的区域构建羌塘自然保护区与周边自然保护地间的联通缓冲带，实现保护面积的扩展和保护效果的提升。

控制禁止开发区域范围内的人为干扰强度，组织畜牧活动有序退出，拆除动物通道处的围封护栏，促进退化草场的自然恢复。

根据当地自然湿地分布情况和保护水平，增设一处湿地公园，提高自然湿地保护率。

三、完善管护设施建设

加强对自然保护地前期生态保护恢复工程的后续监督、管护和维护工作，提高已有设施设备的使用水平。并在前期建设基础上，结合总体规划和实际工作需求，逐步推进后续资源保护、社区共管和公众教育等工程，不断提升保护区的资源管理能力和宣传辐射范围，营造良好的资源保护氛围。

专栏 22-1　生物多样性保护重点工程
01　强化管护队伍 完善管理机构设置，扩充管护队伍至 13000 人，对管护人员开展培训。
02　优化生态系统 从国家生态屏障建设角度提升西藏羌塘国家级自然保护区的生态地位，加大资源保护工作的扶持力度。 拆除区域内动物通道上的围网工程，较 2013 年围网长度减少 50%。选择具备地域联通条件、人为干扰可控的区域构建自然保护地外围缓冲带。 新建国家湿地公园 1 处。
03　完善管护设施 根据各自然保护地的总体规划和实际工作需求，开展管护用房建设维护，建设基层管护站点、哨卡，检查站等管护基础设施。配备巡护、通讯、交通、防暴执法等设备。

第二节　生境恢复建设

生境恢复建设以生境恢复区域为主体，侧重于削减区域内不利于生态建设的过牧压力、人口压力和基础设施建设压力，对植被退化区域开展恢复建设。

一、控制草畜平衡

根据当地气候条件和草地健康水平，差别化确定合理的草场承载水平，严格实行以草定畜。落实禁牧休牧轮牧制度，继续推进退牧还草等工程建设，实现草畜平衡，逐步实现草地生态系统的健康稳定发展。将规划范围内的所有县均作为纯牧业县，强化草原生态保护补助奖励机制对畜牧活动的调控能力。

加大牧区教育和牧民培训的支持力度，促进牧民转变草场资源无限利用的观念和高存栏的养畜观念，从根本上降低草原过牧压力。

二、开展植被恢复

加快草地治理，通过补播改良、人工种草、水源引入等措施对区域内退化严重草场进行植被恢复，推动草地生态系统的正向演替。

结合重点区域公益林建设，在匍匐水柏枝适生区域，完成150公顷的人工造林，在形成地表耐啃食垫状植被的同时，构建地下根茎水土保持体系。

三、管控基础设施建设的生态影响

强化当地大型基础设施建设的审批管理力度，关注工程的生态影响，建立大型基建工程生态影响"一票否决制"和"实时监督制"，对施工过程中的生态保护措施执行情况进行实时评估和反馈，从工程立项审批到施工管理进行全程管控，严格控制施工建设中的地貌、植被破坏和水土流失情况。

施工结束后，及时开展工程后续生态监测，建立当地建设工程生态管理储备数据库，服务于其他大型基础设施的生态影响评估。

四、加强人口管理

控制区域内人口数量，规划期内不再新迁入居民。继续扶持居民基础素质教育，丰富社区牧民文化生活，实现居民文化素养和生态理念的提升。

专栏 22-2　湿地生态系统修复重点工程
01　控制草畜平衡 确定合理的草场载畜量，严格执行草畜平衡政策。
02　植被恢复 对区域内 80% 的退化草场开展植被恢复建设，完成 150 公顷的人工造林，构建防治水土流失的植物屏障。
03　管控基础设施建设生态影响 强化当地大型基础设施建设的生态影响管理，通过前期评估、过程监管和后期监测，形成生态影响全程监管体制。
04　人口管理 控制人口数量，严格禁止外来居民迁入；进一步扶持当地群众的素质教育。

第三节　基本公共服务体系建设

基本公共服务体系建设分布于整个规划范围内，以突发灾害防治和必要的基础设施建设为主。

一、防灾减灾

（一）防火体系

大力提高草地防火装备水平，增强防火预警、应急处理和扑灭能力，实现火灾防控现代化、管理工作规范化、队伍建设专业化，形成较完整的草地火灾防扑体系。

（二）有害生物防治

针对规划范围内的草原鼠（兔）虫害、有害植物等有害生物危害，加强监测预警、检疫防控体系建设，建成有害生物防控基地2处，集中购置药剂、药械和除害处理设施等。加大后期扫残巩固措施实施力度，遏制有害生物的发展趋势。

（三）疫源疫病防控

建立野生动物，尤其是迁徙受阻后的藏羚羊以及家畜疫源疫病监测预警、预防控制、防疫检疫监督以及防疫技术支撑和物资保障系统。加强疫源疫病监测站等基础设施建设，补充检疫设备、简单治疗设备及常见药品，提高本区野生动物和家畜疫病的预防、控制和治疗能力。

（四）冰湖灾害防治

与西藏地区冰湖编目体系对接，建立高危性冰湖监测预报系统、冰湖灾害风险评估系统和冰湖溃决灾害应急指挥系统，实现对冰湖灾害的提前预测和处理，保护下游生态系统的稳定和人民生命财产安全。

二、基础设施

完善居民集中区域供水、生活垃圾收集外运、公共厕所等基础设施建设；对野生动物肇事高发区，以房屋和牲畜圈舍为主建设动物防护网；改善农牧民能源结构，大力推广太阳能、风能等清洁能源利用，进行农村电网改造、藏区电网延伸等工程。

专栏22-3　基本公共服务体系重点工程
01　防火体系建设 建设地区火险预测预报、火情瞭望监测、通信联络与指挥系统，购置防火扑火设备、车辆、装备等。建设防火物资储备库，配备扑火专业队伍和半专业队伍。
02　有害生物防治 增强区域内有害生物检疫检验能力，以生物和仿生防治为主、人工和物理防治为辅，布设 2 处有害生物防控基地，配套有害生物监测点和道路沿线的检查站建设，形成有害生物防治体系。
03　疫源疫病防控 建立那曲、阿里地区疫源疫病监测站，配备检疫治疗设备及药品，形成针对野生动物和家畜的疫源疫病防控体系。
04　冰湖灾害防治 建立高危冰湖监测预报、评估和应急指挥系统。
05　基础设施建设 逐步完善牧民野生动物肇事防护网、清洁能源使用、用水、生活垃圾收集外运、公用厕所等基本生活设施，改善民生。

第四节 生态监管

生态监管服务于"国家重点生态功能区转移支付"对藏西北羌塘高原荒漠生态功能区生态保护工作的考核，采取"制度保障、数据支撑"的管理模式，工程覆盖整个规划范围。

一、生态监测

根据环境保护部和财政部联合发布的《2014年国家重点生态功能区县域生态环境质量监测、评价与考核工作实施方案》，结合藏西北羌塘高原荒漠生态功能区的自然生态条件，以现有监测台（站）为基础，合理布局、补充监测站点，建立覆盖本区、统一协调、及时更新、功能完善的生态监测管理系统。

草地是当地生态用地的主体，也是生物多样性保护的主战场、生态监测的重点覆盖对象，以草地生态系统为主，兼顾荒漠、湿地生态系统，形成稳定的监测系统。建立信息共享平台，制定监测数据的定期上报制度，重大生态问题及时上报，定期发布生态保护建设报告。建立生态功能评估体系，定期、系统评价生态功能，开展生态预警评估和风险评估。

二、空间管制与引导

（一）落实主体功能定位

全面落实《全国主体功能区规划》提出的主体功能定位要求，在禁止开发区内，实施强制性保护，遵从《中华人民共和国自然保护区条例》《国家级森林公园管理办法》和《国家湿地公园管理办法（试行）》的管理要求；在限制开发区内，实行全面保护，核算草地合理载畜量，积极开展植被恢复和水土保持，管控基础设施建设的生态影响，控制外来人口迁入。

（二）划定区域生态保护红线

大面积的自然保护地和草地、荒漠、湿地生态系统是本区主体生态功能的重要载体，要落实生物多样性保护的建设重点，划定区域生态保护红线，确保现有草地、湿地和荒漠生态系统保持稳定。严禁改变生态用地用途，禁止可能威胁生态系统稳定、生态功能正常发挥和生物多样性保护的各类资源利用方式和开发活动。

三、绩效评估

以2013年数据为基准年，对特有物种种群水平、草地植被覆盖率、退化草地治理率、草畜平衡达标率、湿地面积、湿地保护面积、林地面积、水土流失治理率、保护目标实现情况采集相关实际数据。

对比目标年度与基准年度各项指标数据，分析生态功能区保护与建设进展情况，并参照目标年设定的保护和建设任务目标，调整保护和建设规划内容。

完成目标年的建设任务后，将各项指标的实际数据与目标值对比分析。

第五章　政策措施

第一节　政策需求

生物多样性保护属社会公益性事业，服务于国家的生态安全和生物战略资源储备，对政策导向依赖水平较高，迫切需要相关政策支撑，以达到规划预期目标。

一、生态补偿补助政策

完善国家草原生态保护补助奖励机制，继续实施轮牧、休牧、禁牧后牧民补助和草畜平衡奖励，根据当地经济支柱产业类型，明确牧业发展定位，逐步提高补助、奖励标准，并形成长效机制，提高农牧民生态保护积极性。

在中央财政湿地补贴政策的基础上，扩大补助范围，覆盖湿地面积扩展区域内的草场淹没区域。扩大湿地保护奖励机制受益范围。

试点推行野生动物食草补偿机制，缓解畜牧产业和食草野生动物争夺草场的矛盾，引导广大牧民保障野生动物的取食栖息条件，营造更为和谐的保护野生动物的社会环境。

同时，积极探索多元化生态补偿方式。搭建协商平台，完善支持政策，引导和鼓励生态受益地区与本区自愿协商建立横向补偿关系。

二、人口易地安置配套扶持政策

在土地方面，配套生态易地安置补偿置换政策，出台草地流转与转换的相关政策，确保易地安置人口用失去的原有草场，从周围县城的中心镇置换宅基地、暖棚建设用地及饲草料基地进行舍饲养畜。鼓励定居牧民结合草原建设，建立饲草料基地。

拓宽牧民转移就业渠道，鼓励牧民从事自然资源保护工作。优先安排岗前培训和工作设施配备。对易地搬迁人员子女实施九年义务教育，在医疗保健方面享有同当地居民同样的待遇。

三、国家重点生态功能区转移支付政策

作为国家生态保护屏障的重要组成部分和世界高原物种不可或缺的主要基因库，在明确藏西北羌塘高原荒漠生态功能区主体生态功能的基础上，对当地生态建设现状和发展需求进行全盘分析，集中生态功能区转移支付资金用于解决生物多样性保护和草原生态系统退化间的矛盾。确定合理的工程内容和布局，按年度安排投资数额，提高地区生态工程设置与生物多样性保护的相关性，确保生态转移支付资金使用的科学性。同时配套与工程实施效果挂钩的考核体系，强化对生态建设有效性和资金使用合理性的监管，使生态转移支付资金的实用水平得到及时量化和评估，提高资金使用规范水平。

四、增加生态保护、管理工作人员的编制

按照因事设岗原则，在自然保护区、湿地公园、森林公园等生物多样性保护重点区域内尽快理顺管理体制，完成管理机构设置，根据国家有关标准扩大一线工作人员数量，吸纳牧民从事基层生态保护工作，为区域内生物多样性保护提供基层机构和人员保障。

五、适当扩大规划区范围

规划区域与周边地域直接相邻的县域，自然地理和社会人文环境相近，多处自然保护地为规划范围内6县和周边多县共有，高原代表性野生动物更是在整个地域内活动，迁徙物种的行进路径也贯穿规划范围及其周边县域。建议将位于羌塘国家级自然保护区内的噶尔县、色林错国家级自然保护区核心区所在的申扎县及其周边生态保护地位同样重要的措勤县、昂仁县一并列入藏西北羌塘高原荒漠生态功能区范围，进一步满足生物多样性保护工作对地域联通性和面积有效性的需求。

第二节　保障措施

一、法制保障

（一）加强普法教育

认真贯彻执行《中华人民共和国草原法》《中华人民共和国水土保持法》《中华人民共和国森林法》《中华人民共和国环境保护法》《中华人民共和国土地管理法》《中华人民共和国自然保护区条例》和《中华人民共和国野生动物保护法》等相关的法律法规。各级政府职能部门要分工协作，认真落实和严格执行有关的法律法规。要不断提高广大群众的法治理念和执法部门的执法水平。

（二）依法惩处各类破坏资源、污染环境的行为

要在加强管护的基础上，强化对保护区内放牧、开矿、猎杀野生动物等各类违法行为的打击力度，努力为生态建设创造良好的社会环境。

（三）强化对建设项目生态影响的监督和管理

对各类开发活动进行严格管制，开展基础设施建设，需进行主体功能适应性评价，不得损害生态系统的稳定性和完整性。加大对污染环境、破坏资源等行为的执法力度。建立生态监测评估体系，对规划实施情况进行全面监测、分析和评估。落实生态保护项目管理责任制，建立工程档案，监督工程建设进度、资金使用情况和工程质量，保障生态保护和建设工程成效。

二、组织保障

各级领导要以高度的历史责任感，切实把重点生态功能区生态保护与建设纳入政府工作的议事日程，发挥组织协调功能，支持职能部门更有效地开展工作。重点生态功能区生态保护与建设范围广、任务重，涉及部门多，各级地方政府要成立重点生态功能区生态保护与建设领导小组，主管领导任组长，强化对生态保护建设工作的领导，各有关部门要发挥各自优势和潜力，按职责分工，各司其职，各负其责，形成合力。

三、资金保障

积极争取中央财政的支持、帮助，进一步加大重点生态功能区生态保护与建设项目的支持力度，促进规划的顺利实施。

通过政策引导，积极吸纳社会资金。争取国际相关机构、金融组织、外国政府的贷款、赠款及生态保护专项资助、无息贷款等。

四、科技保障

加强对科学研究和技术创新的支持。筛选影响重点生态功能区主导生态功能发挥的自然、社会和经济因素，深入开展基础理论和应用技术研究。组织高素质生态保护技术人员队伍，围绕草场恢复、水土保持、疫源疫病防治等生态保护与建设的问题和关键技术，进行技术攻坚并促进推广应用。

开展多形式实用技能培训，使广大农牧民掌握生态建设知识和生态培育技能。搞好科技服务，完善科技服务体系，组织生态保护科技人员深入基层，解决实际技术难题，扩大先进技术的应用面。

保证一定的科技支撑专项资金，用于开展科技示范和科技培训。吸引国内外科研单位和机构参与生态建设和特殊经济发展技术、模式的研究开发，并加快成果转化。

五、考核体系

进一步完善体现生态保护优先的考评机制，强化对提供生态产品能力的评价，主

要考核生物多样性水平、退化草地治理率、水土流失强度、湿地面积、林地面积、大气和水体质量等指标，弱化对城镇化水平、牧业生产总值等相关经济指标的评价，将生态文明建设工作纳入领导干部年度述职、地方和部门绩效考核内容。实行领导干部自然资源资产离任审计，建立生态环境损害责任终身追究制度。

加强部门协调，把有利推进形成重点生态功能区的绩效考核评价体系和中央组织部印发的《体现科学发展观要求的地方党政领导班子和领导干部综合考核评价试行办法》等考核办法有机结合起来，根据当地以生物多样性保护为主的生态保护发展定位，把推进形成重点生态功能区主要目标的完成情况纳入对地方党政领导班子和领导干部的综合考核评价结果，作为地方党政领导班子调整和领导干部选拔任用、培训教育、奖励惩戒的重要依据。

附表

藏西北羌塘高原荒漠生态功能区禁止开发区域名录

名称	行政区域	面积（万公顷）
自然保护区		
西藏羌塘国家级自然保护区	安多、尼玛、双湖、革吉、日土、改则	2980
西藏色林错国家级自然保护区	尼玛、安多、双湖	37.29
西藏洞错湿地自然保护区	改则	4.1
西藏班公错湿地自然保护区	日土	5.6
西藏昂孜拉错 - 玛尔下错自然保护区	尼玛	9.4
西藏扎日南木错自然保护区	尼玛	
西藏日土甲岗盘羊自然保护区	日土	1.9
西藏日土县热帮河流域湿地自然保护区	日土	1.9
西藏南部野生动物自然保护区	改则	10.1
西藏亚热野生动物自然保护区	革吉	72.4
森林公园		
班公湖国家森林公园	日土	4.8
湿地公园		
当惹雍错国家湿地公园	尼玛	138.1
阿里狮泉河国家湿地公园	日土、革吉	

第二十三篇

三江平原

湿地生态功能区
生态保护与建设规划

第一章　规划背景

第一节　区域概况

一、规划范围

三江平原湿地生态功能区（以下简称"三江平原功能区"）位于北纬45°0′57″～48°27′46″，东经131°7′31″～135°5′12″之间，地处中国东北角，西起小兴安岭东南端，东至乌苏里江，北自黑龙江畔，南抵兴凯湖，由黑龙江、松花江及乌苏里江冲积而形成的三江平原及完达山南部兴凯湖和穆棱河的湖积、冲积平原两部分组成，是世界三大湿地之一。

表 23-1　规划范围

省份	地级行政区	县级行政区
黑龙江	佳木斯	同江市、富锦市、抚远县
	双鸭山	饶河县
	鸡　西	虎林市、密山市
	鹤　岗	绥滨县

三江平原湿地生态功能区规划范围包括黑龙江省的同江市、富锦市、抚远县、饶河县、虎林市、密山市、绥滨县共7个县（市），占地面积477.27万公顷，现有湿地面积59.86万公顷，人口总数185.34万人。

二、自然条件

（一）地形地貌

三江平原由黑龙江、乌苏里江和松花江汇集冲积而成，属低冲积平原沼泽湿地，依地形的微起伏形式纵横交织，构成丰富多彩的湿地景观，堪称北方沼泽湿地的典型代表，也是中国最大的沼泽分布区。区域内山脉南起密山市西南部的长白山脉，从密山市西北部、虎林市西北缘至饶河县西南部由完达山脉贯穿其中，除山体外区域北部和南部整体地势平坦，绝大部分区域海拔在50～60米，只有同江市北部的街津山和富锦市西部的五顶山孤单矗立于平原上。全区海拔制高点出现在虎林市北部的神顶峰（831米），也是整个完达山脉的最高峰，最低点为34米，出现在区域最东北角抚远市明月岛区域。

（二）土壤条件

功能区内地表土壤按分布面积大小排序依次为：白浆土类（包括白浆土和草甸白浆土），暗色草甸土（包括草甸土、盐化草甸土和潜育草甸土），沼泽土（包括草甸沼泽土和泥炭沼泽土），暗棕壤（包括山地暗棕壤、草甸暗棕壤和砂质暗棕壤），富有有机质的黑土（包括黑土和草甸黑土）和北方水稻土。平原以沼泽土、草甸土和白浆土面积最多，耕地中草甸土比例较高。此外，分布在河流两岸间歇性受河流泛滥影响的小面积泛滥地土壤（泛滥地草甸土和沼泽土），防洪排泄后部分作为耕地利用，多数用于牧场和副业用地。

（三）湿地位置和湿地类型

三江平原功能区的湿地主要分布在沿黑龙江、松花江、乌苏里江及其支流挠力河、别拉洪河、穆棱河、阿布沁河、七虎林河、浓江、鸭绿河等河流的河漫滩、古河道、阶地上低洼地；功能区内湖泊水系丰富，有4个内陆湖泊，包括密山市的兴凯湖、小兴凯湖、东大包群泡和虎林县的月牙湖。

三江平原广阔低平的地貌，发达的河流水系，加上夏秋降水集中和气候冷湿、径流缓慢、洪峰突发及季节性冻融的黏重土质，使地表长期过湿积水，形成大面积沼泽，构成独特的沼泽景观。其中草本沼泽分布最广泛，森林沼泽主要分布在松花江沿岸、黑龙江沿岸以及乌苏里江挠力河以北和穆棱河以南沿岸，灌木沼泽主要分布在三江平原东北部地区，沼泽化草甸主要分布在密山西部，洪河自然保护区和富锦市东南角。

表 23-2 三江平原湿地功能区湿地分类

湿地类	湿地型
河流湿地	永久性河流
	季节性或间歇性河流
	洪泛平原湿地
湖泊湿地	永久性淡水湖
	季节性淡水湖
沼泽湿地	草本沼泽

（续）

湿地类	湿地型
沼泽湿地	灌丛沼泽
	森林沼泽
	沼泽化草甸
人工湿地	库塘
	运河、输水河
	水产养殖场

（四）气候条件

三江平原属于温带湿润、半湿润大陆性季风气候，夏季受副热带海洋气团的影响，降水充沛，气候温热、湿润；冬季在极地大陆气团控制下，气候严寒、干燥、漫长。春秋两季为冬夏季风交替季节，气候多变，气温变化幅度较大。三江平原地区年平均气温在1.4～4.3℃，秋温高于春温，1月均温－21～－18℃，7月均温21～22℃，大于10℃年积温一般2400～2700℃，全年7个月的月均温在0℃以上，无霜期120～140天；气温日变化大，年变化最大达40℃，全年日照时数2400～2500小时，雨热同期，适于万物生长，但有洪涝和低温灾害发生，平均无霜期90～120天，农业划分上属于温凉作物一熟区，适合一年一熟的玉米、大豆、春小麦、水稻等谷物生长。

区域因受季风特征影响，全年降水量约 500～650毫米，夏季（6～8月）降水量约占全年60%左右，冬季（12月至次年2月）降水量只占全年的4%，春秋分别占13%和23%，年降水变率在 20%以下。该区空气湿度大，蒸发量较小，年陆面可能蒸发量550～650毫米，各地可能蒸发量也均小于降水量。

三、自然资源

（一）湿地资源

功能区内共有湿地面积约59.86万公顷，其中以沼泽湿地最多（50%），30.08万公顷，约占黑龙江省沼泽湿地的9%；河流湿地和淡水湖泊次之，河流湿地约9.3万公顷，淡水湖泊约12.88万公顷。沼泽又以草本沼泽最多（76%），分布广泛。沼泽分布规律是：灌木沼泽>森林沼泽>沼泽化草甸。区内湖泊丰水期总面积约60.34万公顷，总蓄水量达到280.84亿立方米。

（二）动植物资源

1．植物资源

本区属长白（东北）植物区系，以沼泽化草甸为主，并间有岛状森林分布，保持着原始自然状态。河流、湖泊湿地植物种类以柳林和春榆、水曲柳林及柳灌丛为主。森林湿地主要分布有白桦群系、赤杨群系、细叶沼柳群系、小叶章群系、修氏苔草群系和长白落叶松群系。灌丛湿地以白桦群系、蒿柳群系、柳叶绣线菊群系和细叶沼柳群系为主。草本沼泽湿地以白桦群系、大叶章群系、拂子茅群系、荆三蔍棱草群系、柳叶绣线菊群系、芦苇群系、漂筏苔草群系、乌拉苔草群系、细叶沼柳群系、狭叶香蒲群系、小叶章群系、修氏苔草群系为主。

最典型、分布最广的群落类型是小叶章群落。该群落主要分布于三江平原和松嫩平原的低湿地，地表湿润或有季节性积水，水深10～30厘米。群落总盖度90%～95%，平均高60～130厘米，群落组成单纯，小叶章为优势种，伴生植物种类甚少而稀疏，仅见有毛水苏、毒芹、繁缕、千屈菜等，有时或散生少数小灌木柳叶绣线菊。

2. 动物资源

三江平原功能区在动物地理区划中为东北区的长白山亚区。在湿地活动的主要哺乳动物有：梅花鹿、马鹿、赤狐、貉、豹猫、伶鼬、艾鼬、东北野兔、黄鼬、麝鼠等；两栖类有极北小鲵、黑龙江林蛙和中国林蛙。

三江平原以保护鸟类闻名天下。区域内有记录的鸟类共有18目86科282种，其中候鸟148种，留鸟32种，旅鸟89种，稀有种105种，数量极少的偶见种70种。这其中有国家一级保护鸟类12种，二级保护鸟类45种。一级保护鸟类包括中华秋沙鸭、白头鹤、虎头海雕、黑鹳、白鹤、白尾海雕、丹顶鹤、东方白鹳、朱鹮、大鸨、金雕、玉带海雕。在三环泡保护区记录有迁徙丹顶鹤250余只，达到全球丹顶鹤种群数量的11%，繁殖数量为全球种群数量的2%；白枕鹤迁徙数量达373只，为白枕鹤全球种群的5%，夏季繁殖群达97只，并且发现13个繁殖巢，是我国最大的白枕鹤繁殖地。

三江平原水域鱼类有22科97种，细鳞鱼、胡瓜鱼、狗鱼等鱼类，在黑龙江、松花江、嫩江、乌苏里江等水系中洄游，可洄游到上游的湖泊、小溪、泛滥地中进行生殖洄游和育肥。

四、社会经济

（一）经济发展

据统计局2013年统计资料，区域内总人口185.34万人，其中农业人口占48%，34%的农村劳动力人口已经就业。少数民族人口占1%，其中饶河、同江和抚远县是我国人口最少的少数民族——赫哲族的集中居住地。

本区内2013年国内生产总值（GDP）为748亿，其中第一产业最多，占总产值的49%，第二产业占27%，第三产业占23%。同年全区总财政收入32.44亿元，农民人均收入7994元，远低于黑龙江省农民人均纯收入8604元和同年全国平均农村居民人均纯收入8896元，属于社会经济发展欠发达地区。2013年全区共获得转移支付款3.52亿元。其中禁止开发补助款0.19万元，生态环境保护特殊支出补助1.42亿元。

三江平原粮食产量丰盛，是祖国的"北大仓"。2013年区内粮食总产量有61.44亿千克，单位面积产量为20485.5千克/公顷，远远超过了全国平均单位面积粮食产量5842.5千克/公顷。功能区内富锦市是全国水稻种植面积第一市，也是国家千亿斤[①]粮食产能工程重点市，其他各县也均是产粮大户。

（二）土地利用变化情况

19世纪以前，三江平原人烟稀少。1893年耕地面积仅占区域总面积的0.3%，平原区沼泽、沼泽化草甸植被大面积连续分布，山地为郁郁葱葱的原始森林，当地居民是以狩猎和捕鱼为生的满族、赫哲族，由于人烟稀少，三江平原被称为"北大荒"。20世纪50年代以来，先后有14万转业官兵和45万知识青年"屯垦戍边"，昔日"棒打獐子瓢舀鱼，野鸡飞到饭锅里"的原始景象消失不见。直到21世纪各地才逐渐有了保护湿地生态的意识，湿地开垦为农田的转化率逐渐降低。据三江平原各县市统计数据表明，抚远县2005～2010年耕地面积增加了2%，富锦增加了44%，虎林增加了30%，密山增加了26%，饶河增加了29%，同江增加了28%，绥滨没有改变。同期各县湿地面积抚远县增加了30%，富锦减少了7%，同江减少了9%，虎林市无变化，抚远县的湿地面积增加主要来源于黑瞎子岛湿地区的回归。而森林和草地在同期的变化面积并不大。湿地面积的变化主要受气候变化和人为干扰影响，由于近几年湿地保护逐渐被各县市提上日程，退耕还湿的面积也不断增大。

第二节　生态功能定位

一、主体功能

根据2010年国务院印发的《全国主体功能区规划》（国发〔2010〕46号）中对各功能区的定位，三江平原原始湿地面积大，湿地生态系统类型多样，濒危珍稀动植物比较集中、具有典型性和代表性；在蓄洪防洪、抗旱、调节局部地区气候、维护生物多样性，控制土壤侵蚀等方面有重要作用。然而目前湿地面积减小并出现破碎化，面源污染严重，生物多样性受到威胁。因此要作为生物多样性维护型生态功能区，扩大

---

①1斤=0.5千克。

保护范围，控制农业开发和城市建设强度，改善湿地环境，增强湿地水文调节、保护堤岸、净化水质、保留营养、改善小气候、资源供给的功能，尤其要改善湿地为野生动物提供栖息地的功能。

二、生态价值

（一）生态区位重要性

三江平原湿地生态功能区是国家级限制开发区域，西部与我国"两屏三带"生态安全战略格局中的东北森林区相连，平原由黑龙江、乌苏里江和松花江汇集冲积而成，与俄罗斯隔江相望，三江平原涉及国土安全和我国在国际关系中的重要地位，是我国生态安全战略不可或缺的组成部分。

（二）生态特征典型性

三江平原是世界上为数不多的肥沃土平原之一，有"中国黑土湿地之王""高寒湿地之乡""沼泽湿地之最"的美称，区内的沼泽湿地是我国最大的淡水沼泽湿地集中分布区。独特的地形地貌、丰富的水文资源和典型的气候条件使得三江平原湿地成为全球温带地区极具代表性的低地湿地生态系统。功能区地处三江平原最典型的三江汇流区域，区内有三江湿地、兴凯湖湿地、洪河湿地、东方红湿地国家级自然保护区和珍宝岛国家级自然保护区5块国际重要湿地；三江平原东北部湿地、挠力河流域湿地、七虎林河和阿布沁河中下游湿地、穆棱河下游月牙湖和虎口湿地、珍宝岛湿地、兴凯湖湿地等多处国家重要湿地。

（三）湿地资源稀有性

三江平原被《中国生物多样性保护战略与行动计划》划定为生物多样性保护优先区域。功能区域内湿地植被类型丰富，有17个群系，500多种野生种子植物。丰足的水系为三江平原带来了丰富的鱼类物种资源，区内鱼类有22科97种。另外由于湿地面积大、人为干扰较少、食物充足等因素，三江平原还成为国际重要的鸟类栖息地。区域内有记录的鸟类共有18目86科282种，占全国鸟类总数的三分之一左右。其中有国家一级保护鸟类12种，二级保护鸟类45种，数量极少的偶见种70种，稀有种105种。另外三江平原还是遗传基因的宝库，对野生生物种群的存续、筛选以及对改良具有商品意义的物种都具有重要意义。如此丰富多彩的生物资源分布全得益于三江平原功能区对自然生态栖息地的留存和保护。

（四）湿地功能重要性

1. 调蓄洪涝

三江平原湿地含有大量持水性良好的土壤和植物以及质地黏重的不透水层，蓄水量极大，能在短时间内迅速蓄积大量洪水，然后逐步缓慢排出，尤其是在干旱时期排出水分补给流域用水，是三江流域一块巨大的天然的海绵。有研究表明三江平原流域上游有削减50%的下游洪水的效应。同时，通过蓄水蒸发等过程，湿地还有效地调节了局部小气候。

2. 排除沉积物

沼泽地和洪泛平原有助于减缓水流的速度，利于沉积物的沉降和排除。这种沉降和有毒物质及养分的排除密切相关，因为这些物质常常附着在沉积物颗粒上。湿地排除沉积物也有益于流域及其下游地区保持良好的水质，疏通河道，防止具有防洪和运输功能的水道变浅。

3. 改良土壤

营养物通常与沉积物结合在一起，因此与沉积物同时沉降。营养物随沉积物沉降之后，通过湿地植物吸收，经化学和生物学过程转换而被储存起来。营养物随植物的腐烂而再次释放到环境中，改良土壤。湿地及其植物可以贮藏养分，为候鸟、鱼类和牲畜等提供了丰富的水草，同时也为区域农业经营提供了丰富的肥料。

4. 保护野生动植物

区内生态链结构完整，生态功能优良，保护区众多，是众多水禽、候鸟、大型兽类等珍稀濒危野生物种不可或缺的家园。

5. 文化价值

三江平原湿地泡沼遍布，河流纵横，保持着原始自然状态，雁鸭、鸳鸯成群结队在水中嬉戏；丹顶鹤、金雕等搏击长空；马鹿、狍子在草地上奔走觅食；大片小叶章草在风中沙沙作响，为湿地增添了生机与活力，被《中国国家地理》"选美中国"活动评选为"中国最美的六大湿地"第三名。此外，赫哲族等土著族群独特的文化和生活方式也是珍贵的文化遗产和保护文化多样性的重要组成部分。

第三节　主要生态问题

一、湿地面积缩小

三江平原功能区土壤以棕壤、黑土、白浆土、草甸土和沼泽土为主，土地的自然肥力非常高，且功能区地势平坦，适宜大规模的机械化农业生产。中华人民共和国成立以后，由于人口加剧、自然灾害等压力，吃饭问题成为我国面临的首要问题，扩大耕地面积、提高粮食产量成为当时社会的重要发展方向。经过几十年的开垦，三江平原功能区的耕地面积翻了3倍，而开垦的土地主要来源于土壤肥力高的沼泽湿地。在1954年之后的五十年里，三江平原湿地面积减少了73%，除极少数退化为草地外，绝大部分转化为耕地；林地面积减少了16%。进入21世纪，国家发展策略向生态保护逐渐倾斜，残存的湿地得以逐步保护起来，近5年来，退耕还湿政策兴起，部分县市开始了退耕地还湿地的举措，然而农民种地糊口的愿望与湿地保护相矛盾，退耕积极性低，甚至私自开垦禁止开发区域的湿地，湿地面积愈发缩小。湿地开垦一方面破坏了湿地资源，加剧湿地生境破碎化；另一方面区域水位受到气候变化影响很大，常年不稳定，农民逐水位而开垦，极易遭受经济损失。

二、区域性缺水

近年来，区域受城市扩张、人口膨胀、农业开发等活动的影响，水资源消耗量大幅上扬，周边地区通过引水工程大量抽取江河水流资源，使得部分保护区内出现了沼泽水位下降、旱化面积增大的情况，对以湿地为栖息生存环境的动植物资源产生了严重威胁，部分历经万年而成的塔头由于旱化而长势衰微。随着全球气候变化，功能区内近三年气候变化波动显著，2012年春旱秋涝50年未见，2013年春涝，2014年局地短时气候（暴雨等）多，并出现了泥石流。缺水对保护区内的生态系统影响严重，亟待功能性的恢复和治理。

三、水土流失严重

土地利用方式的转变对三江平原功能区水土流失有着重要的影响，农田的开发造成了水土流失面积增加、强度增强。近50年来同江市水土流失由西部零星分布逐步扩大到整个西部范围，而在抚远县以挠力河为轴线扩展到占据整个抚远县的中南部，侵蚀加剧，侵蚀程度达到轻到中度水平（200～5000吨/平方千米·年）。挠力河流域饶河段由20世纪50年代的无侵蚀区发展到近几年流域下游出现了中度侵蚀，且呈现扩大趋势。穆棱河密山段在20世纪50年代仅有部分轻度侵蚀区，近年来，该区侵蚀面积明显扩大，且侵蚀程度从轻度发展到了中度，部分区域甚至出现强度侵蚀（年均5000～8000吨/平方千米）。

四、生物多样性受到威胁

黑蜂、淡水鱼类、鸟类和兽类是栖息在三江平原的主要待保护动物类型。针对黑蜂的自然保护区已经成立。尽管区内有针对渔业的捕捞管理政策，但一些百姓泛捕鱼类，竭泽而渔，在繁殖期捕鱼、炸鱼、毒鱼等等现象仍时有发生，对鱼类资源造成极大的破坏。尤其是自然水域捕鱼的网眼越来越小，使鱼类资源丧失了休养生息的机会，一些河流支流和湖泊甚至出现有水无鱼的现象。三江平原的鸟类繁多，部分为国家重点保护物种，鸟类保护工作开展较早，有一定的成效。然而由于生境破碎化，食物减少等问题，鸟类和兽类的生存也受到了一定威胁。

五、江河水质污染严重

由于工农业生产发展，化学生活用品增多，污染处理设备工艺跟不上，农田面源污染和生活废水污染严重。例如，挠力河水质呈Ⅱ类水体，溶解氧基本为0，主要污染物是农业面源污染、生活污水处理和垃圾处理。七虎林河水质呈劣Ⅳ类水质，河道长，流域污水处理厂没能发挥应有功效。兴凯湖受穆棱河水污染物的影响：化学需氧量，总磷超标，水质不及Ⅲ类，其中工业污染比重不到20%，主要污染源是农业面源污染和生活污水。而一些流域的地方监测站目前还不具备水质监测手段。

第四节　生态保护与建设现状

一、生态工程建设

目前功能区内的生态工程建设主要包括三北防护林建设、退耕还林、生态公益林建设工程、湿地保护与恢复和生物多样性与自然保护区。其中三北防护林总投资1.8亿元，共建设林地1.7万公顷；退耕还林总投资1.5亿元，还林地共计9300公顷；生态公益林工程总投资0.5亿元，建设林地10万公顷；湿地保护与恢复工程总投资0.4亿元，保护区总面积85.39万公顷，湿地自然保护区共有保护湿地49.44万公顷，占全区总湿地面积的83%，湿地公园总面积1.67万公顷，其中湿地面积1.28万公顷，80%的湿地在自然保护区和湿地公园的控制范围内。

区域内还配套了森林防火体系、有害生物防治体系、人口易地安置和生态产业扶持等建设内容，服务于当地的生态系统维护和物种资源保护，取得了较好的成效。

农业、水利、环保、国土和气象等部门为推进区域生境恢复也先后推出了基本农田建设、农村土地整治、污水处理和水土流失治理等相关工程建设，累计完成水土流失治理1090公顷，土地整治2.5万公顷，旱改水低产田改造6万公顷。总投资14.8亿元。

二、国家重点生态功能区转移支付

2013年三江平原生态功能区7县市共获国家重点生态功能转移支付3.52亿元，其中生态环境保护特殊支出补助1.42亿元，占转移支付总额的41%；禁止开发区域补助0.19亿元，占转移支付补助总额的5%。实际使用2.8亿元，占补助总额的80%；其中生态工程建设1.4亿元，占使用总额的50%；禁止开发区域建设0.2亿元，占7%；其余使用方向包括教育文化、医疗保障、环境保护和农林水务支出等，占使用资金总额的43%。

从该政策实施情况看，财政转移支付主要用于生态工程建设，投入资金规模仍不能覆盖和满足本地区野生动物监测、生态系统服务监测、生态保护与建设的全面需要。禁止开发区域建设、保障性安居工程、环境保护、医疗保障和农林水务等基础设施建设所占比例较低，不能够满足人口异地安置的需求。

三、生态保护与建设总体态势

目前，三江平原湿地生态功能区生态呈现改善趋势，截至2013年，区域内85%的自然湿地已在自然保护区和湿地公园的保护范围内。但区域内湿地质量不高，退化较明显，生物多样性保护能力不够高，水质污染严重。今后一个时期，该区既要满足人口增长、城镇化发展、经济社会发展所需要的国土空间，又要为保障农产品供给安全而保护耕地，更要保障三江平原生态安全、应对环境污染和气候变化，保持并扩大绿色生态空间。生态保护与建设面临诸多挑战，任务仍然艰巨。

第二章　指导思想与原则目标

第一节　指导思想

全面贯彻党的十八大精神，深入学习贯彻习近平总书记系列重要讲话精神，根据《全国主体功能区规划》对三江平原湿地生态功能区的定位和总体要求，加大湿地生态建设和保护力度，扩大保护范围，维护和恢复湿地生态系统服务功能，加强湿地生态监测和保护管理能力建设，控制农业开发和城市建设强度，实现湿地生态系统良性循环和区域经济社会可持续发展。

第二节　基本原则

一、尊重自然、优先保护

以《全国主体功能区规划》的类型划分为基础，结合本区特点，优先保护区域内原生型生态系统和物种资源，维护并恢复野生动植物物种和种群的平衡，以自然修复为主，同时尊重自然规律和科学规律，辅以必要的人工措施，突出利益诱导或利益激励性政策措施的运用，科学推进生态系统恢复和物种资源保护。

二、统筹规划、合理布局

将区域现有的土地利用方式和镶嵌特征、动植物和环境因素的时空分布关系、"北大仓"农业发展需求和社会经济发展水平、已有的保护程度和未来的保护方向等问题看做一个多维的整体，以《全国主体功能区规划》的原则为依据，遵循统筹兼顾、合理布局、协调规划、可持续发展、逐步实施的原则。

三、分区施策、有的放矢

根据各县市的基本发展情况、保护能力、自然资源和生物多样性分布现状以及湿地污染程度，分区、分阶段设定保护、恢复或限制开发程度和标准，确定发展方向和原则。再根据时间和发展阶段的推移和自然资源的阶段性改变，逐步制定新的保护、恢复和污染治理政策，做到有的放矢。

四、划定红线、严格管制

开展区域生态保护现状调查，系统分析区域内自然生态系统结构与功能状况、时空变化特征及受自然与人为因素威胁状况，综合评估生态保护成效与存在的问题，划定生态保护红线，并加强监管。定期开展生态系统服务评估，确保管护成效。

五、分段评价、补偿激励

根据各个规划区的阶段性发展目标分期调查，用科学的手段确立生态功能评价体系，定量评价和考核规划区的保护和恢复质量。根据保护效果和《国家重点生态功能区转移支付办法》和国家逐步出台的生态补偿政策法规进行生态补偿，激励生态保护热情。

第三节　规划期和规划目标

一、规划期

规划期为2015～2020年。

二、规划目标

（一）总体目标

将国家重点生态功能区的发展定位作为区域社会经济、生态文明发展的主线，划定生态保护红线，以保护现有湿地和野生动植物资源，扩大湿地面积，控制污染，增强湿地生态功能质量，加强水资源保护与管理，改善生态环境质量为工作重点。到2020年，全面保护和修复湿地生态系统；扩大湿地面积、提高栖息地质量；增强湿地生态服务功能、促进区域动植物、尤其是濒危珍稀野生动植物资源的繁衍和保护，提高区域生物多样性的健康稳定水平；改善地表水水质；加强生态保护宣教水平，提高人民的生态保护意识。形成湿地功能健康，生物多样性优先保护，城镇生态经济区适度发展，区域居民生活水平有所提高，配套设施逐步完善的区域发展格局。

（二）具体目标

到2020年，通过退耕还湿等措施扩大湿地面积15万公顷，自然保护区保护湿地面积达到70万公顷，比原有水平提高38%；湿地公园保护湿地面积达到1.5万公顷，比原有水平提高17%；禁止开发面积达到176万公顷，占全区面积的37%，在原有水平基础上提高10%。拟建省级自然保护区2个，拟升级国家级自然保护区2个，拟建成国际重要湿地5个。构建生态廊道，生态用地面积增加，生物丰度指数有所提升；鼓励发展包含优势特色经济林在内的生态产业基地3万公顷；建成生态功能动态监测和评价信息管理系统。详见表23-3。

表 23-3　规划指标

主要指标	2013 年	2020 年
湿地保护目标		
湿地面积（万公顷）	59.86	74.86
湿地自然保护区用地占全区面积比（%）	17	21
湿地公园用地占全区面积比例（%）	0.37	0.42
自然湿地保护率（%）	85	95
国家级自然保护区（个）	9	11
省级自然保护区（个）	6	6
国际重要湿地（个）	5	10
生物多样性保护目标		
国家级自然保护区管理能力	部分建成视频监控体系	完成视频监测体系和辅助信息决策体系建设
珍稀濒危种群资源保护（种）	—	50
生物多样性保护培训（百人次）	—	10
生态恢复目标		
退耕还湿面积（万公顷）	—	30
森林覆盖率（%）	10	15
污染控制目标		
沼气池建设	—	全面铺开
水质级别	—	Ⅱ类
生态产业目标		
建设生态产业基地（个）		3
农林培训（千人）		3

第三章 总体布局

第一节 功能区划

一、布局原则

（一）地域联通

充分考虑生物多样性保护和湿地恢复对面积有效性的需求和水系的连续性，确保区划在地域上具有连续性和可通达性，实现生物资源的有效沟通和传播，为大量鸟类迁徙活动和大型兽类活动提供足够的空间保障。

（二）多因素综合

将区域现有的土地利用方式和镶嵌特征、动植物和环境因素的时空分布关系、人类干扰区域和程度、已有的保护程度和未来的保护方向等问题看做一个多维的整体充分考虑，从湿地恢复与保护和生物多样性保护工作的有效性出发，确保不同区划范围内的工程措施便于操作且具有较好的实施效果。

二、分区布局

基于以上原则将本功能区划分为湿地与生物多样性保护区、生态恢复区、污染控制与合理利用区三个功能分区。各分区面积见表23-4。

表 23-4 生态保护与建设分区表

功能分区	区域范围	面积（万公顷）	资源特点
湿地与生物多样性保护区	包括同江市、富锦市、抚远县、饶河县、虎林市、密山市、绥滨县内已有的和拟建的自然保护区、森林公园、湿地公园、地质公园、风景名胜区	163	以自然湿地和森林为主，野生鸟类及其他动物种类丰富、数量繁多

（续）

功能分区	区域范围	面积（万公顷）	资源特点
生态恢复区	包括同江市、富锦市、抚远县、饶河县、虎林市、密山市、绥滨县内山谷、水系沿岸易被淹没的适宜退耕地、未保护自然湿地、水库以及自然保护区外扩区	30	以退化的湿地、人工湿地和耕地为主
污染控制与合理利用区	包括同江市、富锦市、抚远县、饶河县、虎林市、密山市、绥滨县内保护与恢复区以外的城镇建成区、居民与游客聚集点等区域、保护与恢复区和居民密集聚集点之间的荒郊、基本农田以及高程较高的不适宜退耕地等区域	284	以人口聚集区和农田为主

第二节　建设布局

一、湿地与生物多样性保护区

（一）区域特点

区内已有湿地和生物保护自然保护区15个，其中湿地保护区14个，黑蜂自然保护区一个，在申请自然保护区（黑龙江省黑瞎子岛湿地自然保护区）1个，有湿地公园7座，森林及地质公园9座，湿地保护区和公园沿三江水系而生，呈枝状分布，包含了区内全部的湿地类型和重点保护鸟类、兽类和黑蜂栖息地，是三江平原功能区内生态质量最高的区域，也是生物多样性保护的前沿阵地。已保护面积150.7万公顷，包含零星湿地连通带1万公顷。

（二）主要问题

目前尽管89%的湿地在自然保护区和湿地公园的保护范围内，区内仍存在着沼泽水位下降、旱化面积增加、保护监测设施不足、科研宣教水平落后等问题。

（三）建设重点

湿地与生物多样性保护区是对生态系统地理范围和功能严格管护的区域。湿地自然保护区和生态公园在保护生物多样性资源的同时，也是发展生态旅游和科研宣教的主要场所。对这些区域应实施分区管理，强化对自然保护区核心区和缓冲区中人为干扰的管控，加强对于保护区实验区公园生态保育区和核心景观区的保护，落实对区域生物多样性保护功能的监测管理。开展湿地恢复，以自然恢复为主，配合必要的人工辅助恢复措施。

专栏 23-1　自然保护区管制

01　分区设置红线

核心区：禁止任何形式的生产建设活动，除必要监测保护工作外严格禁止人为干扰活动；

缓冲区：禁止任何形式的生产建设活动，科学实验尽量转到实验区进行，尽量避免人为干扰；

实验区：禁止农田开垦和畜牧，在不破坏自然景观、不影响资源保护的前提下，有组织、有目的地开展科学试验、教学实习、参观考察、生态旅游和合理利用。

02　缓解承载压力

按照先国家级后省级，先核心区后缓冲区、再实验区的顺序分期分批组织生态移民，缓解保护区的承载压力，避免保护区内居民偷垦湿地、偷猎保护动物。

03　加强管理能力

建立管护站管理、地理信息系统支持、科学监测配套、科研宣教和内部培训多维管理体系，加强对保护区中生态系统运行机制的认识，尤其是气候变化、水文周期、动植物物候以及湿地状况四者之间的相互关系，从而增强保护和管理能力。

以自然保护区和生态公园等生态保护形式为核心，落实野生动物保护政策，扩大湿地生态系统的面积，保护自然生态走廊和野生动植物栖息地，使生物多样性保护与生态系统服务功能质量缓急相济、互相促进，得到全面提升。通过设置管护和检查设施，控制区域内人为活动范围和强度，逐步实现提高自然保护效果的发展目标。

专栏 23-2　公园管制

01　公园范围

包括三江平原湿地功能区内的湿地公园、森林公园及地质公园。

02　土地管理红线

禁止私自占用、征用国家湿地公园的土地。确需占用、征用的，用地单位应当征求主管部门意见后，方可依法办理相关手续。禁止进行开（围）垦湿地、放牧开矿、采石、取土、修坟以及任何生产性活动。

03　生态管理红线

禁止在公园内捕猎鸟类、捡拾鸟卵、采伐林木、破坏植被，从事与公园主体功能定位不符的任何建设项目和开发活动。

二、生态恢复区

（一）区域特点

生态恢复区域位于湿地与生物多样性保护区外围，包括较宜退耕还湿、生境质量整体处于正向演替过程中但人为干扰较多的区域，也是不合理工程建设主要的影响区域。

（二）主要问题

该区域处在保护区域外围，受到的人为干扰大，污染严重，部分区域还存在不合理建设情况。

（三）建设重点

以退耕还湿、退养还滩、退耕还湖、生态补水、植被恢复、清除土壤污染物、减少不合理的人为开发利用活动痕迹为主，通过相关建设内容、恢复先锋植被和湿地基本水文条件，降低人为干扰强度，实现区域有效保护范围的扩展，服务于生态系统的恢复和优化，为原生物种重返该区域提供必要的生境条件。

三、污染控制与合理利用区

（一）区域特点

污染控制与合理利用区包括目前已具备较大规模的城镇建成区和农田，由于建设初期缺乏良好的规划，土地利用格局和利用水平均有提高空间。

（二）主要问题

土地利用格局不合理；由于农业生产对效率的单纯追求，农业面源污染也较严重；水污染严重，部分水体呈劣Ⅳ类。

（三）建设重点

以提高土地的合理利用水平、减少土壤污染物为主。优化城镇区公共设施，尤其是污水处理厂的配套；实现人为活动适当集中，提高区域内空间利用水平，适当分配人口密度；提高当地居民生活水平。农村应重视推广高效生态农业模式，发展循环经济，提高有机、绿色及无公害农产品的比重；积极开发推广兼具生态功能和经济功能的优势经济林；推广测土配方施肥技术，减少化肥的施用量，提高肥料的利用率；加强病虫害的预测预报，控制农药用量，推广生物防治技术。

第四章　主要建设内容

第一节　湿地与生物多样性保护

一、湿地与生物多样性保护网络建设

目前，三江平原功能区已有15个自然保护区，其中有国家级自然保护区9个，省级自然保护区6个，分布有众多国家级和省级保护动物。区内还有7个湿地公园和三江湿地、兴凯湖湿地、洪河湿地、东方红湿地国家级自然保护区、珍宝岛国家级自然保护区5块国际重要湿地，以及三江平原东北部湿地、挠力河流域湿地、七虎林河和阿布沁河中下游湿地、穆棱河下游月牙湖和虎口湿地、珍宝岛湿地、兴凯湖湿地等8处国家重要湿地。这些自然保护区、湿地公园和重要湿地主要分布在松花江、乌苏里江和黑龙江的河流沿岸，但并没有将河流沿岸连接起来，变成了一块块的湿地保护孤岛。同时，这些保护区和重要湿地分属于各县市的林业局、黑龙江省林业厅和农垦、森工等多种部门各自管理，缺乏统一的湿地保护体系。因此应从以下几个方面在功能区内建立湿地保护网络：

第一，分析现有自然保护区、湿地公园和重要湿地的保护范围和建设情况，针对保护空缺的自然生态系统、极小种群野生植物、极度濒危野生动物及其栖息地，加快建立自然保护区，拓展有效保护区域；

第二，将整个生态功能区作为一个保护整体，针对面积较小的湿地分布区建立保护小区，在相距较近的保护区之间建立生态廊道，以改善湿地破碎化、动物生境狭窄、水土流失和洪水调控等问题；

第三，在功能区各自然保护区、湿地公园和重要湿地间建立协调、统一、规范的湿地监测与监督管理体系，构建整合的监测数据和管理平台，并根据监测结果建立实时的生物多样性和生态功能红色预警机制，根据气候变化和人类活动有效管理生态系统；

第四，建立湿地保护绩效考核体系，根据监测结果，定期评估各个保护区、湿地

公园和重要湿地的保护成效，并将考核结果纳入到各分管行政区的干部考核中。

二、湿地与生物多样性保护能力建设

（一）自然保护区

自然保护区建设是抢救性保护湿地最有效的措施，区域内应采取积极措施深入推进自然保护区建设。仍未被保护的典型自然生态系统、包含极小种群野生植物和作为极度濒危野生动物栖息地的区域应加快划定保护区，相关省级自然保护区要重点扶持，加大对管理机构设置、管护经费和设施设备配备的扶持力度，鼓励保护价值高的地方级自然保护区等级晋升。国家级自然保护区应加大对生态监测、管护设施、人员素质提升等方面的投入，强化管理能力。

已有的自然保护区应严格按照国家林业局发布的《自然保护区功能区划技术规程》进一步界定核心区、缓冲区和实验区的范围。对核心区、缓冲区和实验区进行分区设定红线、分类管理。核心区包括自然保护区内最典型的湿地类型、保护植物集中分布区，国家级保护水鸟、野生走兽、鱼类、黑蜂及其他珍稀物种集中分布区（尤其是集中繁育区、取食区、洄游路线、潜在活动区）。季节性核心区包括典型湿地类型重要季节性分布区以及野生水鸟、走兽、鱼类、其他珍稀物种季节性迁徙通道。缓冲区包括核心区以外的野生动植物相对集中的区域或季节性分布区域。实验区包括核心区和缓冲区外的生态观光旅游、宣教、科学实验、生活办公等区域。生态廊道要根据主要保护对象的种类、数量、分布和迁徙、洄游规律以及生境需求，确定生物廊道的空间位置、数量、长度、宽度和高度。按照先国家级后省级，对核心区、缓冲区和实验区分批组织生态移民，尽可能地减少区内人口、缓解保护区的承载压力，避免保护区内居民偷垦湿地、偷猎保护动物。

同时，还应增强自然保护区资源管护和监测能力，布建视频监测网络、辅助信息决策平台等设施设备，跟随科技发展步伐，提高资源保护工作科技含量。

（二）湿地公园

加强国家湿地公园建设，扩大有效保护范围。对已经成立国家湿地公园的，强调人与自然的和谐，发挥湿地多种功能，完善现有基础设施和保护能力建设，按照保育区、恢复区、科普宣教区、合理利用区和管理服务区对湿地公园进行分区管理。同时，应遵循"保护优先、科学修复、保护与修复并重，科技先导、合理开发，科研与建设同步"的基本原则，充分体现人类回归自然的参与式理念，在满足旅游观光者的兴趣和需要的同时，采取有效措施维护湿地生态系统结构和功能的完整性、保护栖息地、防止湿地及其生物多样性衰退。维护措施包括：①最大限度地保留原生湿地生态特征和自然风貌，保护湿地生物多样性；②旅游以生态游览和科普教育为主，建立护栏，或者通过水上廊道、行船等方式使游客既能够身在其中又与保护区域保持适当距离；③通过适度人工干预，促进修复或重建湿地生态景观，维护湿地生态过程；④各类工程建设要严格遵循国家和地方的相关法律法规以及湿地公园规划；⑤严格控制游客数量，确保湿地生态系统安全；⑥严令禁止随意更改公园内湿地的用途进行采石、取土、开矿、放牧等活动。省级湿地公园应重点提升晋升能力，加速达到晋升国家湿地公园的标准。

（三）森林公园

区内现有森林公园8个，包括5个省级公园、3个国家级公园。对于已建成的国家森林公园，要完善其管理机构和配套设施建设，督促其尽快针对区域生态保护和生物多样性保护需求形成科学的总体规划，并按核心景观区、一般游憩区、管理服务区和生态保育区分类管理。对于地处野生兽类生态廊道或者作为野生黑蜂、重要野生禽类等栖息地的森林区域应加强管理、重点保护，严格限制旅游观光容量，加强森林资源和生物多样性保护。对于包含水面的森林公园，要加强对游客进行宣传教育，必要时应建立观光廊道，减少不必要的污染和对水生态过程的影响。除必要的保护设施和附属设施建设外，禁止开展与保护无关的生产建设活动。对于适宜建立森林公园的区域应鼓励其申请和建设。

（四）风景名胜区

区内风景名胜区以绿色观光为主，要通过保护区域内核心景观资源的完整性和长期有效性的方式，与其他禁止开发区域共同形成生物多样性资源保护生态网络。

（五）地质公园

区内有饶河喀尔喀玄武岩石林省级地质公园，应依照《世界地质公园网络工作指南》《关于加强国家地质公园管理的通知》进行管理。除必要的保护设施和附属设施外，禁止其他生产建设活动。

（六）栖息地保护

根据《中华人民共和国渔业法》和《黑龙江省实施〈渔业捕捞许可管理规定〉办法》对黑龙江、乌苏里江、松花江兴凯湖的捕鱼规定设定禁渔期。在禁渔期内，禁止一切在自然水域进行捕捞作业行为，维持鱼类生物多样性，实现人与自然和谐相处。

通过野外监测与分析在适宜区域构建生态廊道、动物通道、鸟类巢台，设立野外投食点、荫蔽地等，林区注意留存粗木质残体。

（七）宣传教育

加强对当地居民、尤其是学生在湿地保护理念方面的宣传教育，完善保护区宣教中心的基础设施和配套设施，增强宣教中心的利用效率和宣教能力，使湿地保护工作深入民心。

三、主要任务

①完善现有15个湿地自然保护区和7个湿地公园的功能区划和红线设定，促成未保护天然湿地区晋级自然保护区的申请、规划和基本建设。到2020年，区内国家级湿地自然保护区达到11个，省级5个，自然湿地受保护面积占总面积的95%；湿地保护区面积达到85.39万公顷。推进自然保护区和湿地公园的配套设施建设。②通过扩大保护区缓冲范围，规划增加生态廊道，增强保护能力。③完成密山、虎林等地区保护区内居民点的生态移民，扩展有效保护范围。④完善区域内自然保护区视频监测网络、辅助信息决策平台等设施设备的建设，加强动物监测能力。⑤完成重点保护对象分布区的自然保护区划建，生物多样性保护体系面积达到153万公顷。⑥培养人才队伍，定期开展生物多样性保护知识培训，增强湿地生态管理的科学水平。⑦根据监测评估结果提出生物多样性保护规划与实施细则，制定管理方案。⑧完成动物栖息地保护工程。

专栏23-3　湿地与生物多样性保护工程

01　野外保护设施工程

确保完善现有的各自然保护区、湿地公园和国际、国内重要湿地中的野外保护设施，包括保护标示碑、围栏、观察监测台、野生动植物救护设施设备等，并在各自然保护区和重要湿地建立野生动植物救护站。同时强化新建的自然保护区、湿地公园和重要湿地中野外保护设施的规划和建设。

02　生物多样性监测网络工程

重视栖息地保护，在各自然保护区、湿地公园和国际、国内重要湿地内布建视频监测网络、辅助信息决策平台等。

03　动物栖息地保护工程

通过野外监测与分析在适宜区域构建生态廊道、动物通道、鸟类巢台，设立野外投食点、荫蔽设施，加快将极小种群野生动植物栖息地划为保护区。

04　巡护管护设施工程

加强自然保护区、湿地公园和重要湿地的巡护道、巡护车辆、船只、通讯设施、瞭望塔、防火道和防火器材等设施设备的建设与完善。

05　宣教工程

在各自然保护区和重要湿地建立宣教中心、野外宣教站（点），完善其标本陈列、电教设备、宣传牌、宣传材料等硬件软件功能设施。

06　科研监测工程

在各自然保护区和重要湿地中购置本地资源调查设备、监测样点设置及监测设施设备、简易实验室及其仪器设备、科研档案管理设备等，并定期组织应用培训。强化国际重要湿地的对外（国内、国际）交流能力。

（续）

专栏23-3　湿地与生物多样性保护工程
07　基础设施工程 　　完善各自然保护区管理机构办公场所及办公设备、配套生活设施、局部道路建设等。

第二节　生态恢复

一、生态系统修复

（一）土地整理

针对违法开采的农田以及处在季节性积水区域的农田，通过退养还滩（湖）、退耕还沼（湖）、清除污染等方式对湿地恢复区开展土地整理工作，预计到2020年恢复湿地面积达到15万公顷以上。

专栏23-4　土地整理工程
01　退耕还沼（湖）工程 　　在各自然保护区、湿地公园和国际、国内重要湿地外围周边水分充足区域以及耕还湖工程区域，退耕还沼（湖）工程要与生态补偿和生态移民工作同时进行，以保障当地农民的生活尽量少受到工程影响。
02　退养还滩工程 　　针对河口的滩涂被围海养殖区域，实施退养还滩工程，结合生态补偿机制，恢复原有生态格局。
03　营养物质调控工程 　　功能区内的淡水湿地中富含营养物质，且受到农业污染影响，大部分区域营养物质含量过高。恢复湿地生态系统，需要对湿地系统中的有机物质进行调整，降低湿地生态系统中的有机物含量。通过吸附吸收法和剥离表土法等方法，控制湿地土壤中的营养物质含量。

（二）植被恢复

植被恢复针对水生植被、沼泽植被、分布在湿地区及其同一流域的周边地区中具有涵养水源、固持水土和防风固沙等功能的森林或草地植被。以"宜林则林、宜灌则灌、宜草则草"为原则，尽可能地恢复或再造原有的天然植被类型。

专栏 23-5　植被恢复工程

01　自然恢复工程

针对现有水生植被分布区进行芦苇复壮等植被修复工程。

针对现有的湿地中度退化区采取封育和生态补水相结合的措施，通过围栏等方式，严格控制人为干扰，逐渐提高湿生植物盖度和生物量。

针对山地和森林分布区实施封山育林，利用自然更新恢复植被。

针对丰水枯水周期变化比较明显的季节性水域，通过土壤中蕴含的大量种子资源进行植被复建。

02　人工修复工程

对自然保护区、湿地公园和重要湿地外围周边湿地区和湿地重度退化区实施人工植被恢复，根据立地条件栽种植物，形成复合式植被群落，水生植物以芦苇、香蒲为主，草本植物以小叶章为主，木本植物以杨树、落叶松为主。

03　苗木繁育工程

在各县市建立苗木繁育基地，选择当地优势物种和具有高遗传价值的物种，如野生水稻等进行批量繁育和研究，为人工植被修复提供苗木资源。

（三）生态补水

严格落实区域用水总量控制制度，加强地下水保护，控制湿地缺水状况。抓紧建立水资源承载能力综合评价指标体系，以水资源水环境承载能力为刚性约束，全面开展规划和建设项目水资源论证，逐步建立水资源承载能力监测预警机制。

根据水资源条件，实施生态补水措施：①落实退地减水，合理确定耕地规模，保障生态基本用水；②结合土壤整理和植被恢复区域设定，通过水通道疏浚，恢复湿地与河流的连接，为湿地供水；③拆除水坝等控水设施，停止从湿地抽水；④推沟平渠，围堰蓄水；⑤恢复季节性洪水自然干扰；⑥借助水文过程（利用水周期、深度、年或季节变化、持留时间等改善水质）等方式构建有效的生态补水方式，逐步恢复湿地；⑦推广实施节水项目。

专栏 23-6　生态补水工程

01　水道疏浚工程

定期对功能区内的淤积河道、水道进行疏通，恢复湿地与河流的连接，保障湿地水源。

02　水源保障工程

拆除功能区内现有的拦截自然保护区和重要湿地水源的水坝等控水设施，停止从湿地抽水的行为。

推沟平渠。

优化水资源配置，尽量控制地下水的开采，遏制地下水位下降的趋势。

借助水文过程（利用水周期、深度、年或季节变化、持留时间等改善水质）等方式构建有效的生态补水途径。

（续）

专栏 23-6　生态补水工程
03　节水工程 　　从市级行政区开始进行节水城市试点，进而推广到全区七县市，通过宣传教育、引进节水灌溉设备、推广节水灌溉技术等途径节约生活和农业用水。 　　通过限制工业发展减少工业用水。 　　在湿地与生物多样性保护区外围实施退地减水工程，合理确定耕地规模，保障生态基本用水。
04　水资源配置优化工程 　　全面开展水资源优化配置规划和建设项目论证，逐步建立水资源承载能力监测预警机制。

（四）生态恢复监测与效益评价

利用湿地保护监测数据平台，结合水文周、生态恢复时段，对恢复效益定期进行定量考评，为生态补偿和管理机制的完善提供可行性依据。

二、水土流失治理

三江平原功能区地势平缓，因此历史上水土流失很少，但由于土地利用方式的改变，功能区内抚远、同江、密山和饶河等多地出现了水土流失面积增加、强度增强的现象。针对本区水土流失问题的程度和区域地势特征，应主要采取生物措施进行治理，加大对挠力河流域和穆棱河流域密山段等水土流失加剧区的植被建设投入力度。

首先要在无植被覆盖或低覆盖度区域选择适宜的植被物种进行营养袋育苗，整地施肥，高密度、多层次地营造植被，争取快速覆盖。其次还应在适宜造林区大力开展退耕还林还草，扩大林草种植面积，恢复林草植被，从而逐渐遏制水土流失，改善生态环境。

专栏 23-7　水土流失治理工程
01　生态护堤工程 　　在生态恢复区和污染控制区中，尤其是水土流失较为严重的抚远、同江、密山和饶河四县市的河流沿岸植被稀少地区采用土工格网草皮和生态袋相结合的方式开展生态护堤工程。
02　植被建设工程 　　在无植被覆盖或低覆盖度区域选择适宜的植被物种进行营养袋育苗，营造植被，提高覆盖度和生态功能。 　　在适宜造林区开展退耕还林还草，扩大林草种植面积。

三、主要任务

①统筹规划土地整理区域、面积和办法，需要清退养殖区域和农田的县市要在

做好百姓动员工作的同时完成好清退补偿申请；②结合各县市已有调查资料确定适宜进行植被恢复的类型和途径，对具体区域植被恢复区域和格局进行规划；③开展退养还滩（湖）、退耕还沼（湖）工作，完成至少15万公顷面积土地的还湿；④开展退耕还林、森林和湿地封育等工程，使得全区森林覆盖率提高到15%，中郁闭度以上（>50%）的森林面积占比提升至80%；⑤有效控制湿地土壤中的营养物质含量；⑥完成节水城市试点和节水灌溉设备的推广，有效节约水资源；⑦完成水资源优化配置规划和建设论证工作；⑧全面开展水资源保障工程，有效增加湿地水源；⑨抚远、同江、密山和饶河四县市完成生态护堤工程。

第四节　污染控制

一、农村清洁能源建设

整合利用密山、虎林等县市现有的风力发电和资源，引进新技术扩大其发电效率。在电力资源丰富的县市，通过政府补助的方式，鼓励农民使用电力资源。在全区大力推广沼气池、太阳能灶、太阳能热水器、生物质燃气灶、节柴灶等清洁能源的利用，减少木材类的生态资源消耗和燃煤等空气污染。

二、农业非点源污染控制

农业施肥以"高产、优质、高效"为目标，遵循"低耗、无污染"的原则，切忌为提高眼前的生产利益盲目施重肥。根据黑龙江省2008年起组织的测土配方施肥研究成果，选择适合黑土地区域条件和各县市农业发展方向的、简便易行的施肥新技术。加强常规施肥技术的组装集成，从源头控制化肥氮元素和磷元素的非点源污染，尤其要控制氮肥的施用量。建议采用平衡施肥、深施和水肥综合管理措施。氮肥应重点施用于生长旺盛时期等，避免在作物生长早期大量施用，以降低氮肥施入农田后的损失。

三、生活污水控制

（一）生活污水处理

根据《农村家用沼气发酵工艺规程》（GB9958）、《农村户厕卫生标准》（GB19379）和《村镇供水工程技术规范》（SL310），通过低能耗分散污水处理技术（以土地处理、人工湿地和净化沼气池为主）对各村镇污水实现小范围集中收集处理，其中黑水通过堆肥和净化沼气池回收为农用，灰水利用人工湿地或土地处理技术回用。根据《生活垃圾填埋污染控制标准》（GB16889）对7个县市级人口密集区实行生活污染物（污水和垃圾）通过管道或车辆收集并输送至指定地点统一处理。

（二）水质监测

推进完善污水检测与处理配套设施，开展长期水质监测，建立水质监测与预警平台，加强污水排放监管力度，强化水质控制能力。对能够反映水质状况的综合指标，包括温度、色度、浊度、pH值、电导率、悬浮物、溶解氧、化学需氧量和生化需氧量等，以及水体中的有毒物质，包括酚、氰、砷、铅、铬、镉、汞和有机农药等进行严格核查。

四、主要任务

2015～2020年，污染控制的主要任务有：①各县市制定适宜的污染控制方向，尤其要针对黑土地的特点，参考近年来众多黑土地高效施肥研究，确定每种作物适宜的肥料应用方案；②规划污水监测网络布局；③开展沼气池和太阳能供电设施入户工作；④确定施肥新技术方针并在农户中大力推广；⑤严格监测和控制生活污水污染，到2020年区域主要河流水质应达到二类标准，保护区水质需达一类；⑥落实建立污水监测网络与信息平台。

专栏 23-8　污染控制工程

01　农村清洁能源建设

　　整合利用密山和虎林现有的风力发电和资源，并提高发电效率，鼓励农民使用电力资源。推广利用沼气池、太阳能灶、太阳能热水器、生物质燃气灶、节柴灶等清洁能源。

02　农业非点源污染控制

　　从源头上减少氮肥和磷肥的使用量，引导鼓励区内农业施肥采取平衡施肥、深施和水肥综合管理措施。

03　生活污水控制

　　发展包括土地处理、人工湿地和净化沼气池的低能耗分散污水处理技术。同时增加水质监测站点设置，开展长期水质监测，建立水质监测与预警平台。

04　污染物清理工程

　　在湿地保护区和生态恢复区布点进行土壤污染物监测，针对严重度污染区域要进行废液收集和土壤移除，一般性污染区域通过植物修复法和微生物修复法进行处理。

第五节　生态产业建设

一、农业发展

（一）区域分布

各县市现有高效农田和经济林区。

（二）功能定位

国家商品粮优质生产基地，特色经济作物基地，特色经济林产业基地等。

（三）发展方向

（1）农业产业结构调整：按照区域化、专业化、规模化的要求，以高端特色品牌为突破口，加快国家商品粮优质生产基地、特色产业基地、特色经济作物基地建设。加强绿色无公害农产品生产，提高农产品质量安全水平。推动绿色种植，加强有机、绿色、无公害农产品认证，建立质量安全风险预警机制，重点推广低毒、高效、环保农药产品，加强农资产品质量检测。

（2）优势特色经济林发展：紧密结合本地资源优势，充分发掘、重点发展具有市场潜力的特色树种和优良品种。通过改良选育，推广先进适用技术，实施示范带动，扶持龙头企业与农民专业合作社发展，推进经济林产业建设。

（3）畜牧业产业化发展：以推进畜牧饲养方式转变和产业化经营为重点，形成三江平原潜力巨大的草畜乳一体化的绿色产业。加快奶牛、猪、羊养殖基地建设步伐，扩大养殖总量。

（4）农机化建设：大力提高农机装备和作业水平，抓好农业机械化示范基地建设，强化农机质量和安全生产监督管理，推进农机服务的市场化、社会化、产业化。

（5）农业产业化经营：积极扶持和引进龙头企业，培育粮食、畜禽等优势主导产业集群，延伸产业链条，打造全国优质农产品精深加工基地。推进以水稻、玉米、大豆等主要经济作物综合加工项目为主的农产品加工项目群建设，着力培育一批竞争力强、带动力强的龙头企业和企业集群示范基地。

二、产业发展

（一）区域分布

各县市农产品产业园区。

（二）功能定位

推动区域经济发展的产业聚集区，生态示范区，体制创新和科技创新样板区。

（三）发展方向

优化产业布局，实现农林副产品加工园、综合服务园、现代物流园、配套产业园四大产业集聚。

（1）农林副产品加工：重点发展农林产品精深加工和绿色食品生产。

（2）综合服务：重点建设综合服务及休闲娱乐区、食品检验及科技研发等功能设施。综合服务主要建设职工食堂、宿舍及配套生活设施，实施全面的绿化和美化。

（3）现代物流：建设立足全省、面向东北、服务全国的现代物流集散中心，打造集农林产品展示、合约、储运为一体的现代商贸物流集散中心。

三、城镇化发展

（一）区域分布

现有城镇区域。

（二）功能定位

生态人居，合理布局，减少生活污染。

（三）发展方向

（1）充分利用区位优势，进一步做好各城镇建设远景规划，达到最佳人居环境。全力建设功能完善的住宅新区，配套城市各项基础设施，完善各种公共服务功能，改善中心镇的居住、生活条件和基础设施。着重解决好教育卫生、垃圾处理、安全供水、空气污染和交通等问题。广泛宣传发动，形成全社会重视小城镇建设的氛围。

（2）通过培育主导产业加快农业产业化进程，通过改造城中村加快农村城市化进程，通过壮大中心村发展小城镇加快农村城镇化进程，通过深化体制改革加快城乡社会一体化进程、增强城镇化对农业和农村发展的辐射带动作用，形成布局合理、结构优化、共同繁荣的发展新格局。

专栏 23-9　生态产业建设工程

01　**农业建设工程**
建设国家生态有机粮食生产基地。
推广绿色无公害农产品生产，提高农产品质量安全水平。推动绿色种植，加强有机、绿色、无公害农产品认证，建立质量安全风险预警机制，重点推广低毒、高效、环保农药产品，加强农资产品质量检测。

02　**产业建设工程**
建立绿色食品产业园，通过发展农林副产品加工、综合服务和现代物流行业，构建区域经济发展的产业聚集区，推动产业改革发展。

03　**城镇化建设工程**
开展好各城镇建设远景规划，将城镇区域发展成绿色生态、布局合理、设施完备的优质人居区域。

第六节　基本公共服务体系建设

一、防灾减灾

（一）森林防火体系建设

定期检查和完善防火预警、防火瞭望、视频监控、防火阻隔、指挥、扑救、通信装备和道路系统等国家重点防火区的防火工程配置标准系统所涉及的内容，配备专业和半专业扑火队伍，完善防火物资储备库建设，配备扑救设施设备。

（二）有害生物防治

建立和完善区域内有害生物防治检疫机构和监测预警、检疫御灾、防治减灾和服务保障体系，构建有害生物防治考核责任制度。加强防控体系基础设施建设，提高区域有害生物防灾、御灾和减灾能力。有效遏制有害生物侵扰。

（三）洪水防治

扎实做好防汛准备，未雨绸缪，以防大汛、抗大洪、抢大险的态度，做好完全的组织准备，抢险物资准备、技术准备以及防洪预案的制订和完善。汛期实时监测水情和天气状况，洪水发生前要全面了解水位水情，并对流量过程进行预测，依据实际情况进行滩区迁安。洪水进入河段后，应及时启动防灾减灾工作。

（四）地质灾害防治

推进气象、水利、国土资源等多部门联合的监测预报预警信息平台和短时临近预警应急联动机制的建立，发布灾害预警信息。采用工程措施和生物措施结合的方式应对滑坡、崩塌、泥石流、不稳定斜坡、地面塌陷、地裂缝、地面沉降等地质灾害。

（五）气象减灾

推进人工干预生态修复和灾害预警体系的建立和完善，增强防灾减灾能力建设。完善无人生态气象观测站和土壤水分观测站布局，提高气象条件修复生态能力。

（六）野生动物疫源疫病防控体系建设

依据国家林业局第31号令《陆生野生动物疫源疫病监测防控管理办法》，建立野生动物疫病监测预警、预防控制、防疫检疫监督以及防疫技术支撑和物资保障系统，提升区域重大野生动物疫病的预防、控制和扑灭能力。

二、基础设施

完善管控专用交通设施，把林区道路纳入国家和地方交通建设规划。继续推进电网改造，饮水设施配套，户厕改造，供热和污水垃圾处理设施，提高区域通讯设施水平，加强管护设施和巡护车辆建设，全面提高管护能力。

专栏 23-10 基本公共服务体系建设工程

01 防灾减灾工程
    通过森林防火体系、有害生物防治、洪水防治、地质灾害防治、气象减灾和野生动物疫源疫病防控体系的建设充分做到防灾减灾。

02 基础设施建设工程
    加强交通设施、电网改造、饮水配套、户厕改造等基础设施的建设和完善。

第七节 生态监管

一、生态监测

（一）生态监测体系管理

统一管理、协同共进。从区域湿地与生物多样性保护与恢复的实际需求出发，由林业部门牵头，水利、农业、环保和国土等部门共同参与，发挥各自的特长，建立数据共享、协同有效的生态监测管理工作机制。

（二）生态监测体系布局

整合资源、合理布局。充分利用已有的生态、环境监测站和国际重要湿地监测站，以及国家林业局森林清查和湿地调查数据资源，避免低水平重复监测或者缺漏布设，最终形成监测网络，彻底全面摸清保护区内生态系统的本底资源，包括湿地动植物资源、水文周期、土壤特征、气候变化状况以及动植物与环境的关系。生态监测要求点面结合、功能完善、并能够覆盖全部的湿地和森林区域。

（三）生态监测内容

1. 生态环境监测

监测内容包括湿地植被与群落、环境因子和人类活动三大方面。湿地植被与群落监测内容应包括湿地植被类型、面积、分布，植物种类、多度、密度、盖度、高度和频度。环境因子监测内容应包括常规气候要素监测、水文监测、水质监测和土壤监测。人类活动监测内容应包括人口，农业种植结构、化肥施用量、农药施用量，渔业捕获量、水产养殖方式，牧业、旅游业、交通、污染物排放。技术方法参照国家林业局《全国湿地资源调查技术规程》。

2．生物多样性监测

结合生态系统本底监测，开展生物多样性保护优先区域的生物资源本底综合调查。针对重点地区和重点物种类型开展重点物种资源调查。监测内容应包括国家重点保护鸟类分布、种群数量、主要栖息地及其他主要水鸟种类和数量，兽类种类、数量、分布及其他类型动物的种类、数量和分布。结合湿地保护监测，开展河流湿地水生生物资源本底及多样性调查。同时开展生物遗传资源，尤其是重要林木、野生花卉、药用生物、菌种资源以及赫哲族等原生态少数民族关于生物遗传资源的传统知识等的调查编目。

3．信息化建设

整合三江平原功能区域监测数据信息，建立和完善生态环境、生物多样性和遗传资源数据库和信息系统。制定部门间统一协调的生态系统和生物多样性数据管理计划，构建信息共享体系。

（四）生态评估

针对监测成果，建立符合三江平原功能区生态功能定位的生态评估指标体系。生态系统服务功能方面，结合联合国千年生态系统评估体系和国家自然资源资产负债核算机制，在每个发展阶段开展生态系统资源量和生态功能的评估，对生态保护和恢复成效进行评价并提出进一步工作意见；生物多样性方面，结合生物多样性数据库和国家濒危动物保护名录，利用生物保护学方法，对湿地生态系统和生物种群分布格局、变化趋势、保护现状和存在的问题从时间和空间两个维度进行综合定期评估和对比。

专栏 23-11　生态监测工程

01　植被构成和资源信息监测

整合国际湿地、生态定位站和自然保护区等的调查资料以及遥感监测资料，以年为周期对区域内各生态系统的物种组成、总盖度，优势种高度、盖度，陆生植被地上、地下生物量，藻类生物量，植被覆盖度进行长期监测分析。

02　动物资源监测

整合国际湿地、生态定位站和自然保护区等的调查资料，以年为周期对区域内珍稀濒危野生鸟类和脊椎动物和黑蜂种群数量、种群结构和生活型，珍稀濒危浮游、底栖和游泳动物种类和数量、种群结构进行定期监测。

03　湿地水资源监测

结合全国湿地资源调查工作，对区内沼泽湿地的上、下层滞水位，积水深度、时间，最大、最小积水面积，河流湿地的最大、最小流量，年总流量，丰、枯水面积，以及湖泊湿地的入流量、出流量、湖泊面积等指标进行定期监测。

第二十三篇　三江平原湿地生态功能区
生态保护与建设规划

（续）

专栏 23-11　生态监测工程
04　水质监测 建立水质监测站，对入河排污口和重要取水口水质进行长期定位监测。
05　社会经济状况监测 利用遥感数据和统计资料，对区域人口、财政收入特征、土地利用变化等进行定期监测分析。

二、空间管制与引导

（一）落实主体功能定位

全面落实《全国主体功能区规划》提出的主体功能定位要求，在禁止开发区域内，实行强制性保护；在限制开发区域内，实行全面保护；对依法设立的各级自然保护区建立禁止开发的制度。

（二）划定区域生态红线

大面积的自然保护区和天然林资源是本区主体功能的重要载体，要落实湿地与生物多样性保护的建设重点，划定区域生态红线，确保现有湿地和森林面积不能减小，并逐步扩大。严禁改变生态用地用途，禁止可能威胁生态系统稳定、生态功能正常发挥和生物多样性保护有关的各类湿地利用方式和资源开发活动。严格控制生态用地转化为建设用地，逐步减少城市建设、工矿建设和农村建设占用生态用地的数量，形成"点状开发、面上保护"的空间格局。

（三）控制生态产业规模

在合理利用区域布局生态产业，发展不影响生态系统功能的生态旅游、生态绿色种植、特色经济林、林下经济、中药材、高山蔬菜及农产品深加工，合理控制发展规模，在保护生态的前提下，提高经济效益。

三、绩效评估

为确保规划的执行情况和实施效果，建立具有时间控制点的规划考核指标，分功能区考核规划实施情况。考核主要包括自然保护区面积、自然保护区数量、自然湿地保护率、湿地总面积、生态保护执法面积、国家级自然保护区监测体系、退耕还湿面积、生态廊道面积、湿地恢复工程、生态监测站点布设等指标。

本区内的禁止开发区，要按照保护对象确定绩效评价内容，强化对自然文化资源原真性和完整性情况的评价，包括依法管理情况、污染物排放情况、保护对象完好程度以及保护目标实施情况等。

表 23-5　考核指标表

考核指标	2020 年完成程度
湿地生态系统建设	
湿地总面积（万公顷）	74.86
自然保护区面积增加（万公顷）	15
晋升国家级自然保护区（处）	2
成立省级自然保护区（处）	2
自然湿地保护率（%）	95
辅助信息决策体系	全面建成
视频监测体系	全面建成
生态保护执法面积比例（%）	100
有害生物防治工程覆盖面积占比（%）	80
完成保护区居民迁居比例（%）	100
退耕还湿面积（万公顷）	30
生态廊道面积（万公顷）	1
森林生态系统建设	
森林覆盖率（%）	15%
防火工程覆盖面积占比（%）	80
中郁闭度以上（>50%）森林占比（%）	80
水土流失治理	
水土流失综合治理率（%）	70
污染控制与合理利用	
建设生态产业基地（万亩）	3
编制生态旅游与发展规划	完成
实用技术推广（千人次）	3
沼气池建设（村次）	全覆盖
水质标准	Ⅱ类
节水灌溉设施推广	完成
节水城市试点	启动
生态监管	
建立生态监测与评估监督机制	建成
建设生态文明教育基地（处）	2
生态、环境和生物多样性监测站点布设	完善
建成生物多样性监测、评估平台	能够开展评估
生物多样性保护规划	完成
水资源优化配置规划	完成

第五章　政策措施

第一节　政策需求

一、生态补偿补助政策

继2014年中央财政将兴凯湖湿地纳入湿地保护补助试点政策实施后，区内应重点巩固试点成果，争取今后将试点范围扩大至全区。

推进三江平原生态功能区的生态补偿制度建设，提高生态效益补偿标准。提高补偿资金的使用效率，按照湿地生态服务功能的高低和重要程度，实行分类、分等级差别化补偿。

在流域内建立横向生态补偿机制，引导经济收益高、污染大的地区与生态保护地区、下游与上游地区开展横向补偿。

完善森林生态效益补偿政策。优先发展区域内的林业碳汇、可再生能源开发利用，建立碳排放权交易试点。

二、人口易地安置配套扶持政策

要确保易地安置房的建设用地，涉及农用地转为建设用地的，应依法办理农用地转用审批手续。制定减免搬迁过程中产生的税费。

要考虑土地所有权，国有土地无偿划拨，集体土地适当补偿，农户承包土地依法征用，需按标准补偿。

加强区内义务教育、职业教育与职业技能培训，增强劳动力跨区域转移就业的能力，优先安排安置人员及其子女就业；同时鼓励人口到重点开发区、优化开发区和区域内县城和中心城镇集聚、就业并定居。

引导民间资本流入生态产品和生态旅游等第三产业经营，配套实施优先办理生产性小额贷款的政策。

搬迁人员在医疗保健、子女入学等方面均享有同当地居民一样待遇。

三、国家重点生态功能区转移支付政策

根据《2012年中央对地方国家重点生态功能区转移支付办法》（财预〔2012〕296号），在明晰区域生态功能特征和现状的基础上，全面分析三江平原主体生态功能区生态建设现状和保护、恢复建设需求，确定合理的工程内容和布局，提高地区生态工程设置与湿地和生物多样性保护的相关性，确保重点生态功能区转移支付资金使用的有效性。

在测算均衡性转移支付标准时，应当考虑属于地方支出责任范围的生态保护支出项目和自然保护区支出项目中地方财政水平的配套性，确保项目能够顺利落实。同时配套与工程实施效果挂钩的考核体系，强化对生态建设和资金使用关联性、合理性的监管，使生态转移支付资金的实用水平得到及时量化和评估，提高资金使用规范水平。

加强对退耕还湿的补贴制度，使之与农民开发农田的收入水平成比例，提高农民参与湿地恢复的积极性。

四、湿地保护与建设效益考核

充分利用生态监测数据平台，建立有三江平原特色的生态效益考核评价指标体系，突出湿地生态系统的资源和功能属性，污染防控和人民生活水平指标，定期核算和评估生态服务功能、污染控制程度、水资源及人民生活水平等动态，并对生态保护和建设效益进行严格考核。

健全有利于促进科学发展和生态文明建设的干部考核评价政策机制，不断改进和完善干部考核评价工作，培养选拔信念坚定、为民服务、敢于担当的好干部，促进科学发展、推动生态文明建设，引导各级领导干部树立正确的政绩观、创新发展观，形成科学发展、保障功能区生态保护与建设能力的强大组织力量，监督促进生态保护和生态文明发展。

第二节　保障措施

一、法律制障

（一）加强法制监管

认真贯彻执行《中华人民共和国森林法》《中华人民共和国水土保持法》《中华人民共和国环境保护法》《中华人民共和国土地管理法》《中华人民共和国自然保护区条例》《风景名胜区条例》《中华人民共和国野生植物保护条例》《中华人民共和国

水法》等相关的法律法规。各级政府职能部门要分工协作，完善管理制度，认真落实和严格执行有关的法律法规，做到工作有法可依、有章可循。同时建立质量检验验收制度、生态效益评估制度、工程违规举报制度、环境影响评价制度等，逐步实现管理的法制化。

（二）严格依法建设

要在加强管护的基础上，强化对私占湿地、偷猎野生动物、砍伐林木、截留水源、超标排污等各类违法行为的打击力度，努力为生态建设创造良好的社会环境。

（三）强化普法宣教

通过宣传教育和处罚警示不断提高广大群众的法治理念，同时充分利用乡规民约，形成自觉维护生态、节约资源的良好氛围。

二、组织保障

各级政府和领导要以高度的历史责任感，切实把重点生态功能区生态保护与建设纳入政府工作的议事日程，发挥组织协调功能，支持职能部门更有效地开展工作。

重点生态功能区生态保护与建设范围广、任务重、涉及部门多，各级地方政府要成立重点生态功能区生态保护与建设领导小组，主管领导任组长，强化对生态保护与建设工作的领导，各有关部门要充分发挥各自优势和职能，按职责分工，各司其职，各负其责，形成合力。

三、资金保障

积极争取中央财政的支持、帮助，加快重点生态功能区生态保护和建设速度。在市场机制条件下，充分发挥资源优势、科技优势和人才优势，积极吸引内外资金。动员全社会力量，鼓励多方投资，制定一系列优惠政策，引入市场机制，以效益吸引投资，多渠道增加区域内生态保护和建设的投入，提高资金使用效益，确保重点生态功能区生态保护和建设规划中的各项建设任务得以实施和落实。

（1）改进和调整现有的财政与金融措施。国家进一步加大重点生态功能区生态保护与建设项目的支持力度，促进规划顺利实施。将重点生态功能区生态保护和建设资金列入财政预算，作为一项重要内容，统筹安排，重点倾斜。增加财政对生物多样性保护、生态恢复，以及各种自然资源开发利用工程的生态保护支持。

（2）对不符合区域生物多样性保护定位的产业，通过设备折旧补贴、设备贷款担保、迁移补贴、土地置换、关停补偿等手段，进行跨区域转移或关闭。

（3）利用税收政策促进可持续发展的实施。按照税费改革总体部署，积极稳妥地推进生态环境保护方面的税费改革，逐步完善税制，进一步增强税收对节约资源和保护环境的宏观调控功能。

四、科技保障

加强对科学研究和技术创新的支持。围绕影响重点生态功能区主导生态功能发挥的自然、社会和经济因素，深入开展基础理论和应用技术研究。积极筛选并推广适宜不同类型生态系统保护和建设的技术。加快现有科技成果的转化，努力减少资源消耗，控制环境污染，促进生态恢复。要加强资源综合利用、生态保护与恢复等方面的科技攻关，为重点生态功能区生态保护和建设提供技术支撑。

建立生态环境信息网络平台。利用网络技术、3S技术，建立生态环境信息网络，加强生态环境数据的收集和分析，及时跟踪环境变化趋势，实现监测资料综合集成和信息资源共享，不断提高生态环境动态监测和跟踪水平，为重点生态功能区生态保护和建设提供科学化信息决策支持。

根据生态监测结果，制定针对三江平原的生态评估指标和方法体系，定期对区内生态系统服务、功能进行定量评价，为生态建设效益考核提供科学依据。

全面开展水资源分布、土壤肥力和营养物质、水土流失程度等调查研究以及水资源优化配置等规划和建设项目论证，为区域生态系统管理提供科学定量的依据，为建立生态保护预警机制奠定基础。

加强生态保护宣传教育，不断引进新技术和人才，定期组织培训，提高科学保护能力。

五、考核体系

建立生态监测评估考核体系，对规划实施情况进行全方位监测、分析和评估。将湿地增加面积、湿地保护面积占比、湿地质量、生物多样性保护能力、地表水质等级指标作为三江平原湿地生态功能区考核主体。落实项目管理责任制，完善检查、验收、审计制度。建立工程档案，严格监督工程建设进度、资金使用走向和项目完成质量。

加强部门协调，把有利于推进形成重点生态功能区的绩效考核评价体系和中央组织部印发的《体现科学发展观要求的地方党政领导班子和领导干部综合考核评价试行办法》等考核办法有机结合起来，根据各地区不同的重点生态功能定位，把推进形成重点生态功能区主要目标的完成情况纳入对地方党政领导班子和领导干部的综合考核评价结果，作为地方党政领导班子调整和领导干部选拔任用、培训教育、奖励惩戒的重要依据。

附表

三江平原湿地生态功能区2015年禁止开发区域名录

名称	行政区域	面积（公顷）
自然保护区		
黑龙江八岔岛国家级自然保护区	同江	32014
黑龙江东方红湿地自然保护区	虎林	28789.52
黑龙江洪河国家级自然保护区	抚远、同江	21699.28
黑龙江挠力河国家级自然保护区	饶河	78164.64
黑龙江三环泡省级自然保护区	富锦	27687
黑龙江三江国家级自然保护区	抚远、同江	198089
黑龙江兴凯湖国家级自然保护区	密山	222488
黑龙江珍宝岛湿地国家级自然保护区	虎林	44364
东北黑蜂国家级自然保护区	饶河	676500
黑龙江大佳河省级自然保护区	饶河	71932
黑龙江富锦沿江湿地自然保护区	富锦	26336
黑龙江勤得利自然保护区	同江	12600.43
黑龙江省虎口湿地省级自然保护区	虎林	10410.1
黑龙江绥滨两江湿地省级自然保护区	绥滨	55490
黑龙江乌苏里江自然保护区	抚远	406.53
湿地公园		
黑龙江黑瞎子岛国家湿地公园	抚远	2950
乌苏里江省级湿地公园	饶河	1335.02
黑龙江虎林国家湿地公园	虎林	4353.51
富锦湿地公园	富锦	2200
塔头湖河国家湿地公园	密山	3737
黑龙江省同江三江口国家湿地公园	同江	1131
穆棱河省级湿地公园	虎林	1036
小穆棱河省级湿地公园	虎林	929

（续）

名称	行政区域	面积（公顷）
森林公园		
黑龙江街津山国家森林公园	同江	13570
黑龙江乌苏里江国家森林公园	虎林	25069
黑龙江五顶山国家森林公园	富锦	6651
南山省级森林公园	饶河	146
兴凯湖省级森林公园	密山	5268
荷兰邨省级森林公园	富锦	3947
铁西省级森林公园	密山	1405
华夏东极省级森林公园	抚远	5792
地质公园		
饶河喀尔喀玄武岩石林地质公园	饶河	10900

第二十四篇

武陵山区

生物多样性与
水土保持生态功能区
生态保护与建设规划

第一章　规划背景

第一节　区域概况

一、规划范围

武陵山区生物多样性与水土保持生态功能区（以下简称"武陵山重点生态功能区"）范围包括湖北省、湖南省和重庆市的25个县（市、区），总面积65571平方千米，人口1137.3万人。

表 24-1　规划范围表

省份	县（市）
湖北	利川市、建始县、宣恩县、咸丰县、来凤县、鹤峰县
湖南	慈利县、桑植县、泸溪县、凤凰县、花垣县、龙山县、永顺县、古丈县、保靖县、石门县、永定区、武陵源区、辰溪县、麻阳苗族自治县
重庆	酉阳土家族苗族自治县、彭水苗族土家族自治县、秀山土家族苗族自治县、武隆县、石柱土家族自治县

二、自然条件

武陵山脉自西向东蜿蜒，系云贵高原东缘武陵山脉东北部，西骑云贵高原，北邻鄂西山地，东南以雪峰山为屏。武陵山脉由北东向南西斜贯全境，地势南东低、北西高，属中国由西向东逐步降低第二阶梯之东缘。东部、东北部与湖南省怀化市交界；西南与贵州省铜仁市接壤；系湘鄂渝黔四省市交界之地。

武陵山重点生态功能区内森林覆盖率59.87%，是我国亚热带森林系统核心区域、长江流域重要的水源涵养区和生态屏障。区域内水热条件较好，生境类型丰富；自第三纪以来，气候相对较稳定，受第四纪大陆冰川影响较小，物种资源丰富，属我国具有全球保护意义的生物多样性关键地区之一，素有"华中动植物基因库"之称。

区域分布有阔叶林、针叶林、针阔混交林、竹林、灌丛、草丛等丰富的植被类型，亚热带常绿阔叶林是地带性植被。区域有植物343科、1770属、6950种，其中被子植物5236种，裸子植物81种，蕨类植物712种，苔藓植物404种，地衣植物25种，藻类植物492种。保存有世界闻名孑遗植物水杉、珙桐、银杏、南方红豆杉、伯乐树、鹅掌楸、香果树等；药用植物985种，其中杜仲、银杏、天麻、樟脑、黄姜等19种属国家保护名贵药材；种子含油量大于10%的油脂植物230余种；观赏植物91科216属383种；维生素植物60多种；色素植物12种。是中国油桐、油茶、生漆及中药材的重要产地。区域动物种类繁多，有动物16纲、89目、390科、2693种，其中脊椎动物789种；脊椎动物中，哺乳动物135种，鸟类344种，爬行动物57种，两栖动物50种，鱼类203种。属国家和省政府规定保护动物201种。

区域水能蕴藏量丰富，开发利用潜力大，共有大小河流90多条，总流域面积30218平方千米。水资源总量为412.3亿立方米，水能资源理论蕴藏达752万千瓦，可开发量458.3万千瓦，本区域岩溶发育强烈，暗河多，地下水储量丰富，类型为裂隙岩溶水，储量85亿立方米，占全区域水资源总量的21.4%。

三、社会经济

（一）经济发展

2001～2011年，区域地区生产总值和财政收入分别增长3.57倍和3.73倍，城镇和农村居民收入分别增长2.34倍和2.36倍，一、二、三产业结构比例由35:30:35调整为22:37:41，城镇化率由16%增长到28%。基础设施建设取得明显进展。渝怀、枝柳等铁路，沪昆、渝湘等高速公路，张家界、黔江等机场，以及规划和建设中的渝利、黔张常高速和沪昆客运专线等跨区域重大交通项目，初步构筑起武陵山区对外立体交通大通道，具备了一定发展基础和条件。

（二）社会事业

教、科、文、卫等社会事业得到长足发展。全面实现"普九"，2010年，7～15岁适龄儿童在校率达到98%，成人文盲率下降到2.2%；卫生医疗条件逐步改善，每万人有医护人员10.18人，拥有病床12.85张，所有乡镇都设立了卫生院，77.7%的村建立了村级卫生室，新型农村合作医疗参合率达89.73%。

（三）民族文化

区域民族融合和文化开放程度高，内外交流不存在语言文化障碍。在漫长历史过程中，形成了以土家族、苗族、侗族文化为特色的多民族地域性文化，民族风情浓郁，民间工艺和非物质文化遗产十分丰富。各民族团结和睦，社会和谐稳定。

四、扶贫开发

武陵山连片特困地区跨湖北、湖南、重庆、贵州四省（市），集革命老区、民族地区和贫困地区于一体，是跨省交界面大、少数民族聚集多、贫困人口分布广的连片特困地区，也是重要的经济协作区，区域扶贫攻坚工作得到党中央、国务院的高度重视。按照中央把集中连片特殊困难地区作为新阶段扶贫攻坚主战场的战略部署和国家区域发展的总体要求，武陵山片区区域发展与扶贫攻坚被列为国家首批扶贫攻坚示范点，武陵山重点生态功能区所属的25个县（市、区）全部属于片区扶贫攻坚范围。

第二节　生态功能定位

一、主体功能

武陵山重点生态功能区属于典型的亚热带植物分布区，拥有多种珍稀濒危物种，是具有全球保护意义的生物多样性关键地区之一。同时，区域是清江和澧水的发源地，对减少长江泥沙含量具有重要作用。区域主体功能定位是：武陵山地珍稀动植物资源保护地，山区水土流失治理综合利用示范区，山区生态环境保护及国土空间合理利用的典范。

二、生态功能定位

（一）生物多样性维护

禁止对野生动植物进行滥捕滥采，保持并恢复野生动植物物种和种群的平衡，实现野生动植物资源的良性循环和永续利用。加强防御外来物种入侵的能力，防止外来有害物种对生态系统的侵害。保护自然生态系统与重要物种栖息地。

（二）水土保持

大力推行节水灌溉和雨水集蓄利用，发展旱作节水农业。限制陡坡垦殖和超载过牧。加强小流域综合治理，实行封山禁牧，恢复退化植被。加强对能源和矿产资源开发及建设项目的监管，加大矿山环境整治修复力度，最大限度地减少人为因素造成新的水土流失。拓宽农民增收渠道，解决农民长远生计，巩固水土流失治理、退耕还林成果。

第三节　主要生态问题

武陵山山地丘陵众多，生态系统较为脆弱，地形起伏巨大，反映了突出的过渡性特点。近年来，虽然各级政府对于区域生态保护和修复做了许多卓有成效的工作，但随着区域经济社会的快速发展和各类资源开发强度的不断加大，区域生态安全和流域水土保持面临日益严重的威胁，存在自然灾害较多、生物多样性破坏、水土流失和石漠化严重等问题。

一、生物多样性退化

据不完全统计，《濒危动植物种国际贸易公约》列出的740种世界性濒危物种中，规划区为即占90多种；区域内植物物种中约10%～15%处于濒危状态。近30多年来的资料表明，区域内绝大部分野生动物分布区显著缩小，种群数量锐减。导致武陵山区生物多样性减少的主要原因有对生物多样性保护意识淡漠，生境破坏时有发生；对生物资源开发过度，有些甚至是掠夺式的开发；环境污染严重；对外来物种入侵问题重视不够以及制度的不健全等。

二、水土流失和石漠化严重

武陵山部分区域山高坡陡，地势崎岖，土地贫瘠，耕地较少，目前，区域内仍有大于15度的坡耕地52.0万公顷，"陡坡耕种"现象仍然比较普遍，极易引发水土流失和地质灾害。特别是随着坡耕地地区不合理的土地利用方式和对植被的破坏导致水土流失，使区域内脆弱的生态系统难以发挥其基本的生态功能，加速了物质从山地向河流运输的强度，引起营养物质大量外流，土地日益贫瘠化，水土保持能力下降，生态恶化与贫瘠化呈现恶性循环，目前仍有48.19多万公顷土地存在侵蚀的风险，占区域总面积的7.35%。同时，区域还是我国土地石漠化问题严重区域，自2008年实施石漠化综合治理工程以来，区域石漠化整体扩展的趋势得到初步遏制，但截至2011年底，武陵山区2011年石漠化土地面积为123.4万公顷，占区域总面积的18.82%。

三、生态保护和建设的能力弱

武陵山重点生态功能区社会经济落后，经济总量小，综合实力弱。由于交通不便、信息闭塞，致使科技、信息、资金等要素难以聚集，经济发展的粗放型增长方式尚未根本改变，产业难以做大做强，资源优势难以转化为产业优势和经济优势，工业化和城镇化进程明显滞后。一方面，国家对重点生态功能区的定位，使得这些地区难以大规模发展冶金、化工等工业门类，另一方面，与生态环境和自然资源相适应的生态产业体系尚未发展起来，农村经济占地区生产总值的比重较大，经济基础十分薄弱。

四、自然灾害威胁大

受地形、地貌、气候等因素影响，区域内冰冻雨雪、泥石流、干旱等自然灾害频繁，每年约有70%以上的市县受到不同程度的灾害威胁，因灾经济损失巨大。特别是2008年初遭遇了历史罕见的低温雨雪冰冻灾害，区域森林生态系统退化严重，生物多样性进一步降低。自然灾害频发不仅对经济发展和人们生命财产安全构成严重威胁，而且不同程度地影响了区域生态系统的稳定性和健康状况。

五、生态脆弱与资源开发的矛盾突出

武陵山位于典型的生态过渡带上，长期以来，由于人们对这一地区生态环境的脆弱性认识不足，不合理开发使一些区域植被覆盖率下降。特别是过去矿产资源的不合理和高强度开发，山地生态系统退化十分明显，直接影响到生态系统结构的完整性，削弱了生态功能。目前，区域内资源利用中的矛盾问题依然突出，主要包括矿产资源无序开发、农林产业布局不尽合理、生态保护与建设滞后、水利水电资源开发导致湿地生态功能衰退、旅游开发破坏生态等问题。

第四节　生态保护与建设现状

一、生态工程建设

（一）林业生态工程建设

林业是生态建设的主体，在西部大开发中具有基础地位。天然林资源保护工程、退耕还林工程、野生动植物保护及自然保护区建设工程、石漠化综合治理工程、湿地保护与恢复工程等生态工程建设，一定程度上缓解了本区生态恶化的趋势。

截至2011年底，本区累计完成天然林资源保护工程封山育林83.1万公顷，有效管护天然林资源42.3万公顷；退耕还林工程412.2万公顷；公益林保护和森林生态效益补偿32.2万公顷；石漠化综合治理工程林业建设5.8万公顷；中幼林抚育1.2万公顷；造林补贴1.3万公顷；同时结合城乡绿化和绿色村镇、绿色通道建设每年完成义务植树1400多万株。完成湿地植被恢复15.0万公顷。

林业生态工程建设虽然取得了巨大的成效，为区域生态环境改善做出了突出贡献，但工程建设投资偏低、基础设施落后、管护资金缺失、森林防火和有害生物防治投入管理不到位等，影响了工程整体生态效益的发挥。

（二）其他生态工程建设

开展了坡耕地水土流失综合治理、重要流域水土流失综合防治和水源地水土保持工程，通过采取水保造林、水保种草、封禁治理、坡改梯等措施，共治理水土流失面积38.2万公顷。

本区是我国石漠化治理重点区域之一，自2008年实施石漠化综合治理工程以来，

区域石漠化整体扩展的趋势得到初步遏制，由过去持续扩展转变为净减少。以湘西土家族苗族自治州为例，截至2012年底，湘西自治州武陵山区2011年石漠化土地面积为22.35万公顷，比2005年净减少3.71万公顷，岩溶地区生态状况呈良性发展态势。

从生态工程建设情况看，工程建设对生态状况改善发挥了比较明显的作用，但普遍存在投资过低，配套设施不完善等问题。

二、国家重点生态功能区转移支付

配合国家主体功能区战略的实施，中央财政实行重点生态功能区转移支付政策。2011年，国家对本区的转移支付为14.24亿元，其中用于生态环境保护特殊支出补助为9.88亿元，禁止开发区补助1.38亿元，省级引导性补助140.00万元，其他为2.97亿元。国家已经转移支付资金中，用于生态工程建设资金5.29亿元，用于生态环境治理建设资金1.72亿元，用于民生保障及公共服务建设资金6.20亿元，禁止开发区建设1.02亿元。

从政策实施情况看，受地方经济发展水平及民生发展需要影响，财政转移支付资金中43.5%用于改善民生方面，用于生态保护与建设的比例较低，生态保护与建设面临的资金压力仍很大。

三、生态保护与建设总体态势

目前，区域范围已实施天然林资源保护、退耕还林、生物多样性保护、长江防护林工程、石漠化综合治理等生态保护工程，已享受重点公益林补偿、重点生态功能区转移支付等生态补偿政策，区域生态环境明显好转，特别是退耕还林和公益林保护工程的实施，加快了区域内水土流失治理和重点区域森林资源保护的步伐，区域内生态状况得到明显改善。但区域土地资源空间结构不合理、利用率低、利用方式粗放等问题依然存在，导致区域水土流失仍较严重、生物多样性下降等生态问题，生态保护与建设亟待加强。

第二章　指导思想与原则目标

第一节　指导思想

全面贯彻党的十八大精神，深入学习贯彻习近平总书记系列重要讲话精神，落实《全国主体功能区规划》的功能定位和建设要求，以维护和改善区域重要生态功能为目标，在充分认识区域生态系统结构、过程及生态服务功能空间分异规律的基础上，科学布局重点生态功能区国土空间保护利用格局，明确重点生态功能区的生态保护重点和相关保护措施，以指导生态保护与建设、自然资源有序开发和产业合理布局，增强生态支撑能力，推动区域经济社会与生态高效、协调、可持续发展，使武陵山区成为生态文明建设的示范区和实现美丽中国梦的典范。

第二节　基本原则

一、全面规划，突出重点

本区是保障国家生态安全的重要区域，是人与自然和谐相处的示范区。区域规划要贯彻尊重自然、顺应自然、保护自然的生态文明理念，把生态文明建设放在突出地位，融入经济建设、政治建设、文化建设、社会建设各方面和全过程，将区域内森林、湿地、草地、农田、城镇等生态系统都纳入规划范畴，全面规划。同时，规划中要突出重点生态功能区的生态安全屏障地位，始终以保护和提升区域生态服务功能为前提，在具有多种生态服务功能的地域，以生态调节功能优先；在具有多种生态调节功能的地域，以主导调节功能优先。

二、保护优先，科学治理

本区属于典型的亚热带植物分布区，拥有多种珍稀濒危物种，是具有全球保护意义的生物多样性关键地区之一，同时也是长江流域水土流失重点区域之一，是我国生态保护的重要安全屏障。区域生态保护要坚持节约资源和保护环境的基本国策，坚持保护优先、自然恢复为主的方针，采取有效措施加强保护，并充分发挥自然生态系统的自我修复能力，推广先进实用技术，提升科学治理水平，提高生态治理成效。

三、合理布局，分区施策

本区自然条件差别较大，不同区域生态问题不同，对区域生物多样性和水土保持的生态功能影响亦不相同，规划必须进行合理的区划布局，分别采取有针对性的保护和治理措施，合理安排各项建设内容。

四、以人为本，改善民生

本区是国家首批扶贫攻坚示范点，贫困人口集中。区域发展始终要把以人为本作为科学发展的核心，正确处理好生态保护与经济发展、民生改善之间的关系，将生态建设与农牧民增收、农业结构调整相结合，改善人居环境的同时，提高农民收入水平，帮助农牧民脱贫致富；实施生态补偿，建立生态保护建设长效机制，不断开拓生产发展、生活富裕、生态良好的文明发展道路。

第三节　规划期与规划目标

一、规划期

规划期为2013～2020年，共8年。其中，规划近期为2013～2015年，规划远期为2016～2020年。

二、规划目标

总体目标：到2020年，国家重点生态功能区的发展定位成为区域社会经济发展的主线，生物多样性保护和水土保持功能成为区域"五位一体"发展的首要因子，划定生态保护红线，全面保护和修复森林、湿地和荒漠生态系统，促进区域动植物资源的繁衍和保护，提高区域生物多样性健康稳定水平，形成生物多样性优先保护、城镇生态经济区适度发展、区域居民生活水平显著提高、配套设施逐步完善、各类禁止开发区域和基本农田得到严格保护的区域发展格局。

具体目标：生态用地占比达70.6%，森林覆盖率提高到64%以上，森林蓄积量达到20200万立方米以上，自然湿地保护率达到80%以上；建立起以野生动物救护繁育中心、珍稀濒危植物园、湿地濒危物种保护与繁育中心、自然保护区及其他禁止开发区域为核心的生物多样性保护体系；地表水水质达到II类，空气质量达到I级；水土流失治理率达到80%以上。

表 24-2　主要指标

主要指标	2011 年	2015 年	2020 年
生物多样性保护目标			
生态用地①占比（%）	66.5	68.6	70.6
森林覆盖率（%）	59.9	62.0	64.0
森林蓄积量（万立方米）	16208	18000	20200
自然湿地保护率（%）	50	65	80
新晋级国家级自然保护区（处）	—	2	3
新建野生动物救护繁育中心（处）			1
新建珍稀濒危植物园（处）		1	
新建湿地濒危物种保护与繁育中心（处）			1
水土流失治理建设目标			
石漠化治理率（%）	60	70	85
水土流失治理率（%）	44	60	80
生态扶贫目标			
生态移民（户）	—	600	1000
农牧民培训（万人）	—	10	15
配套建设目标			
防灾减灾体系	—	—	初步建成
基础设施设备	—	—	初步建成

注：①生态用地包括林地、湿地和草地三种土地利用类型。

第三章　总体布局

第一节　功能区划

一、区划原则

按照经济发展与生态保护相协调、科学性与灵活性相结合、地理环境完整与类型划分相结合的原则，根据地形地貌、生物多样性区域分布、水土流失控制现状的差异性，按照主体功能区规划的要求，从生态保护与建设的角度出发，对重点生态功能区进行区划。

二、功能区划

根据武陵山重点生态功能区区域生态现状及主要生态功能发展定位，将武陵山重点生态功能区区划为生物多样性保护区域和水土流失控制区域。详见表24-3。

表 24-3　武陵山重点生态功能区分区方案

区域名称	行政范围	面积（万公顷）	资源特点
武陵山生物多样性保护区域	建始县、鹤峰县、石门县、慈利县、武陵源区、永定区、桑植县、宣恩县、利川市、咸丰县、来凤县、龙山县、永顺县、古丈县	384.7	山区，地质条件较差，林地保存较好，禁止开发区面积较大
武陵山水土流失控制区域	保靖县、酉阳县、彭水县、秀山县、花垣县、凤凰县、麻阳县、辰溪县、泸溪县、武隆县、石柱县	271.0	低山丘陵区，人为活动多，水土流失严重

第二节　建设布局

一、生物多样性保护区域

（一）区域特点

区域土地面积384.7万公顷，人口为631.6万人，人口密度为1.6人/公顷。主要植被类型有阔叶林、针叶林、针阔混交林、竹林、灌丛、草丛等，区域森林覆盖率61.34%。

区域属典型的山区地形，沟谷河流较多，地质稳定性差，地质灾害较多，目前已治理滑坡32处、崩塌8处、不稳定斜坡2处、地面塌陷3处；但仍有大量地质灾害点存在，据初步统计，区域仍存在滑坡点802处，崩塌点461处，泥石流点26处，不稳定斜坡529处，地面沉降点38处。区域已建立气象观测点、生态环境观测点、土壤水分观测点等，但尚未建立气象评估系统、森林、草原气象火险监测预警系统，没有开展气象和生态评估服务。

区域内林地面积279.6万公顷，其中，有林地面积202.8万公顷，疏林地面积2.6万公顷，灌木林地62.8万公顷，宜林地6.2万公顷；草地面积65.9万公顷，湿地面积8.1万公顷；水土流失面积27.4万公顷，石漠化面积69.1万公顷。

区域内森林生态系统保存较好，被称为"动植物黄金分割线"的北纬30度线穿越区域腹地形成了十分丰富的生物资源，属国家重点保护的珍稀树种有水杉、珙桐、秃杉、巴东木莲、钟萼木、光叶珙桐、连香树、香果树、杜仲、银杏等45种，涵盖了武陵山重点生态功能区所有国家重点保护植物种。区域以自然保护区形式重点保护的国家Ⅰ级重点保护动物有云豹、金钱豹、白鹤、白颈长尾雉4种，国家Ⅱ级重点保护动物有猕猴、水獭、大鲵等26种。区域森林植被保存完好及生物多样性丰富是武陵山重点生态功能区的典型特点。区域内各类禁止开发区域较多，禁止开发区域总面积达74.0万公顷，占武陵山重点生态功能区禁止开发区域总面积的76.7%，占区域总面积的19.2%。其中，重要的国家禁止开发区域有湖北星斗山、湖北七姊妹山、湖北木林子、湖北忠建河、湖南高望界、湖南八大公山、湖南小溪、湖南张家界、湖南壶瓶山9处国家级自然保护区，湖南张家界、湖北坪坝营、湖南南华山、湖南坐龙峡、湖南不二门、湖南天门山、湖南天泉山、湖南夹山8处国家级森林公园。

（二）主要问题

人口大量增加，与20世纪50年代相比，本区人口增加了1倍。人口规模的迅速扩大对区域生态环境承载能力造成极大威胁。

区域生物多样性呈下降趋势。随着人口规模不断扩大、过多地强调经济总量增长，以及对生物多样性保护意识的淡漠，使得破坏耕地、林地，捕杀野生动物，盗伐国家重点保护野生植物，工业开发污染环境，矿产资源开发破坏自然生态等行为时有发生。虽然，近年来通过公益林管护、设立自然保护区保护重点野生动植物资源、退耕还林、林地保护利用、林木采伐限额管理等一系列措施，使得区域生态环境朝着良性方向发展，但由于过去人类对生态环境干扰过大，珍稀野生动植物资源生存空间缩小，导致区域生物多样性与1950年代相比，下降明显。虽经退耕还林工程实施后区域坡耕地面积大幅减少，但目前仍有坡耕地面积41.7万公顷，其中大于15度的坡耕地面积24.6万公顷。区域湿地面积不断减少，湿地面积与1950年代相比，下降约10%，河流、湖泊水质水量均呈下降趋势。区域草场利用强度明显加大，养殖业发展迅速，草场载畜能力下降。

（三）建设重点

全面调查区域内野生动植物资源，彻底摸清区域重点野生动植物资源及珍稀濒危物种现状，根据珍稀濒危物种种群濒危程度及分布现状，划定新的禁止开发区域予以重点保护，继续增加和提高区域内自然保护区、森林公园、湿地公园、风景名胜区数量和等级，稳步扩大禁止开发区域面积，为野生动植物资源提供更广阔的保护空间。加大禁止开发区域野生动植物资源监测、救治、病虫害防治、森林防火等项目支持力度，系统开展珍稀濒危动物繁育项目及珍稀植物的种质资源保护项目。继续实施天然林保护、坡耕地退耕还林、石漠化综合治理、湿地保护与恢复、中幼林抚育、荒山荒地造林等工程，增加森林面积、提高森林质量、减少水土流失、扩大湿地面积、增强水源涵养能力。实施生态移民项目，降低生态敏感区的生态环境压力，提高贫困山区人口的生活质量。加快发展特色经济林、林下经济、生态旅游、农副产品深加工等特色产业，帮助农民脱贫致富。加强基础设施和公共服务设施建设，提高区域城镇化发展速度和水平，鼓励劳动力输出，减少区域人口数量，提高生态补偿标准，改善区域居民靠山吃饭的局面，逐步降低区域经济发展对资源环境带来的压力。

二、水土流失控制区域

（一）区域特点

区域土地面积271.0万公顷，人口为539.7万人，人口密度为2.0人/公顷，人口密度、主要森林植被人工林比重明显高于生物多样性保护区域，植被类型以马尾松、杉木等针叶林类型为主，另包括阔叶林、针阔混交林、竹林、灌丛、草丛等，区域森林覆盖率55.44%。

区域地形以低山、丘陵为主，海拔相对较低，平地较多，但受人口规模及经济发展影响，区域林地资源人工干预较大，坡耕地及人工林资源较多，水土流失更为严重，在区域面积只占重点生态功能区总面积41.4%的情况下，水土流失面积却占到重点生态功能区总面积的56.9%，水土流失程度比生物多样性保护区域高出近一倍水平。区域地质条件相对较为稳定，但由于受人为干扰影响，地质灾害隐患依然较大。据统计，区域仍存在滑坡点598处、崩塌点39处、泥石流点9处、不稳定斜坡42处、地面塌陷点34处。区域生态环境监测水平较低，没有开展气象和生态评估服务。

区域内林地面积182.6万公顷，其中，有林地面积119.7万公顷，疏林地面积2.1万公顷，灌木林地42.4万公顷，宜林地11.7万公顷；草地面积3.9万公顷；湿地面积76.8万公顷；水土流失面积20.8万公顷；石漠化面积54.3万公顷。

区域内森林生态系统人为干扰较大，在总面积仅占生物多样性保护区域面积70.6%的情况下，坡耕地与生物多样性保护区域持平，而大于15度的坡耕地面积比生物多样性保护区域高出11.2%，因此，由于坡耕地种植引发的水土流失问题十分严重，是区域水土流失治理关键区。区域内国家重点保护野生动植物资源相对较少，生物多样性程度较低，因此，设立的国家禁止开发区域仅占区域总面积的8.3%。其中，国家禁止开发区域仅有：重庆茂云山、重庆桃花源、重庆巴尔盖、重庆仙女山、重庆黄水5处国家级森林公园。

（二）主要问题

人口大量增加，人口密度比生物多样性保护区域高出25%，过多的人口导致区域森林、湿地、草原等生态系统遭受人为干扰过大，生态环境质量明显下降。

区域森林质量不高，人工林面积占森林面积的72%，明显高于生物多样性保护区域。农业开发强度大，粮食总产量达24.25亿千克。区域社会经济水平较高，11个县财政总收入达120.6亿元，明显高于生物多样性保护区域14个县的56.0亿元。

区域水土流失问题突出。目前，区域仍有坡耕地41.8万公顷，其中大于15度的坡耕地27.4万公顷，坡耕地占区域土地资源总量的21.3%，占区域耕地面积总量的72.1%。区域水土流失面积20.8万公顷，占坡耕地面积的35.9%。因此，水土流失治理已成为保障区域生态安全屏障的最关键因素，是保护青山绿水、实现区域森林资源"双增"、增强区域生物多样性的首要任务。

（三）建设重点

继续加大水土流失控制建设力度，减少坡耕地数量；通过系统的森林生态系统保护工程、石漠化综合治理工程、湿地生态系统保护工程、草地生态系统保护工程建设，增强森林、湿地、草原生态系统的稳定性，减轻水土流失。针对重要森林资源及珍稀濒危物种生存环境，划定更多的禁止开发区域，并采取湿地恢复与森林管护措施，提升野生动植物生存环境，保护好生物多样性。加快发展特色经济林、林下经济、生态旅游、农副产品深加工等特色产业，帮助农民脱贫致富。稳妥推进区域城镇化，引导山区人口逐步向城镇转移，鼓励农村劳动力输出。继续加大区域扶贫力度，全面改善区域基础设施和公共服务水平，提高生态补偿标准，提高区域可持续发展能力。

第四章 主要建设内容

第一节 生物多样性保护

一、资源调查

本区是我国亚热带森林系统核心区域、长江流域重要的水源涵养区和生态屏障，属我国具有全球保护意义的生物多样性关键地区之一，素有"华中动植物基因库"之称。但存在生物多样性资源普查工作滞后、资源本底不清等问题。开展区域野生动植物资源全面详细的调查、分类、统计工作，以及专项珍稀濒危物种调查工作，建立区域野生动植物资源分布现状数据库，为进一步搞好区域生物多样性保护管理工作提供科学依据。

二、禁止开发区域划建

努力推进国家级和省级自然保护区、世界文化自然遗产、国家级风景名胜区、国家森林公园、国家地质公园、国家湿地公园建设，加强区域内珍稀濒危动植物保育。选择物种资源丰富、生态区位重要、植被恢复能力强的林地实行封山育林，严格控制人为活动，让植被自然恢复，保持生态系统的自然性。以禁止开发区域为龙头，全面建设生物多样性保护网络。尤其要妥善处理好禁止开发区域内保护与开发的矛盾，坚持保护优先。在加强现有禁止开发区域能力建设的同时，切实加强野生动植物保护工作，通过保护有典型意义的森林、草地、湿地等自然生态系统和珍稀野生生物等，建成布局合理、管理科学、执法严格的自然保护网络和野生动植物保护体系。

（一）自然保护区

继续推进国家级自然保护区建设，对列入保护存在空缺的典型自然生态系统和极小种群野生植物、极度濒危野生动物以及高原土著鱼类及栖息地，加快划建自然保护区。

进一步界定自然保护区的核心区、缓冲区、实验区范围，依据国家、区域相关省（市）有关法律法规以及自然保护区规划，按核心区、缓冲区、实验区分类管理。

（二）森林公园

继续推动国家森林公园建设，完善现有国家森林公园基础设施和能力建设，推进国家级森林公园的申报创建工作，增加国家级森林公园数量，加强森林资源和生物多样性保护，开展生态旅游。

对现有国家森林公园进行全面清查核定，明确各森林公园重点保护对象，条件合适的森林公园，可以进行分区管理。

（三）湿地公园

继续遵循"保护优先、科学修复、适度开发、合理利用"的基本原则，发展建设湿地公园，推进国家湿地公园的申报创建工作，增加国家湿地公园数量。加大实施保护和建设投入，从维护湿地生态系统结构和功能的完整性、保护栖息地、防止湿地及其生物多样性衰退的基本要求出发，通过人工适度干预，促进修复或重建湿地生态景观，维护湿地生态过程，最大限度地保留原生湿地生态特征和自然风貌，保护湿地生物多样性。

（四）风景名胜区

充分利用区域自然景观和人文景观资源优势，加大国家级风景名胜区建设，在保护生态的同时，促进区域经济发展，实现生态扶贫。

主要任务：2013～2015年，晋升国家级自然保护区2处，新建国家森林公园2处和国家湿地公园3处；2016～2020年，晋升国家级自然保护区3处，新建国家森林公园2处、国家湿地公园2处和国家级风景名胜区2处。

三、加强禁止开发区域能力建设

加强国家级和省级自然保护区、世界自然与文化遗产、国家级风景名胜区、国家森林公园、国家地质公园范围内野生动植物资源调查、科研监测项目、管护能力和宣传教育建设。

该区是中国生物多样性保护的关键区域之一，具有极高的物种丰富度，有必要以自然保护区为主体进行系统和深入的生物多样性调查，并作出全面的科学评价。在加强已建管护站（点）的基础上，进一步建设和管理好保护区周边乡镇驻地设置的保护管理站，对列入国家Ⅰ、Ⅱ级重点保护的物种，在自然分布区要加强保护措施，禁止迁移和捕杀。加强防火基础设施建设，建立林火监测系统，设置防火瞭望塔。在缓冲区外围、火险等级高的地段选择不易燃、抗火性能高的阔叶树种，建立防火林带，使之形成阻隔网络体系。加强科研监测中心和生态监测站建设，利用科技手段，对一些珍稀濒危植物进行的繁育，不断扩大其物种数量和分布范围。

专栏 24-1 生物多样性保护区建设重点工程

01 野生动植物保护及自然保护区建设工程
　　进一步完善现有自然保护区基础设施建设及能力建设，申报国家级自然保护区 5
处，完善自然保护区网络体系。

02 实施濒危物种抢救性保护工程
　　对列入国家Ⅰ、Ⅱ级重点保护的物种，在自然分布区要加强保护措施。利用科技
手段，对一些珍稀濒危植物进行有目的的繁育，不断扩大其物种数量和分布范围。在
永顺县建立 1 处野生动物救护繁育中心，在咸丰县建立 1 处珍稀濒危植物园。

03 湿地濒危物种救护工程
　　在酉阳县建立 1 个湿地濒危物种保护与繁育中心，对重要鱼类资源、水生植物等
进行保护和繁育，建立相应的监测站点，建立区域土著鱼类种质资源基因库和物种鉴
定机制。

04 资源调查
　　在全区范围内开展区域野生动植物资源全面调查、分类、统计工作，建立区域野
生动植物资源分布现状数据库，为进一步搞好区域生物多样性保护管理工作提供依据。
同时，对珍稀濒危物种开展专项调查工作，为珍稀濒危物种保护提供依据。

05 生物遗传资源库和生物多样性展示基地建设工程
　　在桑植县建设生物多样性保护展示基地，重点保护、保存和培育优异生物遗传资
源。在龙山县建立生物多样性保护、恢复和减贫示范区。

06 国家森林公园
　　进一步完善现有森林公园基础设施建设，新建国家森林公园 4 处。

07 国家风景名胜区
　　新建国家级风景名胜区 2 处。

08 湿地公园
　　新建国家湿地公园 5 处。

第二节　水土流失和石漠化综合治理

一、推进水土流失综合治理工程

　　坚持"防治结合、保护优先、强化治理"的治理方针，继续推进实施退耕还林、
荒山荒地造林等工程，增加林地面积、减少坡耕地数量，加强坡耕地水土流失综合治
理，合理开发利用水土资源。继续加强天然林保护、湿地保护与恢复等工程，系统提
高森林及湿地质量，增强水源涵养能力。全面实施开发建设项目水土流失控制方案报
批制度和"三同时"制度，防止人为水土流失。鉴于区域内坡耕地比重高、面积大的

特点，为从根本上解决区域水土流失潜在风险，实施退耕还林工程，建议将区域内25度以上坡耕地全部退耕。

二、降低地质灾害风险

地质灾害除受自然因素影响外，主要是由于人类不合理的开发利用资源而引起。因此，对于地质灾害区，要采取科学的生态和工程治理措施，控制地质灾害的发生，减轻地质灾害损失。同时，建立地质灾害监测、预报、预警系统，对地质灾害做到早预防、早预警、早处理，将损失降到最低程度。

三、全面实施岩溶地区石漠化综合防治工程

水土流失是石漠化地区生态恶化的重要诱因，因此，要加强岩溶地区石漠化生态环境监测，以岩溶流域为单元，通过封山管护、封山育林、人工造林等治理措施，恢复和增加林草植被，遏制石漠化面积扩大趋势。

四、加强矿山废弃地生态修复

严格矿山闭坑工作的审查与管理。重点对现有锰矿、煤矿等矿山和矿山废弃地进行生态恢复与重建，开展闭坑废弃矿山、尾矿渣堆场的生态恢复和重建。采用工程技术、生物技术和生态农艺技术相结合的方法，使其稳定，并恢复植被，成为结构协调（城乡、产业、空间单元）、功能完善（环境、文化、生产）的区域景观生态系统，彻底改善废弃矿山及尾矿渣堆场与周围环境之间的不协调。

专栏 24-2 水土流失综合治理重点工程
01 退耕还林 巩固退耕已有还林成果。将区域内 25 度以上坡耕地继续实施退耕还林。
02 坡耕地专项治理工程 以坡改梯为主，优化配置水土资源，配套建设排灌沟渠、蓄水池窖、田间道路等，实施坡耕地水土流失综合治理。
03 水土流失综合防治工程 以小流域综合治理为主，开展坡面水系建设和生态修复，蓄水保土。
04 水源地水土流失控制工程 优化工程、生物和耕作措施，调整土地利用结构。
05 湿地保护与恢复工程 对区域内遭受人为破坏的湿地生态系统进行保护与恢复。
06 湿地保护能力建设 开展湿地保护的宣传、执法能力建设，配备相应的设备。
07 地质灾害点综合治理 采取生态与工程相结合的措施，综合治理地质灾害点。建立地质灾害监测、预报、预警系统。

（续）

专栏 24-2　水土流失综合治理重点工程

08　石漠化综合治理工程

以岩溶流域为单元，按照以生物多样性为基础的混农林复合型综合治理模式，通过封山管护、封山育林、人工造林等治理措施，恢复和增加林草植被，规划期末实现石漠化综合防治率达 80% 以上。

09　矿山废弃地生态修复

采用工程技术、生物技术和生态农艺技术相结合的方法，对闭坑废弃矿山、尾矿渣堆场等矿山废弃地实施生态修复，规划期末，矿山废弃地生态修复率达 90% 以上。

10　天然林资源保护

对天然林资源保护工程区森林进行全面有效管护，加强后备森林资源培育。

11　公益林建设

对已纳入中央财政森林生态效益补偿基金的国家级公益林进行有效管护，对符合条件的剩余国家级公益林到规划期末力争全部纳入中央财政森林生态效益补偿范围。

12　防护林体系建设

管理培育好现有防护林，加强中、幼龄林抚育和低效林改造，调整防护林体系的内部结构，完善防护林体系基本骨架。

13　森林抚育

对区域中幼林进行抚育，提高林分质量，增强生态功能。

第三节　生态扶贫建设

一、生态产业

构建生态经济体系是武陵山区生态保护与建设的重点之一。根据不同的自然地理和气候条件，坚持因地制宜、突出特色、科学经营、持续利用的原则，充分发挥区域良好的生态状况和丰富的资源优势，转变和创新发展方式，调整产业结构，大力发展生态旅游、特色经济林、林下经济、中药材和高山蔬菜，建设产业基地，并带动种苗等相关产业发展；大力提高特色林果产品、山野珍品工业化生产加工能力，延长产业链条，提高农民收入。积极发展生物质能源，加大农林业剩余物的开发利用，发展生态循环经济。积极探索建立起较为灵活的投融资及经营机制，不断扩大提高外来资金利用规模与水平，助推特色生态产业快速发展，使生态产业在国民经济中逐步占据主导地位，形成具有武陵山区特色的生态经济格局，帮助农牧民脱贫致富。

发展生态林业，针对武陵山区林业资源特点，以培育和保护森林资源、发展林业生产力为中心，推进以木材生产为主向以生态建设为主转变，由无偿使用森林生态资源向有偿使用森林生态资源转变，建成比较完备的森林生态体系和比较发达的林业产业体系。建成资源丰富、布局合理、功能完备、结构稳定、优质高效的现代林业体系，发挥森林的综合效益，发展特色林业产业，建成特色林业产业基地。

发展生态产业，创建绿色生态产品基地，突出抓好以特色山地生态农业、林业为重点的农村经济发展。发挥武陵山区生态资源优势，把丰富的山水资源和优越的自然条件，与周边市场需求结合起来，建设畜禽、中药材、蔬菜、烤烟、特色食品和有机食品生产基地，形成以特色种养殖为主体的生态产业链，创建武陵山区绿色生态产品基地。完成生态产业标准化、信息化、产业化进程，形成生态产业与经济发展、生态保护协调发展的生态产业体系。

发展生态旅游，打造民族特色的原生态旅游基地，依托土家族、苗族特色优势资源，全力打造"中国土家摆手舞之乡""中国著名民歌之乡""中国土家文化发祥地"和"中国著名原生态旅游胜地"；依托森林公园等山水自然资源，不断深化观光旅游，全面推进休闲度假旅游和特种旅游，以"原生态山水"和"土家、苗族文化"为核心吸引力，建成国内著名、世界知名的中国原生态境地和中国土家族苗族文化旅游区。

二、林农培训

针对农民就业开展技能培训，在每户农民中至少有1人掌握1门产业开发技能（农业、林业或农副产品加工业）。

针对管理人员和专业技术人员开展培训，每个管理人员和专业技术人员要熟悉规划涉及的各生态工程的建设内容、技术路线，以及管理等方面的内容。

培训任务：管理人员4000人，技术人员2万人，农牧民25万人。

三、人口易地安置

与国家扶贫攻坚规划相衔接，对自然保护区、地质灾害频发区、生活生产条件恶劣、生存条件艰苦的生态脆弱区以及退耕还林工程区的农户实施人口易地安置，具体包括：①居住在海拔1200米以上、气候恶劣、耕地条件极差、发展产业难度大、缺乏基本的生产生活条件或高寒偏远山区、深山陡坡峡谷地带的农户；②居住在25度以上坡耕地占耕作地70%以上、土层瘠薄、耕作土层在15厘米以下、粮食每公顷产量不足3吨的农户；③居住地常年单程取水距离超过1千米，或垂直高度超过100米，饮水特别困难，工程解决难度很大的农户；④居住分散、交通不便，远离集镇和交通干线，短期内难以改变基础设施条件的农户；⑤居住在地裂、危岩、滑坡等地质灾害多发区和地方病严重发生区的农户；⑥居住在自然保护区、退耕还林区，对生态环境有严重影响的农户。

搬迁后的居民以集中安置为主，安置到条件较好的乡（镇），根据当地的实际情况，发展特色优势产业，同时鼓励富余劳动力外出务工，从事第二、三产业，增加收入，使易地搬迁达到"搬得出、稳得住、能致富"的目标，实现区域经济社会可持续发展。

第四节　基本公共服务体系建设

一、防灾减灾体系

（一）防火体系建设

坚持"预防为主，积极消灭"的方针，全面加强森林防火能力建设，重点加强各县级单位林火险预测预报系统、火情监测系统、林火信息及指挥系统、扑火队伍及扑救装备能力的建设，实现火灾防控现代化、管理工作规范化、队伍建设专业化，形成较完整的森林火灾防扑体系。

（二）有害生物防治

重点完成有害生物的预警、监测、检疫、防控体系等设施设备建设，建设生物防治基地，集中购置药剂、药械和除害处理设施等。加强野生动物疫源疫病监测和外来物种监测能力建设，全面提高区域有害生物的防灾、御灾和减灾能力，减轻森林病虫害和草原鼠虫害危害。

（三）气象减灾

建立和完善气象灾害预警体系，增强防灾减灾能力建设。完善无人生态气象观测站和土壤水分观测站布局，合理配置新型增雨（雪）灭火一体火箭作业系统，改扩建人工增雨（雪）标准化作业点，提高气象条件修复生态能力。

二、基础设施设备

完善林区交通设施，把林区道路纳入国家和地方交通建设规划。加快林区电网改造，完善林区饮水、污水、垃圾处理设施，提高林区通讯设施水平，加强森林管护用房建设，并配备必要的巡护器具、车辆，全面提高森林资源管护能力。

专栏 24-3　　配套建设重点工程

01　防火体系建设
　　建设县、市火险预测预报、火情瞭望监测、防火阻隔、通讯联络及指挥系统，配备无线电通讯、GPS 等设备，购置防火扑火机具、车辆、装备等。建设市、县信息化指挥中心、储备库、防火道路。购置办公设施。

02　有害生物防治
　　拟在古丈、秀山、宣恩各建立天敌昆虫繁育基地 1 处；在规划区 25 个县级林业主管单位建立 25 个县级林业有害生物测报站、25 个县级检疫中心，25 个林业有害生物除害基地。

03　国有林场危旧房改造项目
　　规划期末国有林场危旧房改造率达 100%，林区生活居住条件明显改善。

04　林区基础设施保障项目
　　林区生活用电全部进入国家电网，配备变电设备 40 套，购置发电机 50 台。林区集中生活区饮水保障工程、污水处理工程、垃圾处理设施等优先发展，基础设施保障率在 80% 以上。

05　生态保护基础设施项目
　　实施国有林场、林业工作站、木材检查站、科技推广站等基础设施建设。配备监控、防暴、办公、通讯、交通等设备。开展执法人员培训。

06　气象减灾
　　实施生态服务型人工影响天气工程。

第五节　生态监管

一、生态监管

　　建立覆盖本区、统一协调、及时更新、功能完善的生态监测管理系统，对重点生态功能区进行全面监测、分析和评估。目前，国家林业局已经成立生态监测评估中心，规划在省级林业主管部门设立生态监测评估站，县级单位设立生态监测评估点，形成"中心—站—点"的三级生态监测评估系统。

　　建立由林业部门牵头，水利、农业、环保和国土等部门共同参与，数据共享、协同有效的生态监测管理工作机制。

　　生态监测管理系统以林地、湿地、自然保护区、森林公园、风景名胜区、地质公园、世界文化遗产为主要监测对象。

　　建立生态评估与动态修订机制。适时开展评估，提交评估报告，并根据评估结果提出是否需要调整规划内容，或对规划进行修订的建议。

每两年开展一次林地变更调查，使林地与森林的变化落到山头地块，形成稳定的林地监测系统。

二、空间管制与引导

（一）落实主体功能定位

全面落实《全国主体功能区规划》提出的主体功能定位要求，在禁止开发区域内，实行强制性保护；在限制开发区域内，实行全面保护。

（二）划定区域生态红线

大面积的天然林资源是本区主体功能的重要载体，要落实生物多样性保护的建设重点，划定区域生态红线，确保现有天然林、湿地和草地面积不能减少，并逐步扩大。严禁改变生态用地用途，禁止可能威胁生态系统稳定、生态功能正常发挥和生物多样性保护的各类林地利用方式和资源开发活动。严格控制生态用地转化为建设用地，逐步减少城市建设、工矿建设和农村建设占用生态用地的数量，形成"点状开发、面上保护"的空间格局。

（三）控制生态产业规模

在合理利用区域布局生态产业，发展不影响生态系统功能的生态旅游、特色经济林、林下经济、中药材、高山蔬菜及农产品深加工，合理控制发展规模，在保护生态的前提下，提高经济效益。

三、绩效评价

以2011年数据为基准年，按指标体系的指标内容采集相关的实际数据。

以2011～2015年为一个阶段，以后均以5年或10年为一个阶段，确定5年或10年后各项指标完成目标，以该年度为目标年。

按照各指标内容收集目标年年度的实际数据。

对比目标年度与基准年度各项指标数据，分析生态功能区保护和建设进展情况，并参照目标年设定的保护和建设任务目标，调整保护和建设规划内容。

完成目标年的建设任务后，将各项指标的实际数据与目标值对比分析。

第五章 政策措施

第一节 政策需求

一、国家重点生态功能区财政转移支付

为确保区域经济社会协调发展，缩小地区差异，应加大中央财政转移支付力度，通过一般性补助及税收返还、特殊因素补助和临时性特殊补助等补偿手段来扶持武陵山特困地区发展。特别是要加大对重点生态功能区内基本公共服务领域的投资，以促进基本公共服务均等化。

二、生态补偿政策

着力推进国家重点生态功能区、禁止开发区域开展生态补偿，引导生态受益地区与生态保护地区、下游地区与上游地区开展横向补偿。开展碳排放权交易试点，逐步建立全国碳交易市场。优先将重点生态功能区的林业碳汇、可再生资源开发利用纳入碳排放权交易试点。

三、人口易地安置配套扶持政策

政府鼓励生态敏感区实施生态移民，选择培育若干县城和重点镇作为引导人口集中和提供公共服务的重要平台。在移民安置过程中，应制定保障移民安置房用地、减免搬迁过程中产生的税费、优先安排移民及其子女就业、引导移民参与商贸和生态旅游等第三产业经营、为移民优先办理小额贷款等配套政策。对搬迁移民，保障其在医疗保健、子女入学等方面均享有同当地居民一样的待遇。

第二节　保障措施

一、法规保障

重点生态功能区生态保护和建设必须严格执行《中华人民共和国森林法》《中华
人民共和国水土保持法》《中华人民共和国环境保护法》《中华人民共和国土地管理
法》等相关的法律法规。各级政府职能部门要分工协作，认真落实和严格执行有关的
法律法规。要不断提高广大农民的法治理念和执法部门的执法水平。依法惩处各类破
坏资源、污染环境的行为，做到有法可依、执法必严。

二、组织保障

加强部门协调，把有利于推进形成重点生态功能区的绩效考核评价体系和中央组
织部印发的《体现科学发展观要求的地方党政领导班子和领导干部综合考核评价试行
办法》等考核办法有机结合起来，根据各地区不同的重点生态功能定位，把推进形成
重点生态功能区主要目标的完成情况纳入对地方党政领导班子和领导干部的综合考核
评价结果，作为地方党政领导班子调整和领导干部选拔任用、培训教育、奖励惩戒的
重要依据。

三、资金保障

逐步加大政府对重点生态功能区生态环境保护方面的支持力度，特别是对区域内
天然林保护、石漠化治理、水土流失综合治理、生物多样性保护等生态保护工程，要
在资金保障上重点倾斜。对重点生态功能区内国家支持建设的项目，要适当提高中央
政府补助比例，逐步降低市县级政府投资比例。

在中央预算内资金安排时，要进一步优化完善投资安排的针对性，使中央投资安
排符合《全国主体功能区规划》要求，符合区域的主体功能定位和发展方向。同时，
要加强对资金使用的监管，确保工程建设资金专账核算、专款专用。根据工程建设需
要，建立投资标准调整机制。

四、技术保障

切实加强科学研究，注重生态保护科技人才培养、引进和人才资源的合理配置。

鼓励和支持生态良好的地区，在实施重点生态功能区生态保护和建设规划中发挥
示范作用。积极推进经济发展方式转变，发展科技先导型、资源节约型和环境友好型
的生态产业和产品。

深化科技体制改革，以市场为导向，形成科学研究、技术开发面向市场的竞争机

制。积极鼓励企业与科研院所、大专院校开展多种形式的技术合作开发，积极发展和培育科技市场，健全技术市场功能，形成运行高效的科技信息网络。在大力加强人才培养的基础上，积极引进社会经济发展和生态保护均急需的人才，为重点生态功能区生态保护和建设服务。

加强对科学研究和技术创新的支持。要围绕影响重点生态功能区主导功能发挥的自然、社会和经济因素，深入开展基础理论和应用技术研究。针对生态保护和建设工程的重点和难点积极筛选并推广适宜不同类型重点生态功能区的生态保护和建设技术。要重视新技术、新成果推广，加快现有科技成果转化，努力减少资源消耗，控制环境污染，促进生态恢复。要加强珍稀濒危物种繁育、湿地植被恢复、水土流失防治、资源综合利用、生态重建与恢复等方面的科技攻关，为重点生态功能区生态保护和建设提供技术支撑。

建立生态环境信息网络。利用网络技术、3S技术，建立生态环境信息网络，加强生态环境数据收集和分析，及时跟踪环境变化趋势，实现信息资源共享和监测资料综合集成，不断提高生态环境动态监测和跟踪水平，为重点生态功能区生态保护和建设提供科学的信息决策支持。

五、制度保障

要将生物多样性保护和水土保持等生态指标作为重点生态功能区政府考核的主要指标，实行生态保护优先的绩效评价，强化对提供生态产品能力的评价，弱化对工业化城镇化相关经济指标的评价，主要考核生物多样性、水土流失和荒漠化治理率、森林覆盖率、森林蓄积量、自然湿地保护率、大气和水体质量等指标，不考核地区生产总值、投资、工业、农产品生产、财政收入和城镇化率等指标。

附表

武陵山区生物多样性与水土保持生态功能区禁止开发区域名录

名　称	行政区域	面积（公顷）
自然保护区		
湖南八大公山国家级自然保护区	桑植县	20000
湖南壶瓶山国家级自然保护区	石门县	66568
湖南张家界大鲵国家级自然保护区	武陵源区	14285
湖南高望界国家级自然保护区	古丈县	17169
湖南小溪国家级自然保护区	永顺县	24800
湖北七姊妹山国家级自然保护区	宣恩县	34550

（续）

名 称	行政区域	面积（公顷）
湖北木林子国际级自然保护区	鹤峰县	20838
湖北星斗山国家级自然保护区	利川、咸丰县	68339
湖北忠建河大鲵国家级自然保护区	咸丰县	1043
世界文化自然遗产		
湖南武陵源风景名胜区	武陵源区	65480
中国南方喀斯特——重庆武隆喀斯特	武隆县	45470
风景名胜区		
湖南武陵源国家级风景名胜区	武陵源区	39750
湖南猛洞河国家级风景名胜区	永顺县	25500
湖南凤凰国家级风景名胜区	凤凰县	8109
重庆芙蓉江国家级风景名胜区	武隆县	10075
森林公园		
湖南张家界国家森林公园	武陵源区	2467
湖南天门山国家森林公园	永定区	733
湖南峰峦溪国家森林公园	桑植县	2217
湖南南华山国家森林公园	凤凰县	2043
湖南不二门国家森林公园	永顺县	5337
湖南天泉山国家森林公园	永定区	3538
湖南坐龙峡国家森林公园	古丈县	2371
湖南夹山国家森林公园	石门县	1530
湖北坪坝岩国家森林公园	咸丰县	13237
重庆黄水国家森林公园	石柱县	4200
重庆仙女山国家森林公园	武隆县	2340
重庆茂云山国家森林公园	彭水县	1910
重庆金银山国家森林公园	酉阳县	2734
重庆巴尔盖国家森林公园	酉阳县	3644
地质公园		
湖南张家界砂岩峰林国家地质公园	武陵源区	360000
湖南凤凰国家地质公园	凤凰县	15700
湖南古丈红石林国家地质公园	古丈县	26112
重庆武隆岩溶国家地质公园	武隆县	45470

第二十五篇

海南岛中部山区

热带雨林生态功能区生态保护与建设规划

第一章 规划背景

第一节 生态功能区概况

一、规划范围

海南岛中部山区热带雨林生态功能区位于我国最南端的海南岛中部地区，四周接临海南省9市县，顺时针罗列为儋州市、澄迈县、屯昌县、琼海市、万宁市、陵水黎族自治县、三亚市、乐东黎族自治县、昌江黎族自治县。行政区域涉及五指山市、保亭黎族苗族自治县、琼中黎族苗族自治县、白沙黎族自治县4市县。

地理坐标在东经109°1′56″～110°9′13″，北纬18°23′22″～19°29′19″。总面积7119平方千米（71.19万公顷），占海南省陆地国土面积的20.11%，人口71.72万人，占海南省总人口的8.01%。具体行政区域名称见表25-1。

表 25-1　海南岛中部山区热带雨林生态功能区行政区划表

市、县	位置与面积	下辖乡镇
五指山市	位于海南省中南部，面积1128.87平方千米	4镇3乡：冲山镇、南圣镇、毛阳镇、番阳镇、水满乡、畅好乡和毛道乡
保亭黎族苗族自治县（保亭县）	位于海南岛中部五指山南麓，面积1166.80平方千米	6镇3乡：保城镇、什玲镇、加茂镇、响水镇、新政镇、三道镇、六弓乡、南林乡、毛感乡
琼中黎族苗族自治县（琼中县）	位于海南岛中部五指山北麓，面积2706.48平方千米	7镇3乡：营根镇、湾岭镇、黎母山镇、红毛镇、长征镇、中平镇、和平镇、什运乡、上安乡、吊罗山乡
白沙黎族自治县（白沙县）	位于海南岛中西部黎母山脉中段西北麓，面积2117.20平方千米	4镇7乡：牙叉镇、七坊镇、邦溪镇、打安镇、细水乡、元门乡、南开乡、阜龙乡、青松乡、金波乡、荣邦乡

二、自然条件

（一）地貌

海南岛地貌呈穹隆山地状，中部山区高，并向外围逐渐下降，形成由山地、台地
（阶地）、平原顺次组成环绕中央山地的层圈地貌。海南岛中部山区热带雨林生态功
能区地处海南岛中部山区腹地，拥有海南岛最高山峰——五指山，海拔1867米。本区
包括了海南岛最重要的五指山脉、黎母山脉和霸王山脉，区内高山林立，重峦叠嶂，
沿着五指山峰向外海拔逐渐降低，呈现山地、丘陵、台地、河流阶地等多样的地形，
海拔最低仅25米。

（二）气候

海南岛中部山区热带雨林生态功能区属于热带季风气候类型，由于海拔相对较
高、森林覆盖率较高，本区气候总体温润，冬暖夏凉，不受寒潮影响。夏季从3月中
下旬到11月中旬，冬季短且不明显。全年平均气温一般在20.6～23.9℃，是海南岛平
均气温最低区域，1月份平均气温16.5℃，极端最低气温－6℃，7月份平均气温26℃，
极端最高气温38℃；年平均降水量2129毫升，雨量主要集中在5～10月，降雨量充
沛，土地终年湿润，年平均相对湿度约为85%；中部山区云雾较多，日照年平均1750
小时，日照率约40%，太阳辐射总量也相对较小，最小为琼中黎族苗族自治县4600兆
焦耳/平方米；海南岛中部山区地形复杂，山谷风较明显，静风频率为海南岛最大区
域，平均约为49%。

（三）水文

海南岛中部山区热带雨林生态功能区河流密布，降水充沛，是海南岛三大河流——
南渡江、昌化江、万泉河的主要发源地，利用海南岛穹隆山地貌，其支流呈辐射状向
四周奔流：南渡江发源于白沙县南峰山，斜贯岛中北部，流经白沙、琼中、儋州、澄
迈、屯昌、定安、琼山等市县至海口市入海，全长311千米，流域面积7176.5平方千
米；昌化江发源于琼中县空示岭，横贯岛中西部，流经琼中、保亭、乐东、东方等市
县至昌化港入海，全长230千米，流域面积5070平方千米；万泉河上游分南北两支，
分别发源于琼中县五指山和风门岭，两支流经琼中、万宁、屯昌等市县至琼海市龙江
合口咀合流，至博鳌港入海，主流全长163千米，总集水面积3693平方千米。三条河
流流域面积占全岛面积的47%，本区不仅是海南岛重要的水源地和水源涵养区，同时
也孕育和维护了中部山区丰富的生物多样性。

（四）土壤与植被

海南岛中部山区热带雨林生态功能区土壤类型主要有赤红壤、山地黄壤、酸性
紫色土、酸性紫色土地，其中山地黄壤和赤红壤是海南岛土壤养分含量较高的土壤类

型，土壤有机质一般为2.5%～5.8%，为中部山区丰富的植被类型奠定了良好基础。

本区自然植被类型有热带雨林、热带季节性雨林、热带落叶季雨林、沟谷雨林、山地雨林、山地常绿阔叶林、热带针叶林、稀树灌丛、热带稀树草地、沼泽草地、丘陵山地草地等；人工植被主要为橡胶林、椰子林、桉树林等经济林和水稻等农作物，本区是海南岛生物多样性最丰富的区域。

三、自然资源

（一）土地资源

海南岛中部山区热带雨林生态功能区土地面积中，林地面积64.09万公顷，占本区总面积90.03%；湿地面积1.18万公顷，占1.66%；草地面积0.60万公顷，占0.84%；耕地面积4.43万公顷，占6.22%；其他用地0.89万公顷，占1.25%。

（二）水资源

海南岛中部山区热带雨林生态功能区水资源丰富，区内有河流100多条，充沛的降水，保证了本区河流等水量的稳定与充足，其中琼中县多年平均径流量达到了39.29亿立方米。本区白沙县是海南最大的水库——松涛水库的回水区，并且百花岭水库、太平水库、南叉河水库是海南岛重要的集中式饮用水水源区。本区水电蕴藏量30.67万千瓦，其中部分已被开发利用于区域供电，产生了一定的社会经济价值。

（三）森林资源

海南岛中部山区热带雨林生态功能区林地总面积64.09万公顷，其中乔木林地61.72万公顷（包括热带雨林原始林与次生林28.41万公顷，经济林24.27万公顷），未成林造林地0.89万公顷，苗圃地0.06万公顷，无立木林地0.24万公顷，宜林地0.59万公顷，疏林地0.58万公顷，辅助生产林地0.0084万公顷。本区森林覆盖率远高于海南省平均值，根据2013年本区国民经济和社会发展统计公报，本区森林覆盖率平均为83.82%，其中保亭县达到85.20%。本区纳入生态公益林29.93万公顷（其中，国家级公益林26.14万公顷，地方公益林3.79万公顷），纳入天保工程19.16万公顷。

（四）湿地资源

海南岛中部山区热带雨林生态功能区河流众多，是海南岛三大江河南渡江、昌化江和万泉河的发源地，养育了海南岛47%的国土面积上的生物，是海南岛重要的水源供给区和水土保持区。

海南岛中部山区热带雨林生态功能区有湿地3类6型，湿地总面积11753.87公顷，湿地率1.65%。其中自然湿地面积6225.53公顷，占湿地总面积52.97%，人工湿地5528.34公顷，占湿地面积47.03%。目前，纳入自然保护区、保护小区等保护形式的湿地面积有2568.54公顷，湿地保护率21.85%，其中保护自然湿地6.98%，保护人工湿地38.60%。

表 25-2　海南岛中部山区热带雨林生态功能区湿地类型面积表

	湿地类	面积（公顷）	湿地类比例（%）	湿地型	面积（公顷）	湿地型比例（%）
合计		11753.87	100.00		11753.87	100.00
自然湿地	小计	6225.53	52.97	小计	6225.53	52.97
	河流湿地	6217.39	52.90	永久性河流	6001.47	51.06
				洪泛平原湿地	215.92	1.84
	湖泊湿地	8.14	0.07	永久性淡水湖	8.14	0.07
人工湿地	小计	5528.34	47.03	小计	5528.34	47.03
	人工湿地	5528.34	47.03	库塘	4918.67	41.85
				运河/输水河	6.85	0.06
				水产养殖场	602.82	5.13

　　海南岛中部山区热带雨林生态功能区湿地植物群系有1个，为凤眼莲群系；记录到的常见鸟类资源有小䴙䴘、苍鹭、池鹭、鹗等，其中鹗为国家Ⅱ级保护野生动物，主要分布在松涛水库周边区域。

　　（五）野生动植物资源

　　海南岛中部山区热带雨林生态功能区是海南岛生物多样性最丰富的区域，同时其典型的热带雨林生态系统，成为众多热带野生动植物的重要生境，也使本区成为中国生物多样性重点地区之一。

　　本区调查到的陆栖野生脊椎动物有300多种，属国家重点保护物种29种，其中国家Ⅰ级保护野生动物有海南黑冠长臂猿、海南坡鹿、海南山鹧鸪、圆鼻巨蜥、海南孔雀雉、蟒蛇、云豹7种，国家Ⅱ级保护野生动物有海南兔、海南水鹿、小灵猫、猕猴、穿山甲、巨松鼠、山瑞鳖、虎纹蛙、山皇鸠、灰喉针尾雨燕等46种；本区有海南黑冠长臂猿、海南兔、海南孔雀雉、海南脊蛇、海南湍蛙、鹦哥岭树蛙等海南特有种20多种，其中有4种列入国家法保护名录，列入国际法保护名录的仅海南黑冠长臂猿1种；本区被列入《中国濒危动物红皮书》上的野生动物物种有55种，列入濒危野生动植物种国际贸易公约（CITES）附录物种有39种。此外，本区还有鱼类60多种，昆虫1700余种。

　　本区野生植物种类繁多，有野生维管束植物2000多种，大型真菌60多种。本区有国家重点保护物种42种，其中国家Ⅰ级保护野生植物有海南苏铁、台湾苏铁、龙尾苏铁、海南粗榧、坡垒、伯乐树6种，国家Ⅱ级保护野生植物有大叶黑桫椤、黑桫椤、油丹、青梅、降香黄檀、海南风吹楠、蝴蝶树等36种。本区有海南梧桐、坡垒、石碌含笑、海南韶子、蝴蝶树、红毛卷花丹等海南特有种100多种。

四、社会经济

2013年，海南岛中部山区热带雨林生态功能区共有人口71.72万人，是海南省少数民族聚集区，民族构成以黎族、苗族为主，约占总人口的85%以上，其他民族有回族、汉族等。本区农业人口39.79万人，占本区人口总数55.48%。

2013年，本区国内生产总值1083479万元，其中第一产业525889万元、第二产业171259万元、第三产业385331万元。城镇居民人均可支配收入19084元，农村居民人均收入6568元，与2013年海南省城镇居民人均可支配收入22929元、农村居民人均收入8343元相比，分别相差3845元、1775元，属于贫困级别。

五、扶贫开发

经国务院扶贫开发领导小组办公室认定，海南省共有5个国家扶贫工作重点县，其中4个分布在海南岛中部山区热带雨林生态功能区，即五指山市、琼中县、保亭县和白沙县均为国家级贫困县，占到海南省国家级贫困县的80%。尽管本区的4市县属于13个连片区外重点县，不是扶贫攻坚主战场，但是海南省少数民族的集中分布区，28.4%的黎族、苗族等少数民族群众生活在本区，而《中国农村扶贫开发纲要（2011～2020年）》明确指出少数民族是重点扶贫群体，并且本区农村居民人均纯收入低于海南省农村居民人均纯收入（8343元），与全国人均收入（8896元）相比距离更是较远，为提高本区群众保护热带雨林的积极性，为民族和谐、共同富裕，本区的扶贫工作力度仍然需要继续加强。同时，海南岛中部山区热带雨林生态功能区作为海南岛的生态核心区域，是我国热带雨林典型区域及生物多样性最丰富区域之一，也是整个岛屿的水源供给与涵养区，因此，本区脱贫致富应紧紧围绕生态扶贫开展，在保证热带雨林、湿地等生态系统的生态功能良好发挥的前提下，逐步调整其生活、生产方式，提倡可再生能源的使用，减少群众对自然资源的过分依赖，创造更多绿色产业、提供非依靠生态工作岗位，减少对自然资源的破坏。

第二节　生态功能定位

一、主体功能与发展方向

（一）主体功能

根据《全国主体功能区规划》，海南岛中部山区热带雨林生态功能区的功能定位为：生物多样性维护型。依托五指山脉、黎母山脉、霸王山脉和热带气候，保护好我国整体面积最大、保持最完整的热带森林，维护好我国最丰富的物种基因库。同时，作为海南岛的重要水源地，通过加强热带雨林生态系统的保护，最大化发挥其水源涵养功能。

（二）发展方向

根据本区的主体功能，本区的发展方向主要为以下两方面：加强热带雨林、湿地等生态系统保护，遏制山地生态环境恶化态势、提高本区生态服务功能、为热带生物提供良好的栖息环境；保持并恢复野生动植物物种和种群的平衡、禁止对其进行滥捕滥采，实现野生动植物资源的良性循环和永续利用。

二、生态价值

（一）我国热带雨林的重要组成部分

目前，我国热带雨林是世界三大热带雨林之一——亚洲热带雨林的重要组成部分，仅分布在海南、云南、广东、广西、西藏和台湾6省（自治区），其中海南和云南分布面积最大、保存较完整，海南热带雨林面积占全国热带雨林总面积的30%。海南岛中部山区热带雨林生态功能区的热带雨林原始林面积共有51620公顷，占海南热带雨林总面积的24.30%，依靠着中部山区特殊自然地理特征，本区热带雨林已然成为海南岛热带雨林的核心区域，充分反映了世界热带雨林分布北部边缘的特性，是我国从北至南18个森林生态系统植被类型中不可缺少的内容，是我国岛屿型热带雨林研究的主平台，也是我国热带雨林的重要组成部分和重要战略资源。

（二）我国热带野生动植物的生存天堂和基因库

热带雨林是地球上生物多样性最丰富的生态系统之一，在热带森林中生活的物种数量占全球所有生物物种的1/3～1/2，海南岛中部山区热带雨林生态功能区同样也是众多野生动植物的理想生境，是我国生物多样性重点地区之一。本区不仅孕育了陆均松、鸡毛松、青皮、蝴蝶树等具有热带雨林代表性的植物，为70多种国家重点保护野生动植物提供了"避风港"，同时也保护了海南黑冠长臂猿、海南坡鹿、石碌含笑、海南梧桐等海南特有种，可以说本区是我国热带野生动植物的重要生境和物种基因库。

（三）海南岛良好生态的稳定器

由于海南岛的岛屿环境，台风、龙卷风、洪涝、泥石流等自然灾害绝大部分需要岛屿自身消减和抵抗，海南岛中部山区热带雨林生态功能区特殊的地理优势以及完整、稳定的热带森林生态系统成为"海南岛绿肺"和"稳定器"，在整个海南岛生态环境调节方面发挥着极其重要的作用，提供着气候调节、防灾消灾、水源涵养、水土保持等生态功能，其生态状况的变化直接影响着全岛的生态安全，是海南岛极为重要的生态屏障。

第三节　主要问题

一、热带天然林面积减少

本区拥有海南岛最高山峰并向四周下降的特有地形，使区内的热带森林垂直分带明显，群落结构复杂，珍贵树种繁多，形成了较稳定的顶级群落，是海南岛森林生态系统相对完整、丰富的区域。然而近二十年来，由于经济利益的驱使，海南岛大面积热带雨林被开垦种植橡胶等热带经济作物，导致海南岛的热带原始森林较新中国成立前减少了85%，并逐渐由沿海平原台地最终扩张至中部山区，造成本区热带天然林面积不断减少。据统计，仅近十年，本区热带天然林面积就减少了20%多。热带天然林的减少，严重影响了其生物多样性维护、水源涵养、水土保持、气候调节等生态功能的稳定发挥。

二、野生动植物生境破碎化

本区特殊的热带森林生态系统和自然地理条件孕育了大量的珍稀野生动植物和海南岛特有种，是我国重要的生物多样性热点地区之一，热带森林生态系统是这些野生动植物不可替代的生境。但是，随着热带天然林的减少，野生动植物的生境也逐步遭到蚕食，造成野生动植物生境破碎化、孤岛化或丧失，例如海南特有物种——海南黑冠长臂猿，世界极濒危的25种灵长类之一，由于栖息地的萎缩、人类偷猎等违法行为，从新中国成立初期的2000只到目前全球仅有的3个种群25只，目前只能生存于本区霸王岭一带，现有状况极不利于其种群的自然繁衍，相比大熊猫，海南黑冠长臂猿更是岌岌可危。

三、物种保护能力不足

热带雨林中生存了大量珍稀、特有野生动植物物种，是我国天然遗传多样性"储存库"。但本区对热带雨林科研监测十分薄弱，对热带物种的调查研究还不够深入，本底资源不够清楚及系统化，对物种繁衍所必需的种质资源的保护未得到重视，对热带雨林中极小种群保护力度不足，对该"储存库"的重要性和保护意识未达到充分重视。

四、保护体系较不完善

热带雨林作为我国分布最小的植被类型，需要更规范、系统的保护体系对其保护。目前在自然保护区、森林公园、公益林、天然林保护工程等保护形式下，本区的热带生物多样性得到了较大维护。但是目前在各级自然保护区、国家森林公园等保护形式下的保护面积仅为86085.42公顷，保护率为12.09%，还有部分热带森林未得到规范清晰、体系明确、管理科学的保护，存在保护形式上的空缺，而且部分纳入天然林保护工程的森林都处于低保护水平的状态。同时，本区发源了昌化江、万泉河等海南岛母亲河，湿地保护不仅是本区生物多样性维护的基础，也是对下游流域人民的生活用水的保障，目前本区纳入自然保护区等保护形式的湿地面积有2568.54公顷，湿地保护率仅为21.85%，相对较低，且缺乏相关的专门保护体系。此外，由于本土居民"风水林"思想，本区还存在一部分孤立而又十分典型的热带雨林原始林小区，这些保护小区虽然在政府文件中有记录，却没有具体的批准机构，缺乏有效的保护规划，使得本区热带雨林保护体系结构整体性不完整，不利于本区热带森林、特别是呈"孤岛化"的热带雨林原始小区在未来海南岛社会经济发展下的永续生长。

五、局部环境质量不达标

由于丰富的热带森林，本区各行政区域内各项环境指标大部分都呈现优良状况，但仍然存在部分指标、部分地区不达标现象。根据2013年海南省环境状况公报，本区河流水质多为Ⅱ类以上，但保亭县局部为Ⅲ类、五指山市昌化江河段为Ⅴ类；本区城市（镇）集中式生活饮用水地表水源地水质基本为Ⅰ、Ⅱ类，但琼中县百花岭水库水质中Ⅲ类比例较高，与国家重点生态功能区的Ⅰ类目标还是存在差距；城镇环境空气质量多为一级，但五指山市和琼中县空气质量为二级的占到近20%，要达到国家重点生态功能区的一级目标仍需加强治理和监督。

第四节　生态保护与建设现状

一、生态工程建设

（一）林业生态工程建设

1994年海南省率先停止了对热带天然林的商业性采伐，对热带天然林进行封育保护，热带森林得到了一定的保护和恢复。

2000年随着全国重点国有林区天然林保护工程全面启动，海南岛中部山区热带雨林生态功能区中有19.16万公顷纳入天然林保护工程中，通过工程的实施，十多年来本区森林覆盖率、森林蓄积量有了明显的提高，并且本区天保工程范围内的热带森林也全部纳入公益林保护补助范围内。

本区有29.93万公顷（其中国家级公益林26.14万公顷，地方公益林3.79万公顷）纳入生态补偿范围实施补偿，补偿标准按照45元/公顷·年递增，至2012年，全省财政森林生态效益补偿资金的补偿标准达到300元/公顷，并保持这一标准，本区形成年补助合计0.57亿元的资金规模。2012和2013年，中央、省财政投入本区的森林生态补偿资金合计为1.13亿元，其中，中央财政投入0.19亿元，省财政投入0.96亿元。

加强对归口管理的自然保护区、森林公园等禁止开发区建设，积极申请中央相关的保护建设资金，对本区内自然保护区、森林公园的基础设施建设有了较明显的提高。

此外，林业部门联合海南省公安厅、海南省交通厅，在海南省委财经办（农办）和海南省政府办公厅领导下，开展乱砍滥伐专项整改行动，较有效遏制了本区乱砍滥伐破坏森林资源的行为，切实有效保护了本区热带森林资源。

（二）其他生态工程建设

海南省为保护本岛生态环境，从2013年起，大力开展绿化宝岛大行动工程建设，以"一区一带，两环两点，四园万村，五河多廊"为重点，以八大工程为支撑。本区作为海南岛的生态核心，积极响应"绿化宝岛"所规划内容，努力开展城市森林建设工程、通道绿化工程、河流水库绿化工程、热带雨林和湿地保护工程、林业开发和林场建设工程、村庄绿化工程、盆景花卉与种苗工程，2013年省财政安排0.31亿元用于支持本区"绿化宝岛"建设。

本区相关政府及部门积极完善生态环境保护相关设施设备：修建城镇污水处理设施、垃圾处理设施；推进旅游接待、规模养殖等污染物较多的单位公司污染物治理设施补充工作；改造城镇公共照明节能设施设备；布设环境监测点，加强和扩大日常环境质量监测力度。

结合国家生态文明战略布局，积极建设文明生态村、小康环保示范村等。

二、国家重点生态功能区财政转移支付

配合国家主体功能区战略的实施，中央财政实行重点生态功能区财政转移支付政策。2012年，国家对本区的财政转移支付为2.41亿元，主要用于4县（市）的污水管道和垃圾处理设施建设；2013年，国家对本区的财政转移支付为2.11亿元，其中用于农林水事务0.89亿元、节能环保0.31亿元、社会保障和就业支出222万元以及教育0.89亿元。

三、生态保护与建设总体态势

特殊的地理条件，使海南岛中部山区热带雨林生态功能区中的热带雨林成为海南岛热带雨林的核心，是海南岛的生态屏障，也是全岛热带雨林健康状况的"风向标"，在自然保护区、天然林保护工程、公益林等多样保护形式下，本区的热带森林得到了切实的保护，森林覆盖率也高于全岛其他区域。但是随着社会经济的发展，热带雨林的高经济效益使部分人进行了违反自然、破坏雨林的经济活动，造成热带森林生态系统破碎化、珍稀野生动植物生存受威胁等问题。因此，为了维护本区热带雨林生物多样性，保障其生态功能发挥，同时兼顾区域民生发展，仍然需要扩大保护范围、加大保护力度、探索更多形式的保护方法。

第二章　指导思想与原则目标

第一节　指导思想

全面贯彻党的十八大精神，深入学习贯彻习近平总书记系列重要讲话精神，贯彻《全国主体功能区规划》中对本区的功能定位和建设要求，坚持尊重自然、顺应自然、保护自然的生态文明建设理念，加强自然生态系统修复，以提高海南岛中部山区热带雨林生态功能区热带雨林及其野生动植物保护能力为目标，根据海南岛中部山区热带雨林生态功能区实际生态保护需求，引导各保护工程设置、约束开发行为，严格保护热带雨林原始林，恢复热带雨林资源，减少热带雨林受威胁因子，逐步提高其生态用地比例和资源质量，提升其生物多样性维护、水源涵养等生态功能，同时加强生态监管能力，协调好人口、经济与资源环境的关系，辅助农民脱贫致富，优化本区"生态、生产、生活"三大空间结构，为"绿化宝岛"提供坚实基础，推动海南岛经济社会与生态和谐发展的新格局，树立生态优美的国际海岛胜地形象。树立空间均衡的理念，把握人口、经济、资源环境的平衡点，推动本区健康发展。

第二节　基本原则

一、全面规划，突出重点

根据海南岛中部山区热带雨林生态功能区的生态状况，全面、系统地布设各保护项目，将区域内森林、湿地、城镇等生态系统都纳入规划范围，并紧紧围绕本区"生物多样性维护"的主体功能定位，加强对热带雨林的保护与建设。

二、优化空间，分区施策

根据区域内生态系统、植被、野生动植物、人口活动的分布特点，各区域存在的不同生态问题，以及生物多样性维护等重要性的不同，以生态、生活、生产三大空间合理共存为基础，进行功能分区及全面合理规划布局，并有针对性地对各功能分区采取合理的保护与治理措施，妥善安排各项建设内容，逐步扩大生态空间、控制生产、生活空间建设内容。

三、改善民生，统筹兼顾

本区是黎族、苗族等少数民族聚集区之一，正确处理生态保护与民生发展的关系，将生态建设与农民增收、生产结构调整相结合，在保护和修复生态环境的同时，帮助农民脱贫致富，实施热带雨林生态补偿等长效机制，实现人与自然和谐相处。

第三节　规划目标

一、规划期

规划期为2015～2020年。

二、规划目标

总体目标：重点加强对区域内热带森林生态系统的保护力度，积极维护本区生物多样性，划定热带雨林生态保护红线，保持并逐步提高本区生态用地比例；促进区域野生动植物资源的繁衍和保护，提高区域生物多样性健康稳定水平；增强本区生态服务功能，提高生态产品质量。形成热带雨林生物多样性保护优先、居民生活水平有所提高、城镇经济与生态和谐发展、配套设施逐步完善的发展格局。

具体目标：进一步完善自然保护区、森林公园建设，理顺保护小区管理体系，增加湿地公园3处，将湿地保护率提高到32.06%，争取保有国家级自然保护区6处，并在规划后期扩大生物多样性保护区范围；生物丰度指数提高到22.79；森林覆盖率提高到87.54%；选择极小种群野生保护植物6种和优先保护野生动物3种进行保护；完成热带雨林基因库建设；保证本区水质均为I类、空气一级。

专栏 25-1　生物丰度指数

生物丰度指数：是财政部印发的《国家重点生态功能区转移支付办法》中对"生物多样性维护类型"的生态功能区的考核指标，其计算方法为：生物丰度指数＝Abio×（0.35×林地＋0.21×草地＋0.28×湿地＋0.11×耕地＋0.04×建设用地＋0.01×未利用地)/区域面积，其中Abio为生物丰度指数的归一化系数。

由计算方法可知，扩大高权重的林地、草地、湿地面积，有利于提高生物丰度指数，也是本规划工程设置的主要依据。

表 25-3　规划指标

主要指标	2014 年	2020 年
生物多样性保护指标		
生态用地[①]占比（%）	92.53	92.53
生物丰度指数	22.58	22.79
森林覆盖率（%）	83.82	87.54
湿地保护率（%）	21.85	32.06
极小种群野生植物保护（种）	—	6
优先保护野生动物（种）	—	3
热带雨林基因库建设	—	完成
国家级自然保护区（个）	4	6
保护小区体系	无明确管理体系	统一健全管理体系
新建湿地公园（个）	0	3
受保护区域面积[②]占比（%）	42.04	56.67
环境状况指标		
水质	多为Ⅱ类，局部Ⅲ类或Ⅴ类	Ⅰ类
空气质量	局部二级	一级
集中式饮用水源地水质状况	局部Ⅲ类	Ⅰ类
生态产业指标		
生态产业基地（万公顷）	—	2
农民培训（人次）	—	3 万

注：①生态用地包括林地、湿地、草地三种土地利用类型；

　　②受保护区域面积不包括保护小区。

第三章 总体布局

第一节 功能区划

一、布局原则

根据本区热带雨林资源分布情况和重要性、地理环境的完整性，结合已形成的保护体系，遵循以维护热带雨林生物多样性为主，同时逐步提升水源涵养、水土保持等功能，兼顾保证民生、尊重民族文化的原则，按照主体功能区规划的要求，从生态保护与建设的发展目标出发，对海南岛中部山区热带雨林生态功能区进行功能区划。

二、分区布局

本区将以生物多样性保护区、生物多样性恢复区和民生发展区3个生态保护与建设区域来进行布局。具体见表25-4。

表25-4 生态保护与建设分区表

区域名称	范围	面积（万公顷）	资源特点
合计	4县（市）	71.19	
生物多样性保护区	以各级自然保护区、国家森林公园等为主	8.61	热带雨林资源最核心区域。是青皮、蝴蝶树、陆均松、鸡毛松、海南黑冠长臂猿等珍稀濒危野生动植物的主要避风港，也是海南黄檀、海南梧桐、山铜材、海南韶子等特有物种的重要栖息地
生物多样性恢复区	生物多样性保护区与人口聚集区域之间地区	60.88	热带森林资源丰富区域。分布有较大面积的热带雨林典型群系，如青皮、蝴蝶树林；陆均松、五列木林等
民生发展区	4县（市）的人口、经济聚集区域	1.70	社会经济资源汇集区域。自然资源以具有绿化、美化功能的树种为主

第二节 建设布局

一、生物多样性保护区

（一）区域特点

生物多样性保护区由8个国家级、地方级自然保护区和4个国家森林公园等保护区域组成。面积共计8.61万公顷，占本区总面积的12.09%。

表 25-5　生物多样性保护区涉及范围表

名　称	级别	行政区域	在本区内面积（公顷）	保护类型	保护对象	保护区总面积（公顷）
海南霸王岭自然保护区	国家级	白沙县	9906.06	野生动物	海南黑冠长臂猿	29980.00
海南吊罗山自然保护区	国家级	保亭县、琼中县	5220.21	森林生态	热带雨林及其森林生态系统	18389.00
海南五指山自然保护区	国家级	五指山市、保亭县、琼中县	13436.00	森林生态	热带雨林及其森林生态系统	13436.00
海南鹦哥岭自然保护区	国家级	五指山市、琼中县、白沙县	38900.76	森林生态	热带雨林及其森林生态系统	50464.00
海南黎母山自然保护区	省级	白沙县、琼中县	11701.00	森林生态	热带雨林及其森林生态系统	11701.00
海南邦溪自然保护区	省级	白沙县	357.80	野生动物	海南坡鹿	357.80
海南保梅岭自然保护区	省级	白沙县	1697.29	森林生态	热带雨林及其森林生态系统	3844.30
海南七指岭自然保护区	县级	保亭县	4866.30	森林生态	热带雨林及其森林生态系统	4866.30
合计			86085.42			133038.40

注：① 其中：海南吊罗山国家森林公园（5220.21公顷）与吊罗山自然保护区重叠；海南黎母山国家森林公园（11701.00公顷）与黎母山自然保护区重叠；海南七仙岭温泉国家森林公园（2200.00公顷）与七指岭自然保护区有部分重叠。

② 保护区面积仅计算在海南岛中部山区热带雨林生态功能区范围内部分。

该区域汇集、保护有海南岛中部山区热带雨林生态功能区最核心的热带雨林资源，是青皮、蝴蝶树、陆均松、鸡毛松、海南黑冠长臂猿等珍稀濒危野生动植物的主要"避风港"，也是海南梧桐、石碌含笑、海南韶子、山铜材等海南特有种的重要生境。该区域是海南岛十分重要的南渡江、昌化江、万泉河等河流的主要发源地，水源地地位极其重要。同时，该区域已形成较为严格的保护体系，管护基础好，土地大部分为国有，只有鹦哥岭国家级自然保护区有5%为集体土地，生态保护与建设易于其他区域。

（二）主要问题

随着社会经济的发展，经济林进入了部分自然保护区，呈点状分布，一方面破坏了原有天然植被，另一方面单一的经济林严重影响了该区域的生物多样性、水源涵养等功能。同时，周边农民靠山吃山的观念还未完全根除，盗伐、放牧、采集等破坏行为还依旧少量存在。增加农民收入，提高社区共建能力，科学解决生物多样性保护区在海南岛"国际旅游岛"全省发展规划中的矛盾成为该区域急需面对的问题和机遇。此外，保护范围太小，对热带雨林及其野生动植物的保护率过低。

（三）建设重点

以加大保护力度为主，在稳定现有保护成果的基础上，划定热带雨林保护红线，对局部受威胁区域进行修复，并根据保护成效，逐步扩大生物多样性保护区范围。同时，进一步完善热带雨林管护体系、提高管护能力，为热带雨林生物多样性构建更安全、更科学的严格保护区域。

二、生物多样性恢复区

（一）区域特点

生物多样性恢复区为生物多样性保护区与城镇居民集中区域之间的地域，同样是生物多样性丰富区域，是本区完整的多样生物体系中重要的基础。面积共计60.88万公顷，占本区总面积的85.52%。

该区域是本区布局中面积最大的区域，热带森林资源也十分丰富，青皮、蝴蝶树林；陆均松、五列木林；鸡毛松、青钩栲林等海南岛典型的热带雨林群系在该区域中大面积分布。同时其得天独厚的气候和地理条件，也孕育了多种野生动植物，该区域植被覆盖较高，进行植被恢复的潜力大。

（二）主要问题

生物多样性恢复区人口相对较多，多为当地农民，主要以传统农业生产为主，人为活动较频繁，因此破坏热带雨林的盗伐、种植经济林、火灾等人为因素在该区域均有存在，对该区域热带天然林造成了较大威胁，对海南岛中部山区热带雨林生态功能区在生物多样性维护上也影响最深。

（三）建设重点

以加强多形式恢复植被为主，从生态系统、野生动植物物种和种质资源三方面开展建设，摸清土地权属和资源情况，对遭受破坏的热带天然林进行封育、补植等，扩大天然林保护范围，对珍稀野生动植物进行就地、迁地等保护，维护热带雨林生物多样性发展所不能离开的种质资源。

三、民生发展区

（一）区域特点

民生发展区为四个行政县（市）的县（市）政府所在地、居民主要聚集区、经济与产业发展快速的区域。该区域呈点状分布，处于城市发展规划的初期，土地利用格局和居民经济生活方式均有提高空间。该区域是引导区域人口生活向多方面发展的重要区域，也是体现我国人类经济社会与生态和谐共处的基础模版。面积共计1.70万公顷，占本区总面积的2.39%。

（二）主要问题

随着社会经济的快速发展，人口的集中分布，给该区域环境带来了一定的压力，局部水质、空气质量未能达到国家重点生态功能区应有的标准，城镇发展未能很好体现应有的生态环境状况。在海南岛"国际旅游岛"的大形式下，该区域作为经济与生态发展的"前驱军"，在生态产业上还处于探索阶段，缺乏系统规划与大力投资，不能很好地凸显其特点，不利于提高当地居民生活水平。

（三）建设重点

提高土地利用效率，优化公共基础设施设备，特别是加强城镇环境治理基础设施设备建设，保证城镇绿地的多样性，服务于当地居民生活水平提高。进行生态产业建设，转变当地居民对"发展生产力"的认识，即保护生态环境就是保护生产力，从生态保护中谋求经济发展。将民生发展区建设成为海南岛中部山区热带雨林生态功能区居民主要活动区、民生保障区和海南岛生态文明建设的示范区。

第四章　主要建设内容

第一节　生物多样性保护建设

一、现有保护形式的完善

加强热带天然林保护，控制热带经济作物入侵，应先从现有的自然保护区、森林公园等主要保护形式入手，更严格维护好本区生物多样性的核心区域；继续加强对本区国家级、地方级的自然保护区、森林公园的建设，改善现有管护设施设备，提高其管护能力；构建自然保护区、森林公园的科研监测平台，掌握区域内热带雨林本底资源，深入探索热带雨林生物多样性组成，为保护管理提供技术支撑；扩大自然保护区、森林公园的科普宣教范围，普及热带雨林知识，提高全民对这一特殊而重要的生态系统重要性的认识。

晋升海南黎母山等热带雨林集中分布的地方级自然保护区为国家级自然保护区，加大对其建设和资金投入的力度。

对于本区因当地居民的风俗习惯而保留下来的、位于村落附近的热带雨林原始林保护小区，明确其管理机构，完善各管护基础设施设备。

二、保护范围的扩大

将更多的热带森林纳入天然林资源保护工程中，按照国家天然林资源保护工程相关保护内容进行保护，扩大热带森林保护范围。热带雨林涵养着湿地，而湿地也滋养着热带雨林，积极建立湿地公园、湿地保护小区，保护区域内具有重要意义的湿地生态系统，提高本区湿地保护率，体现"林水一体"的生态建设理念。

新建自然保护区，将热带森林保护优良的区域划为自然保护区，逐步扩大热带森林生态系统的保护区域。并且，随着保护体系的不断完善、保护形式的不断多样化，在本规划后期宜适当扩大生物多样性保护区范围，将新建自然保护区、湿地公园、保护小区等都并入该区域。

三、严格保护制度的制定

"森林是陆地生态的主体，是国家、民族最大的生存资本，是人类生存的根基"，划定本区热带雨林保有量的生态保护红线，限定责任主体，制定管理计划，牢固树立生态红线概念，保障本区热带雨林生态保护红线的权威性。

健全保护制度，制定本区热带雨林保护条例，从法律的角度，规范热带雨林各项保护行为和责任，严格保护热带雨林。

主要任务：2015～2020年，加强现有自然保护区、森林公园生态建设；晋升地方级自然保护区2处；理顺并加强建设本区热带雨林保护小区体系；10万公顷热带森林纳入天然林保护工程；新建湿地公园3处；新建自然保护区3处；划定本区热带雨林生态保护红线5.16万公顷。

专栏 25-2　生物多样性保护重点工程

01　自然保护区、森林公园建设

以十年为一期，根据社会发展和自然保护区（森林公园）的建设需求，继续做好近远期建设总体规划，进一步完善自然保护区和湿地公园基础设施建设、管理机构设置，规范管理体系、建立科研监测体系，扩大公众教育范围。

02　自然保护区晋升

深入评估现有地方级自然保护区，根据晋升程序，将海南黎母山、七指岭等热带雨林分布集中的地方级自然保护区晋升为国家级自然保护区，并按照国家级自然保护区建设要求进行建设。

03　保护小区建设

对分布有热带雨林、但没有条件建立自然保护区的地段，划建保护小区，由邻近自然保护区、林业局或村委会进行管理，并加强防火、防治病虫害、人为破坏等保护工作。同时，完善并规范本区保护小区的管护体系。

04　扩大天然林资源保护范围

调查清楚林地权属和资源情况，将未纳入天然林资源保护工程的热带天然林划入天然林保护范围内。同时，适当提高对已纳入的和即将纳入的天然林的工程补助。

05　增加湿地公园

将南溪河、万泉河、昌化江靠近城镇的河段或本区重要湖泊建设为湿地公园，通过湿地保护、恢复及能力建设，保护湿地，扩大本区湿地影响力。建议建设至少3处湿地公园，每处至少400公顷。

06　增加自然保护区

对热带森林保护优良、土地权属明确的区域划定自然保护区，设立专门的管护单位，按照自然保护区的建设要求开展各项管护工作。建议建设3处自然保护区，每处至少1000公顷。

（续）

专栏 25-2　生物多样性保护重点工程
07　划定热带雨林生态保护红线 　　将本区全部热带雨林划定为生态保护红线，守住热带雨林的底线，并制定严格的保护制度。

第二节　生物多样性恢复建设

一、生态系统的恢复

热带雨林生态系统是本区生物多样性的基础。在生物多样性保护区和生物多样性恢复区中，对破坏较小的热带雨林边缘进行封育，清退穿插于自然保护区核心区、缓冲区热带雨林中的经济林并进行封育，减少和控制外来干扰，进行自然演替，保持其自然更新能力；对热带雨林群系孤岛化严重区域，针对其自然恢复相对困难的问题，采用补植、种植等人工方式加以辅助，连接破碎化热带雨林斑块，促进热带雨林更新；按照海南省退耕还林相关政策，继续完成退耕还林任务；加强湿地周边植被恢复，保证其水源涵养能力，减轻水土流失。

主要任务：2015～2020年，热带雨林封育5000公顷；人工辅助更新500公顷；湿地植被恢复500公顷。

二、珍稀物种的救护

根据本区特点，保护野生动植物从开展珍稀物种救护入手。加强野生动植物栖息地恢复，积极搭建生态廊道，利用条带状植被带，实现连接生境、防止种群隔离，维持最小种群数量和保护生物多样性；调查和选择本区热带雨林中极小种群野生植物和优先保护的野生动物，因物施策，制定相应的拯救计划；建立濒危物种监测体系，为物种救护提供科学详实的数据。

主要任务：2015～2020年，建设生态廊道15千米；拯救极小种群野生植物6种，优先保护野生动物3种；建立濒危物种监测体系。

三、种质资源的维护

积极开展热带雨林特有、濒危物种的种质资源的保存研究，建立热带雨林基因库，保存热带雨林恢复所需的种质资源；对濒危物种进行救护繁育，为其回归野外建立优势种源。

主要任务：2015～2020年，建立热带雨林基因库；建立濒危物种救护繁育体系。

专栏 25-3　生物多样性恢复重点工程

01　热带雨林封育
　　封育是热带雨林生态系统恢复的最好方式，对人为干扰小但存在未来破坏隐患的热带雨林边缘区域和自然保护区的核心区与缓冲区中存在经济林的区域，以自然更新为主，进行封育。

02　人工辅助更新
　　选择热带雨林群系孤岛化严重且适合再次恢复的区域进行人工辅助更新措施，补植热带雨林建群种，加快恢复进程，连接各残存斑块。同时，逐年巩固上年成果。

03　湿地植被恢复
　　对河流、湖泊、水库周边土壤裸露、植被稀疏地段进行植被恢复，物种以乡土物种为主。

04　生态廊道建设
　　在栖息地破碎化严重的热带雨林斑块之间，根据地形、地貌、植被分布状况以及社区情况，划建连接各斑块的生态廊道，加强动植物在这些斑块之间的运动和增强受隔离种群连接度。

05　极小种群野生植物拯救与优先保护野生动物
　　调查并衔接《全国极小种群野生植物拯救保护工程规划》《全国野生动植物保护与自然保护区建设规划》，选定本区中亟待加强保护的热带雨林野生动植物，例如海南黑冠长臂猿、海南坡鹿、海南风吹楠、海南鹤顶兰等，从栖息地恢复、重建、人工繁殖、人工授粉等方面进行种群恢复。

06　濒危物种监测体系建设
　　选择本区濒危物种，制定专项监测方案，设定监测点，定期监测，将获取到的数据录入信息系统，定期进行评估，能为日后并入全国热带雨林物种监测体系奠定良好基础。

07　基因库建设
　　采种保存热带雨林濒危物种种源，建立统一管理基因库。

08　珍稀物种救护繁育体系建设
　　进行迁地保护和近地保护，建立热带雨林动植物园，人工辅助繁育，创造其适宜的繁殖环境。建立救护体系，保证受伤珍稀物种得到妥善治疗。

第三节　生态扶贫建设

一、生态产业

"我们既要绿水青山，也要金山银山……而且绿水青山就是金山银山"。解决农民长远生计，充分发挥区域热带森林资源优势和少数民族文化资源，调整产业结构，因地制宜、科学利用，开展可持续经营，发展灵芝、兰药、热带花卉、香料、民族特色产业，处理好生态保护与发展经济产业的关系；依托当地少数民族文化，发展热带雨林生态旅游，打造生态旅游品牌；开展社区共管，进行社区生态改善、建立巡护队伍，进行适当奖励和补助。多渠道、多形式拓宽农民增收渠道，帮助农民脱贫致富。

主要任务：2015～2020年，建设生态产业基地2万公顷；建设生态旅游示范基地2处；建设社区共管示范点5处。

二、技能培训

针对农民、管理人员、专业技术人员开展不同的技术培训：对农民开展就业技能培训，每户农牧户中至少1人掌握1门产业技能；对管理人员和专业技术人员开展专业知识技术培训，每个管理人员和专业技术人员要熟悉规划所涉及的各生态工程的建设内容、技术路线和管理方面的内容。

培训任务：2015～2020年，管理人员1000人次，技术人员3000人次，农民3万人次。

专栏25-4　生态扶贫重点工程
01　生态产业建设 适当发展当地具有经济价值的物种，控制规模，同时政府辅助宣传并协助拓宽市场，打造"地理标志产品"和"绿色有机产品"。
02　生态旅游建设 依托本区自然保护区、森林公园、湿地公园等，结合其生态旅游规划，确定生态旅游发展方向，开展与生态和谐的、具有当地少数民族文化特色的旅游，鼓励并培训周边群众开拓生态旅游市场的技能，同时对区域生态旅游进行统一管理，规范其活动行为。
03　社区共管建设 以示范为主，选择靠近热带天然林的社区，依靠社区群众力量，组建巡逻队，普及巡护知识，组织其进行定期巡护，并给予适当补助；提高社区对热带森林保护意识和宣教能力，鼓励其对外宣教。

第四节　基本公共服务体系建设

一、防灾减灾建设

（一）防火体系

加强对热带雨林生态系统防火能力建设，逐步完成各县级单位火险预测预报系

统、火情监测系统、信息及指挥系统建设。进一步加强防火道路、防火物资储备库等
基础设施建设，提高森林防火装备，开展航空消防系统建设。继续加强防火队伍建
设，增强防火预警、阻隔、应急处理和扑火能力，扩大防火知识宣传教育范围，实现
火灾防控现代化、管理工作规范化、队伍建设专业化，形成较完整的防火体系。

（二）有害生物防治

随着海南国际旅游岛建设，对外交流日趋频繁，有害生物威胁增大。制定严格的
外来物种法规或条例，从法律角度规范外来物种进入。建立外来物种、病虫害、疫源
疫病风险评估体系、预警体系、防御体系、快速治理体系，增加检查、监测、清理、
治疗等设施设备和药剂，加强国内、国际合作，扩大有害生物防治宣传教育范围，逐
步减少外来物种、控制病虫害、遏制疫源疫病，提高有害生物防治能力，稳定本地热
带雨林生态系统。

二、基础设施

（一）城镇环境保护与治理基础建设

严格治理河道污染现象，严禁饮用水水源地污染，提高并保持4县（市）城镇集
中式生活饮用水水质标准，加强对流经城镇河段的监测体系建设，定时定点监测，要
求工业废水和生活污水达标排放，完善污水处理基础设施设备；补充和完善固体生活
垃圾处理基础设施设备，开展垃圾分类投放并加大宣传力度；建立公共厕所体系，为
区域生态旅游提供基础服务条件，积极创建国家生态文明先行示范区。

（二）农村基础设施建设

完善供水、供电等基础设施设备建设，进行农村电网改造等工程，改善农民能源
结构，大力推广太阳能、沼气池等清洁能源的利用；加快农村环境综合整治，完善污
染防治设施设备，创建"生态文明示范村"。

专栏 25-5　基本公共服务体系重点工程
01　防火体系建设 　　建设县（市）镇火险预测预报、火情瞭望监测、通信联络与指挥系统，购置防火扑火设备、车辆、装备等。建设州、县、信息化指挥中心，防火物资储备库、防火道路，增加必要的航空消防设施设备。配备扑火专业队伍和半专业队伍。
02　外来物种防治 　　制定外来物种进入的管理制度，提高面对外来物种入侵的应急能力，建立应对外来物种泛滥的防治体系，增加必要的设施设备和药剂。
03　病虫害防治 　　定期进行监测，向省林业厅进行季度汇报，增加必要的设施设备和药剂。
04　疫源疫病防治 　　建立监测体系、应急体系、救护体系。增加必要的设施设备和药剂。

（续）

专栏 25-5　基本公共服务体系重点工程
05　城镇环境保护与治理基础建设 　　改造和完善城镇生活污水处理系统，加强雨污分流工程建设，建立完整的水质监测体系；要求各生产单位进一步完善工业污水处理设施设备；拆除城镇集中式饮用水源保护区内的违章建筑和排污口；完善城镇固体生活垃圾收集、处理系统。
06　农村基础设施建设 　　完善农村供水、供电设施，加强农村水源地保护与宣传，加强农村沼气工程建设；积极开展农村生活垃圾收运体系；推进土壤污染防治，推广低毒、低残留农药使用，开展生态农田建设；防治畜禽养殖污染，对具有养殖规模的农户，要求配备粪便污水贮存、处理、利用设施；严格控制秸秆焚烧。

第五节　生态监管

一、生态监测

以目前已建立的监测站（点）为基础，依托国家林业局在建的"中心—站—点"三级生态监测评估系统和统一的生态监测标准与规范，合理布局、补充监测站点、配备必要的监测设备、车辆，对本区内热带雨林生态系统、湿地生态系统、生物多样性和自然地理环境等进行全面监测、分析和评估。建立信息共享平台，对监测数据定期上报，定期发布生态保护建设报告，重大问题及时上报，定期、系统评价本区生态服务功能，开展生态预警评估和风险评估。

二、空间管制与引导

落实主体功能定位

全面落实《全国主体功能区规划》提出的主体功能定位要求，在禁止开发区内，实施强制性保护；在限制开发区内，实行全面保护。

控制生态产业规模

在不影响热带雨林生态功能充分发挥的前提下，开展生态旅游、生态特色产品等生态产业，合理控制发展规模，提高经济效益，维护生态效益。

三、绩效评估

以目前森林覆盖率、湿地保护率、水质、空气质量达标率等值为基准数字，以5年或10年为一个阶段，确定5年或10年后各项指标完成目标，以该年度为目标年。

对比目标年度与基准年度各项指标数据，分析生态功能区保护与建设进展情况，并参照目标年设定的保护和建设任务目标，调整保护和建设规划内容。

完成目标年的建设任务后，将各项指标的实际数据与目标值对比分析。

第五章　政策措施

第一节　政策需求

一、生态补偿补助政策

探索热带雨林生态补助机制。在本区4县（市）各选择1～2个乡镇成为补助试点，按照热带雨林天然林面积、涉及人口进行补助，并逐年根据保护达标程度进行奖励或惩罚。同时，对护林员适当增加管护和后期维护补助。最终扩大到对全岛有热带雨林的所有区域，并逐步形成长效机制。

扩大纳入湿地保护奖励机制的范围。选择本区水源地周边涉及水源涵养林的村镇纳入现有湿地保护奖励试点范围，开展国家湿地保护奖励补助，提高居民湿地保护积极性。

二、国家重点生态功能区转移支付政策

根据海南岛中部山区热带雨林生态功能区生态保护与建设的需要，对当地生态建设现状和工程需求进行全盘分析，确定合理的工程内容和布局，提高本区生态工程设置与生物多样性维护的相关性，确保生态转移支付资金使用的科学性。同时探索建立国家重点生态功能区转移支付使用的监督机制，强化对生态建设有效性和资金使用合理性的监管，逐步加大财政转移支付力度，适当增加用于生态保护与建设的资金。

第二节　保障措施

一、法制保障

切实落实、严格执行现有生态保护相关法律、制度，加强各职能部门的法律意

识，加强法制宣传能力建设。逐步加大生态监管执法权，依法惩处各类破坏生态系统、造成环境污染的行为，对偷伐、乱猎等行为加大打击力度。同时，从国家层面上，明确生态受益者和保护者的权责。制定最严格的资源保护制度，完善监督、检查、验收、评估、审计制度，按项目管理、按设计施工、按标准验收。工程严格"四制"建设，即项目法人制、招标投标制、工程监理制、合同管理制，加大项目资金管理力度，确保项目资金有效利用。

二、组织保障

实行地方政府责任制，功能区所在县（市）各级人民政府是规划实施的责任主体，实行重点生态功能区的目标、任务、资金、责任的责任制度。成立热带雨林保护的专门机构，协调本区关于热带雨林保护规划所涉及的部门，保证本区生态建设统一完整、分工明确、互不重叠，理顺和细化相关管理工作，争取到更大的经济、人才、教育、技术等方面的支持力度。建立健全行政领导干部政绩考核责任制，责任落实到人，纳入政绩考核机制。

三、资金保障

本区生态保护与建设是以生态效益为主的社会公益性事业，应发挥政府投资的主导作用，各级政府要进一步加强生态保护与建设资金力度。作为国家战略资源，根据本区热带雨林生态系统恢复特点、区濒危物种拯救难度，对国家支持建设项目适当提高中央政府补助比例，逐步降低县（市）级别政府投资比例。

通过政策引导，积极吸纳社会资金。争取国际相关机构、金融组织、外国政府的贷款、赠款及生态保护专项资助、无息贷款等。

积极建立并落实生态环境保护方面的税费制度，加强税收对节约资源和环境保护的宏观调控能力。

四、科技保障

加强对科学研究和技术创新的支持。筛选影响重点生态功能区主导生态功能发挥的自然、社会和经济因素，深入开展基础理论和应用技术研究。组织高素质生态保护技术人员队伍，鼓励技术人员开展科技研究和推广实用技术，围绕农、林、水、气象等生态保护与建设的问题和关键技术，建立一批科技示范区、示范点，通过示范来促进技术推广应用。开展多形式实用技能培训，使广大农民掌握生态建设知识和生态培育技能。搞好科技服务，完善科技服务体系，组织生态保护科技人员深入基层，解决实际技术难题，扩大先进技术的应用面。

保证一定的科技支撑专项资金，用于开展科技示范和科技培训。吸引国内外科研单位和机构参与生态建设和特殊经济发展技术、模式的研究开发，并加快成果转换。

五、考核体系

落实和强化海南省政府关于重点生态功能区的生态保护考核体系和指标，对规划实施情况进行跟踪分析和定期评估，全面评价生态保护和建设工程实施状况及成效，主要考核森林覆盖率、湿地面积、自然湿地保护率、大气和水体质量等考核指标。

附表

海南岛中部山区热带雨林生态功能区禁止开发区域名录

名　　称	行政区域	在本区内面积（公顷）	备　　注
海南霸王岭国家级自然保护区	白沙县	9906.06	
海南吊罗山国家级自然保护区	保亭县、琼中县	5220.21	与海南吊罗山国家森林公园重叠
海南五指山国家级自然保护区	五指山市、保亭县、琼中县	13436.00	
海南鹦哥岭国家级自然保护区	五指山市、琼中县、白沙县	38900.76	
海南黎母山国家森林公园	白沙县、琼中县	11701.00	与海南黎母山省级自然保护区重叠
海南七仙岭温泉国家森林公园	保亭县	2200.00	与海南七指岭县级自然保护区部分重叠

注：保护区面积仅计算在海南岛中部山区热带雨林生态功能区范围内部分。